全国高职高专环境保护类专业规划教材

给水排水技术

教育部高等学校高职高专环保与气象类专业教学指导委员会组织编写

主　编　张宝军

副主编　刘红侠　于旭霞　王　瑞

主　审　冯启言

中国劳动社会保障出版社

图书在版编目(CIP)数据

给水排水技术/张宝军主编. —北京：中国劳动社会保障出版社，2010
全国高职高专环境保护类专业规划教材
ISBN 978-7-5045-8579-0

Ⅰ.①给… Ⅱ.①张… Ⅲ.①给水工程-高等学校：技术学校-教材②排水工程-高等学校：技术学校-教材 Ⅳ.①TU991

中国版本图书馆 CIP 数据核字(2010)第 189595 号

中国劳动社会保障出版社出版发行
(北京市惠新东街 1 号 邮政编码：100029)
出 版 人：张梦欣

*

北京市艺辉印刷有限公司印刷装订 新华书店经销
787 毫米×1092 毫米 16 开本 24.75 印张 566 千字
2010 年 11 月第 1 版 2010 年 11 月第 1 次印刷
定价：47.00 元

读者服务部电话：010-64929211/64921644/84643933
发行部电话：010-64961894
出版社网址：http://www.class.com.cn

全国高职高专环境保护类专业规划教材编委会

刘明华　河北秦皇岛市环境监测站
姜松歧　哈尔滨市固废辐射管理中心
牛树奎　北京林业大学
谷群广　邢台职业技术学院
崔宝秋　锦州师范高等专科学校
丁邦东　扬州工业职业技术学院
展惠英　甘肃联合大学
彭　波　南京化工职业技术学院
王　政　中国环境管理干部学院
关贺群　黑龙江省伊春林业学校
梁贤军　四川化工职业技术学院
郭春明　黑龙江建筑职业技术学院
刘青龙　江西环境工程职业学院
裘建平　金华职业技术学院
雷　颉　南昌理工学院
石碧清　中国环境管理干部学院
颜廷良　江苏盐城技师学院
王中华　泰州职业技术学院
叶兴刚　十堰职业技术学院
郭有才　邢台职业技术学院
段晓莹　邢台财贸学校
焦桂枝　河南城建学院
马永刚　黑龙江生物科技职业学院
吴　琦　哈尔滨工程大学
梁　晶　黑龙江生态工程职业学院
张朝阳　长沙环保职业技术学院
丁可轩　黄河水利职业技术学院
连志东　北京市环境保护局

序　言

环境保护是伴随人类社会经济发展的永恒主题，我国党和政府一贯高度重视环境保护工作。近年来，随着我国经济建设的快速发展，社会和企业对环境保护应用型人才的需求日益扩大，这给高职高专环境保护专业建设带来了新的机遇和挑战。为了更有力地推动环境保护专业教育的发展和专业人才的培养，加强教材建设这一专业建设的重要基础工作，教育部高等学校高职高专环保与气象类专业教学指导委员会（以下简称“教指委”）与人力资源和社会保障部教材办公室结合各自的领域优势，共同组织编写了“全国高职高专环境保护类专业规划教材”。本套教材包括《环境监测》《水污染控制技术》《大气污染控制技术》《噪声污染控制技术》《固体废物处理与处置》《污水处理厂（站）运行管理》《环境保护概论》《环境管理》《环境生态学基础》《环境影响评价》《环境法实务》《环境工程制图与CAD》《室内环境检测》《环境保护设备及其应用》《环境专业英语》《环境工程微生物技术》《给水排水技术》17种。

本套全国规划教材的编写力求满足高职高专环境保护类专业课程体系和课程教学的新发展，立足教学现状，力求创新，在吸收已有教材成果的基础上，将本学科的最新理论、技术和规范纳入教学内容，并与国家最新的相关政策标准、法律法规保持一致。为满足培养应用型人才目标的需要，整套教材加强了职业教育特色，避免大量理论问题的分析和讨论，强调以实际技能和职业需求带动教学任务，技能实训部分采用项目模块化编写模式，提倡工学结合，增加可操作性和工作实践性，为学生今后的职业生涯打下坚实的基础。同时，教材中每章列有学习目标、章后小结和形式多样的复习题，便于学生理清知识脉络、掌握学习重点；丰富的课外阅读材料使学生的学习增加了兴趣，拓宽了视野。

在本套教材开发过程中，在教指委的组织指导下，全国20余所高等院校、科研院所近百名专家和老师积极参与了教材的编写和审订工作，在此向他们表示衷心的感谢！

我们相信，本套教材的出版必将为我国高职高专环境保护类专业的发展和教材建设作出重要的贡献。因时间和其他因素制约，教材中恐有不足之处，恳请相关领域的专家学者和广大师生提出宝贵的意见。

全国高职高专环境保护类专业规划教材编委会

2009年6月

内容简介

本书根据高职高专环境类专业教材的基本要求编写而成，内容紧密结合环境保护行业、企业岗位高技能人才的实际需求，突出了教材的工程实用性与实践性。

本书共分9章，内容包括：流体力学基础、水泵风机与站房、水资源与取水工程、市政给水管道工程、市政排水管道工程、给水处理工程、排水处理工程、建筑给水工程、建筑排水工程。

本教材为教育部高等学校高职高专环保与气象类专业教学指导委员会组织编写的全国高职高专环境保护类专业规划教材之一，供高职高专环境保护相关专业师生教学使用，也可作为从事环境保护、市政工程行业及相关企业技术人员的参考书。

前　言

随着现代社会高速发展，对环境污染实施有效控制已变得越来越重要和紧迫。在众多的环境问题中，水环境污染和水资源短缺将是今后相当长时期内全球最严重的问题之一，影响人类的可持续发展。社会急需培养大批既能满足水环境污染治理行业、企业就业岗位职业要求，又具有可持续职业发展潜力，在生产、服务、技术和管理第一线工作的高技能人才。

本书紧密结合环境保护行业、企业岗位对高技能人才的实际需求，并结合水污染治理项目的工程特点，比较系统地介绍了给水排水工程技术知识，包括流体力学基础、水泵风机与站房、水资源与取水工程、市政给水排水管道工程、给水排水处理工程、建筑给水排水工程。每一部分内容都是围绕环境类专业教学中可能遇到的给水排水技术问题展开，达到培养应用型人才的目的。

本书按照培养目标和对毕业生的基本要求，从培养生产第一线实用型人才的角度出发，在内容选取、章节编排和文字阐述上力求做到：基本理论以够用为度，简明扼要，深入浅出，注意理论联系实际，重点突出给水排水工程实用技术，适当介绍国内外给水排水工程的新技术、新工艺、新材料和新设备。书中名词术语和技术参数符合国家规范，并采用法定计量单位。为便于学生加深对课程内容的理解和提高实际应用能力，书中编入了相当数量的插图和适当的典型例题，同时，每章均列有复习思考题，书后列有若干附录供学生学习查阅。

本书由徐州建筑职业技术学院张宝军任主编并统稿，徐州建筑职业技术学院刘红侠、辽宁石化职业技术学院于旭霞、南京化工职业技术学院王瑞担任副主编，具体编写工作分工为：张宝军编写第 1、8 章；王瑞编写第 2、3、7 章；于旭霞编写第 4、5、6 章；刘红侠编写第 9 章。刘红侠协助主编对全书进行了初步整理和部分统稿工作。

中国矿业大学（徐州）冯启言教授担任本书主审。

本书在编写过程中，参考并引用了大量文献资料，并邀请行业、企业专家对书稿进行了审阅。在此，谨对参考文献的原作者和对本书提出宝贵意见和建议的行业、企业专家表示衷心的感谢。

由于编者水平有限，书中难免出现错误和纰漏，敬请读者予以批评、指正。

编　者

2010 年 4 月

目　录

1　流体力学基础 ……………………………………………………………… (1)

1.1　流体的主要力学性质 ………………………………………………… (2)

1.2　流体静力学 …………………………………………………………… (5)

1.3　流体动力学 …………………………………………………………… (10)

1.4　水流阻力与水头损失 ………………………………………………… (20)

1.5　堰流 …………………………………………………………………… (29)

本章小结……………………………………………………………………… (32)

练习题………………………………………………………………………… (33)

2　水泵风机与站房 …………………………………………………………… (36)

2.1　水泵 …………………………………………………………………… (36)

2.2　水泵站 ………………………………………………………………… (55)

2.3　风机及风机房 ………………………………………………………… (68)

本章小结……………………………………………………………………… (83)

练习题………………………………………………………………………… (84)

3　水资源与取水工程 ………………………………………………………… (85)

3.1　水资源与取水工程概述 ……………………………………………… (85)

3.2　给水水源 ……………………………………………………………… (89)

3.3　地下水取水构筑物 …………………………………………………… (94)

3.4　地表水取水工程 ……………………………………………………… (101)

本章小结……………………………………………………………………… (111)

练习题………………………………………………………………………… (111)

4　市政给水管道工程 ………………………………………………………… (113)

4.1　给水管道系统概述 …………………………………………………… (113)

4.2　设计用水量及给水系统工作情况 …………………………………… (118)

4.3　给水管网布置 ………………………………………………………… (130)

4.4　给水管网的设计计算 ………………………………………………… (131)

4.5　给水管材、附件与附属构筑物 ……………………………………… (147)

本章小结……(156)
练习题……(156)

5 市政排水管道工程 ……(158)

5.1 排水系统的组成和布置 ……(158)
5.2 排水系统的体制及选择 ……(162)
5.3 排水管网系统的设计步骤与设计流量的确定 ……(164)
5.4 污水管道的水力计算 ……(167)
5.5 排水管材与附属构筑物 ……(172)
5.6 雨量分析 ……(181)
5.7 雨水管网系统的设计 ……(184)
5.8 合流制排水管网系统的设计 ……(189)
本章小结……(192)
练习题……(192)

6 给水处理 ……(194)

6.1 水源水质与水质标准 ……(194)
6.2 给水处理工艺与流程的选择 ……(204)
6.3 给水处理厂平面及高程布置 ……(207)
6.4 给水处理工艺构筑物的设计计算 ……(212)
本章小结……(235)
练习题……(235)

7 污水处理 ……(236)

7.1 水体污染与水体自净 ……(236)
7.2 污水排放水质标准 ……(239)
7.3 污水处理工艺与流程的选择 ……(242)
7.4 污水处理厂平面及高程布置 ……(248)
7.5 污水处理工艺构筑物的设计计算 ……(258)
7.6 污水处理工艺管道设计计算 ……(281)
本章小结……(288)
练习题……(288)

8 建筑给水 ……(289)

8.1 给水系统的分类与组成 ……(289)
8.2 给水方式 ……(292)
8.3 给水管材、附件和水表 ……(297)
8.4 给水管道的布置与敷设 ……(308)

8.5　给水增压与调节设备 …………………………………… (312)
8.6　消防给水 …………………………………… (315)
8.7　热水供应系统 …………………………………… (329)
本章小结…………………………………… (337)
练习题…………………………………… (338)

9　建筑排水 …………………………………… (339)

9.1　建筑排水系统 …………………………………… (339)
9.2　排水系统的组成 …………………………………… (341)
9.3　卫生间及排水管道的布置 …………………………………… (358)
9.4　污水、废水的提升和局部处理 …………………………………… (363)
本章小结…………………………………… (368)
练习题…………………………………… (368)

附录　钢筋混凝土圆管水力（不满流 $n=0.014$）计算图 …………………………………… (369)

参考文献…………………………………… (381)

1 流体力学基础

本章学习目标

1. 掌握流体的主要力学性质；

2. 掌握流体静压强的基本特性，等压面的判断以及流体静压强基本方程及其在工程中的应用，理解压强的两种基准；

3. 掌握连续性方程、能量方程及其在实际中应用，理解能量方程的意义及应用条件，熟悉水头线的绘制；

4. 掌握能量损失的计算，熟悉沿程阻力系数和局部阻力系数的确定方法，理解能量损失的分类、流态的判别；

5. 了解堰流的定义、分类及计算方法。

流体力学研究的对象是液体和气体，统称为流体。

流体力学的任务是研究流体静止和运动的力学规律，及其在工程技术中的应用。它是力学学科的一个组成部分。

流体力学由两个基本部分组成：一是研究流体平衡规律的流体静力学；二是研究流体运动规律的流体动力学。

流体力学是许多工程实践的基础。在环境工程、水利工程、生物工程、建筑工程、动力工程、机械工程、石油和化学工程、航空航天工程等诸多领域，都会碰到大量与流体运动规律有关的生产技术问题。例如一家污水处理厂，其管路的布置、水管管径、水泵的流量与扬程计算，空气管路的计算，鼓风机的流量与风压的计算，都必须使用流体力学知识。因此，流体力学是进行工程设计、计算和解决工程技术问题的理论基础和理论依据。从事与流体流动相关的工程应用的技术人员都必须掌握和运用流体力学的相关知识。

在学习流体力学中，要注意基本概念、基本原理和基本方法的理解与掌握，解决工程实际中遇到的各种流动问题。

1.1 流体的主要力学性质

流体区别于固体的基本特征是，流体具有流动性。

流体的主要力学性质有：密度和容重、压缩性和热胀性、黏滞性及汽化压强。

1.1.1 密度和容重

和任何物质一样，流体具有质量和重量。

质量特性用密度表示。单位体积流体的质量称为流体的密度，用字母 ρ 表示，单位是 kg/m^3。在连续介质假设的前提下，对于均质流体，其密度的表达式为：

$$\rho=\frac{m}{V} \tag{1—1}$$

式中 V——流体的体积，m^3；

m——流体的质量，kg。

流体所受地球的引力为流体的重力特性。重力特性用容重表示。单位体积流体所受引力为流体的容重，用字母 γ 表示，单位是 N/m^3。对于均质流体，容重的表达式为

$$\gamma=\frac{G}{V} \tag{1—2}$$

流体处在地球引力场中，所受引力即重力为 $G=mg$，故密度与容重的关系为

$$\gamma=\rho g \tag{1—3}$$

不同流体的密度和容重各不相同，同一种流体的密度和容重则随温度和压强而变化。

1.1.2 压缩性和热胀性

当温度保持不变时，流体的体积随压强增大而减小的性质称为流体的压缩性。

当压强保持不变时，流体的体积随温度升高而增大的性质称为流体的热胀性。

（1）液体的压缩性与热胀性。液体的压缩性用压缩系数或弹性模量来表示。压缩系数越大，则液体的压缩性也越大。一般情况下，液体的压缩系数很小，工程上一般将液体视为不可压缩的，即认为液体的体积（或密度）与压力无关。但在瞬间压强变化很大的特殊场合（如压力管道的水击问题），必须考虑水的压缩性。

液体的热胀性用热胀系数来表示。热胀系数越大，则液体的热胀性也越大。液体的热胀性很小，一般工程上不考虑液体的热胀性，但在热水采暖工程中，需考虑水的膨胀性，在采暖系统中设置膨胀水箱。

（2）气体的压缩性和热胀性。气体和液体在这方面大不相同，压强和温度的改变对气体密度的影响很大，当实际气体远离其液态时，这些气体可以近似地看作理想气体。理想气体的压力、温度、密度间的关系应符合理想气体状态方程。

气体虽然是可以压缩和热胀的，但是，具体问题也要具体分析，对于气体速度较低（远小于音速）的情况，在流动过程中压强和温度的变化较小，密度仍可以看作常数，这种气体称为不可压缩气体。在环境工程中，所遇到的大多数气体流动，都可当做不可压缩流体看待。

1.1.3 黏滞性

黏滞性是流体固有的，有别于固体的主要物理性质。当流体相对于物体运动时，流体内部质点间或流层间因相对运动而产生内摩擦力（切向力或剪切力）以反抗相对运动，从而产生了摩擦阻力。这种在流体内部产生内摩擦力以阻碍流体运动的性质称为流体的黏滞性，简称黏性。

为了说明流体的黏滞性，现分析两块忽略边缘影响的无限大平板间的流体。如图1—1所示，平板间距离为 δ，中间充满了流体，下平板静止，上平板在力 F 的作用下以速度 u 做平行移动，平板面积为 A。在平板壁面上，流体质点因黏性作用而黏附在壁面上，壁面处流体质点相对于壁面的速度为零，称为黏性流体的不滑移边界条件。因此，上平板处流体质点的速度为 u，下平板处流体质点的速度为零，两平板间流体质点速度的变化称为速度分布。如果平板间距离不是很大，速度不是很高，而且没有流体流入和流出，则平板间的速度分布是线性的。

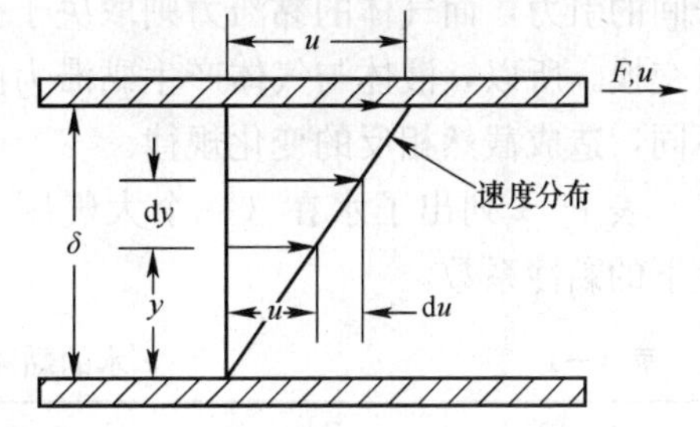

图1—1 平板间速度分布

对于大多数流体，实验结果表明：平板拉力 F 与平板面积 A、平板平移速度 u 成正比，与平板间距离 δ 成反比，即：

$$F \propto \frac{Au}{\delta}$$

根据相似三角形，可以用速度梯度 $\mathrm{d}u/\mathrm{d}y$ 代替 u/δ，并引入与流体性质有关的比例系数 μ，可以得到任意两个薄平板间的切向应力为

$$\tau=\frac{F}{A}=\mu\frac{u}{\delta}=\mu\frac{\mathrm{d}u}{\mathrm{d}y} \tag{1—4}$$

式（1—4）称为牛顿内摩擦定律，是常用的黏滞力的计算公式。式中，μ 称为流体动力黏性系数，又称动力黏度，其单位是 $\mathrm{N\cdot s/m^2}$ 或 $\mathrm{Pa\cdot s}$。不同的流体有不同的 μ 值，μ 值越大，其黏性越强。

$\frac{\mathrm{d}u}{\mathrm{d}y}$项，是流体在垂直流速方向上的速度梯度，实质是流体微团的角变形速率。表明黏滞性也具有抵抗角变形速率的能力。

工程中还经常用到动力黏度与密度的比值来表示流体的黏性，其单位是 $\mathrm{m^2/s}$，具有运动学的量纲，故称为运动黏滞系数，用符号 ν 表示。即：

$$\nu=\frac{\mu}{\rho} \tag{1—5}$$

实际使用中 μ 或 ν 都是反映流体黏滞性的参数。μ 或 ν 值越大，表明流体的黏滞性越强。但两个黏滞系数也是有差别的，主要表现在：工程中遇到的大多数流体的动力黏性系数与压力变化无关，只是在较高的压力下，其值略高一些。但是气体的运动黏度随压力显著变化，因为其密度随压力变化。因此，如果要确定非标准状态下的运动黏度可先查得与压力无关的动力黏度，再通过计算得到运动黏度。气体的密度可以由状态方程得到。温

度则是影响 μ 和 ν 的主要因素，图 1—2 所示反映了一般流体的黏性取决于温度的情况。当温度升高时，所有液体的黏性是下降的，而所有气体的黏性是上升的。原因是黏性取决于分子间的引力和分子间的动量交换。因此，随温度升高，分子间的引力减小而动量交换加剧。液体的黏滞力主要取决于分子间的引力，而气体的黏滞力则取决于分子间的动量交换。所以，液体与气体产生黏滞力的主要原因不同，造成截然相反的变化规律。

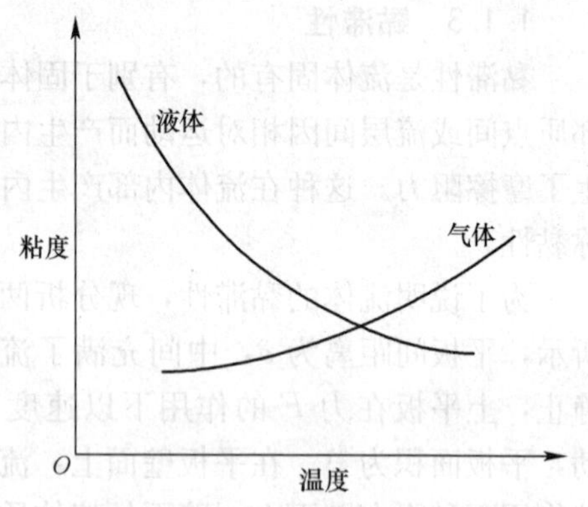

图 1—2　黏度随温度变化趋势

表 1—1 列出了水在（一个大气压下）不同温度下的黏性系数。

表 1—1　　**水的黏滞系数（一个大气压下）**

温度（℃）	μ（$kP_a \cdot s$）	ν（$10^6 m^2/s$）	温度（℃）	μ（$kP_a \cdot s$）	ν（$10^6 m^2/s$）
0	1.781	1.785	40	0.653	0.658
5	1.518	1.519	45	0.589	0.595
10	1.300	1.306	50	0.547	0.553
15	1.139	1.139	60	0.466	0.474
20	1.002	1.003	70	0.404	0.413
25	0.890	0.893	80	0.354	0.364
30	0.798	0.800	90	0.315	0.326
35	0.693	0.698	100	0.282	0.294

最后应指出：牛顿内摩擦定律不是对所有流体都适用，有些特殊的流体不满足牛顿内摩擦定律，如人体中的血液、油漆、黏土和水的混合溶液等。这些流体称为非牛顿型流体。能满足牛顿内摩擦定律的流体称为牛顿型流体，如水、空气和许多润滑油等。本课程仅涉及牛顿型流体的力学问题。

1.1.4　汽化压强

液体分子向表面外的空间扩散，这样的过程称为汽化。汽化的逆过程称为凝结。当这两个过程达到平衡时，宏观上的汽化现象停止。这时液体的压强称为饱和蒸汽压强或汽化压强。

分子的活动能力随温度升高而增强，随压力升高而减弱，汽化压强也随温度升高而增大。水的汽化压强与温度的关系见表 1—2。

表 1—2　　**水在不同温度下的汽化压强**

温度（℃）	汽化压强（kPa）	温度（℃）	汽化压强（kPa）	温度（℃）	汽化压强（kPa）
0	0.61	30	4.24	70	31.16
5	0.87	40	7.38	80	47.34
10	1.23	50	12.33	90	70.10
20	2.34	60	19.92	100	101.33

在任意给定的温度下，如果液面的压力降低到低于饱和蒸汽压时，蒸发速率迅速增加，称为沸腾。因此，在给定温度下，饱和蒸汽压力又称沸腾压力，在涉及液体的工程中非常重要。

液体在流动过程中，当液体与固体的接触面处于低压区，并低于汽化压强时，液体产生汽化，在固体表面产生很多气泡；若气泡随液体的流动进入高压区，气泡中的气体便液化，这时，液化过程产生的液体将冲击固体表面。如果这种运动是周期性的，将对固体表面造成疲劳并使其剥落。这种现象称为气蚀。气蚀是非常有害的，在工程应用时，应必须避免气蚀。

1.2 流体静力学

流体静力学研究流体在静止或相对静止状态下的平衡规律和液体与固体边界间的作用力及其在工程中的应用。静止或相对静止的流体中，各质点间不存在相对运动，无论黏滞性多大，均没有切力。又因为流体不能承受拉力，因此静止流体中只存在压力作用，所以流体静力学的主要任务是研究流体内部静压强的分布规律，并在此基础上解决一些工程实际问题。

1.2.1 流体静压强及其特性

(1) 流体静压强的定义。有一个盛满水的水箱，在侧壁开个小孔，水会立即喷出来，说明静止的水有压力。处于静止状态下的流体，不仅对与之相接触的固体边壁有压力作用，而且在流体内部，相邻的流体之间也有压力作用。这种压力称为流体静压力，用字母 P 表示。静止流体作用在单位面积上的流体静压力称为流体静压强，用字母 p 表示。

流体的静压力和流体静压强都是压力的一种量度。流体静压力是作用在某一面积上的总压力，流体静压强是作用在某一面积上的平均压强或某一点的压强。所以它们的计量单位也不相同。

国际单位制中，压力 P 的单位是牛顿（N）或千牛顿（kN）；静压强的单位是帕斯卡（Pa），$1\ Pa=1\ N/m^2$。在工程单位制中，流体静压力的单位常用千克力（kgf），流体静压强的单位常用千克力/平方厘米（kgf/cm^2）等。

(2) 流体静压强的特性

1) 流体静压强的方向垂直指向受压面，与受压面的内法线方向一致。

2) 在静止或相对静止的流体中，任一点各方向的流体静压强大小均等。

经证明，静止流体内任一点各方向的流体静压强均相等，与作用面的方位无关；当所取点的位置不同时，所对应的 p 也不同，流体静压强只与点的位置有关，仅是位置的函数，即 $p=f(x, y, z)$。

根据流体静压强的特性，在实际工程中进行受力分析时，可画出不同作用面上流体静压强的方向，如图 1—3 所示。

1.2.2 流体静压强的分布规律

(1) 流体静压强基本方程式。在实际应用中，作用于平衡流体的质量力常常只有重力，

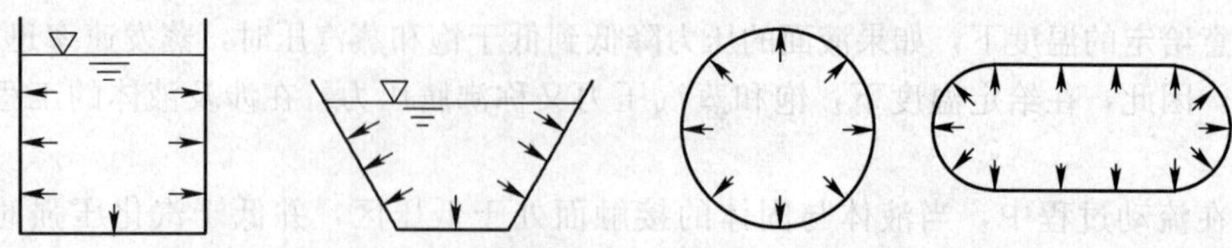

图 1—3　不同作用面上流体静压强的方向

即所谓的静止流体。由于流体本身有重量，且易流动，对容器的底部和侧壁产生静压强。假设在容器侧壁上开三个小孔，如图 1—4 所示，容器内充满水，然后把三个小孔的塞头打开，可以看到水流分别从三个小孔喷射出来，孔口越低，水喷射越急。这说明水对容器侧壁不同深处的压强是不一样的，压强随着水深的增加而增大，如果在容器侧壁同一深度处开几个小孔，可以看到从各孔口喷射出来的水流都一样，说明水对容器侧壁同一深度处的压强相等。

如图 1—5 所示，敞口容器中液体内部某点压强 p 为

$$p=p_0+\gamma h \tag{1—6}$$

式中 p——静止液体内某点的压强，Pa；

p_0——静止液体的液面压强，Pa；

γ——液体的容重，N/m^3；

h——该点在液面下的深度，m。

这就是液体静力学的基本方程式。它表示静止液体中，压强随深度的变化规律。

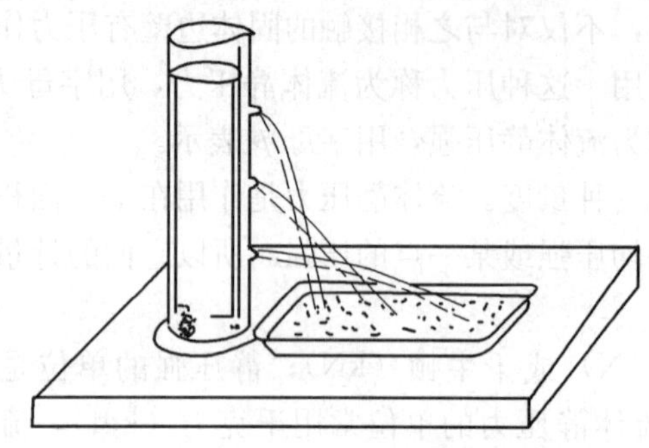

图 1—4　侧壁开有小孔的容器

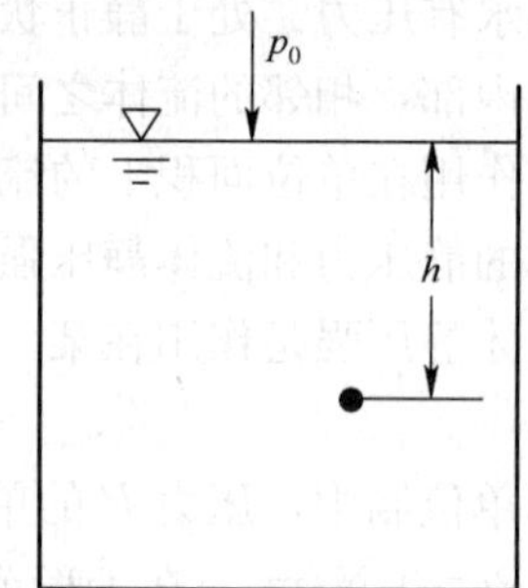

图 1—5　敞口容器

【例题 1—1】 如图 1—6 所示，敞口水池中液面压强 $p_0=98.07\ kN/m^2$，求池壁 A、B 两点，C 点以及池底 D 点所受的静水压强。

【解】 $p_C=p_0+\gamma h=98.07+9.807\times1=107.88\ kN/m^2=107.88\ kPa$

A、B、C 三点在同一水平面上，水深 h 均为 1 m，所以压强相等。即

$$p_A=p_B=p_C=107.88\ kPa$$

D 点的水深 1.6 m，故

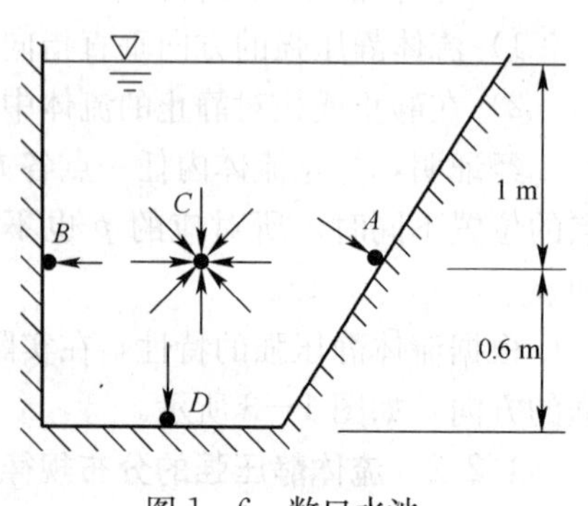

图 1—6　敞口水池

$$p_D=p_0+\gamma h=98.07+9.807\times1.6=113.76\ \text{kPa}$$

静压强的作用方向垂直于作用面的切平面且指向受力物体系统表面的内法线方向。A、B、D三点在容器的壁面上，液体对固体边壁的作用和方向如图1—6中所示，C点在各个方向上的静压强相等。

液体静力学基本方程（1—6）还有另一种形式，如图1—7所示，设水箱水面的压强为p_0，水中1、2点到任选基准面0-0的高度为Z_1、Z_2，压强为p_1、p_2，将式中的深度h_1、h_2分别用高度差（Z_0-Z_1）和（Z_0-Z_2）表示后得：

$$p_1=p_0+\gamma\ (Z_0-Z_1)$$

$$p_2=p_0+\gamma\ (Z_0-Z_2)$$

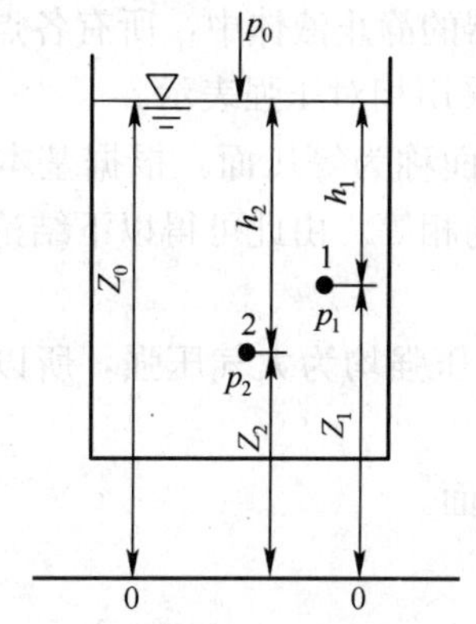

图1—7　流体静力学方程推证

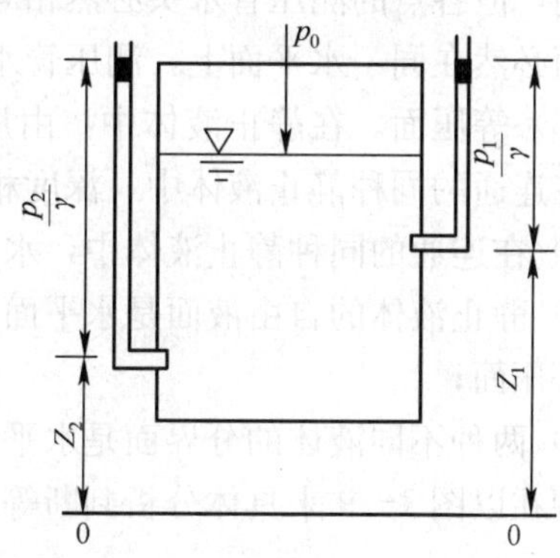

图1—8　测压管水头

上式除以容重γ，并整理后得：

$$Z_1+\frac{p_1}{\gamma}=Z_0+\frac{p_0}{\gamma}$$

$$Z_2+\frac{p_2}{\gamma}=Z_0+\frac{p_0}{\gamma}$$

两式联立得：

$$Z_1+\frac{p_1}{\gamma}=Z_2+\frac{p_2}{\gamma}=Z_0+\frac{p_0}{\gamma}$$

水中1、2点是任选的，可将上述关系式推广到整个液体，得出具有普遍意义的规律，即：

$$Z+\frac{p}{\gamma}=\text{C(常数)} \tag{1—7}$$

这是液体静力学基本方程的另一种形式，表示在同一种静止液体中，不论哪一点的$\left(Z+\dfrac{p}{\gamma}\right)$总是一个常数。

（2）静压强基本方程式的意义

1）物理意义。方程式$\left(Z+\dfrac{p}{\gamma}\right)=\text{C}$中，$Z$项是单位重量液体质点相对于基准面的位置势能，$p/\gamma$项是单位重量液体质点的压力势能，$\left(Z+\dfrac{p}{\gamma}\right)$项是单位重量液体的总势能，

$\left(Z+\dfrac{p}{\gamma}\right)=C$ 表明在静止液体中，各液体质点单位重量的总势能均相等。

2）几何意义。式（1—7）中各项的单位都是米（m），具有长度量纲［L］，表示某种高度，可以用几何线段来表示，流体力学上称为水头。Z 为该点的位置相对于基准面的高度，称为位置水头；p/γ 是该点在压强作用下沿测压管所能上升的高度，称为压强水头；$\left(Z+\dfrac{p}{\gamma}\right)$称为测压管水头，它表示测压管液面相对于基准面的高度。所谓测压管是一端与大气相通，另一端和液体中某一点相接的管子，如图 1—8 所示，$\left(Z+\dfrac{p}{\gamma}\right)=C$ 表示同一容器的静止液体中，所有各点的测压管水头均相等。即使各点的位置水头 Z 和压强水头 p/γ 互不相同，但各点的测压管水头必然相等。因此，在同一容器的静止液体中，所有各点的测压管液面必然在同一水平面上，测压管水头中的压强 p 必须采用相对压强表示。

（3）等压面。在静止液体中，由压强相等的点组成的面称为等压面。根据基本方程可知，在连通的同种静止液体中，深度相同的各点静水压强均相等。由此可得以下结论：

1）在连通的同种静止液体中，水平面必然是等压面；

2）静止液体的自由液面是水平面，该自由液面上各点压强均为大气压强，所以自由液面是等压面；

3）两种不同液体的分界面是水平面，故该面也是等压面。

现在以图 1—9 来具体分析判断等压面。

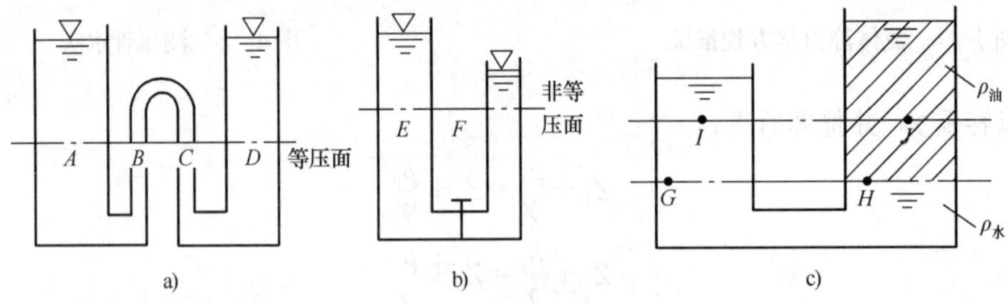

图 1—9　等压面

图 1—9a 中，位于同一水平面上的 A、B、C、D 各点压强均相等，通过该四点的水平面为等压面。图 1—9b 中，由于液体不连通，故位于同一水平上的 E、F 两点的静水压强不相等，因而通过 E、F 两点的水平面不是等压面。图 1—9c 中，连通器中装有两种不同液体，且 $\rho_{水}>\rho_{油}$，通过两种液体的分界面的水平面为等压面，位于该水平面上的 G、H 两点压强相等。而穿过两种不同液体的水平面不是等压面，位于该水平面上方的 I、J 两点压强则不等。

1.2.3　压强的表示方法与测量

（1）压强的两种计量基准

1）绝对压强。以没有气体分子存在的绝对真空状态作为零点起算的压强称为绝对压强，用符号 p'表示。当要解决的问题涉及流体本身的性质时，采用绝对压强，例如采用气体状态方程式进行计算时。在表示某地当地大气压强时也采用绝对压强值。

2）相对压强。以当地大气压 p_a 作为零点起算的压强，称为相对压强，用符号 p 表示。在工程上，相对压强又称表压。采用相对压强表示时，则大气压强为零，即 $p_a=0$。相对压强、绝对压强和当地大气压强三者的关系是：

$$p=p'-p_a \tag{1—8}$$

注意，此处的 p_a 是指大气压强的绝对压强值。

3）真空压强。若流体某处的绝对压强小于当地大气压强时，则该处处于真空状态，其真空程度一般用真空压强 p_v 表示。

$$p_v=p_a-p' \tag{1—9}$$

$$p_v=-p \tag{1—10}$$

图 1—10 所示表示了上述三种压强之间的关系。在实际工程中常用相对压强。这是因为在自然界中，物体均处于大气压中，所感受到压强大小也是以大气压为基准的，在以后讨论问题时，如不加以说明，压强均指相对压强。

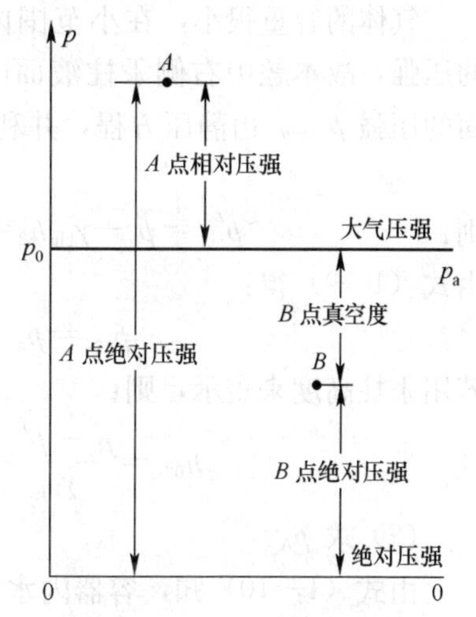

图 1—10　压强计量基准

（2）压强的计量单位

工程上常用的压强计量单位有三种。

1）应力单位。根据压强的定义，用单位面积上的力来表示压强的大小。在国际单位制中用 N/m^2，即 Pa 来表示。压强很高时，用 Pa 表示数值太大，这时可用 kPa 或 MPa。在工程制单位中，用 kgf/m^2 或 kgf/cm^2。

2）液柱单位。压强可用测压管内的液柱高度来表示。将液柱高度乘以该液体的容重即为压强。常用的液柱高度为水柱高度或汞柱高度，其单位为 mH_2O（米水柱），mmH_2O（毫米水柱）和 mmHg（毫米汞柱）。

$$1\ mH_2O = 9\ 807\ N/m^2 = 1\ 000\ kgf/m^2$$

$$1\ mmH_2O = 9.807\ N/m^2 = 1\ kgf/m^2$$

$$1\ mmHg = 133\ N/m^2 = 13.6\ kgf/m^2$$

3）大气压单位。压强的大小也常用大气压的倍数来表示，其单位为标准大气压和工程大气压。国际上规定温度为 0℃，纬度 45°处海平面上的绝对压强为标准大气压，用符号 atm 表示，其值为 101.325 kPa，即 1 atm＝101.325 kPa。而在工程上，为了计算方便，规定了工程大气压，用符号 at 表示，其值约为 98.07 kPa，即 1 at≈98.07 kPa。

换算关系为：

$$1\ atm=101\ 325\ Pa=10.33\ mH_2O=760\ mmHg$$

$$1\ at=98\ 070\ Pa=10\ mH_2O=736\ mmHg$$

（3）流体压强的测量仪器。流体压强的测量仪器可分为三类：即金属式测压计、电测式测压计和液柱式测压计。金属式中压强使金属元件变形，从而测出表压力（即相对压强），量程较大。电测式利用传感器将压强转化为电阻电容等电量，便于自控。液柱式测压计方便直观，精度较高，但量程较小，因而常用于实验室测量，有时工程中也有应用。

【例 1—2】 如图 1—11 中所示的容器中，左侧玻璃管的顶端封闭，其自由表面上气体的绝对压强 $p'_{01}=0.75$ at，右端倒装玻璃管内液体为水银，水银高度 $h_2=0.12$ m，容器内 A 点的淹没深度 $h_A=2.00$ m。设当地大气压为 1 at，试求：(1) 容器内空气的绝对压强 p'_{02} 和真空压强 p_{02v}；(2) A 点的相对压强 p_A；(3) 左侧管内水面超出容器内水面的高度 h_1。

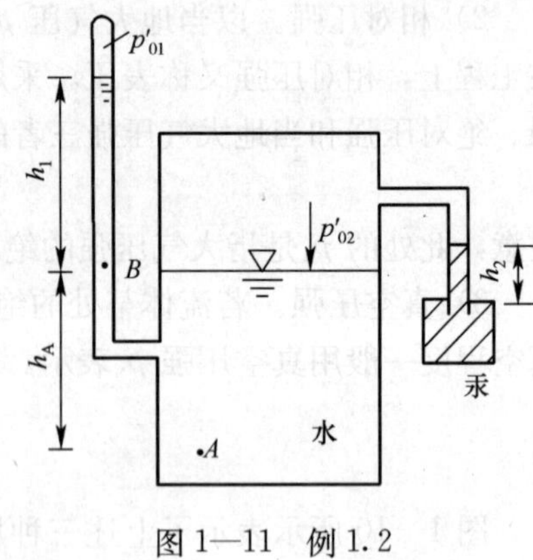

图 1—11 例 1.2

【解】 (1) 求 p'_{02} 和 p_{02v}

气体的容重很小，在小范围内可以忽略气柱产生的压强，故本题中右侧汞柱液面的压强就是容器内液面的压强 p'_{02}。由静压方程，并利用等压面特性得：

$$p'_{02}+\gamma_{Hg}h_2=p_a$$

则：

$$p'_{02}=p_a-\gamma_{Hg}h_2=98.07-13.6\times9.807\times0.12=82.06\ \text{kPa}$$

由式 (1—9) 得：

$$p_{02v}=p_a-p'_{02}=98.07-82.06=16.01\ \text{kPa}$$

若用汞柱高度来表示，则：

$$h_{02v}=\frac{p_a-p'_{02}}{\gamma_{Hg}}=\frac{p_a-(p_a-\gamma_{Hg}h_2)}{\gamma_{Hg}}=h_2=120\ \text{mmHg}$$

(2) 求 p_A

由式 (1—10) 知，容器内水面的相对压强为：

$$p_{02}=-p_{02v}=-16.01\ \text{kPa}$$

则由式 (1—6) 可得：

$$p_A=p_{02}+\gamma h_A=-16.01+9.807\times2=3.60\ \text{kPa}$$

(3) 求 h_1

如图容器内水面与左侧管内 B 点在同一等压面上，则由式 (1—6) 得：

$$p'_{01}+\gamma h_1=p'_{02}$$

则：

$$h_1=\frac{p'_{02}-p'_{01}}{\gamma}=\frac{82.06-0.75\times98.07}{9.807}=0.867\ \text{mH}_2\text{O}$$

1.3 流体动力学

在自然界或工程实际中，流体的静止、平衡状态，都是暂时的、相对的，是流体运动的特殊形式，运动才是绝对的。流体最基本的特征就是它的流动性。因此，进一步研究流体的运动规律具有更重要、更普遍的意义。

流体最基本的特征就是它的流动性。流体动力学研究流体运动规律及其在工程上的实际应用。

1.3.1 描述流体运动的基本概念

（1）压力流与无压流。流体运动时，流体充满整个流动空间并在压力作用下的流动，称为压力流。压力流没有自由表面，且流体对固体壁面的各处包括顶部（如管壁顶部）有一定的压力，如图1—12a所示。液体流动时，具有与气体相接触的自由表面，且只依靠液体自身重力作用下的流动，称为无压流。无压流具有自由表面，液体的部分周界与固体壁面相接触，如图1—12c所示。在压力流中，流体的压强一般大于大气压强（水泵吸水管等局部地区可以小于大气压强）。在无压流中，自由表面上的压强等于大气压强。在压力流与无压流之间有一种满流状态，如图1—12b所示。其流体的整个周界均与固体壁面相接触，但对管壁顶部没有压力。工程中近似地按无压流看待。

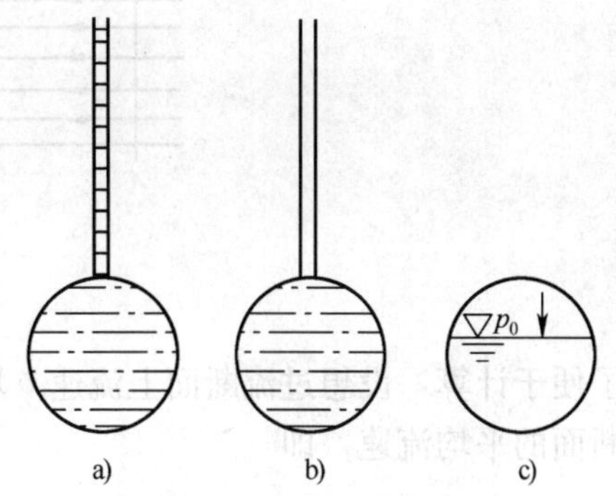

图1—12 压力流与无压流

a）圆管压力流 b）圆管满流 c）圆管无压流

（2）恒定流与非恒定流。流体运动时，流体任意一点的压强、流速、密度等运动要素不随时间而发生变化的流动，称为恒定流。如图1—13a所示，水从水箱侧孔出流时，由于水箱上部的水管不断充水，使水箱中水位保持不变，因此水流任意点的压强、流速均不随时间改变。

流体运动时，流体任意一点的压强、流速、密度等运动要素随时间而发生变化的流动，称为非恒定流。如图1—13b所示，水从水箱侧孔出流时，由于水箱上无充水管，水箱中的水位逐渐下降，造成水流各点的压强、流速均随时间改变。

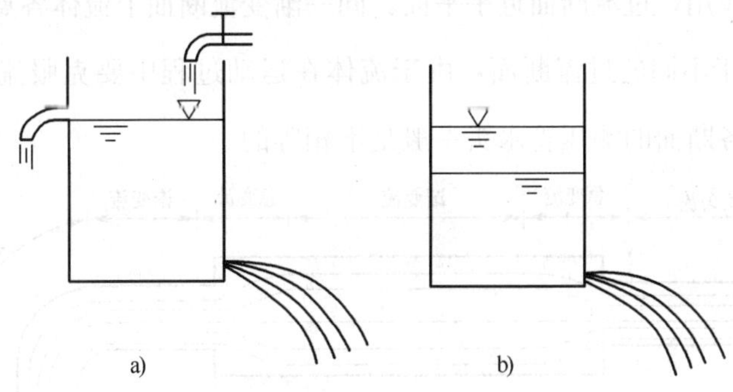

图1—13 液体经孔口出流

a）恒定流 b）非恒定流

（3）过流断面、流量和断面平均流速

1）过流断面。在流束上做出的与流线相垂直的横断面，称为过流断面，如图1—14所示。流线互相平行时，过流断面为平面；流线互相不平行时，过流断面为曲面。

2）流量。单位时间内通过某过流断面的流体量称为流量，通常用流体的体积、质量和重量来计量，分别称为体积流量Q（m^3/s）、质量流量M（kg/s）、重量流量G（N/s）。

3）断面平均流速。由于黏性影响，流体运动时过流断面上的流速分布是不相等的。为

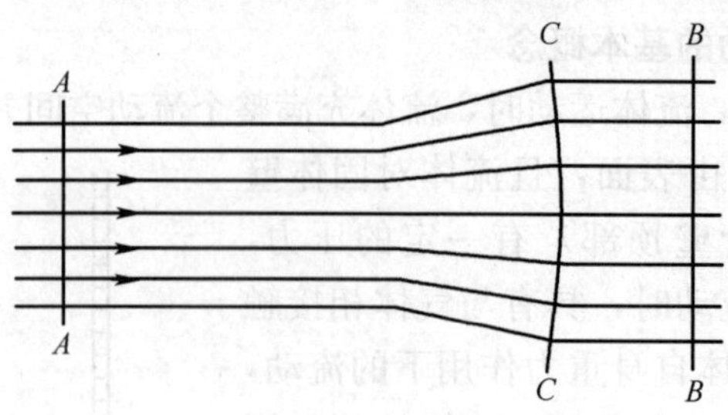

图 1—14　过流断面

了便于计算，设想过流断面上流速 v 均匀分布，通过的流量与实际流量相等，流速 v 称为该断面的平均流速，即

$$v=\frac{Q}{A} \tag{1—11}$$

式中　Q——流体的体积流量，m^3/s；

v——断面平均流速，m/s；

A——总流过流断面面积，m^2。

（4）均匀流与非均匀流、渐变流与急变流。均匀流是指过流断面的大小和形状沿程不变，过流断面上流速分布也不变的流动；凡不符合上述条件的流动则为非均匀流。由此可见，均匀流的特点是流线互相平行，过流断面为平面，均匀流是等速流。

实际工程中液体的流动大多数都不是均匀流，在非均匀流中，按流线沿流程变化的缓急程度又可分为渐变流和急变流。渐变流是指流速沿流向变化较缓，流线近似平行直线的流动。凡不符合上述条件的流动则为急变流，如图 1—15 所示。渐变流的特点是只受重力和压力作用，无离心力作用，过流断面近乎平面。同一渐变流断面上流体各点的测压管水头 $Z+\frac{p}{\gamma}=C$（常数）。对于不同的过流断面，由于流体在运动过程中要克服流动阻力而引起能量损失，所以渐变流各断面的测压管水头一般是不相等的。

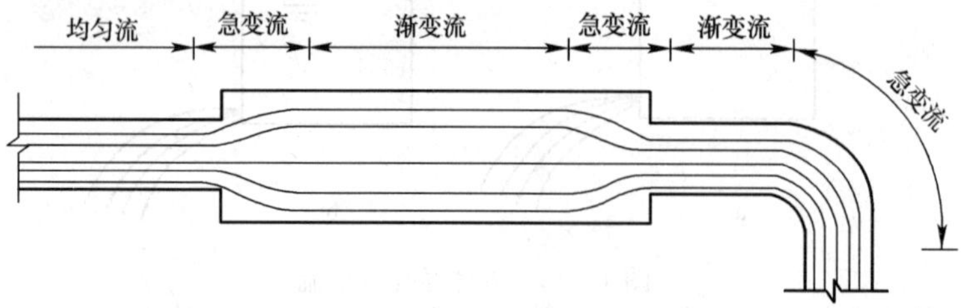

图 1—15　渐变流和急变流

（5）元流与总流。在流场中任意画一条封闭曲线（曲线本身不能是流线），经过曲线上每一点作流线，则这些流线组成一个管状空间称为流管。由于流管的表面是由流线围成，因此流体不能穿出或穿入流管表面。这样，流管就好像真实管子一样把流动限制在流管之内或流管之外。

充满流体的流管称为流束，把面积为 dA 的微小流束，称为元流。面积为 A 的流束则是无数元流的总和，称为总流，如图 1—16 所示。像河流、水渠、水管中的水流，风管中的气流以及输油管中的油流等均属总流。元流横断面积无限小，其上的流速、压强等可以认为是相等的。生产生活实际中，总流更有实际意义。

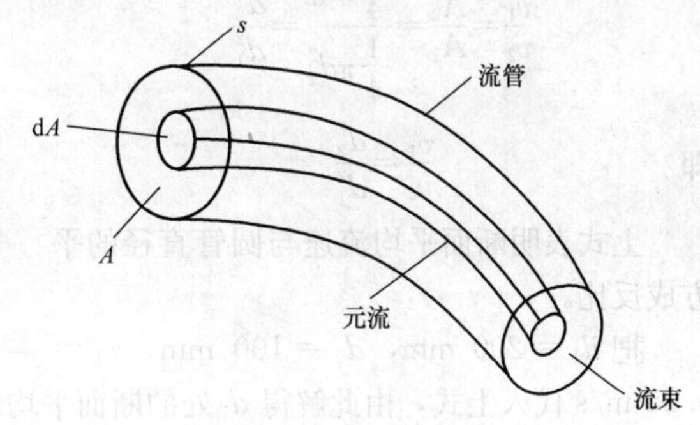

图 1—16　元流与总流

(6) 一元流、二元流和三元流。一元流是指流速等运动要素只是一个空间坐标和时间变量的函数的流动。如管道内的流动，当忽略横向尺寸上各点速度的差别时，速度只沿管长 x 方向上有变化，其他方向无变化。

二元流是指流速等运动要素是两个空间坐标和时间变量的函数的流动。如流体流过无限长圆柱的流动。

流体流过有限长圆柱时，圆柱两端亦有绕流，这时流速等运动要素是三个空间坐标和时间变量的函数，就是三元流动。工程中大多是三元流动问题，但由于三元流动的复杂性，往往根据具体问题的性质把其简化为二元或一元流动来处理。

1.3.2　恒定流连续性方程式

液流看作连续介质的运动，同时又遵循质量守恒定律，由连续介质的概念和质量守恒原理出发，即可导出流速和过流断面面积之间的关系式，即恒定流连续性方程式。

根据质量守恒定律，流入上游断面的流体质量等于流出下游断面的流体质量。即

$$m_1=\rho_1 Q_1=\rho_2 Q_2=m_2$$

当流体不可压缩时密度为常数，则 $\rho_1=\rho_2$，有

$$Q_1=Q_2 \tag{1—12}$$

即

$$A_1 v_1=A_2 v_2$$

或

$$\frac{v_1}{v_2}=\frac{A_2}{A_1} \tag{1—13}$$

式 (1—13) 表明：不可压缩流体在管内流动时，管径越大，断面上的流速越小；反之，管径越小，断面上的流速越大。

上述连续性方程所讨论的只是单进单出的简单管道，从此原理出发很容易将连续性方程推广到复杂管道。如三通的合流与分流，据质量守恒定律可得：

对分流（分出）情况：

$$Q_1=Q_2+Q_3$$

$$A_1 v_1=A_2 v_2+A_3 v_3$$

对合流（汇入）：

$$Q_1+Q_2=Q_3$$

$$A_1 v_1+A_2 v_2=A_3 v_3$$

由于连续性方程式并未涉及作用在流体上的力，因此对理想流体和实际流体均适用。

【例题 1—3】 如图 1—17 所示，有一变径水管，已知管径 $d_1=200$ mm，$d_2=100$ mm，若 d_1 处的断面平均流速 $v_1=0.25$ m/s，试求 d_2 处的断面平均流速 v_2。

【解】 由于圆管的面积 $A=\frac{1}{4}\pi d^2$，根据式 (1—13)

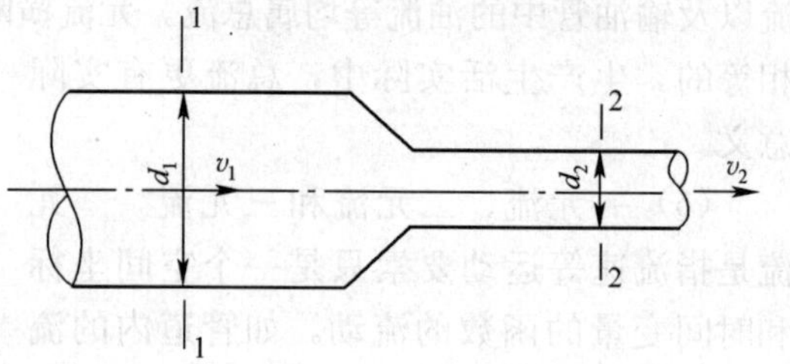

$$\frac{v_1}{v_2}=\frac{A_2}{A_1}=\frac{\frac{1}{4}\pi d_2^2}{\frac{1}{4}\pi d_1^2}=\frac{d_2^2}{d_1^2}$$

即

$$\frac{v_1}{v_2}=\frac{d_2^2}{d_1^2}$$

上式表明断面平均流速与圆管直径的平方成反比。

图 1—17　变径水管

把 $d_1=200$ mm，$d_2=100$ mm，$v_1=0.25$ m/s 代入上式，由此解得 d_2 处的断面平均流速

$$v_2=v_1\frac{d_1^2}{d_2^2}=0.25\left(\frac{0.2}{0.1}\right)^2=0.25\times4=1\text{ m/s}$$

1.3.3　恒定流能量方程式

流体具有动能和势能两种机械能，不仅可以互相转化，并且遵守能量转换与守恒定律。本部分内容利用能量转换与守恒定律，分析恒定流条件下，流体在一定空间内的能量平衡规律。

在恒定流中，任意取一总流断面 1－1 与 2－2 之间的总流流段为研究对象，如图 1—18 所示。两断面的高程和面积分别为 z_1、z_2 和 A_1、A_2，两断面的流速和压强分别为 v_1、v_2 和 p_1、p_2。经过 dt 时间，流段上原来的位置 1－2 移到新的位置 1′－2′。

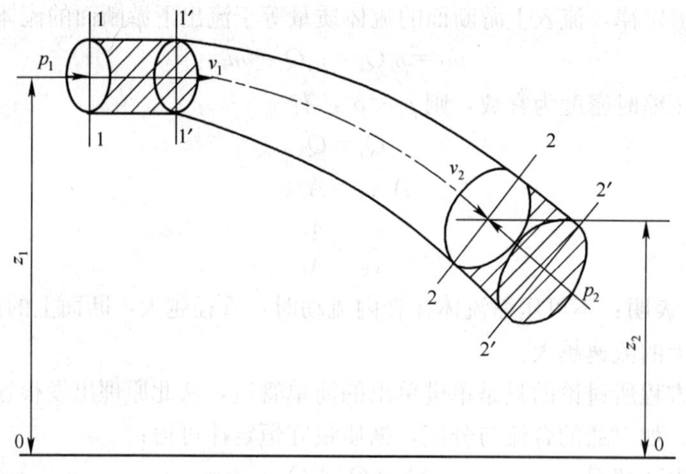

图 1—18　总流能量方程推导

根据动能原理可以得到元流能量方程，而总流是无数元流的总和，总流的能量方程就是元流能量方程在两过流断面（必须是渐变流断面）范围内的积分得到的。推导过程在此不一一阐述。

$$z_1+\frac{p_1}{\gamma}+\frac{\alpha_1 v_1^2}{2g}=z_2+\frac{p_2}{\gamma}+\frac{\alpha_2 v_2^2}{2g}+h_w \tag{1—14}$$

式（1—14）就是极其重要的恒定总流能量方程式，或称恒定总流的伯努利方程式。表明流体从上游向下游流动的过程中，机械能不断衰减，其中一部分变成热能损失掉了。

(1) 能量方程式的意义

1) 物理意义

式 (1—14) 中，z 表示单位重量流体的位置势能，简称位能；$\frac{p}{\gamma}$ 表示单位重量流体的压力势能，简称压能；$\frac{\alpha v^2}{2g}$ (α 为动能修正系数，一般取 1.0) 表示单位重量流体的平均动能，简称动能；h_w 表示克服阻力所引起的单位能量损失，简称能量损失。$\left(z+\frac{p}{\gamma}\right)$ 表示单位势能；$\left(z+\frac{p}{\gamma}+\frac{\alpha v^2}{2g}\right)$ 表示单位总机械能。

2) 几何意义

式 (1—14) 中各项的单位都是米 (m)，具有长度量纲 [L]，表示某种高度，可以用几何线段来表示，流体力学上称为水头。Z 称为位置水头，$\frac{p}{\gamma}$ 称为压强水头，$\frac{\alpha v^2}{2g}$ 称为流速水头，h_w 称为水头损失；$\left(z+\frac{p}{\gamma}\right)$ 称为测压管水头 (H_p)，$\left(z+\frac{p}{\gamma}+\frac{\alpha v^2}{2g}\right)$ 称为总水头 (H)。

(2) 总水头线与测压管水头线的绘制。用能量方程计算一元流动，能够求出水流某些个别断面的流速和压强，但并未回答一元流的全线问题。现在，我们用总水头线和测压管水头线来求得这个问题的图形表示。

总水头线和测压管水头线，直接在一元流上绘出，以它们距基准面的铅直距离，分别表示相应断面的总水头和测压管水头，如图 1—19 所示。它们是在一元流的流速水头已算出后绘出的。

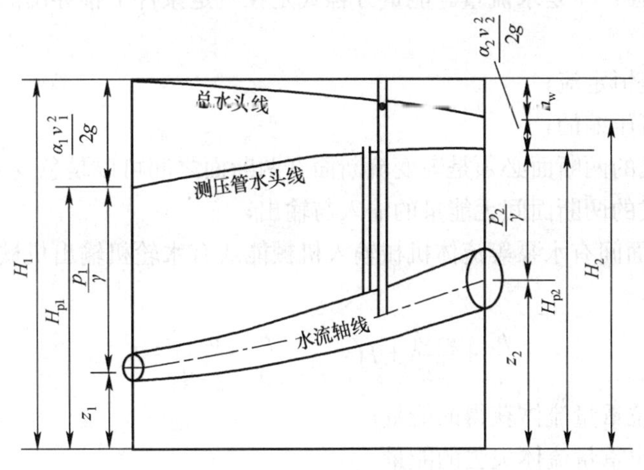

图 1—19　总水头线和测压管水头线

位置水头、压强水头和流速水头之和 $\left(z+\frac{p}{\gamma}+\frac{\alpha v^2}{2g}=H\right)$ 称为总水头。则能量方程式写为上下游两断面总水头 H_1、H_2 的形式是：

$$H_1=H_2+h_w \quad 或 \quad H_2=H_1-h_w$$

即每一个断面的总水头，是上游断面总水头减去两断面之间的水头损失。从最上游断面起，沿流向依次减去水头损失，求出各断面的总水头，一直到流动的结束。将这些总水头以水流本身高度的尺寸比例直接点绘在水流上。这样连成的线，就是总水头线。总水头线是沿水流逐段减去水头损失绘出来的。若是理想流动，水头损失为零，总水头线则是一条以 H_1 为高的水平线。

在绘制总水头线时，需注意区分沿程损失和局部损失在总水头线上表现形式的不同。沿程损失假设为沿流程均匀发生，表现为沿流程倾斜下降的直线。局部损失假设为在局部障碍处集中作用，表现为在障碍处铅直下降的直线。

测压管水头是同一断面总水头与流速水头之差。即 $H_p=H-\frac{v^2}{2g}$，根据这个关系，从断面的总水头减去同一断面的流速水头，即得该断面的测压管水头。将各断面的测压管水头连成的线，就是测压管水头线。所以，测压管水头线是根据总水头线逐断面减去流速水头绘出的。

从图 1—19 可以看出，绘制测压管水头线和总水头线之后，图形上出现四根有能量意义的线：总水头线、测压管水头线、水流轴线（管轴线）和基准面（线）。这四条线反映了能量方程中各项能量沿流程的变化。总水头线与测压管水头线间的垂直距离变化，反映平均流速沿流程的变化；测压管水头线与总流中心线间的垂直距离变化，反映出总流各断面压强沿流程的变化。图中测压管水头线位于水流轴线以上，说明流段的相对压强为正值；如果测压管水头线位于水流轴线以下，表明该流段中的相对压强为负值，即出现真空。理想流动与实际流动总水头线间的垂直距离表示断面间水头损失的变化。

（5）能量方程的应用条件。能量方程和连续性方程联立，可以解决工程实际问题：一是求流速，二是求压强，三是求流量。能量方程式是在一定条件下推导出的，应用时要注意以下五个适用条件：

1）流体流动是恒定流；

2）流体是不可压缩的；

3）建立方程式的两断面必须是渐变流断面（两断面之间可以是急变流）；

4）建立方程式的两断面间无能量的输入与输出；

若总流的两断面间有水泵等流体机械输入机械能或有水轮机输出机械能时，能量方程式应改写为

$$z_1+\frac{p_1}{\gamma}+\frac{\alpha_1 v_1^2}{2g}\pm H=z_2+\frac{p_2}{\gamma}+\frac{\alpha_2 v_2^2}{2g}+h_{w1-2} \tag{1—15}$$

式中　$+H$——单位重量流体获得的能量；

　　　$-H$——单位重量流体失去的能量。

5）建立方程式的两断面间无分流或合流。

（6）应用方程解题时的注意事项。应用能量方程式解题的一般步骤为：分析流动总体、选择基准面、划分计算断面、写出方程并求解。但必须注意以下几点。

1）基准面的选取。为了计算方便，基准面一般应选在下游断面中心、管流轴心或其下方，这样可使位置水头 z 不出现负值。对于不同的计算断面，必须选取同一基准面。

2）压强基准的选取。可以是相对压强，也可以是绝对压强，但方程式两边必须选取同

一基准。工程上一般选取相对压强。当问题涉及流体本身的性质（如相变等问题）时，则必须采取绝对压强。

3）计算断面的选取（即所列能量方程式的两个断面），一般应选在压强或压差已知的渐变流断面上（例如水箱水面，管道出口断面等），并使所求的未知量包含在所列方程之中。这样可简化运算过程。

4）在计算过流断面的测压管水头$\left(z+\dfrac{p}{\gamma}\right)$时，可以选取过流断面上的任意一点来计算。因为在渐变流的同一过流断面上，任意一点的测压管水头$\left(z+\dfrac{p}{\gamma}\right)$=常数。具体选用哪一点，以计算方便为宜。对于管流，一般可选在管轴中心点。

5）方程式中的能量损失（h_w）一项，应加在流动的末端断面即下游断面上。由于本章没有单独讨论能量损失的计算问题，因此在本章中，能量损失值或直接给出，或按理想流体处理不予考虑。

【例题 1—4】 如图 1—20 所示，水箱中的水经底部立管恒定出流，已知水深 $H=1.5$ m，管长 $L=2$ m，管径 $d=200$ mm，不计能量损失，并取动能修正系数 $\alpha=1.0$，试求：

（1）立管出口处水的流速；

（2）离立管出口 1 m 处水的压强。

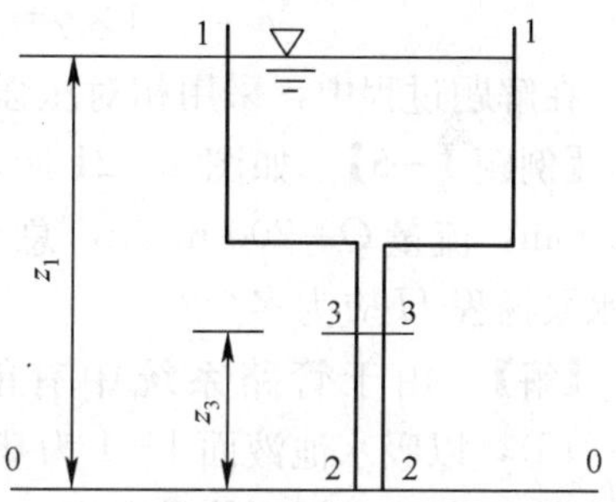

图 1—20 水经水箱底部立管恒定出流

【解】（1）立管出口处水的流速

本题水流为恒定流，水箱水面和欲求流速的出口断面均为渐变流断面，满足能量方程的应用条件。

在立管出口处取基准面 0－0，列出水箱水面 1－1 与出口断面 2－2 的能量方程式

$$z_1+\frac{p_1}{\gamma}+\frac{\alpha_1 v_1^2}{2g}=z_2+\frac{p_2}{\gamma}+\frac{\alpha_2 v_2^2}{2g}+h_{w1-2}$$

以上七项，按断面从左至右逐项确定如下：

断面 1－1 距离基准面的垂直高度 $z_1=1.5+2=3.5$ m

断面 1－1 处于大气相接触，按相对压强考虑，$p_1=p_a=0$

断面 1－1 与 2－2 相比，面积要大得多，因此流速 v_1 比 v_2 小得多。而流速水头$\dfrac{\alpha_1 v_1^2}{2g}$远小于$\dfrac{\alpha_2 v_2^2}{2g}$，可以忽略不计，即认为$\dfrac{\alpha_1 v_1^2}{2g}=0$。

断面 2－2 与基准面重合，$z_2=0$。断面 2－2 处直通大气，取与 1－1 断面相同压强基准，即相对压强，$p_2=0$。

不计能量损失，即 $h_{w1-2}=0$。且动能修正系数 $\alpha_1=\alpha_2=1.0$。

现将上述已知条件代入能量方程式，可得

$$3.5+0+0=0+0+\frac{v_2^2}{2g}+0$$

所以立管出口处水的流速

$$v_2=\sqrt{3.5\times2g}=\sqrt{3.5\times2\times9.807}=8.29\ \text{m/s}$$

（2）离立管出口 1 m 处水的压强。基准面 0－0 仍取在立管出口处，2－2 断面也不变，3－3 断面则必须取在离立管出口 1 m 处，以便确定其压强。断面 3－3 与 2－2 的能量方程为

$$z_3+\frac{p_3}{\gamma}+\frac{\alpha_3 v_3^2}{2g}=z_2+\frac{p_2}{\gamma}+\frac{\alpha_2 v_2^2}{2g}+h_{w3-2}$$

在这里，能量损失已加在流动的末端断面即下游断面上。

由于 $z_3=1$ m，$z_2=0$，$p_2=p_a=0$，$\alpha_3=\alpha_2=1.0$，$h_{w3-2}=0$ 代入上式得

$$1+\frac{p_3}{\gamma}+\frac{v_3^2}{2g}=0+0+\frac{v_2^2}{2g}+0$$

已知立管的直径不变，则流速水头相等$\frac{v_3^2}{2g}=\frac{v_2^2}{2g}$，所以上式为

$$1+\frac{p_3}{\gamma}=0 \text{ 或 } \frac{p_3}{\gamma}=-1$$

因此离立管出口 1 m 处的压强为

$$p_3=-1\times\gamma=-1\times9.807=-9\ 807\ \text{Pa}\approx-9.81\ \text{kPa}$$

在解题过程中，采用相对压强为基准，所以计算结果 p_3 为相对压强。

【例题 1—5】 如图 1—21 所示，某矿井输水高度 $H_s+H_d=300$ m，出水管直径 $d=200$ mm，流量 $Q=200\ \text{m}^3/\text{h}$，总水头损失 $h_w=0.1H$，试求水泵扬程 H 应为多少？

【解】 由于管路系统中有能量输入，所以要用式（1—15），以吸水池液面 1－1 为基准面，在 1－1 和出水管出口 2－2 断面之间列能量方程

$$z_1+\frac{p_1}{\gamma}+\frac{\alpha_1 v_1^2}{2g}+H=z_2+\frac{p_2}{\gamma}+\frac{\alpha_2 v_2^2}{2g}+h_{w1-2}$$

由于 $z_1=0 \quad p_1=0 \quad \frac{v_1^2}{2g}\approx0$

$$z_2=H_s+H_d=300\ \text{m} \quad p_2=0$$

$$v_2=\frac{4Q}{\pi d_2^2}=\frac{4\times200}{3\ 600\times\pi\times0.2^2}=1.77\ \text{m/s}$$

$$\alpha_1=\alpha_2=1.0 \quad h_{w1-2}=0.1H$$

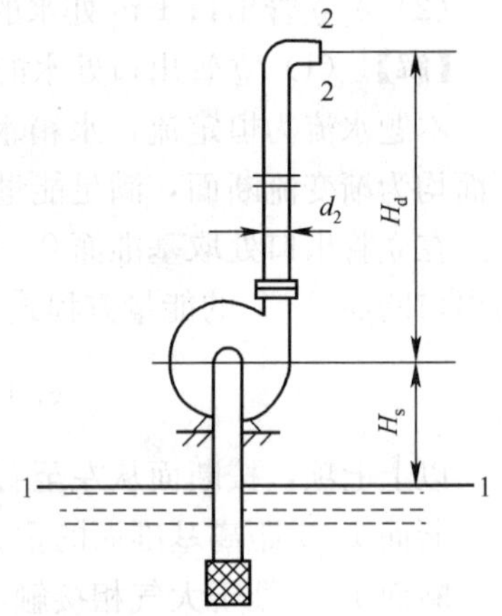

图 1—21　水泵排水

代入方程式得，$0+0+0+H=300+0+\frac{1.77^2}{2\times9.807}+0.1H$

得 $$H=334\ \text{m}$$

【例题 1—6】 水流由水箱经前后相接直径不同的两管流入到大气中。大小管断面的面积比为 2∶1。全部水头损失的计算式如图 1—22 所示。

1）求出口流速 v_2；

2）绘总水头线和测压管水头线；

3）根据水头线求 BC 管中点 M 的压强。

【解】（1）以管道出口断面中心为基准面，水池水面 1－1 及管道出口断面 2－2 写方

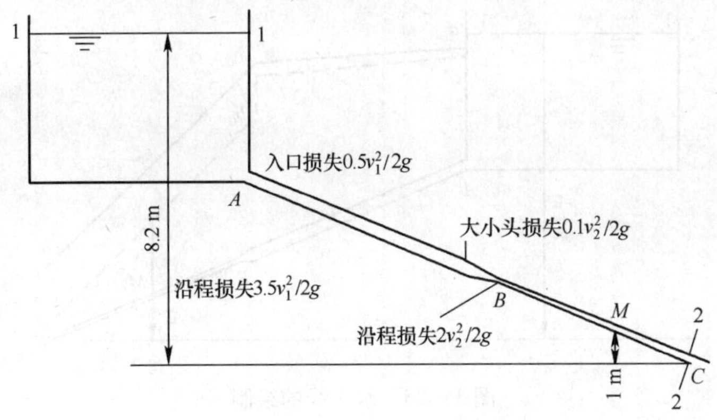

图 1—22 水头损失计算

程。则

$$z_1=8.2\ \text{m}\quad p_0=0\quad \frac{v_0^2}{2g}\approx 0$$

$$z_2=0\qquad p_2=0$$

$$8.2+0+0=0+0+\frac{v_2^2}{2g}+h_w$$

根据图 1—22 $$h_w=0.5\frac{v_1^2}{2g}+0.1\frac{v_2^2}{2g}+3.5\frac{v_1^2}{2g}+2\frac{v_2^2}{2g}$$

由于两管断面之比为 2∶1，两管流速之比为 1∶2，即 $v_2=2v_1$，$\frac{v_2^2}{2g}=4\frac{v_1^2}{2g}$代入，

$$h_w=3.1\frac{v_2^2}{2g}$$

则 $$8.2=4.1\frac{v_2^2}{2g}$$

$$\frac{v_2^2}{2g}=2\ \text{m}\quad v_2=\sqrt{2\times 9.807\times 2}=6.26\ \text{m/s}$$

$$\frac{v_1^2}{2g}=0.5\ \text{m}$$

(2) 从 1－1 断面处开始绘制总水头线，水箱静水水面高 $H=8.2$ m，总水头线就是水面线。入口处有局部水头损失，$0.5\frac{v_1^2}{2g}=0.5\times 0.5=0.25$ m。则 1－a 的铅直向下长度为 0.25 m。从 A 到 B 的沿程水头损失为 $3.5\frac{v_1^2}{2g}=1.75$ m，则 b 低于 a 的铅直距离为 1.75 m。以此类推，直至管路出口，图 1—23 中 1－a－b－b_0－c 即为总水头线。

测压管水头线在总水头线之下，距总水头线的铅直距离：在 A－B 管段为$\frac{v_1^2}{2g}=0.5$ m，在 B-C 管段的距离为$\frac{v_2^2}{2g}=2$ m。由于断面不变，流速水头不变。二管段的测压管水头线，分别与各管段的总水头线平行。图 1—23 中 1－a'－b'－b'_0－c'即为测压管水头线。

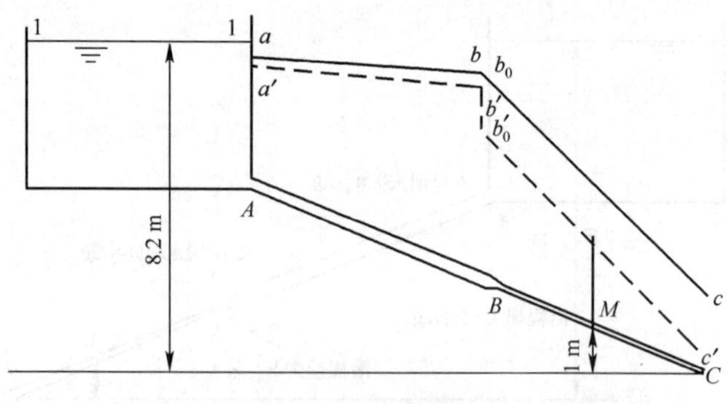

图 1—23　水头线的绘制

(3) 从图中量测出测压管水头线至 BC 管中点的距离为 1 m，则

$$\frac{p_M}{\gamma}=1\ \text{m}，所以\ p_M=9\ 807\ \text{N/m}^2$$

1.4　水流阻力与水头损失

流体在流动中需要消耗能量以克服阻力，这部分能量转化为热量，从而形成能量损失。流动阻力是造成能量损失的原因，因此，能量损失的变化规律就必然是流动阻力规律的反映。产生阻力的内因是流体的黏滞性和惯性力，外因是固体壁面对流体流动的阻止和扰动。在环境工程中，要通过管道输送流体，用能量方程解决流体的能量转换规律时，必须要计算出流体流动的能量损失，以便确定水泵、风机等流体机械应提供的能量。因此本章以恒定流为研究对象，介绍实际流体的流动形态、各种边界条件和不同流动形态下的能量损失变化规律及相应的计算方法。

1.4.1　流动阻力与能量损失的两种形式

流体流动的能量损失与流体的运动状态和流动边界条件有密切的关系。根据流动的边界条件，能量损失分为沿程能量损失和局部能量损失两种形式。

(1) 流动阻力和能量损失的分类。当束缚流体流动的固体边壁沿程不变，流动为均匀流动时，流层与流层之间或质点之间只存在沿程不变的切应力，称为沿程阻力。沿程阻力做功引起的能量损失称之为沿程能量损失。由于沿程损失沿管路长度均匀分布，因此，沿程能量损失的大小与管路长度成正比。在管路中单位重量流体的沿程能量损失称为沿程水头损失，用 h_f 表示。

当流体流经固体边界突然变化处（急变流处），由于固体边界的突然变化造成过流断面上流速分布急剧变化，从而在较短范围内集中产生的阻力称为局部阻力。由于局部阻力做功引起的能量损失称之为局部能量损失。在管道入口、突然扩大、突然缩小、弯头、闸阀、三通等管件处都存在局部能量损失。在这些管件处单位重量流体的局部能量损失称之为局部水头损失，用 h_j 表示。

如图 1—24 所示，从水箱侧壁上引出的管道，有直管段和局部构件。为了测量损失，在管道上装设一系列的测压管。连接各测压管的水面可得相应的测压管水头线、总水头线。图

中的 h_{fab}、h_{fbc}、h_{fcd} 就是 ab、bc、cd 段的沿程水头损失。沿程水头损失沿管道均匀分布，使实际总水头线在相应的各管段上形成一定的坡度，这就是水力坡度。水力坡度表示单位重量水流在单位长度上的沿程水头损失。在同一流量下，直径不同的管段水力坡度不同，直径相同的管段水力坡度不变。整个管路的沿程水头损失等于各管段的沿程水头损失之和。即

$$\sum h_f = h_{fab} + h_{fbc} + h_{fcd}$$

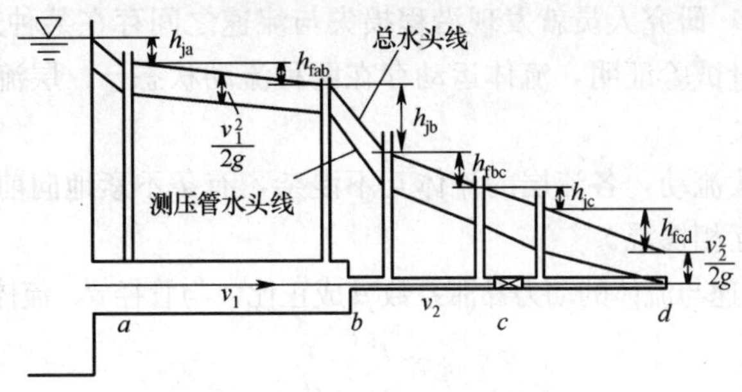

图 1—24 沿程阻力与沿程损失

当水流经过管件，即图中的 a、b、c 处时，由于水流运动边界条件发生了急剧改变，引起流速分布迅速改组，水流质点相互碰撞和掺混，并有旋涡区产生，形成局部水头损失。整个管路上的局部水头损失等于各管件的局部水头损失之和，即

$$\sum h_j = h_{ja} + h_{jb} + h_{jc}$$

单位重量液体在整个管路上的总水头损失应等于各管段的沿程水头损失与各管件的局部水头损失的总和，即

$$\sum h_w = \sum h_f + \sum h_j$$

（2）能量损失的计算公式。能量损失计算公式用水头损失表示时，为沿程水头损失（达西公式）：

$$h_f = \lambda \frac{L}{d} \frac{v^2}{2g} \tag{1—16}$$

式中 λ——沿程阻力系数；

L——管道长度，m；

d——管道直径，m；

g——重力加速度，m/s²；

v——管道断面平均流速，m/s。

局部水头损失：

$$h_j = \zeta \frac{v^2}{2g} \tag{1—17}$$

式中 ζ——局部阻力系数。

对于气体管路以及流体的密度或容重沿程发生改变的管路，其能量损失一般用压强损失来表示。

沿程压强损失为

$$p_f = \lambda \frac{L}{d} \frac{\rho v^2}{2} \tag{1—18}$$

局部压强损失为

$$p_j=\zeta\frac{\rho v^2}{2} \tag{1—19}$$

式中　ρ——流体的密度，kg/m³。

1.4.2　流态的判别

从19世纪初期起，研究人员就发现沿程损失与流速之间存在某种规律。1883年，英国物理学家雷诺经过大量试验证明，流体运动存在两种流动状态——层流与紊流，而沿程损失的规律与流态密切相关。

层流即流体呈层状流动，各流层的流体互不混杂，有条不紊地向前流动。紊流即流动非常紊乱，各流层质点互相掺混。

试验证明，临界流速与流体的动力黏滞系数 μ 成正比，与管径 d、流体密度 ρ 成反比，即：

$$v_k\propto\frac{\mu}{\rho d}=\frac{\nu}{d}$$

或写成

$$\frac{v_k d}{\nu}=Re_k$$

式中　ν——运动黏滞系数，m²/s。

式中 Re_k 是一个比例常数，是不随管径和流体物理性质而变化的无量纲数，被称为雷诺数。较为准确的测定证明，$Re_k=2\,300$，大都稳定在2 000左右。圆管流动的实际雷诺数为

$$Re=\frac{vd}{\nu} \tag{1—20}$$

因此，有压圆管中两种流动形态的判别，只须把水流的实际雷诺数 Re 和临界雷诺数 Re_k 相比较即可。当 $Re>2\,000$ 时，水流为紊流运动状态；当 $Re\leqslant 2\,000$ 时，水流为层流运动状态。临界雷诺数 Re_k 即为两种流态的判别准则数。

对于非圆管有压流动和无压流，同样可以用雷诺数判别流态，只是计算 Re 时，采用水力半径 R 作为特征长度，代替圆形管道的直径 d 进行计算。即

$$Re=\frac{vR}{\nu} \tag{1—21}$$

式中　R——水力半径，m。

$$R=\frac{A}{\chi} \tag{1—22}$$

式中　A——过流断面面积，m²；

　　χ——湿周，它是水流与周围固体边壁接触的周界长度，m。

无压流和非圆形断面的有压流，临界雷诺数 Re_k 大都稳定在500左右，即 $Re_k=500$。

故无压流和非圆形断面的有压流动，层流与紊流流态的判别式是：

$Re>500$　　为紊流

$Re\leqslant 500$　　为层流

【例题1—7】　室内给水管径 $d=40$ mm，如管内流速 $v=1.1$ m/s，水温 $t=10$℃。

（1）试判断管内水的流态；

（2）管内保持层流状态的最大流速为多少？

【解】（1）10℃时水的运动黏滞系数 $\nu=1.31\times10^{-6}\ \mathrm{m^2/s}$，管内水流的雷诺数为

$$Re=\frac{vd}{\nu}=\frac{1.1\times0.04}{1.31\times10^{-6}}=33\ 588>2\ 000$$

（2）保持层流的最大流速所对应的就是临界雷诺数 Re_k

由于
$$Re_k=\frac{v_k d}{\nu}=2\ 000$$

所以
$$v_k=\frac{Re_k\nu}{d}=\frac{2\ 000\times1.31\times10^{-6}}{0.04}=0.066\ \mathrm{m/s}$$

1.4.3　沿程损失的计算

在前面已经给出的圆形管道压力流的沿程水头损失计算公式为

$$h_f=\lambda\frac{L}{d}\frac{v^2}{2g}$$

该式是圆管水头损失计算的通用公式，不但适用于层流，同样也可用于紊流。但对于不同的流态，式中沿程阻力系数的规律不同，因此，管道沿程水头损失的计算转变为沿程阻力系数的计算。流体做层流运动时的沿程阻力系数 $\lambda=\frac{64}{Re}$，很容易得到证明，而对于紊流由于流体运动的复杂性，单纯用数学分析的方法直接推导紊流的沿程阻力系数 λ 的计算公式，目前还不可能。要解决紊流的阻力计算，工程上通常有以下两种途径来确定 λ 值：一种是以紊流的半经验理论为基础，借助试验研究，整理成半经验公式；另一种是直接依据紊流沿程损失的试验资料综合成阻力系数 λ 的纯经验公式。这些公式尽管在理论上还不十分严密，但却都与试验结果较好符合，可以满足工程中水力计算要求，因而得到广泛应用。

尼古拉兹实验揭示出沿程阻力系数 λ 的变化规律：

Ⅰ. 层流区　　$Re\leqslant2\ 000$，$\lambda=f_1(Re)=\frac{64}{Re}$

Ⅱ. 临界过渡区　　$2\ 000<Re<4\ 000$，$\lambda=f_2(Re)$

Ⅲ. 紊流光滑区　　$Re\geqslant4\ 000$，$\lambda=f_3(Re)$

Ⅳ. 紊流过渡区　　$\lambda=f_4(Re,\ \Delta/d)$

Ⅴ. 紊流粗糙区（阻力平方区）　$\lambda=f_5(\Delta/d)$（Δ/d 为管道的相对粗糙度）

尼古拉兹实验的重要意义在于比较完整地反映了沿程阻力系数 λ 的变化规律，找出了影响 λ 值变化的主要因素，提出了紊流阻力分区的概念，为推导紊流沿程阻力系数 λ 的半经验公式提供了可靠的依据。

（1）舍维列夫公式

在给水管道中适用于旧钢管、旧铸铁管的舍维列夫公式：

当 $v<1.2\ \mathrm{m/s}$ 时（紊流过渡区）

$$\lambda=\frac{0.017\ 9}{d^{0.3}}\left(1+\frac{0.867}{v}\right)^{0.3}\tag{1—23}$$

在给水工程中，使用金属管道考虑锈蚀的影响，会使管壁粗糙度增大，为了保证计算可靠，钢管和铸铁管的阻力系数都是按旧管的粗糙度考虑。

当 $v\geqslant1.2\ \mathrm{m/s}$ 时（紊流粗糙管区）

$$\lambda=\frac{0.021}{d^{0.3}} \tag{1—24}$$

式（1—23）、（1—24）中，d——管道内径，单位只能用 m。

（2）适用于硬聚乙烯给水管道的计算公式

$$\lambda=\frac{0.304}{Re^{0.239}} \tag{1—25}$$

这是上海市政工程设计院在中国建设技术发展中心和哈尔滨工业大学建筑工程学院的共同配合下，提出的 λ 的计算公式。该式适用于流速小于 3 m/s 的塑料管道。对于玻璃管和一些非碳钢类的金属管道，由于它们的内壁光滑，当流速小于 3 m/s 时，同样也可用式（1—25）计算 λ 值。

（3）希弗林逊公式

$$\lambda=0.11\left(\frac{\Delta}{d}\right)^{0.25} \tag{1—26}$$

这是一个指数公式，用于紊流粗糙区，由于形式简单，计算方便，因此，工程上经常采用。

【例题 1—8】 某铸铁输水管路，内径 $d=300$ mm，管长 $L=2\,000$ m，流量 $Q=60$ L/s，试计算管路的沿程水头损失。

【解】（1）判别流态

$$v=\frac{Q}{A}=\frac{Q}{\frac{\pi}{4}d^2}=\frac{0.06}{\frac{\pi}{4}\times 0.3^2}=0.85\ \text{m/s}<1.2\ \text{m/s}$$

管中水流处于紊流过渡区

（2）计算 λ 值

根据舍维列夫公式，当流速小于 1.2 m/s 时

$$\lambda=\frac{0.017\,9}{d^{0.3}}\left(1+\frac{0.867}{v}\right)^{0.3}=\frac{0.017\,9}{0.3^{0.3}}\left(1+\frac{0.867}{0.85}\right)^{0.3}=0.031\,7$$

（3）计算 h_f 值

$$h_f=\lambda\frac{L}{d}\frac{v^2}{2g}=0.031\,7\times\frac{2\,000}{0.3}\times\frac{0.85^2}{2\times 9.8}=7.76\ \text{m}$$

1.4.4 局部损失的计算

在前面几节中研究了沿程损失的计算方法，但这些计算只适用于过流断面的大小及形状沿程不变的均匀流管道。实际管道中还要安装弯头、三通、闸阀、变径管等管道配件。流体流经这些配件处时，由于固体边壁或流量的改变，使均匀流状态发生变化，从而引起流速的方向、大小以及断面流速分布的变化，因而在局部管件处会产生集中的局部阻力。流体因克服局部阻力所引起的能量损失，称为局部损失。

管道中产生局部损失的管道配件种类繁多，形状各异，再加上由于边界面的变化，使流体流动发生急剧变形。因此，大多数局部阻碍的能量损失计算，无法从理论上进行推导和证明。必须通过试验来测定局部阻力系数，以解决管路中的水力计算问题。

（1）局部损失产生的原因

1）流体流过管道配件时，由于惯性作用，流体不能随边界条件的突然变化而改变方向，致使主流与固体壁面分离，从而在主流边界与固体壁面之间形成旋涡区。在旋涡区内流体做

回转运动要消耗能量，同时形成的旋涡又不断被主流带走，并随之扩散，又会加大主流的紊流强度，增加阻力。

2）由于固体边界的突然变化，造成主流流速分布的迅速重新改组和流体质点的剧烈变形，致使流体流动中的黏性阻力和惯性阻力都显著增大，也会造成一定的水头损失。

对各种局部阻碍处产生能量损失的原因进行对比后可以发现，无论是改变流速的大小，还是改变方向，局部损失都在很大程度上取决于旋涡区的大小。如果固体边壁的变化仅使流体质点变形和流速分布重新改组，而不出现旋涡区，其局部损失一般都比较小。

（2）局部损失的计算。各种类型局部水头损失的基本特征有共同点，所以工程中采用共同的通用计算公式，即

$$h_j=\zeta\frac{v^2}{2g}$$

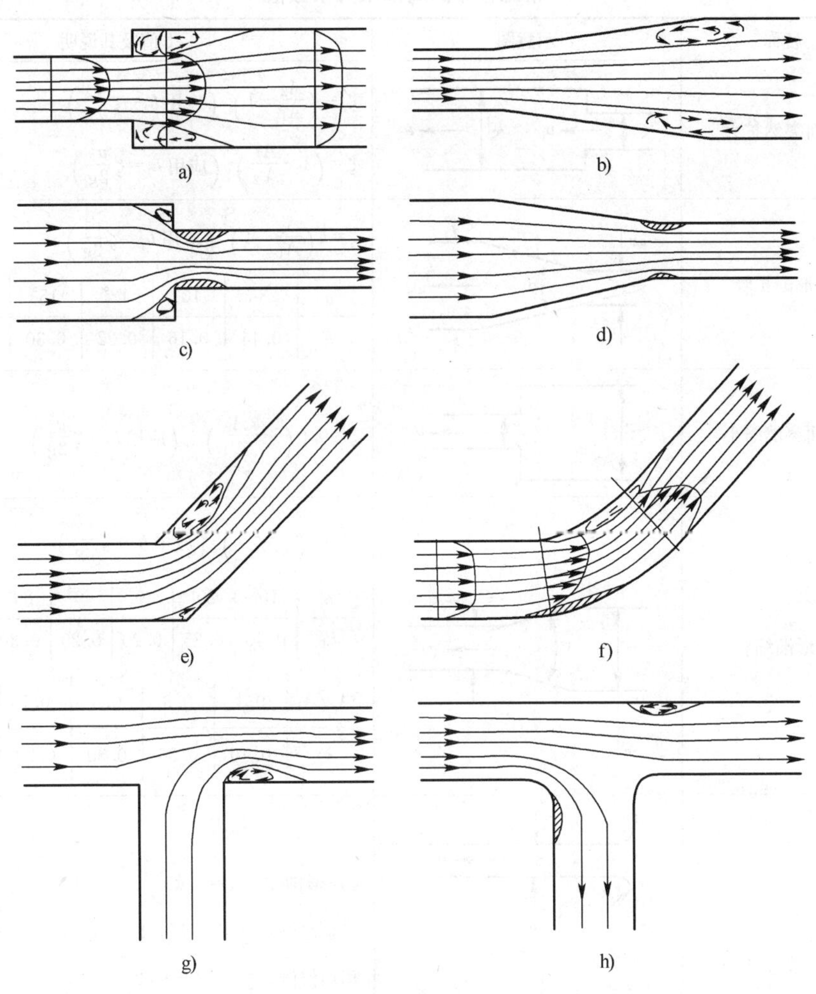

图 1—25　几种典型的局部阻碍

a）突扩管　b）渐扩管　c）突缩管　d）渐缩管

e）折弯管　f）圆弯管　g）锐角合流三通　h）圆角分流三通

对于气体管路，上式可改写为 $p_j=\gamma h_j=\zeta\frac{v^2}{2g}\gamma=\zeta\frac{\rho v^2}{2}$

式中 h_j——局部水头损失，m；

p_j——局部压强损失，Pa；

ζ——局部阻力系数；

v——与局部阻力系数相对应的断面平均流速，m/s。

表 1—3 列出了常用各种管件的局部阻力系数 ζ 值。

应当注意，表 1—3 中的 ζ 值，都是针对某一过流断面平均流速而言的。因此，在计算局部损失时，必须使查得的 ζ 值与表中所指的断面平均流速相对应，凡未标明者，均应采用局部管件以后的流速。

表 1—3　　常见管路的局部阻力系数值

<table>
<tr><th>序号</th><th>名称</th><th>示意图</th><th>ζ 值及其说明</th></tr>
<tr><td>1</td><td>断面突然扩大</td><td>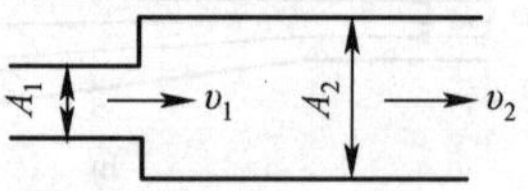</td><td>$\zeta=\left(\frac{A_2}{A_1}-1\right)^2$ $\left(应用\ h_j=\zeta\frac{v_2^2}{2g}\right)$
$\zeta=\left(1-\frac{A_1}{A_2}\right)^2$ $\left(应用\ h_j=\zeta\frac{v_1^2}{2g}\right)$</td></tr>
<tr><td>2</td><td>圆形渐扩管</td><td>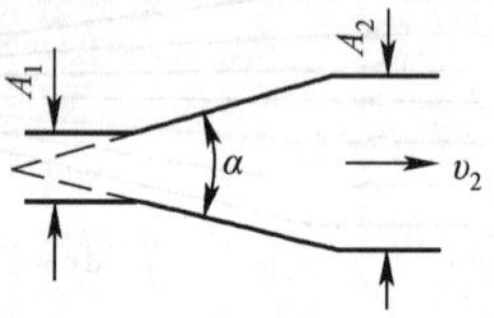</td><td>$\zeta=k\left(\frac{A_2}{A_1}-1\right)^2$ $\left(应用\ h_j=\zeta\frac{v_2^2}{2g}\right)$
<table><tr><td>α</td><td>8°</td><td>10°</td><td>12°</td><td>15°</td><td>20°</td><td>25°</td></tr><tr><td>k</td><td>0.14</td><td>0.16</td><td>0.22</td><td>0.30</td><td>0.42</td><td>0.62</td></tr></table></td></tr>
<tr><td>3</td><td>断面突然缩小</td><td>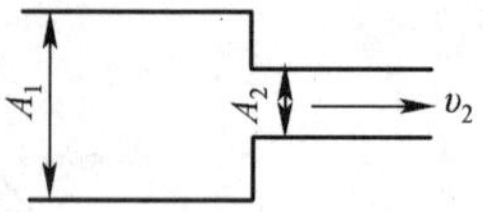</td><td>$\zeta=0.5\left(1-\frac{A_2}{A_1}\right)$ $\left(应用\ h_j=\zeta\frac{v_2^2}{2g}\right)$</td></tr>
<tr><td>4</td><td>圆形渐缩管</td><td>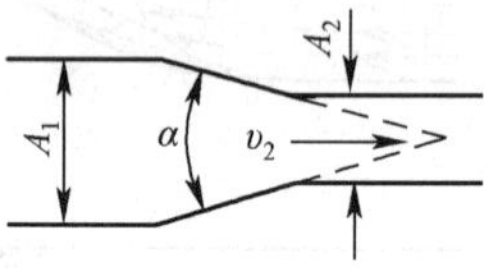</td><td>$\zeta=k_1\left(\frac{1}{k_2}-1\right)^2$ $\left(应用\ h_j=\zeta\frac{v_2^2}{2g}\right)$
<table><tr><td>α</td><td>10°</td><td>20°</td><td>40°</td><td>60°</td><td>80°</td><td>100°</td></tr><tr><td>k_1</td><td>0.40</td><td>0.25</td><td>0.20</td><td>0.20</td><td>0.30</td><td>0.40</td></tr></table><table><tr><td>A_2/A_1</td><td>0.1</td><td>0.3</td><td>0.5</td><td>0.7</td><td>0.9</td></tr><tr><td>k_2</td><td>0.40</td><td>0.36</td><td>0.30</td><td>0.20</td><td>0.10</td></tr></table></td></tr>
<tr><td>5</td><td>管道进口</td><td>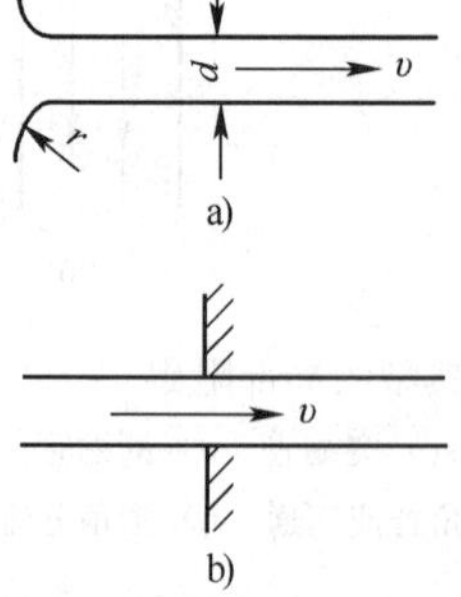</td><td>圆形喇叭口，$\zeta=0.05$
安全修圆，$\frac{r}{d}\geqslant 0.15$，$\zeta=0.10$
稍加修圆，$\zeta=0.20\sim0.25$
直角进口，$\zeta=0.50$
内插进口，$\zeta=1.0$</td></tr>
</table>

续表

<table>
<tr><th>序号</th><th>名称</th><th>示意图</th><th>ζ值及其说明</th></tr>
<tr><td rowspan="2">6</td><td rowspan="2">管道出口</td><td>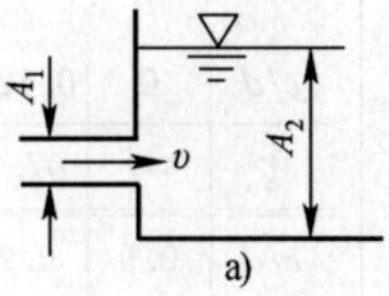
a)</td><td>流入渠道，$\zeta=\left(1-\frac{A_1}{A_2}\right)^2$</td></tr>
<tr><td>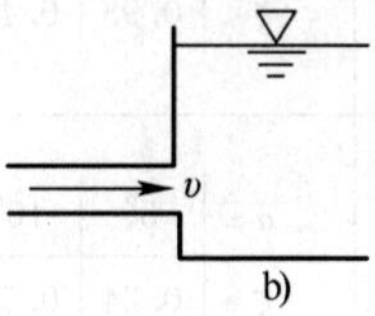
b)</td><td>流入水池，$\zeta=1.0$</td></tr>
<tr><td>7</td><td>折管</td><td>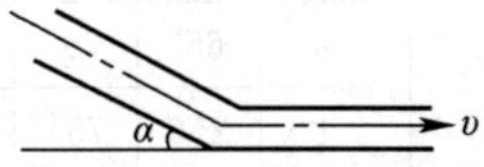</td><td>圆形
<table><tr><td>α</td><td>10°</td><td>20°</td><td>30°</td><td>60°</td><td>80°</td><td>90°</td></tr><tr><td>ζ</td><td>0.04</td><td>0.1</td><td>0.2</td><td>0.55</td><td>0.90</td><td>1.10</td></tr></table>矩形
<table><tr><td>α</td><td>15°</td><td>30°</td><td>45°</td><td>60°</td><td>90°</td></tr><tr><td>ζ</td><td>0.025</td><td>0.11</td><td>0.26</td><td>0.49</td><td>1.20</td></tr></table></td></tr>
<tr><td>8</td><td>弯管</td><td>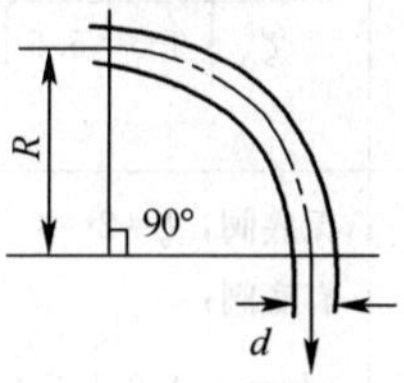</td><td>$\alpha=90°$
<table><tr><td>d/R</td><td>0.2</td><td>0.4</td><td>0.6</td><td>0.8</td><td>1.0</td></tr><tr><td>ζ</td><td>0.132</td><td>0.138</td><td>0.158</td><td>0.206</td><td>0.294</td></tr><tr><td>d/R</td><td>1.2</td><td>1.4</td><td>1.6</td><td>1.8</td><td>2.0</td></tr><tr><td>ζ</td><td>0.440</td><td>0.660</td><td>0.976</td><td>1.406</td><td>1.975</td></tr></table></td></tr>
<tr><td>9</td><td>缓弯管</td><td>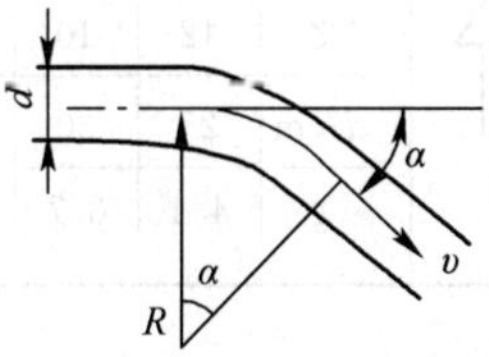</td><td>α为任意角度，$\zeta=k\zeta_{90°}$
<table><tr><td>α</td><td>20</td><td>40</td><td>60</td><td>90</td><td>120</td><td>180</td></tr><tr><td>k</td><td>0.47</td><td>0.66</td><td>0.82</td><td>1.00</td><td>1.16</td><td>1.41</td></tr></table></td></tr>
<tr><td>10</td><td>分岔管</td><td>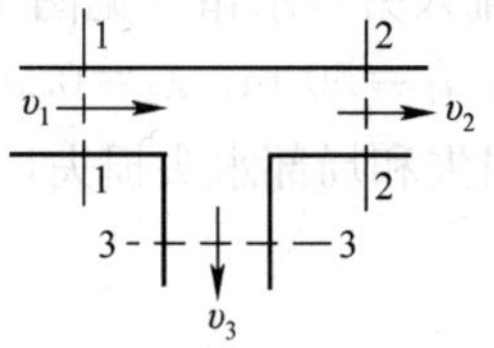</td><td>$\zeta_{1-3}=2$，$h_{j1-3}=2\frac{v_3^2}{2g}$，$h_{j1-2}=\frac{v_1^2-v_2^2}{2g}$</td></tr>
<tr><td>11</td><td>分岔管</td><td colspan="2"> $\zeta=0.5$　 $\zeta=1.0$　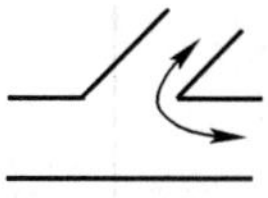 $\zeta=3.0$　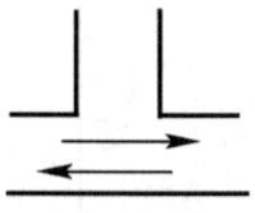 $\zeta=0.1$　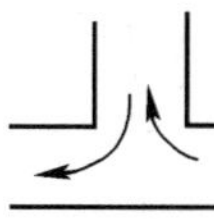 $\zeta=1.5$</td></tr>
</table>

续表

<table>
<tr><th>序号</th><th>名称</th><th>示意图</th><th>ζ值及其说明</th></tr>
<tr><td>12</td><td>板式阀门</td><td></td><td>
<table>
<tr><td>e/d</td><td>0</td><td>0.125</td><td>0.2</td><td>0.3</td><td>0.4</td><td>0.5</td></tr>
<tr><td>ζ</td><td>∞</td><td>97.3</td><td>35.0</td><td>10.0</td><td>4.60</td><td>2.06</td></tr>
<tr><td>e/d</td><td>0.6</td><td>0.7</td><td>0.8</td><td>0.9</td><td>1.0</td><td></td></tr>
<tr><td>ζ</td><td>0.98</td><td>0.44</td><td>0.17</td><td>0.06</td><td>0</td><td></td></tr>
</table>
</td></tr>
<tr><td>13</td><td>蝶阀</td><td></td><td>
<table>
<tr><td>α</td><td>5°</td><td>10°</td><td>15°</td><td>20°</td><td>25°</td><td>30°</td></tr>
<tr><td>ζ</td><td>0.24</td><td>0.52</td><td>0.90</td><td>1.54</td><td>2.51</td><td>3.91</td></tr>
<tr><td>α</td><td>35°</td><td>40°</td><td>45°</td><td>50°</td><td>55°</td><td>60°</td></tr>
<tr><td>ζ</td><td>6.22</td><td>10.8</td><td>18.7</td><td>32.6</td><td>58.8</td><td>118</td></tr>
<tr><td>α</td><td>65°</td><td>70°</td><td>90°</td><td colspan="3">全开</td></tr>
<tr><td>ζ</td><td>256</td><td>751</td><td>∞</td><td colspan="3">0.1～0.3</td></tr>
</table>
</td></tr>
<tr><td>14</td><td>截止阀</td><td></td><td>
<table>
<tr><td>d/cm</td><td>15</td><td>20</td><td>25</td><td>30</td><td>35</td><td>40</td><td>50</td><td>≥60</td></tr>
<tr><td>ζ</td><td>6.5</td><td>5.5</td><td>4.5</td><td>3.5</td><td>3.0</td><td>2.5</td><td>1.8</td><td>1.7</td></tr>
</table>
</td></tr>
<tr><td>15</td><td>滤水网</td><td>无底阀　有底阀</td><td>
无底阀，ζ=2～3
有底阀：
<table>
<tr><td>d/cm</td><td>4.0</td><td>5.0</td><td>7.5</td><td>10</td><td>15</td><td>20</td></tr>
<tr><td>ζ</td><td>12</td><td>10</td><td>8.5</td><td>7.0</td><td>6.0</td><td>5.2</td></tr>
<tr><td>d/cm</td><td>25</td><td>30</td><td>35</td><td>40</td><td>50</td><td>75</td></tr>
<tr><td>ζ</td><td>4.4</td><td>3.7</td><td>3.4</td><td>3.1</td><td>2.5</td><td>1.6</td></tr>
</table>
</td></tr>
</table>

【例题 1—9】 水从一水箱经过两段水管流入另一水箱（见图 1—26），已知 $d_1=15$ cm，$l_1=30$ m，$\lambda_1=0.03$，$H_1=5$ m，$d_2=25$ cm，$l_2=50$ m，$\lambda_2=0.025$，$H_2=3$ m。水箱尺寸很大，箱内水面保持恒定，如考虑沿程水头损失和局部水头损失，试求其流量。

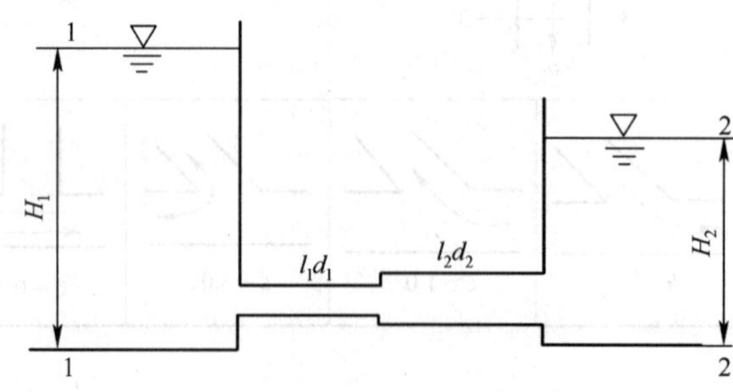

图 1—26　水箱对流示意图

【解】 取断面1－1，2－2，以水箱底面作为基准面，对断面1－1和2－2列伯努利方程

$$H_1+\frac{p_1}{\gamma}+\frac{\alpha v_1^2}{2g}=H_2+\frac{p_2}{\gamma}+\frac{\alpha v_2^2}{2g}+h_w$$

因为 $p_1=p_2=0$，并略去水箱中的行近流速，则

$$H_1=H_2+h_w$$

而
$$h_w=\sum h_f+\sum h_j$$
$$=\lambda_1\frac{l_1}{d_1}\frac{v_1^2}{2g}+\lambda_2\frac{l_2}{d_2}\frac{v_2^2}{2g}+\zeta_{进口}\frac{v_1^2}{2g}+\zeta_{突扩}\frac{v_1^2}{2g}+\zeta_{出口}\frac{v_2^2}{2g}$$

由连续性方程得

$$v_2=\frac{A_1}{A_2}v_1=\left(\frac{d_1}{d_2}\right)^2v_1$$

而
$$\zeta_{突扩}=\left(1-\frac{A_1}{A_2}\right)^2=\left(1-\frac{d_1^2}{d_2^2}\right)^2$$

得
$$h_w=\left[\lambda_1\frac{l_1}{d_1}+\lambda_2\frac{l_2}{d_2}\frac{d_1^4}{d_2^4}+\zeta_{进口}+\left(1-\frac{d_1^2}{d_2^2}\right)^2+\zeta_{出口}\frac{d_1^4}{d_2^4}\right]\frac{v_1^2}{2g}$$

将 $\zeta_{进口}=0.5$，$\zeta_{出口}=1.0$ 带入上式得

$$h_w=\left[0.003\times\frac{30}{0.15}+0.025\times\frac{50}{0.25}\times\frac{0.15^4}{0.25^4}+0.5+\left(1-\frac{0.15^2}{0.25^2}\right)^2+1.0\times\frac{0.15^4}{0.25^4}\right]\frac{v_1^2}{2g}$$
$$=7.69\frac{v_1^2}{2g}$$

从而有
$$v_1=\sqrt{\frac{2g(H_1-H_2)}{7.69}}=\sqrt{\frac{2\times9.8(5-2)}{7.69}}=2.77\ \text{m/s}$$
$$Q=v_1A_1=\left(2.77\times\frac{3.14}{4}\times0.15^2\right)=0.049\ \text{m}^3/\text{s}$$

1.5 堰 流

1.5.1 堰流定义和特征

在明渠缓流中设置堰墙或两边束窄的边墙等水工建筑物形成障壁，水流流经障壁顶部下泻，溢流上表面不受约束的开敞水流称为堰流，如图1—27所示。这种障壁就称为溢流堰，简称堰。

堰流的基本特征量有：

相关水头 H、H_0、H_d。H 为堰上作用水头（堰顶水头），距堰壁 $L=(3\sim5)H$ 处（不受堰顶水面降落的影响）的上游水位高程与堰顶高程差。H_0 为堰上总作用水头（堰顶总水头），考虑行进流速影响时的堰上作用水头，即 $H_0=H+\frac{\alpha_0v_0^2}{2g}$。$H_d$ 为堰设计水头，是堰体形设计时的参数。当实际水头 H_0 与 H_d 相等时，堰的过流量即为设计流量。堰顶水头和堰顶水深完全不同，请注意区别。

相关宽度 b、B。b 为堰宽，即水流溢过堰顶的宽度。B 为渠宽，即溢流堰所在处的上游

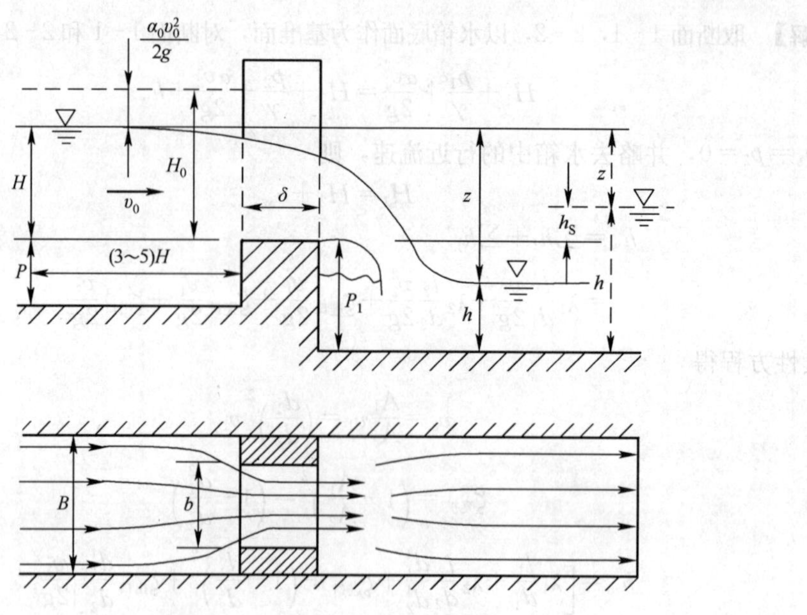

图 1—27　堰流及其基本特征量

渠宽。

堰高 P、P_1。上游堰高 P 与下游堰高 P_1，分别为堰顶高程与上、下游河床高程之差。

堰顶厚度 δ。堰顶厚度也称堰壁厚度、堰顶宽度，上下游堰壁之间的厚度。

上、下游水位差 z。上下游水位差为堰上游距堰壁（3～5）H 处的水位与下游河道正常水位之差。

堰下游水深 h 及下游水位高出堰顶的高度 h_s（当下游水位较高时，如图中的虚线所示）、堰前行进流速 v_0 等。

1.5.2　堰与堰流分类

根据堰壁厚度 δ 与水头 H 的关系，堰可分为薄壁堰、实用堰和宽顶堰三类。

薄壁堰，$\delta/H<0.67$，如图 1—28a 所示。过堰水流形成“水舌”，水舌下缘先上弯后回落，落至堰顶高程时，距上游壁面约 $0.67H$，堰顶厚度 $\delta<0.67H$ 时，堰顶对水舌无干扰，堰顶厚度不影响水流，故称为薄壁堰。

实用堰，$0.67<\delta/H<2.5$，如图 1—28b 所示。堰顶厚度对水流有一定影响，但堰上水面仍有一次连续跌落，这样的堰型称为实用堰。

宽顶堰，$2.5<\delta/H<10$，如图 1—28c 所示。过堰水流在堰进口与出口处形成二次跌落现象，这样的堰型称为宽顶堰。

当 $\delta/H>10$ 时，沿程水头损失不能忽略，流动已不属于堰流。

按堰口的形状分为：矩形堰（见图 1—29a）、三角堰（见图 1—29b）、梯形堰（见图 1—29c）及曲线型堰（见图 1—29d）。

按水流行近堰体的条件分为：无侧收缩堰和有侧收缩堰。当矩形堰宽度 b 等于引水渠宽度 B 时为无侧收缩堰（见图 1—30a），否则为有侧收缩堰（见图 1—30b）。

按下游出流是否影响泄流能力而分为：非淹没堰和淹没堰。堰流与下游水位的衔接关系

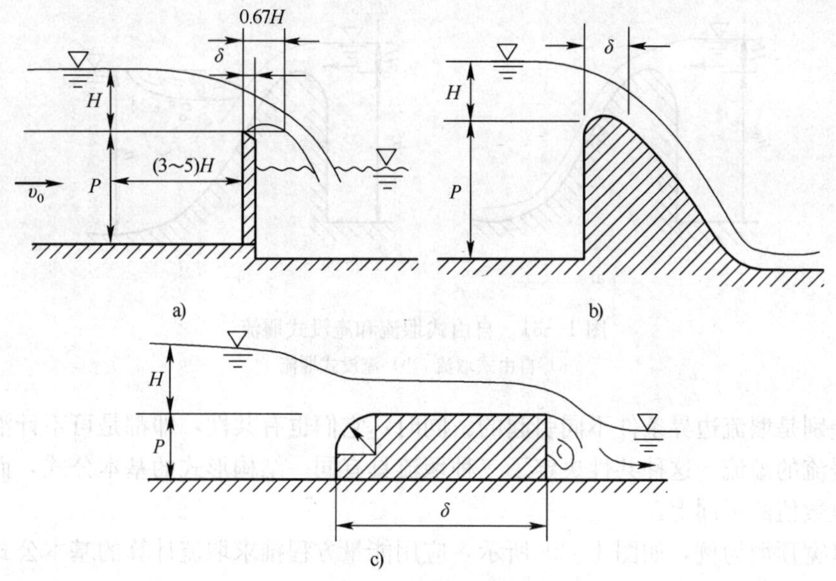

图 1—28 堰流分类

a）薄壁堰（$\delta<0.67H$） b）实用堰（$0.67H<\delta<2.5H$） c）宽顶堰（$2.5H<\delta<10H$）

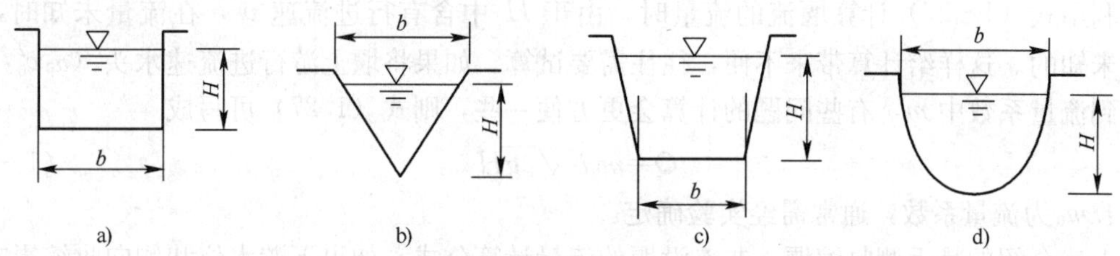

图 1—29 矩形堰、三角堰、梯形堰及曲线型堰

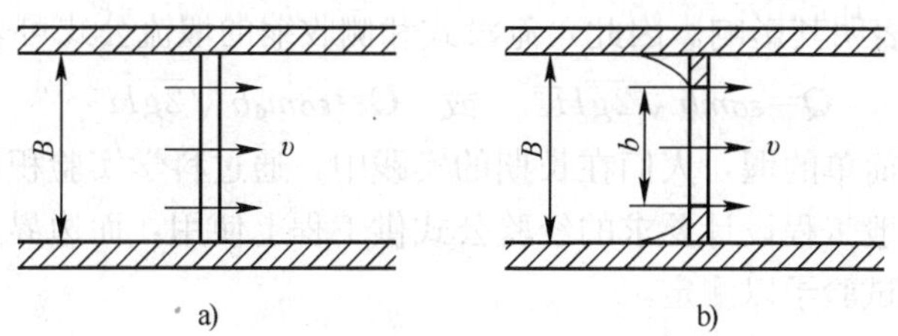

图 1—30 无侧收缩堰和有侧收缩堰

a）无侧收缩堰 b）有侧收缩堰

是一个重要的因素。当下游水深足够小，不影响堰流性质（如堰的过水能力）时称为自由式堰流（见图 1—31a）；当下游水深足够大时，下游水位影响堰流性质，称为淹没式堰流（见图 1—31b）。

研究堰流实际上就是研究流经堰的流量 Q 与堰流其他特征量的关系，从而解决工程中提出的相关水力学问题。

1.5.3 堰流基本公式

薄壁堰、实用堰和宽顶堰的水流特点是有差别的，由于 δ/H 的量变引起一定程度的质

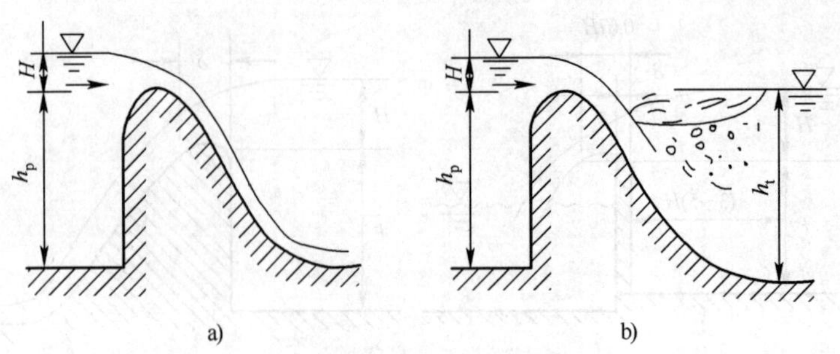

图 1—31　自由式堰流和淹没式堰流

a）自由式堰流　b）淹没式堰流

变。这种差别是堰流边界条件不同引起的。同时，它们也有共性，即都是可不计沿程水头损失的明渠缓流的溢流。这种共性决定了三种堰流具有同一结构形式的基本公式，而差异表现在某些系数数值的不同上。

现在以宽顶堰为例，如图 1—28 所示，应用能量方程推求堰流计算的基本公式，为：

$$Q=mb\sqrt{2g}H_0^{\frac{3}{2}} \tag{1—27}$$

式中：$m=\varphi k\sqrt{1-k}$，m 称为流量系数。

利用式（1—27）计算堰流的流量时，由于 H_0 中含有行进流速 v_0，在流量未知时，v_0 也是未知的。这样给计算带来不便，往往需要试算。如果将堰上游行进流速水头（$\alpha_0 v_0^2/2g$）考虑到流量系数中 m，有些问题的计算会更方便一些，则式（1.27）可写成

$$Q=m_0 b\sqrt{2g}H^{\frac{3}{2}} \tag{1—28}$$

式中：m_0 为流量系数，通常需经实验确定。

上述介绍的是无侧收缩堰、非淹没堰的流量计算公式。如果下游水位和侧向收缩影响堰流特性，在相同水头 H 时，其流量 Q 小于自由式堰流的流量。可用分别小于 1.0 的侧收缩系数 ε 和淹没系数 σ 表明其影响。因此，淹没式和侧收缩的堰流公式可表示为

$$Q=\varepsilon\sigma mb\sqrt{2g}H_0^{\frac{3}{2}} \quad 或 \quad Q=\varepsilon\sigma m_0 b\sqrt{2g}H^{\frac{3}{2}} \tag{1—29}$$

对边界条件比较简单的堰，人们在长期的实践中，通过科学实验积累了丰富的资料，制定了一些尚能满足一般工程设计要求的经验公式供工程上使用，而边界条件复杂的堰的流量系数，必须通过模型试验予以测定。

本章小结

本章系统介绍了流体的主要力学性质、静力学、一元流体动力学、流动阻力与能量损失、堰流等基础知识。

学习流体力学，首先要掌握流体的主要力学性质；学习静力学是学习动力学的基础，而流体的运动具有更普遍的意义。动力学以能量方程为核心展开介绍，能量方程是水力计算最重要的公式，是进行给水、排水管路计算及泵与风机选型的计算的基础。连续性方程解决能量方程中流速的计算，流动阻力与能量损失的学习解决了能量方程中损失的计算。最后了解

堰流的定义、分类及计算方法。

练 习 题

1. 什么是流体的黏滞性？它对流体的运动有何影响？液体和气体的黏性随温度的变化相同吗？

2. 流体静压方程有哪几种表达形式？分别表示了什么含义？

3. 在静止液体中，各点的位置水头、压强水头、测压管水头均相同吗？

4. 举例说出工程实际中哪些是压力流？哪些是无压流？为什么？

5. 关于水流流向问题有如下一些说法："水一定从高处向低处流""水是从压强大的地方向压强小的地方流""水是从流速大的地方向流速小的地方流"，这几种说法是否正确？哪种才是正确的说法？

6. 某地大气压强为 98.07 kN/m^2，求（1）绝对压强为 117.7 kN/m^{2}时的相对压强及其水柱高度；（2）相对压强为 8 mH_2O时的绝对压强；（3）绝对压强为 78.3 kN/m^{2}时的真空压强。

7. 密闭容器（见图 1—32）的水面的绝对压强 p'_0=107.7 kN/m^2，当地大气压强 p_a=98.07 kN/m^2。试求：（1）水深 h=0.8 m 时，A 点的绝对压强和相对压强；（2）若 A 点距基准面的高度 Z=4 m，求 A 点的测压管高度及测压管水头；（3）压力表 M 和酒精（γ=7.944 kN/m^3）测压计 h_1的读数为多少？

8. 如图 1—33 所示的复式水银测压计，试判断 A-A、B-B、C-C、D-D、C-E 中哪个是等压面，哪个不是等压面？

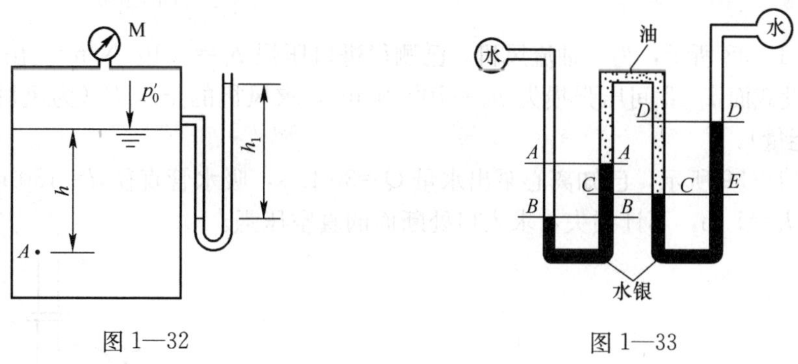

图 1—32　　　　图 1—33

9. 一盛水的封闭容器，其两侧各接一根玻璃管，如图 1—34 所示。一管顶端封闭，其液面压强 p'_0为 88.29 kN/m^2。另一端顶端敞开，液面与大气接触。已知 h_0为 2 m，试求：（1）容器内液面压强 p'_c；（2）敞口管与容器内的液面高差 x；（3）用真空值表示 p_0。

10. 如图 1—35 所示，水从水箱经直径为 d_1=10 cm、d_2=5 cm、d_3=2.5 cm 的管道流入大气中。当出口流速为 10 m/s 时，求（1）流量及质量流量；（2）d_1及 d_2管段的流速。

11. 一变直径的管段 AB，如图 1—36 示，直径 d_A=0.2 m、d_B=0.4 m，高差 Δh=1.5 m。今测得 p_A=30 kN/m^2 p_B=40 kN/m^2，B 处断面平均流速 v_B=1.5 m/s。试判断水

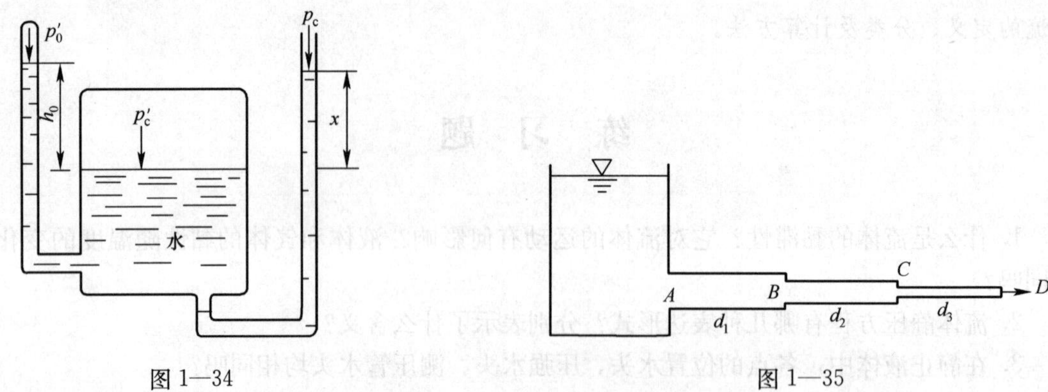

图 1—34　　图 1—35

在管中的流动方向，并求水流经两断面间的水头损失。

12. 某水泵在运行时的进水口真空表读数为 3 mH_2O，如图 1—37 所示，出水口压力表读数为 28 mH_2O，吸水管直径为 400 mm，压水管直径为 300 mm，流量读数为 180 L/s，不计水头损失，求水泵扬程（即水经过水泵后的水头增加值）。

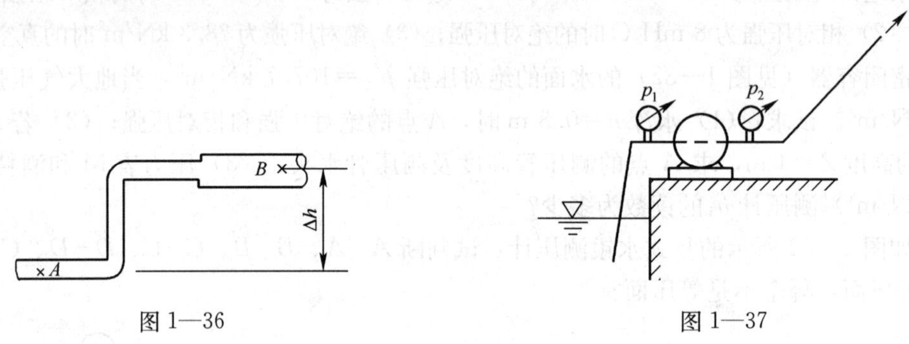

图 1—36　　图 1—37

13. 如图 1—38 所示，为一轴流风机。已测得进口压强 $p_1=-10^3$ N/m²，出口压强 $p_2=150$ N/m²，设截面 1－2 间压强损失 $p_w=100$ N/m²，求风机的全压 P（为风机输送给单位体积气体的能量）。

14. 如图 1—39 所示，已知离心泵出水量 $Q=30$ L/s，吸水管直径 $d=150$ mm，水泵轴线高于水面 $H_g=7$ m，不计损失，求入口处断面的真空压强。

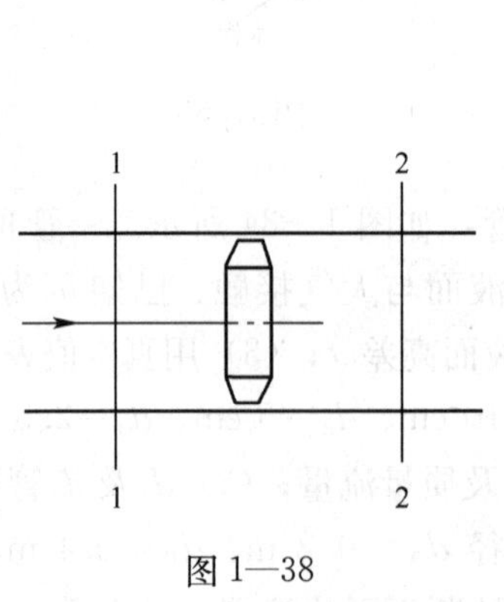

图 1—38

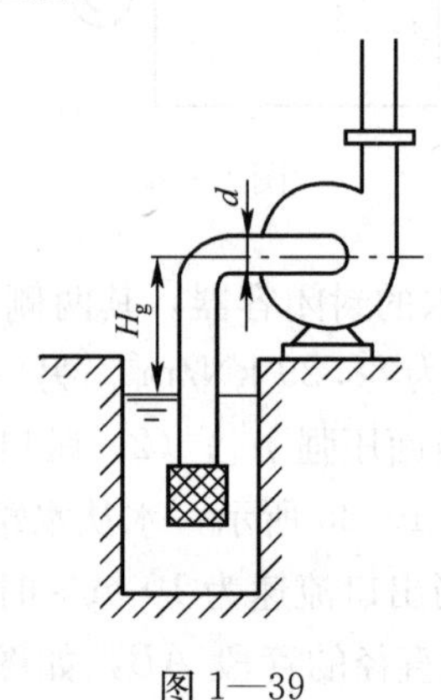

图 1—39

15. 如图 1—40 所示，由断面积为 0.2 m^2 和 0.1 m^2 的两根管子所组成的水平输水管从水箱流入大气中：

(1) 若不计水头损失，a) 求断面流速 v_1 及 v_2；b) 绘总水头线及测压管水头线；c) 求进口 A 点的压强。

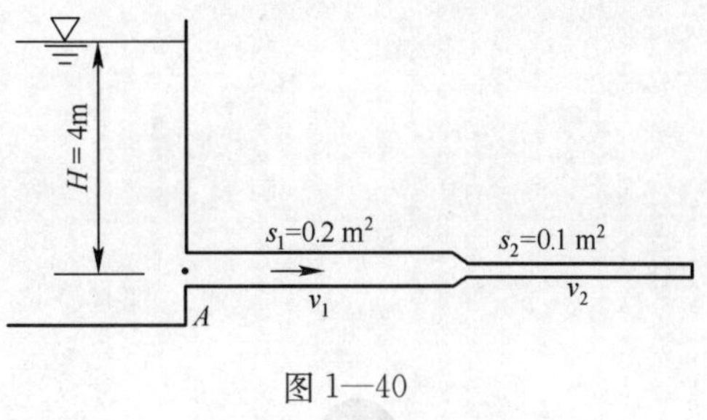

图 1—40

(2) 计入损失：第一段为 $4\dfrac{v_1^2}{2g}$，第二段为 $3\dfrac{v_2^2}{2g}$，a) 求断面流速 v_1 及 v_2；b) 绘总水头线及测压管水头线；c) 根据总水头线求各段中间的压强。

16. 某管道直径 d=50mm，通过温度为 10℃燃料油，燃油的运动黏滞系数 $\nu=5.16\times10^{-6}$ m^2/s，试求保持层流状态的最大流量 Q_{max}。

17. 一矩形断面小排水沟，水深 h=15 cm，底宽 b=20 cm，流速 v=0.15 m/s，水温为 15℃，试判别其流态。

18. 如图 1—41 所示，水从 A 水箱经底部连接管流入 B 水箱，已知钢管直径 d= 100 mm　长度 l=50 m，流量 Q=0.031 4 m^3/s，转弯半径 R=200 mm，折角 $\alpha=30°$，板式阀门相对开度 e/d=0.6，待水位静止后，试求两水箱的水面差。

19. 如图 1—42 所示，为测定阀门的局部阻力系数 ζ，在阀门的上下游装了三个测压管，其间距 l_1=1 m，l_2=2 m。若管道直径 d=50 mm，流速 v=3 m/s，测压管水头差 Δh_1= 250 mm，Δh_2=850 mm，试求阀门的局部阻力系数 ζ。

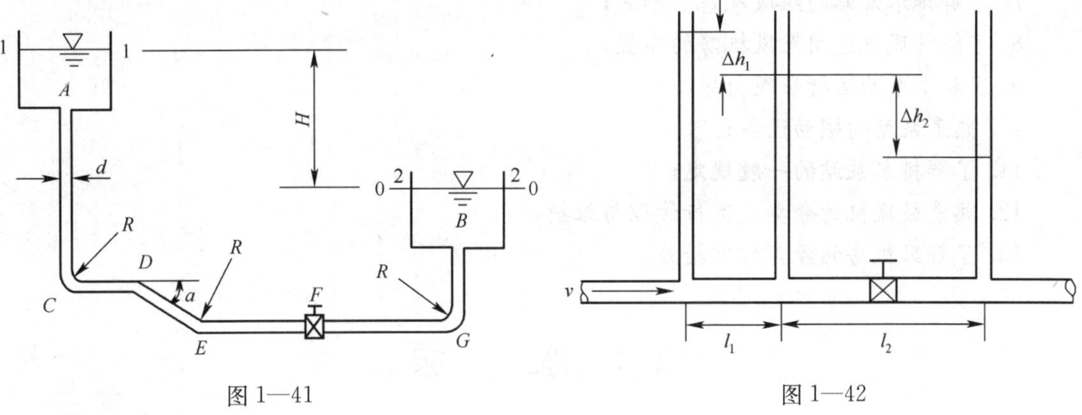

图 1—41　　图 1—42

2 水泵风机与站房

本章学习目标

1. 掌握离心泵的工作原理以及其主要结构；
2. 了解水泵特性曲线的使用方法；
3. 水泵选型的方法与步骤；
4. 了解离心鼓风机及罗茨鼓风机的工作原理；
5. 熟悉水泵的性能参数及特性曲线，离心泵的安装高度；
6. 了解给水泵站水泵机组的选择及布置，管道布置；
7. 了解排水泵站的组成及基本形式；
8. 了解鼓风机选用及风机房的布置；
9. 了解水泵的运行管理与维护；
10. 熟悉泵站的辅助设备；
11. 了解排水泵站的一般规定；
12. 熟悉鼓风机的分类及运行管理与维护；
13. 了解风机房的噪声控制措施。

2.1 水　泵

水泵是用以输送和提升液体的水力机械。它把原动机的机械能转化为被输送液体的能量，使液体获得动能或势能。水泵在国民经济各部门中都有应用，在给水排水中应用尤为广泛。

2.1.1 水泵的分类

由于水泵的品种系列繁多，对它的分类方法也各不相同。通常根据水泵的工作原理将其分为以下三类：

（1）叶片式水泵。叶片式水泵是依靠装有叶片的叶轮高速旋转来完成液体的输送的。根据叶轮对液体作用力的不同，可将这类水泵再细分为离心泵、轴流泵和混流泵三种。有径向流叶轮的水泵称为离心泵，液体质点在叶轮中流动主要受到离心力的作用；有轴向流的叶轮称为轴流泵，液体质点在叶轮中流动主要受到轴向升力的作用；有斜向流的叶轮称为混流泵，是上述两种叶轮的过渡形式，液体质点在叶轮中流动时，受到离心力和轴向升力的共同作用。

离心泵按其基本结构、型号特征可分为单级单吸式、单级双吸式、多级式以及自吸式离心泵；轴流泵按主轴方向可分为立式泵、卧式泵和斜式泵，按叶片调节的可能性可分为固定式、半调试和全调试；混流泵按结构形式可分为涡壳式泵和导叶式泵，按泵轴布置可分为立式泵和卧式泵。

（2）容积式水泵。容积式水泵是依靠泵体工作室容积的改变来完成液体的输送的。一般根据泵体工作室容积改变的方式可分为往复泵和回转泵两种。往复泵主要有活塞式往复泵和柱塞式往复泵两种；回转泵主要有齿轮泵、罗茨泵、螺杆泵和滑片泵等。容积式水泵的使用范围侧重于高扬程、小流量。

（3）其他类型水泵。其他类型水泵是指除叶片式水泵和容积式水泵以外的特殊泵。此类水泵主要有射流泵（又称水射器）、真空泵、螺旋泵、水轮泵、水锤泵等。这些水泵中，除螺旋泵是利用螺旋推进原理来提升液体位能以外，其他水泵都是利用高速液流或气流的动能来输送液体的。在给水排水工程中，结合具体条件应用这类特殊水泵来输送水或药剂（混凝剂、消毒剂等），会收到良好的效果。

在上述各类定型生产的水泵中，叶片式水泵应用最为广泛，其中轴流泵和混流泵的使用范围侧重于高扬程、小流量。离心泵的使用范围则介于两者之间，工作区域最广，产品品种、系列和规格也最多。

在城镇及工业企业的给水排水中，大量的、普遍使用的水泵是离心泵和轴流泵。

2.1.2 离心泵

（1）离心泵的工作原理。一般在离心泵启动之前，泵壳和吸水管道应先灌满水，然后在电动机的带动下，叶轮和水做高速旋转运动，此时，水在离心力的作用下被甩出叶轮，并以很高的流速进入泵壳，在泵壳内减速和进行能量转换，得到很高的压力，从排出口进入管道。在水流被甩出叶轮的同时，叶轮中心处形成真空，进水池的水便在大气压的作用下，经吸入管进入泵内填补已被排出的水的位置。通过叶轮不停的旋转，水流便源源不断地被吸入和甩出，形成水泵的连续抽水。由此可见，离心泵之所以能输送水，是因为叶轮高速旋转所产生的离心力的作用，这也是离心泵名称的由来。离心泵的工作原理如图 2—1 所示。

（2）离心泵的结构和主要零部件。虽然离心泵有许多不同类型和型号，但其主要零部件组成基本相同。主要由叶轮、泵轴、泵壳、泵座、轴封装置、密封环部件等构成。图 2—2 所示为 IS 型单吸单级清水离心泵的结构剖面图。

1）叶轮。叶轮是离心泵的核心零件，其形状和尺寸是通过水力计算来决定的。叶轮一般可分为单吸式叶轮和双吸式叶轮两种，单吸式叶轮是单边吸水，叶轮的前后盖板呈不对称状；双吸式叶轮从双侧吸水，叶轮盖板呈对称状，一般大流量离心泵多数采用双吸式叶轮。

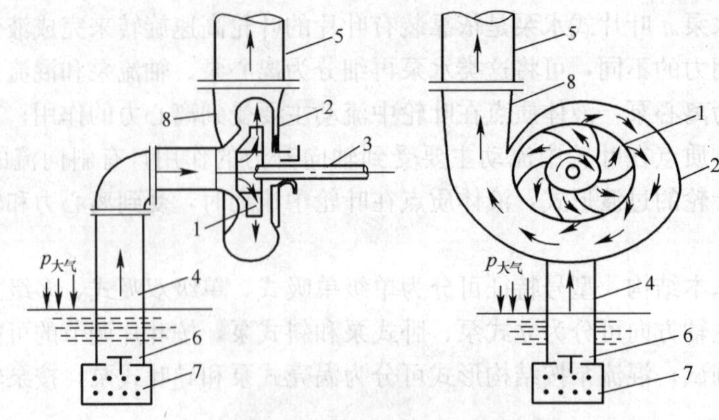

图 2—1　离心泵工作原理

1—叶轮　2—泵壳　3—泵轴　4—吸水管　5—出水管
6—低阀　7—滤水网　8—扩散锥管

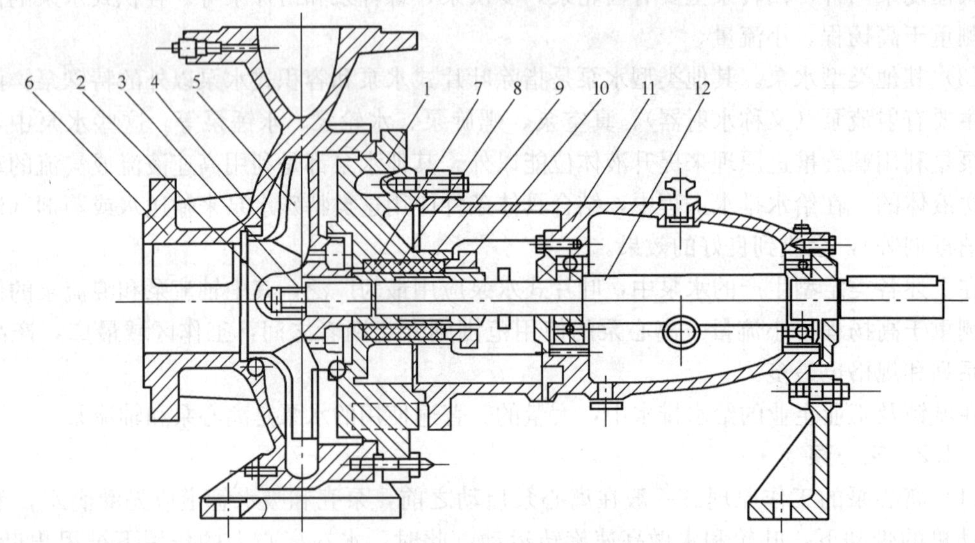

图 2—2　IS 型单吸单级离心泵的结构剖面图

1—泵体　2—叶轮螺母　3—止动垫圈　4—密封环　5—叶轮　6—泵盖
7—轴套　8—填料环　9—填料　10—填料压盖　11—悬架轴承部件　12—轴

叶轮按其盖板情况又可分为封闭式叶轮、敞开式叶轮和半开式叶轮三种形式，如图 2—3 所示。凡具有两个盖板的叶轮称为封闭式叶轮；只有叶片，没有完整盖板的叶轮称为敞开式叶轮；只有后盖板，没有前盖板的叶轮称为半开式叶轮。其中，封闭式叶轮应用最广，前述的单吸式、双吸式叶轮均属于这种形式。一般抽送清水用闭式叶轮，抽送含悬浮物的液体用开式或半开式叶轮。

旋转叶轮材料，主要考虑机械强度、耐磨和耐腐蚀性。目前大多数叶轮采用铸铁、铸钢和青铜制成。

2）泵轴。泵轴是用来旋转叶轮并传递扭矩的，其从原动机接受动力，并带动叶轮旋转。泵轴必须有足够的抗扭强度和足够的刚度，工作转速不能接近产生共振现象的临界转速。泵

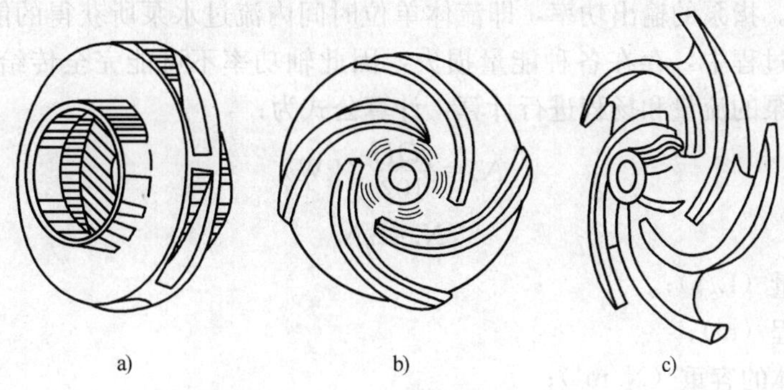

图 2—3 叶轮形式

a）封闭式 b）半开式 c）敞开式

轴常用材料是碳素钢和不锈钢。

3）泵壳。离心泵泵壳包括吸入室和压出室。吸入室的作用是使液体均匀地流进叶轮；压出室的作用是收集液体，并把它送入下级叶轮或导向排出管，与此同时降低液体的速度，使动能进一步变成压力能。压出室有蜗壳和导轮两种形式。蜗壳因流道铸成螺旋形而得名，液体沿螺旋线流动，随着流道截面的增大而降低流速，使部分动能有效变成压能；导轮常见于分段多级泵，为了使其结构简单紧凑，在初级叶轮和次级叶轮之间的能量转换采用导轮，液体沿导轮规定的流道流至次级叶轮的入口。

泵壳顶部设有灌水孔，以便在启动前向泵中充水。泵壳底部设有放水水孔，用以在停泵后或检修时放空泵中积水。

4）泵座。泵座是离心泵的固定部件，它上面有与地板或基础固定用的法兰孔。

5）轴封装置。离心泵的泵轴穿出泵壳时，在轴与壳之间存有间隙，若不采取相应措施，间隙处就会有泄漏。当间隙处的液体压力大于大气压（如单吸式离心泵）时，泵内的高压水则会通过此间隙大量向外泄漏，当间隙处的液体压力为真空（如双吸式离心泵）时，空气则会漏进泵内。为此，应在该间隙处设置密封装置。目前，应用最多的轴封装置是填料密封和机械密封。

6）密封环。密封环又称减漏环、口环，它是安装在转动的叶轮和静止的泵壳（中段和导叶的组合件）之间的密封装置。其作用有两点：一是通过控制二者之间间隙的方法，增加泵内高低压腔之间液体流动的阻力，减少泄漏；二是用来承磨。

（3）离心泵的性能参数。水泵的基本性能，通常由六个性能参数表示。

1）流量。指水泵在单位时间内所输送液体的量，用字母 Q 表示。水流量有体积流量和质量流量之分，常用单位有 L/s，m^3/h，t/h。

2）扬程。又称压头，是单位质量流体经过水泵后其能量的增值，用字母 H 表示。国际单位为 Pa，工程上常用单位有 mH_2O、mmHg 等。有时也用非国际单位 kg/cm^2 表示。

3）功率。描述泵的功率有轴功率 N、有效功率 N_e 和配套功率三种形式。

①轴功率。指泵的输入功率，即电动机输送给水泵的功率。用符号 N 表示，常用单位为 kW。

②有效功率。指泵的输出功率，即流体单位时间内流过水泵所获得的能量，用符号 N_e 表示。泵在运行过程中，存在各种能量损失，因此轴功率不可能完全传给水，即 $N_e<N$。有效功率可根据泵的流量和扬程进行计算，计算公式为：

$$N_e=\frac{\gamma QH}{102}\ (\text{kW}) \tag{2—1}$$

或

$$N_e=\eta N \tag{2—2}$$

式中 Q——流量（L/s）；

H——扬程（m）；

γ——流体的容重（N/m^3）；

η——泵的效率。

③配套功率。与水泵配套的电动机功率称为配套功率，用符号 N_p 表示。配套功率大于轴功率，一方面是由于要克服传动中的损失的功率；另一方面是为保证机组安全运行，防止电动机过载，适当留有余地的缘故。它的计算公式为：

$$N_p=\kappa\frac{N}{\eta_c} \tag{2—3}$$

式中 N_p——配套功率；

κ——安全系数，可参考表 2.1 选取；

η_c——传动效率，一般采用弹性联轴器传动时，$\eta_c\geqslant95\%$；采用传动带传动时，$\eta_c=90\%\sim95\%$；

N——水泵轴功率。

表 2—1　　根据水泵实际轴功率确定的 κ 值

水泵轴功率	<1	1～2	2～5	5～10	10～25	25～60	60～100	>100
κ值	1.7	1.7～1.5	1.5～1.3	1.3～1.25	1.25～1.15	1.15～1.1	1.1～1.08	1.08～1.05

4）效率。指泵的有效功率与轴功率的比值，用符号 η 表示。它反映了泵对外加能量的利用程度。小型水泵的效率一般为 50%～70%，大型水泵可达 90%。耐腐蚀泵的效率比水泵低，杂质泵的效率更低。

5）转速。指单位时间内泵转子的回转数，用符号 n 表示。单位为转每分（r/min）。

6）容许吸入高度（H_s）及气蚀余量（H_{sv}）。容许吸入高度是指水泵在标准状况下（水温 20℃、表面压力为 1.013×10^5 Pa）运转，水泵所允许的最大吸上真空高度，单位为 mH_2O 柱。一般用 H_s 表示水泵的吸水性能。水泵运转时，进口处的实际真空值（可通过进口处的真空表读取），应小于允许吸上真空高度，否则将会产生气蚀现象。所谓气蚀是指侵蚀破坏材料之意，其是“空气泡”现象所产生的后果。当叶轮进口的低压区的压力低于一定值时，溶解在水中的空气从水中大量逸出，形成许多小气泡，还有一部分水的汽化。当这些气（汽）泡随水流带入叶轮中压力升高的区域时，因突然受压而破裂并与水互相撞击，使水泵叶轮受到破坏，产生麻点和孔洞，最后导致抽不上水来。

如果水泵实际安装地点的气压不是一个标准大气压，或水温不是 20℃时，H_s 应作如下修正：

$$H'_s = H_s - (10.3 - h_a) - (h_v - 0.24) \tag{2—4}$$

式中 H'_s——修正后允许吸上真空度，mH_2O；

H_s——水泵厂给定的允许吸上真空高度，mH_2O；

h_a——水泵安装地点的大气压，mH_2O；

h_v——实际水温下的饱和蒸汽压力，mH_2O。

气蚀余量（H_{sv}）是指水泵进口处，单位重量液体所具有超过饱和蒸汽压的那部分富余能量，单位为 mH_2O。一般用来反映轴流泵、锅炉给水泵等的吸水性能。气蚀余量（H_{sv}）在部分水泵样本也用 ΔH 表示。

为了方便用户的使用，水泵厂家在每台水泵的泵壳上都钉有一块铭牌，铭牌上简明地列出了该水泵在设计转速下运转时，效率为最高时的流量 Q、扬程 H、轴功率 N 及允许吸上真空高度 H_s 或气蚀余量 H_{sv} 值。铭牌上所列出的这些数值是在该水泵设计工况下运行时的参数值，它只是反映水泵在最高效率工作时所对应的各个参数值。

【例题 2—1】 已知水泵的流量 $Q=1\,120\ m^3/h$，扬程 $H=36$ m，效率 $\eta=84\%$，用电动机作原动机，采用弹性联轴传动，求：①泵的有效功率；②泵的轴功率；③电动机的功率；④若电动机的效率为 $\eta_m=90\%$，求电动机的输入功率及电耗。

【解】 已知，$Q=1\,120\ m^3/h=310$ L/s

①有效功率 $N_e=\dfrac{\gamma QH}{102}=\dfrac{1\times310\times36}{102}\approx109$（kW）

②轴功率 $N=\dfrac{N_e}{\eta}=\dfrac{\gamma QH}{102\eta}=\dfrac{1\times310\times36}{102\times0.84}\approx130$（kW）

③电动机的功率：

取安全系数 $\kappa=1.06$，$\eta_c=99\%$。

$$N_p=\kappa\frac{N}{\eta_c}=1.06\times\frac{130}{99\%}\approx139.2\ (\text{kW})$$

④输入电动机的功率 $N_i=\dfrac{N}{\eta_m}=\dfrac{130}{0.9}\approx144.4$（kW）

$$电耗=\frac{144.4}{1\,120}\approx0.13\ (\text{kW}\cdot\text{h/m}^3)$$

（4）离心泵的安装高度。泵的安装高度是指水泵轴线至水源最低设计水面的距离，如图 2—4 所示。为了求水泵的最大安装高度，列 0-0 断面和 1-1 断面能量方程，得

$$0+\frac{p_a}{\gamma}+0=H_g+\frac{p_1}{\gamma}+\frac{v_1{}^2}{2g}+\sum h_s \tag{2—5}$$

整理后，得到

$$\frac{p_a-p_1}{\gamma}=H_g+\frac{v_1^2}{2g}+\sum h_s \tag{2—6}$$

$\dfrac{p_a-p_1}{\gamma}$是水泵进口断面 1-1 处真空表所指示的真空数，其值应小于水泵允许吸上真空度 H'_s。故：

$$\frac{p_a-p_1}{\gamma}=H_g+\frac{v_1^2}{2g}+\sum h_s\leqslant H'_s \tag{2—7}$$

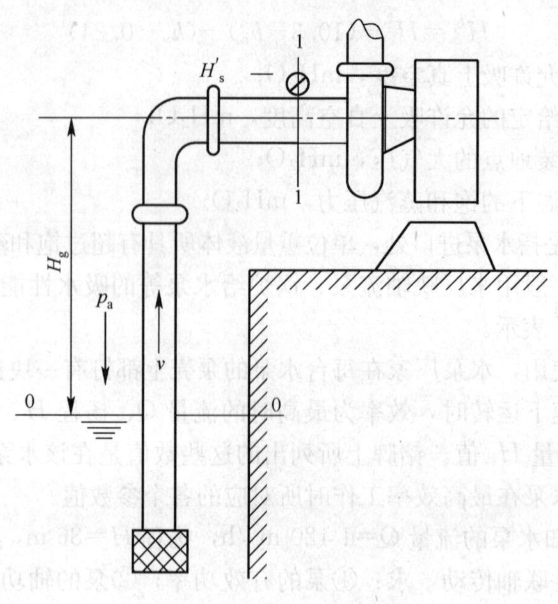

图 2—4　水泵安装高度示意图

因此，水泵的最大安装高度为：

$$H_g = H'_s - \frac{v_1^2}{2g} - \sum h_s \tag{2—8}$$

式中　H_g——泵的最大安装高度，m；

p_a——吸水池液面的绝对大气压，Pa；

γ——水的容重，kN/m^3；

p_1——水泵进口处的绝对压强，Pa；

v_1——水泵进口处的流速，m/s；

$\sum h_s$——吸液管道的水头损失，m；

(5) 离心泵的特性曲线。通常选定转速（n）为常量的情况下，列出其他性能参数随流量而变化的函数关系式，将这些关系式用曲线的方式表示即为泵的特性曲线。如扬程曲线 $Q-H$，功率曲线 $Q-N$，效率曲线 $Q-\eta$、允许吸上真空高度曲线 $Q-H_s$。

用户选用水泵和水泵运行时，都需要知道水泵的特性曲线，以便知道水泵是否在高效区运转。水泵的性能曲线分为理论特性曲线和实际性能曲线两种。理论性能曲线是在无限薄的叶片和不计流动损失情况下得出的。实际性能曲线是在水泵转速一定的情况下，在 20℃、一个标准大气压的条件下，通过水泵性能试验和气蚀试验测得的特性曲线。在实际应用时使用的水泵的性能曲线都是实测特性曲线。图 2—5 所示为 14SA－10 型水泵的特性曲线。

图 2—5 中同时包含有 $Q-H$、$Q-N$、$Q-\eta$ 及 $Q-H_s$ 四条特性曲线。现以它为例，介绍水泵特性曲线的使用方法。

1) 每一个流量（Q）都相对应于一定的扬程（H）、轴功率（N）、效率（η）和允许吸上真空高度（H_s）。

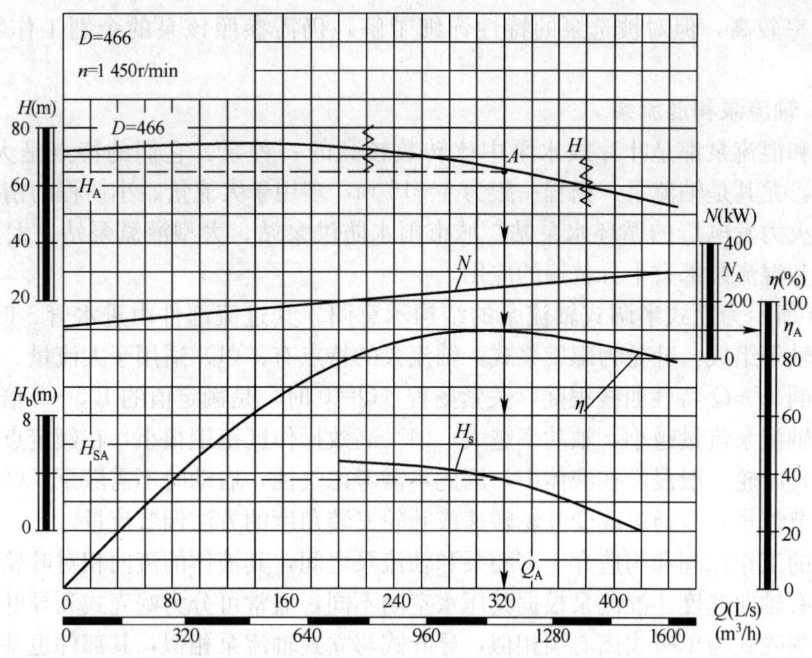

图 2—5 14SA－10 型离心泵的特性曲线

2）由 $Q-H$ 曲线可见，扬程随流量的增大而下降。图中 A 点相应于效率最高值的（Q_0，H_0）点的各参数，即为水泵铭牌上所列出的各数据。它将是该水泵最经济工作的一个点。在该点左右的一定范围内（一般不低于最高效率的 10%）都属于效率较高的区段，在水泵样本中，用两条“ξ”标出。在选泵时，应使泵站设计所需要的流量和扬程能落在高效段的范围内。

3）水泵正常启动时，在 $Q=0$ 的情况下，相当于闸阀全闭，此时泵的轴功率仅为额定轴功率的 30%～40%，而扬程是最大值，符合电动机轻载启动的要求。因此，离心泵实际运行时，通常采用“闭闸启动”的方式。所谓“闭闸启动”是指水泵启动前，压水管上闸阀全闭，待电动机运转正常后，压力表读数达到预定数值时，再逐渐打开闸阀，使水泵作正常运转。

4）在功率曲线 $Q-N$ 上各点的纵坐标表示水泵在各不同流量 Q 时对应的轴功率值。在选择与水泵配套的电动机的输出功率时，应根据水泵的工作情况选择比水泵轴功率稍大的功率，以免出现电动机过载、甚至烧毁等事故。

5）在 $Q-H_s$ 曲线上，各点的纵坐标表示水泵在相应流量下工作时，水泵所允许的最大限度的吸上真空高度值。其并不代表水泵在（Q、H）点工作时的实际吸水真空值。水泵的实际吸水真空值必须小于 $Q-H_s$ 曲线上的相应值，否则，水泵将会产生气蚀现象。

此外，应注意在输送黏度较大的液体时，如石油、化工黏液等，泵的特性曲线需要经过专门的换算后方能使用，且不可直接套用输水时的特性曲线。

一般水泵厂通常将同一类型（甚至几种类型）中各种规格的水泵的 $Q-H$ 特性曲线绘制在同一张图上，如图 2—11 所示。有了这张图，我们可以根据所需的 Q、H 值初步选择所需的泵型，图 2—11 中小方格代表某种型号水泵最适宜的工作区域，该泵在此区域内工作时效率较高，但对被选泵的特性详细了解，仍需参照该泵的个别工作特性曲线或性能表。

2.1.3 轴流泵和混流泵

轴流泵和混流泵都是叶片式水泵中比转数较高的一种泵。它们的特点是大、中流量，中、低扬程。尤其是轴流泵，扬程一般为 4～15 m，多用于大流量、小扬程的情况。例如大型钢铁厂、火力发电厂的循环水泵站，城市雨水防洪泵站、大型灌溉泵站、大型污水泵站等，轴流泵和混流泵都有十分普遍的应用。

图 2—6 所示为立式半调式轴流泵的结构示意图。其过流部件由进水管、叶轮、导叶、出水管和泵轴等组成，叶轮为螺旋桨式。轴流泵的特点有：(1) 适用于大流量、低扬程的情况；(2) 它的 $H-Q$ 特性曲线很陡，关紧扬程（Q=0 时）是额定值的 1.5～2 倍；(3) 和离心泵不同，轴流泵流量越小，轴功率越大；(4) 高效操作区范围很小，在额定点两侧效率急剧下降；(5) 叶轮一般浸没在液体中，因此不需考虑气蚀，启动时不需灌泵；(6) 一般不采用出口阀调节流量，常通过改变叶轮转速或叶轮安装角度的方法调节流量。

混流泵的工作原理和构造介于离心泵和轴流泵之间，其液体的流向相对叶轮而言既有径向速度，也有轴向速度。混流泵根据其压水室的不同，通常可分为蜗壳式和导叶式两种。从外形来看，蜗壳式与单吸式离心泵相似，导叶式与立式轴流泵相似，其部件也基本类似，只是叶轮形状稍有不同（斜向）。图 2—7 所示为导叶式混流泵的结构图。

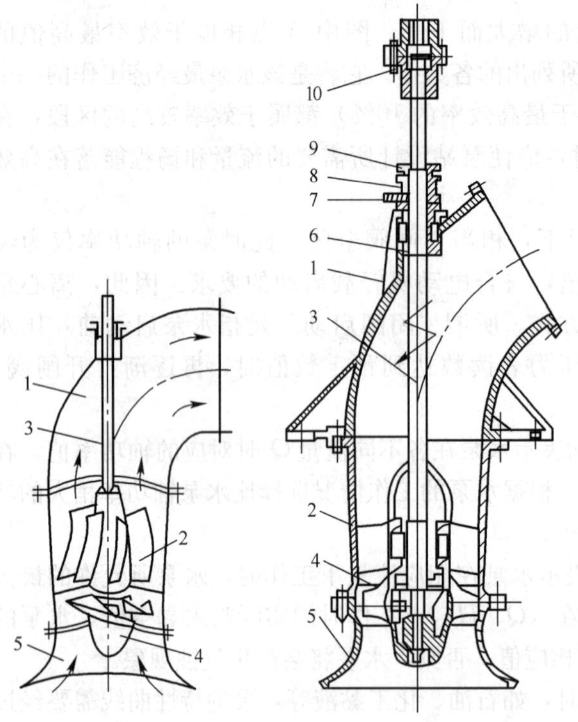

图 2—6 轴流泵的结构示意图

1—出水弯管 2—导叶 3—泵轴 4—叶轮
5—进水管 6—轴承 7—填料盒 8—填料
9—填料压盖 10—联轴器

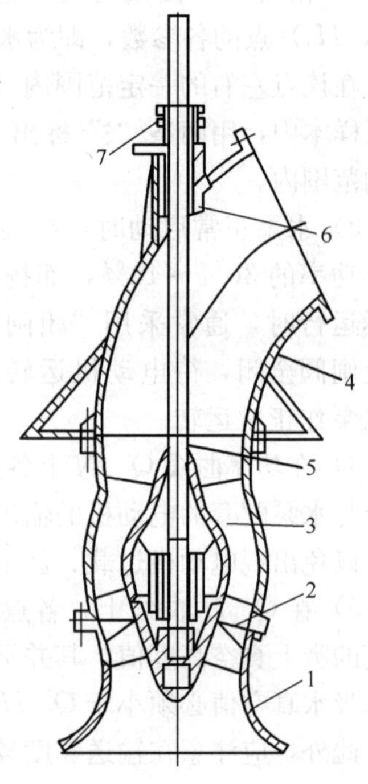

图 2—7 导叶式混流泵的结构图

1—进水喇叭 2—叶轮 3—导叶体
4—出水弯管 5—泵轴
6—橡胶轴承 7—填料盒

2.1.4 给水排水中其他常用的泵简介

(1) 潜水泵。潜水泵主要由电动机、水泵和扬水管三部分组成，电动机与水泵连在一起，完全浸没在水中工作，该泵广泛地应用于工矿企业及城市给水排水中。目前国产的潜水泵，按其用途可分为给水泵和排污泵，按其叶轮形式可分为离心式、轴流式及混流式等。潜水泵的电动机较一般电动机，通常有干式、半干式、湿式和充油式等类型。

潜水泵的优点有：1）电动机与水泵合为一体，不用长的传动轴，质量轻；2）电动机与水泵均潜入水中，不需修建地面泵房；3）由于电动机一般是用水来润滑和冷却的，所以维护费用小。

潜水给水泵常用的型号为 QXG，其流量范围为 200～400 m^3/h，扬程范围为 6.5～60 mH_2O，功率范围为 11～150 kW；潜水轴流泵和混流泵常用的型号为 ZQB 和 HQB 型。

图 2—8 所示为 QWB 型立式潜水污水泵的结构图，其吸入口位于泵的底部，排出口为水平设置。QWB 型泵适用于输送 40℃以下的工矿企业排放的工业废水、生活污水、粪便或含有纤维、纸屑等非磨蚀性固体的液体。液体的 pH 值在 5～9 范围内，固体颗粒直径小于 20 mm。

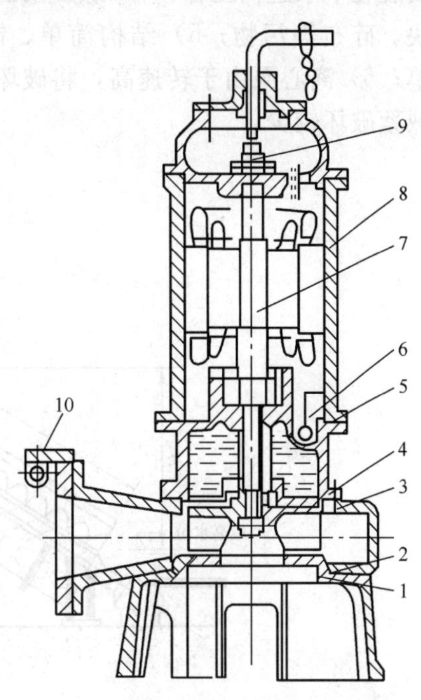

图 2—8 QWB 型立式潜污泵结构图

1—进水端盖 2—O 形密封圈 3—泵体 4—叶轮 5—浸水检出口 6—机械密封 7—轴 8—电动机 9—过负荷保护装置 10—连接部件

(2) 螺旋泵。螺旋泵提水的原理既不同于叶片泵，也不同于容积泵，是一种特殊形式的提升设备，其工作原理如图 2—9 所示。螺旋倾斜放置在泵槽中，螺旋的下部浸入水下，由于螺旋轴对水面的倾角小于螺旋叶片的倾角，当螺旋泵低速旋转时，水就从叶片的 P 点进入，然后在重力的作用下，随着叶片下降到 Q 点，由于转动产生的惯性力将 Q 点的水又提升到 R 点，而后在重力的作用下，水又下降到高一级叶片的底部。如此不断循环，水延螺旋轴一级一级地往上提升，最后升高到螺旋泵槽的最高点而出流。

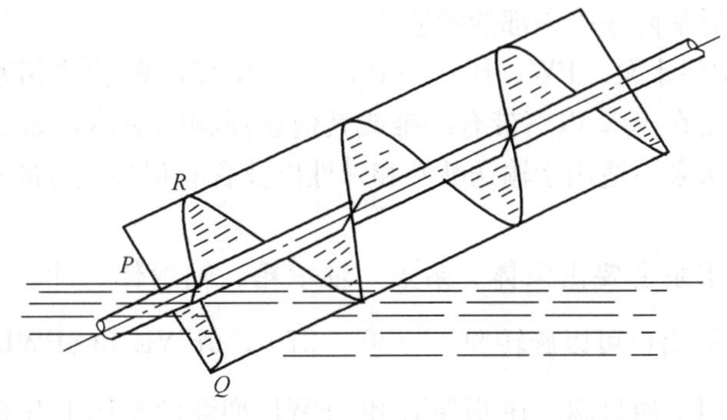

图 2—9 螺旋泵的工作原理示意图

图 2—10 所示为螺旋泵的外形示意图。螺旋泵的优点有：1）提升流量大，省电。如提升高度为 3.5 m，流量为 500 m^3/h，采用螺旋泵只需 7.5 kW 电动机，其他类型泵，却要配 10 kW 的电动机；2）螺旋泵只要叶片接触到水面即可把水提升上来，并可按进水位的高度，自行调节出水量，水头损失小，吸水井可以避免不必要的静水压差；3）由于不必设置集水井以及封闭管道，泵站设施简单，节省土建费用，有的甚至可将螺旋泵直接安装在下水道内工作；4）螺旋泵因叶片间间隙大，不需要设帘格，可直接提升杂粒、木块、碎布等污物；5）结构简单、制造容易。由于低速运转，机械磨损小，经常维修简单；6）离心泵由于转速高，将破坏活性污泥绒絮，而螺旋泵是缓慢地提升活性污泥，对绒絮破坏较少。

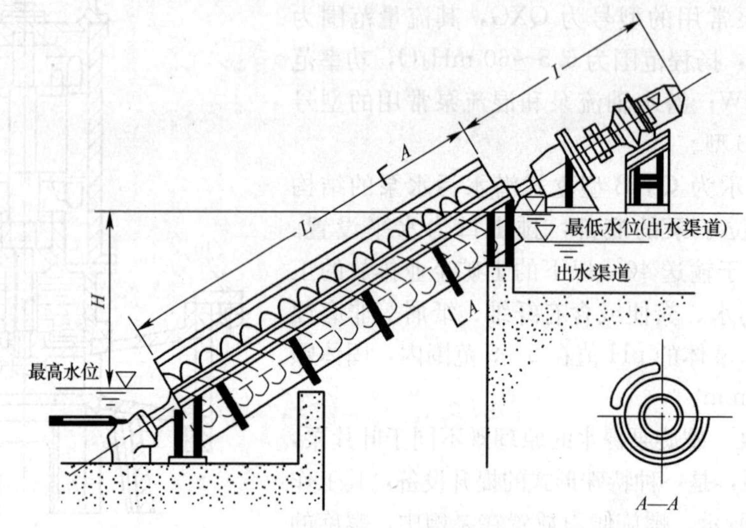

图 2—10　螺旋泵结构组成及安装方式示意图

螺旋泵的缺点有：1）扬程一般不超过 6～8 m，限制了其使用范围；2）其出水量直接与进水水位有关，故不适用于水位变化较大的场合。3）螺旋泵必须斜装，占地面积较大。

（3）污水泵。污水泵实际上是杂质泵的一种，与清水泵的不同处在于：叶轮的叶片少，流道宽，以便于输送带有纤维或其他悬浮杂质的污水。另外，在泵体的外壳上开设有检查、清扫孔，便于在停车后清除泵壳内部的污浊杂质。

1）PW、PWL 型污水泵。PW、PWL（P 代表杂质泵，W 代表污水，L 代表立式）型污水泵适用于抽送温度在 80℃以下带有纤维或其他悬浮物的液体，如供城市工矿企业排除污水粪便之用。该类水泵不适用于输送酸性和碱性以及含有很多盐分的其他能引起金属腐蚀的化学混合物液体。

PW、PWL 型污水泵主要由泵体、泵盖、轴承箱、轴封体、叶轮、轴等几部分组成。$2\frac{1}{2}$PW 和 4PW 型泵的出口可以旋转 90°、180°、270°，6PWL 和 8PWL 型泵的出口在弧形底脚的一侧。轴封采用了油封圈。在 6PWL 和 8PWL 型泵的泵体上开有两个手孔，以便于在开车杂物堵塞叶轮流道时，及时清除。

PW、PWL型污水泵及以下几类污水与污泥泵的性能曲线、外形及安装尺寸等可参见给水排水设计手册第十一册（常用设备）有关内容。

2）PWF型耐酸污水泵。PWF型泵（P代表杂质泵，W代表污水，F代表耐腐蚀）为卧式单级单吸收悬臂式耐酸污水泵。适用于排送有酸性、碱性或其他腐蚀性污水和废水，可供化学工业中输送化学浆液之用。液体温度应在80℃以内。

PWF型泵主要由前泵盖、叶轮、泵体、泵盖、轴等（材质用不锈钢）组成，托架用灰铸铁制成。但在过流部件也可用铝铁青铜制造，根据使用要求在订货时加以说明。该型泵根据用处的不同，在轴封部分，可采用一般的填料密封或防止有毒性、强腐蚀性液体外漏的机械密封（单端面、双端面），供订货时选用。使用填料密封和机械密封，在泵工作时，需通入高于泵工作压力1～2 kg/cm^2的清水进行冷却和润滑。从传动侧看泵，叶轮为顺时针方向旋转。

3）PWA型污水泵。PWA型泵系卧式单级单吸悬臂式离心泵，适用于吸送温度在80℃以下带有纤维或其他悬浮物（包括粪便）的液体，不适用于吸送酸性、碱性以及含有较浓盐分的其他对金属有腐蚀性的化合混合液体。

PWA型泵由泵体、泵盖、叶轮、轴、托架部件以及联轴器等部件构成。该类结构形式为前开式，泵轴向进水，出口为垂直向上。进口法兰上钻有安装真空表和压力表的管螺孔。4PWA型泵的泵壳上还设有检查孔，以便检查和排除流道内的故障。单侧进水，内有两片弯曲的叶片。轴由四个向心球轴承支撑，一端固定叶轮，另一端装联轴器。托架内的轴承采用滚动轴承并用稀油润滑，采用20号机油。填料密封由填料室、填料压盖、填料环及填料组成。在运转过程中应另引高压清水经水管进入填料部件的填料环中，进行冷却和冲洗污水（指流到中渗入填料室的污水）。泵的转向从联轴器端看呈现顺时针方向。

4）250WD /WDL型污水泵。该系列泵是单级单吸卧式与立式悬臂离心式污水泵，适用于输送80℃以下的污水、粪便以及带有纤维纸屑等非腐蚀性固体悬浮物的液体。不适用于输送酸、碱性以及其他含有盐分的能引起金属腐蚀的混合液体。

此类泵的过流部件均用普通灰铸铁制成，泵轴转子用优质碳素钢制成。水泵出口方向可以转动12个方向。水泵转子由滚动轴承支撑，轴承分别安装在托架的箱体与支架内，分别由稀油或干油润滑，滚动轴承承受着作用在轴上的径向力和轴向推动力，轴封采用常用的软填料密封。从电动端看泵为顺时针方向旋转。

5）WG/WGF型污水泵。WG/WGF型污水泵系单级单吸卧式悬臂离心泵（W代表污水，G代表高扬程，F代表腐蚀）。它适用于输送80℃以下带有纤维或其他悬浮物的液体，以及城市工矿污水粪便的排除。该类泵的过流部件采用ZGICr18Ni9不锈钢，适用于排送含有酸、碱性或其他腐蚀性的污水，可供化学工业在流程中输送化学浆液，但温度不宜高于80℃。

此类型污水泵的叶轮采用不堵塞的单叶片隧洞式结构，可直接或间接驱动。在同一流量工况下比PW型污水泵效率高，是一种高效率节能污水泵。排出口方向可按45°任意改变方向。WG型泵轴封用一般填料密封，WGF型泵采用耐酸石棉填料或机械密封，轴承用干油润滑。

6）NWL、PL 泥浆泵。NWL、PL 型泥浆泵系单级单吸立式离心泵，在农村主要用做河泥、粪便、河水、浆饲料等的吸送、浇洒，并做排涝、抗旱之用；也可用于市政化工、印染、医药、造船、铸造等行业抽吸浓稠液、污浊液、糊状液、沉砂及城市河道的流动污泥等，也可用做煤矿排出含有泥块小砾石的流体。

该类型泵流体沿轴的轴线成 70°方向流出，主要部件有蜗壳、叶轮、轴、泵座、支撑筒、电动机和电动机座等。蜗壳、泵座、电动机座、叶轮螺母采用生铁铸造，耐磨性和耐腐蚀性较好。

2.1.5 水泵的选型方法与步骤

（1）水泵的选择方法。选择水泵的主要方法是根据所需要的流量和扬程以及变化规律，来确定水泵的型号和台数。即所选水泵应满足供水对象所需要的最大流量和最高水压要求，并处于高效区工作。水泵样本上给出了各类水泵的参数范围，选泵时应参阅这些参数的特性曲线和性能表。

（2）水泵选用的步骤

水泵的选择步骤如下：

1）根据输送液体的性质和操作条件，确定水泵的类型；

2）确定输送系统的流量和压头。如果流量在一定范围内变动，则选泵时应按最大流量考虑。根据输送系统管路的安排，计算最大流量下管路所需压头；

3）选择泵的型号。根据输送流量和设计管路所需要的压头，从泵样本或产品目录中选出适合的型号。泵的流量和压头应适当留有余地，且使泵保持在的高效工作区工作。泵的型号确定后，应列出该泵的各种特性参数；

4）如果所输送液体的密度大于水的密度，还应核算泵的功率。

此外，水泵选用时的具体注意事项可参见本章第二节水泵站中相关内容。

【例题 2—2】 已知用水量 $Q=140$ L/s，要求水泵的扬程≥37 m，试选择一台水泵；当流量 $Q=140$ L/s 时，该泵的扬程 H、转数 n、效率 η、轴功率 N 各为多少？

【解】 由已知 Q、H 值，查水泵特性曲线图，从图 2—11 Sh 型水泵特性曲线中，可知 10Sh-9 型水泵符合要求，然后再查 10Sh-9 型水泵工作特性曲线和性能表，分别如图 2—11 所示和见表 2—2。

表 2—2　**Sh-9 型水泵性能**

<table>
<tr><th rowspan="2">型号</th><th colspan="2">流量 Q</th><th rowspan="2">扬程 H
(m)</th><th rowspan="2">转数 n
r/min</th><th colspan="2">功率 N
(kW)</th><th rowspan="2">效率 η
(%)</th><th rowspan="2">允许吸入真空高度 H_s
(m)</th><th rowspan="2">叶轮直径 D
(mm)</th><th rowspan="2">质量
(kg)</th></tr>
<tr><th>m^3/h</th><th>L/s</th><th>轴功率</th><th>电动机功率</th></tr>
<tr><td rowspan="3">10Sh-9</td><td>360</td><td>100</td><td>42.5</td><td rowspan="3">1 450</td><td>55.5</td><td rowspan="3">75</td><td>75</td><td rowspan="3">6</td><td rowspan="3">967</td><td rowspan="3">428</td></tr>
<tr><td>486</td><td>135</td><td>38.5</td><td>61.5</td><td>83</td></tr>
<tr><td>612</td><td>170</td><td>32.5</td><td>67.7</td><td>80</td></tr>
<tr><td rowspan="3">10Sh-9A</td><td>324</td><td>90</td><td>35.5</td><td rowspan="3">1 450</td><td>41.8</td><td rowspan="3">55</td><td>75</td><td rowspan="3">6</td><td rowspan="3">338</td><td rowspan="3">428</td></tr>
<tr><td>468</td><td>130</td><td>30.3</td><td>48.6</td><td>80</td></tr>
<tr><td>576</td><td>160</td><td>25</td><td>49.8</td><td>79</td></tr>
</table>

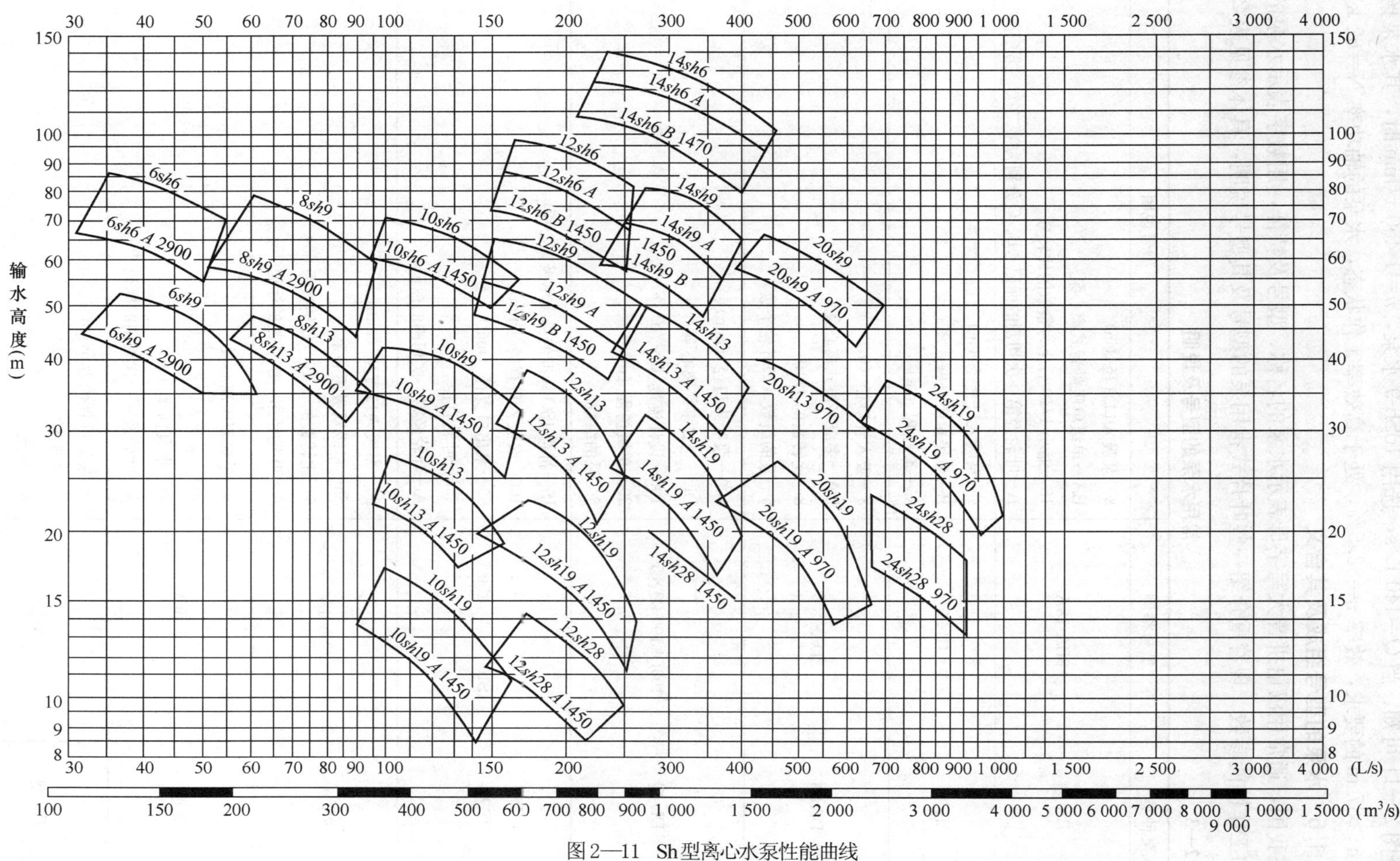

图2—11 Sh型离心水泵性能曲线

查图 2—11 可知，当 Q=140 L/s，选用 10Sh-9 水泵，n=1 450 r/min 时，其水泵扬程 H 为 38 m≥37 m 的要求，效率 η=82.5%，处于高效率工作状态，水泵的轴功率 N=62 kW。

2.1.6 水泵的型号组成及其含义

在我国，通常用汉语拼音大写字母表示水泵的名称、型号及特征，用数字表示水泵的主要尺寸和工作性能参数。现着重介绍一些叶片式常用泵的型号及其型号说明，具体参见表 2—3。

表 2—3 常用水泵的型号及说明

水泵种类		型号举例	型号说明
离心泵	BA 型	8BA-18A	8—泵吸入口直径（in） BA—单级单吸悬臂式离心泵 18—缩小 1/10 后化为整数的比转数 A—叶轮经第一次切割的标记（B、C 分别为第二次、第三次）
	B 型	4B-35	4—泵吸入口直径（in） B—单级单吸悬臂式离心泵 35—泵扬程（m）
	DA 型	3DA8×5	3—吸入管口径（in） DA—多级多段式离心泵 8—比转数的 1/10 5—泵的级数（即叶轮个数）
	DL 型	100DL100-20×5	100—泵吸入口径（mm） DL—立式多级离心泵 100—设计流量（m^3/h） 20—单级扬程（m） 5—泵的级数
	IS 型	IS100 - 65 - 250A	IS—符合 ISO 标准的单级单吸离心泵 100—泵吸入口直径（mm） 65—泵出口直径（mm） 250—叶轮直径 A—叶轮经第一次切割的标记
	Sh 型	20Sh-6A	20—泵吸入口直径（mm） Sh—单级双吸离心泵 6—比转数的 1/10（比转数为 60） A—叶轮经第一次切割的标记
	S 型	S500-59A	S—单级双吸离心泵 500—泵吸入口直径（mm） 59—水泵扬程（m） A—叶轮经第一次切割的标记
	PW 型	6PWL	6—泵出口直径为 6（in） P—杂质泵 W—污水 L—立式

续表

水泵种类		型号举例	型号说明
轴流泵	ZLB 型	28ZLB-70	28—泵出口直径（in） Z—轴流泵 L—立式结构 B—半调式叶片 70—比转数的 1/10（比转数为 700）
		700ZLB1.3-7.2	700—泵出口直径（mm） 1.3—流量（m^3/s，叶片的安装角度为零度） 7.2—泵的扬程（m，叶片安装角度为零） （Z、L、B 同上）
	ZXB 型	350ZXB-70	350—泵出口直径（mm） ZXB—斜式半调节叶片轴流泵 70—比转数的 1/10（比转数为 700）
	ZWB 型	350ZWB-700	350—泵出口直径（mm） ZWB—卧式半调节轴流泵 70—比转数的 1/10（比转数为 700）
混流泵	HB 型	12HBC-40	12—泵吸入口直径（in） H—混流泵 B—单级单吸悬臂式蜗壳泵 C—改进标记（经过一次改进） 40—比转数的 1/10（比转数为 400）
	HD 型	250HD-12	250—泵出口直径（mm） HD—导叶式混流泵 12—扬程（m）
	HW 型	400HW-5	400—泵出口直径（mm） HW—蜗壳式混流泵 5—扬程（m）

2.1.7 泵的运行管理及维护

（1）离心泵的运行管理。在水泵的大量故障及事故中，因运行管理不善而导致的各种故障及事故占 90%以上，因此，必须加强水泵的运行管理与维护。

1）水泵启动前的准备工作

①清除转动部分周围的杂物，以免开泵时带入杂物造成设备故障，另外联轴器处还应设有固定式防护罩。

②观察电压表指示是否正常。若电压波动过大，应先采取措施后方可启动水泵。

③检查加入到轴承或轴承箱中的润滑油或润滑脂是否适量，油质是否合格，对强制润滑的泵还应确认润滑的压力是否保持着规定压力。

④盘泵就是转动机组的联轴器，凭经验感觉其转动的轻重是否均匀，有无异常声响。目的是为了检查水泵及其电动机内有无不正常现象，如是否有转动零件脱松后卡住、杂物堵塞、泵内结冰、填料过紧或过松、轴承缺油及轴承弯曲等问题。较小的泵用人力转动泵的靠背轮（联轴器），转速一般在 100～200 r/min；较大的泵人力不能驱动时，可用电动盘泵，电动盘车应注意电流情况及停泵的随走时间，而且最好是点动。

⑤将各冷却水管、轴承的润滑水管等水管管道上的阀门全开并观察必要的冷却水，是否流动着或保持着必要的压力。

⑥位于吸水侧（进水）管路的阀门处于全开，位于排水（出口）侧的阀门全闭，并检查轴封渗水情况及进出水阀的漏水情况和管线上的压力表是否完好。

⑦对于入口为负压的离心泵，要向泵壳和吸水管内充满水（灌泵或抽真空引水），其目的是将泵壳内和吸水管中的空气排除。

⑧对于有特殊要求的泵如高温用泵（或低温用泵）还要进行预热（预冷）等。

2）启动时的注意事项

①离心泵在进口阀门全开，出口阀门全闭状态下启动。这是因为闭闸启动时，所需功率最小、启动电流也最小，对泵及电气设备有保护作用。达到额定转速后，确认压力已经上升，再把出口阀慢慢打开。

②启动时空转（不带载荷闭闸）时间不能过长，一般为 2～3 min。因为当流量为零时，相应的轴功率并不等于零，而此时功率主要消耗在水泵的机械损失上，长时间闭闸空转会使泵壳内的液体汽化，水温度上升，泵壳、轴承发热严重时可导致泵壳的热力变形。

③启动时若发现电动机有“嗡嗡”声而未转动，则可能是缺相运行，此时，应迅速切断电源，待检查原因处理后再重新启动。对于较大的电动机带动的泵每两次启动间隔不应少于 5 min，且连续启动次数最好不超过两次，以保护电气设备。

④对于降压启动的水泵，切换时间不宜过短或过长，最好在 4～10 s 之间，以达到保护电气设备的目的。另外，启动时操作人员不可马上离开现场，必须确认泵已经切换（甩掉频敏）正常运行后才能离开。

⑤在降压启动时，应特别注意电流表的动作、开关柜内的声响以及指示灯的转换（看颜色），尤其是在有其他泵运行的情况下，由于周围噪声很大，这一点很重要，主要是防止烧坏频敏及电气设备。

3）运行中检查内容

①离心泵启动后，首先要检查电流情况，进出口压力及流量是否在规定范围内。电流过大、过小，都应及时停车检查。通常排出口压力变化剧烈或下降，往往是因为吸入侧有固体杂物堵塞或者是吸入了空气所致。另外，异物流经泵内部时，往往电流数值会急剧跳动。电流表读数过大，可能是因为系统供水量大或泵内发生了摩擦或摩卡等，当吸水底阀或出水闸阀打不开或开不足、水泵气蚀时，电流读数会过小。

②检查轴承工作是否正常。离心泵安全运行时，滚动轴承温度不得超过周围温度 35℃，最高不得高于 70℃，滑动轴承（轴瓦）最高不得超过 65℃，最好设法使轴承保持在通常室温 40℃以下进行监测。

③检查填料盒处是否发热，滴水是否正常。滴水应呈滴状连续渗出，才算符合正常要求。滴水情况一般是反映填料的压紧适当程度，运行中可调节压盖螺栓来控制滴水量。

④检查水泵的振动及音响情况。若水泵从吸入管吸进空气或固体杂物时，往往会发出异常的声响，并随之产生振动，而因气蚀、压力脉动等也会产生振动。当水泵零部件出现故障，如地脚螺栓松动、转子不平衡、水泵与电动机轴不同心、不对中时，也会导致发出异常声响及水泵振动。水泵异音的判断大多靠经验，而振动既可凭经验判定，也可参照有关标准（比如旋转机械振动诊断国际标准 ISO2372）。在使用有关标准判断时，应该做到定点（部位）、定时（周期）、定人、定使用仪器，并持之以恒。

⑤当生产工艺需要增加或减少水量时，必须注意不能用进水侧阀门调节，而只能用出口侧的阀门进行调节。

4）停泵时的注意事项

①水泵停车前应先关闭出口阀，实行闭阀停车。如果停车之前不关闭出口阀的话，则在水泵及管路中可能因水流速度发生逆转而引起压力递变，即造成停泵水锤。停泵水锤危害很大，轻则造成水泵管线跑水、叶轮松动，严重时可能造成泵房被淹、设备损坏，甚至造成人员伤亡。近年来广泛使用的微阻缓闭止回阀，有效地缓解了这一问题。

②对于使用冷却水的泵，要先停泵再关闭冷却水阀，同样对于强制润滑的泵要先停泵再关闭润滑油压力阀。

③运行中如果遇到突然断电而停车的时候，首先要关闭电源开关，同时关闭出口阀。

④停车后，应该注意水泵的随走时间，即水泵停车后的惯性运转时间。若时间过短，则需检查泵内是否有摩卡现象。另外停车后还应注意水泵是否有倒转现象，倒转可能是出口处阀门不严或没关紧。倒转对水泵有危害，特别是轴流泵，有时可能造成叶轮脱落。

（2）泵的常见故障和排除。泵运行中的故障大体分为腐蚀和磨损、机械故障、性能故障及轴封故障四类，这四类故障往往相互影响，难以分开。如叶轮的腐蚀和磨损会引起性能故障和机械故障，轴封的损坏也会引起性能故障和机械故障。

1）腐蚀和磨损。腐蚀的主要原因是选材不当，发生腐蚀故障时，应从介质和材料两方面入手解决。磨损常发生在输送浆液时，主要原因是介质中含有固体颗粒。对输送浆液的泵，除泵过流部件应采用耐磨材料外，对于易磨损的部件应定时予以更换。

2）机械故障。振动和噪声是主要的机械故障。振动的主要原因是轴承损坏、转子不平衡或出现气蚀和装配不良，比如泵与原动机不同轴、基础刚度不够或基础下沉等。

3）性能故障。性能故障主要指流量、扬程不足。泵气蚀和驱动机超载等是其主要原因，当泵运行参数偏离额定值幅度较大时也会产生性能故障。

4）轴封故障。轴封故障主要指密封处出现泄漏或温度过高。填料密封泄漏的主要原因是填料选用不当、轴（或轴套）磨损，机械密封泄漏的主要原因是端面损坏或辅助密封圈被划伤或折皱，温度过高主要是填料压得过紧所致。

离心泵的常见故障现象及其排除可参见表 2—4。

表 2—4　　　　　　　　离心泵的常见故障及排除

故障	产生原因	排除方法
启动后水泵不出水或出水不足	1. 泵壳内有空气，灌泵工作没做好 2. 吸水管路及填料有漏气 3. 水泵转向不对 4. 水泵转速太低 5. 叶轮进水口及流道堵塞 6. 底阀堵塞或漏水 7. 吸水井水位下降，水泵安装高度太大 8. 减漏环及叶轮磨损 9. 水面产生旋涡，空气带入泵内 10. 水封管堵塞	1. 继续灌水或抽气 2. 堵塞漏气，适当压紧填料 3. 对换一对接线，改变转向 4. 检查电路，电压是否太低 5. 揭开泵盖，清除杂物 6. 清除杂物或修理 7. 核算吸水高度，必要时降低安装高度 8. 更换磨损零件 9. 加大吸水口淹没深度或采取防止措施 10. 拆下清通
水泵不能启动或启动后轴功率过大	1. 填料压得太死，泵轴弯曲，轴承磨损 2. 多级泵中平衡孔堵塞或回水管堵塞 3. 靠背轮间隙太小，运行中两轴相顶 4. 电压太低 5. 实际液体的密度远大于设计液体的密度 6. 流量太大，超过使用范围很多	1. 松一点压盖，矫直泵轴，更换轴承 2. 清除杂物，疏通回水管路 3. 调整靠背轮间隙 4. 检查电路，向电力部门反映情况 5. 更换电动机，提高功率 6. 关小出水闸阀
水泵机组振动和噪声	1. 地脚螺栓松动或没填实 2. 安装不良，联轴器不同心或泵轴弯曲 3. 水泵产生气蚀 4. 轴承损坏或磨损 5. 基础松软 6. 泵内有严重摩擦 7. 出水管存留空气	1. 拧紧或填实地脚螺栓 2. 找正联轴器不同心度，矫直或换油 3. 降低吸水高度，减少水头损失 4. 更换轴承 5. 加固基础 6. 检查咬住部位 7. 在存留空气处，安装排气阀
轴承发热	1. 轴承损坏 2. 轴承缺油或油太多（使用黄油时） 3. 油质不良，不干净 4. 轴弯曲或联轴器没找正 5. 滑动轴承的甩油环不起作用 6. 叶轮平衡孔堵塞，使泵轴向力不能平衡 7. 多级泵平衡轴向力装置失去作用	1. 更换轴承 2. 按规定油面加油，或去掉多余黄油 3. 更换合格润滑油 4. 矫直或更换泵油，找正联轴器 5. 放正油环位置或更换油环 6. 清除平衡孔上堵塞的杂物 7. 检查回水管是否堵塞，联轴器是否相碰，平衡盘是否损坏
电动机过载	1. 转速高于额定转速 2. 水泵流量过大，扬程低 3. 电动机或水泵发生机械损坏	1. 检查电路及电动机 2. 关小闸阀 3. 检查电动机及水泵
填料处发热、漏渗水过少或没有	1. 填料压得太紧 2. 填料环装的位置不对 3. 水封管堵塞 4. 填料盒与轴不同心	1. 调整松紧度，使滴水呈滴状连续渗出 2. 调整填料环位置，使其正好对准水封管管口 3. 疏通水封管 4. 检修，改正不同心地方

2.2 水泵站

水泵站是将水由低处抽提至高处的机电设备和建筑设施的综合体。水泵站在给水排水工程中占有十分重要的地位，如城市的给水工程、市政建设、农田灌溉、防洪排涝、污水处理等方面，其经常作为一个独立的构筑物而服务于各项事业，发挥着重要作用。水泵站通常可分为给水泵站和排水泵站两大类。

2.2.1 给水泵站

给水泵站是净水厂取水和输水的主要构筑物，是整个给水系统的重要组成部分。合理地设计给水泵站，对于保证正常供水、降低成本和经济运行等具有十分重要的意义。

(1) 给水泵站的分类。按照不同的分类标准，给水泵站有不同的分类。按照水泵机组与地面的相对高程关系，可分为地面式泵站、地下式泵站和半地下式泵站；按照操作条件及方式可分为人工手动控制、半自动控制、全自动控制以及遥控泵站四种。在给水工程中，常见的分类是按照泵站在给水系统中所起的作用，可分为一级泵站、二级泵站、加压泵站和循环泵站等。

1) 一级泵站。一级泵站亦称取水泵站，是直接从水源取水，并将水输送到净水构筑物，或者直接输送到配水管网、水塔、水池等构筑物中。一级泵站往往和进水构筑物合建在一起，因水泵的吸水条件易受到水源水位波动影响的限制，往往泵站埋深较大。

2) 二级泵站。二级泵站亦称送水泵站或清水泵站，通常建在净水厂内，它的作用是自清水池中吸取净化了的水，加压后通过管网向用户供水。二级泵站水泵机组较多，占地面积较大，但吸水条件较好，因此，大多数二级泵站建成地面式或半地下式。

3) 加压泵站。加压泵站用于提升输水管中或管网中的压力，它可以从一般管网或调节水池中吸水，再压入下一段输水管或管网，以提高水压，满足用户的需要。

加压泵站通常是用于地形高差太大，或水平供水距离太远，而将供水管网划成不同的区而设置的分区或分区给水系统。

4) 循环泵站。在某些工矿企业中，生产用水可以循环使用或经过处理后可回用。循环泵站的作用是将这类循环用水进行提升、加压，使其得以重复利用。

在循环系统的泵站中，一般设置输送冷、热水的两组水泵，热水泵站将生产车间排出的废热水（水质基本不变，若生产废水水质变化了如增加净水构筑物），压送到冷却构筑物内进行降温，再将冷却后的水经冷水泵抽送至生产车间使用。如果冷却构筑物的位置较高，冷却后的水可以自流进入生产车间供生产设备使用，则可免去一组冷却泵。

(2) 给水泵站的组成。泵站主要由设有机组的泵房、吸水井和配电设备三部分组成，如图 2—12 所示。图中Ⅰ是吸水井，也称集水井，作用是保证水泵有良好的吸水条件；有时也可被当做水量调节构筑物。Ⅱ是设有机组的泵房，包括吸水管路、压水管路、控制闸门及计量设备等。低压配电与控制启动设备，一般也可设在泵房内。各水管之间的联络管可根据具体情况，设置在室内或室外。Ⅲ为配电部分，包括高压配电、变压器、低压配电及控制启动设备。变压器也可设在室外，但需要采取防护措施。此外，给水泵站还应设有引水设备、起

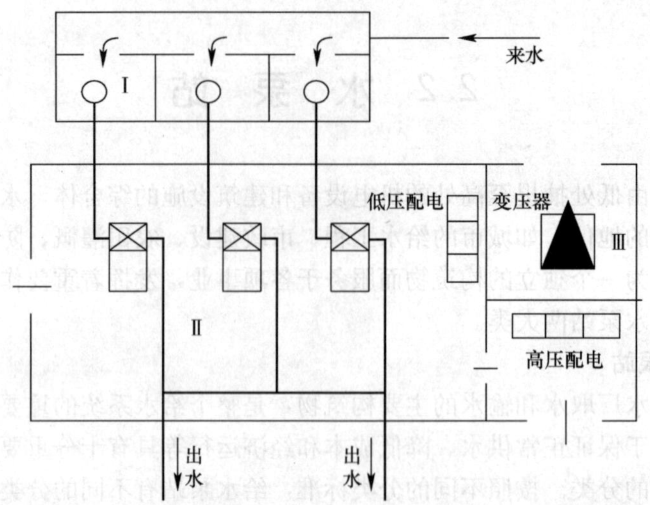

图 2—12 给水泵站主要组成

重设备、通风与采暖等附属设备。

(3) 水泵机组的选择、布置和基础

1) 水泵机组的选择。每台水泵和其所配套的电动机一起称为“水泵机组”。水泵机组是泵站的重要组成部分，选型配套是否合理，直接影响到泵站能否满足供水要求、运行是否经济和工程投资等。实践表明，泵站的动力费用约占自来水成本的50%，甚至更大。

①水泵的选择。选择水泵应根据工程所需要的水量和水压及其变化规律来确定。所选水泵首先应满足供水对象所需的最大流量和最高水压的要求。选择水泵时应注意以下几点：

a. 确定工作泵的台数，可按用水要求来考虑。如果用水量变化不大，应尽量选用大泵，因为大泵的效率高于小泵的效率。在比较重要的或大型泵站，泵站正常运行时，要求同时工作的泵应不少于两台，这样当一台泵发生故障时，至少能保证有一台仍在工作，以避免供水被中断。

b. 泵站一般应设有备用泵，以便工作泵损坏或维修时能替换工作，保证安全供水。备用泵的数量，应根据用户的用水性质和用户对供水可靠性的要求确定。如国防、发电、钢铁企业用水可靠性要求较高，一般不允许断水。

c. 在实际工程中，多采用多台同型号泵并联工作以减少扬程浪费。多台水泵或单独工作或多台并联工作，可适应水量变化，同样可降低扬程浪费。而且水泵型号相同，可以互为备用，方便对零部件、易损件的储备，管道的制作和安装，设备的维护和管理。

d. 考虑水泵的调速运行。利用变频调速的方法，可使扬程浪费降到最低。目前水泵调速的方法有变频调速和串极调速等。在小区供水、高层建筑供水中，多采用变频调速，节能效果好，使用方便，安全可靠，但投资增加较多。

e. 要考虑水泵的吸水能力，在保证吸水条件下，尽可能减少泵站的埋深。

f. 考虑水泵的构造形式对泵房的大小、结构形式和泵站内部布置的影响，尽可能减少泵站的造价。

②电动机的选择。电动机是从电网中获得电能，而带动水泵运转，同时又在一定的外界环境和条件下工作。电动机的选择应考虑以下因素：

a. 根据所要求的最大功率、转矩和转数选用电动机。

电动机的额定功率应稍大于水泵的设计轴功率。电动机的启动转矩应大于水泵的启动转矩。电动机的转数应和电动机的设计转数基本一致。

b. 根据电动机的功率大小，参考外电网的电压决定电动机的电压。

通常电动机功率在 100 kW 以下的，选用 380/220 V 或 220/127 V 的三相交流电；功率在 200 kW 以上的，选用 6 000 V 的三相交流电；功率在 100～200 kW 的，则视泵站内电动机配置情况而定，多数电动机为高压，则用高压，多数电动机为低压，则用低压。

c. 根据工作环境和条件决定电动机的外形和构造形式。

对于不潮湿、无灰尘、无有害气体的场合，如地面式送水泵站，可选用一般防护式电动机；多灰尘或水土飞溅的场合，或有潮气、滴水之处，如较深的地下式地面取水泵站，应选用封闭自扇冷式电动机；防潮式电动机一般用于暂时或永久的露天泵站中。

通常卧式水泵配用卧式电动机，立式水泵配用立式电动机。

d. 根据投资少、效率高、运行简便等条件，确定所选电动机的类型。

在给水排水泵站中，广泛采用三相交流异步电动机（包括笼型和绕线型）。有时也可采用同步电动机。

2）水泵机组布置。水泵机组的布置基本要求有：管道总长度最短，接头配件最少，水头损失最小；布置紧凑，以减少泵站泵房建筑面积，降低建筑造价；机组之间应有一定的间距，通常以不妨碍设备操作和维护、人员巡视为原则，同时泵房还需考虑起吊时的方便。此外，泵房还应留有扩建的余地。通常水泵机组的布置形式有纵向排列、横向排列和双向排列三类。

①纵向排列。纵向排列即各机组轴线平行单排并列，适用于如 IS 型单级单吸悬臂式离心泵。如图 2—13 所示。因为悬臂式水泵系顶端进水，采用纵向排列能使吸水管保持顺直状态。若泵房中兼有侧向进水和侧向出水的离心泵，则纵向排列的方案就值得商榷。

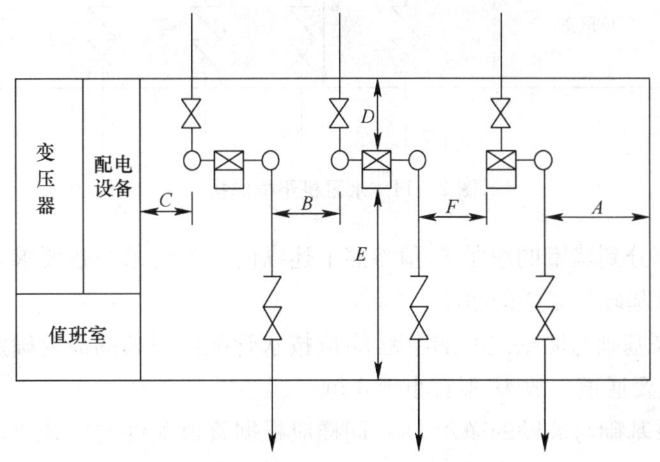

图 2—13 水泵机组纵向排列

纵向排列时，机组之间各部分尺寸应满足以下要求：

a. 泵房大门口要求通畅，既能容纳最大的设备（水泵或电动机），又有操作余地。其场地宽度（一般用水管外壁与墙壁的净距 A 表示）等于最大设备的宽度加 1 m，但不得小于 2 m。

b. 水管与水管之间的净距 B 值应大于 0.7 m，保证工作人员能较方便的通过。

c. 水管外壁与配电设备应具有一定的安全操作距离 C。当为低压配电设备时，其值不小于 1.5 m；为高压配电设备时，其值不小于 2.0 m。

d. 水泵外形凸出部分与墙壁的净距 D，应满足管道配件安装的要求。但其值不宜小于 1 m，以便于就地检修水泵。如水泵外形为不凸出基础，D 则表示基础与墙壁的距离。

e. 电动机外形凸出部分与墙壁的净距 E，应保证电动机转子在检修时能方便拆卸，且留有适当余地。其值一般为电动机轴长加 0.5 m，但不宜小于 3 m。若电动机外形为不凸出基础，其值表示基础与墙壁的净距。

f. 水管外壁与相邻机组的凸出部分的净距 F 不宜小于 0.7 m，若电动机容量大于 55 kW 时，该值应不小于 1 m。

②横向排列。横向排列即水泵轴线呈直线，如图 2—14 所示。它适用于侧向进、出水的水泵，如单级双吸卧式离心泵 Sh 型、SA 型。横向排列虽然稍增加泵房的长度，但可减小跨度，进水管顺直，水力条件好，节省电耗，故被广泛采用。横向排列的各部分尺寸应符合以下要求：

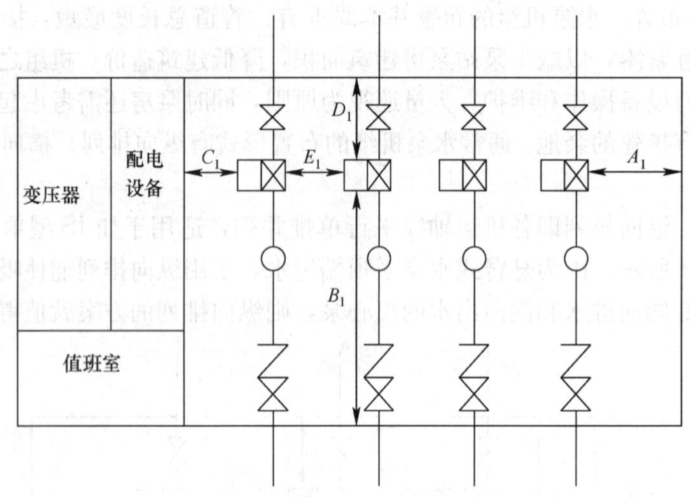

图 2—14　水泵机组横向排列

a. 水泵凸出部分到墙壁的净距 A_1 值参照上述纵向排列的第一条要求，若水泵外形为不凸出基础，A_1 表示基础与墙壁的净距。

b. 出水侧水泵基础与墙壁之间的净距 B_1 应按水管配件安装的需要确定。但考虑到出水侧为管理操作的主要通道，故 B_1 不宜小于 3 m。

c. 进水侧水泵基础与墙壁的净距 D_1，同样应根据管道配件的安装要求确定，但应不小于 1 m。

d. 电动机凸出部分与配电设备的净距 C_1，应保证电动机转子在检修时能方便拆卸，且应保持一定的安全距离，该值为电动机轴长加 0.5 m。但是，低压配电设备 C_1 应不小于 1.5 m；高压配电设备 C_1 应不小于 2.0 m。

e. 水泵基础之间的净距 E_1 值与 C_1 值要求相同。如果电动机和水泵凸出基础，E_1 值则表示凸出部分的净距。

f. 为了减小泵房的跨度，也可考虑将吸水阀设于泵房外面。

③横向双行排列。如图 2—15 所示，横向双行排列布置形式更为紧凑，节省建筑面积。泵房跨度大，起重设备需考虑采用桥式行车。机组较多的圆形取水泵站多采用此类布置，可节省较多的地基造价。此类布置形式两行水泵的转向从电动机方向看，彼此是相反的，因此，应要求水泵厂配置不同转向的套轴止锁装置。

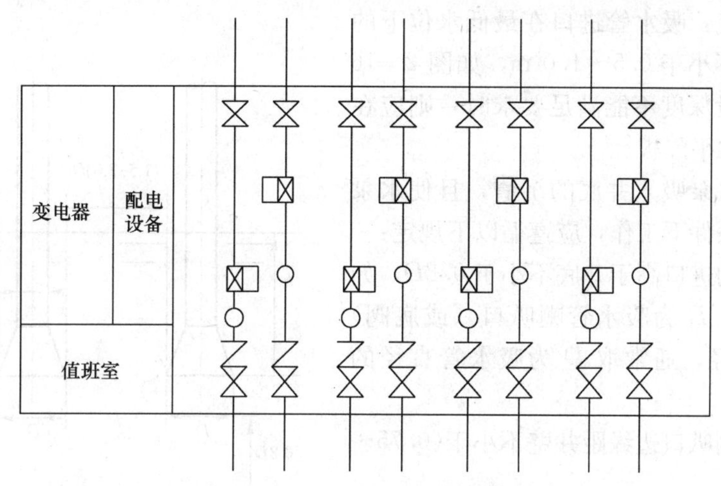

图 2—15 横向双行排列

3）机组的基础。水泵基础的作用是支撑并固定机组，以使机组运行平稳，不产生剧烈振动。因此，要求基础：一要坚实牢固，除能承受机组的静荷载外，还能承受机械振动荷载；二要浇制在较坚实的地基上，不宜浇制在松软地基或新填土上，以免发生基础下沉或不均匀沉陷。卧式泵多采用混凝土块式基础，立式泵多采用圆形柱式混凝土基础或与泵房基础、楼板合建。

卧式水泵的块式基础尺寸大小一般按所选水泵所提供的安装尺寸数据确定，如无上述资料，可按下式选取：

①带底座的小型机组

基础长度 L＝底座长度 L_1＋（0.15～0.20）(m)；

基础宽度 B＝底座螺孔间距（在宽度方向上）B_1＋（0.15～0.20）(m)；

基础高度 H＝底座地脚螺钉的长度 l_1＋（0.15～0.20）(m)。

②无底座的大、中型机组

基础长度 L＝机组底脚螺孔长度方向间距 L_1＋（0.4～0.5）(m)；

基础宽度 B＝机组地脚宽向螺孔间距 b＋（0.4～0.5）(m)；

基础高度 H＝机组地脚螺钉的长度 l_1＋（0.15～0.20）(m)。

(4）管道布置。吸水管路和压水管路是泵站的重要组成部分，正确设计，合理布置与安装吸、压水管路，对于保证泵站的安全运行，节省投资，减少电耗均有较大的关系。

1）对吸水管的要求

对吸水管的基本要求有以下三点：

①不漏气。尤其是离心泵不允许漏气，否则会使水泵工作发生严重故障。因此，吸水管一般采用钢管，接口可焊接。

②不积气。为避免形成气囊，吸水管应有沿水流方向连续向上的坡度 i，一般 $i \geqslant 0.005$，以免形成气囊；吸水管径的断面一般应大于水泵吸入口的断面，吸水管路上的变径管可采用偏心渐缩管，且其上部管壁与吸水管（直段）坡度相同。

③不吸气。为避免吸水井水面产生旋涡，使水泵吸入空气，吸水管进口在最低水位下的淹没深度 h 应不小于 0.5～1.0 m，如图 2—16 所示。如果淹没深度不能满足要求时，则应在管子末端装置水平隔板。

为了防止水泵吸入井底的沉渣，且使水泵在良好的水力条件下工作，应遵循以下规定：

①吸水管的进口高于井底不小于 $0.8D$，如图 2—16 所示。D 为吸水管喇叭口（或底阀）扩大部分的直径，通常取 D 为吸水管直径的 1.3～1.5 倍。

②吸水管喇叭口边缘距井壁不小于$(0.75\sim1.0)D$。

③在同一井中安装有几个吸水管时，吸水喇叭口之间的距离不小于（1.5～2.0）D。

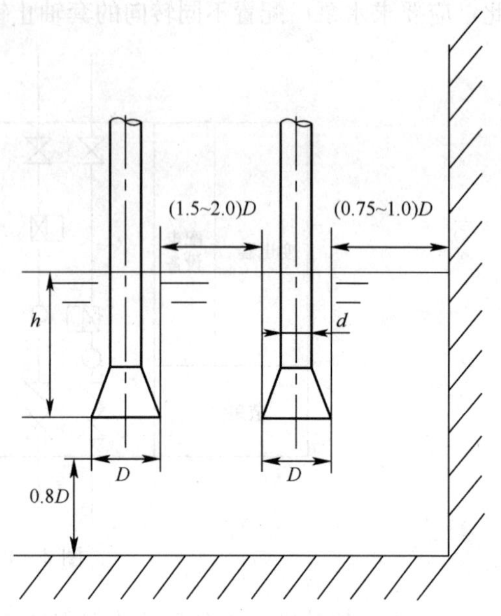

图 2—16　吸水管在吸水井中的位置

④水泵采用抽气设备充水或能自灌冲水时，为了减少吸水管进口处的水头损失，吸水管进口常采用喇叭口形式。如水中含有较大的悬浮物时，喇叭口外面还需加设滤网，避免水中杂物进入水泵。

⑤当水泵从压水管引水启动时，吸水管上应装有底阀。底阀的样式很多，其作用是水只能吸入水管，而不能从吸水喇叭口流出。

2）对压水管路的要求

①水泵压水管路要承受高压，故要求坚固不漏水，通常采用钢管，并尽量采用焊接接口，但为便于拆装和检修，在适当地点可设法兰接口。

②为安装方便和减小管路上的应力（如温度应力、水锤应力等），在必要的地方可设柔性接口或伸缩接头。

③为承受管路中内应力所引起的内部推力，应在转弯、三通等受内部推力处设支墩或拉杆。

④闸阀直径 $D \geqslant 400$ mm 时，宜采用电动或水力闸阀。

⑤压水管的设计流速一般为：

管径小于 250 mm 时，流速为 1.5～2.0 m/s；

管径等于或大于 250 mm 时，流速为 2.0～2.5 m/s。

⑥在不允许水倒流时，应设置止回阀。一般在以下情况应设止回阀：井群给水系统；输水管路较长，突然断电后，无法立即关闭操作闸阀的送水泵站或取水泵站；多水源、多泵站系统；遥控泵站无法关闸；吸入式启动的泵站，管道放空后，再抽真空比较困难；管网布置位置高于泵站，若无止回阀，管道内可能出现负压。

3）吸水管路和压水管路的布置。由管道布置原则知，泵站内吸水管一般不设联络管，如果因为某种原因而需设置联络管时，则在其上应设置必要数量的闸阀，以保证泵站的正常工作。设置公共的吸水管路，只适用于吸水管路很长而又不能设吸水井的情况。

一般情况下，为了保证安全供水，输水干管通常设置两条（在给水系统中有较大容积的高地水池时，也可只设一条），而泵站内设 2～3 台以上水泵。因此，必须考虑当一条输水干管出现故障需要修复或因水泵故障改用备用水泵送水时，均能将水送往用户。

供水安全要求较高的泵站，在布置压水管路时，必须满足：①保证任何一台水泵、闸阀检修时，不影响其他水泵工作；②确保每台水泵能输水至任何一条输水管。

送水泵站通常在站外输水管路上设一检修闸阀，或每台水泵均加设一检修闸阀，即每台泵出口设两个闸阀。这种闸阀经常处于开启状态，只有当修理水泵或水管上的闸阀时，才关闭。

检修闸阀和联络管路上的闸阀，由于使用机会很少，不易损坏，一般不再考虑修理时的备用问题。但是，所有常开闸阀，也应定期进行开闭的操作和加油保护，以保持其工作的可靠性。

压水管路及管路上闸阀布置方式的不同，对泵站的节能效果与供水安全性均有较大影响。如图 2—17 所示，三台泵（其中一台备用）、两条输水管可采用图 a 和图 b 两种布置方式。前者的布置方式可节省两个 90°弯头配件，水头损失较小，比后种布置方式有明显的节能效果。

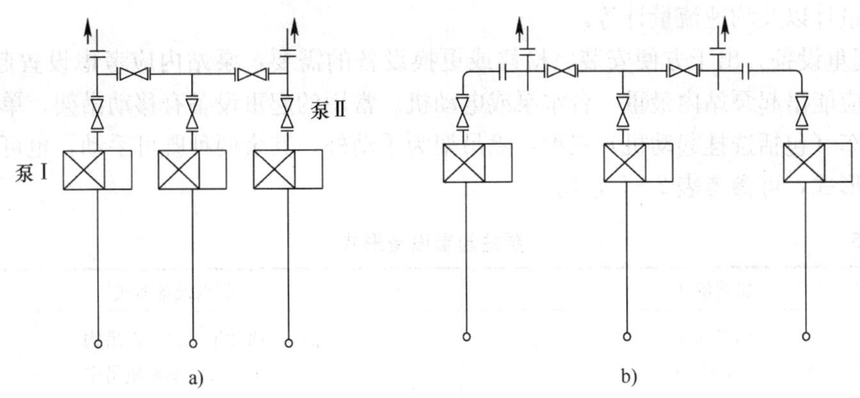

图 2—17　输水管不同的布置方式

上述这种情况，如果必须确保有两台泵向一条输水管送水，则应在联络母管上增设两个双闸阀，如图 2—18a 所示。有时为了缩小泵房的跨度，可将出水干管闸阀装在联络母管的延长线上，如图 2—18b 所示。

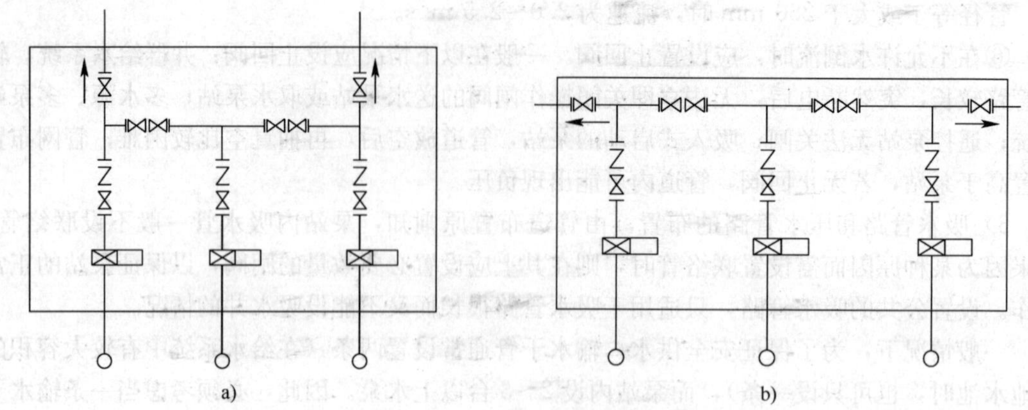

图 2—18　三台水泵时压力管路的布置

有时为了减小泵房的跨度，将联络管置于墙外的管廊中或将联络管置于站外，将联络管上的闸阀设置于阀门井中。

(5) 辅助设备。给水泵站的辅助设备主要有水泵的引水设备、计量设备、起重设备、通风与采暖及其他设施。

1) 引水设备。水泵有自灌式和吸入式两种启动方式。在装有大型水泵、自动化程度高、供水安全要求高的泵站，宜采用自灌式启动方式。自灌式工作的水泵的泵轴位置应低于吸水池内的最低水位。吸入式工作的水泵在启动前需向水泵引水。水泵引水的方法可分为吸水管带有底阀和吸水管不带底阀两类。前者可采用人工引水、用压力管的水倒灌引水及高架水箱引水；后者可采取真空泵引水、水射器引水及真空吊水等方式。

2) 计量设备。为了有效地调度泵站的工作，并进行经济核算，泵站内需设有计量设施。目前，水厂泵站中常用的计量设施有电磁流量计、超声波流量计、插入式涡轮流量计、插入式涡轮流量计以及均速流量计等。

3) 起重设备。出于方便安装、检修或更换设备的需要，泵站内应考虑设置起重设备。起重设备应能吊起泵站内最重一台水泵或电动机。常用的起重设备有移动吊架、单轨吊车梁和桥式行车（包括选挂起动机）三种，除吊架为手动外，其余两种既可手动，也可电动。起重设备的形式，可参考表 2—5 选用。

表 2—5　　**泵站起重设备形式**

起重量/t	起重设备形式
小于 0.5	移动吊架或固定吊钩
0.5～2.0	手动或电动单轨吊车
2.0～5.0	手动或电动桥式行车
大于 5.0	电动桥式行车

4) 通风与采暖

①通风。泵房内一般采用自然通风。地面式泵房为了改善自然通风条件，往往设有高低

窗，并且保证足够的开窗面积，开窗面积一般按 1/7～1/4 的地板面积选用。当泵房为地下式或电动机功率较大、自然通风不够时，特别在南方地区，夏季气温较高，为使室内温度不高于 35℃，保证有良好的工作环境，并改善电动机的工作条件，宜采用机械通风。

②采暖。在寒冷地区，泵房应考虑采暖设备。对于自动化泵站，泵房机器间的采暖温度为 5℃；对于非自动化泵站，泵房机器间的采暖温度为 16℃。在计算大型泵房采暖时，应考虑电动机所散发的热量，但也应考虑冬季天冷停机时可能出现的低温。辅助房间室内温度在 18℃以上。小型泵站可用火炉取暖，我国南方地区多用此法。大、中型泵站也可考虑采取集中采暖方法。

5）其他设施

①排水设备。泵站内的积水主要来自水泵填料盒滴水、闸阀和管道接口的漏水、拆卸设备时泄放的存水以及地沟渗水等，一般水量不大。对于地面式泵房，可以通过自流排入室外下水道。对于地下式或半地下式泵房，一般设置手摇泵、电动排水泵或水射器等排除积水。此外，无论是自流或提升排水，在泵房内地面上均需设地沟集水。

②通信与安全设施。泵站内通信十分重要，一般是在值班室内安装电话机，以便于生产调度和通信。同时，为避免噪声干扰，电话间应具有隔音效果。

泵房的安全设施主要是针对防火来讲的，以防止用电起火以及雷击起火为主。泵房防雷措施常用的是避雷针、避雷线和避雷器这三种。泵站安全措施除了防雷保护外，还应有接地保护和灭火器。

(6) 给水泵站的实例。图 2—19 所示为设有三台 Sh 型水泵的半地下式泵房的平面布置图。三台水泵（两台工作一台备用）成横向单行排列。这样布置便于沿泵房纵向设置单梁式吊车，吸水管道与压水管道直进直出，可减少水泵损失，节省电耗。水泵采用真空泵引水启动。机器间地板向吸水侧有 0.005 的坡度，沿墙内侧设有排水沟，集水坑设于泵房一角，用手摇泵排水。压水管路上方的走道平台直接与值班室相通，从平台有短梯通向机器间。值班室和配电室设于泵房一端，两侧各有大门和单扇小门与外面相通。值班室隔墙上设双层玻璃窗，既可隔音，又可观察整个机器间。泵房另一端还开有一小门通向室外。

2.2.2 排水泵站

排水泵站是指为了提升污水、雨水以及污泥而设置的建筑物。当排水系统受到当地地质条件、地形条件、水体水位等因素的限制时，在某些区域不能以重力流排除雨水或污水；或在污水处理厂中为了提升污水或污泥时，则需要建造排水泵站。

(1) 排水泵站的分类。排水泵站通常根据排水的性质不同来进行分类，一般可分为以下四类：

1）污水泵站。污水泵站设置于污水管道系统中或污水处理厂内，用以抽升污水。

2）雨水泵站。雨水泵站设置于雨水管道系统中或低洼地带，用以抽升或排除雨水。

3）合流泵站。合流泵站设置于合流制排水系统中，用以排除污水和雨水。

4）污泥泵站。污泥泵站设置于污水处理厂内，用以抽送污泥。

此外，按在排水系统中的作用，排水泵站可分为中途（区域）泵站和终点（总提升泵站）泵站；按水泵启动前引水方式，排水泵站可分为自灌式泵站和抽吸式（非自灌式）泵站；按泵房平面形状，排水泵站可分为圆形、矩形、组合形泵站；按集水池与水泵间的组合

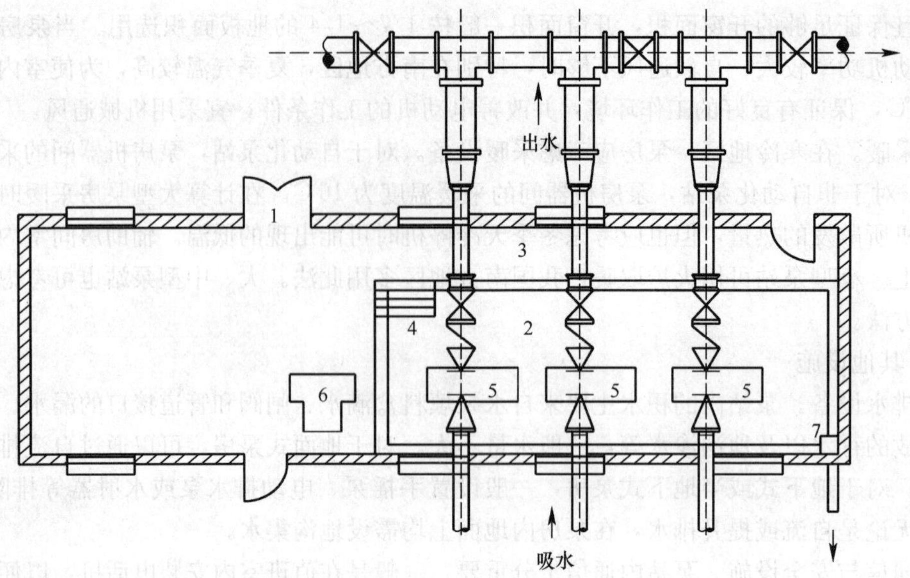

图 2—19　设有 Sh 型水泵的半地下式平面布置图

1—操作室与配电室　2—地下式泵房　3—走道　4—短梯
5—水泵基础　6—真空泵基础　7—集水坑

关系，排水泵站可分为合建式泵站和分建式泵站；按水泵与地面相对位置关系，排水泵站可分为地下式泵站和半地下式泵站；按水泵操作方式，可分为人工操作泵站、自动控制泵站和遥控泵站。

(2) 排水泵站的组成。排水泵站的主要组成包括：泵房、集水池、格栅、辅助间、变电室、事故溢流井和出水井等。

1) 泵房。泵房主要用来安装泵、电动机和有关辅助设备。

2) 集水池。集水池的功能是在一定程度上调节水量的不均匀，以保证水泵在较均匀的流量下高效率地工作。它的尺寸应满足水泵吸水装置和格栅的安装要求。

3) 格栅。格栅是用以拦截进水中粗大室外悬浮物或漂浮物，用以保护水泵叶轮和管道配件，避免堵塞和磨损，保证水泵正常运行。

格栅通常设在泵前的集水池中，安装在集水池前端。有条件时，可单独设置格栅间，以利于管理和维修。

4) 辅助间。辅助间是为满足泵站运行和管理的需要，所设的一些辅助性用房。主要包括修理间、储藏室、休息室及厕所等。

5) 变电室。专业变电室的设置应根据泵站电源的具体情况确定。

6) 事故溢流井。事故溢流井作为应急排水口，当泵站因水泵或电源发生故障而停止工作时，为防止污水淹没集水池，将污水从溢流排水管排入自然水体或洼地。

7) 出水井。出水井是衔接水泵压水管和排水明渠的构筑物，主要起消能稳流的作用，同时还能够防止停泵时水倒流至集水池中。压水管路的出口应设在出水井中，这样可省去阀门，降低造价及运行管理费用。

(3) 排水泵的特点及选择。排水泵的明显特征是扬程一般不高，流量较大，尤其表现在雨水泵站和合流制泵站的水泵。

1）污水泵站泵的选择。应根据污水的性质来确定相应的污水泵或杂质泵等水泵型号。对于排除酸性或腐蚀性废水的泵站，应选择耐腐蚀的泵；排除污泥时，应选择污泥泵。污水泵站一般扬程不高，有立式离心泵、轴流泵、混流泵、潜水污水泵四种。

对于小型污水泵站，水泵台数可按 2～3 台（2 用 1 备）设置；对于大中型泵站，可按 3～4 台设置。

应尽可能选择同型号水泵，以便于施工与维护，也可采用大、小泵搭配的方式，以适应流量的变化。

应尽可能选择性能好、效率高的水泵，使泵站长期处于高效区工作。

污水泵站一般可设一台备用泵，当水泵台数多于四台时，除安装一台备用机组外，仓库还应备存一台。

2）雨水泵站及合流泵站水泵的选择。雨水泵站的设计流量应按进水管渠的设计流量计算，但应注意到设计流量和降雨时水量的差别。选择水泵应兼顾降雨量大时和降雨量小的情况，水泵的台数一般不少于 2～3 台，以便适应不同降雨量的需要。大型雨水泵站按进水管道设计流量来选择水泵；小型泵站（流量在 2.5 m^3/s 以下）的总抽水能可略大于进水管道设计流量。

泵站的扬程应满足从集水池平均水位到出水池最高水位所需扬程的要求。对于出口水位变动较大的雨水泵站，要同时满足在最高扬程条件下出水量的需要。

水泵的型号不宜太多，最好选择同型号的水泵。若必须大、小搭配时，型号也不宜超过两种。

由于雨水泵站提升的流量大而扬程低，故水泵的形式基本上都选轴流泵。大型雨水泵站可选择 ZLB、ZL、ZLQ 型水泵，合流泵站的污水部分除可选择污水泵外，还可选择 14ZLB、20ZLB 等小型立式轴流泵或 HB 型、TL 型、丰产型等混流泵。

雨水泵的台数，一般不宜少于 2～3 台，最多不宜超过 8 台。如采用一大一小 2 台水泵时，小泵的出水量小于大泵的 1/2；如采用一大两小 3 台水泵时，小泵出水量应不小于大泵的 1/3。

雨水泵站可以在旱季检修，因此，可以不设备用泵。而合流泵站的污水则要考虑设置备用泵。

(4) 排水泵站的基本形式。排水泵站的形式取决于进水管渠的埋设深度、来水流量、水泵机组的型号与台数、水文地质条件与施工方法等因素。选择排水泵站的形式应从造价、布置、施工、运行条件等方面综合考虑。下面就几种典型的排水泵站说明其优缺点及适用条件。

1）合建式圆形排水泵站。图 2—20 所示为合建式圆形排水泵站示意图，其采用卧式水泵，自灌式工作。该形式适用于中、小型排水量，水泵的台数不宜超过 4 台。这种形式泵站的优点是：圆形结构受力条件好，便于采用沉井法施工；水泵启动方便，运行可靠性高；易于根据水井水位实现自动操作。缺点是：机器间内机组与附属设备布置较为困难；当泵房很深时，工人上下不便，且电动机易受潮；因电动机伸入地下，需考虑通风设施，以降低机器间的温度。

为避免上述缺点，可将此类型泵站中的卧式泵改为立式离心泵（也可用轴流泵）。但是，立式离心泵安装技术要求较高，特别是泵房较深，传动轴过长时，须设中间轴承及固定支架，以免水泵运行时传动轴发生振荡。由于该类型可减少泵房面积，降低工程造价，并使电气设备运行条件和工人操作条件得以改善，故在我国仍被广泛采用。

2）合建式矩形排水泵站。图 2—21 所示为合建式矩形排水泵站示意图，采用立式泵，自灌式工作。此种类型适用于大、中型泵站，水泵台数一般不少于 4 台。这种类型泵站优点是：采用矩形机器间，在机组、管道和附属设备的布置方面较为方便；启动操作简单易于实现自动化；电气设备设于上层，不易受潮，工人操作管理条件较好。缺点是：建造费用较高。当土质差、地下水位高时，不利于施工，不宜被采用。

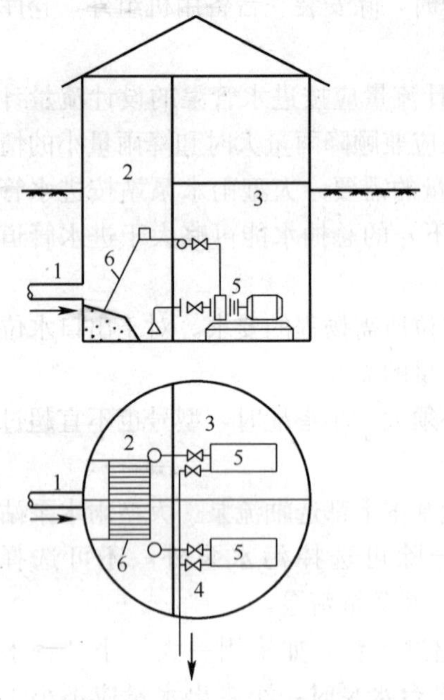

图 2—20　合建式圆形排水泵站

1—排水管　2—集水池　3—机器间　4—压水管　5—卧式污水泵　6—格栅

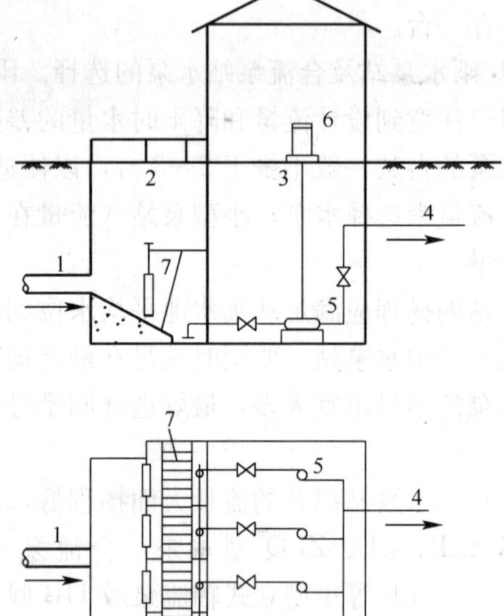

图 2—21　合建式矩形排水泵站

1—排水管渠　2—集水池　3—机器间　4—压水管　5—立式污水泵　6—立式电动机　7—格栅

此外，当合建式排水泵站机器间中水泵轴线标高高于集水池中水位时，水泵应采用抽真空等引水方法。这种类型适用于土质坚硬、施工困难的条件，为了减少挖方量而不得不将机器间抬高。因运行操作困难，此类型在实际工程中采用较少。

3）分建式矩形排水泵站。图 2—22 所示为分建式矩形排水泵站示意图，采用卧式水泵，非自灌式工作，集水池与泵站分开建设。当土质差、地下水位高时，为降低施工难度和工程造价，采用分建式是合理的。该类泵站的优点是：在结构与处理上较合建式简单，施工较方便，机器间没有污水渗透和被污水淹没的危险。缺点：吸水管路较长，压力损失较大；要抽真空启动，为了满足排水泵站来水的不均匀，启动操作较频繁，给运行操作带来困难。

在工程实践中，排水泵站的类型是多种多样的，例如：合建式泵站，集水池采用半圆形，机器间为矩形；合建椭圆形泵站；集水池露天或加盖；泵站地下部分为圆形钢筋混凝土

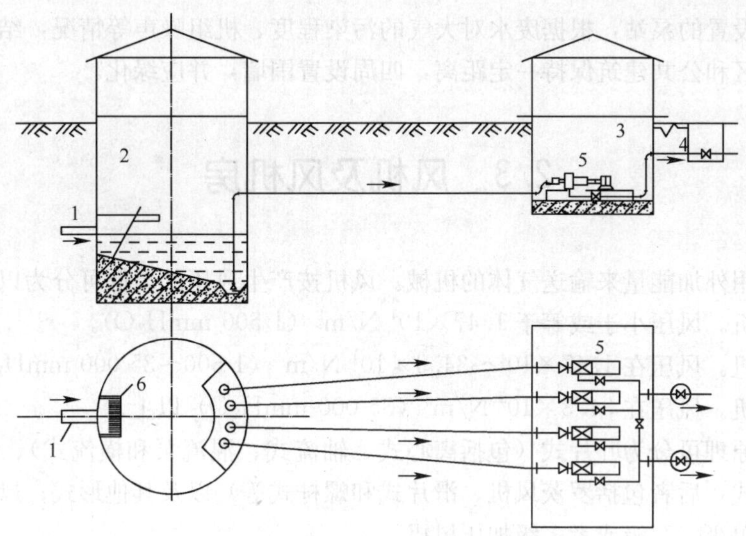

图 2—22 分建式矩形排水泵站

1—排水管渠 2—集水池 3—机器间 4—压水管 5—水泵机组 6—格栅

结构，地上部分采用矩形砖砌体等。究竟采用何种类型，应根据具体情况，经多方案技术经济比较后决定。

根据我国设计和运行经验，凡水泵台数不多于 4 台的污水泵站和台数不多于 5 台的雨水泵站，地下部分结构采用圆形最为经济，地面以上构筑物的形式必须与周围建筑物相适应。当水泵台数超过以上数量时，地下及地上部分都可采用矩形或由矩形组合成的多边形；地下部分有时为了发挥圆形结构比较经济和便于沉井施工的优点，也可以将集水池和机器间分开布置为两个构筑物，或者将水泵分设在两个地下的圆形构筑物内，地上部分可以处理为矩形或腰圆形。这种布置适用于流量较大的雨水泵站或合流泵。对于抽送会产生易燃易爆和有毒气体的污水泵站，必须设计为单独的建筑物，并采取相应的防护措施。

(5) 排水泵站的一般规定

1）规模。为满足流量发展的需要，排水泵站的规模应按排水工程总体规划所划分的远近期规模设计。排水泵站的建筑物宜按远期规模设计，水泵机组可按近期水量配置，根据当地的发展，随时增加水泵机组。

2）占地面积。泵站的占地面积与泵站性质、规模以及其所处的位置有关。具体可参照国内各城市已建泵站的资料。

3）排水泵站单独建设的规定。城市排水泵站一般规模较大，对周围环境影响较大，故应采用单独的建筑物。工业企业及居住小区的排水泵站是否与其他建筑物合建，可视污水性质和泵站规模等因素确定。

4）排水泵站的位置。城市排水泵站的位置应视排水系统上的需要而定，通常建在需要提升的管（渠）段，并设在距排放水体较近的地方。并应尽量避免拆迁，少占耕地。因排水泵站一般埋深较大，且多建在低洼处，因此，泵站位置要兼顾地理条件和水文条件，保证不被洪水淹没，要便于设置事故排放口和减少对周围环境的影响，同时，也要考虑交通、通信、电源等条件。

对于单独设置的泵站，根据废水对大气的污染程度、机组噪声等情况，结合当地环境条件，应与居民区和公共建筑保持一定距离，四周设置围墙，并应绿化。

2.3 风机及风机房

风机是利用外加能量来输送气体的机械。风机按产生风压的高低可分为以下三种：

(1) 通风机。风压小于或等于 1.47×10^4 N/m^2 (1 500 mmH_2O)。

(2) 鼓风机。风压在 $1.47\times10^4\sim34.3\times10^4$ N/m^2 (1 500～35 000 mmH_2O)；

(3) 压缩机。风压在 34.3×10^4 N/m^2 (35 000 mmH_2O) 以上。

按其工作原理可分为叶片式（包括离心式、轴流式、混流泵和横流式）、容积式（包括活塞式和回转式，后者包括罗茨风机、滑片式和螺杆式等）以及其他形式；风机按照加压的形式可以分为单级、双级或者多级加压风机。

在给水排水中，风机主要用于污水处理部分和泵房的通风，其常用风机主要包括鼓风机、压缩机以及通风机。鼓风机一般用于污水处理中的曝气、吹扫、搅拌等，较常用的是离心式鼓风机和罗茨式鼓风机两种；空压机主要用于压力溶气气浮、过滤反冲洗；通风机通常用于地下泵房、加药间、仓库等处的空气置换，常用的通风机有离心式通风机和轴流式通风机两种，通风机体积一般都比较小且结构简单。

2.3.1 鼓风机

(1) 离心式鼓风机

1) 离心式鼓风机的工作原理。离心式鼓风机的工作原理与离心泵大体相同，是利用高速旋转的叶轮产生的离心力将气体加速，然后减速、改变流向，使动能转化为势能（压力），然后随着流体的增压，使静压能又转化为速度能，从而将输送的气体送入管道或容器内。

单级离心鼓风机的压力增高主要发生在叶轮中，其次发生在扩压过程。多级离心鼓风机利用回流器使气体进入下一个叶轮，产生更高的压力。离心式鼓风机实际上是一种变流量恒压装置。当鼓风机恒速运行时，在鼓风量固定的情况下，所需功率随进气温度的降低而升高。离心式鼓风机的特点是空气量易于控制，通过调节出气管上的阀门即实现可压缩空气量的改变。如果把电动机上的电流表改为流量刻度表，即把电流表上的电流刻度标上对应的风量值，则可以更直观地予以调节。

离心式鼓风机噪声较小、效率较高，适用于大、中型污水处理厂。若其所配电动机为变速电动机，离心式鼓风机则变为变速鼓风机，根据曝气池混合液溶解氧浓度，可以自动调整鼓风机开启台数和转数，从而最大限度节约能耗。

图 2—23 所示为二级离心式鼓风机剖面图。其转子由优质碳素钢轴 1 和两个相同的合金钢叶轮 2 组成，并由电动机通过减速机构驱动。当转子转动后，气体自吸气口 3 吸入，经过第一个叶轮作用后，气体被排入机壳，并沿导流板 4 进入第二叶轮，最后经过扩散室 5 进入排风口 6。多级鼓风机的机壳主要由机壳内的回流室、隔板组成。

2) 离心式鼓风机的结构。离心式鼓风机主要由机壳、转子组件、密封组件、进口叶片调节控制装置轴承、润滑装置及其他辅助零件组成。

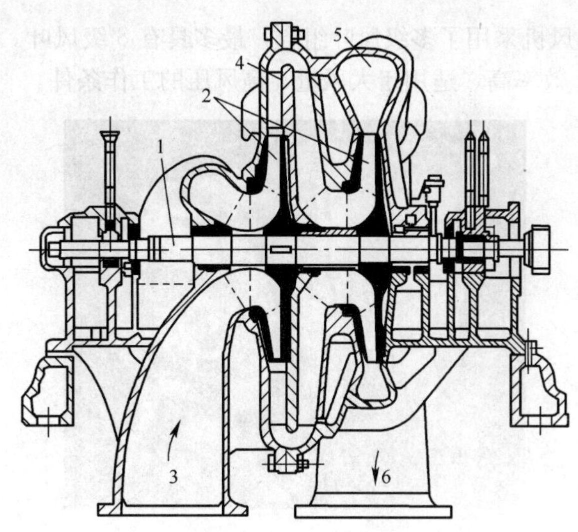

图 2—23 二级离心式鼓风机剖面图

1—轴 2—叶轮 3—吸气口 4—导流板 5—扩散室 6—排风口

①机壳。离心式鼓风机的机壳由铸铁制作，或用钢板焊接而成。机壳根据叶轮形式可做成水平剖分或蜗壳状。对于低压离心式鼓风机，机壳大都做成水平剖分式。对于单级鼓风机大都做成蜗壳式。蜗壳的作用主要是将叶轮增压的气体收集起来，然后流入流道。多级离心式鼓风机机壳内有回流室、隔板扩压器等零件，气体由扩压器进入回流室，然后引入下一级叶轮，连续地把气体送入流道。

②转子组件。离心式鼓风机主要部件是转子，它是由叶轮、主轴、轴套、排气室、平衡盘、密封、联轴器等部件组成。叶轮由轮盘、轮毂和叶片铆接、焊接或整体铸造而成，其主要作用是使气体通过叶轮后提高压力和气流速度。主轴上装有风机的转动部件，一般离心式鼓风机的轴伸出机壳外面，其作用是传递转矩使叶轮旋转。联轴器连接驱动机轴和风机轴，传递驱动机的转矩，同时也起到安全连接作用。

③密封。离心式鼓风机的级间密封多是迷宫式密封，应用最多的迷宫式密封结构有拉别令密封和梳齿密封。拉别令密封和梳齿密封的镶片一般是薄片金属，例如合金铝和不锈钢薄片。轴端密封是O形圈和胀圈式密封。

④进口叶片调节控制装置。进口叶片调节控制装置用来调节来自风叶的空气流。进口叶片调节控制装置用钢板焊接制成，所有的叶片都制作成在叶片主轴周围旋转 90°，以便调整来自风扇的空气流动率。叶片的方向可闭合可敞开，以适应风扇的旋转方向，以便给予风机叶轮的入口部件有效地预旋流。

⑤轴承。轴承是支撑转子、保证转子能够平稳旋转的部件，同时还可调节旋转转子产生的径向力和轴向力。对于低压低转速的风机，大多选用滑动轴承；对于中压以上高转速风机，大多选用滚动轴承。

⑥润滑系统。离心式鼓风机的润滑系统一般采用恒油位自流式润滑，其形式很多。但对于大型高速风机，则单独有油泵、邮箱、过滤器、冷却器等润滑系统。

3）D 型多级离心式鼓风机。在水处理中最常用的离心风机即 D 型多级离心风机，如图

2—24 所示。多级离心风机采用了多级风叶组合，最多具有 8 级风叶。该风机采用后弯叶片式叶轮，压力损失小，效率高，适用于大风量、高风压的工作条件。

图 2—24　D 型多级离心泵外形

多级离心式鼓风机的进口形式有水平和垂直两种。出口形式有上、左、右三种。因此，按进口形式与出口形式的组合可分为九类。

多级离心式风机型号一般用数字与汉语拼音表示。例如：D300-31-1.5，D 表示系列，即进口吸入方式为单吸入；300 表示在标准状态下气体进口体积流量为 300 m^3/min；3 表示叶轮级数为 3；1 表示设计序号，即第一次设计；1.5 表示出口绝对压力为 1.5 kg/km^2（表压为 49 kPa）。

离心式鼓风机的性能、规格和尺寸可参见各类给水排水或水处理设计手册——常见设备分册的相关章节。

（2）罗茨鼓风机

1）罗茨鼓风机的工作原理及特点。罗茨鼓风机为容积回转式鼓风机，它是利用装在两根平行轴上的一对 8 字形转子相互啮合，以相反方向旋转，随着转子的旋转交替形成气穴，吸入一定容积的气体，气体在汽缸内推移、压缩和升压后，从排气口排出。罗茨鼓风机的工作过程如图 2—25 所示。

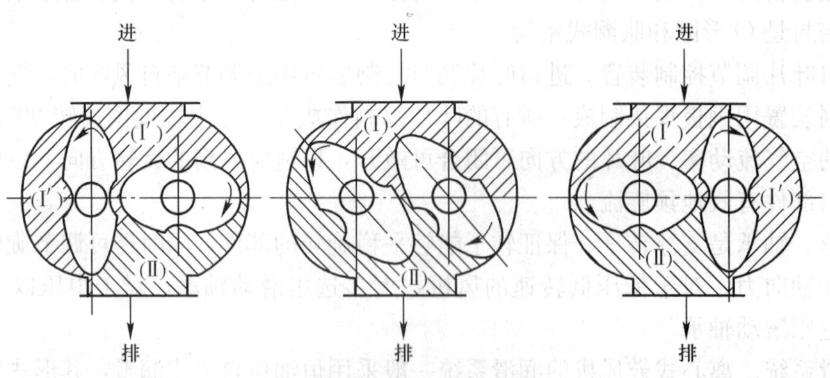

图 2—25　罗茨鼓风机工作原理图

理论上，罗茨鼓风机的压力—流量特性曲线是一条垂直线，但由于转子与转子、转子与汽缸之间都有一定间隙，不可避免地会产生气体“回流”（或内部泄漏），故实际上的压力—流量特性曲线是倾斜的。与离心式鼓风机相比，进气温度的变化对罗茨鼓风机性能的影响可以忽略不计。在相对压力不大于 48 kPa 时，罗茨鼓风机的效率高于相同规格的离心鼓风机。当风量小于 14 m^3/min 时，罗茨鼓风机所需功率是相同规格离心鼓风机的一半。

罗茨鼓风机在制造时要求两转子和壳体的装配间隙很小，以尽量减少气体在压缩过程中回流，该种鼓风机的压力比其他形式的鼓风机要高，根据操作要求，压力在一定范围内可调，但体积流量不变。罗茨鼓风机是低压容积式鼓风机，产生的压缩空气量是固定的，而排气压力由系统阻力决定，即根据需要确定，因此适用于鼓风压力经常变化的场合。罗茨鼓风机噪声较大，必须在进风和送风的管道上安装消声器，鼓风机房采取隔音措施，一般适用于中、小型污水处理站、厂。

罗茨鼓风机的主要特点：①无内压缩过程，输气具有强制性；不需要对汽缸进行润滑，故输送的介质应不含油；②随着升压的变化，气体流量变化很小，可根据用户的需要在升压的额定值范围内调节选用出气压力；③整机振动小，使用寿命长，机械效率高，结构简单，保养及维修方便。

2）罗茨鼓风机的分类及型号表示方法。罗茨鼓风机按结构型式可分为立式型和卧式型。前者的两转子在同一竖直平面内而气流水平进、水平出。叶轮直径在 50 mm 以下者均制成立式。后者的两转子在同一水平面内而气流垂直进、垂直出。叶轮直径 50 mm 以上者均制成卧式。

罗茨鼓风机按传动方式可分为风机和电动机直联式、风机和电动机通过带轮传动式、风机通过减速器传动式等三类。

罗茨鼓风机型号一般用数字与汉语拼音表示，但各个厂家表示方法不尽相同，在选型时需注意。例如，3L32WD 罗茨鼓风机，3 表示此罗茨鼓风机叶轮为三叶式；L 表示罗茨鼓风机代号；3 表示叶轮直径代号；2 表示叶轮长度代号；W 表示结构形式（W 代表卧式，L 代表立式）；D 表示传运方式（D 代表电动机直联，C 代表带传动）。

3）罗茨鼓风机的结构

①转子。罗茨鼓风机的叶子由叶轮和轴组成。叶轮又可分为直线形和螺旋形两种，叶轮的叶数一般有两叶和三叶两种。

②齿轮。罗茨鼓风机内两叶轮的转动是各自的齿轮啮合同步传递扭矩的，所以其齿轮也称为同步齿轮，同步齿轮结构较为复杂，由齿圈和齿轮毂组成，用圆锥销定位。同步齿轮又分为主动轮和从动轮。主动轮一端与联轴器连接。

③轴承。罗茨鼓风机一般选用滚动轴承，滚动轴承具有检修方便、缩小风机的轴向尺寸等优点，而且润滑方便。

④密封。罗茨鼓风机的密封部位主要为传动轴与机壳的间隙密封，结构比较简单，一般采用迷宫式密封或胀圈式密封。轴承的油封采用一般的骨架橡胶油封。

⑤机壳。罗茨鼓风机的机壳有整体式和水平中开式。检修、安装比较方便的水平中开式应用较多。

4）水处理工程中常用的罗茨风机

①R型罗茨风机。R型罗茨风机是废水处理工艺中使用较多的风机之一，整台设备主要由风机、电动机、空气过滤器、消声器等组成。该类风机的结构形式为立式结构，即风机两个转子中心线处于同一垂直平面，进出风口分别位于风机两侧。其连接方式有直联和带联两种。R型罗茨鼓风机的型号说明如下：

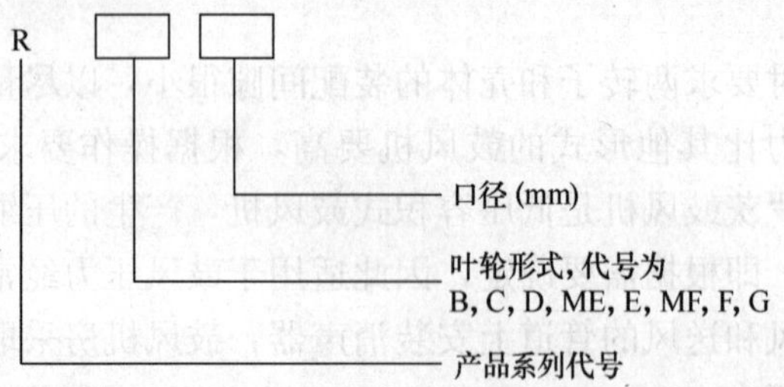

R型罗茨鼓风机的外形及安装尺寸、主要技术指标、规格等可参见《水处理设备实用手册》第六章通用设备部分。

②WD型罗茨风机。WD型罗茨风机，因其风机桨为三片，故又称为三叶罗茨风机。与传统的二叶型罗茨风机相比，效率提高、噪声降低。同时因密封性能有大的改善，故而漏泄减少，气流脉动小，运行较平稳。WD型罗茨鼓风机的型号说明如下：

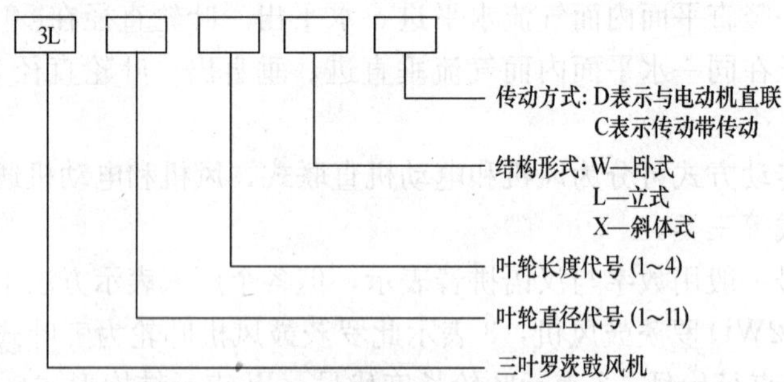

WD型罗茨鼓风机设备构造、主要技术指标及设备规格可参见《水处理设备实用手册》第六章通用设备中相关内容。

③TS型低噪声罗茨鼓风机。小规模污水处理厂中，TS系列低噪声罗茨鼓风机也是较为常用的罗茨鼓风机之一。其型号说明如下：

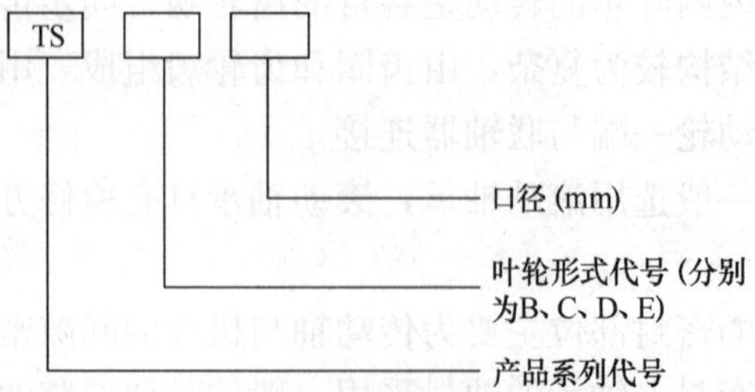

TS系列罗茨鼓风机的规格、性能、外形以及安装尺寸可参见《实用水处理设备手册》

第二章通用设备中相关内容。

(3) 鼓风机的选用

①鼓风机应选用高效、节能，使用方便、运行安全、噪声低、易维护管理的机型，可选用离心式单级鼓风机。小规模污水处理厂中，也可选用罗茨鼓风机。

②罗茨风机宜选用 TS 系列低噪声风机和 R 系列罗茨鼓风机。

③风机宜选用同一型号，当风量变化较大时，应考虑风机大小搭配，但型号不宜过多。

④鼓风机的进气温度应低于 40℃。气体中固体微粒含量，罗茨风机应不大于 100 mg/m³，离心式鼓风机应不大于 10 mg/m³。微粒最大尺寸应不大于鼓风机汽缸内各相对运动部件的最小工作间隙之半。当超过上述规定时，应根据鼓风机产品本身和曝气器的要求，设置空气除尘设施。

⑤选用离心鼓风机时，应详细核算各种工况条件下风机的工作点，尤其是在冬季，不得接近风机的喘振区和使电动机超载，还应考虑送风压力和空气温度的变化。

⑥选用罗茨风机时，应设置风量调节装置。

⑦鼓风机的设置台数，应根据总供风量，所需风压，选用风机单机性能曲线及气温、污水量和负荷变化等综合确定。

⑧风机总供风量，可按下式计算，配置的风机其总容量（不包括备用风机），不得小于设计所需风量的 95%。

$$Q=\frac{O_c}{0.28\varepsilon} \tag{2—9}$$

式中 Q——风机总供风量（m^3/d）；

0.28——标准状态（0.1 MPa，20℃）下每立方米空气中含氧量（kgO_2/m^3）；

O_c——标准状态下曝气池污水需氧量（kgO_2/d）；

ε——曝气器氧的利用率。

⑨风机的风压应按下式计算

$$H=h_1+h_2+h_3+h_4+\Delta h \tag{2—10}$$

中 H——风机所需风压（MPa）；

h_1——供风管道沿程阻力（MPa）；

h_2——供风管道局部阻力（MPa）；

h_3——曝气器空气释放点以上水静压（MPa）；

h_4——曝气器阻力（MPa），其中微孔曝气器 $h_4 \leqslant 0.004 \sim 0.005$(MPa)，可张中、微孔曝气器 $h_4 \leqslant 0.003 \sim 0.0035$(MPa)，盆型中大气泡曝气器 $h_4 = 0.005 \sim 0.01$(MPa)，其他中大气泡曝气器阻力可忽略不计；

Δh——富余水头，$\Delta h = 0.003 \sim 0.005$(MPa)。

⑩备用风机可按 33%～100%的备用率计算。小型污水处理厂宜选用高备用率，大型污水处理厂宜选用低备用率。或者按工作鼓风机台数设置，小于等于 3 台时，应设 1 台备用鼓风机，大于等于 4 台时，应设 2 台备用鼓风机。

(4) 鼓风机风机的运行与维护

1) 离心鼓风机的检修。拆卸鼓风机时，首先应拆卸联轴器的隔套。卸下进气和排气侧连接管，将进（出）口导叶驱动装置与进（出）口导叶杆脱离，拆下螺栓卸下进气机壳（在此情况下注意一定不要损坏叶轮叶片和进气机壳流道表面），卸下叶轮，注意不要损坏密封结构部分，然后拆下密封，拆卸齿轮箱箱盖，注意不要损坏轴承表面和密封结构部分，拆卸轴端盖，最后测量轴承和齿轮间隙之后，拆卸高速轴轴承、低速轴轴承和大齿轮轴，并且要用油清洗每个拆下的部件。

2）鼓风机的检查。鼓风机的检查内容主要包括以下几个方面：

①齿轮齿的检查。检查齿轮箱内大小齿轮齿的任何损坏情况。

②测量增速齿轮的齿隙。

③清理叶轮，应彻底清除灰尘，以防止其不平衡，并且不要使用钢丝刷及类似物，避免造成叶轮表面的损坏。

④通过叶轮的液体渗透试验，看叶轮上是否有裂纹。使用液体渗透试验，尤其要注意叶片根部。

⑤清除外部扩压器的灰尘。彻底清除黏结在扩压器上的灰尘，因为它可以使流量降低。

⑥检查轴承的每个孔，拆卸之后，用油进行清洗。并且查看轴承内侧的每个孔中有无阻塞物。

⑦在检查轴承间隙和磨损情况过程中，一定不要损坏轴承表面，也不要对轴承做任何改变或调整，因为它是适合于高速旋转的专用形式。

3）鼓风机的组装。对每个部件进行全面清洗和检查之后，应重新组装鼓风机，鼓风机的重新组装顺序按照拆卸的逆顺序进行。进行鼓风机组装应注意以下几点：

①当泵体装入时，一定要重新装配所有的内件。

②当安装油封时，一定要注意齿轮箱的顶部和底部不要颠倒。

③当轴承装入时，应固定每个螺钉和柱销。

④在安装轴承箱的上半部过程中，不要毁坏油封、止推轴承等部件。

⑤当安装齿轮箱盖时，应打入定位锥销。

⑥当转入叶轮螺母和叶轮键时，为防止双头螺栓（用于齿轮箱和蜗壳安装）在拆卸时松动，应把防松油漆涂在螺栓上。

4）大修后的检查

①检查鼓风机是否有气体泄漏情况

鼓风机大修之后，检查鼓风机结合部分和进气（排气）连接部分是否漏气。启动鼓风机，用肥皂水做泄漏检查，检查点包括蜗壳与进气机壳之间的结合部分、进气机壳进口连接部分及蜗壳出口连接部分。

②检查齿轮箱的油泄漏情况

在鼓风机大修之后如果有漏油情况，检查齿轮箱结合部分，检查点包括齿轮箱盖、体间的结合部，尤其是要注意密封部分，以及机壳与齿轮箱间的结合部分。

5）机组运行中的维护

①要定期检查润滑油的质量，在安装后第一次运行 200 h 后进行换油，被更换的油如果未变质，经过滤机过滤后仍可重新使用，以后每隔 30 天检查一次，并做一次油样分析，如发现变质应立即换油，且油号必须符合规定，严禁使用其他牌号的油。

②应经常检查油箱中的油位，且不得低于最低油位线，并要经常检查油压是否位于正常值。

③应经常检查轴承出口处的油温，要避免超过 60℃，并根据情况调节油冷却器的冷却水量，使进入轴承前的油温保持在 30～40℃。

④应定期清洗滤油器。

⑤经常检查空气过滤器的阻力变化，定期进行清洗和维护，使其保持正常工作。

⑥经常注意并定期测听机组运行的声音和轴承的振动。如发现声音异常或振动加剧，应立即采取措施，必要时应停车检查，找出原因，排除故障。

⑦严禁机组在喘振区运行。

⑧应按照电动机说明书的要求，及时对电动机进行检查和维护。

6）鼓风机的常见故障及原因。鼓风机常见故障及其原因可参见表 2—6。

表 2—6　　鼓风机常见故障及其原因

故障现象	可能产生的原因	故障现象	可能产生的原因
开车时无气流、无压力	（1）电动机或电源故障 （2）旋转方向错误 （3）联轴器或轴断裂 （4）抱轴，万向节等处被大量缠绕物塞死，无法转动	排气量低	（1）放空阀全开或半开 （2）导叶完全关闭 （3）进口导叶系统局部卡住 （4）进气过滤器堵塞 （5）管路系统泄漏或阀门开关泄漏
运行时有噪声，振动大	（1）机组找正精度被破坏 （2）联轴器对中不好或损坏 （3）变速箱齿轮或轴承损坏 （4）鼓风机轴承损坏 （5）轴承间隙过大 （6）主轴弯曲 （7）转子、叶轮平衡不好	轴承温度高	（1）油号不对 （2）润滑油未充分冷却 （3）供油不足 （4）油压太低 （5）油泵转向错误 （6）油变质或油中有水分 （7）轴承损坏 （8）轴承间隙过小
油压太低	（1）油泵故障 （2）滤油器堵塞 （3）油压表失灵 （4）安全阀损坏 （5）管路漏油 （6）油箱缺油 （7）油温太高	喘振	（1）鼓风机转速太低 （2）进气通道阻塞 （3）进气压力损失太高 （4）进气温度太高 （5）进口导叶松动、失灵或太紧 （6）叶轮损坏 （7）排气总管压力太高 （8）放空阀损坏，造成开车、停车喘振
油温太高	（1）冷却水量太小 （2）冷却水温度太高 （3）环境温度高 （4）油号不对 （5）轴承或齿轮损坏	功率消耗太高	（1）进口导叶滞住、排气压力降低 （2）变速箱或鼓风机有机械故障（如轴承、齿轮或轴损坏） （3）进口导向叶片失灵

2.3.2 压缩机

空气压缩机的种类很多，按其作用原理可分为两大类：容积式压缩机和速度式压缩机。在容积式压缩机中，气体压力的升高是由于压缩机中气体体积被缩小，使单位体积内空气分子的密度增加而形成；在速度式压缩机中，空气的压力是由空气分子的速度转化而来，即先使空气分子获得一个很高的速度，然后在转能元件中使一部分速度能进一步转化为气体的压力能。

容积式压缩机可分为往复式和回转式两种类型，前者又可分为活塞式和膜式。回转式风机可分为滑片式、螺杆式和转子式；速度式风机可分为轴流式、离心式和混流式。

用来压缩空气的压缩机，在中小流量时，最广泛采用的是活塞式空气压缩机，在大流量时，则多采用离心式空气压缩机。

2.3.3 通风机

通风机按气体流动的方向，可分为离心式、轴流式、斜流式和横流式等。下面主要介绍离心式和轴流式通风机。

（1）离心式通风机。离心式通风机的工作原理与离心泵大致相同，只是作用的介质是气体而不是液体。通过电动机带动叶轮旋转，叶轮上叶片流道间的气体在离心力的作用下，从叶轮中心被甩向叶轮边缘，以较高的速度离开叶轮，进入机壳运动，最后经出风口排向输气管道；同时，叶轮中心处产生真空，周围气体在外界压力作用下被吸向叶轮，这样不断吸入、不断流出，风机源源不断地送风。风机各主要部件的作用是，进风口（吸入口）引入气体流入叶轮，把电动机的机械能传递给气体，使气体获得势能和动能。螺旋形机壳收集气体，导向输气管，并在导向的过程中将一部分动能转换为势能。

图 2—26 所示为离心式通风机主要结构分解示意图，它主要由吸入口、叶轮、机壳（蜗壳）、支架及传动部件等部件组成。叶轮由叶片和连接叶片的前盘和后盘组成，叶轮后盘装在转轴（图中未标出）上，机壳支撑在支架上。

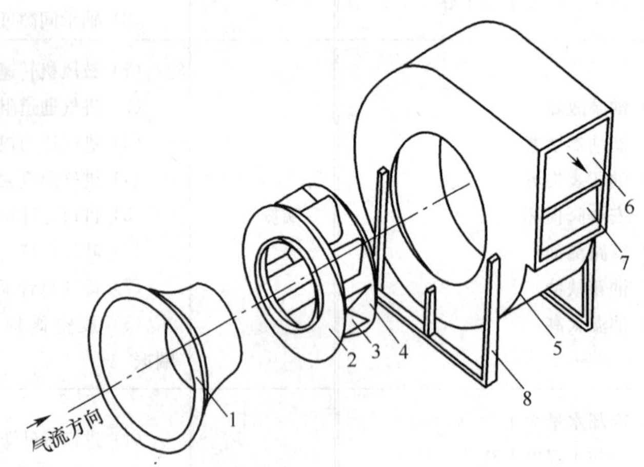

图 2—26　离心式通风机主要结构分解示意图

1—吸入口　2—前盘　3—叶片　4—后盘　5—机壳

6—出口　7—截流板（风舌）　8—支架

1）叶轮。叶轮是离心式通风机的核心部件，通过它直接将机械能传递给气体，因而它的尺寸和几何形状对通风机的性能有重大影响。如图 2—27 所示，叶轮由前盘、后（中）盘、叶片和轮毂等组成，一般采用焊接或铆接加工。双侧进气的离心式通风机叶轮（双吸叶轮），两侧各有一个相同的前盘，叶轮中间有一个铆接在轮毂上的中盘。叶轮前盘有平前盘、锥形前盘和弧形前盘等形式。其中，弧形前盘叶轮气流流动情况好，效率高，但制造工艺复杂；平前盘叶轮因气流进入叶片转弯后分离损失较大，效率低，但叶轮制造工艺简单；锥形前盘叶轮的效率、工艺性能均居中。

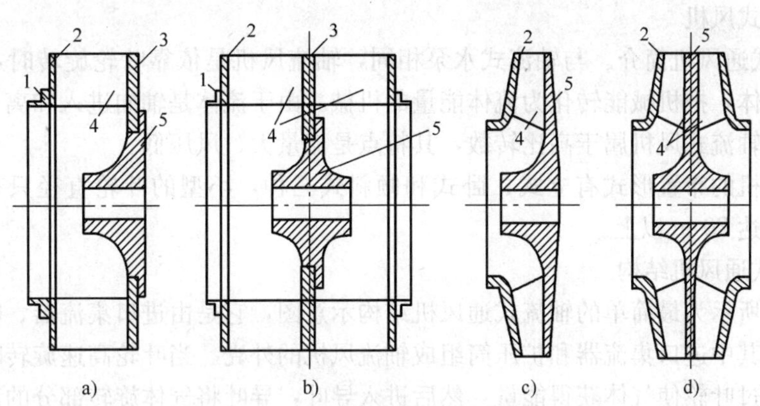

图 2—27　离心式通风机叶轮结构形式

a）单吸铆盘叶轮　b）双吸铆盘叶轮　c）单吸锻盘叶轮　d）双吸锻盘叶轮

1—进口圈　2—盖盘　3—圆盘　4—叶轮　5—轴盘

通风机叶轮上的叶片数目比较多、且长度较短，低压通风机叶片是平直的，与轴心成辐射状安装；中、高压通风机的叶片是弯曲的。

2）进口集流器（吸入口）。为了保证气流均匀地充满叶轮进口，尽可能符合叶轮进口气流的流动状况，减小流动损失和降低进口涡流噪声，离心式通风机一般均装有进口集流器，形式如图 2—28 所示。从流动方面比较，锥形比筒形好，弧形比锥形好，组合型比非组合型好。在大型离心式通风机上多采用弧形或锥形集流器，中小型离心式通风机多采用弧形集流器，以提高风机效率和降低噪声。

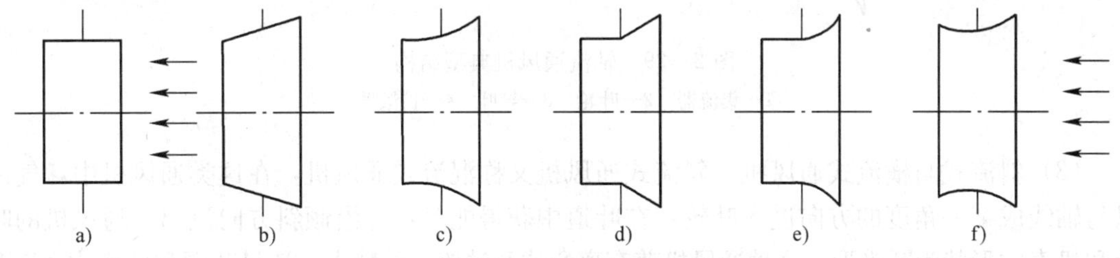

图 2—28　进口集流器形式

a）圆筒形　b）圆锥形　c）弧形　d）锥桶形　e）弧筒形　f）锥弧形

3）机壳。机壳又称蜗壳，是指包围在叶轮外面的外壳。中低压离心式通风机的机壳是阿基米德螺线状的，断面沿叶轮旋转方向渐渐扩大。在出口处最大，气流出口处多采用矩形截面。蜗壳的作用是将叶轮中流出的气体汇聚起来，导至风机的排出口，并将气体的部分动能扩压转变为静压能。它与叶轮的匹配好坏对离心通风机气动性能、噪声性能有很大影响。离心通风机蜗壳工作原理与离心泵蜗壳工作原理相同。

4）支撑与传动部件。离心式通风机的支撑与传动部分包括轴和轴承。有的还包括联轴器和带轮，是将通风机与电动机连接的部件。机座一般用铸铁铸成或用型钢焊接而成。

离心式通风机的性能、规格和尺寸可参见有关给水排水或《水处理设计手册》——常用设备分册的有关章节。

（2）轴流式风机

1）轴流式通风机简介。与轴流式水泵相同，轴流风机是依靠叶轮旋转时，叶片产生的升力来输送流体，把机械能转化为流体能量的机械。由于流体是轴向进入和离开叶轮的，故称为轴流式。轴流式风机属于高比转数，其特点是流量大、风压低。

轴流式风机的布置形式有立式、卧式和倾斜式三种，小型的叶轮直径只有 100 mm 左右，大型的可达 20 m 以上。

2）轴流式通风机结构

图 2—29 所示为最简单的轴流式通风机结构示意图，它是由进口集流器、叶轮、导叶和扩压筒组成。其中进口集流器和扩压筒组成轴流风机的外壳。当叶轮高速旋转时，气体从集流器进入，通过叶轮使气体获得能量，然后进入导叶，导叶将气体旋转部分的动能转化为静压能，最后气体通过扩压筒将一部分轴向气流动能转换为静压能，然后从扩压筒流出，输入管路。根据组成不同，轴流风机有四种形式，如图 2—30 所示。

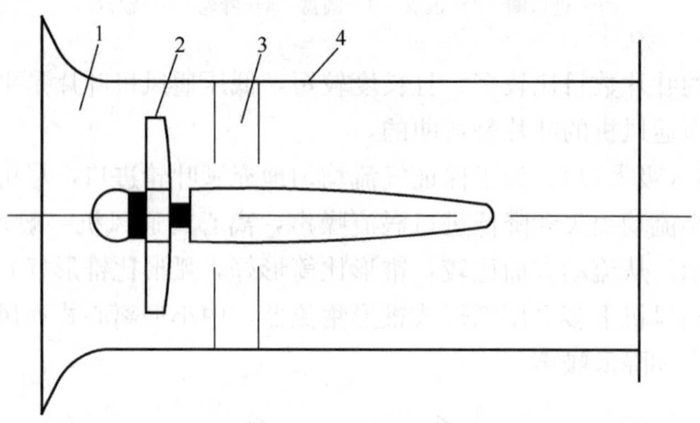

图 2—29　轴流通风机典型结构

1—集流器　2—叶轮　3—导叶　4—扩散器

（3）斜流式与横流式通风机。斜流式通风机又称混流式通风机，在这类通风机中，气体以与轴线成某一角度的方向进入叶轮，在叶道中获得能量，并沿倾斜方向流出。通风机的叶轮和机壳的形状为圆锥形。这种通风机兼有离心式和轴流式的特点，流量范围和效率均介于两者之间。

横流通风机是具有前向多翼叶轮的小型高压离心通风机。气体从转子外缘的一侧进入叶轮，然后穿过叶轮内部从另一侧排出，气体在叶轮内两次受到叶片的力的作用。在相同性能的条件下，它的尺寸小、转速低。

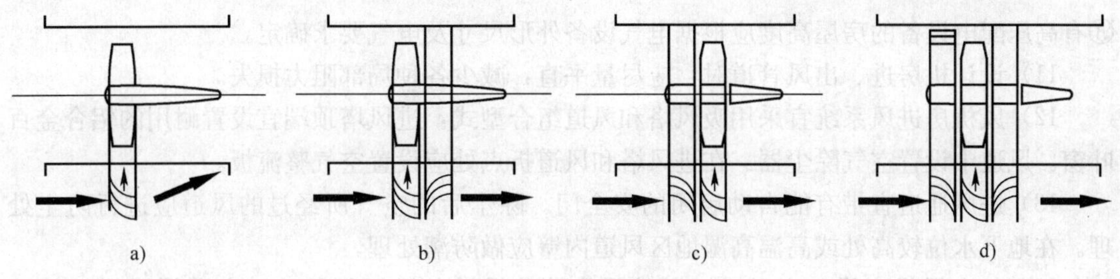

图 2—30 轴流风机的主要形式

与其他类型低速通风机相比，横流通风机具有较高的效率。它的轴向宽度可任意选择，而不影响气体的流动状态，气体在整个转子宽度上仍保持流动均匀。它的出口截面窄而长，适宜于安装在各种扁平形的设备中用来冷却或通风。

2.3.4 风机房

目前，国内的城市二级污水处理厂大多数采用鼓风曝气工艺。鼓风机房是城市污水处理厂的重要组成部分。在鼓风机房的设计中，通常涉及风机房的布置、风机的设备选型、噪声防止、风机的冷却等内容。

（1）鼓风机房的布置。鼓风机房一般包括机器间、配电室、进风室、值班室。值班室与机器间应设有隔音设备和观察窗，同时还应设机房主要设备的工况指示或报警装置。当机房内不设值班室时，机房主要设备工况的指示或报警装置均应引进污水处理厂总值班室。除此之外，鼓风机房的布置应注意以下几点：

1）鼓风机房宜布置在曝气池的附近，并设在避免阳光直射，通风好，尘埃少，温度低的场所。此外，为了便于风机的安装、解体、维护保养，设置的机器间应明亮、宽敞、功能齐全。

2）鼓风机房应设双电源，供电设备的容量应按全部机组同时启动时的负荷设计。

3）风机出口与管道连接处应采用软管减震，电动机与鼓风机主轴用弹性联轴器直联。风机的进风口应高出地面 2 m 左右，可设四面为百叶窗的进风箱。

4）鼓风机应按产品要求设置回风管和相应阀门，以便于开停。一般风机厂均要求设置止回阀，当考虑减少阻力而不设置时，则须在并联运行时注意操作，防止回风。

5）鼓风机房内外的噪声措施应分别符合《工业企业噪声卫生标准》GBJ87—85 和《城市区域环境噪声标准》的有关规定。

6）机房内应有排除积水的设施以及承接风管最低点油、水排泄物的设施。

7）风机房内主要机组的布置和通道宽度可参照《室外排水设计规范》GBJ14—87 第 4.3.4 条要求。

8）风机房内所设起重设备，应根据风机最重部件或电动机的重量，具体要求可参见泵房起重设备部分。

9）需要在机房内检修设备时，应留有维修场所，其面积应根据最大设备或部件的外形尺寸确定，并在周围设宽度不小于 0.7 m 的通道和必要的隔音设施。

10）机房高度应遵守的原则有：①无吊车起重设备时，室内地面以上有效高度应不小于 3.0 m；②有吊车起重设备时，吊起物体底部与所越过的物体的顶部的距离应不小于 0.5 m。

③有高压配电设备的房屋高度应根据电气设备外形尺寸及电气要求确定。

11）设计机房进、出风管道时，应尽量平直，减少各种局部阻力损失。

12）风机房进风系统宜采用吸风塔和风道组合型式，进风塔顶端宜设置耐用的铝合金百叶窗。风道中设置空气除尘器。在进风塔和风道折点处应设置空气整流板。

13）进风通道宜带有能自动启闭的安全门。除尘后的空气所经过的风道应进行防尘处理。在地下水位较高处或高温高湿地区风道内壁应做防潮处理。

14）每台风机应设独立基础，并按最大荷载设计。风机与基础间应设隔振垫。基础间距应在 1.5 m 以上。风机与墙的距离应大于 0.7 m，风机与通道间的距离大于 1.0 m。

15）机房内风机进、出风管宜敷设在地沟内，若在地面敷设时，应根据需要设置跨越设施；若架空敷设时，不应跨越电气设备和阻碍通道，通行处架空管管底距地面不宜小于 2.0 m，且管道应做托架。机房外供风管道宜采取埋地敷设，若在地面上宜包扎隔音材料。

16）机房规模较大时，宜将风机和管道分上、下两层设置。上层安装机组，下层安装进、出风管及旁通回流管。此时可取消进、出风管上的消音器。

17）风机与进、出风管间应装置避震喉，机房内进、出风管路与风机进、出风管连接处，应设置弹性接头和必要的管支架。

18）离心式风机进风管路上，应设手动阀门，正常运行时处于常开状态；罗茨风机应按产品要求设置供机组启闭使用的旁通回流管路，其管径比出风管管径小一号。

19）每台风机出风管道和旁通回流管道上宜设电动阀门及逆止阀，电动阀门宜选用 V 形球阀或对夹式电动蝶阀，逆止阀宜选用蝶式止回阀。

20）机房内或外应设有风量、风压、风温等一次、二次仪表，供风管路上风量仪宜用涡街式流量计。

21）鼓风机房空气管路设计应满足试车及允许范围内的风量、风压调节要求。

22）机房操作人员应配置必要的个人防护用具。

（2）风机的选择。污水处理厂常用的鼓风机有罗茨鼓风机和离心鼓风机。它们有其各自的适用性。

罗茨鼓风机的特点是强制流量，在设计压力范围内，其流量变化受管网阻力变化影响较小。在流量要求稳定而阻力变化幅度较大的工作场合，可予自动调节，故其工作适应性较强。并且价格比离心风机价格要低，但它的噪声大，存在润滑油向汽缸渗漏的缺点，同时其风量调节只能采用变频调速和出风管放气，变频调速设备本身的价格比鼓风机价格还要高，出风管放气则造成能量浪费，因此，罗茨鼓风机多适用小型污水处理厂。

离心鼓风机是速度型，较容积式风机具有供气连续、运行平衡、效率高、结构简单、噪声低、外形尺寸及重量小、易损件少等优点。离心鼓风机又分为多级低速和单级高速，单级高速以提高转速来达到所需风压，较多级风机流道短，减少了多级间的流道损失，特别是可采用节能效果好的进风导叶片调节风量方式，适宜在大中型污水处理厂中采用。表 2—7 为天津市三个污水处理厂鼓风机类型及主要技术参数。

表 2—7 天津市三个污水处理厂的鼓风机类型及主要技术参数

	无缝钢管厂污水处理工程	东郊污水厂	纪庄子污水厂
污水厂规模	30 000 m^3/d	400 000 m^3/d	260 000 m^3/d
风机类型	罗茨风机	单级高速离心风机	单级高速离心风机
风机型号	RVT/RB81 型（美国）	IM65 型（法国）	SG80B（英国）
流量	1 723 Nm^3/h	39 000 Nm^3/h	41 850 Nm^3/h
出口风压	5.6 m 水柱	6.5 m 水柱	6.57 m 水柱
转速	2 500～1 450 r/min	7 895 r/min	7 434 r/min
电动机功率	37 kW	100 kW	875 kW

水处理中常用的鼓风曝气系统通常由空气净化器、鼓风机、空气输配管系统和浸没在污水中的扩散器组成。选择好具体类型的风机后，可根据风量和风压选用风机型号。鼓风机供给的风量要满足生化反应所需的氧量，并能保持悬浮固体呈现悬浮状态，风压则要满足克服管道系统和扩散器的摩阻损耗以及扩散上部的静水压。风机选择时，在统一系统中，应尽量选用同一型号的风机，一般当工作鼓风机台数≤3 时，备用一台；当工作鼓风机≥4 台时，备用 2 台。

(3) 风机房的噪声控制。鼓风机的噪声包括两部分：首先是空气动力噪声，包括周期性进排气噪声、涡流噪声及旋转噪声；其次是机械噪声，包括轴承噪声、齿轮噪声、旋转部件不平衡以及管路振动噪声。

鼓风机房内外的噪声措施应分别符合《工业企业噪声卫生标准》和《城市区域环境噪声标准》的有关规定。因此，应采取必要的防噪声措施，具体措施如下：

1) 消声措施。装设消声器是控制风机噪声的主要途径，消声器是一种既能允许气流通过，又可以大大减弱进、出风口辐射出来的噪声的装置。它主要用于控制和降低各类空气动力设备进、排气口辐射或沿管道传递的噪声。在工程设计中，在风机的进、出口端尽可能靠近风机的管段上设置消声器，以使噪声能在靠近声源处降低，防止通风噪声激发管道振动辐射噪声的干扰。

消声器按其原理可分为阻性、抗性和复合式三种。阻性消声器具有良好的中高频消声性能，是所有消声器中应用最为广泛的一类消声器。它是利用声波在多孔性吸声材料传播时，受摩擦和黏滞阻力，将声能转化为热能耗散掉，从而达到消声降音的目的。根据气流通道结构的不同，一般可分为直管式、片式、折板式、蜂窝式、声流式、迷宫式和弯头式等。

抗性消声器具有良好的低频或低中频消声性能。抗性消声器不能直接吸收声能，而是利用管道上突变的界面或旁接共振腔，使沿管道传播的某些频率声波，在突变的界面处发生反射、干涉等现象，从而达到消声降音的目的。抗性消声器可分为扩张室式消声器及共振式消声器。

复合式消声器是两段串联而成的阻抗复合式消声器，其特点是消声频带宽、消声量大。第一段是阻性部分，主要用于消除中、高频噪声。在此段消声器通道周围，衬贴超细玻璃棉吸收材料，同时在消声器通道中间，设置两段制成尖劈状的阻性吸声层，以减少阻力损失和增加中、高频噪声的吸收效果；第二段为抗性部分，是由两节长度不同的扩张室构成。主要用于消除 550 Hz 以下的低频噪声，尤其适用于消除罗茨鼓风机特有的 125 Hz 和 500 Hz 两个峰值噪声。

此外，为了防止机房噪声外泄而又不影响室外通风与采光，在机房屋顶设置大椭圆形的消声百叶进风口和密闭采光天窗。

2）隔声措施。风机进、出风管加设消声器后，其风机机组的辐射噪声仍对周围环境有较大的干扰。隔声措施是指应用隔声结构将噪声源与周围环境分离开来，是降低噪声的有效措施。隔声措施可选用隔声门、隔声窗、隔声罩和隔声屏等。

①隔声门。隔音门的设计原则是要有足够的隔音量，同时保证门开启轻便。为了满足这两个条件，可选用推拉式多层轻型隔音机构。

②隔音窗。在设计隔音窗时，为了消除高频吻合效应的影响，多层窗应选用厚度不一的玻璃板；在多层窗玻璃板之间应留有较大的空气层，并做吸声处理；玻璃窗的里层玻璃应有一定的倾斜度，以利于消除驻波；玻璃窗的密封要严实，其周边应采用橡胶条压紧，以起到密封和有效阻尼作用。

③隔声罩。风机加隔声罩后，可有效降低机房内噪声，隔声罩 A 声级隔声量可达 15～25 dB(A)。设计隔声罩时应注意：a. 隔声罩尺寸应足够将风机、传动器与电动机都罩在一起，同时，为避免罩壁因受强噪声源激发而共振，内壁面与风机间应留有较大空间，通常应留风机所占空间的 1/3 以上，且不得小于 10 cm；b. 为了便于罩内通风散热，隔声罩应设有通风口，并安装消声器；c. 为了满足维修保养以及生产工艺要求，隔声罩不能过分沉重，以便移动起吊；d. 隔声罩的材料一般采用钢板，罩内表面吸声系数不能太小，吸声材料可用超细玻璃棉，护面可用玻璃布和钢板网。隔声罩表面要选择适当的形状，曲面形状的刚度较大，利于隔声。为了减少声波的辐射，在钢板上加筋或涂阻尼层，阻尼层厚度一般为罩壁厚度的 3～4 倍。e. 隔声罩与地面或机座之间应采取减振措施，以隔绝振动与固体声的传递。

④隔音屏。当室内鼓风机、电动机等设备因维修、操作和通风散热等原因而不能采用全密封隔声罩时，可以在鼓风机组旁侧设置一定数目的隔声屏。隔声屏的高度一般高于声源设备，最好高于人耳，它的制作材料除金属骨架外，内部充填超细玻璃棉。

3）隔振措施。振动是噪声的主要起源，风机组的振动会产生低频噪声，故减轻机器振动是控制噪声最根本的办法。为此，风机的外壳材料宜选用铸铁，以增加设备自重与外壳厚度，减小自振。在风机进、出口处设置柔性波纹管减振接头，降低风机振动传递到风道上产生的辐射噪声，对于小型鼓风机可在机组的基础下加设减振器。

4）吸声措施。吸声装置是一项广泛采用的措施。其主要原理是通过室内平顶或墙面的吸声处理，以减少墙面反射声，增加室内总吸声量。例如，在室内壁及天棚衬贴多孔吸声材料、悬挂吸声体等。

吸声体是我国近几年来推广使用的一种新型减噪设备。吸声体由框架、吸声材料和护面结构制成，可悬挂在声场的空间，其形状可设计成平板形、圆柱形、圆锥形及球形等，其中以平板矩形最为常用。吸声体具有吸声系数高、投资少、制作简单，安装方便等优点，并能因地制宜，可灵活地悬挂在机房中。风机房采用悬挂式吸声体可降低噪声 10 dB 以上，并且不妨碍设备散热。

5）包覆措施。目前，风机的室外出风管大多设在地面上，运行中噪声很大。为了降低噪声，可将出风管全部设在地面以下，利用土层吸音，也可用隔音材料将管道包覆，从而达到保温、消音的目的。

6）廊道式集中进风。采用廊道式集中进风，可将进口的噪声隔离在廊道中，同时在进出口管道上装设消声器。进风管廊应保证有足够的空气进入空气管线，所以进风管廊的窗户均为百叶窗。但大气中的灰尘被吸入后，往往会损坏鼓风机的叶片，堵塞曝气扩散器，从而影响曝气效果。为此还应在进风的百叶窗上增设粗过滤窗和滤网过滤器，以达到净化空气的目的。

（4）鼓风机冷却方式的选择。为改善鼓风机房运行管理环境，在选择鼓风机时须考虑鼓风机的冷却形式。目前常采用的冷却方式有水冷和风冷两种。据大量的实际运行经验发现，水冷虽然增加了冷却水系统，但运行环境良好；而采用风冷的鼓风机，热量直接排至室内，致使夏季室温很高，使有些污水处理厂只好在每台鼓风机上加设通风机及排风管道，影响了机房的环境。因此，鼓风机选型时宜选用水冷式。

（5）鼓风机房的设计案例。天津市东郊污水处理厂，污水处理规模400 000 m^3/d，鼓风机房总风量110 000 m^3/d，单机风量39 000 m^3/d，共有4台风机（3用1备）。其工艺流程为：空气从百叶窗进入，经空气过滤器、消声器进入鼓风机，升压后供用给曝气池。该厂鼓风机房的设计特点如下：

1）百叶窗、过滤器、消声器均设置在进风廊道内，厂房与空气廊道设计为一体。这种布置形式结构紧凑，占地面积小，工艺管线短，有利于消声和减小阻力。

2）为保证检修鼓风机及更换滤袋时不间断供气，在进风廊道中间部位设有一密封门，将风道分成两部分，正常运行时，中间密封门打开，检修时密封门关闭单侧工作。

3）为保证风道结构安全和风机运行曲线正常，在风道两侧设减压门，以保证风道内压降小于150 mm水柱，因风机进口负压过大，风机运行工况将偏离设计值，高于此值时，减压门自动打开，空气进入降低压差。

4）溶解氧与进风导叶片的自动控制。在曝气池设置溶解氧探头，测得的溶解氧值输入PLC，经过逻辑运算后，调整进风导叶片的位置，达到节省能耗的目的。其工作程序是：①计算机首先确定DO值；②逐一调整曝气池的进风阀，使各池的气量协调；③算出曝气池的总气量与鼓风机供气量的差值；④调节鼓风机的导叶片。鼓风机供气量的调节范围是30%～100%，如几台鼓风机的导叶片均调至30%后，供气量仍大于需气量，则关闭一台鼓风机。

5）设计所选择的鼓风机带有两套油泵，一套由主轴带动，另一套为辅助油泵。风机启动时，先开辅助油泵，当主轴转动正常后，辅助油泵停机由主油泵供油，只要主轴转动则供油不停。这种供油方式可避免由于突然停电而造成轴瓦烧坏，保证高速风机安全运行。

本章小结

本章系统介绍了离心泵的工作原理及其主要结构，基本性能参数，水泵特性曲线的使用方法，离心泵的安装高度，水泵选型的方法与步骤以及给水泵站水泵机组的选择及布置，管道布置，排水泵站的组成及基本形式，简单介绍了水泵的运行管理与维护，泵站的辅助设备，排水泵站的一般规定；又介绍了离心鼓风机及罗茨鼓风机的工作原理、鼓风机选用及风机房的布置，简单介绍了鼓风机的分类及运行管理与维护，风机房的噪声控制措施。其中离心泵的知识为重点内容。通过学习使学生掌握离心泵的基础知识及选型的技能、鼓风机的基础知识及选型的技能，熟悉泵站、鼓风机房的知识。

练　习　题

1. 名词解释

水泵扬程；有效功率；气蚀；水泵的特性曲线；加压泵站；循环泵站。

2. 填空题

（1）水泵根据其工作原理，可分为______、______、______三类。其中离心泵根据叶轮出水方向又可分为______、______、______三类。

（2）离心泵基本上由______、泵轴、______、______、______、______等部件构成。

（3）在给水工程中，按照泵站在给水系统中所起的作用，可分为______、______、加压泵站和______等。

（4）通常水泵机组的布置形式有______、______、______三类。

（5）给水泵站的辅助设备主要有水泵的______、______、______、______与采暖及其他设施。

（6）排水泵站通常是根据排水的性质不同进行分类，一般可分为______、______、______、______四类。

（7）排水泵站的主要组成包括：______、______、格栅、______、______、事故溢流井和______等。

（8）风机按产生的风压的高低可分为______、______、______三类。

（9）3L32WD罗茨鼓风机，3表示______；L表示______；3表示______；2表示叶轮长度代号；W表示______；D表示______。

3. 问答题

（1）水泵按其作用原理可分为哪几类？各类的作用原理如何？

（2）简述离心泵的工作原理。

（3）离心泵的主要零部件有哪些？其密封装置的作用是什么？

（4）离心泵的主要性能参数及其各自含义？

（5）说明下列水泵型号的意义：8BA-18A，24Sh-19，S500-59A。

（6）按照泵站在给水系统中的作用，给水泵站主要可分为哪几类？

（7）泵站进出水管路布置的要求有哪些？

（8）鼓风机房布置的要点有哪些？

（9）污水处理中选择鼓风机时应注意哪些？

（10）鼓风机房噪声控制的措施有哪些？

3 水资源与取水工程

本章学习目标

1. 了解水资源的定义；
2. 掌握给水水源选择的原则及水源防护的规定；
3. 地表水取水构筑物位置的选择；
4. 熟悉给水水源的类型、水源选择以及水源保护；
5. 熟悉主要地下水及地表水取水构筑物的类型及其结构特点。

3.1 水资源与取水工程概述

3.1.1 水资源的定义及概况

(1) 水资源的定义。水是自然资源的重要组成部分，是所有生物的结构组成和生命活动的主要物质基础。从全球范围来讲，水是连接所有生态系统的纽带，自然生态系统既能控制水的流动，又能不断促使水的净化和循环。因此水在自然环境中，对于生物和人类的生存来说具有决定性的意义。

由于人们对水资源研究和开发利用的角度不同，因此对水资源的概念理解也不同。广义上的水资源是从地质学、水文学、气象学角度出发考虑的，是指海洋、地下水、冰川、湖泊、土壤水、河川径流、大气水等自然界存在的各种水体；狭义上水资源是从生态环境与水资源综合开发利用角度考虑的，是指上述广义水资源范围内可以得到恢复更新的那部分淡水；工程概念上的水资源是从城市和工业给水、农田水利角度考虑的，是指上述狭义水资源范围内可以得到恢复更新的淡水量中，在一定技术经济条件下，可以为人们所利用的那部分水量以及少量可以被用于冷却的海水。

通常，给水排水工程中所涉及的水资源多指工程概念上的水资源。此外，还应注意：给水排水工程是以研究水的社会循环，即研究水在社会生产及生活中的运动变化规律为主，而且不单限于淡水资源的利用。

(2) 水资源的概况。相对于其他资源而言，水资源是世界上分布最广，数量最大的资源。水覆盖着地球表面70%以上的面积，在整个水圈中，水的总储藏量约13.86亿km^3，但是其中有13.38亿km^3是海水，占总储藏量的96.6%以上。海水含有大量矿物盐类和其他杂质，既不能饮用，也不适宜做工业生产的介质或农业灌溉。水圈中淡水储量约为0.35亿km^3，仅占水总储藏量的2.53%，而这部分淡水储量中，有68.7%主要以冰川的形式存储，另有30.1%为地下水和土壤水，大气中的水蒸气又占0.36%。因此，存在于江河湖泊中有可能为人类直接取用的淡水量仅占总淡水总量的0.36%。同时，地球上水资源的分布很不均匀，各地的降水量和径流量差异很大。全球约有1/3的陆地少雨干旱，而另一些地区在多雨季节易发生洪涝灾害。

就我国水资源的状况而言，可以概述为以下几个方面：

1) 人均水资源缺乏。我国水资源总量约为2.8×10^8亿m^3，居世界第六位，其中地下水资源约占6%，地表水资源约占94%。但由于我国人口众多，人均水资源占有量很低，据2002年人口统计，人均水资源仅为世界人均占有量的1/4，相当于美国的1/4，日本的1/2，加拿大的1/44，居世界第110位，被列为世界13个贫水国家之一。据1990年统计，我国人均径流量为2 489 m^3，约相当于世界人均径流量的1/4，远低于加拿大、巴西、日本和加拿大。值得注意的是我国年径流总量中有条件利用的水量约为1.20×10^4亿m^3，据分析，因受技术经济条件的限制，即使采取相当工程措施，至2000年对应于75%保证率的可供水量仅为6.68×10^3亿m^3左右。

2) 水资源时空分布不均匀。我国地处亚欧大陆东侧，跨越高、中、低3个纬度，受季风、自然地理特性的影响，南北气候差异很大，致使我国水资源的时空分布极不均衡。从空间分布看，我国水资源是东南多，西北少，南方长江流域和珠江流域水量丰富，而北方则干旱少雨。长江流域及其以南地区国土面积只占全国的36.5%，其水资源量占全国的81%；淮河流域及其以北地区的国土面积占全国的63.5%，其水资源量仅占全国的总量的19%。我国北方人口占全国总人口的40%，水资源占有量却不足全国水资源总量的20%。全国人均水量不足1 000 m^3的10个省区中，北方占了8个，且主要集中在华北。此外，北方耕地面积占全国耕地面积的60%，而水资源量仅占全国的20%。南方每公顷耕地水量28 695 m^3，而北方只有9 645 m^3，前者约为后者的3倍。

水资源时间分布上，主要表现为水资源补给量在年内和年际之间变化极大，水灾、干旱频繁出现，农业生产不稳定，水资源供需矛盾突出。年内变化体现在降水量主要集中在夏秋季，冬春季相对较少。年际间最大和最小径流的比值，长江以南中等河流通常在5以下，北方地区多在10以上，径流量的年际变化存在明显的连续丰水年和连续枯水年。

3) 水资源污染严重。随着经济建设的高速发展，人口不断增加，特别是城市人口的急剧膨胀，全国的废（污）水排放量快速增长。目前，我国城市生活污水的排放量为用水量的70%左右，工业用水只有少量进入产品中，而70%～80%成为工业废水排放掉，对水体造成污染。这种状况造成我国在经济增长的同时，水污染日趋严重。20世纪末，我国七大水系和内陆河流水质低于《地面水环境质量标准》三类水体的河段已占39%，淮河、海河、辽河等水系污染严重（其中淮河属重度污染），巢湖、滇池、太湖等湖泊富营养化问题严重，流经城市的河流86%受到不同程度的污染。

虽然随着我国环境治理力度加大，水质恶化的势头有所控制，但从总体上来看，水质恶化的趋势不可避免，随着污染范围的扩大，如果不采取有效地措施，一些城市、地区或流域甚至全国可能发生水质污染，可以说，水污染产生的危害远远超过水量危机。因此，保护水源，治理污染，合理开发利用水资源，节约用水等，是改变目前我国水资源状况重要手段。也是实现我国社会主义经济可持续发展的重要条件。

(3) 我国水资源利用现状及存在问题。据相关资料统计，1997年至2004年的8年中，我国多年平均供水总量为5 521亿 m^3/年，其中最大供水量为5 623亿 m^3/年，发生在1997年；最小供水量为5 320亿 m^3/年，发生在2003年，8年中供水总量略有波动，变化不大。在总用水量中，生活、工业、农林牧渔和生态用水量所占比例相差较大，其多年平均用水量分别占总用水量的10.6%、20.8%、67.2%和1.5%。

目前，我国在水资源开发利用方面存在许多问题。具体主要表现在：1) 随着人口增加和经济增长，水资源供求失衡，管理难度加大；2) 用水效率低，水资源浪费严重，农业灌溉用水利用系数仅为0.3～0.4，大部分地区仍采用落后的大田漫灌方式，渠道渗漏水现象严重，工业万元产值用水量是发达国家的10～20倍，城市生活用水浪费亦十分严重；3) 水污染现象严重，大量未经任何处理的污水直接排入江河湖泊，污染了水体，影响了水资源的质量；4) 地下水超采现象严重，有些城市过度开采地下水，造成地下水位下降，有的甚至形成了几百平方千米的大漏斗，使海水倒灌数十千米；5) 区域经济发展很少考虑水资源的承载能力，水资源贫乏地区盲目引进高耗水工业项目，种植高耗水农作物，思想上存在短期行为，不顾长远利益；6) 节水意识还未在全社会形成，人们还没有普遍认识和感觉到水资源短缺的程度和严重性，政府的宣传力度不够；7) 水作为一种商品，还没有真正进入市场，水的价值没有得到真正体现；8) 流域上下游各省区经济发展水平不一，经济结构不同，省情差别很大，还不能实行对全流域的水资源进行统一管理和协调。如黄河虽然自1999年就开始实行水资源统一管理和调度，但也只是对进入干流和部分支流的径流实行统一管理，并没有实现真正意义上的对全流域的水资源进行统一管理；9) 相关的法律法规体系的不完善，缺乏有效的水资源管理利用的法制保障，执法力度不够。

因此，合理用水，节约用水，控制水污染，保护水资源是我国实现社会、经济可持续发展的十分重要的战略任务。

3.1.2 取水工程概述

(1) 取水工程的作用及其类型。取水工程是给水工程系统的重要组成部分，它的任务是按一定的可靠度要求把水从水源中取出，并送至给水处理厂或用户。由于水源的类型、状况及布局对整个给水系统的组成、布局、建设、运行管理、工作的经济效益和可靠性有重大的影响，因此取水工程在给水工程中占有相当重要的地位。

取水工程包括自流灌溉、提水灌溉以及工业、生活用水。一般有以下四种类型：

1) 无坝取水。当河道枯水时期的水位和流量都能满足灌溉或城市供水要求时，可在岸边选择适宜地点，设置取水建筑物，自流引水灌溉或提水供水，这种取水称为无坝取水。一般来说，具有工程简单的优点，但不能控制河道水位和流量，因此，枯水期引水保证率低。对于灌溉取水口来说，往往距灌区较远，需要修建很长的干渠和较多的渠系建筑物，土石方工程量较大。

2）有坝取水。虽然河流水源丰富，但水位较低，不能进行自流灌溉、引水发电及城市供水时，可以在适当地点，建筑溢流坝或拦河闸，抬高水位，以满足各个用水部门的需要，这种取水称为有坝取水。它与无坝取水比较，虽然增加了建坝（或闸）工程费用，但距灌溉区较近，可以缩短干渠长度，这种取水不仅可靠，还可为引水冲沙及综合利用创造条件。

3）水库取水。当河道的年径流量能满足灌溉用水要求，但其流量过程与灌溉季节所需的水量不相适应时，则需筑拦河大坝，形成水库。它与有坝取水比较，其坝身较高，库存放大，能进行流量调节，这种水库能满足灌溉、发电以及城市生活及工业用水等部门的要求，是综合利用水力资源有效地措施。

4）泵站取水。虽然河道水量丰富，但水位较低，又不能拦河筑坝，为了灌溉、排水、城市供水，以及跨流域调水，以满足各个部门用水的需要，故应设置泵站进行取水。

（2）取水工程建设概况

1）自流灌溉。早在几千年前，我国西北、西南等地区就兴建了许多无坝取水工程，如陕西的郑国渠，四川的都江堰，宁夏的秦渠、汉渠等，这些工程的修建，不仅对当地的农业发展起到了推动作用，而且积累了丰富的实践经验，其中不少工程是符合近代科学原理的。如闻名中外的都江堰，利用弯道环流原理设鱼嘴分水分沙，建飞沙堰泄洪排沙，凿宝瓶口控制入渠流量，引水防沙效果显著。自建渠 2 000 多年以来，灌溉着成都平原大片农田，新中国成立后经过改建，目前灌溉面积已扩大到 27 个县市，约 890 万亩（1 亩＝666 平方米），拟计划发展到 1 500 万亩。

2）提水灌排。我国幅员辽阔，各地地形和气候不同。如西北高原或丘陵地区，雨量稀少，水源也不丰富，为了农作物的需要，常需建一级或多级灌溉泵站，以提水灌溉。华北平原河网地区、东北及华中的圩垸地区，以及江苏苏北里下河地区，地势较低，每逢暴雨，常常发生洪涝灾害，则需建泵站排涝。由于流域间水力资源的差异，需建跨流域的梯级调水泵站，例如南水北调东线工程，引滦入津工程、引江济淮工程，均需建若干提水泵站，实现跨流域的目的。因此，排灌泵站在农田水利事业及跨流域调水中起着重要作用。根据 2000 年的调查，全国泵站排灌总装机已达 4 156.97 万千瓦，泵站灌溉面积约 4 亿亩，占全国灌溉面积 59.3％，泵站排灌面积 31 484 万亩。

3）工业及生活供水。早在四五千年前，我国劳动人民就开始凿井取水，之后又发明了辘轳、筒车、龙骨车、尾龙车等提水技术。我国第一个给水工程始于清朝，曾于 1870 年在旅顺敷设直径为 150 mm 的水管，长 224 km。1882—1901 年英商先后在上海、大连建造了自来水厂。之后，青岛、南京、杭州等城市也相继修建了自来水厂。自 1829—1949 年的 70 年间，全国城市只修建 75 个自来水厂，普及率仅有 14％。新中国成立后，随着社会经济的发展，我国城市给水工程飞速发展。据 1996 年统计，全国已建有 4 000 个水厂，全社会供水能力为 19 994.46 万 m^3/d，供水普及率达 94.99％。

（3）取水工程引水防沙措施。在修建取水工程时，为防止泥沙入渠，以免引起渠道淤积及对水轮机或水泵叶片的磨损。因此，对泥沙应采取相应的处理措施。具体处理措施主要有：1）应用环流原理防止泥沙入渠；2）根据河流含沙量分布规律，表层引水，低层排沙；3）壅水沉沙；4）底栏栅防沙；5）建坝拦沙，利用底孔或泄洪洞排沙。

(4) 取水工程设计要求

进行取水工程设计时，应满足以下要求：

1) 根据各用水部分对水质、水量的要求，保证有计划地进行供水；

2) 对于多泥沙和有漂浮物的河流，应采取有效的措施，防止泥沙及漂浮物进入渠道；

3) 对取水工程附近的上下河道，应因地制宜地进行整治，使河床保持稳定，以保证取水口引水顺畅；

4) 对于少沙河流，应综合利用渠道工程，保证各个建筑物的正常运行，互不干扰，发挥渠道最大的工程效益。但也不可忽视泥沙对建筑物运行的影响；

5) 在考虑经济性的同时，尽可能采用新设备、新材料和应用微机自动化控制等先进技术，以使取水工程安全、可靠、高效地运行。

3.2 给水水源

修建给水工程，首先要确定给水水源。水源的选择与防护，在整个给水工程中占有十分重要的地位。合理地选择给水水源，对于确保优质、安全、低成本供水与降低整个给水工程的投资有着积极的意义。加强给水水源的防护工作是保证供水质量的重要措施之一。

3.2.1 水源的类型

水源分为地下水源和地表水源两大类。此外，为了水资源的合理利用，特别是天然水源水量不足时，用过的水经过适当处理后也可以作为水源。

(1) 地下水源。地下水主要来源于大气降水及地面水的入渗，渗入水量的多少与降水量、降水强度、持续时间、地表径流和岩层含水性有关。一般来说，年降水量的30%～80%渗入地下补给地下水源。至于地下岩层的含水情况则与岩石的地质时代有关。地下水主要包括上层滞水、潜水、承压水、裂缝水、岩溶水以及泉水。

1) 上层滞水。上层滞水是指存在于包气带中局部隔水层或弱透水层之上具有自由水面的重力水，如图3—1所示。其特征是分布范围有限，补给区与分布区一致，水量随季节的变化而变化，旱季甚至干枯。一般只适宜做少数或临时供水水源。如我国西北黄土高原某些地区埋有上层滞水，是该地区可贵的水源。

2) 潜水。潜水是指埋藏在地表以下第一个隔水层之上具有自由表面的重力水，是地下水的主要开采资源。潜水一般存在于第四系沉积层的空隙及裸露于地表基岩裂缝和空洞之中。

如图3—1所示，潜水的自由水面称为潜水面，潜水面的绝对高程称为潜水位。潜水面至地表的垂直距离为潜水的埋藏深度，简称埋深。潜水层以下的隔水层称为隔水地板。隔水层与潜水面之间的垂直距离称为潜水含水层的厚度。其主要特征是有隔水地板而无隔水顶板，具有自由表面的无压水。

潜水分布区和补给区往往一致，水位和水量变化较大。我国潜水分布较广，储量丰富且埋藏较浅，易于人工开采，是工农业生产和生活用水的良好水源。但由于其易受污染，应注意卫生防护。

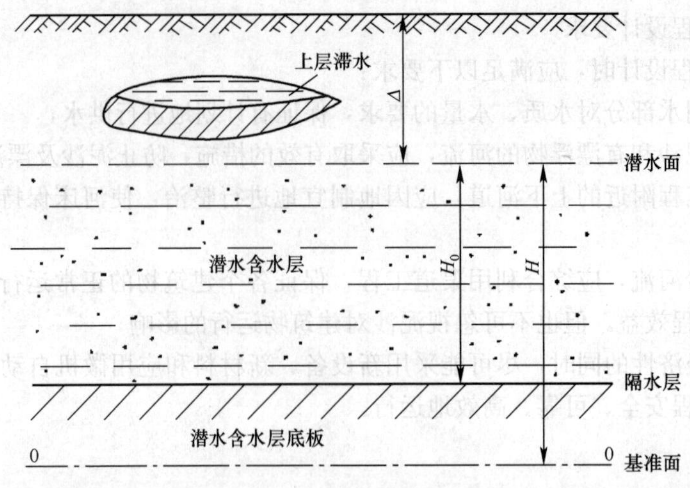

图 3—1　上层滞水和潜水

Δ—潜水埋藏深度　H_0—潜水含水层厚度　H—潜水位

3）承压水。承压水又称自流水，是指充满于两隔水层间有压的地下水。当用钻孔凿穿地层时，承压水会上升到含水层顶板以上，若有足够大的压力，则水能喷出地表。承压水的主要特征是含水层上下都有隔水层，承压力，有明显补给区、承压区和排泄区，补给区和排泄区往往相隔较远，一般埋藏较深，不易被污染。我国承压水分布广泛，是我国城市和工业的重要水源。

4）裂缝水。裂缝水是指埋藏于基岩裂缝中的地下水。因为大部分基岩出露在山区，故裂隙水主要在山区出现。

5）岩溶水。通常在石灰岩、泥灰岩、白云岩、石膏等可溶岩石分布地区，由于水流作用会形成河、溶洞、落水洞、地下暗河等岩溶现象，将储存和运动于岩溶层中的地下水称为岩溶水或喀斯特水。其特征是低矿化度的重碳酸盐水，涌水量在一年内变化较大。我国石灰岩分布甚广，特别是广西、云南、贵州等地，岩溶水水量丰富，可作为给水水源。

6）泉水。泉水是指涌出地表的地下水露头，有包气带泉、潜水泉及自流泉等。其中，包气带泉涌水量变化很大，旱季可干枯，水的化学成分及水温均不稳定；潜水泉由潜水补给，受降水影响，季节变化性显著，其出露特点是水流通常向下涌出地表；自由泉由承压水补给，出露特点是向上涌出地表，其动态稳定，涌出量变化较小，是良好的供水水源。

（2）地面水。地表水水量充沛，易于开发利用，是较好的给水水源。但大部分地区的地表水易受到各种地面因素的影响，一般具有浑浊度较高、细菌含量高、水质水温变化大以及易受周围环境污染等特点。地表水源按水体的存在形式有江河水、湖泊和水库水、海水等。

1）江河水。一般江河水水资源丰富，硬度较低，但洪枯流量及水位变化较大，水中含泥沙等杂质较多，且会发生河床冲刷、淤积及河川演变。平原冲积河流的河床通常由土质组成，河床易变形，呈顺直微曲、弯曲及游荡等河段。顺直微曲河段，河岸一般不易被冲刷，河面较宽，易在岸边形成泥沙淤积的边滩，应注意边滩下移可能给取水水源带来的不良后果；弯曲河段应注意凹岸不断冲刷，凸岸不断淤积，使河流弯曲度逐渐扩大，甚至发展成为河套，并可能裁弯取直，以弯曲—裁直—弯曲作周期性演变；游荡性河段，河身宽浅，浅滩叉道弥补，河床变化迅速，主流摇摆不定，对设置给水水源很不利，必要时应采取整治河道的措施。

山区河流形态复杂，河床陡峻，流量变幅很大，洪水来势凶猛，历时短暂；枯水期流量较小，甚至出现多股细流和表面断流情况。河水水质随流量变化而变化，在平、枯水期，河水较清，而洪水期水质浑浊且夹有大量推移质和漂浮物。

2）湖泊和水库水

湖泊和水库水通常悬浮物少，浑浊度低，不同深度处的水温和水质不同。在浮游生物，特别是藻类的繁殖季节，水的色度增加，或发异臭。高地水库（如北京密云水库、青岛崂山水库）受污染少，易于保护，水质优良，是理想的水源。多用途（供水、航运、防洪、灌溉、养鱼、排水等）水库，易受污染，水质较差。

我国南方湖泊较多，可作为给水水源。其特点是水量充沛、水质较清、悬浮物较少，但水中易繁殖藻类及浮游生物，底部积有淤泥，应注意水质对给水水源的影响。

在一般中小河流上，由于流量季节性变化较大，尤其在北方，枯水季节往往水量不足，甚至断流，此时，可根据水文、气象、水文地质及地形、地质等条件修建年调节性或多年调节性蓄水库作为给水水源。

3）海水。海水的含盐量较高，一般需经过淡化或除盐处理后，方可作为生活饮用水水源，但有时可直接作为工业冷却用水。

（3）再用水。再生水是指污水经适当处理后，达到一定的水质指标，满足某种使用要求，可以进行有益使用的水。和海水淡化、跨流域调水相比，再生水具有明显的优势。从经济的角度看，再生水的成本较低，约为1～3元/t，而海水淡化的成本约为5～7元/t，跨流域调水的成本约为5～20元/t；从环保的角度看，污水再生利用有助于改善生态环境，以实现水生态的良性循环。

再生水是城市的第二水源。城市污水再生利用是提高水资源综合利用率、减轻水体污染的有效途径之一。再生水合理回用既能减少水环境污染，又可以缓解水资源紧缺的矛盾，是贯彻可持续发展的重要措施。污水的再生利用和资源化具有可观的社会效益、环境效益和经济效益，已经成为世界各国解决水问题的必选。

据有关资料统计，城市供水的80%转化为污水，经收集处理后，其中70%的再生水可以循环使用。这意味着通过污水回用，可以在现有供水量不变的情况下，使城市的可用水量至少增加50%以上。世界各国无不重视再生水利用，再生水作为一种合法的替代水源，正在得到越来越广泛的利用，并逐渐成为城市水资源的重要组成部分。

再生水利用的用途，其可用作地下水回灌用水，工业用水，农、林、牧业用水，城市非饮用水，景观环境用水五类。再生水回用于地下水回灌，可用于地下水源补给、防治海水入侵、防治地面沉降；再生水回用于工业可作为冷却用水、洗涤用水和锅炉用水等方面；再生水用于农、林、牧业用水可作为粮食作物、经济作物的灌溉、种植与育苗，林木、观赏植物的灌溉、种植与育苗，家畜和家禽用水。

3.2.2 水源选择

水源选择时，应进行深入的调查研究，全面收集相关水源的水文、气象、地形、地质以及水文地质资料，进行水资源勘测和水质分析。一般应综合考虑下列原则：

(1) 水量充沛。给水水源的水量，除满足当前生产和生活的需要量外，还应考虑远期发展的需要。当采用地表水源时，其取水量一般不超过枯水期流量的1/4～1/3。当水量不能满足要求时，可筑坝蓄水，调节径流，增加取水量；当采用地下水时，应进行地下水存储量计算，取水量应不大于其允许的开采水量。

(2) 水质良好。确定水源时，应尽可能收集水源历年的水质资料，调查研究水源影响水质的因素，研究污染物的来源及处理措施等。水质应符合规定的水源水质标准，水源水质差必然会增加处理费用。当优质水源水量不足时，可以考虑多水源分质取水。例如，优质地下水或高地水库可用为饮用水水源；河水可以作为工业用水和市政用水的水源。

(3) 综合利用水资源。除考虑给水的要求外，还要兼顾国民经济其他部门对水源的利用，以及由此引起的水量、水质变化，如农业灌溉用水、航运、水力发电、防洪、排水等。对这些因素应全面考虑，统筹安排，做到合理地综合利用各种水源。

(4) 有多个水源时，应优先考虑采用地下水作为生活饮用水水源。地下水埋藏于地表以下，水在地下流动时，由于地层的吸附、过滤以及微生物的作用，一般具有水质澄清、无色无味、水温较低且稳定、分布面广，以及不易受外界环境污染等优点，因此，可节省净化构筑物的投资及经营费用。同时，地下水取水构筑物比地表水取水构筑物简单、造价低，便于靠近用户和分期修建。

但地下水一般含矿物盐类较高，硬度较大，有时含过量的铁、锰等，水量往往不够稳定，同时，地下水源的勘察工作量较大，尤其对于规模较大的地下水取水工程，需要较长时间进行水文地质勘察。采用地下水时，应做到有计划开采，不能超过开采储量，以防地下水位不断下降，地面下沉或水质恶化等严重情况发生。

采用地下水时，应优先考虑易于取集的泉水、溶岩水、裂缝水、潜水等，然后再考虑深层地下水。

(5) 地表水的选择。与地下水相比，地表水（海洋除外）的含盐量低、硬度较低。但地表水中污染物质含量较高，通常需要进行处理。在选择地面水源时，应首先考虑采用天然江河水、湖泊水，其次考虑拦河筑坝储水库水，必要时也可考虑海水的利用。

(6) 安全供水。为保证安全供水，大中城市应考虑多水源分区供水；小城市也应有远期备用水源。无多水源时，结合远期发展，应设两个以上取水口。

总之，水源选择是一项细致、复杂的工作，需经过认真调查研究，全面比较，慎重决定。

3.2.3 水源的保护

各种自然因素及人类活动的影响，常使水源出现水量下降和水质恶化的现象，以致发生不能满足用户要求的严重后果。因此，应预先采取相应的水源预防措施。

(1) 保护给水水源的一般措施。给水水源的保护主要从防止水源枯竭和污染两个方面着手。有关合理利用水源，防止水源枯竭，有以下几个方面措施：

1) 配合经济计划部门制定合理的水源开发利用规划。水源开发利用规划应作为城市和地区经济发展规划的组成部分来考虑，应在国民经济发展总方针指导下，根据统筹兼顾、合理安排的原则，制定各部门用水规划、各种水源开发利用规划，以防肆意开采、破坏水源。

在制定规划时，应考虑正确评价地表水和地下水资源，地表水和地下水综合利用问题，各种节水措施，及各类可能的补充水源，如地下水回灌、工业回用水、矿坑水和地下热水利用。

2）加强水源的管理。对于地表水源要进行水文观测和预报，对于地下水源则要进行区域地下水动态观测，尤其应注意开采漏斗区的观测，以便及时采取制止过量开采的措施。

3）水源流域范围内的水土保持。水土流失不仅使农业遭受灾害，还会加速河流淤积，减少地下径流，导致洪水流量增加和水流量降低，不利于水量的常年利用。因此，要加强水源流域面积上的沟壑整治、植树造林，在河流上游和河源地区要防止滥伐森林、破坏植被。

防止给水水源水质污染和水质恶化，主要有以下几方面可行的措施：

①合理地进行城镇和工业区规划，减轻对水源的污染。容易造成污染危害的工厂，如化工、印染、电镀等厂，应尽量建在城镇及水源地的下游；

②勘察新水源时，应从预防污染的角度，提出水源合理规划布局的意见，及卫生防护要求与防护措施；

③对滨海及其他水质较差的地区，应注意因采地下水引起的水质恶化问题，如海水入侵和同水质不良含水层发生水力联系等问题。

④进行水体污染调查研究与评价，建立水体污染监测网。水体污染调查评价要查明污染来源、污染途径、有害物质成分、污染程度、污染范围、危害情况及发展趋势。对地表水源要在影响其水质的流域范围内建立一定数量的监测网点；地下水源要结合地下水动态观测网点进行水质变化观测。建立水体监测网点是为了能及时掌握水体污染状况和各种有害污染物的动态，以便及时采取有效措施，制止对水源的污染。

（2）给水水源的卫生防护。水源是经济发展及人民生活需要的宝贵财富，同时也关系到人民的健康，因此，应妥善保护，一般应在水源附近设置卫生防护地带。现行的《生活饮用水卫生标推》（GB 5749—85），对水源卫生防护部分有明确规定。

1）地面水源卫生防护

①取水点周围半径 100 m 的水域内，严禁捕捞、停靠船只、游泳和从事一切可能污染水源的活动，并应设有明显的范围标志。

②河流取水点上游 1 000 m 至下游 100 m 的水域内，不得排入工业废水和生活污水；其沿岸防护范围内，不得堆放废渣，设立有害化学物品的仓库或堆栈，设立装卸垃圾、粪便和有毒物品的码头；沿岸农田不得使用工业废水或生活污水灌溉及施用有持久性或剧毒的农药，并禁止放牧。

③供生活饮用的水库和湖泊，应按具体情况将整个水库、湖泊及其沿岸列入防护范围，并按上述防护措施要求执行。

④受潮汐影响的河流取水点上下游的防护范围，湖泊、水库取水点两侧的范围，沿岸防护的宽度，应根据地形、水文、卫生状况等具体情况确定。

⑤在水厂生产区或单独设立的泵站、沉淀池和清水池外围不小于 10 m 的范围内，不得设立生活居住区和修建禽畜饲养场、渗水厕所、渗水坑；不得堆放垃圾、粪便、废渣或铺设污水渠道；要保持良好的卫生状况，并应充分绿化。

⑥分散式给水水源的卫生防护地带可参照上述规定执行分段用水、分塘用水等措施。

2）地下水源的卫生防护

①地下取水构筑物的防护范围，应根据水文地质条件、取水构筑物的形式以及附近地区的卫生状况进行确定。其防护措施和地面水水厂生产区要求相同；

②在单井或井群的影响半径范围内，不得使用工业废水或生活污水灌溉和施用持久性或剧毒性农药，不得修建渗水厕所、渗水坑、堆放废渣或铺设污水渠道，并不得从事破坏深层土层的活动。如取水层在井影响半径内不露出地面或取水层与地面水没有互助补偿关系时，可根据具体情况设置较小的防护范围；

③在地下水水厂生产区的范围内，其卫生防护与地面水厂生产区要求相同。分散式的水源，水井周围 20～30 m 范围内，不得设置渗水厕所、渗水坑、粪坑、垃圾堆和废渣堆等。并应建立必要的卫生制度，如加井盖，设公共提用桶，定期清掏污物，不得在井台上喂牲畜和洗衣服，禁止向井里投脏物等。

3.3 地下水取水构筑物

地下水取水构筑物作为取水工程的主要组成部分，其任务是从地下水源中取出合格的地下水，并送至水厂和用户。它的主要研究的问题有：从各类地下水源取水的方法；各种取水构筑物的构造形式、设计、施工和管理等问题。本节仅对一些主要取水构筑物的取水方法和构造形式作一般介绍。

由于地下水的类型、埋藏条件、含水层的性质等各不相同，开采和集取地下水的方法以及地下水取水构筑物的形式也各异。地下水取水构筑物按取水形式主要分为两类：垂直取水构筑物——井；水平取水构筑物——渠。井既可用于开采浅层地下水，也可用于开采深层地下水，但主要用于开采较深层的地下水；渠主要依靠其较大的长度来集取浅层地下水。

我国主要利用井来集取地下水。井的主要形式有管井、大口井、辐射井、复合井等，渠的主要形式为渗渠。

3.3.1 管井

管井又称机井，多指用凿井机械开凿至含水层中，用井管保护井壁的垂直地面的直井。管井一般深度较大、构造复杂，是我国地下取水构筑物中应用最广泛的形式。管井按揭露含水层的类型，可分为潜水井和承压井；按揭露含水层的程度，可分为完整井和非完整井。管井口径一般为 50～1 000 mm，井深可达 1 000 m 以上。管井常用口径通常在 500 mm 以下，井深一般不超过 200 m。当井内需设置抽水设备，如泵和吸水管等，其内径应比抽水设备外径大 100 mm。井出水量一般为每日数百至数千立方米。

（1）管井的构造。管井一般由井室和地下部分的井壁管、过滤器、沉沙管组成，结构如图 3—2 所示。

1）井室。井室的主要作用是保护井口免受污染并提供安装设备（如水泵、电动机、管道及管配件、配电设备等）以及从事运行和维修的场所。常见井室按所安装的抽水设备不同，可建成深井泵房、深井潜水泵房、卧式泵房等，其形式分为地面式、地下式或半地下式。

为防止井室地面的积水进入井内，井口应高出地面 0.3～0.5 m；为防止地下含水层被

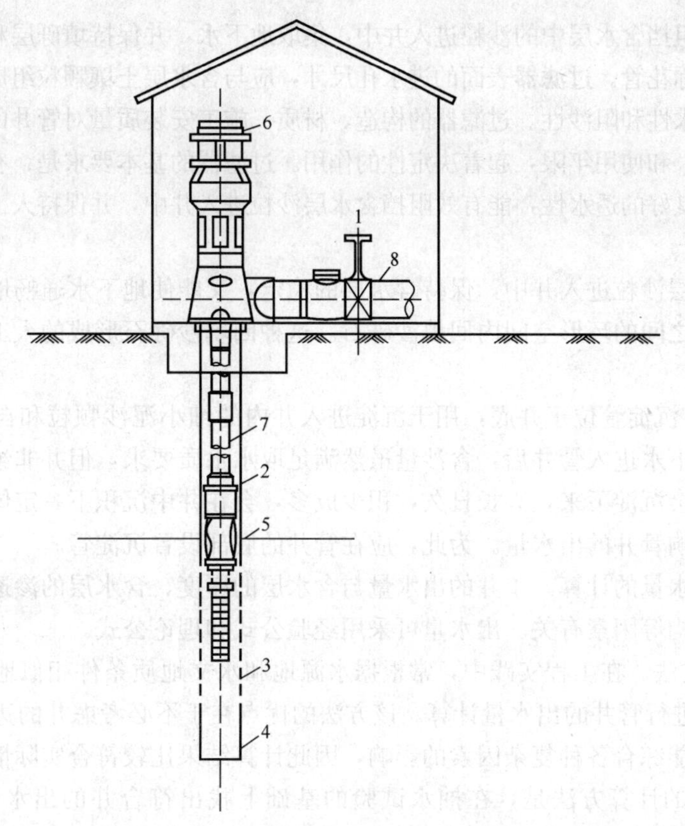

图 3—2 管井

1—井室 2—井管 3—过滤器 4—沉沙管 5—离心泵 6—电动机 7、8—压水管

污染，井口周围需用黏土或水泥等不透水材料封闭，封闭深度不得小于 3 m。井室应有一定的采光、通风、采暖、防水和防潮设施。

2）井壁管。井壁管的作用是保护加固井壁和隔离不良（如水质较差、水头较低）的含水层，它与滤水管相连接构成一个管柱，垂直地安装在凿成的井孔中心，成为井管的主体，井壁管主要安装在不需进水的岩土层段（如咸水含水层段、出水少的黏性土层段等）。

井壁管可采用铸铁管、钢管、钢筋混凝土管、硬质塑料管等，管材应具有足够的强度，能经受地层和人工充填物的侧压力，不易弯曲，内壁平滑圆整，经久耐用。一般情况下，当井深小于 250 m 时，一般采用铸铁管；当井深小于 150 m 时，一般采用钢筋混凝土管；当井深较小时可采用硬质塑料管。井壁管内径应按出水量要求、水泵类型、吸水管外形尺寸等因素确定，通常大于或等于过滤器的内径，当采用潜水泵或深井泵扬水时，井壁管的内径应比水泵井下部分最大外径大 100 mm。

在井壁管与井壁间的环形空间中填入不透水的黏土形成的隔水层，称为黏土封闭层。如在我国华北、西北地区，由于地层的中、上部为咸水层，所以需要利用管井开采地下深层含水层中的淡水。此时，为防止咸水沿着井壁管和井壁之间的环形空间流向填砾层，并通过填砾层进入井中，必须采用黏土封闭，以隔绝咸水层。

3）过滤器。过滤器是指直接连接于井壁管上，安装在含水层中，带有孔眼或缝隙的管段，是管井用以阻挡含水层中的沙粒进入井中，集取地下水，并保持填砾层和含水层稳定的重要组成部分，俗称花管。过滤器表面的进水孔尺寸，应与含水层土壤颗粒组成相适应，以保证其具有良好的透水性和阻沙性。过滤器的构造、材质、施工安装质量对管井的出水量大小、水质好坏（含沙量）和使用年限，起着决定性的作用。过滤器的基本要求是：有足够的强度和抗腐蚀性能，具有良好的透水性，能有效阻挡含水层沙粒进入井中，并保持人工填砾层和含水层的稳定性。

为防止含水层沙粒进入井中，保持含水层的稳定，又能使地下水通畅地流入井中，需要在过滤器与井壁之间的环形空间内回填沙砾石。这种回填沙砾石形成的人工反滤层，称为填砾层。

4）沉淀管。沉淀管位于井底，用于沉淀进入井内的细小泥沙颗粒和自地下水中析出的其他沉淀物。地下水进入管井后，含沙量虽然满足取水水质要求，但并非绝对不含沙，其中一些泥沙颗粒仍会沉淀下来，天长日久，积少成多，会在井中沉积下一定体积的泥沙，甚至堵塞过滤器，影响管井的出水量。为此，应在管井的底部设置沉淀管。

（2）管井出水量的计算。单井的出水量与含水层的厚度、含水层的渗透系数、井中水位降落值及井的结构等因素有关。出水量可采用经验公式和理论公式。

1）经验公式法。在工程实践中，常根据水源地和水文地质条件相似地区的抽水试验所得的 Q—S 曲线进行管井的出水量计算。该方法的优点在于不必考虑井的边界条件，避开水文地质参数，并能综合各种复杂因素的影响，因此计算结果比较符合实际情况。

用经验公式的计算方法是，在抽水试验的基础上找出符合井的出水量 Q 和水位降落值 S 之间的关系方程式。根据所得方程，即可求出在一定的水位降落值时的井的出水量，或根据已定的井的出水量求出井的水位降落值。工程实践中常见的 Q—S 曲线，有直线型、抛物线型、幂函数型、半对数型及其他类型。这些类型的 Q—S 曲线，均可转换成直线型采用线性回归法得出计算公式。选用经验公式计算时，首先应有不小于三次的抽水试验数据。

2）理论公式。管井计算的理论公式繁多，计算地下水稳定流条件下井的出水量，一般采用裘布依公式。下面简单介绍完整井的出水量计算公式。

对于潜水含水层完整井，如图 3—3 所示，其出水量计算公式如下：

$$Q=\frac{1.37K(H^2-h_0^2)}{\lg\dfrac{R}{r_0}}=\frac{1.37K(2H-S_0)S_0}{\lg\dfrac{R}{r_0}}\ (\mathrm{m^3/d}) \tag{3—1}$$

式中 Q——井的出水量，m^3/d；

H——潜水含水层厚度，m；

h_0——稳定抽水时，井外壁水位至含水层地板的高度，m；

S_0——稳定抽水时，井外壁水位降落深度，m；

r_0——过滤器的半径，m；

K——渗透系数，m/d；

R——井的影响半径，m，其值见表 3—1。

对于承压含水层完整井，如图 3—4 所示，其出水量计算公式如下：

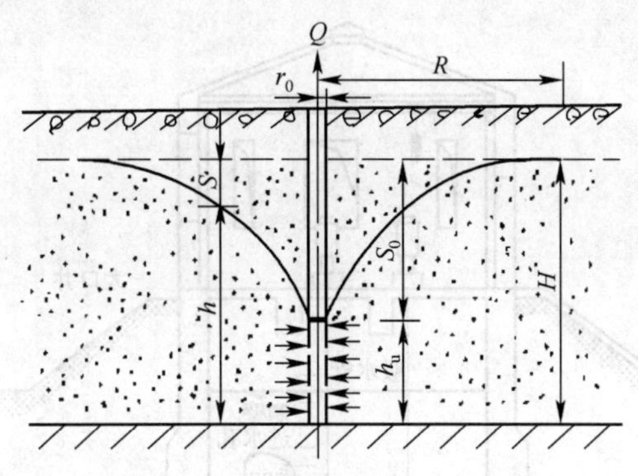

图 3—3　无压含水层完整井计算简图

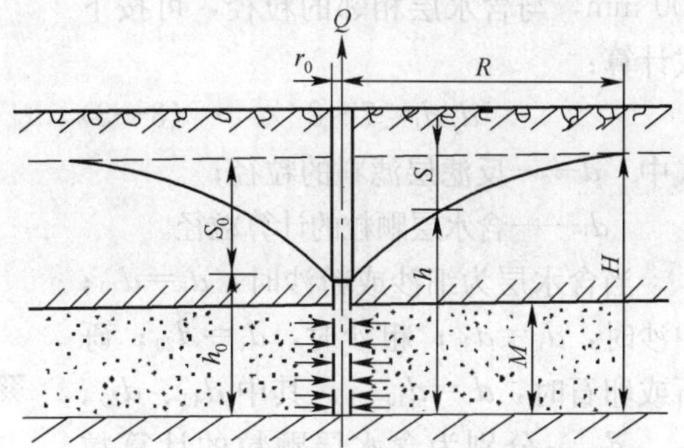

图 3—4　承压含水层完整井计算简图

$$Q=\frac{2.73\,KM(H-h_0)}{\lg\frac{R}{r_0}}=\frac{2.73\,KMS_0}{\lg\frac{R}{r_0}}\ (\mathrm{m^3/d}) \tag{3—2}$$

式中　H——承压含水层自由水面与含水层地板标高差，亦称承压含水层的水头，m；

　　　M——承压含水层厚度，m。

其他符号意义同前。

表 3—1　　　不同岩土地层影响半径 R 经验值

岩层种类	岩层颗粒		影响半径 R (m)
	粒径（mm）	占重量比（%）	
粉沙	0.05～0.10	70 以下	25～50
细沙	0.10～0.25	>70	50～100
中沙	0.25～0.50	>50	100～300
粗沙	0.50～1.0	>50	300～400
极粗沙	1～2	>50	400～500
小砾石	2～3	—	500～600
中砾石	3～5	—	600～1 500
粗砾石	5～10	—	1 500～3 000

由于水源地的实际水文地质条件往往与裘布依公式的假定条件有较大的差异，因此有时管井的实际出水量与理论公式计算所得的出水量相差较大。在实际工程中管井出水量的确定，可采用实际抽水试验与理论公式计算相结合的方法，计算管井的出水量。

渗透系数 K 值与影响半径 R，最好根据抽水试验资料计算得出，然后代入上述公式计算管井的出水量，可获得较为理想的计算结果。

3.3.2　大口井

大口井也称宽井，一般适宜于地下水位埋深较浅和含水层较薄、不宜打管井的地层中取水。它的口径通常为 3～10 m，深度一般不大于 20 m。大口井的构造如图 3—5 所示。井身一般用钢筋混凝土、砖、石等材料砌筑。取水泵房可以和井身合建也可分建，也有几个大口井用虹吸管连通后合建一个泵房。

通常建于潜水含水层中的不完整井，采用井底反滤层进水，或者井壁和井底共同进水。井底反滤层呈锅底形，一般设 3～4 层，滤料粒径自下而上逐渐增大，每层厚为 200～

300 mm，与含水层相邻的粒径，可按下式计算：

$$d/d_i \leqslant 7 \sim 8 \qquad (3—3)$$

式中 d——反滤层滤料的粒径；

d_i——含水层颗粒的计算粒径。

当含水层为细沙或粉沙时，$d_i=d_{40}$；中沙时，$d_i=d_{30}$；粗沙时，$d_i=d_{20}$；砾石或卵石时，$d_i=d_{10\sim15}$。其中 d_{40}、d_{30}、d_{20}、$d_{10\sim15}$ 分别为含水层颗粒的计算粒径，按重量计有 40%、30%、20%、10%～15%小于该直径。两相邻过滤层的粒径比，一般取 2～4，最大不超过 5。

井壁进水可采用进水孔，有水平孔、倾斜孔和 V 形孔等。由于水平进水孔易于施工，故采取较多。一般进水孔内填充砾石滤层 1～2 层，填砾规格和井底反滤层相同。

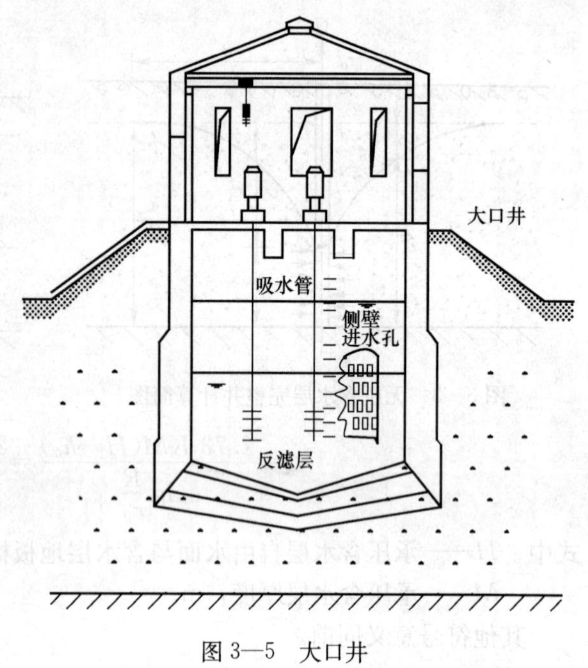

图 3—5 大口井

不完整大口井，从井底和井壁同时进水情况下，其出水量可按式（3—4）计算。

$$Q=\pi KS_0\left[\frac{(2h-S_0)}{2.3\lg\dfrac{R}{r_0}}+\frac{2r_0}{\dfrac{\pi}{2}+\dfrac{r_0}{T}\left(1+1.18\lg\dfrac{R}{4T}\right)}\right](\mathrm{m^3/d}) \qquad (3—4)$$

式中 T——井底距不透水层的距离（m）；

h——无压含水层厚度（m）。

其他符号意义同前。

3.3.3 辐射井与复合井

辐射井是在集水井壁上沿径向设置辐射井管借以取集地下水的构筑物，如图 3—6 所示。辐射井适用于补给条件良好、厚度较小、埋深较大、沙粒较粗而不含漂卵石的含水层。它的口径一般为 100～250 mm，长度一般为 10～30 m，井深一般为 20～30 m。单井出水量大于管井。

辐射井近代国外采用较多，其单井出水量一般在 $2\sim4\times10^5$ m³/d，高者可达 10×10^5 m³/d。

复合井是由非完整式大口井同一至数根过滤器（管井）组合而成，含水层上部和下部的地下水分别由大口井及过滤器所集取并同时汇集至大口井井筒。通常过滤器的直径以 200～300 mm 为宜。复合井通常适用于地下水位较高、厚度较大的含水层。

3.3.4 渗渠

渗渠是利用水平集水渠以取集浅层地下水或河床、水库底的渗透水的取水构筑物。其平面布置主要有平行于河流、垂直于河流及平行与垂直组合三种类型，如图 3—7 所示。

渗渠由水平集水渠、集水井、检查井和泵站等组成。集水渠由集水管和人工滤层组成。集水管一般采用钢筋混凝土管，每节长 1～2 m；水量较小时可用铸铁管；亦可以采用浆砌

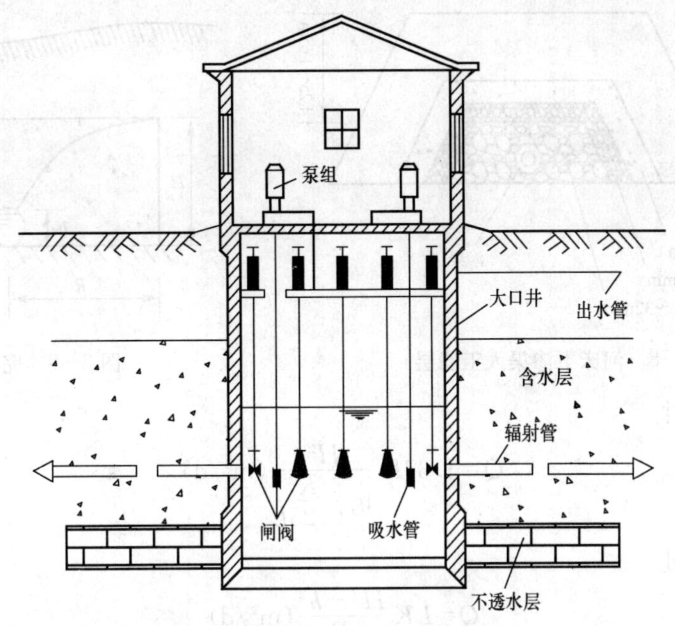

图 3—6 辐射井构造示意图

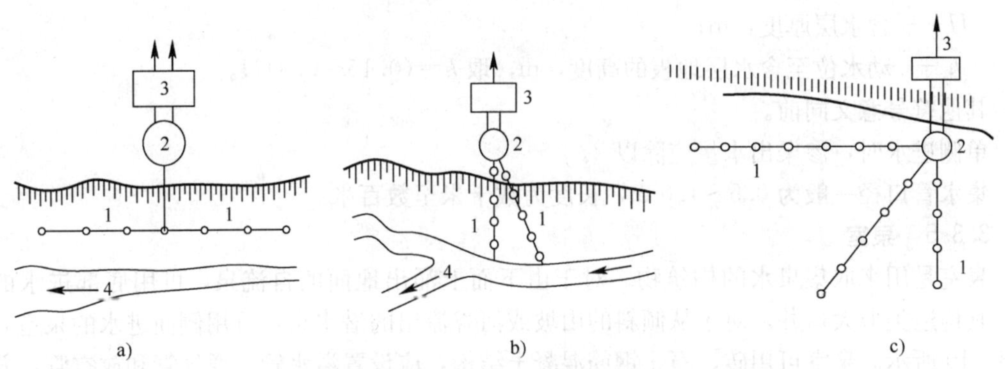

图 3—7 渗渠的布置

a）平行河流布置 b）垂直布置 c）平行与垂直布置

1—渗渠 2—集水井 3—泵站 4—河床

块石或装配式混凝土渠道。渗渠进水孔孔径一般为 20～30 mm，布置在 1/3～1/2 管径以上，呈梅花状排列，孔净距通常为 2～2.5 倍孔眼直径。集水管外的滤层的作用主要是防止含水层中的细小沙粒堵塞进水孔或进入集水管内。人工滤层一般为 3～4 层，总厚约 800 mm，其要求与大口井的反滤层相同，但最内层滤料直径应略大于进水孔直径。河床下渗渠的人工滤层，如图 3—8 所示。

渗渠有完整式和不完整式两种。渗渠应设在含水层较厚，且无不透水夹层地段；宜靠近河流主流，河床稳定，水流较急，冲刷力较大，水位变幅较小的直线或凹岸河段，以便获得充足水量和避免淤积。

图 3—9 所示为完整式渗渠，其出水量可根据下式计算：

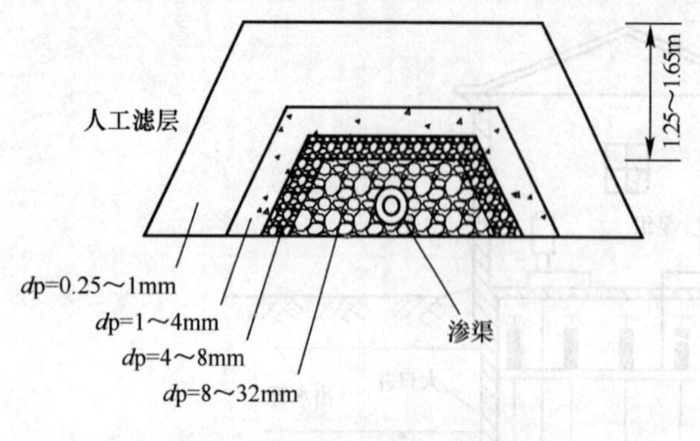

图 3—8　河床下渗渠人工滤层

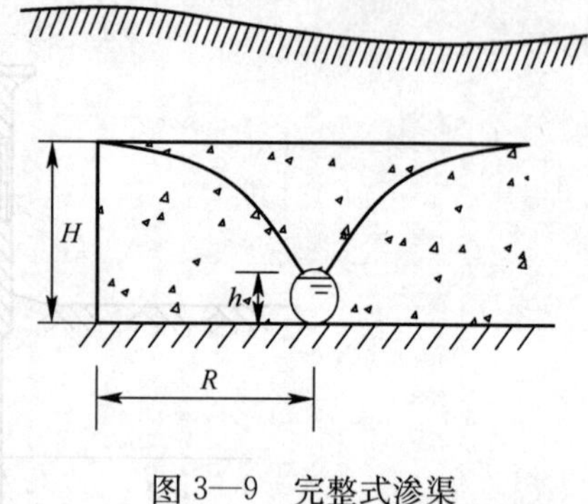

图 3—9　完整式渗渠

当 $L<50$ m 时

$$Q=1.37K\frac{H^2}{\lg\frac{R}{0.25L}}(\mathrm{m^3/d}) \tag{3—5}$$

当 $L>50$ m 时

$$Q=LK\frac{H^2-h^2}{R}(\mathrm{m^3/d}) \tag{3—6}$$

式中　L——渗渠长度，m；

H——含水层厚度，m；

h——动水位至含水层地板的高度，m，取 $h=(0.15\sim0.3)H$。

其他符号意义同前。

单侧进水时，渗渠出水量应除以 2。

集水管口径一般为 0.5～1.0 m，长度为数十米至数百米。

3.3.5　泉室

泉室是用来取集泉水的构筑物。对于由下而上涌出地面的自流泉，可用底部进水的泉室，其构造类似大口井。对于从倾斜的山坡或河谷流出的潜水泉，可用侧面进水的泉室，如图 3—10 所示。泉室可用砖、石、钢筋混凝土结构，应设置溢水管、通气管和放空管，并应防止雨水的污染。

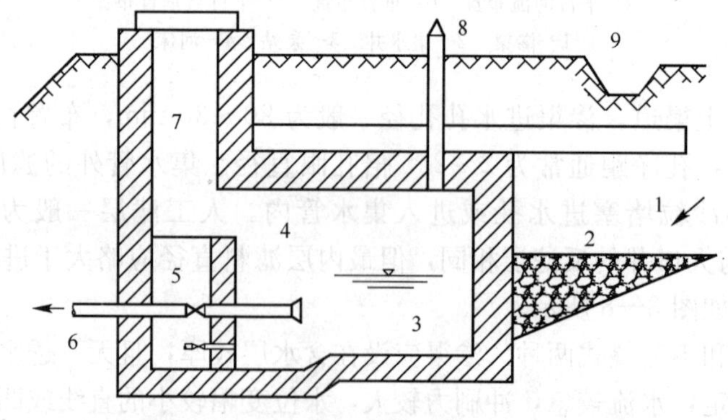

图 3—10　侧壁泉室

1—潜水泉　2—滤层　3—侧壁进水孔　4—沉淀间　5—闸门和溢流闸
6—出水管　7—人孔　8—通气管　9—排水沟

3.4 地表水取水工程

地表水取水工程一般指由人工构筑物构成的从地表水水体中获取水源的工程系统。地表水易于开发利用，是较好的给水水源。但由于水体的水量、水质受各种自然或人为的因素影响较大，将会对地表取水工程的正常运行及安全可取性产生影响。

3.4.1 地表水取水工程系统及取水构筑物分类

为了使取水构筑物能从地表水水体中按所需的水质、水量安全可靠地取水，了解地表水的特性，研究地表水取水工程系统的组成和其取水构筑物类型是十分必要的。

地表水取水系统主要由地表水水源、取水构筑物、送水泵站、输水管路等组成。其中，地表水水源为系统提供满足一定水质、水量的原水；取水构筑物的任务是安全可靠地从水源取水；送水泵房与管路系统的任务是将所取的原水安全可靠地向后续工艺送水。

地表水取水构筑物按其构造形式不同，主要分为固定式取水构筑物和移动式取水构筑物两种类型。固定式取水构筑物位置固定、安全可靠，应用较为广泛。根据固定式取水构筑物的结构特点，可分为岸边式、河床式、斗槽式、湿井式等，其中最常见的是岸边式和河床式。

移动式取水构筑物适用于水位变化大的河流，构筑物可随水位升降，具有投资节省、施工简单等优点，但操作管理较固体式麻烦，取水安全性也较差。根据移动式取水构筑物的取水形式不同，可将其分为浮船式和缆车式。此外，在一些特殊场合，还可用到一些其他类型的取水构筑物，如山区取水溪流（底栏栅式）及海水取水构筑物等。

3.4.2 地表取水构筑物位置的选择

地表水取水构筑位置的选择恰当与否，对于保证安全供水、运行管理、降低造价等方面都有较大的影响。因此，在考虑修建地面取水构筑物时，必须根据河流水文、水力、地形、地质、卫生等条件综合研究，进行多方案技术经济比较，从中选择最合埋的取水构筑物位置。

在选择地表取水构筑物位置时，应考虑以下影响因素：

（1）靠近主要用水地区。应根据城市规划与工业布局，使取水构筑物尽可能靠近主要用水地区，以节省输水管线长度、节约投资与减少输水能耗。对于长距离输水的大型给水工程系统，选择取水构筑物位置时，应充分考虑输水管线的建设与运行维护条件，诸如穿越河流、洼地、公路、铁路等天然或人工障碍物、占地和拆迁、土石方工程量、施工运输条件、管线高程和管内水压以及管线维护抢修条件等。

（2）水源水质及卫生条件良好。应尽量收集历年的水源水质资料，分析影响水源水质的原因，判明污染源及处理措施。为避免污染，供生活饮用水的取水构筑物应设在城市和工业企业的上游，污水排放口应距离取水构筑物下游 100～150 m 以外。若岸边水质欠佳，则宜从江心取水；对于生产用水水源，选择水源位置时也要以一定的微生物指标及水质分析资料为依据；对于沿海地区的一些河流，取水位置应设在潮汐影响范围以外，以免吸入咸水。

此外，取水构筑物应避开河流中的回水区和死水区，以减少水中泥沙或漂浮杂质对取水构筑物的危害。

（3）应具有良好的水力条件。在弯曲河段上宜将取水构筑物设于河流的凹岸，此处由于横向环流作用，故靠近主流、河岸较陡，水深、泥沙不易淤积，水质亦较好。但是凹岸易受水流冲刷，特别是在凹岸的顶点——顶冲点，环流作用强，冲刷剧烈。为此，宜将取水构筑物设于离顶点处稍偏下游，这样还可以适应以后河湾下移的影响。如果凹岸冲刷强烈，还应采取必要的护岸措施。

如受条件限制，需于河段的直段设立取水构筑物时，应选择在较狭窄的河段上。因为狭窄河段水较深、水流速度较大、河床稳定，所以能获得水质较好、安全供水的效果。

不得已须于凸岸设立取水构筑物时，应选择直段的终点凸岸的起点，或者是偏离主流但水力条件尚好的地点——凸岸的起点或终点。

(4) 河段的河床稳定性。原则上，不宜将水源及取水构筑物设在靠近河汊、沙洲、浅滩及支流入口等河床不够稳定的河段。如须在这些地方设立取水构筑物，在有沙洲的河段，取水构筑物应设于沙洲上游，并距沙洲至少有 500 m 之处；当浅滩或沙洲有向取水构筑物移动趋势时，这一距离还应加大；在有分岔河段，取水构筑物的位置应设在主河道上游、深水河段。

(5) 具有良好的地形、地质及施工条件。一般来说，宜将取水构筑物直接设在不被淹没的基本河槽中，而不宜设在洪水河槽极宽广的河漫滩地带。否则，高水位时取水构筑物及水源地的防洪设施较复杂，取水构筑物与岸边联系困难，其工作可靠性差。

取水构筑物应设在地质构造稳定，地基承载力高的地点，不宜设在淤泥、流沙、滑坡、风化严重和岩溶发育地段。在地震地区，不宜将取水构筑物设在不稳定的陡坡或山脚下。

选择取水构筑物位置时，要尽量考虑施工条件，除要求交通运输便利，有足够的施工场地外，还应尽量减少土石方量和水下施工作业量，以节省投资，缩短工期。实际工程中，往往可以充分利用地形，有效地减少地面或水下土石方工程量或其他工程量。

(6) 应注意河流上的人工建筑物或天然障碍物的影响。河流上的人工构筑物（如桥梁、码头、丁坝、拦河坝、蓄水库等）和天然障碍物（如陡崖、石嘴等）会引起河流水流条件的改变，从而使河床冲刷或淤积。

1）桥梁。根据一般经验，取水构筑物可设在桥前 0.5～1.0 km 或桥后 1.0 km 以外的地方。

2）丁坝、码头。取水构筑物如靠近丁坝一侧时，应设在丁坝上游，并与坝前浅滩起点相隔一定距离。取水构筑物亦可设在丁坝的对岸，但不宜设在丁坝同岸的下游，因主流已经偏离，容易产生淤积；取水构筑物应设置在离码头至少 100 m 以外的地方，以防止水源受到码头装卸货物和船舶停靠时的污染。

3）拦河闸坝。设在闸坝上游时，取水口宜选在距坝底防渗铺砌起点约 100～200 m 处的附近地段；设在闸坝下游时，取水口离坝不宜太近，以免未开闸时，水位、水量没有保证，而开闸放水时，受到冲刷和大量的泥沙涌入。

4）蓄水库。从蓄水库取水时，取水口应选在闸坝附近，以防止泥沙淤积后库底抬高。如选在闸坝下游，应考虑到流量和水位能否长期得到保证，是否会受到水库放水时水流冲刷和泥沙侵袭的影响，以及在水库水位降低到“死水位”时能否保证取水等；在湖泊或蓄水库的浅水区取水时，由于水清流速慢，阳光直接照射等原因，春秋两季将大量繁殖藻类、水草和浮游生物，使水质带色变味，甚至会堵塞取水构筑物。因此，取水口位置应选择在当地常年的主导风向上游的深水处。

5）陡崖、石嘴。突出河岸的陡崖、石嘴的上下游附近往往出现沉积区，在此区内不宜设置取水构筑物。此外，取水构筑物本身的设置也应尽量避免束缩水流，以免引起河床的冲刷和淤积。

（7）考虑河流冰情的影响。应尽可能将取水构筑物设于急流、冰穴、支流入口的上游；应避免浅滩、回流区及其他可能堆积大量冰块的河段，根据流冰在河流中的分布情况，应将取水构筑物设于流冰较少的地点；此外，应回避易被流水冲击的地带。

（8）应与河流的综合利用相适应。在选择取水构筑物位置时，应兼顾河流的综合利用，如航运、旅游、灌溉、排洪、水力发电等，做到统筹兼顾，合理开发利用地表资源。如在通航和流放木筏的河流上设置取水口时，应不影响航船和木筏的通行，必要时应根据航运部门的要求设置航标；应注意了解河流上下游近远期内拟建的各种水工构筑物（水坝、水库、水电站、丁坝等）和整治规划对取水构筑物可能产生的影响。

3.4.3 地表水取水构筑物

（1）固定式取水构筑物。固定式取水构筑物由于其供水比较安全、维护方便，适应性较强，因此，无论是从河流、湖泊或蓄水库取水，都比较可行。但水下工程量较大，施工期较长及投资较大，尤其是在水位变化幅度很大的河段上，投资甚大。

固定式取水构筑物，按其结构特点可分为岸边式、河床式、湿井式和斗槽式等。

1）岸边式取水构筑物。是指建于河流的一岸，直接从河流岸边取水的构筑物。岸边式取水构筑物应用广泛，当河岸较陡、主流近岸、岸边水深足够、水质及地质条件较好，水位变化不大时，宜选用这种形式。

岸边式取水构筑物由集水井和泵站两部分组成，根据它们之间的相对位置，岸边式取水构筑物可分为合建式和分建式。

①合建式岸边取水构筑物。合建式岸边取水构筑物集水间与泵房合建在一起，如图 3—11 所示。河水经过进水口进入集水间，再经过格网进入吸水间，然后通过水泵将水压送至

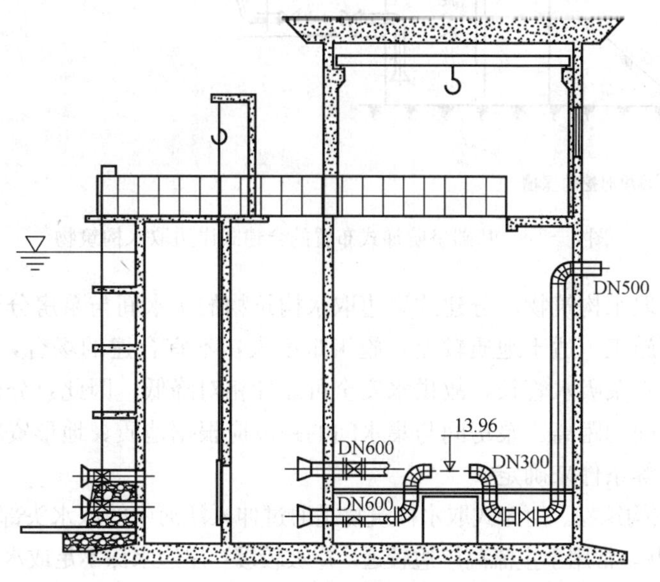

图 3—11　基础呈水平布置的合建式岸边取水构筑物

净水厂或用户。它布置紧凑，占地面积小，水泵吸水管路短，运行安全，维护管理方便。但合建式取水构筑物要求岸边水深相对较大、河岸较陡，对地质条件要求也相对较高。

根据岸边的地质条件，可将合建式取水构筑物的基础设计成水平式或阶梯式，如图 3—11、图 3—12 所示。阶梯式可减少泵站的基建高度，节省土建投资，但对地质要求较高，从而保证集水间与泵房不会因均匀沉降而产生裂缝，以避免导致渗水或结构的破坏。阶梯式由于泵轴高于设计最低水位，因此需采用真空泵引水启动；水平式对地基要求相对较低，集水间与泵房的基础可以整体设计和施工，若将泵顶安装在设计最低水位以下，随时可自灌启动，运行可靠、管理方便。但水平式因泵房间建筑面积及深度都较大，因而造价高，检修不便，通风条件较差。

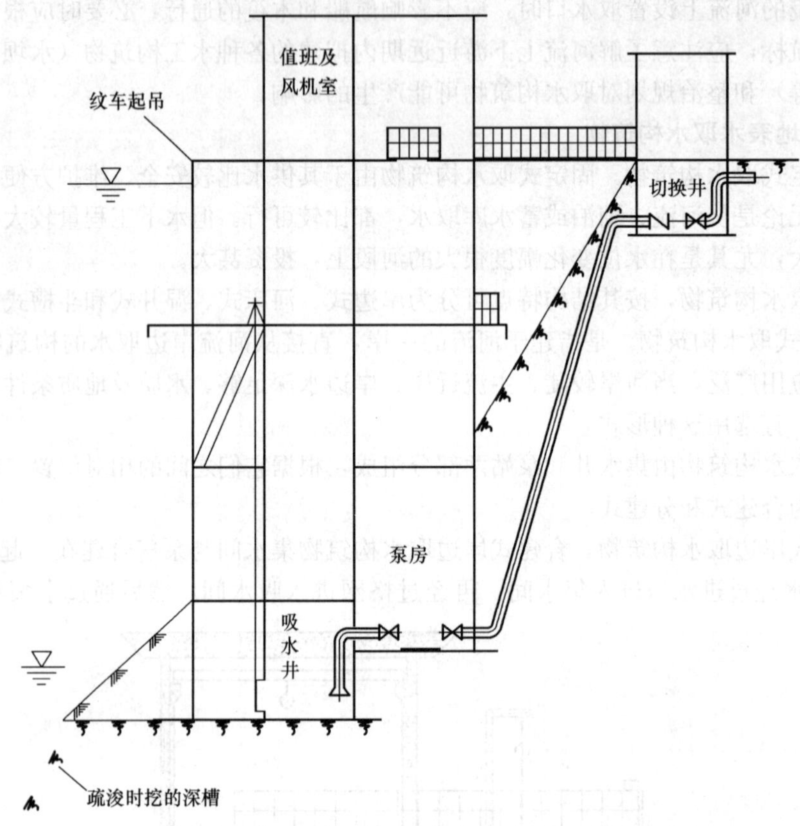

图 3—12　基础呈阶梯式布置的合建式岸边取水构筑物

②分建式岸边取水构筑物。分建式岸边取水构筑物的集水间与泵房分开设置，可分别进行结构处理，单独施工，适于地质较差，施工难度大，不宜合建的场合，如图 3—13 所示。分建式构筑物造成水泵吸水管长，故供水安全可靠性相对降低。因此，分建式构筑物应尽量缩短集水间与泵房间的距离。泵房间与集水间的距离应根据地质、地形资料、施工方法、泵站和集水间的标高等条件来确定。

2）河床式取水构筑物。河床式取水构筑物是通过伸入江河中的取水头部取水，然后通过进水管将水引入集水井。常用于主流离岸边较远，岸坡较缓，岸边水深不足或水质较差等情况。

河床式取水构筑物通常由取水头部、进水管、集水井及取水泵站组成。集水井和泵站可

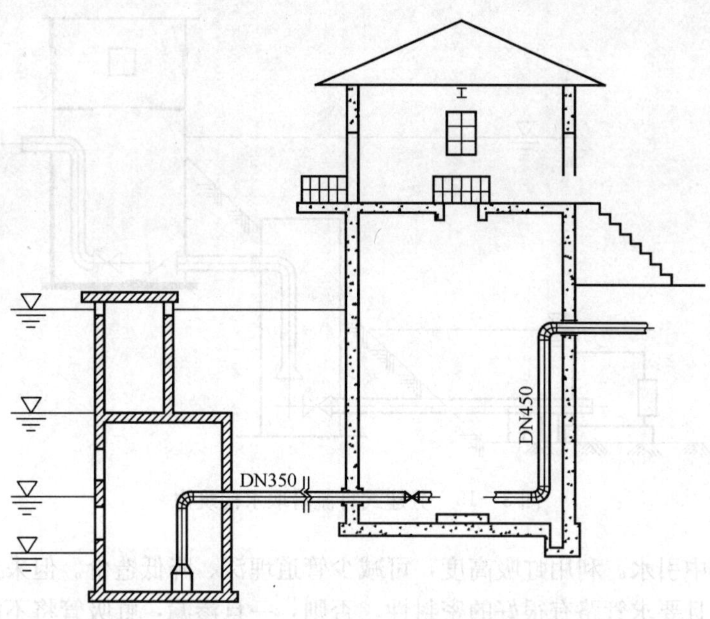

图 3—13 分建式岸边取水构筑物

以合建或分建。

河床式取水构筑物按引水方式不同，又可分为以下几种类型：

①从取水头部引水

a. 自流管取水式。河水在重力作用下，从取水头部流入集水井，经格网后进入水泵吸水间。这种引水方法安全可靠，但土方开挖量较大。在洪水期底沙及草情较严重、河底易发生淤积、河水主流游荡不定等情况下，最好不用自流管引水。图 3—14、图 3—15 所示分别为合建式自流管取水构筑物和分建式自流管取水构筑物的示意图。

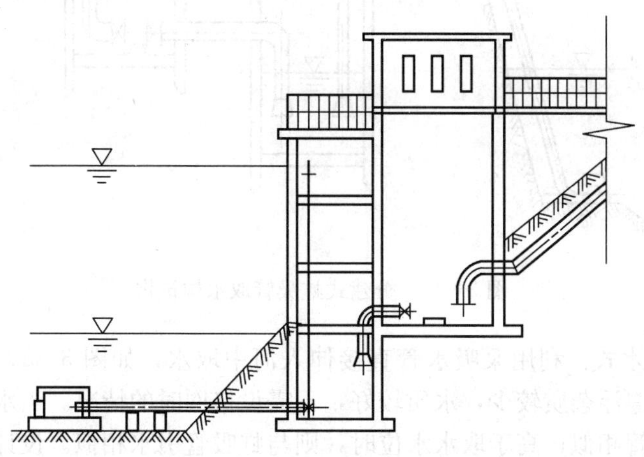

图 3—14 合建式自流管取水构筑物

b. 虹吸管引水式。采用虹吸管引水时，河水从取水头部靠虹吸作用流至集水井中。这种引水方法适于河水水位变化幅度较大，河床为坚硬的岩石或不稳定的沙土，岸边没有防洪

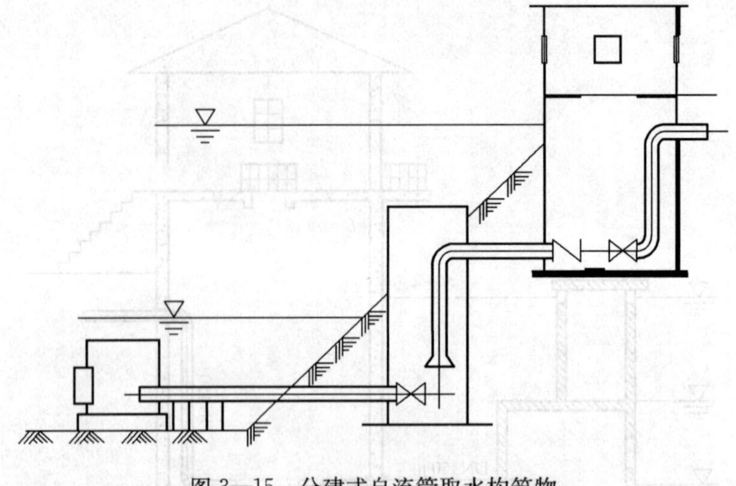

图 3—15 分建式自流管取水构筑物

堤等情况时从河中引水。利用虹吸高度，可减少管道埋深、降低造价。但采用虹吸引水需设真空引水装置，且要求管路有很好的密封性。否则，一旦渗漏，虹吸管将不能正常工作，影响供水的可靠性。同时，虹吸管管路相对较长，容积也大，真空引水水泵启动时间较长。图 3—16 所示为分建式虹吸管取水构筑物机构示意图。

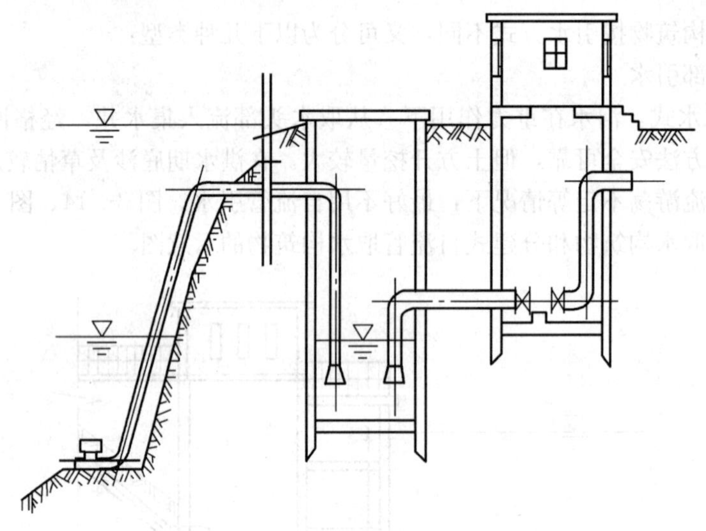

图 3—16 分建式虹吸管取水构筑物

c. 水泵直接抽水式。利用泵吸水管直接伸入河中取水，如图 3—17 所示。这种引水方法只适用于河水中漂浮杂质较少，水质较好，不需设格网时的情况。当水泵泵轴低于取水水位时，情形与自流管相似；高于取水水位时，则与虹吸管引水相似。设计时应考虑按自流管或虹吸管处理。

②取水头部与进水窗联合取水式。这种取水形式除设置取水头部外，还在岸边集水井上部开有进水窗。河水位低时，用河心取水头部取水；当河水底部泥沙大、水位高且近岸时，采用进水窗取水。还可考虑设置不同高度的自流管，以便在不同水位时，取得水质较好的

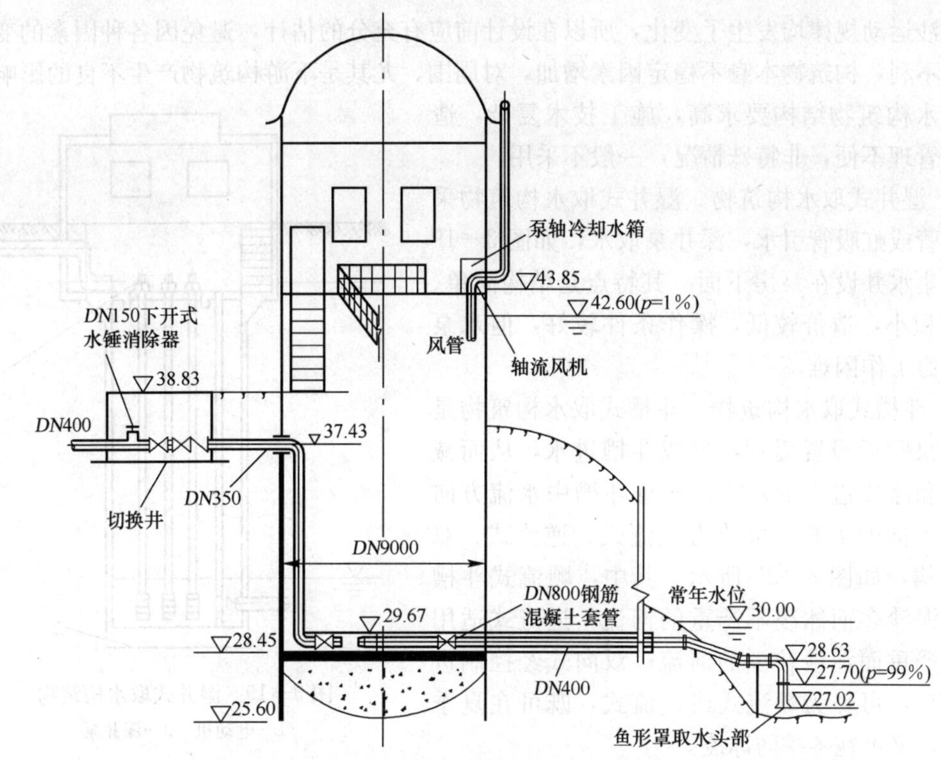

图 3—17 水泵直吸式取水构筑物

水。分层取水自流管应注意避开主航道，以免妨碍航运或造成自流管损坏。

③桥墩式取水式。桥墩式取水构筑物又称江心式或岛式取水构筑物，如图 3—18 所示。它在构造上与岸边合建式取水构筑物相似，只是集水间与泵房合建于江心。

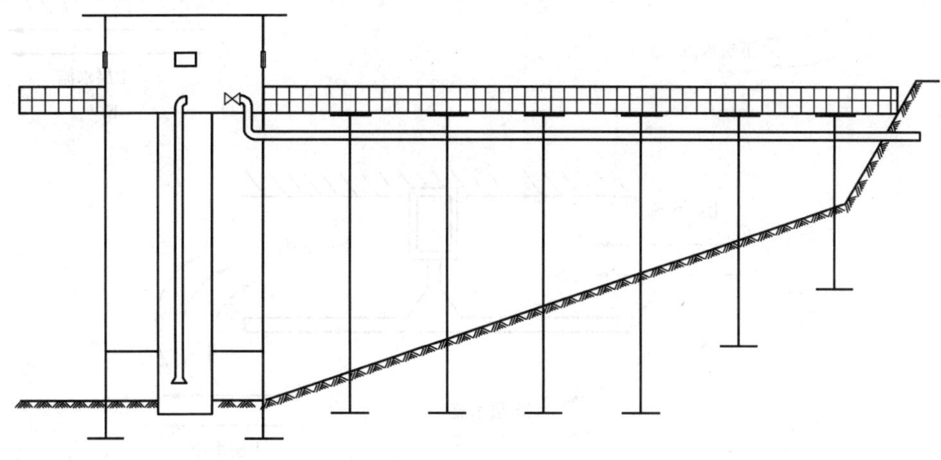

图 3—18 桥墩式取水构筑物

桥墩式取水构筑物适于含沙量高，主流远离岸边，岸坡较缓，无法设取水头部，取水安全性要求很高的情况。由于桥墩式取水构筑物位于河中，使原过水断面变窄，河流水力条件、泥沙运动规律均发生了变化，所以在设计前应有充分的估计，避免因各种因素的变化造成取水不利，构筑物本身不稳定因素增加，对周围、尤其是下游构筑物产生不良的影响。桥墩式取水构筑物结构要求高，施工技术复杂，造价高，管理不便，非特殊情况，一般不采用。

3）湿井式取水构筑物。湿井式取水构筑物采用自流管或虹吸管引水，深井泵取水，如图 3—19 所示。集水井设在泵房下面。其特点是结构简单、建筑面积小，造价较低，操作条件较好，但水泵维护检修工作困难。

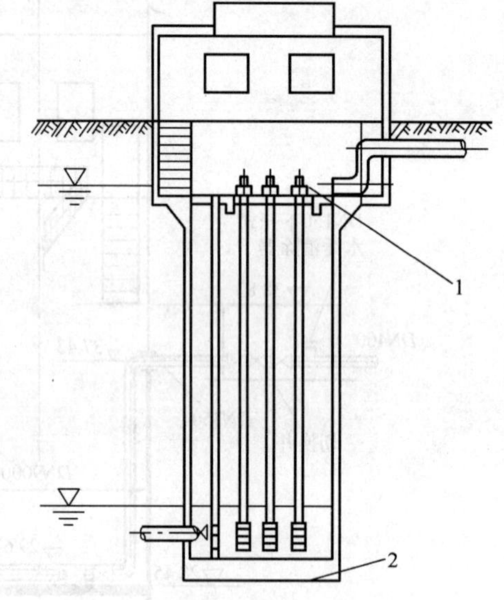

图 3—19　湿井式取水构筑物

1—电动机　2—深井泵

4）斗槽式取水构筑物。斗槽式取水构筑物是在取水口附近设置堤坝，形成斗槽进水，从而减少泥沙和冰凌进入取水口。根据斗槽中水流方向与河水方向的关系，可分为顺流式、逆流式、双向式斗槽，如图 3—20 所示。其中，顺流式斗槽适于含泥沙多而冰凌不严重的河流；逆流式适用于冰凌严重而泥沙较少的河流；双向式经控制进水方向后，可作为顺流式或逆流式，既可在夏季防泥沙，又可在冬季防冰凌。

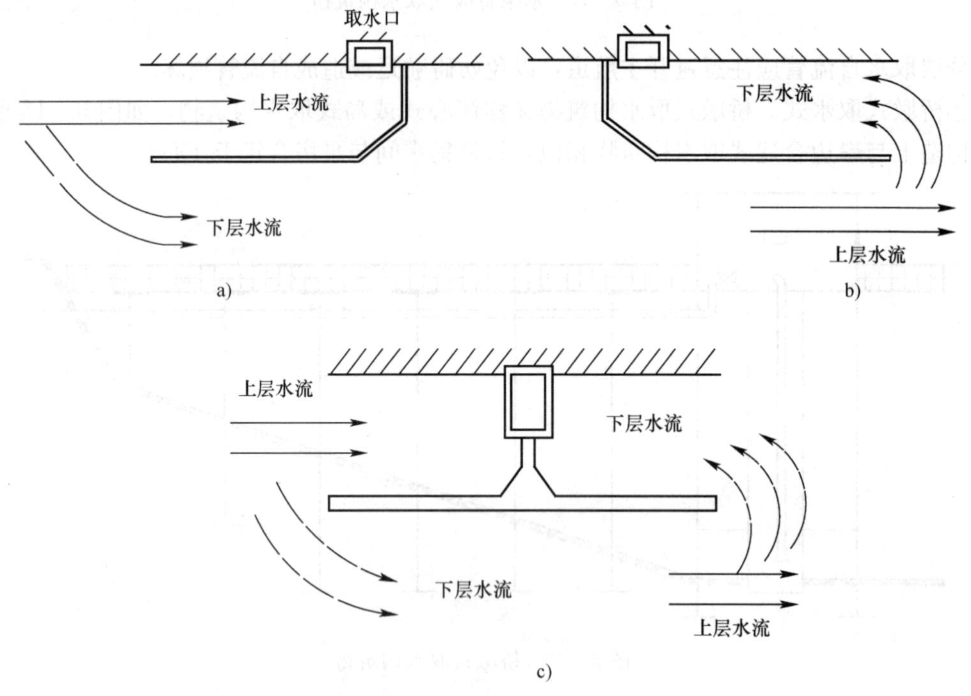

图 3—20　斗槽式取水构筑物

a）顺流式　b）逆流式　c）双向式

(2) 移动式取水构筑物。移动式取水构筑物主要有浮船式和缆车式两种。

1) 浮船式。浮船式取水构筑物是将取水设备直接安装在浮船上，如图 3—21 所示。它主要由船体、水泵机组以及水泵压水管与岸上输水管之间的连接管等组成。

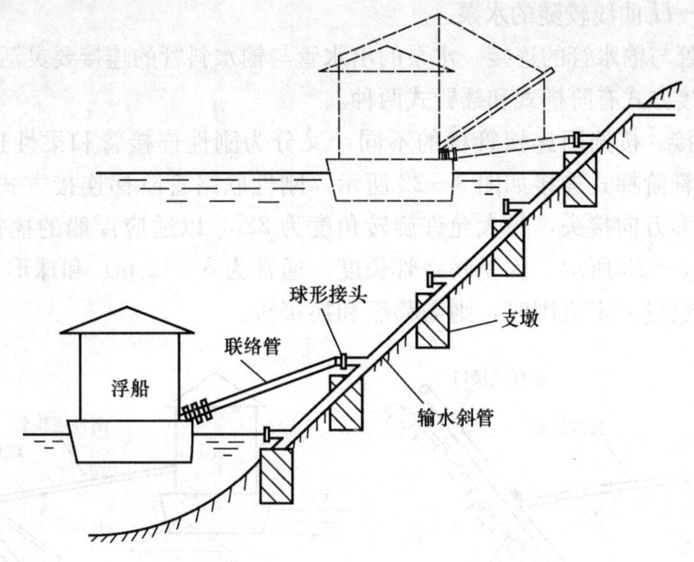

图 3—21 浮船式取水构筑物

浮船式取水适用于河岸较稳定，河床冲淤变化不大，岸坡适宜（阶梯式为 20°～30°、摇臂式为 45°），水位变化幅度在 10～35 m 左右，枯水期水深至少 1.5～2 m，水位变化速度不大于 2 m/h，水流平缓，风浪不大，漂浮物少，无漂木浮筏对取水产生影响的河段。

①浮船式取水构筑物的构造。浮船式取水构筑物一般由浮船、联络管、输水斜管、船与岸之间的交通联络设备、锚固设施等组成。

浮船可采用木船、钢板船、钢网水泥船等。其中钢网水泥船造价低，比较耐用，维护管理简单，是较佳选择，但易受破坏，使用时应避免碰撞和振动，并保证不搁浅，以免折裂船体。

浮船一般制造成平底围船式，平面为矩形，横截面可为矩形或梯形。浮船的尺寸应按设备及管路布置、操作及检修要求、浮船的稳定性等因素而定。

考虑供水规模、供水安全程度等因素，通常浮船的数量不少于两只，可间断供水或有足够容积的调节水池时，可设置一只。此外，还应特别注意浮船的稳定性，并应使布置紧凑，操作维修方便。

②浮船式取水构筑物的平面布置。水泵在浮船上的竖向布置可设为上承式及下承式。上承式布置即水泵机组安装在甲板上。设备安装和操作方便，船体结构简单，通风条件较好，适用于各种船体，但重心偏高，不利于船的稳定；下承式布置即水泵机组安装在甲板以下的船体骨架上，其重心低且稳定性好，能降低水泵的吸水高度。但下承式通风条件差，操作管理不便，船体结构也较复杂，只适于钢结构船体。

水泵机组布置形式有纵向和横向两种。纵向布置指泵轴与船体长方向一致；横向布置指泵轴与船体宽方向一致。通常，双吸泵多采用纵向布置，单吸泵多采用横向布置。机组布置时应考虑重心的位置，一般机组布置重心偏于吸水侧。

水泵的选取应考虑水位变化的影响，应选择在较大扬程范围内仍处于高效运行状态的水泵，一般可选 $Q—H$ 曲线较陡的水泵。

③水泵出水管与输水管的连接。水泵的出水管与输水斜管的连接要灵活，以适用浮船升降和摇摆，其连接方式有阶梯式和摇臂式两种。

a. 阶梯式连接。按选用连接管材的不同，又分为刚性连接管和柔性连接管两种连接方式，柔性联络管阶梯式连接如图 3—22 所示。刚性联络管阶梯连接方式采用焊接钢管，两端各设一个球形万向接头，最大允许旋转角度为 22°，以适应浮船的摇摆。刚性联络管阶梯式连接如图 3—23 所示。因受联络管长度（通常为 8～12 m）和球形万向接头转角限制，在水位涨落超过一定范围时，则需移船和换接头。

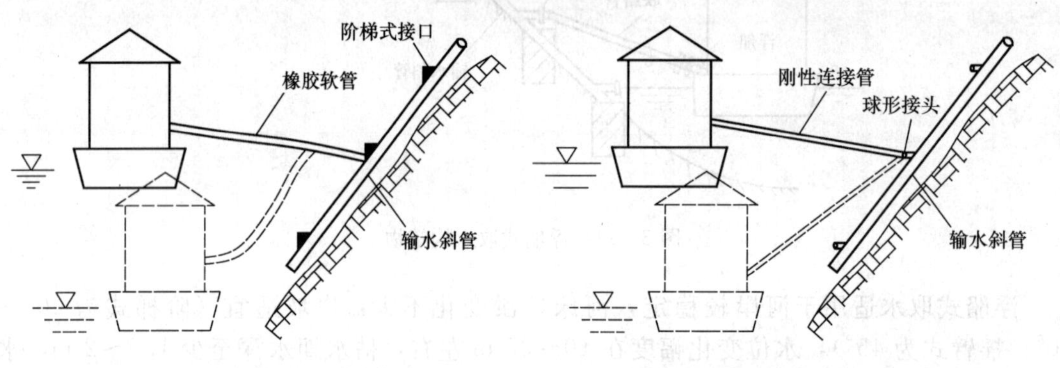

图 3—22　柔性联络管阶梯式连接　　图 3—23　刚性联络管阶梯式连接

b. 摇臂式连接。在岸边设置支墩或框架，用以支撑连接输水管与摇臂管的活动接头，浮船以该点为轴心，随水位、风浪而升降和摇摆。活动接头一般用套筒旋转接头，转角不受限制，管径亦可较大，在一根联络管上常需设若干个，以适应船体各向摆动的需要。

2）缆车式。缆车式取水构筑物是通过牵引设备带动泵车，使其沿坡道上升或下降，以适应河水的涨落，从而取得较好水质的水。它具有施工简单、水下工程量小、基建费用低、供水安全可靠等优点，适于水位能落在 10～35 m，枯水位时能保证一定的水深，河水涨落速度不大（小于 2 m/h），河岸稳定，工程地质条件良好，河流中无原木、浮筏的河流。

缆车式取水构筑物取水位置固定，需经常按水位涨落拆装接头，因此在水位变化较大的情况下，不如浮船式灵活。

缆车式取水构筑物由泵车、坡道、输水斜管、牵引设备等组成。泵车数量和水泵台数与供水量及供水安全可靠性要求有关。当取水量不大且允许中断供水时，可采用一步泵车，水泵台数据流量变化要求选取。供水量较大、供水可靠性要求较高时，应至少设两部泵车，每部泵车选用 2～3 台水泵，以保证连续供水；坡道，当河岸地质条件较好、稳定、且倾斜角适宜时，采用斜坡式。当河岸倾角较陡或地质较差时，可采用斜桥式，通常由钢筋混凝土框架组成；图 3—24 所示为输水斜管一般布置在泵车的一侧，泵车与输水斜管的连接，可采用胶管柔性连接，亦可采用刚性球形接头或套筒式连接；牵引设备采用卷扬机，目前多采用滚筒式卷扬机。

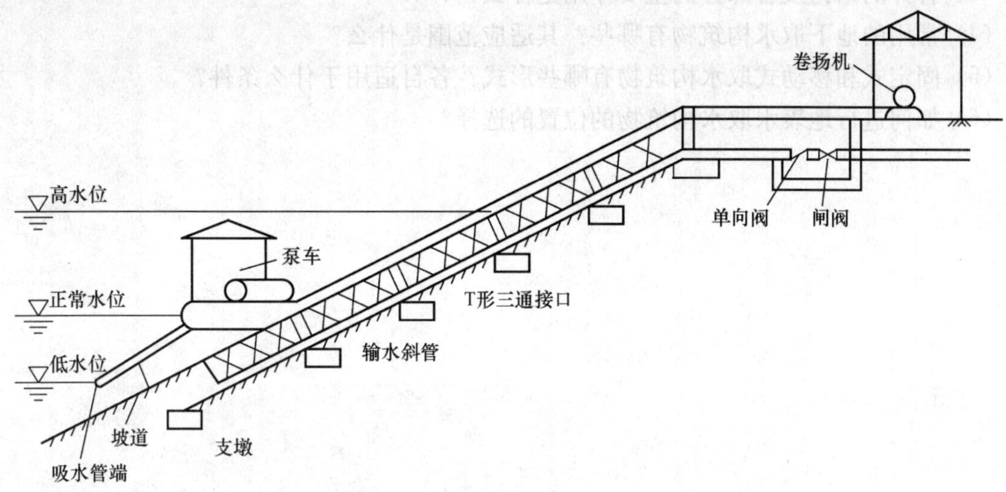

图 3—24 斜桥式缆车式取水构筑物

本章小结

本章重点介绍了给水水源选择的原则及水源防护的规定，地表水取水构筑物位置的选择；同时又介绍了给水水源的类型、水源选择以及水源保护，主要地下水及地表水取水构筑物的类型及其结构特点，以及水资源的定义、概况及取水工程概述。要求掌握给水水源选择的原则及水源防护的规定，地表水取水构筑物位置的选择。

练 习 题

1. 填空题

（1）水源分为________和________两大类，其中地下水主要包括________、________、________、________、岩溶水以及泉水。

（2）地下取水构筑物主要有________、________、________、________、________以及________。

（3）地表水取水系统主要由________、________、送水泵站、________等部分组成。

（4）固定式取水构筑物，按其结构特点________、________、________、________等；移动式取水构筑物主要有________和________两种。

（5）缆车式取水构筑物由________、________、________、________等部分组成。

2. 简答题

（1）给水水源有哪几类？各有什么特点？

（2）给水水源的选择应注意哪些因素？

（3）管井的结构及各部分的主要作用是什么？

（4）常用的地下取水构筑物有哪些？其适应范围是什么？

（5）固定式和移动式取水构筑物有哪些形式？各自适用于什么条件？

（6）如何进行地表水取水构筑物的位置的选择？

4 市政给水管道工程

本章学习目标

1. 了解给水系统组成及分类，熟悉给水管网系统的组成及分类；

2. 了解各类市政用水定额与设计用水量；掌握用水量计算公式；

3. 熟悉给水系统工作情况，掌握用水量、一级泵站、二级泵站、清水池及水塔间的流量关系；掌握泵站扬程及水塔高度的计算；

4. 熟悉给水管网的布置形式及管网定线；

5. 掌握给水管网的设计计算的步骤与内容；

6. 了解给水管材、附件与附属构筑物的类型与结构。

4.1 给水管道系统概述

4.1.1 给水系统

(1) 给水系统分类。给水系统能够保证以足够的水量、合格的水质、充裕的水压供应生活用水、生产用水和其他用水，不仅要满足近期需要，还要兼顾到今后的发展。根据系统性质不同，有以下几种分类：

1) 按水源种类不同。地表水（江河、湖泊、水库、海洋等）给水系统、地下水（潜水、承压水、泉水等）给水系统。

2) 按服务范围不同。区域给水系统、城镇给水系统、工业给水系统、建筑给水系统等。

3) 按供水方式不同。自流系统（重力供水）、水泵供水系统（加压供水）、混合供水系统（自流与水泵供水相结合）。

4) 按用户用水目的不同。生活用水、工业生产用水、消防用水、市政用水。

其中市政用水指城镇或者工业企业区域内的浇洒道路、绿地用水、公共清洁卫生用水。

(2) 给水系统的组成。给水系统是由相互联系的一系列构筑物和输配水管网组成。其基本任务是从水源取水，根据用户对水质的要求进行处理，再将水输送到用水区，并向用户配水。给水系统常由下列系统组成：

1) 取水系统。用来从已选定的水源取水，包括水资源（地表水资源、地下水资源和复用水资源等）、取水构筑物、提升设备和输水管渠等。

2) 给水处理系统。对取水系统输送的水进行处理，使其符合用户对水质的要求。包括与各种水处理方法对应的处理设备和构筑物（通常集中布置在水厂范围内）。

3) 给水管网系统。将处理后符合水质标准的水输送给用户。包括输水管渠、配水管网、水压调节设施、水量调节设施等。

4.1.2 给水管道系统特点

给水管道系统是给水工程设施的重要组成部分，是由不同材料的管道和附属设施构成的输水网络，承担供水的输送、分配、水量和水压调节的任务。该系统具有一般网络的特点，主要有以下几点：

(1) 分散性。管道系统遍布整个用水区域，延伸到各个用水角落。

(2) 连通性。系统的各个组成部分之间的水量、水压和水质存在紧密的关联，而且相互作用。

(3) 扩展性。系统可以向内部和外部扩展，通常分多次建成。

当然，该系统还存在容易发生事故、扩建改建频繁、运行管理复杂、外部干扰因素多等与一般网络系统不同的特点。

4.1.3 给水管网系统

(1) 给水管网系统组成。给水管网系统通常由输水管（渠）、配水管网、水压调节设施、水量调节设施等构成，如图 4—1 所示。

图 4—1a 所示为以地表水为水源的给水系统。取水构筑物 1 取水后，经一级泵站 2 送至水处理构筑物 3，清水池 4 储存处理后的清水，二级泵站 5 将水从清水池经输水管 6 泵至管网 7，供给用户。

图 4—1b 所示为地下水为水源的给水系统。若地下水符合生活饮用水水质标准，则该系统可省略处理构筑物。

1) 输水管（渠）。输水管（渠）是指较长距离的送水管道或管渠，通常沿线向两侧供水。例如水厂将清水输送至供水区域的管道、供水管网向某些大用户供水的专线管道、区域给水系统中连接各个区域管网的管道等。为了避免输水管发生事故对供水产生较大影响，较长距离输水管一般敷设两条平行管线，当其中一条管道局部发生故障时，通过某些适当地点安装的切换阀门切换到另一条并行管段替代。

2) 配水管网。配水管网指分布在整个供水区域内的配水管道网络。其能够将来自于较集中点（如输水管渠的末端或者出水设施等）的水量分配输送到整个供水区域，使用户从近处接管用水。

配水管网由主干管、干管、支管、连接管、分配管等构成。同时还需安装消火栓、阀门（闸阀、排气阀、泄水阀等）和检测仪表（水质检测、水压、流量等）等附属设施，用来保证消防供水和满足生产调度、故障排除、维护保养等管理需要。

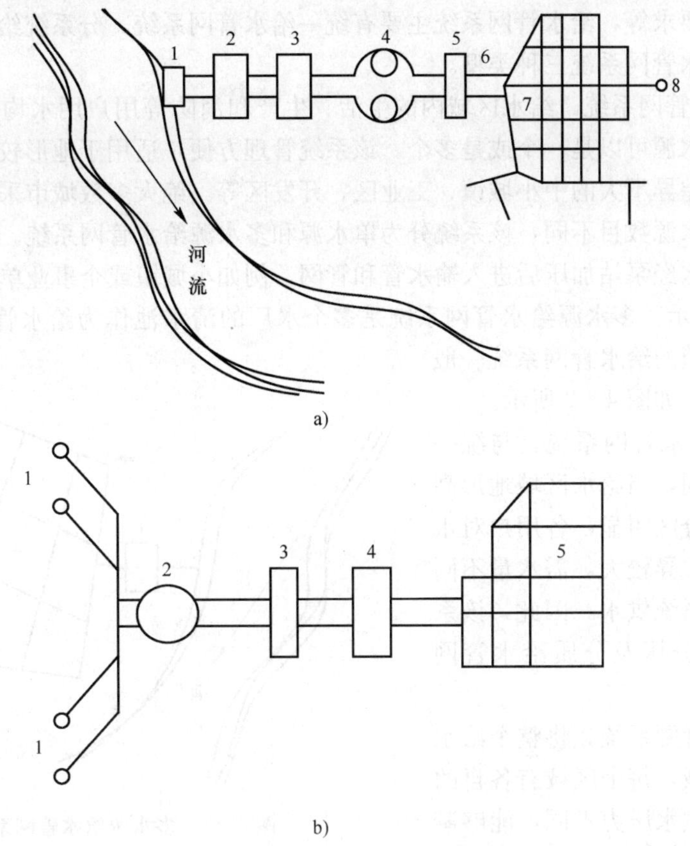

图 4—1 地表水源及地下水源给水系统

a）地表水源给水系统
1—取水构筑物 2—一级泵站 3—水处理构筑物
4—清水池 5—二级泵站 6—输水管
7—管网 8—水塔

b）地下水源给水系统
1—管井群 2—集水池 3—泵站
4—水塔 5—管网

3）水压调节设施

①泵站。泵站是水压调节的主要设施，也是输配水系统中的加压设施，一般由多台水泵并联组成。给水管网系统中的泵站分为供水泵站和加压泵站。供水泵站（二级泵站）一般位于水厂内，将水厂清水池中的水加压后送入输水管或配水管网。加压泵站（三级泵站）对远离水厂的供水区域或地形较高的区域进行加压，以满足用水水压要求。

②减压阀。通过减压阀和节流孔板等降低和稳定输配水系统局部的水压，避免水压过高造成管道或其他设施的漏水、爆裂、水锤破坏等现象。

4）水量调节设施。水量调节设施负责调节供水与用水的流量差，也称调节构筑物；同时也可用于储存备用水量，以保证消防、检修、停电和事故等情况下的用水，提高系统供水的安全可靠性。此设施包括清水池（清水库）、水塔和高地水池等。其中，清水池（清水库）位于水厂内，是水处理系统与管网系统的衔接点，可用其储存处理后的清水，也是管网系统中输配水的水源点。

（2）给水管网系统的类型。根据城市地势等自然条件、水源情况、城市规划布局、用户对水量、水质的要求等，给水管网系统主要有统一给水管网系统、分系统给水管网系统和不同输水方式的给水管网系统三种类型。

1）统一给水管网系统。给水区域内的生活、生产和消防等用户用水均由同一给水管网供给。该系统的水源可以是一个或是多个。该系统管理方便，适用于地形较平坦、用户较集中以及给水要求差异不大的中小城镇、工业区、开发区等。绝大多数城市采用这种系统。按照向管网供水的水源数目不同，该系统分为单水源和多水源给水管网系统。前者只有一个水源地，处理后的水经泵站加压后进入输水管和管网。例如小城镇或企事业单位多采用此种系统，如图 4—1 所示。多水源给水管网系统是多个水厂的清水池作为给水管网系统的水源。中大城市甚至城镇的给水管网系统一般采用多水源给水，如图 4—2 所示。

2）分系统给水管网系统。与统一给水管网系统不同，当给水区域地形高差较大，或功能分区明显，各用户对水质、水压的要求差异较大，需水量不同时，可采用此种系统供水。因此，该系统可分为分区、分压及分质给水管网系统。

①分区给水管网系统。将整个给水范围分为多个区域，每个区域有各自的泵站及管网，且供水压力不同，能够避免由于局部水压过高引起的爆管现象及泵站能量的浪费。

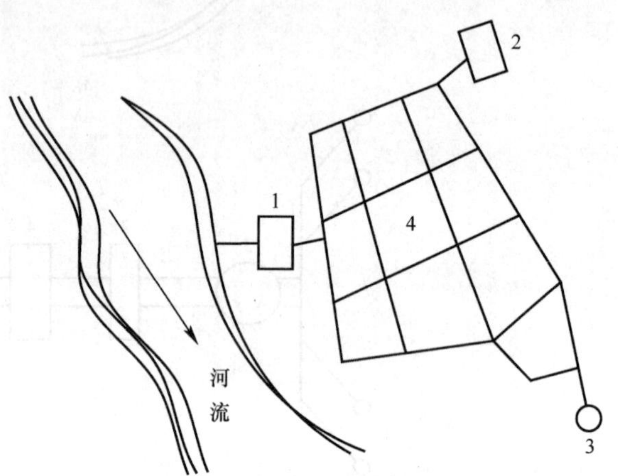

图 4—2　多水源给水管网系统

1—地表水水源　2—地下水水源

3—水塔　4—给水管网

②分压给水管网系统。城市地势高差较大或用户对水压要求不同时，可采用分压给水或局部加压管网系统，由同一泵站内的不同水泵分别供水到低压管网和高压管网，如图 4—3 所示。

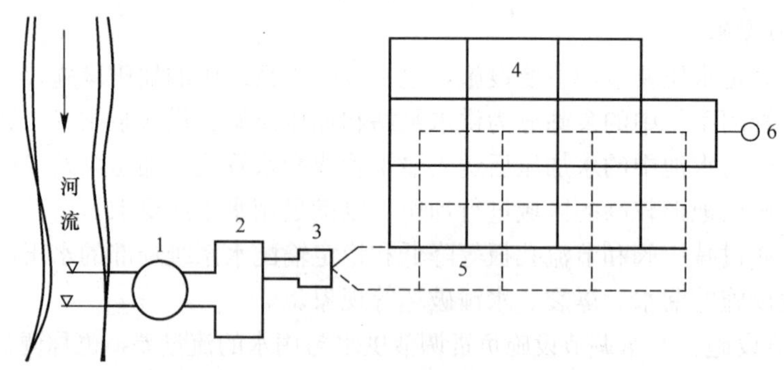

图 4—3　分压给水管网系统

1—取水构筑物　2—水处理构筑物　3—泵站　4—低压管网　5—高压管网　6—水塔

③分质给水管网系统。根据用户对水质的要求不同而分成多个系统，分别供给不同需求的用户。在城镇给水中，工业用水所占比例较大，不同工业对水质要求往往不同，此时可采

用分质给水管网系统。图 4—4a 所示为同一水源取水的分质给水管网系统。从水源取来的水，经过不同的水处理过程后，不同水质的水由彼此独立的水泵、输水管和管网供给各用户。图 4—4b 所示为从不同水源取水的简单的分质给水管网系统。图中，工业用水采用地表水，生活用水采用水质较好的地下水。再如，可利用夏季地下水水温低于江河水的特点，将其作为水源供作空调降温使用；可将海水或某些废水经过适当处理后作为冲洗厕所和某些工业用水等，以达到综合利用水资源的目的。

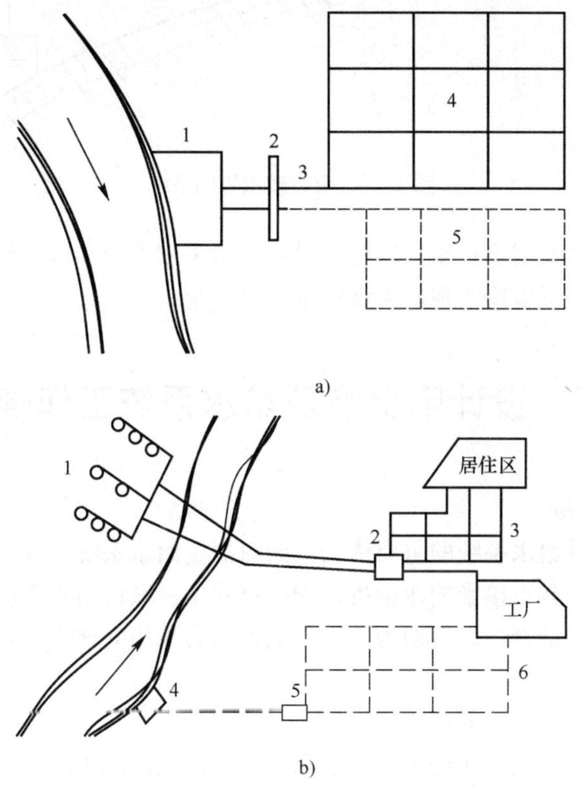

图 4—4　分质给水管网系统

a）同一水源取水的分质给水管网系统
1—分质给水处理厂　2—二级泵站　3—输水管
4—居住区生活用水管网　5—工厂区生产用水管网

b）不同水源取水的分质给水管网系统
1—井群　2—地下水水厂　3—生活用水管网
4—取水构筑物　5—生产用水厂
6—生产用水管网

3）不同输水方式的给水管网系统。根据水源和供水区域地势的实际情况，可采用不用的输水方式向用户供水。主要有以下两种：

①重力输水管网系统。该系统是指水源地势较高，清水池中的水依靠自身重力，经重力输水管进入管网并供用户使用。该系统无动力消耗，属于运行经济的输水管网系统。如图 4—5 所示。

②压力输水管网系统。该系统是指清水池的水由泵站加压后送出，经输水管进入管网供用户使用，甚至要通过多级加压将水送至更远或更高处的用户使用。该系统需要消耗大量的动力。

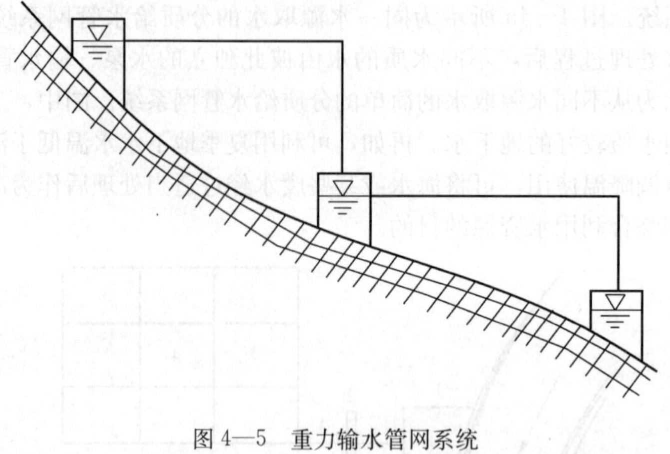

图 4—5　重力输水管网系统

在地势复杂的地区又需要长距离输配水时，通常采用重力和压力相结合的方式输水，此种混合的输水方式被广泛应用于现代大型输水管道系统。

4.2　设计用水量及给水系统工作情况

4.2.1　设计用水量

城市用水量是设计给水系统的重要依据，同时决定给水系统中取水、净水、泵站和输配水等设施的规模大小，且直接影响建设投资和运行费用。城市给水系统的设计年限，应符合城市总体规划，近远期结合，以近期为主。一般近期宜采用 5～10 年，远期规划年限宜采用 10～20 年。

设计用水量由下列几项组成：

(1) 综合生活用水。包括居民生活用水和公共建筑及设施用水。前者指城市中居民的饮用、烹调、洗涤、冲厕、洗澡等日常生活用水；后者包括娱乐场所、宾馆、浴池、商业、学校和机关办公楼等用水。

(2) 工业企业生产用水和工作人员生活用水。

(3) 消防用水。

(4) 浇洒道路和绿地等市政用水。

(5) 管网漏失水量和未预计水量。

用水量定额是确定设计用水量的主要依据，并且可影响给水系统相应设施的规模、工程投资总额、工程扩建期限、日后水量的保证等方面，因此，应慎重考虑。一般根据城市的地理位置、水资源状况、城市性质和规模、产业结构和居民生活水平等因素，参照《室外给水设计规范》确定各种用水量定额。值得注意的是，随着水资源的日益紧缺，城市用水量在不断发生变化，在设计和使用时，生活用水应考虑某些节约措施，工业用水采取计划用水、提高工业用水重复利用率等措施的影响。

(1) 生活用水定额。影响该定额的因素很多，如当地的水源及气候条件、居民的生活水平及习惯、收费标准及办法、水质及水压等。我国东南地区经济开发特区和旅游城市，因其水源充足，气候较好，经济发达，用水量普遍高于水源缺乏、气候寒冷的西北地区。该定额按生活用水分类可分为以下几种：居民生活用水定额和综合生活用水定额。

计算城市生活用水量时，要用到上述定额。设计时应根据各地国民经济和社会发展规划、城市总体规划和水资源充沛程度及给水工程发展条件等因素，在现有的用水定额的基础上，综合给水专业规划和给水工程发展分析，确定这些定额。在缺乏实际用水资料的情况下，上述定额可参考现行的《室外给水设计规范》来确定，也可采用表 4—1 和表 4—2 中的数据。但目前村镇人均生活用水量较小，约为 20～60 L/(人・d)，今后生活用水定额可以适当提高。

表 4—1　　居民生活用水定额　　L/(人・d)

城市规模	特大城市		大城市		中、小城市	
用水情况 / 分区	最高日	平均日	最高日	平均日	最高日	平均日
一	180～270	140～210	160～250	120～190	140～230	100～170
二	140～200	110～160	120～180	90～140	100～160	70～120
三	140～180	110～150	120～160	90～130	100～140	70～110

表 4—2　　综合生活用水定额　　L/(人・d)

城市规模	特大城市		大城市		中、小城市	
用水情况 / 分区	最高日	平均日	最高日	平均日	最高日	平均日
一	260～410	210～340	240～390	190～310	220～370	170～280
二	190～280	150～240	170～260	130～210	150～240	110～180
三	170～270	140～230	150～250	120～200	130～230	100～170

注：1. 居民生活用水指城市居民日常生活用水。

2. 综合生活用水指城市居民日常生活用水和公共建筑用水，但不包括浇洒道路、绿地和其他市政用水。

3. 特大城市指市内和近郊区非农业人口 100 万人及以上的城市；大城市指市区和近郊区非农业人口 50 万人及以上的城市；中、小城市指市区和近郊区非农业人口不满 50 万人的城市。

4. 一区包括贵州、四川、湖北、湖南、江西、浙江、福建、广东、广西、海南、上海、云南、江苏、安徽、重庆；二区包括黑龙江、吉林、辽宁、北京、天津、河北、山西、河南、山东、宁夏、陕西、内蒙古河套以东和甘肃黄河以东的地区；三区包括新疆、青海、西藏、内蒙古河套以西和甘肃黄河以西的地区。

5. 经济开发区和特区城市：根据用水实际情况，用水定额可酌情增加。

目前，我国水资源情况不容乐观，国内 660 个城市中，有 400 个正受到水资源缺乏的影响，水资源缺乏已成为经济发展的主要障碍之一。为增强城市居民的节水意识，促进节约用水和水资源持续利用，推进水价改革，我国于 2002 年 11 月 1 日开始实施 GB/T 50331—2002《城市居民生活用水量标准》，见表 4—3。这一标准低于《室外给水设计规范》中的居民用水定额，这是由于前者是针对于城市居民定量用水的标准，后者是城市室外给水管网的设计依据。

表 4—3　　城市居民生活用水量标准　　L/(人·d)

地域分区	日用水量	适用范围
一	80～135	黑龙江、吉林、辽宁、内蒙古
二	85～140	北京、天津、河北、山东、河南、山西、陕西、宁夏、甘肃
三	120～180	上海、江苏、浙江、福建、江西、湖北、湖南、安徽
四	150～220	广西、广东、海南
五	100～140	重庆、四川、贵州、云南
六	75～125	新疆、西藏、青海

注：1. 表中所列日用水量是满足人们日常生活基本需要的标准值。在核定城市居民用水量时，各地应在标准值区间内直接选定。

2. 城市居民生活用水考核不应以日作为考核周期，日用水量指标应作为月度考核周期计算水量指标的基础值。

3. 指标值中的上限值是根据气温变化和用水高峰月变化参数确定的，一个年度中对居民用水可分段考核，利用区间值进行调整使用。上限值可作为一个年度当中最高月的指标值。

4. 家庭用水人口的计算，由各地根据当地的实际情况自行制定管理规则或办法。

5. 以本标准为指导，各地视本地情况可制定地方标准或管理办法组织实施。

（2）公共建筑用水定额。计算居住小区给水干管的设计流量时，可用到上述定额，可参照现行《建筑给水排水设计规范》的规定执行。

（3）工业企业内生活用水定额。上述定额是指职工在从事生产活动时所消耗的生活及淋浴用水量，设计时应按《工业企业设计卫生标准》执行。职工淋浴用水定额与车间特征有关，淋浴时间在下班后一小时内进行。见表 4—4。

表 4—4　　工业企业内工作人员淋浴用水量

分级	车间卫生特征			用水量/L/(人·班)
	有毒物质	生产性粉尘	其他	
1 级	极易经皮肤吸收引起中毒的剧毒物质（如有机磷、三硝基甲苯等）		处理传染性材料、动物原料（如皮、毛等）	60
2 级	易经皮肤吸收或有恶臭的物质，或高毒物质（如丙烯腈、吡啶、苯酚等）	严重污染全身或对皮肤有刺激的粉尘（如炭黑、玻璃棉等）	高温作业、井下作业	60
3 级	其他毒物质	一般粉尘（如棉尘）	重作业	40
4 级	不接触有毒物质及粉尘、不污染或轻度污染身体（如仪表、机械加工、金属冷加工等）			40

（4）工业企业生产用水定额。一般是指工矿企业在生产过程中使用的水，如原料用水、冷却用水、洗涤用水、产品用水、锅炉用水及空调用水等。企业不同，用水量不同。因此，各行业一般都有各自的行业用水定额。工业企业生产用水定额表示方法：1）以万元产值用水量表示；2）按单位产品用水量表示，如生产一吨钢需要多少水；3）按每台设备或仪器等每天用水量表示，如生产一辆汽车需多少水。

（5）消防用水定额。虽然消防用水只在火灾时使用，但在城镇用水中占有较大比例。消防用水通常来自于水厂的清水池，使用时由二级泵站输送至火场。消防用水的水量、水压及延续时间等，应按现行的《建筑设计防火规范》和《高层民用建筑设计防火规范》执行。

城镇或居民区的消防用水量，按同一时间内的火灾次数和一次灭火用水量来确定，见表4—5。

表4—5　城镇、居民区室外消防用水量

人数/N（万人）	同一时间内的火灾次数/（次）	一次灭火用水量/（L/s）	人数/N（万人）	同一时间内的火灾次数/（次）	一次灭火用水量/（L/s）
$N\leqslant1$	1	10	$30<N\leqslant40$	2	65
$1<N\leqslant2.5$	1	15	$40<N\leqslant50$	3	75
$2<N\leqslant5$	2	25	$50<N\leqslant60$	3	85
$5<N\leqslant10$	2	35	$60<N\leqslant70$	3	90
$10<N\leqslant20$	2	45	$70<N\leqslant80$	3	95
$20<N\leqslant30$	2	55	$80<N\leqslant100$	3	100

注：城镇的室外消防用水量应包括居住区、工厂、仓库（含堆场、储罐）和民用建筑的室外消火栓用水量。当工厂、仓库和民用建筑的室外消火栓用水量按表4—7计算的结果与按本表计算的结果不一致时，应取较大值。

工厂、仓库和民用建筑的室外消防用水量，按同一时间内的火灾次数和一次灭火用水量来确定，并不应小于表4—6和表4—7中的规定。

表4—6　工厂、民用建筑同一时间内发生火灾次数

名称	基地面积/10^4 m^2	附有居住区人数/万人	同时发生的火灾次数	备注
工厂	≤100	≤1.5	1	按需水量最大的一座建筑物（或堆场、储罐）之和计算工厂、居住区各考虑一次
工厂	≤100	>1.5	2	
工厂	>100	不限	2	按需水量最大的两座建筑物（或堆场、储罐）之和计算
仓库、民用建筑	不限	不限	1	按需水量最大额一座建筑物（或堆场、储罐）之和计算

注：采矿、选矿等工业企业，如各分散基地有单独的消防给水系统时，可分别计算。

室外消防一次灭火用水量，见表4—7。

（6）其他用水定额。浇洒道路以及绿化的用水量应视条件而定，包括路面种类、绿化面积、气候和土壤等。浇洒道路用水量一般为1.0～2.0 L/（m^2·d），每天2～3次；大面积绿化的用水量可采用1.5～4.0 L/（m^2·d）。

城市的未预见水量和管网漏失水量可按最高日用水量的15%～25%合并计算，工业企业自备水厂的上述水量可根据工业和设备的具体情况确定。

表 4—7　　室外消防一次灭火用水量

耐火等级	建筑物名称和火灾危险性		建筑物体积/m³					
			≤1 500	1 501～3 000	3 001～5 000	5 001～20 000	20 001～50 000	>50 000
			一次灭火用水量/(L/s)					
一、二级	厂房	甲、乙类	10	15	20	25	30	35
		丙类	10	15	20	25	30	40
		丁、戊类	10	10	10	15	15	20
	库房	甲、乙类	15	15	25	25	—	—
		丙类	15	15	25	25	35	45
		丁、戊类	10	10	10	15	15	20
	民用建筑		10	15	15	20	25	30
三级	厂房或库房	乙、丙类	15	20	30	40	45	—
		丁、戊类	10	10	15	20	25	35
	民用建筑		10	15	20	25	30	—
四级	丁、戊类厂房或库房		10	15	20	25	—	—
	民用建筑		10	15	20	25	—	—

注：1. 室外消火栓用水量应按消防需水量最大的一座建筑物或一个防火分区计算。成组布置的建筑物应按照消防需水量较大的相邻两座计算。

2. 火车站、码头和机场的中转库房，应按相应耐火等级的丙类库房确定。

3. 国家级文物保护单位的重点砖木结构和木结构建筑物，应按三级耐火等级民用建筑物消防用水量确定。

4.2.2　用水量计算

（1）用水量变化。生活或生产的用水量都是时刻变化的。生活用水量随生活习惯和气候而变化，例如假期用水量较平时高，夏季比冬季用水要多；我国的大中城市一天内的用水以早晨起床后和晚饭前后用水最多。工业企业的冷却用水量随气温和水温而变化，夏季比冬季多。例如化工厂等 6—7 月的用水量是月平均的 1.3 倍。

（2）用水量变化系数。用水量定额是一个平均值，设计时还需考虑每日、每时的用水量变化。在设计规定年限内，用水量最多的一日用水量叫做最高日用水量。用水量变化规律可以用变化系数或变化曲线表示，此规律是计算给水系统各组成部分设计流量必不可少的条件。

为反映用水量逐日逐时的变化幅度，该系数分为日变化系数和时变化系数。

1）日变化系数。即一年中最高日用水量与平均日用水量的比值，用 K_d 表示。根据给水区的地理位置、气候、生活习惯和室内给排水设施程度，其值约为 1.1～1.8，可根据《城市给水工程规划规范》（GB 50282—1998）选用，见表 4—8。

表 4—8　　城市用水量日变化系数表

特大城市	大城市	中等城市	小城市
1.1～1.3	1.2～1.4	1.3～1.5	1.4～1.8

2）时变化系数。最高日内，每小时用水量的变化幅度和居民数、房屋设备类型、职工上班时间和班次等有关。最高时用水量与平均时用水量比值，叫做时变化系数，用 K_h 表示。在缺乏实际用水资料情况下，最高日城市综合用水的值 K_h 为 1.3～1.6。大中城市的用水较均匀，K_h 较小，可取下限；小城市可取上限或适当加大。

（3）用水量变化曲线。除最高日用水量和最高时用水量外，用水量变化曲线也是设计给水系统的重要依据。例如图 4—6 所示中表示的是某市用水量变化曲线，各小时用水量的百分数之和为 100%。

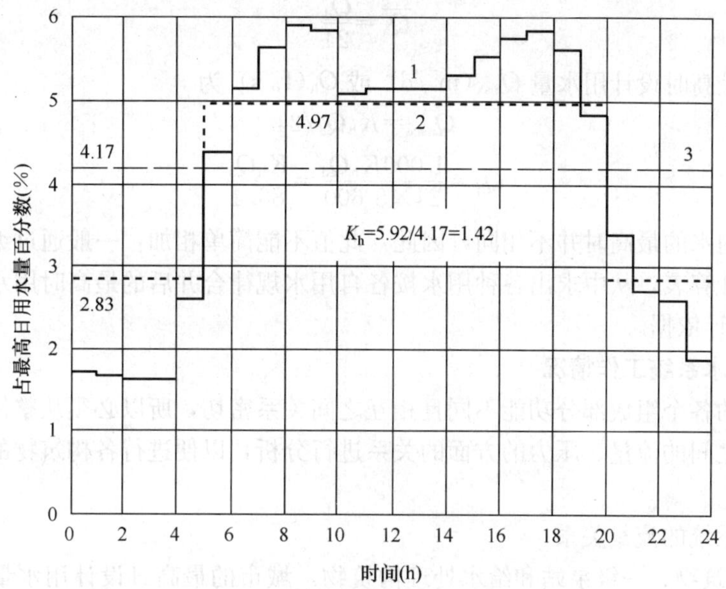

图 4—6　城市用水量变化曲线

1—用水量变化曲线　2—一级泵站设计供水线　3—平均时用水量

由图可知，最大时用水量在上午 8 点至 9 点，为最高日用水量的 5.92%；平均时用水量为 100/24＝4.17，时变化系数 K_h＝5.92/4.17＝1.42。

各城市用水量变化曲线均不相同，且大小城市存在较大差异。

（4）用水量计算。城市用水量是指设计年限内给水系统所供应的全部水量。具体包括：居住区综合生活用水、工业企业生产用水、职工生活用水和淋浴用水、浇洒道路和绿地等市政用水以及未预见水量和管网漏失水量等，但不包括工业自备水源所需的水量。

1）最高日设计用水量 Q_d（m^3/d）。该用水量的计算包括综合生活用水量 Q_1（m^3/d）、工业企业职工的生活用水和淋浴用水量 Q_2（m^3/d）、工业企业生产用水量 Q_3（m^3/d）、市政用水量 Q_4（m^3/d）。

其中，市政用水量计算为：

$$Q_4=(q_a N_a n+q_b N_b)/1\ 000 \tag{4—1}$$

式中　q_a——城市浇洒道路用水量定额，L/(m^2·次)；

q_b——城市大面积绿化用水量定额，L/(m^2·天)；

N_a——城市最高日浇洒道路面积（m^2）；

n——城市最高日浇洒道路次数；

N_b——城市大面积绿化面积（m^2）。

除以上各用水量外，未预见水量及管网漏失水量，一般占上述各项用水量之和的15%～20%。因此，设计年限内城市最高日设计用水量 Q_d 为：

$$Q_d=(1.15\sim1.25)(Q_1+Q_2+Q_3+Q_4) \tag{4—2}$$

2）最高日平均时和最高时用水量

①最高日平均时用水量 Q_h

$$\overline{Q_h}=\frac{Q_d}{24} \tag{4—3}$$

②最高日最高时设计用水量 Q_{max}（m^3/d）或 Q_h（L/s）为

$$Q_{max}=K_hQ_d/24 \tag{4—4}$$

或

$$Q_h=\frac{1\,000K_hQ_d}{24\times3\,600}=\frac{K_hQ_d}{86.4} \tag{4—5}$$

由于各种用水的最高时并不相同，因此，此值不能简单相加，一般通过编制整个给水区域逐时用水量计算表，从中求出各种用水按各自用水规律合并后的最高时用水量或时变化系数 K_h，作为设计依据。

4.2.3 给水系统工作情况

给水系统的各个组成部分功能不同且相互之间关系密切，所以必须从整体上对系统中各部分的特点和之间的流量、压力的方面的关系进行分析，以便进行各构筑物的设计和确定运行参数。

（1）给水系统的流量关系

1）取水构筑物、一级泵站和给水处理构筑物。城市的最高日设计用水量确定以后，取水构筑物和水厂的设计流量将根据一级泵站的工作情况而定。为使一级泵站和水厂连续、均匀地运行，减小设计规模，降低工程造价，上述三者的设计流量 Q_1（m^3/d）按最高日平均时流量计算，即

$$Q_1=\alpha\frac{Q_d}{T} \tag{4—6}$$

式中 α——水厂自身用水量（即沉淀池排泥、滤池冲洗等用水）系数，其值取决于水源种类及水质、水处理工艺及构建物类型等因素，以地表水为水源时，α 一般取1.05～1.10；若水源为地表水，且只需消毒处理时，其值取1.0；

Q_d——最高日用水量（m^3/d）；

T——泵站每天工作时数（h）。

若水源为地下水，为提高水泵的效率和使用年限，一般先将地下水泵到地面水池，再经二级泵站将水输送入管网。此时，水厂本身用水系数为1，一级泵站计算流量 Q_1（m^3/d）为：

$$Q_1=\frac{Q_d}{T} \tag{4—7}$$

2）二级泵站及管网设计流量

①二级泵站的设计流量。上述流量与管网中是否设置水塔（或高地水池）有关。当管网内不设置水塔时，任何小时内二级泵站的供水量都等于或大于用水量，才能保证供水充足。

二级泵站的最大供水量应按最高日最高时用水量考虑。若管网内设置水塔，由于水塔能够调节二级泵站供水量同用水量之间的差值，因此二级泵站每小时的供水量可以不等于用水量。但总的原则是采用分级供水，各级供水线应接近用水曲线，从而减小水塔容积。

②输水管与配水管网设计流量。两者的设计流量均应按输配水系统最高日最高时用水的工作情况来确定，与管网中有无水塔（或高地水池）和其在管网中的位置有关。

当无水塔时，两者的设计流量应与最高日最高时的设计流量相同；当管网起端设有水塔（前置水塔或网前水塔）时，泵站到水塔的输水管直径应按泵站分级工作的最大一级供水流量计算；管网末端设水塔（对置水塔或网后水塔）时，因最高时用水必须同时从二级泵站和水塔向管网供水，泵站到管网的输水管的设计流量必须与泵站中的最大一级供水量相同，水塔到管网的输水管按照水塔输入管网的流量进行计算。

（2）清水池和水塔的容积计算。清水池和水塔在给水系统中起流量调节作用，统称为调节构筑物。前者兼有储存水量和保证与消毒剂有充分消毒接触时间等作用，一般设于厂内，调节一级与二级泵站供水量之间的差额，且为保证清洗与检修时的不间断供水，清水池的个数一般不少于两个，并能单独工作和分别放空；后者兼有储存水量和保证管网水压的作用，同时调节泵站的供水量与用水量之间的差额。

清水池和水塔调节容积的计算方法有两种：其一，根据 24 h 供水量和用水量变化曲线求得；其二，当缺乏用水量变化规律的相关资料时，凭经验估算。

1）由供水量和用水量计算调节容积。以图 4—6 所示为例，根据用水量的变化曲线来拟定二级泵站的供水曲线。用水量变化幅度从最高日用水量的 1.61%(2～4 时)～5.92%(8～9 时)，因此二级泵站的供水曲线 2 按用水量的变化情况采用 2.83%(20～5 时)～4.97%(5～20 时）的两级供水。图中，从 20 时到次日 5 时，一级泵站供水量大于二级泵站，清水池负责储存多余的水；而在 5 时到当天的 20 时，二级泵站供水量大于一级泵站，需用清水池中的存水满足二级泵站的供水要求。但在一天之内，取用的水量刚好等于储存的水量。

清水池和水塔的调节容积的计算参见表 4—9。表中，第 2、3、4 项数据分别根据用水量变化曲线、二级和一级泵站供水曲线得到。第 5 项为 2、4 项之差；第 6 项为 3、4 项之差；第 7 项为 2、3 项之差。计算采用连续相加法。后三项中的正值或负值的累计值相等，正值（或负值）的累计的总值即为清水池或水塔的调节容积，以最高日用水量的百分数表示。由表可得，无水塔时，清水池容积为 17.78%；有水塔时其容积为 12.05%，水塔容积为 6.48%，总调节容积为 12.05%+6.48%=18.53%，略大于不设水塔时的调节容积。

表 4—9　清水池和水塔调节容积的计算

供水时间/(点钟)	用水量/(%)	二级泵站输水量/(%)	一级泵站输水量/(%)	清水调节容积/(%)		水塔调节容积/(%)
				无水塔时	有水塔时	
1	2	3	4	5	6	7
0～1	1.70	2.83	4.17	−2.47	−1.34	−1.13
1～2	1.67	2.83	4.17	−2.50	−1.34	−1.16
2～3	1.61	2.83	4.16	−2.55	−1.33	−1.22
3～4	1.61	2.83	4.17	−2.56	−1.34	−1.22

续表

供水时间/(点钟)	用水量/(%)	二级泵站输水量/(%)	一级泵站输水量/(%)	清水调节容积/(%)		水塔调节容积/(%)
				无水塔时	有水塔时	
1	2	3	4	5	6	7
4～5	2.58	2.83	4.17	−1.59	−1.34	−0.25
5～6	4.37	4.97	4.16	0.21	0.81	−0.6
6～7	5.14	4.97	4.17	0.97	0.80	0.17
7～8	5.64	4.97	4.17	1.47	0.80	0.67
8～9	5.92	4.97	4.16	1.76	0.81	0.95
9～10	5.84	4.97	4.17	1.67	0.80	0.87
10～11	5.07	4.97	4.17	0.9	0.80	0.10
11～12	5.15	4.97	4.16	0.99	0.81	0.18
12～13	5.15	4.97	4.17	0.98	0.80	0.18
13～14	5.15	4.97	4.17	0.98	0.80	0.18
14～15	5.29	4.97	4.16	1.13	0.81	0.32
15～16	5.52	4.97	4.17	1.35	0.80	0.55
16～17	5.75	4.97	4.17	1.58	0.80	0.78
17～18	5.85	4.97	4.16	1.69	0.81	0.88
18～19	5.62	4.97	4.17	1.45	0.80	0.65
19～20	4.82	4.97	4.17	0.65	0.80	−0.15
20～21	3.39	2.83	4.16	−0.77	−1.33	0.56
21～22	2.69	2.83	4.17	−1.48	−1.34	−0.14
22～23	2.60	2.83	4.17	−1.57	−1.34	−0.23
23～24	1.87	2.83	4.16	−2.29	−1.33	−0.96
累计	100.00	100.00	100.00	17.78	12.05	6.48

清水池中除储存调节用水外，还负责存放消防用水和水厂内冲洗排污等生产用水，故清水池有效容积 $W(m^3)$ 为：

$$W=W_1+W_2+W_3+W_4 \tag{4—8}$$

式中 W_1——清水池调节容积（m^3）；

W_2——消防用水储存容积（m^3），按火灾延续 2 h 计算；

W_3——水厂的生产用水，按最高日用水量的 5%～10%计算；

W_4——安全储水量（m^3）。

水塔一般储存调节用水和消防用水，其有效容积 $W'(m^3)$ 为：

$$W'=W_1+W_2 \tag{4—9}$$

式中 W_1——调节容积（m^3）；

W_2——消防用水储存容积（m^3），按 10 min 室内消防用水量计算。

2）凭经验数据估算。当缺乏用水量变化规律的资料时，城市水厂的清水池调节容积，可以凭经验数据，按最高日用水量的10%～20%估算。二级泵站采用分级供水时，水塔的有效容积可为最高日用水量的2.5%～6%。对于上述数据范围，小城市采用上限，而大城市采用下限。

（3）给水系统的水压关系。给水系统必须保持足够的水压，才能满足用户对水量和水压的要求。给水管网上的用户接管点处为用户提供的最小压力称为最小服务水头。我国《室外给水设计规范》规定，当按建筑层数确定生活饮用水管网上的最小服务水头时，从地面算起：一层为10 m（0.1 MPa），二层为12 m（0.12 MPa），二层以上每增高一层加4 m（0.04 MPa）。例如，建筑物为6层，则为28 m。此确定方法只适用于各城市规定的标准层数的建筑物，个别或少数高层建筑或建筑群，不作为管网水压控制的条件，可单独设置局部加压装置。

泵站、水塔和高地水池是给水系统保证水压的构筑物，为满足设计水压的要求，必须了解水泵扬程和水塔或高地水池高度的确定方法。

1）一级泵站水泵扬程的确定

$$H_p = H_0 + \sum h \tag{4—10}$$

式中　H_p——水泵扬程，m；

H_0——静扬程，m；

$\sum h$——水头损失，m。

H_0需根据抽水条件确定。一级泵站的H_0指水泵吸水井最低水位与水厂的前端处理构筑物（一般为混合池或配水井）最高水位的扬程差。工业企业的循环给水系统中，将水从冷却塔（或冷却池）的集水井直接送到车间的冷却设备，此时静扬程为车间所需水压标高（车间地面标高与所需服务水头之和）与集水井最低水位的高程差。

水头损失$\sum h$为水泵吸水管、压水管和泵站连接管线的水头损失之和。如图4—7所示。

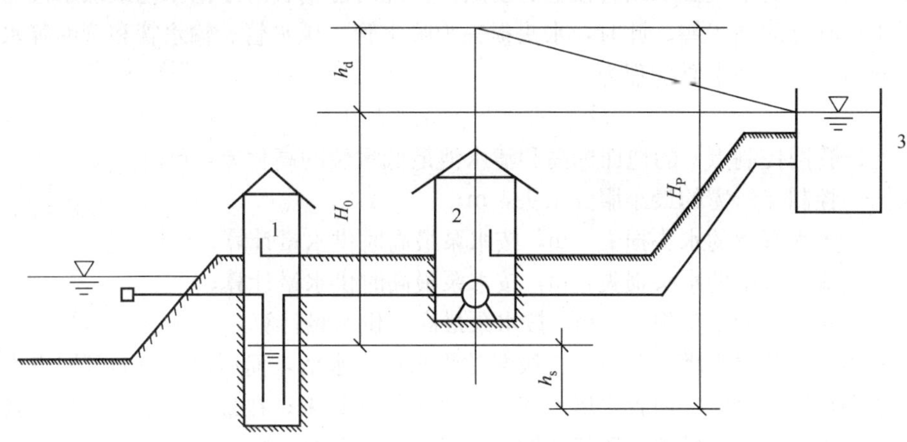

图4—7　一级泵站扬程计算

1—吸水井　2—一级泵站　3—混合池

此时，一级泵站的扬程为：

$$H_p = H_0 + h_s + h_d \tag{4—11}$$

式中　h_s——由最高日平均时供水量加水厂自用水量确定的吸水管路水头损失，m；

h_d——由最高日平均时供水量加水厂自用水量确定的压水管和泵站到絮凝池管线中的

水头损失，m。

2）二级泵站水泵扬程与水塔高度的确定。二级泵站是从清水池取水直接送向用户或先送入水塔，而后流进用户。

①无水塔管网。管网中控制水压的点称为控制点，其一般位于距水厂最远处或地形最高处，只要控制点的压力在最高用水时能够达到城市管网的最小服务水头要求，整个管网就不会存在低水压区。无水塔管网的水压线如图 4—8 所示。

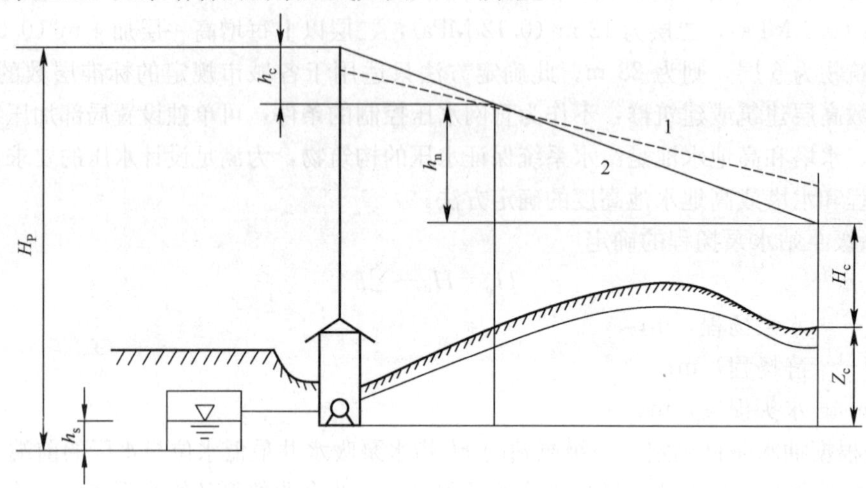

图 4—8　无水塔管网的水压线

1—最小用水时　2—最高用水时

无水塔的管网的水是由泵站直接输送至用户，此时静扬程等于清水池最低水位与管网控制点所需水压标高的高程差。此时，水头损失为吸水管、压水管、输水管和管网等水头损失之和。故此时二级泵站水泵扬程为：

$$H_p = Z_c + H_c + h_s + h_c + h_n \tag{4—12}$$

式中　Z_c——管网控制点 c 的地面标高和清水池最低水位的高程差，m；

H_c——控制点所需的最小服务水头，m；

h_s——吸水管中的水头损失，m，按水泵最高时供水量计算；

h_c——输水管中的水头损失，m，按水泵最高时供水量计算；

h_n——管网中的水头损失，m，按水泵最高时供水量计算。

②管网中设置前置水塔。此时，二级泵站将水送入水塔，而后由水塔向管网供水。当泵站供水大于用户用水量时，前置水塔可将多余之水储存起来；在最高用水时，可将其与泵站联合为用户供水。前置水塔的水压线如图 4—9 所示，则水塔高度为：

$$H_t = H_c + h_n - (Z_t - Z_c) \tag{4—13}$$

式中　H_t——水塔高度，m；

H_c——控制点要求的自由水压，m；

h_n——按最高时用水量计算的从水塔至控制点之间管路的水头损失，m；

Z_t——设置水塔处的地面标高，m；

Z_c——控制点处的地面标高，m。

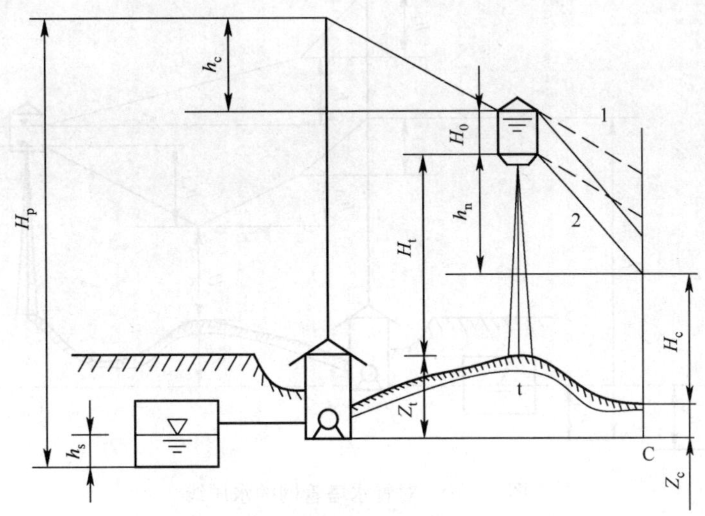

图 4—9　前置水塔管网的水压线

1—最小用水时　2—最高用水时

由上式可知水塔处的地面标高 Z_t越高，水塔高度 H_t越低，建造费用越低，也就是水塔建在高地的原因。

二级泵站的扬程 H_p 为：

$$H_p=Z_t+H_t+H_0+h_s+h_c \tag{4—14}$$

式中　Z_t——水塔处的地面标高与清水池最低水位的高程差，m；

H_0——水塔水柜的水深，m；

H_t——水塔高度，m；

h_s——二级泵站在最大一级供水时，水泵吸水管中的水头损失，m；

h_c——二级泵站在最大一级供水时，二级泵站到水塔的输水管中的水头损失，m。

③管网中设置对置水塔。在对置水塔设置中，当二级泵站供水量大于用水量时，多余的水将通过整个管网流入水塔，此流量称为转输流量。此流量最大时，输水距离长，水头损失大，就可能要求扬程比最高用水时大，则最高转输时水泵扬程 H_p'为：

$$H_p'=Z_t+H_t+H_0+h_s+h_c+h_n \tag{4—15}$$

式中　Z_t——水塔处的地面标高与清水池最低水位的高程差，m；

H_0——水塔水柜的水深，m；

H_t——水塔高度，m；

h_s——最大转输流量时水泵吸水管中水头损失，m；

h_c——最大转输流量时输水管中水头损失，m；

h_n——最大转输流量时管网中水头损失，m。

对置水塔管网的水压线如图 4—10 所示。

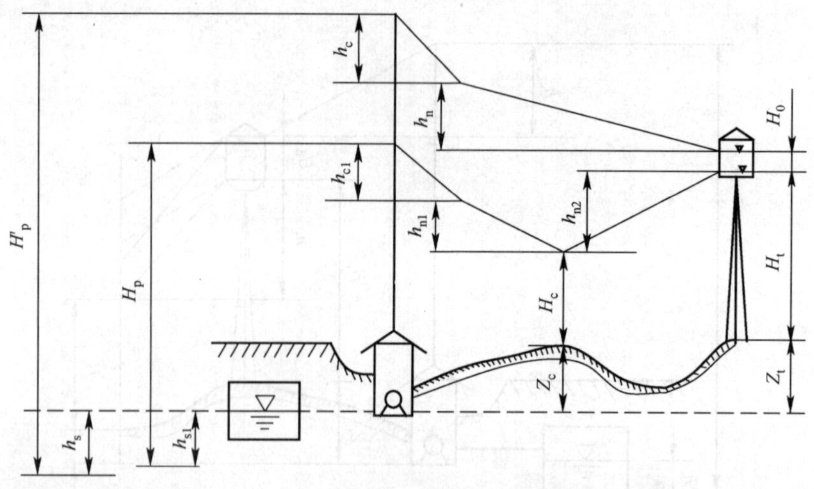

图 4—10　对置水塔管网的水压线

4.3　给水管网布置

4.3.1　管网的布置原则

给水管网由输水管和配水管网两部分组成，是给水工程的重要组成部分，担负着城镇的输水和配水任务。给水管网在进行布置和规划时应遵循下列基本原则：

(1) 按照城市规划，结合当地实际情况布置管网，可分期建设，留有充分的发展余地，并进行多方面经济技术比较；

(2) 管线均匀布置在整个供水区，满足用户对水量和水压的要求；

(3) 保证管网供水安全可靠，当局部管线发生故障时，保证不中断供水，尽量减小断水范围；

(4) 力求以最短距离敷设管线，并尽量减少特殊工程，从而降低管网工程投资和日常供水费用；

(5) 尽量减少拆迁，少占或不占农田。

4.3.2　管网布置的基本形式

管网的布置形式很多，主要分为树状管网和环状管网两种，如图 4—11 所示。

(1) 树状管网。管网布置如树状，干管向供水区延伸，其管径逐渐减小。此种管网供水可靠性差，由于管网末端水量很小，易造成水流缓慢或停滞，水质变坏。但此种管网造价较低，通常用于小城镇及小型工矿企业。

(2) 环状管网。管网中管线间连接成环，当任意一条管线损坏时，可关闭阀门进行检修，水可从其他管线供给用户，增加供水可靠性。但环状管网造价较树状管网要高。对于不允许断水区域必须采用此种管网，一般在城镇建设初期可先采用树状管网，以后逐步发展成为环状管网。大、中城镇及工业企业中通常采用此种形式。

4.3.3　给水管网定线

给水管网定线是指在地形平面图上确定管线的位置和走向。管网定线受城镇的平面布

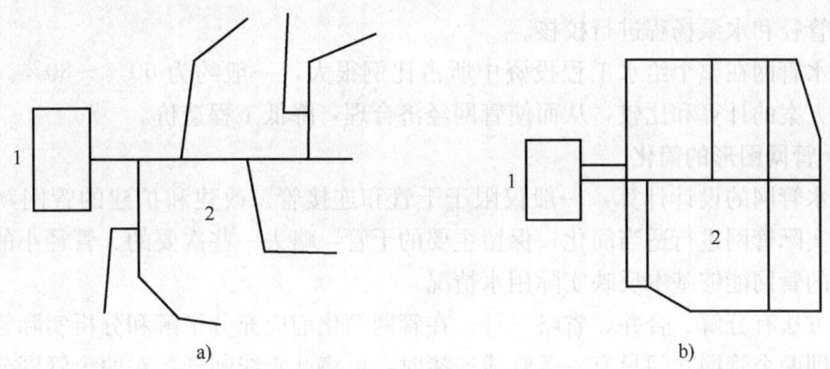

图 4—11 管网布置形式
a）树状管网 b）环状管网
1—二级泵站 2—管网

置，供水区的地形、大用水户的分布情况、水源及水池、水塔等调节构筑物的位置等因素影响，管网定线应综合考虑各种影响因素。

输水管渠包括从水源到水厂的原水输水管或从水厂到配水管网的清水输水管。原水输送可采用重力输水管（渠），也可采用压力输水管；当地形复杂，长距离输水时，可采用两者结合的输水方式。清水输送为避免输送过程中水质受到污染，一般采用压力输送。

输水管渠定线原则：

（1）必须与城市建设规划相结合，尽量缩短线路长度，以减少工程量和工程投资；

（2）减少拆迁，少占农田；

（3）选线时，应选择最佳的地形和地质条件，尽量沿现有道路定线，以便于施工和检修；

（4）减少与铁路、公路和河流的交叉，管线避免穿越滑坡、岩层、沼泽、高地下水位和河水淹没与冲刷地区，以降低造价和便于管理；

（5）尽可能重力输水，输水干管一般不宜少于两条，并且每隔一定距离设连接管连通。当有安全储水池或其他安全供水措施时，也可修建一条输水干管。输水干管和连通管管径及连通管根数，应按输水干管任何一段发生保障时仍能通过事故用水量计算确定。城镇的事故水量为设计水量的 70%。

（6）输水管的最小坡度应大于 $1:5D$，D 为管径，以 mm 计。当管线坡度小于 1：1 000 时，应每隔 1 km 左右装置排气阀，低处设置泄水阀，使输水畅通并便于检修。

（7）管线埋深应按当地条件决定，考虑地面载荷及当地冰冻线，防止管道被压或冻坏。

输水管定线，上述原则难以兼容时，应进行技术经济比较，以确定最佳的输水管定线方案。

4.4 给水管网的设计计算

给水管网设计计算的任务：在最高时用水情况下，计算各管段的流量；确定各管段的管径和水头损失；进行整个管网的水力计算；确定水塔高度和水泵扬程。并在特殊用水情况下，对管网管径和水泵扬程进行校核。

输、配水管网在整个给水工程投资中所占比例很大，一般约为 60%～80%。因此，必须进行多种方案的计算和比较，从而使管网经济合理，降低工程造价。

4.4.1 管网图形的简化

城市给水管网的设计计算，一般仅限于干管和连接管。改建和扩建的管网，为简化计算，通常将实际管网进行适当简化，保留主要的干管，略去一些次要的、管径小的管段，前提是简化后的管网能够基本反映实际用水情况。

简化的方法有分解、合并、省略三种。在管网简化前应充分了解和分析实际管网的管线情况。分解即两个管网之间只有一条管线连接时，可将此管线断开，对两个管网分别进行计算；合并即管线相互平行且管径较小，可将两者合并计算；采用省略的方法进行简化时，应省略管网中管径相对较小的管线，其计算结果是偏于安全的，但是由于省略后流量集中、管径增大，并不经济。如图 4—12 所示。

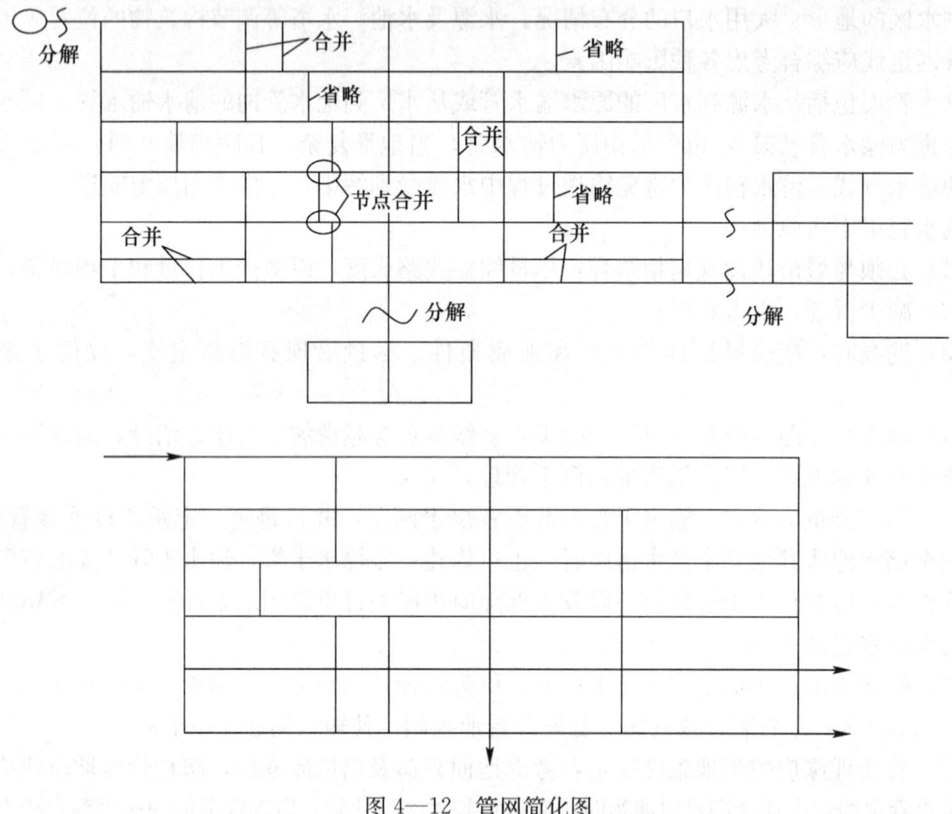

图 4—12　管网简化图

4.4.2 沿线流量和节点流量

城市给水系统由许多管段组成，各管段流量的计算以沿线流量和节点流量为基础。

(1) 沿线流量。给水管网的干管和分配管上连接有许多用户，包括数量很多但需水量较少的居民用户，也有例如工厂、机关、宾馆、学校等大量用水的单位。干管配水情况如图 4—13 所示。

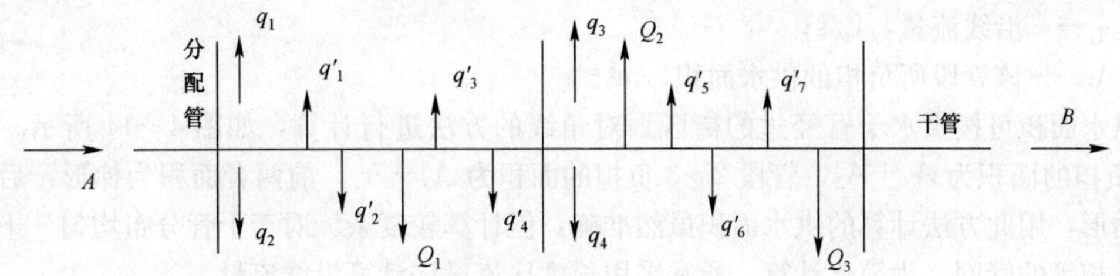

图 4—13　干管配水情况

图中 q'_1、q'_2、q'_3……代表沿线数量较多的用水较少的用户，q_1、q_2、q_3……为供给分配管的流量，而 Q_1、Q_2、Q_3……则为给少数大用户供应的集中流量。各用户用水量大小不同、用水高峰不同，干管管网上每一管段的配水情况都极其复杂，因此在计算时加以简化。为计算方便采用比流量法，又可分为长度比流量和面积比流量。

1）长度比流量。假如沿线流量 q'_1、q'_2、q'_3……均匀分布在全部干管上，则管线单位长度上的配水流量称为长度比流量，用 q_s [L/s]表示。计算公式如下：

$$q_s=\frac{Q-\sum Q_i}{\sum L} \tag{4—16}$$

式中　Q——管网总用水量，L/s；

$\sum Q_i$——工业企业及其他大用户的集中流量之和，L/s；

$\sum L$——管网配水干管总计算长度，m。

其中，集中流量 Q_i 按最高日最高时计算时，总集中流量偏大，则比流量值偏小；若用集中用水户在管网最高时的用水流量作为集中流量，则流量可能偏小，将导致管径的设计偏小。因此，集中流量按最高日最高时计算，但若该项用水最高时与管网最高时不同，则计算值应适当调小。对于干管总计算长度 $\sum L$，两侧不配水的管线（包括穿越广场、公园等无建筑物地区的管线），长度不计；只向一侧供水的管线，长度按一半计算；双侧配水的管线，计算长度为实际长度。

通过长度比流量 q_s 就可以计算某一管段的配水流量即“沿线流量”，公式如下：

$$q_l=q_s L_i \tag{4—17}$$

式中　q_l——沿线流量，L/s；

L_i——该管段的长度，m。

长度比流量忽视了沿管线供水人数和用水量的差异，计算后的配水量可能与实际配水量有一定的差距。因此可采用面积比流量法，更接近实际配水情况。

2）面积比流量。假定沿线流量 q'_1、q'_2、q'_3……均匀分布在整个供水面积上，则单位面积上的配水流量称为面积比流量，即 q_A [L/(s·m^2)] 为：

$$q_A=\frac{Q-\sum Q_i}{\sum A} \tag{4—18}$$

式中　$\sum A$——给水区域内沿线配水的供水面积总和，m^2；

其他符号意义同上。

此时，沿线流量 q_l 为：

$$q_l=q_A A_i \tag{4—19}$$

式中　q_1——沿线流量，L/s；

A_i——该管段所负担的供水面积，m^2。

供水面积可按供水干管经过的街区划对角线的方法进行计算，如图 4—14 所示。管段 1～2 负担的面积为 A_1+A_2，管段 2～3 负担的面积为 A_3+A_4。前两者面积为梯形，后两者为三角形，用此方法计算的供水面积虽然准确，但计算较复杂。对于干管分布均匀、干管距离大致相等的管网，为简化计算，通常采用长度比流量法计算沿线流量。

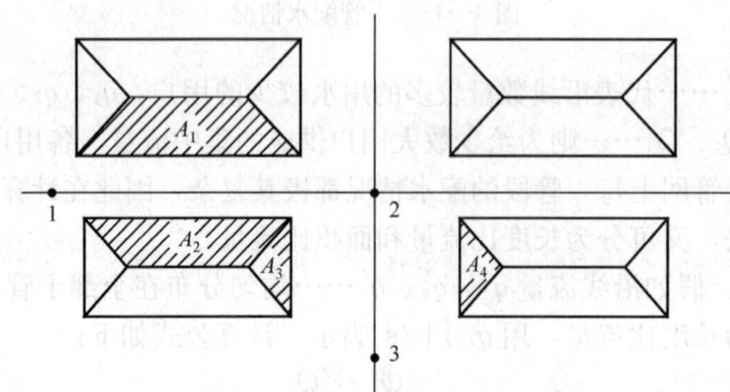

图 4—14　按等分角线划分供水面积

（2）节点流量。给水管网中任一管段的流量都由两部分组成，一部分是沿管段配水的沿线流量 q_1，由于沿线泄水供给用户而到管段末端时，其值逐渐减小为零；另一部分为通过该管段输水到下游管段的传输流量 q_t，该流量沿整个管段不变，如图 4—15 所示。由于管段中流量的变化，难于计算管径和水头损失。为简化计算，可将沿线流量折算成从节点流出的集中流量，即"节点流量"。从而可根据此不变的流量计算管径。

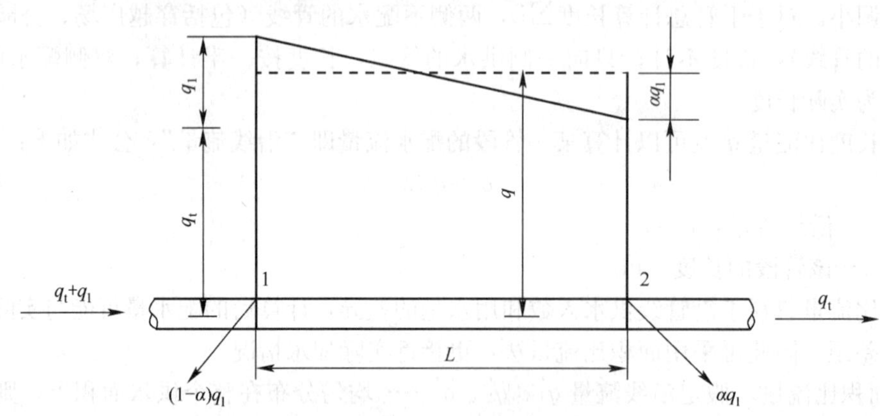

图 4—15　沿线流量折算成节点流量

计算时，假想一个不变的流量 q，使其产生的水头损失与实际上沿线变化的流量产生的水头损失相同，则有：

$$q=q_t+\alpha q_1 \tag{4—20}$$

式中　α——折算系数。

管段在管网中的位置决定 α 的数值，经推算在 0.5～0.58，为便于计算，通常此值取

0.5。则任意节点的节点流量为：

$$q_i = \alpha \sum q_l = 0.5 \sum q_l \tag{4—21}$$

即任一节点 i 的节点流量 q_i 等于与该点相连各管段的沿线流量总和的一半。

城市管网中，大用户的接点可直接作为节点，其所需的流量直接作为节点流量。因此，在管网计算图上就只有节点流量，包括由沿线流量折算的节点流量和大用户的集中流量。

【例题 4—1】 某城镇最高时用水量为 284.7 L/s，其中集中供应工业用水量为 189.2 L/s。干管各管段编号及长度如图 4—16 所示，管段 1～2、2～3 及 4～5 为单侧配水，其余为两侧配水。试求：(1) 干管的比流量；(2) 各管段的沿线流量；(3) 各节点流量。

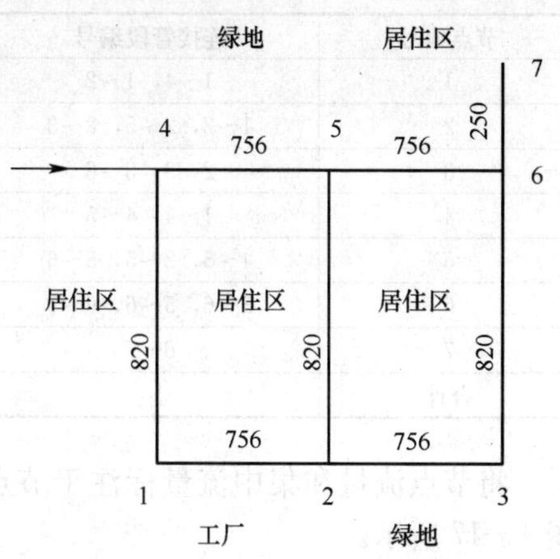

图 4—16 节点流量计算（单位：m）

【解】 (1) 干管的比流量

由题可得，干管的总计算长度为：

$$\begin{aligned}\sum L &= 0.5L_{1\sim2} + 0.5L_{2\sim3} + 0.5L_{4\sim5} + L_{5\sim6} + L_{1\sim4} + L_{2\sim5} + L_{3\sim6} + L_{6\sim7} \\ &= (0.5\times756\times3 + 756 + 820\times3 + 250)\ \text{m} \\ &= 4\ 600\ \text{m}\end{aligned}$$

干管的比流量为：

$$q_s = \frac{Q - \sum Q_i}{\sum L} = \frac{284.7\ \text{L/s} - 189.2\ \text{L/s}}{4\ 600\ \text{m}} \approx 0.020\ 8\ \text{L/(s·m)}$$

(2) 各管段的沿线流量

$$q_{1\sim2} = q_s L_{1\sim2} = 0.020\ 8\ \text{L/(s·m)} \times 0.5 \times 756\ \text{m} \approx 7.9\ \text{L/s}$$

各管段的沿线流量计算值见表 4—10。

表 4—10 各管段沿线流量计算

管段编号	管长/m	管段计算长度/m	比流量/L/(s·m)	沿线流量/L/s
1～2	756	0.5×756=378	0.0208	7.9
2～3	756	0.5×756=378		7.9
1～4	820	820		17
2～5	820	820		17
3～6	820	820		17
4～5	756	0.5×756=378		7.8
5～6	756	756		15.7
6～7	250	250		5.2
合计	—	4 600		95.5

(3) 各节点流量计算

如节点 1 的节点流量为：

$$q_1=0.5\sum q_l=0.5(q_{1\sim4}+q_{1\sim2})=0.5\times(17\ \text{L/s}+7.9\ \text{L/s})\approx12.5\ \text{L/s}$$

同上，各节点的节点流量见表4—11。

表4—11　　　　各管段节点流量计算

节点编号	连接管段编号	各连接管段沿线流量之和/L/s	节点流量/L/s
1	1～4，1～2	17＋7.9＝24.9	12.5
2	1～2，2～5，2～3	7.9＋17＋7.9＝32.8	16.4
3	2～3，3～6	7.9＋17＝24.9	12.5
4	1～4，4～5	17＋7.8＝24.8	12.4
5	4～5，2～5，5～6	7.8＋17＋15.7＝40.5	20.3
6	3～6，5～6，6～7	17＋15.7＋5.2＝37.9	18.9
7	6～7	5.2	2.6
合计		191	95.6

将节点流量和集中流量标注于节点上，如图4—17所示。

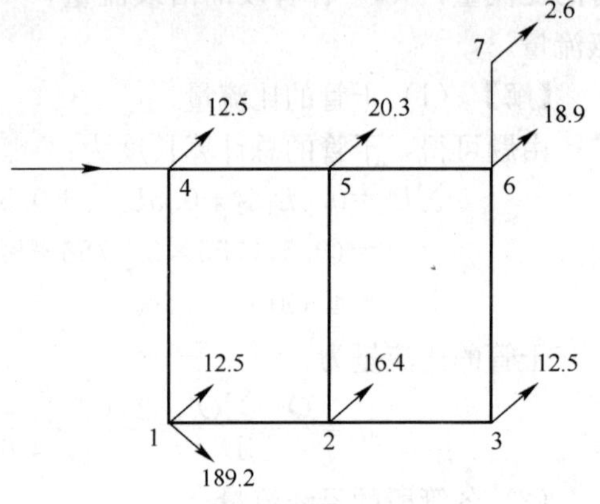

图4—17　节点流量图

4.4.3　管段的计算流量

沿线流量与节点流量是管段计算流量的基础，且必须按最高日最高时的用水量进行流量分配，求出管段流量后才能够继而确定管径和进行水力计算。流量分配时，必须满足节点流量平衡的条件，即流向任一节点的全部流量等于从该节点流出的流量。

$$q_i+\sum q_{ij}=0 \qquad (4—22)$$

式中　q_i——节点 i 的节点流量；

q_{ij}——连接在节点 i 上的各管段流量。

对于单水源的树状管网中，从水源（二级泵站或高地水池等）供水到各个节点，则任意管段的计算流量等于该管段后各节点流量的总和，如图4—18所示。

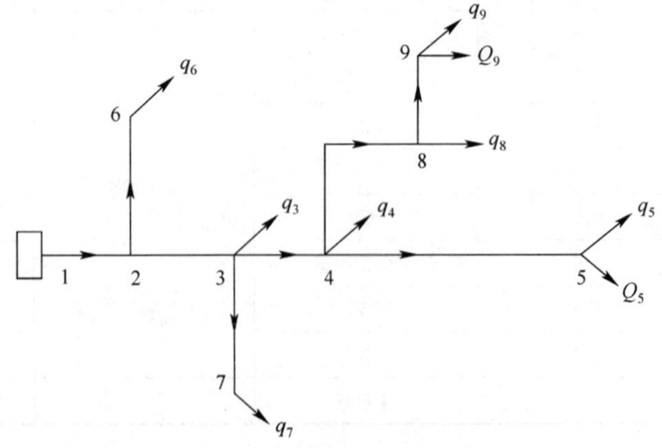

图4—18　树状管网管段流量计算

其中管段 2～3 和管段 3～4 的流量分别为：

$$q_{2\sim3}=q_3+q_4+q_5+q_7+q_8+q_9+Q_5+Q_9$$

$$q_{3\sim4}=q_4+q_5+q_7+q_8+q_9+Q_5+Q_9$$

环状管网因各管段流量与以后各节点流量没有直接关系，环路中每一用户所需水量可以沿两条或两条以上的管路供给，各环内每条配水管段的水流方向和流量值都是不确定的，但必须满足的原则是某节点的流入量应等于流出量。假定流出节点的流量为正，流出节点的流量为负，以图 4—19 中的节点 1 和节点 5 为例：

$$-Q+q_1+q_{1\sim2}+q_{1\sim4}=0$$

$$q_5+Q_1+q_{5\sim6}+q_{5\sim8}+q_{2\sim5}=q_{4\sim5}$$

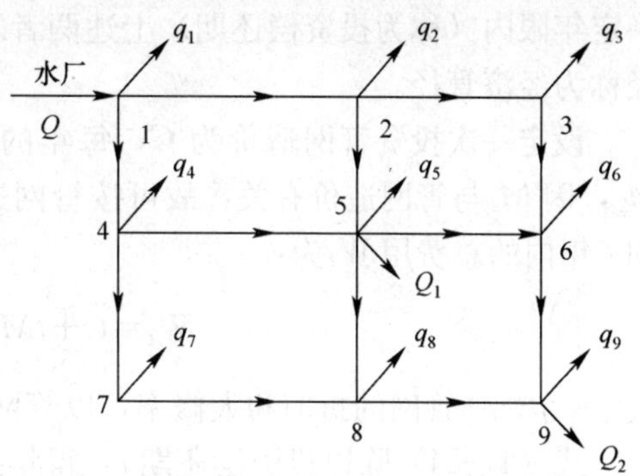

图 4—19　环状管网流量分配

环状管网的经济性和可靠性是不能够兼顾的，研究表明只有当该管网中的某些管段流量变为零，即改为树状管网最经济，但可靠性差；若保证可靠性，则造价又很高，故综合两者，可按下列步骤进行环状管网的流量分配：

(1) 选定管网的控制点，根据配水源、大用户及调节构筑物的位置确定管网的主要流向；

(2) 选用几条主要的平行干管并均匀分配流量，以避免其中某条损坏时，造成其他管线负荷太重，从而保证供水安全；

(3) 负责连通干管的连接管管径不可太小，除了有的用于就近供水外，主要原因是当干管损坏时，其负责输送的流量较大；

(4) 分配流量时，应满足节点流量的平衡条件，即在每个节点上满足式 (4—22)。

对于多水源管网，可根据管网中各个节点流量和单个水源的供水量，初步确定水源地供水范围和供水分界线。从水源地沿主供水方向进行流量分配时，也应满足节点流量平衡关系，综合考虑其可靠性和经济性。

4.4.4 管径计算

计算管网中每一管段的直径是输水和配水系统设计计算的主要任务之一。管段的直径应按分配后的流量确定。管径计算如下：

$$D=\sqrt{\frac{4q}{\pi v}} \tag{4—23}$$

式中 D——管段直径，m；

q——管段流量，m^3/s；

v——管内流速，m/s。

由上式可知，管径大小与管段计算流量和流速有关，因此必须首先确定流速。

为避免因水锤现象而造成管线损坏，一般最大设计流速不超过 2.5～3.0 m/s；为避免杂质沉积，最小流速不小于 0.6 m/s。技术上允许的流速范围较大，但实际工程中应根据当地的经济条件，考虑管网的经济造价来选定合适的流速。

从式（4—23）可得出：若流量不变，流速减小，则管径增大，造价提高，但管段中的水头损失减低，水泵扬程减小，从而使经营管理费（主要指电费）降低；相反，若流速增大，管径虽然减小，管网造价降低，但管段中水头损失增加，水泵的日常费用增加。因此，应综合考虑管网造价与经营管理费用之间的关系，通过优化求出流速的最优值，也就是求出一定年限内（称为投资偿还期）上述两者之和最小时的流速，即经济流速，以此来确定的管径称为经济管径。

设定一次投资管网造价为 C，每年的经营管理费为 M，包括电费 M_1 和折旧、大修费 M_2，因 M_2 与管网造价有关，故可按管网造价的百分数计，表示为 $q\%C$，那么在投资偿还期 t 年内的总费用 W_t 为：

$$W_t=C+tM=C+\left(M_1+\frac{p}{100}C\right)t \tag{4—24}$$

式中　p——管网的折旧和大修率，以管网造价的百分比计。

式（4—24）除以投资偿还期 t，得年折算费用 W 为：

$$W=\frac{C}{t}+M=\left(\frac{1}{t}+\frac{p}{100}\right)C+M_1 \tag{4—25}$$

管网造价 C 和管理费用 M 均与管径有关，因此两者既是管径的函数，又是流速的函数。以费用 M 为横坐标，以流速 v 为纵坐标，分别绘制 v—C、v—tM、v—W 曲线，如图 4—20 所示。总费用曲线的最低点对应的流速即为经济流速。

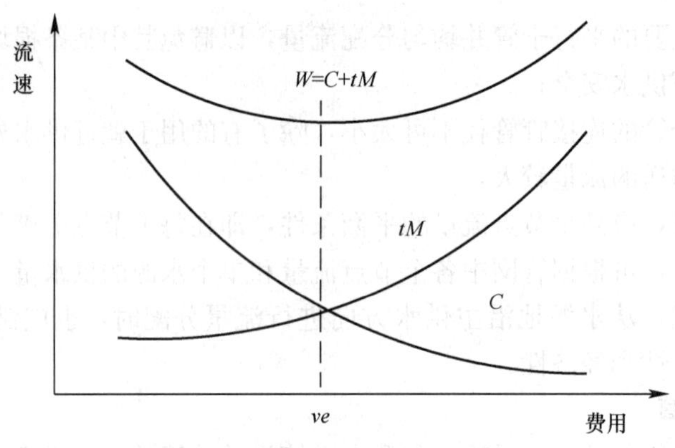

图 4—20　流速与费用间的关系图

经济流速的确定受很多因素的影响，例如当地水管材料价格、施工条件、电费等，不能直接套用或盲目照搬其他城市的数据。由于实际管网的复杂性及诸多的变化因素，如流量的逐渐增加，管网的不断扩展等，要从理论上计算管网造价和年管理费用相当复杂。在实际工作中，当条件不具备时，常采用平均经济流速来选择管径，见表 4—12。

表 4—12　　**平均经济流速**

管径/mm	平均经济流速 v/(L/s)
D=100～400	0.6～0.9
D≥400	0.9～1.4

4.4.5　管段水头损失的计算

管段水头损失的计算是管网计算的主要任务之一，即在管段的设计流量和管径确定后，进行水头损失计算。

（1）水头损失的基本计算公式。此公式是利用水力学中的沿程水头损失、水力坡度等相关公式推导而出。如下所示：

$$h=il \tag{4—26}$$

$$h=alq^n=sq^n \tag{4—27}$$

式中　h——管段水头损失，m；

i——单位长度的水头损失，又称水力坡度；

a——管道比阻；

l——管段长度，m；

q——管段流量，m^3/s；

s——水管摩阻系数。

（2）常用的水力坡度的计算公式。目前我国常采用的水力坡度公式有舍维列夫和巴甫洛夫斯基公式，西方国家多采用海森—威廉和柯尔勃洛克公式。

1）舍维列夫公式。适用于旧铸铁管和旧钢管的计算，水温为10℃。

当 $v \geqslant 1.2$ m/s 时：

$$i=0.000\,107\frac{v^2}{D^{1.3}} \tag{4—28}$$

当 $v<1.2$ m/s 时：

$$i=0.000\,912\frac{v^2}{D^{1.3}}\left(1+\frac{0.867}{v}\right) \tag{4—29}$$

式中　v——平均流速，m/s；

D——水管的计算内径（当直径小于300 mm时，公称直径不等于计算内径），m。

实际计算中，可参考《给水排水设计手册》水力计算表中的已计算出的数据。

新的铸铁管和新的钢管在使用几年后将会陈旧，水头损失随之增大。因此，为保证供水的安全性，给水管网的设计时，一般按旧管计算水头损失。

2）巴甫洛夫斯基公式。适用于混凝土和钢筋混凝土管的计算。

当 $n=0.013$ 时：

$$i=0.001\,743\frac{q^2}{D^{5.33}} \tag{4—30}$$

当 $n=0.014$ 时：

$$i=0.001\,202\,1\frac{q^2}{D^{5.33}} \tag{4—31}$$

式中　n——管道的粗糙率；

q——管段流量，m^3/s；

D——水管的计算内径，m。

3）海森—威廉公式

$$i=\frac{10.67q^{1.852}}{C^{1.852}D^{4.87}} \tag{4—32}$$

式中　q——管段流量，m^3/s；

D——水管的计算内径，m；

C——系数，与水管种类有关，见表 4—13。

表 4—13　　海森—威廉公式中 C 值

水管类型	C
塑料管	150
石棉水泥管、涂沥青或水泥的铸铁管	130
新铸铁管或焊接钢管	130
水管、混凝土管	120
旧铸铁管和钢管	100

4）柯尔勃洛克公式

$$\frac{1}{\sqrt{\lambda}}=-2\lg\left(\frac{k/D}{3.71}+\frac{2.51}{Re\sqrt{\lambda}}\right) \tag{4—33}$$

式中　λ——阻力系数；

Re——雷诺数；

k——绝对粗糙度，其值见表 4—14。

表 4—14　　绝对粗糙度 k 值

水管种类	k 值
塑料管	0.01～0.03
涂沥青铸铁管	0.05～0.125
涂水泥铸铁管	0.50
涂沥青钢管	0.05
镀锌钢管	0.125
石棉水泥管	0.03～0.04
离心法钢筋混凝土管	0.04～0.25

求出 λ 值后，即可通过均匀流公式求出 i 值：

$$i=\frac{\lambda}{D}\cdot\frac{v^2}{2g} \tag{4—34}$$

4.4.6　树状管网的水力计算

上文已述多数小城镇和工业企业在建设初期多采用树状管网。树状管网的水力计算比较简单，具体步骤如下：

（1）根据管网布置图绘制计算草图，按一定的顺序标明节点和管段的编号；

（2）计算求得节点流量，按照任意管段中的流量等于其下游所有节点流量之和的关系，从距离二级泵站最远的管网末梢的节点开始，逐个计算每一管段的流量；

（3）选定泵房到管网的最不利点即控制点的管线为干线，根据管段流量和经济流速求出干线上各管段的管径和水头损失；

（4）将干线上各管段的水头损失相加，求出干线的总水头损失；

（5）计算水塔高度和二级泵站所需扬程（若初选了几个点作为控制点，则使二级泵站所需扬程最大的管路为主干线，相应的点为最不利点，即控制点）；

（6）主干线计算后，应进行各支线管路水力计算；

（7）根据支线每一管段的流量，并参照水力坡度选定相近的标准管径；

（8）根据管网各节点的压力和地形标高，绘制等水压线和自由水压线。

【例题 4.2】 某城镇有居民 6 万人，用水量定额为 120 L/(人·d)，用水普及率为 83%，时变化系数为 1.6，要求达到的最小服务水头为 20 m。用水量较大的某一工厂和某一公共建筑集中流量分别为 25.00 L/s 和 17.40 L/s，分别由管段 3～4 和 7～8 供给，其两侧无其他用户。如图 4—21 所示。城镇地形平坦，高差极小。水塔处地面标高为 57.4 m，各节点标高见表 4—15。管材采用铸铁管。试完成树状给水管网的设计计算，并求水塔高度和水泵扬程。

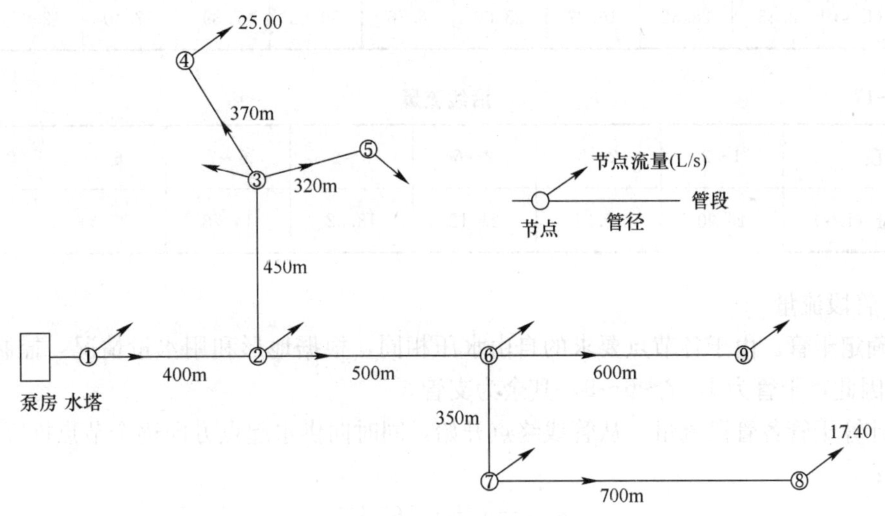

图 4—21 树状管网计算

表 4—15 各节点标高

节点	2	3	4	5	6	7	8	9
地形标高/m	56.6	56.3	56.0	56.1	56.3	56.2	55.7	56.0

【解】

（1）节点流量 Q

1）最高日最高时流量：

$$Q=\frac{60\ 000\ 人\times 120\ \text{L}/(人\cdot \text{d})\times 83\%\times 1.6}{24\times 3\ 600}+25.00\ \text{L/s}+17.40\ \text{L/s}=153.07\ \text{L/s}$$

2）比流量 q_s：

$$q_s=\frac{Q-\sum Q_i}{\sum L}=\frac{153.071\ \text{L/s}-25.00\ \text{L/s}-17.40\ \text{L/s}}{(400+450+500+30+350+600)\text{m}}=0.042\ 24\ \text{L/(s}\cdot\text{m)}$$

3）沿线流量 q_l：

例如管段1～2：

$$q_{1\sim2}=q_sL_{1\sim2}=0.042\ 24\ \text{L/(s}\cdot\text{m)}\times 400\ \text{m}=16.90\ \text{L/s}$$

4）节点流量：

例如节点2：

$$\begin{aligned}q_2&=0.5\sum q_l=0.5\ (q_{1\sim2}+q_{2\sim3}+q_{2\sim6})\\&=0.5\times(16.90\ \text{L/s}+19.019\ \text{L/s}+21.12)\\&\approx 28.52\ \text{L/s}\end{aligned}$$

其他管段的节点流量与沿线流量计算值见表4—16和表4—17。

表4—16　节点流量

节点	1	2	3	4	5	6	7	8	9	合计
节点流量（L/s）	8.45	28.52	16.27	25.00	6.76	30.62	7.39	17.40	12.67	153.07

表4—17　沿线流量

管段	1～2	2～3	2～6	3～5	6～7	6～9	合计
沿线流量（L/s）	16.90	19.01	21.12	13.52	14.78	25.34	110.67

（2）管段流量

1）确定干管。由于各节点要求的自由水压相同，根据地形和用水量情况，控制点选为节点9，因此，干管为1～2～6～9，其余为支管。

2）计算干管各管段流量。从管线终点开始，同时向供水起点方向逐个节点推算。

$q_{6\sim9}$：

$$q_{6\sim9}=q_9=12.67\ \text{L/s}$$

$q_{2\sim6}$：

$$q_{2\sim6}=q_6+q_{6\sim9}+q_7+q_{7\sim8}=(30.62+12.67+7.39+17.40)\ \text{L/s}=68.08\ \text{L/s}$$

$q_{1\sim2}$：

$$q_{2\sim3}=q_3+q_4+q_5=(16.27+25.00+6.76)\ \text{L/s}=48.03\ \text{L/s}$$

$$q_{1\sim2}=q_2+q_{2\sim3}+q_{2\sim6}=(28.52+48.03+68.08)=144.62\ \text{L/s}$$

（3）干管各管段的管径和水头损失

1）管径的确定。根据已计算出的各管段的流量，查铸铁管水力计算表，参照经济流速（表4—12）中的管径与流速的关系，确定各管段的管径与相应的1 000*i*。

例如管段 2～6 计算流量为 68.08 L/s，查表并参照表 4—12 确定管径为 300 mm，1 000i=4.90，v=0.96 m/s。用相同方法确定的其余数据见表 4—18。

2）水头损失。根据已查得的 1 000i，由式（4—26），可求得各管段的水头损失。

例如管段 $h_{2\sim6}$：

$$h_{2\sim6}=\frac{4.90}{1\,000}=500\text{ m}=2.45\text{ m}$$

用相同方法确定的其余数据见表 4—18。

（4）干管各节点的水压标高及自由水压

各水压间存在如下关系：

$$H_i=H_j+h_{ij} \tag{4—35}$$

$$H_{0i}=H_i-Z_i \tag{4—36}$$

式中 H_i——节点水压标高，m；

H_j——终端水压标高，m；

h_{ij}——对应管段的水头损失，m；

H_{0i}——自由水压，m；

Z_i——地形标高，m。

计算时，也采取逐个向供水起点推算的方式。例如节点 6：

$$H_9=H_{09}+Z_9=(20+56.00)\text{ m}=76.00\text{ m}$$

$$H_6=H_9+h_{6\sim9}=(76.00+4.32)\text{ m}=80.32\text{ m}$$

$$H_{06}=H_6-Z_6=(80.32-56.30)\text{ m}=24.02\text{ m}$$

方法相同确定的其余数据见表 4—18。

表 4—18　　干管水力计算表

节点	管段	管段长度/m	流量/(L/s)	管径/mm	1 000i	流速/(m/s)	水头损失/m	水压标高/m	自由水压/m
9	6～9	600	12.67	150	7.20	0.73	4.32	76.00	20.00
6	2～6	500	68.08	300	4.90	0.96	2.45	80.32	24.02
2	1～2	400	144.62	500	1.53	0.73	0.61	82.77	26.17
1								83.38	25.98

（5）支管水力计算。干管各节点水压即为支管起点水压，即为已知。此时支管各管段的经济管径选定必须满足：干管节点到该支管的控制点的水头损失之和应小于或等于干管上此节点的水压标高与支管控制点所需的水压标高之差，即按平均水力坡度确定管径。

例如支管 6～7～8 的平均允许水力坡度为

$$\text{允许 }1\,000i=1\,000\times\frac{80.32-55.70-20.00}{350+700}=4.4$$

由 $q_{6\sim7}=24.79$ L/s 查铸铁管水力计算表，参照允许的 1 000i=4.4，查得相应管径为 200 m，相应的 1 000i=5.88，因此求得

$$h_{6\sim7}=\frac{5.88}{1\ 000}\times350\ \text{m}=2.06\ \text{m}$$

根据式（4—35）和（4—36）即可计算节点 7 的水压标高和自由水压。

$$H_7=H_6-h_{6\sim7}=(80.32-2.06)\ \text{m}=78.26\ \text{m}$$

过程同上，可计算得节点 8 的水压标高和自由水压分别为 76.17 m 和 20.47 m。

用相同方法确定的其余数据见表 4—19。

表 4—19　　　　支管水力计算表

节点	管段	管段长度/m	管段流量/(L/s)	允许 1 000i	管段管径/mm	实际 1 000i	水头损失/m	水压标高/m	自由水压/m
6	6～7	350	24.79	4.4	200	5.88	2.06	80.32	24.02
7								78.26	22.06
8	7～8	700	17.4	3.66	200	2.99	2.09	76.17	20.47
2	2～3	450	48.03	8.7	250	6.53	2.94	82.77	26.17
3								79.83	23.53
3	3～5	320	6.76	11.65	150	2.31	0.74	79.83	23.53
5								79.09	22.99
3	3～4	370	25.00	10.35	200	5.98	2.21	79.83	23.53
4								77.62	21.62

综上，将所有已知计算数据标于图上，如图 4—22 所示。

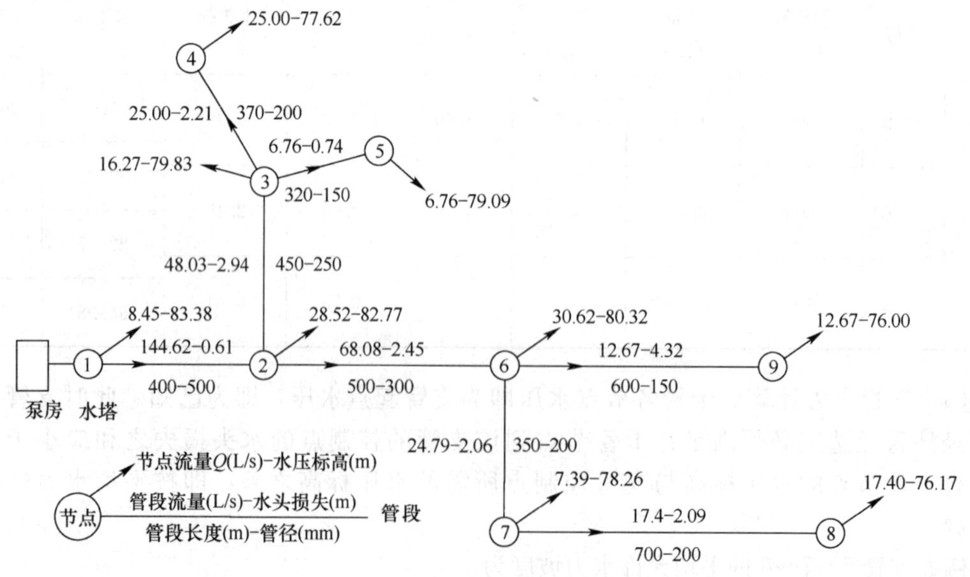

图 4—22　树状管网计算

(6) 水塔高度。水塔处的地面标高为 57.4 m，因此水塔高度为节点 1 处水压与该节点地面标高之差，即：

$$H_t=(83.38-57.4)\ \mathrm{m}=25.98\ \mathrm{m}$$

(7) 二级泵站所需的总扬程。设清水池吸水井最低水位为 53.00 m，泵站内吸、压水管水头损失取 $\sum h_p=3.0$ m，水塔水柜深度为 4.0 m，水泵到节点 1 的水头损失为 0.5 m，则二级泵站所需扬程为：

$$H_p=H_{sT}+\sum h+\sum h_p=(Z_t+H_t+H_0-Z_p)+h_{泵-1}+\sum h_p=37.8\ \mathrm{m}$$

4.4.7 环状管网水力计算

环状管网计算时，管段长度、节点流量、管径及阻力系数等均为已知，需要求解的是管网各管段的流量和水头损失（或节点水压）。有 L 个管段就有 L 个未知数，计算时需要列出 L 个方程。

(1) 环状管网水力计算理论前提

1) 必须满足连续性方程，即对任一节点来说，流入该节点的流量必须等于流出该节点的流量。上文中的式 (4—22) 即表达了节点流量的平衡关系。

2) 必须满足能量方程，即环状管网中任一闭合环路内，水流为顺时针方向的各管段的水头损失之和应等于水流为逆时针方向的各管段的水头损失之和。

若设定顺时针的各管段水头损失为正，逆时针为负，则任一闭合环路内各管段水头损失的代数和为零，即

$$\sum h_{ij}=0 \tag{4—37}$$

如图 4—23 所示，管段的水头损失间存在如下关系：

$$h_{1\sim3\sim4}=h_{1\sim2\sim4} \tag{4—38}$$

由串联管路的基本公式，得

$$h_{1\sim3}+h_{3\sim4}-h_{1\sim2}+h_{2\sim4} \tag{4—39}$$

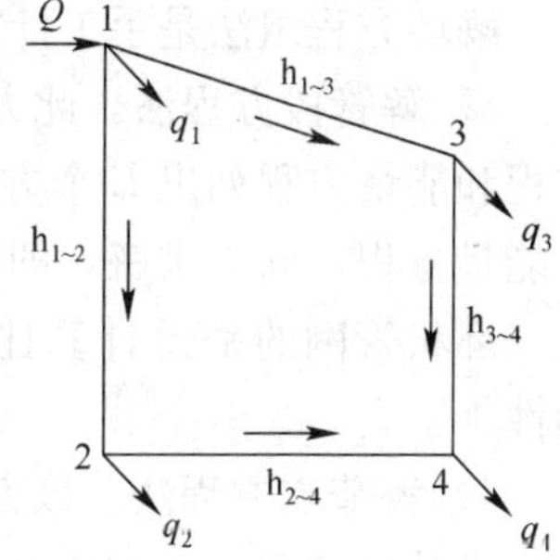

图 4—23 单环管网

(2) 环状管网的计算步骤

1) 根据城镇管网布置图，绘制计算草图，干管定线后，将已知条件标注于相应的节点及管段处。

2) 根据已知条件依次确定总用水量、管段计算长度、比流量、沿线流量及节点流量，并标注于图上。

3) 拟定各管段的供水方向，按连续性方程进行管网流量的初步分配，定出各管段的计算流量，同时应考虑沿最短的路线将水供给最远的地区。

4) 按初步分配的计算流量及经济流速，选取各管段的管径。

5) 计算各管段的水头损失 h 及各环内的水头损失代数和 $\sum h$。

6) 若 $\sum h$ 超过限定值，需进行管网平差。

7) 计算水塔高度及水泵扬程。

8) 根据管网各节点的压力和地形标高，绘制等水压线及自由水压线图。

(3) 环状管网的计算的基本方法。可采用基础方程、解环方程组、解节点方程组和解管段方程组 4 种方法。

1) 基础方程。对于任何环状网，存在下列关系：

$$L=M+N-1 \tag{4—40}$$

式中 L——管段数；

M——节点数（包括泵站、水塔等水源节点）；

N——环数量。

2）解环方程组法。该方法是以每环的校正流量为未知变量进行求解的。

①环路闭合差 Δh。若闭合环路内顺时针与逆时针两个水流方向的管段水头损失不相等，则存在的差值称为环路闭合差，用 Δh 表示。

②校正流量。若 $\Delta h>0$，说明顺时针方向的各管段所分配的流量大于实际流量值，而逆时针方向的各管段所分配的流量小于实际流量值；若 $\Delta h<0$，恰好相反。因此，在满足连续性方程的条件下，将流量偏大的各管段中减去的流量加到偏小的各管段中，每次调整的流量值即为校正流量，用 Δq 表示。

③管网平差。反复调整 Δq，直到各闭合环路均满足能量方程时，可得出各管段的流量和水头损失，这种为消除闭合差而进行的流量调整计算过程，即为管网平差。一般情况下，当基环和大环闭合差达到一定精度后，即可结束管网平差。要求手算时，基环的 $\Delta h<0.5$ m，大环的 $\Delta h<1.0\sim1.5$ m；电算时，Δh 的值可达到任何精度，一般采用 0.01～0.05 m。

解环方程组法是手工计算的主要方法，其中常用的是哈代—克罗斯法。

3）解管段方程法。此方法是以管网中的各管段流量为未知数进行求解的。根据连续性方程和能量方程列出 L 个方程，其中由节点得出的（$M-1$）个连续性方程和由环得出的 N 个能量方程，联立求解，即可求得全部管段流量。

环状管网的平差计算比较麻烦，设计时多采用计算机完成，可保证设计的效率与准确性。

4）解节点方程法。该方法是以管网中各节点水压值为未知数进行求解的。大中型城市管网设计计算采用此方法时，因环数较多，常采用计算机辅助设计。具体步骤如下：

①拟定各节点水压；

②应用连续性方程以及流量与水头损失的关系，计算求得每一节点水压；

③根据任意管段两端的节点水压差，得出该管段的水头损失；

④根据流量与水头损失的关系求得管段流量。

（4）平差计算方法。我国常用的环状管网的平差计算方法是哈代—克罗斯法，是手工计算时常用的管网分析方法。具体步骤如下：

1）根据设计流量进行流量分配；

2）根据经济流速确定管径；

3）计算各环各管段的最初水头损失，求闭合差；

4）根据 Δh，求各环的 Δq；

5）进行管段流量的初次调整；

6）对公共则有两个校正流量（本环、邻环）的，邻环的 Δq 在本环与邻环符号相反；

7）在初次调整后的管段流量是基础，再求各环的 Δh，直到小环小于 0.5 m，大环小于 1.0 m 为止。

4.5 给水管材、附件与附属构筑物

给水管网是给水工程的重要组成部分，其投资约占给水工程总量的 60%～80%。故正确合理选用管材和其他管网附件能够降低工程造价，保证安全供水。

4.5.1 给水管道材料与配件

给水管材分为金属管、非金属管和复合管。具体要求是：管材的化学稳定性好、耐腐蚀、寿命长、安装方便等。水管材料的选择取决于水管承受的内外载荷、埋管的地理条件、管材的价格及供应情况等因素。

（1）给水管道材料

1）金属管

①铸铁管。铸铁管材质可分为灰铸铁管和球墨铸铁管。灰铸铁管耐腐蚀性强、价格低廉，曾广泛应用于埋地管道。但缺点是质地较脆、质量大、抗冲击力和抗振能力差，主要表现为接口漏水，管道断裂及爆管事故，易造成较大经济损失。球墨铸铁管价格低于钢管，机械性能较铸铁管强，抗腐蚀性能远高于钢管，且质量较轻，事故发生率远小于灰铸铁管和钢管。据调查，很多国家如德国广泛采用该管作为给水管材。在实际工程中，应用的是较大口径为 1 600 mm 左右的球墨铸铁管，如我国呼和浩特市引黄供水工程中的一段原水输水管采用了口径为 1 600 mm 的球墨铸铁管。目前我国城市供水工程中使用该类型管的比重也在上升，虽起步较晚，但已形成规模。

铸铁管有两种接口形式，承插式（见图 4—24a）和法兰式（见图 4—24b）。

承插式接口适用于埋地管线。安装时将插口插入承口内，空隙用接口材料填充，如石棉水泥、膨胀水泥或橡胶圈，特殊情况下，也可用青铅接口。采用此接口的优点是安装时不需敲打，故可减轻劳动强度，加快施工进度。

法兰式接口是在管口间垫有 3～5 mm 橡胶垫片，然后用螺栓上紧。此种接口的特点是接头严密、检修方便、便于拆装等。

在管线转弯、变径、分支及连接其他附属设备处，应采用各种标准铸铁水管配件。例如变径处应采用渐缩管；接出分支处采用丁字管或十字管；管线转弯处采用各种角度的弯管等。

②钢管。钢管分为无缝钢管和焊接钢管两种。特点是耐高压、强度高、抗震性能好、质量较铸铁管轻，单管长度长，接口方便，易于加工；但其抗腐蚀性能差，管的内外壁均应做防腐处理，造价高。钢管的腐蚀会导致水质的污染，因此我国建设部等四部委联合发布文件，要求从 2000 年 6 月 1 日起，全国城镇新建住宅给水管网禁止使用冷锌钢管。通常给水管网中，只在管径大和水压高处或穿越铁路、河谷及地震区时采用钢管，且必须做好防腐处理。

钢管接口采用的是焊接或法兰接口。配件有三通、四通、弯管，以及渐缩管等，由钢板卷焊而成也可以直接用标准铸铁配件连接。

2）非金属管。给水管网中，若条件允许可使用非金属管代替金属管，以降低工程造价。常用的有以下几种：

①预应力钢筋混凝土管和预应力钢筒钢筋混凝土管。预应力钢筋混凝土管特点是造价

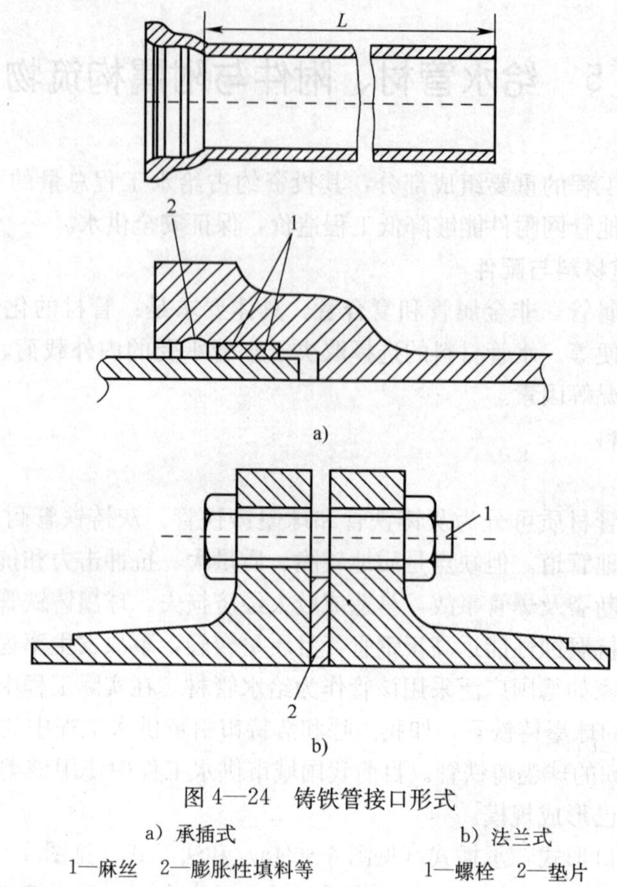

图 4—24　铸铁管接口形式

a）承插式　　b）法兰式

1—麻丝　2—膨胀性填料等　　1—螺栓　2—垫片

低、耐腐蚀、管壁光滑不结垢、水利条件好、爆管率低、抗震性能强，但质量大，不便于运输与安装。目前我国应用较广泛，主要用于大口径的输水管线。后者是在前者的管内放入钢筒，此种管材集中了钢管和预应力钢筋混凝土管的优点，价格与灰铸铁管相近。

预应力钢筋混凝土管采用橡胶圈作为承接口材料；后者采用承插口作为接口形式。上述两种管材在设置阀门、转弯、排气、放水等处，均须采用钢制配。

②玻璃钢管。又称玻璃纤维缠绕夹砂管（RPM 管）。此种管材的优点是耐腐蚀性能好、抗老化性能和耐热性能好、抗冻性能好、质量轻、强度高、运输方便、水利条件好。其制作方法有定长缠绕工艺、离心浇铸工艺以及连续缠绕工艺三种。可根据产品的工艺方法、压力等级 PN 和刚度等级 SN 进行分级分类。管的标准有效长度有 6 m 和 12 m 两种，目前我国实际工程中玻璃钢管的口径已达 1 600 mm 左右。该管可制成法兰接口，与其他材质的法兰连接。

③塑料管。塑料管具有质量轻、内壁光滑阻力系数小、耐腐蚀、水头损失小、加工和接口方便、对水质不构成二次污染等优点，但管材的强度较低、膨胀系数大，用作长距离管道时，应考虑伸缩节、活络接口等处的温度补偿措施。至今已开发的管材有硬聚氯乙烯塑料（UPVC）管、聚乙烯（PE）管、聚丙烯共聚物 PP-R、PP-C 管、聚丁烯（PB）管、交联聚乙烯（PEX）管。

3）复合管。复合管包括衬铅管、玻璃钢管和衬胶管。大多是由工作层（要求耐水腐蚀）、支撑层、保护层（要求耐水腐蚀）组成。常见的有以铸铁作支撑材料，内衬以环氧树脂和水泥为主的复合管，其特点是质量轻、内壁光滑、耐腐蚀性能好、阻力小；还有以高强软金属作支撑，内衬为聚氯乙烯的复合管，其特点是能够保证水质、使用寿命长、管道内壁不会腐蚀结垢。

（2）给水配件。在给水管线转弯、分支、直径变化及连接其他附属设备处，应采用各种给水配件。例如在改变接口形式处采用短管；在变换管径处采用渐缩管等。具体见表4—20。

表4—20　GB/T 3420—1982 灰铸铁管件

序号	名称	符号	公称直径 DN/mm
1	承盘短管	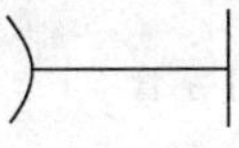	75～1 500
2	插盘短管	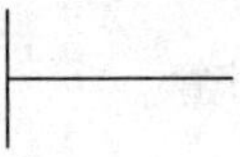	75～1 500
3	套管	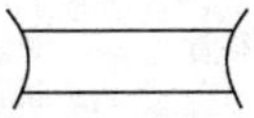	75～1 500
4	90°双盘弯管	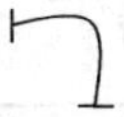	75～1 000
5	45°双承短管	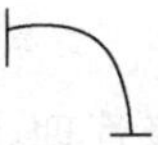	75～1 000
6	90°双承短管		75～1 500
7	45°双承弯管	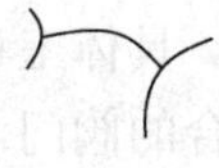	75～1 500
8	22¼双承弯管	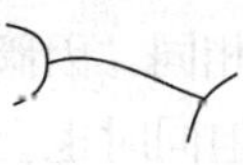	75～1 500
9	11½双承弯管	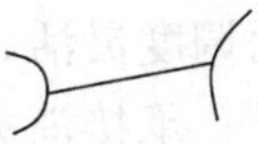	75～1 500
10	90°承插弯管	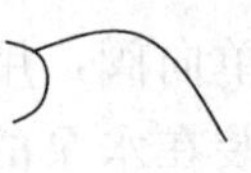	75～700
11	45°承插弯管		75～700
12	22½承插弯管		75～700
13	11¼承插弯管		75～700
14	乙字管	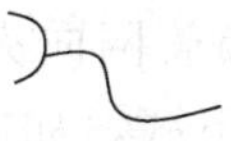	75～500
15	全承丁字管	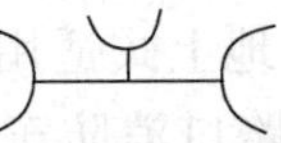	75～1 500

续表

序号	名称	符号	公称直径 DN/mm
16	三盘丁字管		75～1 000
17	双承丁字管		75～1 500
18	承插单盘排气丁字管		150～1 500
19	承插泄水丁字管		700～1 500
20	全承十字管		200～1 500
21	承插渐缩管		75～1 500
22	插承渐缩管		75～1 500

4.5.2 给水管道附件

为保证管网的正常运行和维修管理，必须设置各种管网附件，主要有阀门、止回阀、消火栓、排气阀和泄水阀等。

(1) 阀门。阀门是给水管道系统的重要组成部分，用来控制管网水流及水压。阀门的种类很多，有闸阀、球阀、蝶阀等。具体工程中应从安装目的、使用要求、水管直径、工作压力及维修等方面考虑来选择最适合的阀门。

阀门的口径一般和管道直径相同。因阀门价格较高，若管径较大，可安装口径为 0.8 倍水管直径的阀门来降低阀门造价，但同时也会增大水头损失，因此应综合考虑确定阀门口径。

阀门的布置应本着数量少而调度灵活、管网维修方便的原则。通常主要管线和次要管线交接处的阀门常设在次要管线上；承接消火栓的水管上要设置阀门。

(2) 止回阀。止回阀又称单向阀，用来限制水流向一个方向流动。一般安装在水泵的出水管处，若突然断电或出现其他事故而引起水流倒流，则阀瓣将自动关闭，截断水的流动，避免水泵损坏等事故的发生。

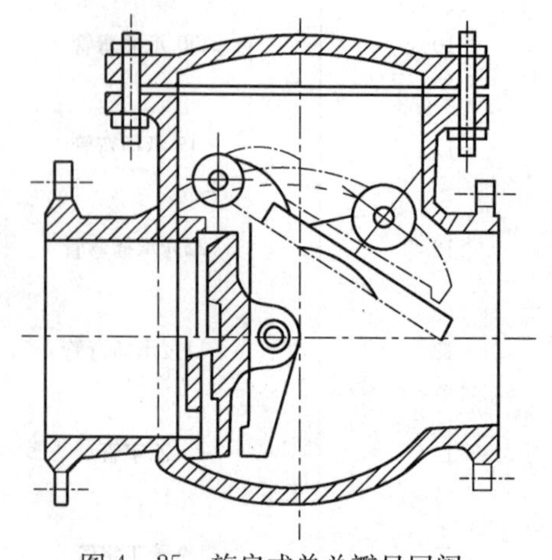
图 4—25 旋启式单总瓣目回阀

止回阀按照结构特点可以分为升降直通式止回阀、升降立式止回阀、蝶式止回阀和旋启式止回阀（见图 4—25）。

(3) 消火栓。消火栓是城市管网向火场供水的主要设备，分为地上式和地下式，如图 4—26 所示，且主要材质为灰铸铁。地上式适用于气温较高的地方，一般布置在交叉路口消防车可以驶

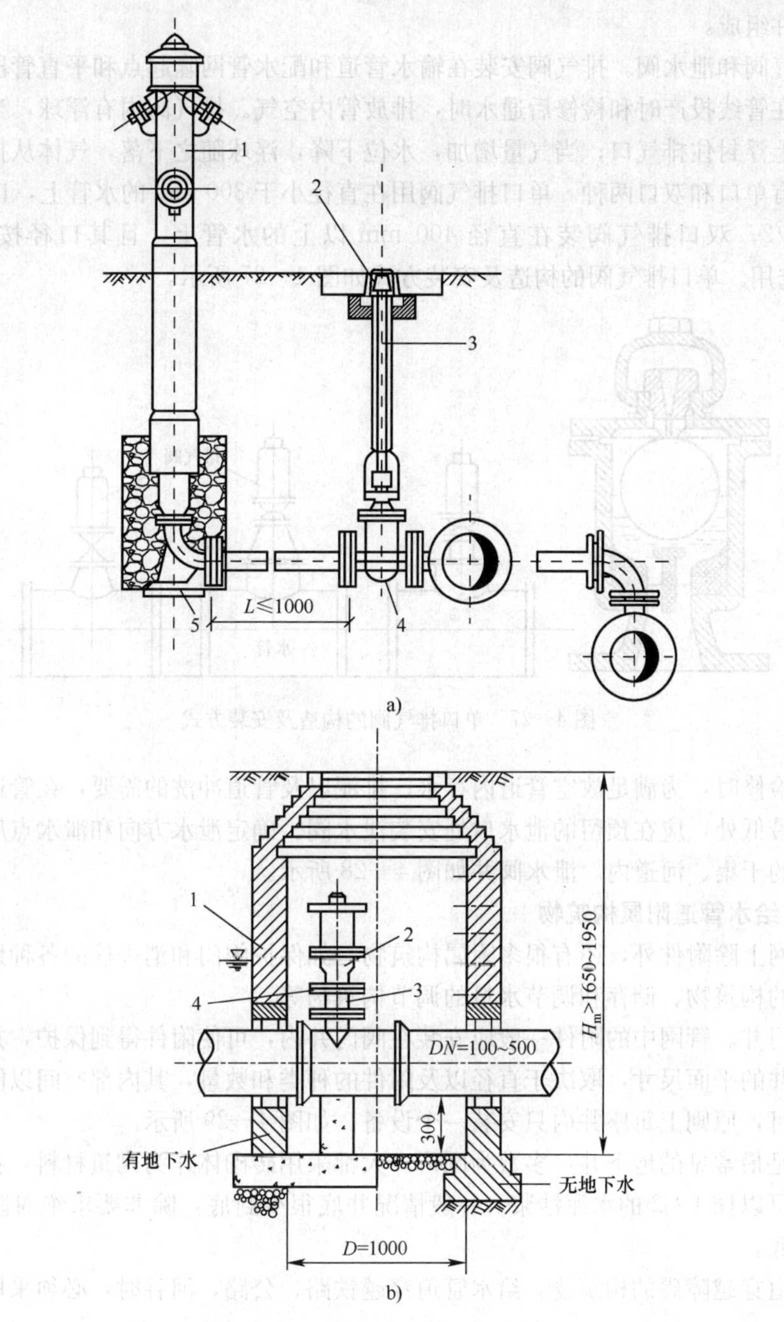

图 4—26 消火栓

a）地上式消火栓 b）地下式消火栓

1—SS100 地上式消火栓 2—阀门套筒 3—阀杆 4—阀门 5—弯头支座

1—阀门井 2—S×100 消火栓 3—短管 4—消火栓三通

近的地方，主要由弯管、阀体、阀座、阀瓣、法兰接管、阀杆、本体、接口等零部件组成。地下式消火栓安装在阀门井内，主要由弯管、阀体、阀座、阀瓣、连接器座、阀杆、本体、接口等零部件组成。

（4）排气阀和泄水阀。排气阀安装在输水管道和配水管网隆起点和平直管段的适当位置上，以便于在管线投产时和检修后通水时，排放管内空气。排气阀内有浮球，当水管内未积气时，浮球上浮封住排气口；当气量增加，水位下降，浮球随之下落，气体从排气孔排出。

排气阀有单口和双口两种。单口排气阀用在直径小于 300 mm 的水管上，口径为水管直径的 1/5～1/2；双口排气阀装在直径 400 mm 以上的水管上，且其口径按水管直径的 1/10～1/8 选用。单口排气阀的构造及安装方式如图 4—27 所示。

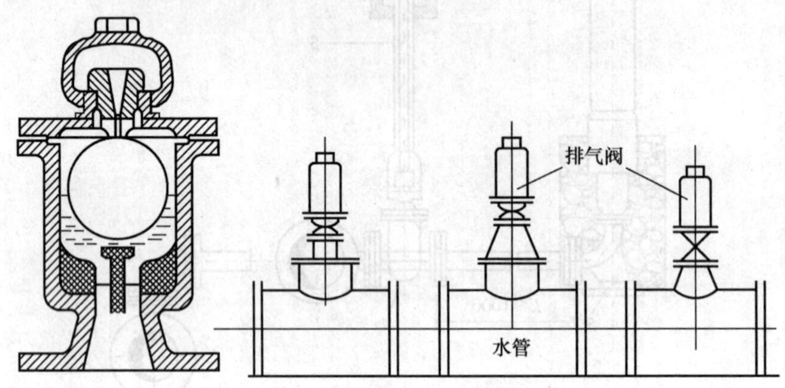

图 4—27　单口排气阀的构造及安装方式

当管道检修时，为满足放空管道内存水、排泥以及管道冲洗的需要，在管道的低凹处及阀门间管段最低处，应在预留的泄水口处安装泄水阀。确定泄水方向和泄水点后，一般将泄水排入附近的干渠、河道内。泄水阀井如图 4—28 所示。

4.5.3　给水管道附属构筑物

给水管网上除附件外，还有很多附属构筑物，如保护阀门和消火栓的各种地下阀井，管线穿越障碍的构筑物、储存和调节水量的调节构筑物等。

（1）阀门井。管网中的附件一般应安装在阀门井内，可使附件得到保护，并便于操作和维修。阀门井的平面尺寸，取决于直径以及附件的种类和数量，其内部空间以能在井内更换设备零件即可，原则上每座井内只安装一个设备。如图 4—29 所示。

阀门井是最常见的地下井，多数为圆形。大都采用砖砌体作为砌筑材料，在有地下水的地区井外壁可以抹 1∶2 的水泥沙浆，一般情况井底很少封底，除非要求绝对防水的井室才用混凝土封底。

（2）管道穿越障碍的构筑物。给水管道穿越铁路、公路、河谷时，必须采取一定的技术措施。

管线穿越铁路时，其穿越地点、方式和施工方法必须遵循有关技术规范，视具体情况可采取以下措施：

1）穿越临时铁路或一般公路，可不设套管；

2）穿越较重要的铁路或交通频繁的公路时，水管应置于钢筋混凝土套管内，套管直径须根据施工方法而定。

管道穿越河谷时，通常采用的方法包括裸露敷设、沟埋敷设以及管道从河床下稳定层中穿

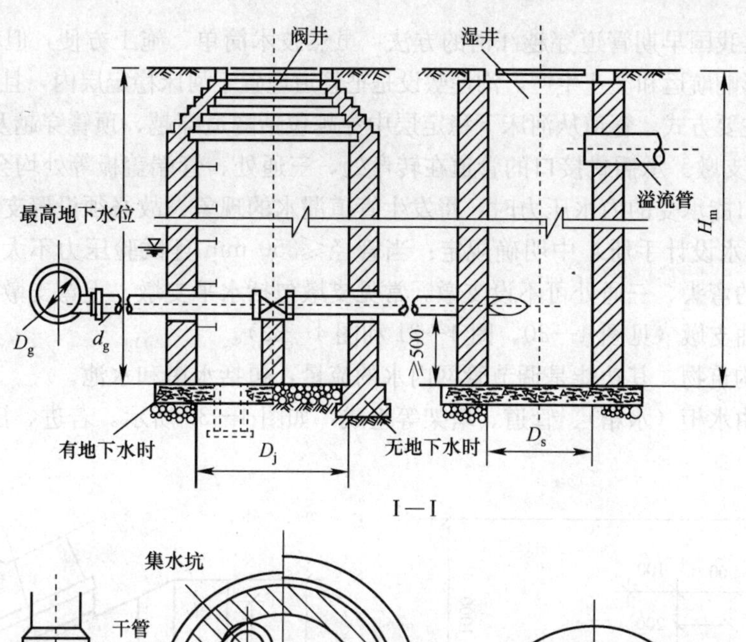

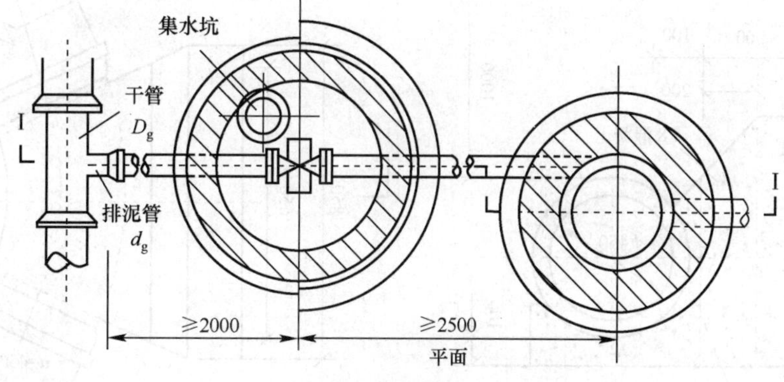

图 4—28　泄水阀井

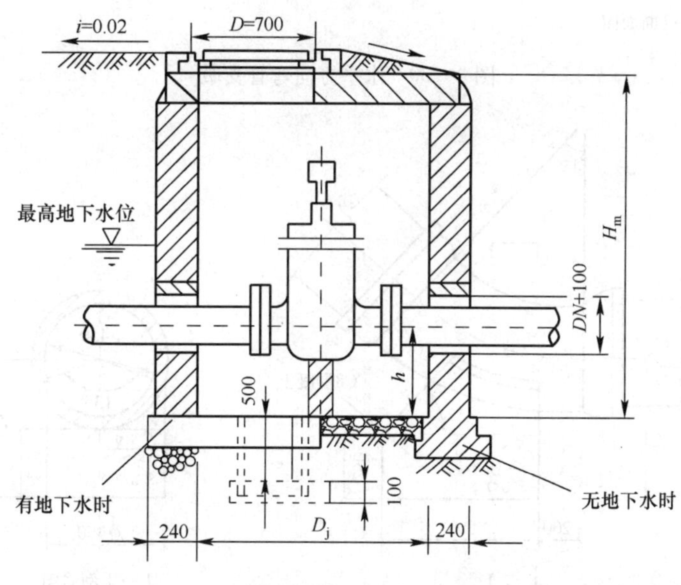

图 4—29　阀门井

越。裸露敷设是我国早期管道穿越江河的方法，虽然技术简单、施工方便，但稳管的石笼量大，浅水区易影响航运和渔业生产。沟埋敷设是把管道埋置于河床稳定层内，且已成为我国水下敷设管道的主要方式。管道从河床下稳定层中穿越包括隧道穿越、顶管穿越及定向钻穿越。

（3）管道支墩。承插式接口的管道在转弯处、三通处、管端盖板等处均会产生外推力，当此力大于接口能承受的内水压力时，将发生管道漏水的现象，故必须设置支墩来保证输水安全。《给水排水设计手册》中明确规定：当管径≤350 mm 且试验压力不大于 1 MPa 时，一般土壤地区的弯头、三通处可不设支墩。常见支墩包括水平支墩、上弯支墩、下弯支墩以及空间两向扭曲支墩（见图 4—30、图 4—31 和图 4—32）。

（4）调节构筑物。其功能是调节管网内水的流量，包括水塔和水池。

水塔主要由水柜（水箱）、管道、塔架等组成，如图 4—33 所示。若进、出水管分开设

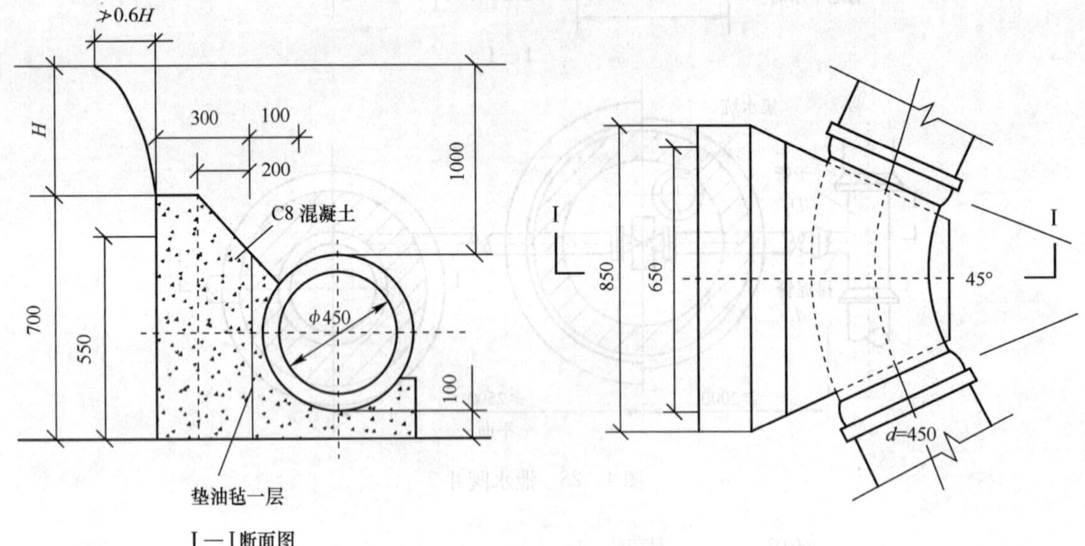

图 4—30　水平方向弯管支墩

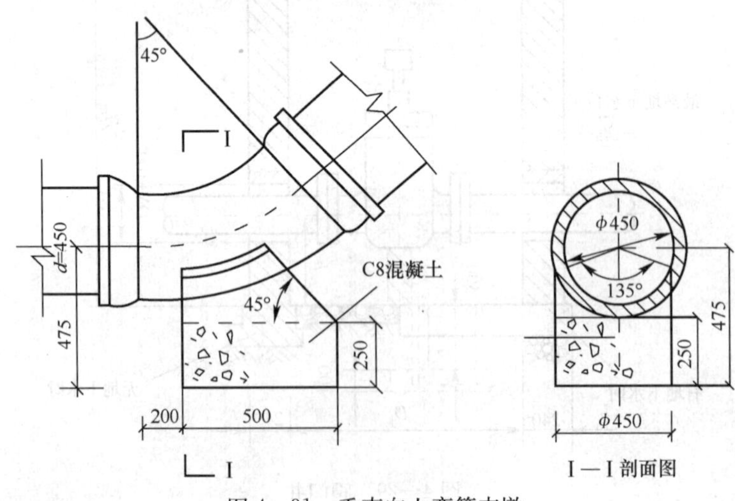

图 4—31　垂直向上弯管支墩

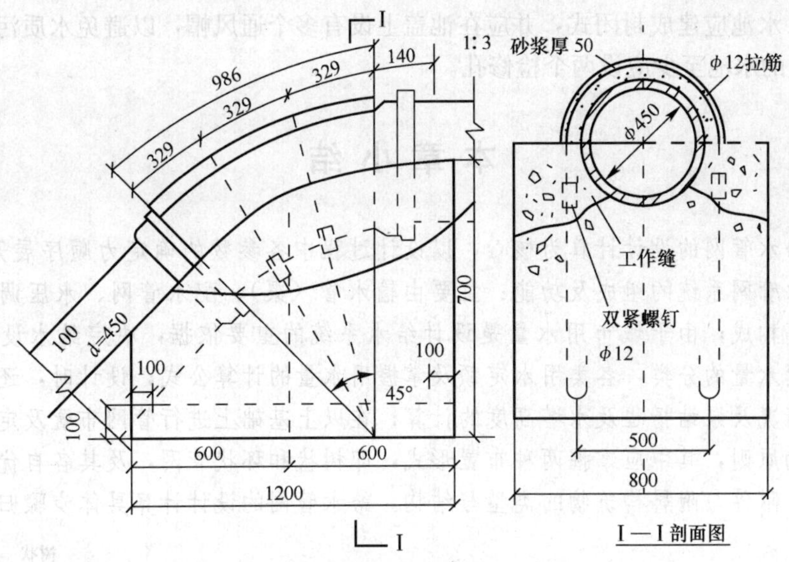

图 4—32　垂直向下弯管支墩

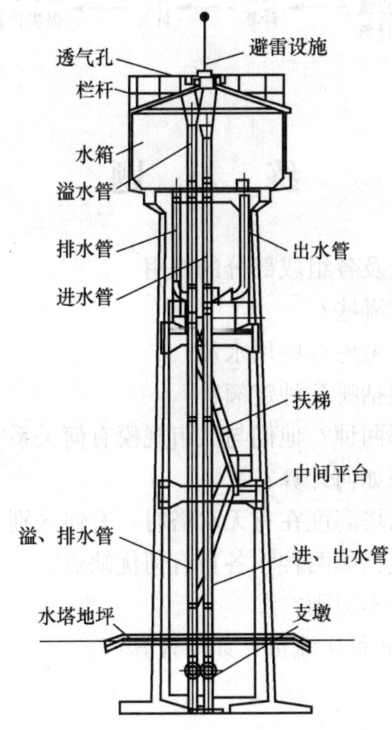

图 4—33　支柱式钢筋混凝土水塔

置，则进水管口置于水塔最高位附近，出水管口则靠近柜底；若两者合用一条管道，则应设置止回阀。此外还需在水柜上部设置溢流管、下部设排水管、顶端设避雷装置。

水池分为高地水池和地下水池。前者作用同水塔，后者用于调节水量。水池的管路设置要求同水塔。水池应建成封闭式，并应在池盖上设有多个通风帽，以避免水质污染。容积在 1 000 m^3以上的水池至少应设两个检修孔。

本章小结

本章以给水管网的设计计算为核心，以设计过程中各参数的确定为顺序展开理论介绍。内容包括给水管网系统的组成及功能：主要由输水管（渠）、配水管网、水压调节设施、水量调节设施等构成；由于城市用水量是设计给水系统的重要依据，决定给水设施的规模大小，需了解用水量的分类，各类用水定额及掌握用水量的计算公式；设计时，还应弄清给水系统的工作情况及泵站扬程及水塔高度的计算；在以上基础上进行管网布置及定线，要熟悉布置及定线的原则，其中应掌握两种布置形式，即树状和环状管网，及其各自优缺点；应了解给水管材、附件与附属构筑物的类型与结构。给水管网的设计计算具体步骤归纳为：

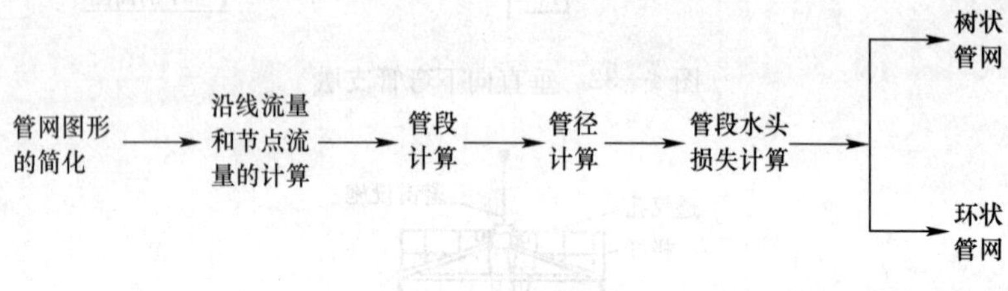

练习题

1. 简述给水管网系统组成及各组成部分的作用。
2. 给水管网系统的类型有哪些？
3. 设计城市给水系统时应考虑哪些用水量？
4. 什么是用水量定额？包括哪几种定额？
5. 用水量变化系数包括哪两种？他们与城市规模有何关系？
6. 清水池和水塔调节容积如何计算？
7. 二级泵站水泵扬程与水塔高度在有无水塔时，有何区别？
8. 给水管网的布置形式包括哪两种？各自有何优缺点？
9. 给水管网定线有哪些基本原则？
10. 什么是长度比流量和面积比流量？如何计算？
11. 如何计算节点流量？
12. 如何计算管段流量？
13. 什么是连续性方程及能量方程？
14. 什么是闭合差 Δh 及校正流量 Δq？
15. 什么是管网平差？如何进行管网平差？
16. 环状管网的计算的基本方法有哪三种？
17. 哈代—克罗斯法平差的步骤是哪些？

18. 简述给水管道材料类型及优缺点。

19. 某城市最高日用水量为 13 万 m^3/d，每小时用水量变化如下表。(1) 绘制用水量变化曲线；(2) 求出该城市的时变化系数。

时间	0～1	1～2	2～3	3～4	4～5	5～6	6～7	7～8	8～9	9～10	10～11	11～12
用水量/%	1.53	1.54	1.51	1.60	1.72	2.79	3.92	5.15	5.10	4.34	4.85	4.90

时间	12～13	13～14	14～15	15～16	16～17	17～18	18～19	19～20	20～21	21～22	22～23	23～24
用水量/%	4.82	4.73	4.61	4.31	4.42	4.68	4.93	4.87	4.79	4.38	3.61	2.72

20. 某城市最高时总用水流量为 713.5 m^3/h，其中工业集中用水流量为 110 L/s（分别在 3、6、9 节点集中流出）。各管段长度（m）和节点编号如图 4—34 所示，试求该管段各节点的流量。

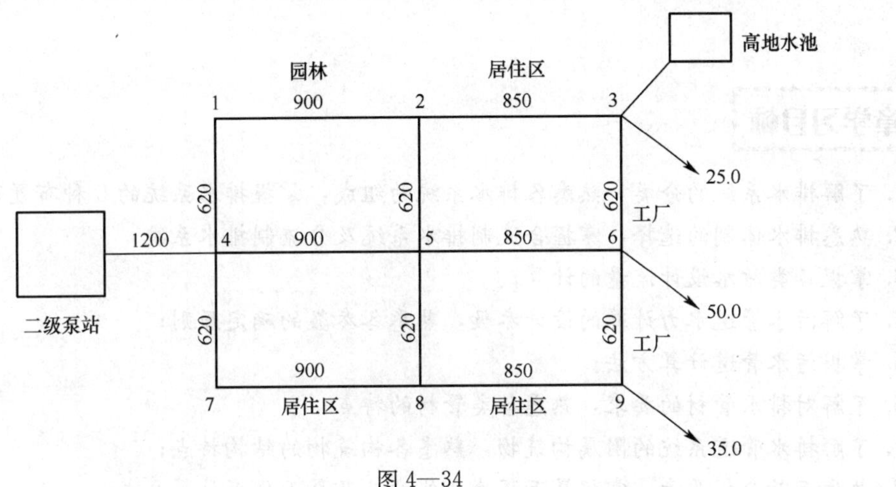

图 4—34

21. 某城镇拟采用树状管网进行规划，管网布置如图 4—35 所示。已知该镇的最高时设计用水量为 386 m^3/h，其中大用户集中流量为 24.86 m^3/h，分别于 5、7 节点各取一半；各管段长度分别为：$L_{1\sim2}=L_{1\sim3}=L_{4\sim7}=800$ m，$L_{0\sim1}=L_{1\sim4}=1\ 200$ m，$L_{4\sim5}=L_{4\sim6}=900$ m，其中 0～1 管段为输水管，4～5 管段为单侧配水，其余管段均按双侧配水计。试计算管网各管段的设计流量。

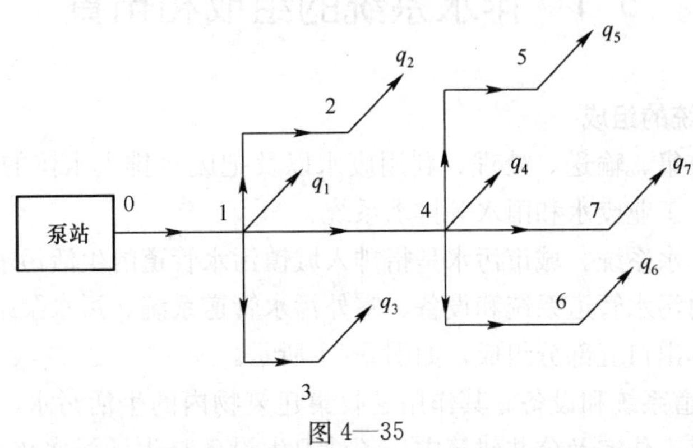

图 4—35

5 市政排水管道工程

本章学习目标

1. 了解排水系统的分类，熟悉各排水系统的组成，掌握排水系统的6种布置形式；
2. 熟悉排水体制的选择，掌握合流制排水系统及分流制排水系统；
3. 掌握各类污水设计流量的计算；
4. 了解污水管道水力计算的设计参数，熟悉各参数的确定原则；
5. 掌握污水管道计算方法；
6. 了解对排水管材的要求，熟悉各类管材的特点；
7. 了解排水管道系统的附属构筑物，熟悉各构筑物的结构特点；
8. 熟悉雨量分析要素，掌握暴雨强度曲线意义及暴雨强度计算公式；
9. 了解雨水管网系统的平面布置原则；
10. 了解雨水管道设计流量参数的确定，掌握雨水系统设计计算步骤；
11. 熟悉合流制排水管道的水力计算。

5.1 排水系统的组成和布置

5.1.1 排水系统的组成

排水系统是指收集、输送、处理、利用废水以及把废水排入水体的所有工程设施的总称。包括城市污水、工业废水和雨水等排水系统。

(1) 城市污水排水系统。城市污水是指排入城镇污水管道的生活污水和工业废水。城市污水排水系统由室内污水管道系统和设备、室外污水管道系统、污水泵站及压力管道、污水厂、出水口及事故排出口五部分组成。如图5—1所示。

1) 室内污水管道系统和设备。其作用是收集建筑物内的生活污水，并将其排至室外居住小区或街坊水管道。住宅及公共建筑内，各种卫生设备是生活污水排水系统的起始设备，

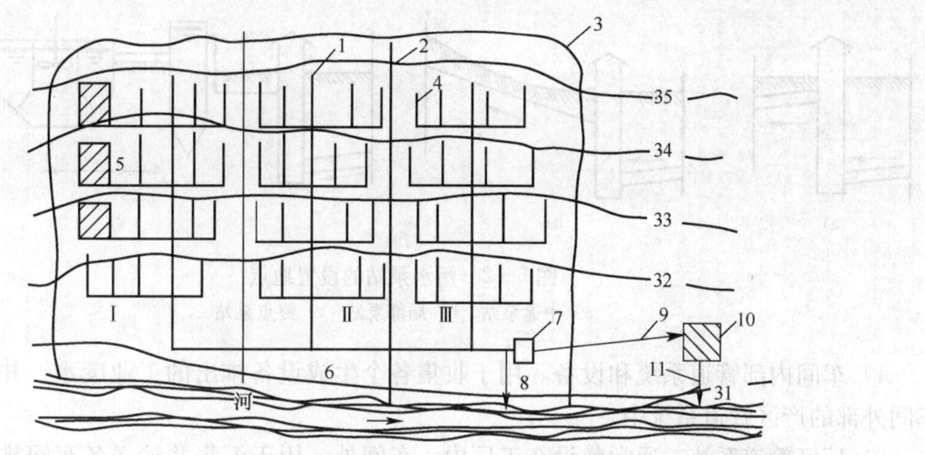

图 5—1 城市污水排水系统总平面示意图

Ⅰ、Ⅱ、Ⅲ—排水流域

1—干管 2—排水流域分界线 3—城市边界 4—支管 5—工厂 6—主干管 7—总泵站 8—事故排出口 9—压力管道 10—城市污水厂 11—出水口

是人们用水和承受污水的容器。生活污水从这里经水封管、横支管、立管和出户管等室内管道系统流入室外居住小区管道系统。

2）室外污水管道系统。该系统分布在地面以下，依靠重力将污水输送至泵站、污水厂或水体。由居住小区或街坊管道系统、街道污水管道系统及附属构筑物组成。

①居住小区或街坊管道系统。居住小区管道系统是指敷设在居住小区内连接建筑物出户管的污水管道系统。街坊管道系统是指敷设在一个街坊地面以下，并连接一群房屋出户管或整个街坊内房屋出户管的管道系统的统称。

②街道污水管道系统。敷设在街道下用以排除居住小区或街坊管道流来的污水。在市区内由支管、干管和主干管等组成。支管承接居住小区十管或街坊污水管道流来的污水；按分水线将排水区界划分成几个排水流域，各排水流域内，干管汇集输送由支管流来的污水，称为流域干管；主干管则是汇集输送由两个或两个以上干管流来的污水，并将污水输送至总泵站、污水厂、出水口等的管道。

③附属构筑物。包括检查井、跌水井、倒虹管等。

3）污水泵站及压力管道。污水一般以重力流排出，但常因受到地形等条件限制而欲将污水提升到高处时，此时需设置泵站。泵站分为局部泵站、中途泵站和总泵站三种，如图 5—2 所示。因设置了泵站，则需相应的压力管道，即压送泵站出来的污水至高地自流管道或污水厂的承压管段。

4）污水处理厂。指供处理和利用污水、污泥的一系列构筑物及附属构筑物的综合体。城市污水厂一般设置在城市河流的下游地段，与居民点和公共建筑保持一定的卫生防护距离。

5）出水口及事故排出口。出水口是指污水排入水体的渠道和出口，与接纳废水的水体连接。事故排出口是指在污水排水系统的中途所设置的辅助性出水渠，一般设置在某些易于发生故障的组成部分前面（例如在总泵站前设置）。当发生故障时，污水将通过事故排出口直接排入水体。

（2）工业废水排水系统。工业废水排水系统是由车间内部管道系统和设备、厂区管道系统、污水泵站及压力管道、废水处理站和出水口组成的。

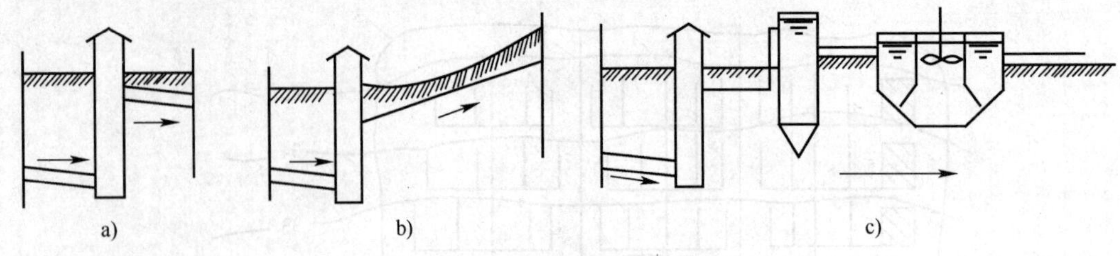

图 5—2　污水泵站的设置地点

a）中途泵站　b）局部泵站　c）终点泵站

1）车间内部管道系统和设备。用于收集各个生成设备排出的工业废水，并将废水排至车间外部的产区管道系统中。

2）厂区管道系统。通常敷设在工厂内、车间外，用于汇集并输送各车间排除的工业废水。应根据废水的性质将其排入到城市污水管网、水体或厂区废水处理厂进行处理或利用。若废水水质较好且符合《室外排水规范》规定的排放标准，可直接排入水体；若废水性质符合《室外排水规范》中的相应规定，可将工业废水直接排入城镇排水管道中，与城镇污水合并在城镇污水厂处理后排放水体；若不符合《室外排水规范》中相应规定，则应在厂区的废水处理站处理后排入水体。

3）污水泵站及压力管道。在地形需要时设置。

4）废水处理站。供处理和利用废水及污泥的一系列构筑物及附属构筑物的综合体。

5）出水口。是指污水排入水体的渠道和出口，与接纳废水的水体连接。

（3）雨水排水系统。该系统由建筑物的雨水管道系统和设备、街坊小区或厂区雨水管道系统、街道雨水管道系统、排洪沟和出水口等构成。降落在地面的用雨水口收集；降落在屋面上的雨水由天沟或雨水斗收集，通过落水管输送至地面，同降落在地面上的雨水一起形成地表径流，然后通过雨水口收集流入街坊小区、厂区或街道的室外雨水管道系统，通过出水口排入附近水体。

雨水一般既不处理也不利用，直接就近排入水体。除非必要，否则一般应尽量不设或少设雨水泵站。

5.1.2　排水系统的布置形式

排水系统的平面布置是结合地形、竖向规划、污水厂位置、土壤条件、河流情况、污水种类和污染程度等因素而定。其中地形是影响布置形式的主要因素，从该角度出发，介绍以下几种布置形式。

（1）正交式布置。各排水流域的干管以最短距离沿与水体垂直相交的方向布置（见图 5—3a），适用于地势向水体适当倾斜的地区。此种布置形式干管长度短、管径小，造价经济实惠且污水排出迅速，但由于污水未经处理直接排放，易污染水体，影响环境。因此，常适用于排除雨水。

（2）截流式布置。以正交布置为基础，沿河岸再敷设主干管，并将各干管的污水截流送至污水厂的布置形式（见图 5—3b）。该布置形式可减轻水体污染，既适用于分流制污水排水系统，也适用于区域排水系统。

（3）平行式布置。在地势向水体有较大倾斜的地区，为了避免因主干管坡度和管内流速

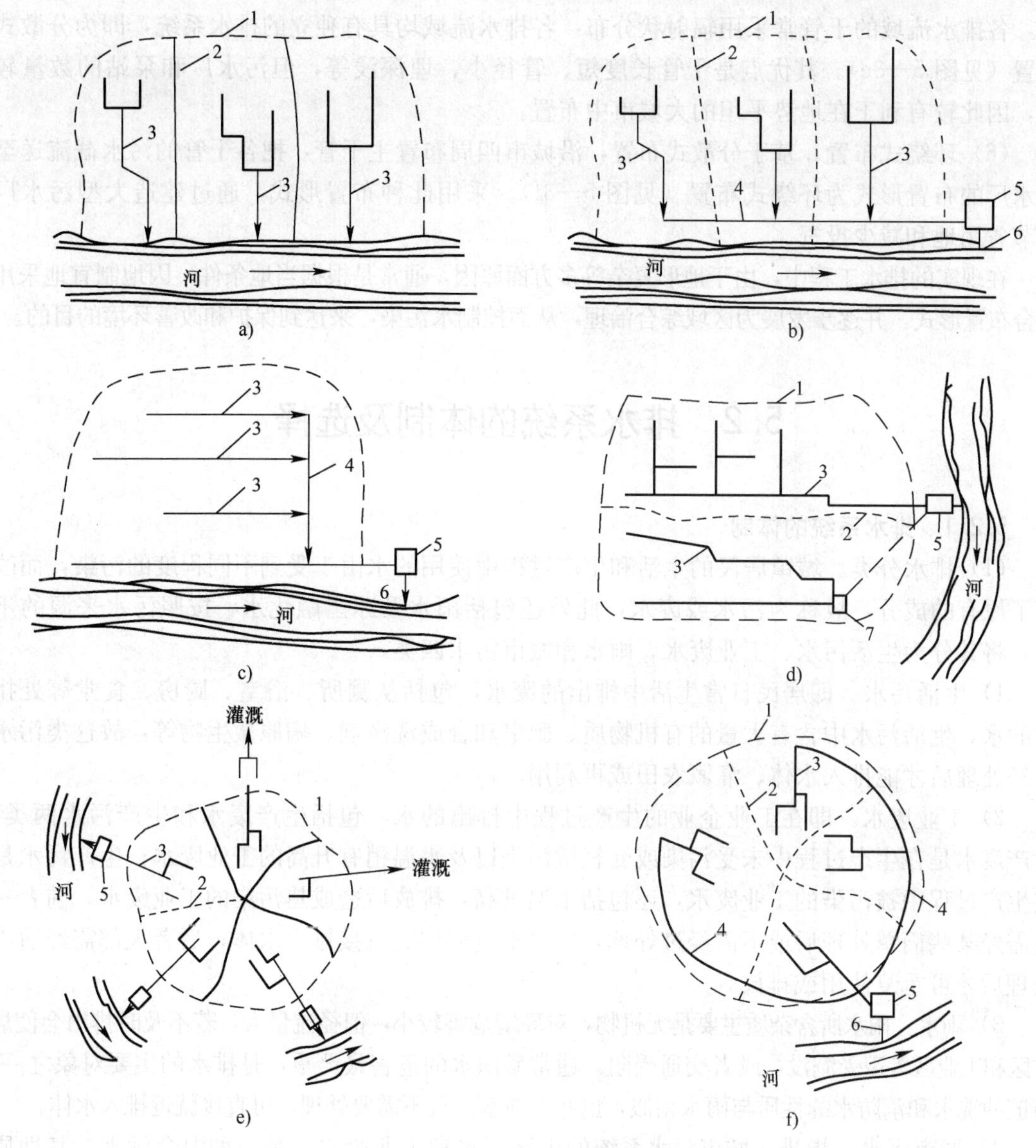

图 5—3　排水系统的布置形式

a）正交式　b）截流式　c）平行式　d）分区式　e）分散式　f）环绕式

1—城市边界　2—排水流域分界线　3—干管　4—主干管　5—污水厂　6—出水口　7—污水泵站

过大，而使干管受到严重冲刷，可采用干管与等高线或水体基本平行，主干管与等高线或水体成一定倾斜角度敷设的方式，此种布置形式即平行式布置（见图 5—3c）。

（4）分区式布置。对于排水区地势高低相差很大，污水不能靠重力流至污水厂的地区，可采用分区式布置（见图 5—3d）。高地势地区的污水靠重力流直接进入污水厂，而低地势地区的污水则靠泵站提升至高地势地区干管或污水厂。此种布置形式能充分利用地形排水，节省能源，但只能用于个别阶梯地形或地形起伏很大的地区。

（5）分散式布置。当城市周围有河流，或城市中央部分地势高并且地势向周围倾斜的地区，各排水流域的干管常采用辐射状分布，各排水流域均具有独立的排水系统，即为分散式布置（见图 5—3e）。其优点是干管长度短、管径小、埋深浅等，但污水厂和泵站的数量较多，因此较有利于在地势平坦的大城市中布置。

（6）环绕式布置。基于分散式布置，沿城市四周布置主干管，把各干管的污水截流送至污水厂的布置形式为环绕式布置（见图 5—3f）。采用此种布置形式，通过建造大型污水厂可节省用地和减少投资。

在现实的排水工程中，由于地形复杂等多方面原因，通常是根据当地条件，因地制宜地采用综合布置形式。并逐步发展为区域综合治理，从而控制水污染，来达到保护和改善环境的目的。

5.2 排水系统的体制及选择

5.2.1 排水系统的体制

（1）排水分类。城镇居民的生活和生产过程中使用的水由于受到不同程度的污染，而改变了原有的成分，故称为污水或废水，此外还包括雨水及冰雪融化水。按照污水来源的不同，将其分为生活污水、工业废水、雨水和城市污水四类。

1）生活污水。即居民日常生活中排出的废水，包括从厕所、浴室、厨房、食堂等处排出的水。生活污水中含有大量的有机物质、肥皂和合成洗涤剂、病原微生物等，故这类污水需经处理后才能排入水体、灌溉农田或再利用。

2）工业废水。即在工业企业的生产过程中排出的水，包括生产废水和生产污水两类。生产废水是在生产过程中未受污染或受轻微污染以及水温稍有升高的工业废水；生产污水是在生产过程中被污染的工业废水，还包括水温过高，排放后造成热污染的工业废水。前者一般需经某些简单处理后或不需经过处理，即可重复使用或直接排入水体；后者大都需经适当处理后才可重复使用或排放。

3）雨水。雨水所含杂质主要是无机物，对环境危害较小，但径流量大，若不及时排出会使居住区和工业区等遭受淹没，或者交通受阻。通常暴雨水的危害最严重，是排水的主要对象之一；街道冲洗水和消防水的性质与雨水相似，也并入雨水。且不需要处理，可直接就近排入水体。

4）城市污水。指排入城市污水系统的生活污水和工业废水，是一种混合污水。其性质随各种污水的混合比例以及污水中污染物质特性而不断变化，需经过处理后才能排入水体、灌溉农田或再利用。

（2）排水体制。生活污水、工业废水和雨水既可采用同一个管道系统来排除，又可采用两个或两个以上各自独立的管道系统来排除，这种污水的收集和输送方式称为排水制度，又称排水体制。主要包括合流制和分流制两种基本方式。

1）合流制排水系统

合流制是用同一个管道系统收集和输送污废水的排水方式，可分为直排式合流制和截流式合流制排水系统。直排式合流制排水系统是将混合污水不经任何处理就近排入水体，严重污染受纳水体，不宜采用。截流式合流制排水系统是在临河岸边建造截流干管，并在合流干管与截流干管相交前或相交处设置溢流井，同时在截流干管下游设置污水厂。晴天和降雨初期时，所有污水被输送至污水厂处理后排入水体；降雨量的增加而引起雨水径流也增加时，混合污水的流量超过截流干管的输水能力后，就有部分混合污水经溢流井溢出直接排入水体，如图 5—4 所示。当保证受纳水体不遭受污染时，可采用此种排水系统；雨量大时，会有部分混合污水未处理直接排放，将严重污染受纳水体。

2）分流制排水系统。该系统是将生活污水、工业废水和雨水分别在两个或两个以上各自独立的管道内排除，分为排除生活污水和工业废水的污水排水系统，以及雨水排水系统，如图 5—5 所示。

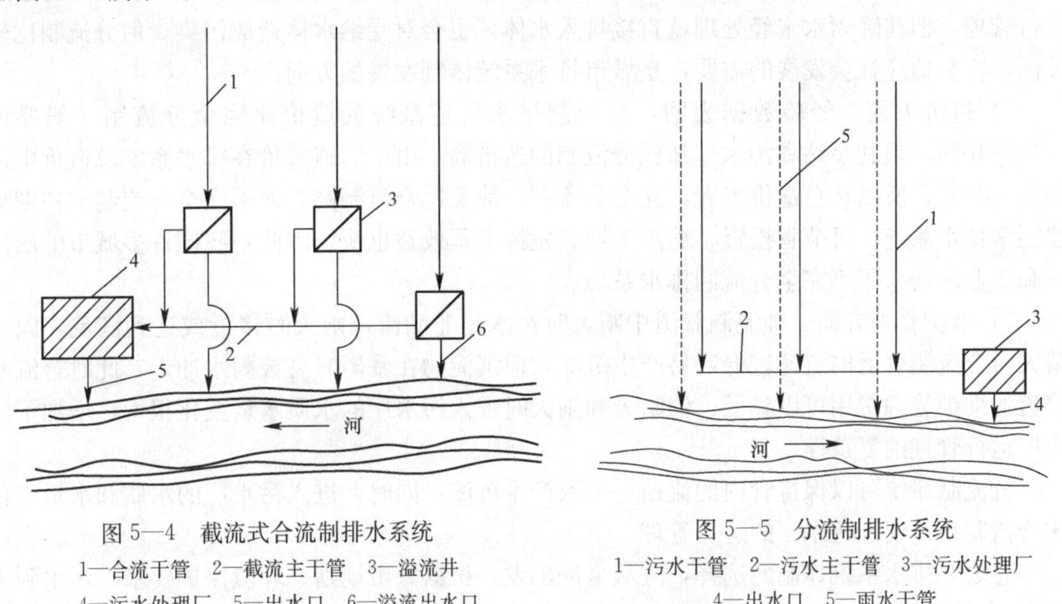

图 5—4 截流式合流制排水系统

1—合流干管 2—截流主干管 3—溢流井 4—污水处理厂 5—出水口 6—溢流出水口

图 5—5 分流制排水系统

1—污水干管 2—污水主干管 3—污水处理厂 4—出水口 5—雨水干管

根据排除雨水方式的不同，分流制排水系统又分为完全和不完全分流制排水系统。前者具有污水排水系统和雨水排水系统；而后者只具有污水排水系统，雨水沿天然地面、街道边沟、水渠等原有渠道系统排泄，或通过修建部分雨水管道来补充原有渠道系统输水能力的不足，待条件满足后再修建雨水排水系统，使其转变成完全分流制排水系统，如图 5—6 所示。

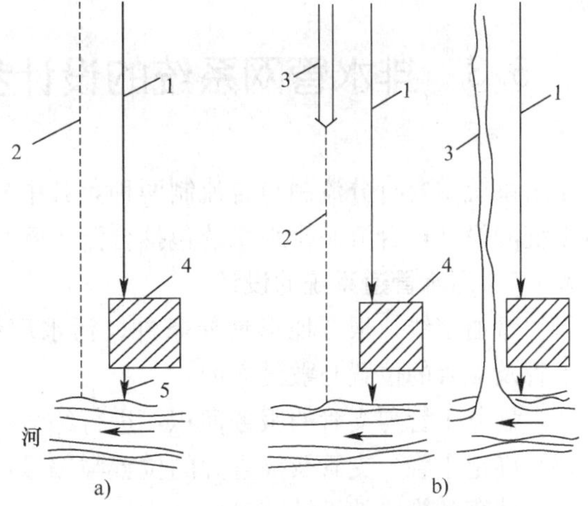

图 5—6 完全分流制及不完全分流制

a）完全分流制 b）不完全分流制

1—污水管道 2—雨水管道 3—原有管道 4—污水厂 5—出水口

老城区一般采用合流制，新城区或城市的新建部分一般采用分流制。在一个城市中，有时合流制和分流制并存。

(3) 排水体制的选择。排水体制的选择是城市排水管道系统规划和设计的重要问题。不仅对城市的规划和环境保护影响深远，还对排水管道系统的设计、施工和维护管理，以及排水管道系统的工程总投资、初期投资和维护管理费用也有影响。下面从不同角度进行分析比较：

1）环境保护方面。采用合流制将城市的生活污水、工业废水和雨水全部截流至污水厂，经处理后再排放，可防止水体污染，但截流主干管的尺寸很大，污水厂的容量过高，建设费用也相应增加。

采用截流式合流制可降低截流主干管的尺寸和污水厂的容量，但雨天仍有部分混合污水通过溢流井直接排入水体，使受纳水体遭受严重的周期性污染。

分流制是将城市污水全部输送至污水厂进行处理，其水质和水量变化小，有利于污水厂运行管理，但初降雨水未经处理就直接排入水体，也会对受纳水体造成污染。但分流制比较灵活，容易适应社会发展的需要，是城市排水系统体制发展的方向。

2）造价方面。经验数据表明，合流制排水管道系统的造价比完全分流制一般要低20%～40%，但其泵站和污水厂却比分流制的造价高。由于管道造价在排水系统总造价中占70%～80%，所以从总造价来看，完全分流制一般要比合流制高。而不完全分流制因初期只建污水排水系统，可节省投资、缩短工期、发挥工程效益也快。因此，我国许多城市的居住区和工业区均采用不完全分流制排水系统。

3）维护管理方面。合流制管道中晴天时污水是非满流，雨天时接近或达到满流，因为晴天时合流制管道内流速较低，易产生沉淀，但沉淀物在暴雨时易被雨水冲走，此时合流制管道的维护管理费用可以降低。但晴天和雨天时进入污水厂的水质水量变化很大，增加了污水厂运行管理的复杂性。

分流制系统可以保持管内的流速，不致产生沉淀，同时，进入污水厂的水质和水量变化比合流制小，便于污水厂的运行管理。

总之，排水系统体制的选择，应从全局出发，根据城市规划、环境保护要求、污水利用情况、原有排水设施、水质、水量、地形、气候和受纳水体等条件，在满足环境保护的前提下，通过技术经济比较，综合考虑确定。

5.3 排水管网系统的设计步骤与设计流量的确定

排水系统主要有分流制与合流制两种，其中分流制系统的设计包括污水管道系统和雨水管道系统的设计；合流制排水系统包括合流干管与截流主干管的设计。

5.3.1 污水管道系统的设计

（1）管道定线。根据地形地质条件、污水厂位置及管道规划设计原则，依次确定主干管、干管及支管的位置与敷设方向。

（2）划分干管与支管的服务面积，进行编号，同时计算各服务面积的大小。

（3）确定干管、支管及检查井的位置与编号，并计算管道总长度及各设计管段长度。

（4）计算各管段的设计流量。

（5）进行管道的水力计算。

（6）绘制管道的平面及剖面图。

5.3.2 污水设计流量的确定

污水管道及其附属构筑物能保证通过的污水最大流量称为污水设计流量。通常以设计期限终期的最大日最大时流量作为设计流量，单位为 L/s。流量的设计是污水管道系统设计的首要任务，包括生活污水设计流量和工业废水设计流量。

设计规划的年限要适中，年限过长，则不易切合实际；过短，则易很快满负荷或超负荷，造成重复建设的浪费。一般分为短期 5～10 年和长期 10～20 年。

（1）生活污水设计流量。生活污水设计流量包括居住区居民生活污水设计流量、大型公共建筑生活污水设计流量和工业生产区生活污水设计流量。

1）居住区居民生活污水设计流量 Q_1

计算公式如下：

$$Q_1=\frac{nNK_z}{24\times 3\ 600} \tag{5—1}$$

式中 Q_1——居住区生活污水设计流量，L/s；

n——居住区生活污水定额，L/(人·d)；

N——设计人口数；

K_z——生活污水量总变化系数。

①居民区生活污水定额。该定额与居民生活用水定额、居住区给水排水系统的完善程度、气候、居住条件、生活习惯、生活水平及其他地方条件等诸多因素有关，包括居民生活污水定额和综合生活污水定额。前者指居民每人每天日常生活中洗涤、冲厕、洗澡等产生的污水量［L/(人·d)］；后者指居民生活污水和公共设施（包括学校、机关办公室、娱乐场所、宾馆、商业网点等地方）排出污水的总和［L/(人·d)］。

居民生活污水定额和综合生活污水定额应根据当地采用的用水定额，并结合建筑内部给、排水设施水平和排水系统普及程度等因素确定。一般地区可按当地用水定额的 80%计，对于给、排水系统完善的地区可按 90%计。

实际设计时，为简化计算，有些设计部门将市区内的污水量按比流量计算，即从单位面积上排出的日平均污水流量，以 L/(s·10^4 m^2）或 L/(s·ha）表示。该值是根据人口密度和居民生活污水定额等情况定出的一个单位居住面积上排出的污水流量综合性指标。

②设计人口数。即污水排水系统设计期限终期居住区居民的人口数，作为计算污水设计流量的基本数据，取决于城市和工业企业的发展规模。计算公式如下：

$$N=pF \tag{5—2}$$

式中 N——设计人口数，人；

p——人口密度，单位面积上的居民数，人/10^4 m^2；

F——排水区域的面积，10^4 m^2。

人口密度分为总人口密度与街坊人口密度。所用排水区域的面积包括街道、公园、运动场、水体等在内时，则称为总人口密度；若所用的面积为街坊内的建筑面积，即为街坊人口密度。规划或初步设计时，应根据总人口密度计算污水量；而技术设计或施工图设计，需要计算各管段所承受的污水量时，一般采用街坊人口密度来计算。

③生活污水量总变化系数。由于居民区的生活污水量标准是一个平均值，而实际生活

中，污水量是在不断变化的，因此引入变化系数（日、时、总变化系数）来表示污水量的变化程度。

a. 日变化系数 K_d：一年中最大日污水量与平均日污水量的比值；

b. 时变化系数 K_h：最大日最大时污水量与该日平均时污水量的比值；

c. 总变化系数 K_z：最大日最大时污水量与平均日平均时的污水量的比值。

三者关系为：

$$K_z = K_d K_h \quad (5—3)$$

生活污水量总变化系数值可按表 5—1 查询。

表 5—1　　生活污水量总变化系数

污水平均日流量/（L/s）	≤5	15	40	70	100	200	500	≥1 000
总变化系数 K_z	2.3	2.0	1.8	1.7	1.6	1.5	1.4	1.3

注：1. 当污水平均日流量为中间数值时，总变化系数用内插法求；

2. 当居民区有实际生活污水量变化资料时，可按实际数据采用。

总变化系数与平均流量$\overline{Q}^{0.11}$之间的关系为：

$$K_z = \frac{2.7}{\overline{Q}^{0.11}} \quad (5—4)$$

2）公共建筑生活污水设计流量 Q_2。某些大型公共建筑例如宾馆、饭店、医院、学校、公共浴池等的生活污水量比较大，设计时，常将这些建筑的污水量作为几种污水量单独计算。计算方法应按《建筑给水排水设计规范》（GB 50015—2003）的规定进行计算。

3）工业企业生活污水设计流量 Q_3

$$Q_3 = \frac{A_1 B_1 K_1 + A_2 B_2 K_2}{3\,600T} + \frac{C_1 D_1 + C_2 D_2}{3\,600} \quad (5—5)$$

式中　Q_3——工业企业生活污水和淋浴污水设计流量，L/s；

A_1——一般车间最大班职工人数，人；

B_1——一般车间职工生活污水定额，取 25 L/(人·班)；

K_1——一般车间生活污水量时变化系数，取 3.0；

A_2——热车间和污染严重车间最大班职工人数，人；

B_2——热车间和污染严重车间职工生活污水量定额，取 35 L/(人·班)；

K_2——热车间和污染严重车间生活污水量时变化系数，取 2.5；

C_1——一般车间最大班使用淋浴的职工人数，人；

D_1——一般车间的淋浴污水量定额，取 40 L/(人·班)；

C_2——热车间和污染严重车间最大班使用淋浴的职工人数，人；

D_2——热车间和污染严重车间的淋浴污水量定额，取 60 L/(人·班)；

T——每工作班工作时数，h。

淋浴按 1 h 计。

（2）工业废水设计流量 Q_4

$$Q_4 = \frac{mMK_z}{3\,600T} \quad (5—6)$$

式中 Q_4——工业废水设计流量，L/s；

m——生产过程中每单位产品的废水量标准，L/单位产品；

M——产品的平均日产量，单位产品/d；

T——每日生产时数，h；

K_z——总变化系数。

工业废水量标准是指生产单位产品或加工单位数量原料所排出的平均废水量。该标准取决于产品种类、生产工艺、单位产品用水量以及给水方式四个因素，各个工厂的工业废水量标准有很大区别，《污水综合排放标准》（GB 8978—1996）对部分行业最高允许排水定额做出了明确规定。

一般情况下，工业废水量的日变化较小，日变化系数可取 1，而时变化系数则可通过实测废水量最大的一天各小时流量计算确定。一些工业、企业废水量的时变化系数见表 5—2。

表 5—2　工业企业废水量的时变化系数

工业类别	冶金	化工	纺织	食品	皮革	造纸
时变化系数	1.0～1.1	1.3～1.5	1.5～2.0	1.5～2.0	1.5～2.0	1.3～1.8

（3）城市污水管道系统设计总流量。城市污水管道系统设计总流量为居住区居民生活污水设计流量 Q_1、公共建筑生活污水设计流量 Q_2、工业企业生活污水设计流量 Q_3 及工业废水设计流量 Q_4 四部分之和：

$$Q=Q_1+Q_2+Q_3+Q_4 \tag{5—7}$$

此计算方法的前提是假定各种污水在同一时间出现最大流量。对于管道设计，这在理论上是合理的，但实际上各种污水的高峰流量可能由于相互错开而得到调节，假定的情况出现的概率非常小。若按此种方法设计，将会在污水泵站及污水厂的设计中产生巨大浪费，因此，以各种污水混合后的最大时流量作为上述两者的设计流量才是经济合理的。

5.4 污水管道的水力计算

5.4.1 污水管道中污水流动的特点

通常污水靠重力流动，由支管流入干管，之后汇流于主干管，最终流入污水处理厂。污水的分布类似河流，呈树枝状，与给水管网的环流贯通截然不同。

污水中含有一定量的悬浮物及有机物和无机物，悬浮物或漂浮于水上，或悬浮于水中，或沉积在管底内壁；有机物和无机物则按相对密度的不同分布在水流断面上。以上原因导致污水与清水的流动有所不同，但污水中水分一般占 99%以上，所含悬浮物很少，因此可假定污水的流动遵循一般流体流动的规律，即假定管道内水流是均匀流，工程设计是仍按水力学公式计算。

5.4.2 水力计算的基本公式

污水管道水力计算是为了合理、经济地选择管道尺寸、坡度和埋深。为简化计算，排水管道的水力计算采用均匀流公式。

流量公式为：

$$Q=\omega v \quad (5—8)$$

流速公式为：

$$v=C\sqrt{RI} \quad (5—9)$$

式中 Q——流量，m^3/s；

ω——过水断面面积，m^2；

v——流速，m/s；

R——水力半径（过水断面面积与湿周的比值，m）；

I——水力坡度（等于水面坡度，也等于管底坡度）；

C——流速系数或称谢才系数。

通常

$$C=\frac{1}{n}R^{\frac{1}{6}} \quad (5—10)$$

$$v=\frac{1}{n}R^{2/3}I^{1/2} \quad (5—11)$$

式中 n——管壁粗糙系数。

n 值根据管壁材料确定，见表 5—3。混凝土和钢筋混凝土污水管道粗糙系数一般采用0.014。

表 5—3　排水管道粗糙系数

管道种类	n 值
陶土管	0.013
混凝土管、钢筋混凝土管	0.013～0.014
石棉水泥管	0.012
铸铁管	0.013
钢管	0.012
水泥砂浆抹面渠道	0.013～0.014
浆砌砖渠道	0.015
浆砌块石渠道	0.017
干砌块石渠道	0.020～0.025
土明渠	0.025～0.030
木槽	0.012～0.014

5.4.3 污水管道水力计算的设计参数

由水力计算公式可知，设计流量与设计流速及过水断面面积有关，而流速则与管壁粗糙系数、水力半径及水力坡度有关。为了保证污水管道的正常运行，《室外排水设计规范》(GBJ 14—87/1997) 中对这些因素综合考虑，提出如下的计算控制参数。

(1) 设计充满度。在设计流量下，污水在管道中的水深 h 与管道直径 D 的比值 (h/D) 称为设计充满度，如图 5—7 所示。该值表示污水在管道中的充满程度。当 $h/D=1$ 时称为满流；$h/D<1$ 时称为不满流。我国按不满流进行设计，其最大设计充满度的规定见表 5—4。

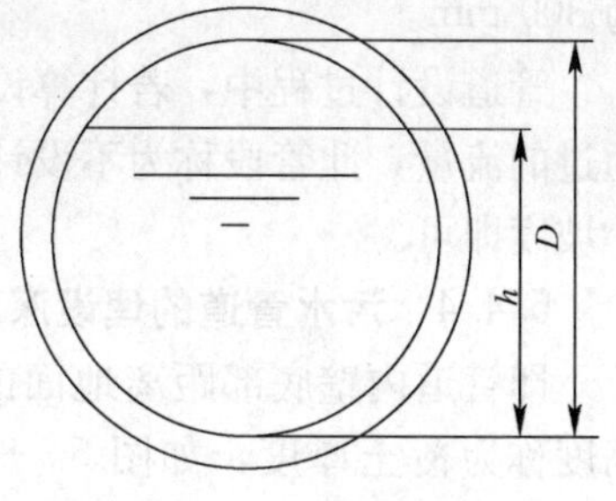

图 5—7 充满度示意图

表 5—4 最大设计充满度

管径 (D) 或暗渠高 (H)/mm	最大设计充满度 (h/D) 或 (h/H)
200～300	0.60
350～450	0.70
500～900	0.75
≥1 000	0.80

注：在计算污水管道充满度时，不包括淋浴或短时间内突然增加的污水量，但当管径小于或等于 300 mm 时，应按满流复核。

这样规定是为了确保流量变化的安全，而且有利于管道通风，便于管道的疏通和维护管理。虽然有些国家污水管道按满流设计，但此时还应包括雨水和地下水的渗入量。

(2) 设计流速。即与设计流量、设计充满度相应的水流平均速度。若污水流动缓慢，则其中的悬浮物等杂质易沉淀淤积；若流速太快，则可能对管壁产生冲刷。为防止上述两种情况的发生，《室外排水设计规范》规定了污水管道的最小和最大流速，则污水管道的流速应在两者范围内。

最小设计流速是保证管道内不致发生淤积的流速。根据我国实际情况，并结合国外经验，污水管道的最小设计流速定为 0.6 m/s。含有金属、矿物固体或重油杂质的生产污水管道，最小设计流速宜适当加大，且应根据试验或运行经验确定。

最大设计流速是保证管道不被冲刷损坏的流速。该值与管道材料有关，通常金属管道的最大设计流速为 10 m/s，非金属管道的最大设计流速为 5 m/s。

(3) 最小设计坡度。污水管道系统设计时，通常要使管道埋设坡度与设计地区地面坡度一致，应注意的是为防止管道内杂质沉淀，管道坡度所造成的流速应大于或等于最小流速。因此，最小设计坡度指的就是相应于最小设计流速时的管道坡度。

在给定设计充满度的情况下，管径越大，相应的最小设计坡度值也就越小。所以只需规定最小管径的最小设计坡度值即可。我国《室外排水设计规范》规定：管径为 200 mm 时，最小设计坡度为 0.004；管径为 300 mm 时，其值为 0.003。

(4) 最小管径。通常污水管道系统的上游污水设计量很小，若根据流量计算，则管径很小，但管径过小极易造成堵塞，因而增加了管道的清通次数，给用户带来不便；若采用较大管径则可选用较小的设计坡度，使管道埋深减小。因此，常规定一个允许的最小管径。我国《室外排水设计规范》规定：在街坊和厂区内的最小管径为 200 mm，在街道下的最小管径为 300 mm。

管道设计过程中，若计算设计流量小于最小管径、最小设计坡度及充满度为 0.5 时可以通过的流量，此管段称为不设计管段。设计时不再进行水力计算，而直接采用最小管径和最小坡度即可。

5.4.4 污水管道的埋设深度

即管道内壁底部距离地面的垂直距离。管道顶部距离地面的垂直高度称为覆土厚度，如图 5—8 所示。管道的造价与四个主要因素有关，即管材、管径、施工现场地质条件和管道埋设深度。

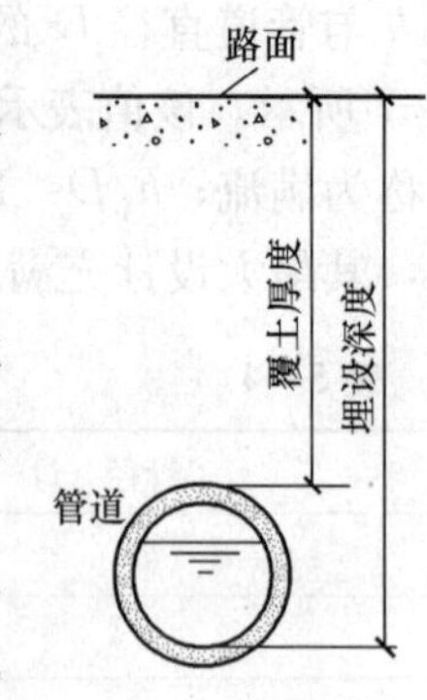

图 5—8 管道埋深示意图

为了降低造价，管道的埋设深度要求越小越好，但不能过小，其覆土厚度有一个最小的极限，称为最小覆土厚度，其值的确定应满足如下要求：

（1）防止管内污水和土壤冰冻膨胀而损坏管道。据实测可知，污水水温即使在冬季也不会低于 4℃，且管道有一定的坡度，由于内部污水具有一定的流速，故管内污水及周围泥土不会冰冻，没有必要将整个污水管道埋设在冰冻线以下。我国《室外排水设计规范》规定：无保温措施的生活污水管道或水温与生活污水接近的工业废水管道，管底可埋设在冰冻线以上 0.15 m；有保温措施或水温较高的管道，管底在冰冻线以上的距离可以加大，其数值应根据该地区或条件相似地区的经验确定。

（2）防止管道因地面荷载而破坏。埋设的管道承受其上覆盖土壤的静载荷及地面上车辆运行产生的动载荷。因此，其上必须有一定的覆土厚度，具体数值取决于管材强度、地面载荷大小及载荷的传递方式等因素。《室外排水设计规范》规定：在车行道下，污水管道最小覆土厚度不宜小于 0.7 m。

（3）满足街坊污水连接管衔接的要求。要使城市住宅及公共建筑内产生的污水顺畅排入街道污水管网，各部分管道的埋设深度关系应如图 5—9 所示。一般污水出户管的最小埋深采用 0.5～0.7 m，街坊污水管道起点最小埋深为 0.6～0.7 m。因此街道管网起点的最小埋深为：

$$H=h+IL+Z_1-Z_2+\Delta h \qquad (5\text{—}12)$$

式中 H——街道污水管网起点的最小埋深，m；

h——街坊污水管起点的最小埋深，m；

I——街坊污水管与连接支管的坡度；

L——街坊污水管和连接支管的总长度，m；

Z_1——街道污水管起点检查井处地面标高，m；

Z_2——街坊污水管起点检查井处地面标高，m；

Δh——连接支管和街道污水管的管内底高差，m。

对于具体的管道，若从上述三方面出发，可得到三个不同的管底埋深或管顶覆土厚度值，此时应取其中最大的值作为该管道的允许最小埋设深度或最小覆土厚度。

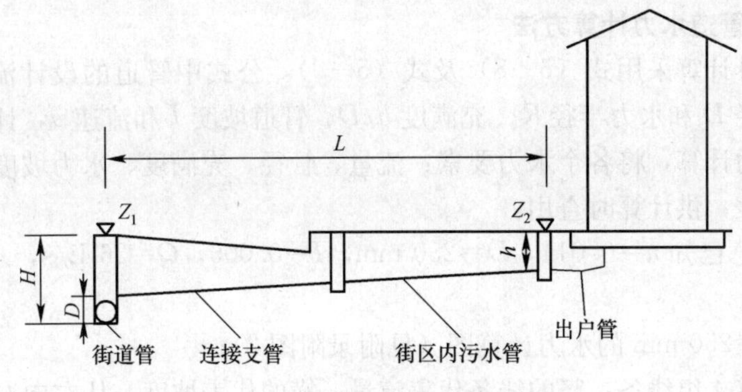

图 5—9　街道污水管最小埋深示意图

5.4.5　污水管道的衔接

在污水管道的管径、高程、坡度、方向发生变化及支管接入的地方需设置检查井，并且需考虑检查井内上下游管道衔接时的高程关系问题。管道的衔接在检查井内进行，应遵循如下原则：

(1) 尽可能提高下游管段的高程，从而减小管道埋深，降低造价；

(2) 避免上游管段中形成回水造成淤积。

衔接方法分为水面平接和管顶平接两种。如图 5—10 所示。

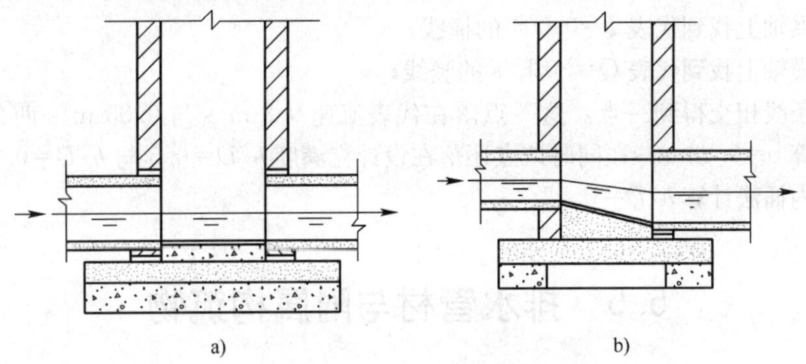

图 5—10　污水管道的衔接

a）水面平接　b）管顶平接

水面平接指的是在水力计算中，使污水管道上游管段终端和下游管段始端在指定的充满度条件下的水面相平，即两者的水面标高相同。一般用于上下游管径相同的污水管道的衔接。但采用此种衔接方式时，由于上游管段水面变化较大，在上游管段内的实际水面标高有可能低于下游管段的实际水面标高，从而造成上游管段中的污水形成回水而导致沉淀淤积。

管顶平接是指在水力计算中，使上游管始终端和下游管段始端的管顶标高相同。一般用于上下游管径不同的污水管道的衔接。采用此种衔接方式时，不会在上游管段产生回水，但将增加下游管段的埋深。

无论采用何种衔接方式，下游管段始端的水面和管内底标高都不得高于上游管段终端的水面和管内底标高。

5.4.6 污水管道水力计算方法

污水管道设计计算采用式（5—8）及式（5—9），公式中管道的设计流量 Q、n 是已知的，需要确定管径 D 和水力半径 R、充满度 h/D、管道坡度 I 和流速 v，计算比较复杂。为了简化管道的水力计算，将各个水力要素：流量、管径、充满度、水力坡度及管道粗糙度等制成水力计算图表，供计算时查用。

【例题 5—1】 已知 $n=0.014$，$D=250$ mm，$I=0.006$，$Q=26$ L/s，求 v 和 h/D。

【解】

（1）采用 $D=250$ mm 的水力计算图（见附录附图 2）；

（2）该图上有 4 组线条：竖的线条代表流量，横的代表坡度。从左向右下倾的斜线代表流速，从右向左下倾的斜线代表充满度。首先从纵轴上的数字中找到 0.006，从而找出代表 $I=0.006$ 的横线；

（3）从横轴上找出代表 $Q=26$ L/s 的竖线；

（4）两条线相交得到一点，这一点正好落在代表流速 0.9 m/s 的斜线上，也正好落在代表充满度为 0.55 的斜线上。因此求得：$v=0.9$ m/s，$h/D=0.55$。

【例题 5—2】 已知 $n=0.014$，$D=300$ mm，$I=0.004$，$Q=30$ L/s，求 v 和 h/D。

【解】

（1）采用 $D=300$ mm 的水力计算图（见附录附图 3）；

（2）在纵轴上找到代表 $I=0.004$ 的横线；

（3）在横轴上找到代表 $Q=30$ L/s 的竖线；

（4）两条线相交得到一点，这一点落在代表流速 0.8 m/s 与 0.85 m/s 两条斜线之间，按内插法计算 $v=0.82$ m/s；同时该点还落在设计充满度 $h/D=0.5$ 与 $h/D=0.55$ 的两条斜线之间，按内插法计算 $h/D=0.52$。

5.5 排水管材与附属构筑物

5.5.1 排水管材

（1）对排水管材有如下要求：

1）必须具有足够强度来承受外部土壤压力、内部水压及运输过程中的动载荷。

2）具有较好的防渗性能，以避免污水渗出污染地下水及附近地表水体，同时防止地下水渗入管道，降低排水能力。

3）水力条件好，管道材料表面光滑，以减少水流阻力。

4）耐磨、耐腐、抗冲刷，增加管道使用寿命。

5）管材应就地取用，价廉、易于加工，以降低工程造价。

（2）常用的排水管道材料

1）金属管。常用的金属管有铸铁管和钢管。金属管质地坚固、强度高、抗振性能好、管壁光滑、水流阻力小、管节长、接口少，且运输和养护方便。但是价格昂贵、抗腐蚀能力较差，在城市排水管网中较少采用。

2）混凝土管与钢筋混凝土管。上述两种管材较易获得，价格低廉，适用于排输雨水、污水。但抗腐蚀能力差，不宜输送酸、碱性较强的工业废水，抗沉降、抗振性能差，管节短、接头多。

混凝土管与钢筋混凝土管可在预制厂预制或可现场烧制，制造方法分为捣实法、压实法和振荡法。捣实法即用人工捣实管模中的混凝土；压实法是用机器压实管坯；振荡法则是用振荡器振动管模中的混凝土，使其密实。

混凝土管的管径一般小于 450 mm，长度一般为 1 m，用捣实法制造的管长仅为 0.6 m。钢筋混凝土管的直径从 500～1 800 mm，最大管径可达 2 400 mm，管长在 1～3 m。两者一般采用圆形断面，采用的接口形式有承插式、企口式和平口式，如图 5—11 所示。

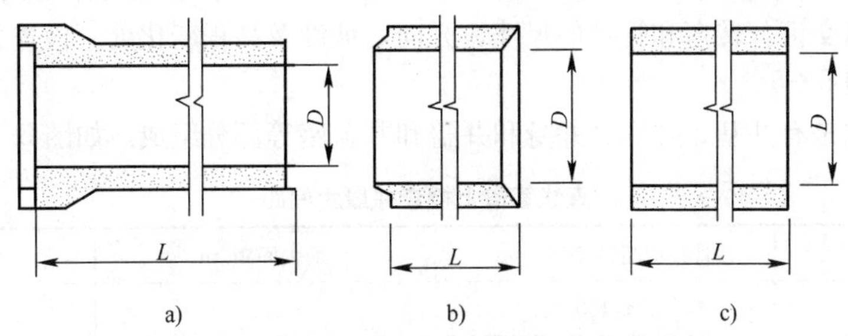

图 5—11 混凝土管和钢筋混凝土管管口形式

a）承插式 b）企口式 c）平口式

3）陶土管。是用含石英和铁质等杂质较多的低质黏土及瘠性料经成型、烧成的多孔性陶器，在焙烧过程中向窑内加入食盐，使其与黏土发生化学反应，在管子内外表面形成一种酸性釉，从而使管子光滑、耐磨、耐腐蚀、不透水。这种管可用于排输污水、废水、雨水、灌溉用水或排输酸性、碱性废水等，在世界各国被广泛应用。但陶土管质脆易碎，抗压、抗弯、抗拉强度低，不能承受内压，管节短，施工不方便。该管的管径若太大则烧制时易产生变形，因此一般不超过 600 mm，管长一般为 0.8～1.0 m。

4）塑料管。塑料排水管在排水管道工程中逐渐普及并得到广泛应用，这是由于该种管材具有质量轻、表面光滑、耐腐蚀、加工及搬运方便、漏水率低及价格便宜等优点。但塑料管材强度低、易老化。其主要品种包括聚乙烯（PE）管、高密度聚乙烯（HDPE）管、硬聚氯乙烯（UPVC）管、聚丙烯（PP）管、聚丁烯（PB）管、苯乙烯（ABS 工程塑料）管、玻璃钢夹砂管（RPMP）等。前三者应用较广，其中 HDPE 管由于其特殊的结构与性能，较小的投资，在排水管领域内备受青睐。

5）石棉水泥管。此管是用石棉纤维与水泥制成的，具有强度大、表面光滑、质量轻、管节长、抗腐蚀性强、易于加工等优点，但质地较脆、不耐磨。此管的直径在 50～600 mm，长度在 2.5～4 m。

6）大型排水管道。当排水管道设计口径大于 1.5 m 时，就需要现场浇筑、现场砌筑或预制装配等。常采用的材料有砖、石、混凝土块、陶土块、钢筋混凝土或钢筋混凝土块等。一般大型排水管道断面多采用矩形、拱形、马蹄形、半椭圆形等，其形式有单孔、双孔、多孔三种。

合理选择管道材料，将直接影响工程造价和使用年限，应从市场供应、技术、经济等方面综合考虑。例如，若管道穿越铁路，就必须采用钢管或预应力钢筋混凝土管；若输送酸碱性稍强的工业废水，适宜选用陶土管、UPVC 管；若在施工条件差（地下水位高或有流沙等）的地段，可采用较长的管道，可以减少接头，降低施工费用。

5.5.2 排水管道系统的附属构筑物

为了能够及时有效地收集、输送以及排除污水及雨水，保证排水系统的正常工作，除管道本身之外，还需在管道系统上设置必要的构筑物，主要包括检查井、跌水井、水封井、换气井、冲洗井、雨水口、溢流井、倒虹管及出水口等。合理设计以上构筑物对整个系统的运行有很大影响。

(1) 检查井。检查井用于连接上下游排水管道，便于对管道系统作定期的检查与清通。一般设置在管道交汇、转弯和管径的尺寸、方向、坡度及高程变化处。检查井在直线管路上的最大间距见表 5—5。

检查井通常是有井基、井底、井身和井盖和井盖座等部分组成。如图 5—12 所示。

表 5—5　直线管道上检查井最大间距

管别	管径或暗渠净高/mm	最大间距/m	常用间距/m
污水管道	≤400	40	20～35
	500～900	50	35～50
	1 000～1 400	75	50～65
	≥1 500	100	65～80
雨水管道、合流管道	≤600	50	25～40
	700～1 100	65	40～55
	1 200～1 600	90	55～70
	≥1 800	120	70～85

注：管径或暗渠高于 2 000 mm 时，检查井最大间距可适当增大。

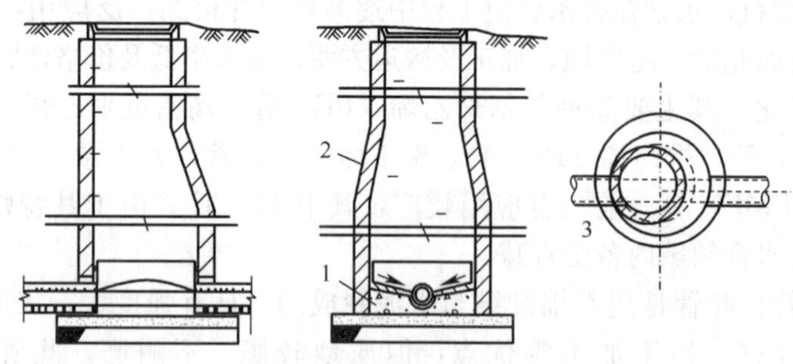

图 5—12　检查井

1—井底　2—井身　3—井盖

井基采用碎石、卵石、碎砖夯实或低标号混凝土。井底材料一般采用低标号混凝土，作为检查井的最重要的组成部分，为减小水流通过检查井时的阻力，井底宜设计成半圆形或弧形流槽，流槽直壁向上伸展。污水管道的检查井流槽顶与上、下游管道的管顶相平，或与0.85倍的管径高处相平，雨水管道和河流管道的检查井流槽顶可与0.5倍管径处相平。流槽两侧至检查井避间的地板（称沟肩）应有一定的宽度，一般不能小于200 mm，以便于养护人员下井操作，并应有0.02～0.05的坡度坡向流槽，防止检查井积水时产生淤泥沉积。在管道转弯或多条管道交汇处，为使水流畅通，流槽中心线的弯曲半径应按转角大小和管径大小确定，但不能小于大管的管径。检查井底各种流槽的平面形式如图5—13所示。

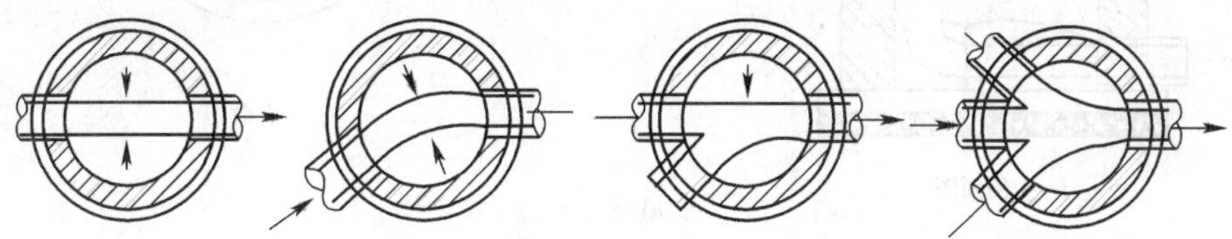

图5—13 检查井底流槽的平面形式

井身的构造与是否需要工作人员下井有密切关系。不需要下人的浅井，构造简单，一般为直壁圆筒形，直径为500～700 mm，如图5—14所示；需要下人进行检修的井在构造上分为工作室、渐缩部和井筒三部分，其直径一般以大于800 mm为宜。工作室是养护人员进行临时操作的地方，不宜过分狭窄，直径不能小于1 m，高度应为1.8 m或更高一些。为减低造价，井筒直径比工作室小，其值不应小于0.7 m。井筒和工作室之间可采用锥形渐缩部连接，渐缩部的高度一般采用0.6～0.8 m，也可在工作室顶偏向出水管一边加钢筋混凝土盖板梁，井筒砌筑在其上。

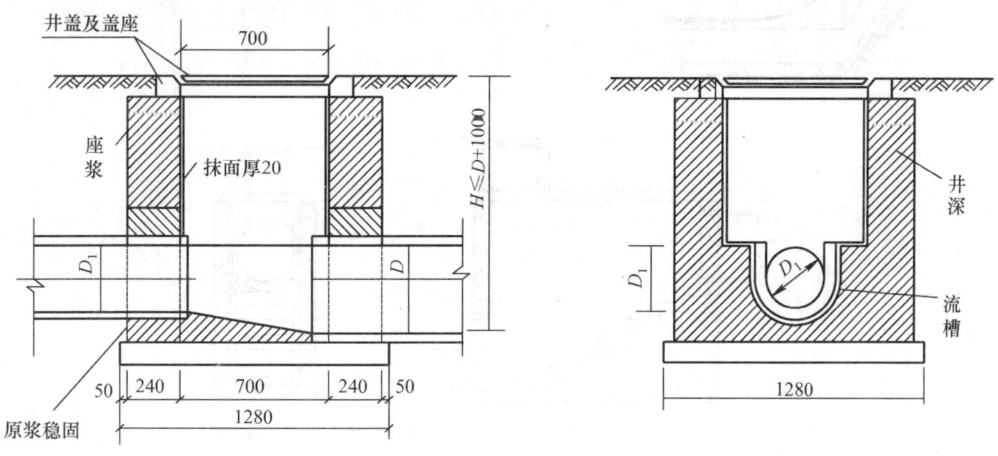

图5—14 不需下人的检查井

检查井的尺寸大小，应按管道埋深、管径和操作要求确定，详见《给水排水标准图集》。

（2）跌水井。当检查井内衔接的上下游管道的管底标高落差大于1 m时，为减小水流速度，防止冲刷，检查井内需采取消能设施，该种检查井称为跌水井。当管道跌水高度在1 m以内时，可不设置跌水井，只需将检查井井底做成斜坡即可；跌水井也不宜设置在管道的转弯处。

常用的跌水井有竖管式、溢流堰式和阶梯式，如图5—15所示。

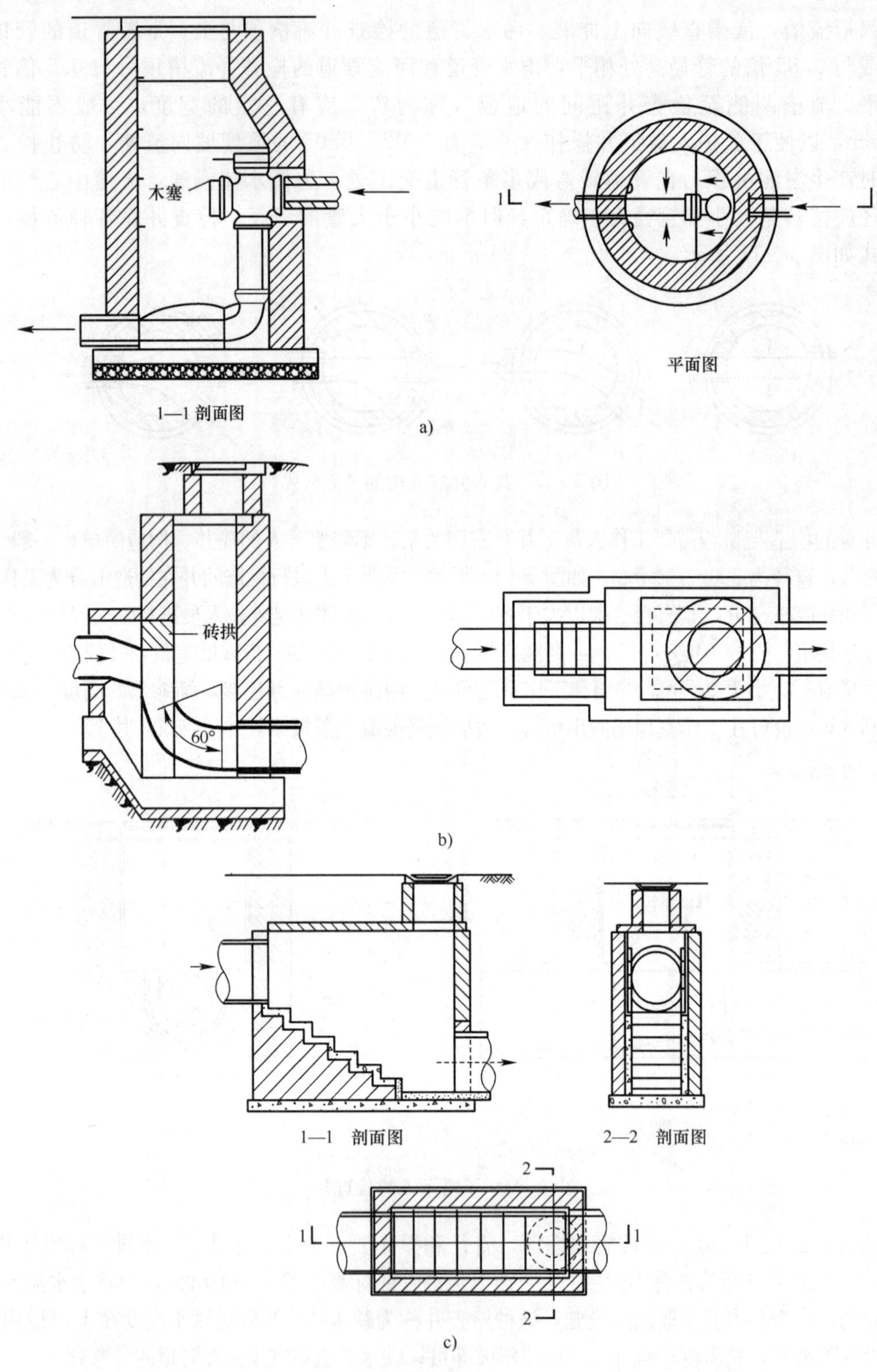

图 5—15 跌水井

a）竖管式跌水井 b）溢流堰式跌水井 c）阶梯式跌水井

竖管式跌水井构造较简单，一般不需做水力计算，适用于管径小于400 mm的管道。此种跌水井的允许跌落高度与管径有关，当管径小于或等于200 mm时，一次落差不超过6 m；当管径为300～400 mm时，一次落差不超过4 m。

溢流堰式和阶梯式跌水井的尺寸则需要通过水力计算求得。两者可应用于大管径的管道上，采用溢流堰或多阶梯逐步消能。为防止因跌水水流的冲刷而造成损坏或减少跌水井的使用寿命，溢流堰的底板或每级阶梯的底板均要采取加固措施。

(3) 水封井。工业废水能产生引起爆炸或火灾的气体，所以排水管道上必须设置水封井，即设有水封的检查井，以阻隔易燃易爆气体的流通及阻隔水面游火，防止其蔓延。

水封井应设置在产生易燃易爆气体的废水成产装置、储罐区、原料储运场地、成品仓库、容器洗涤车间等废水排出口处和适当距离处的干管上；由于此管道的危险性，应远离有明火的地方，不能设在车行道和行人众多的地段。

水封深度一般为0.25 m左右，井上设通风管，井底设沉泥槽，深度一般采用0.5～0.6 m。如图5—16所示。

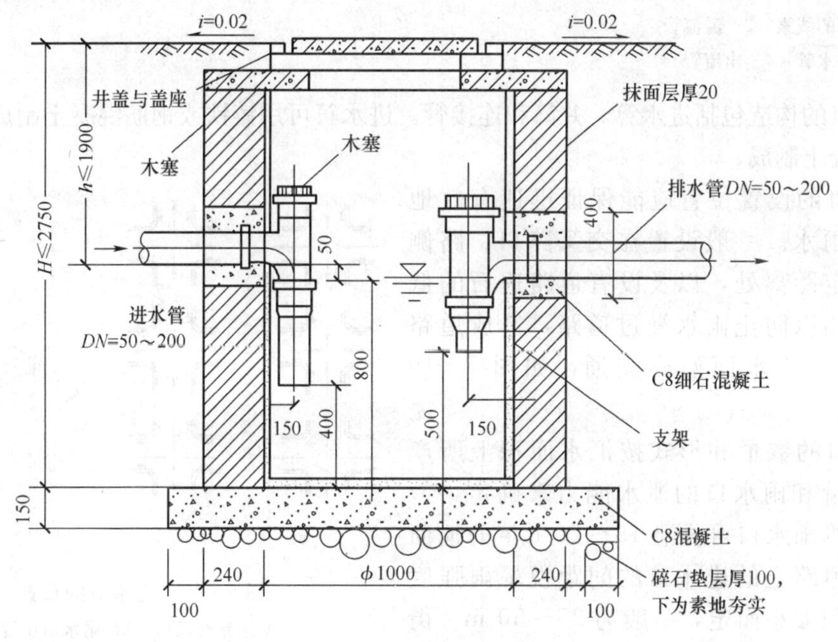

图5—16 竖管式水封井

(4) 换气井。污水中的有机物常在管道中沉积而厌氧发酵，经过发酵分解产生甲烷、硫化氢、二氧化碳等气体，若与一定体积的空气混合，在点火条件下将会产生爆炸，甚至引起火灾。为防止此类事故的发生，也为保证在检修排水管道时工作人员能较安全的进行操作，有时在街道排水管的检查井上设置通风管，使有害气体在住宅竖管的抽风作用下，随同空气沿庭院管道、出户管及竖管排入大气。此种设有通风管的检查井称为换气井。

(5) 冲洗井。为防止管道内产生淤积现象，可设置冲洗井。包括自动冲洗井和人工冲洗井两种。自动清洗井采用虹吸式，构造复杂，造价很高，很少采用。人工冲洗井结构简单，具有一定的容积。这种井适用于管径不大于 400 mm 的管道上。构造如图 5—17 所示。

(6) 雨水口。雨水口是在雨水管道或合流管道上收集地面雨水的构筑物，如图 5—18 所示。

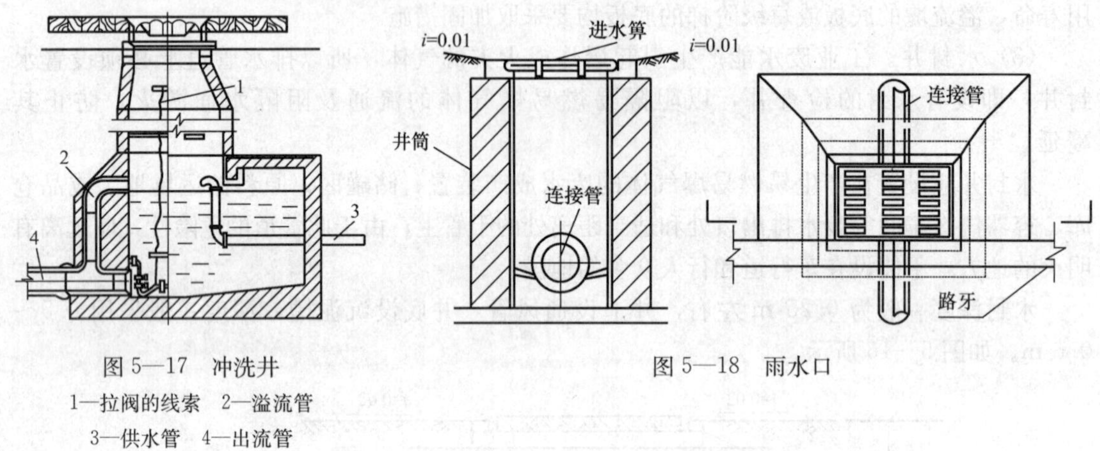

图 5—17　冲洗井

1—拉阀的线索　2—溢流管

3—供水管　4—出流管

图 5—18　雨水口

雨水口的构造包括进水箅、井筒和连接管。进水箅可用铸铁或钢筋混凝土制成，井筒用砖砌或混凝土制成。

雨水口的设置位置应能保证迅速有效地收集地面雨水。一般设置在交叉路口、路侧边沟的一定距离处，以及设有道路边石的低洼地区，用以防止雨水漫过道路，造成道路及低洼地区积水而妨碍交通，如图 5—19 所示。

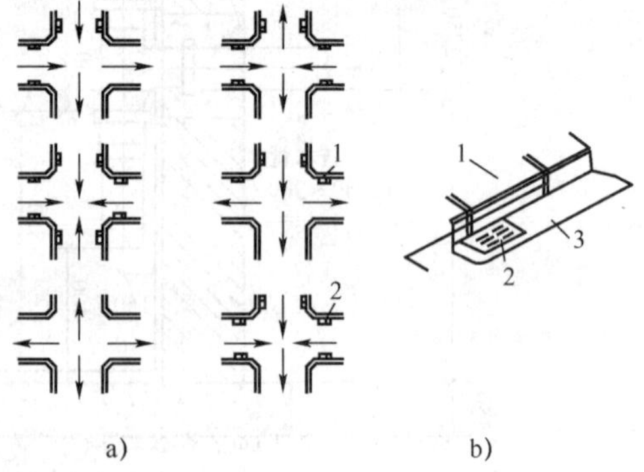

图 5—19　雨水口的布置

a) 道路交叉口　b) 雨水口位置

1—路边石　2—雨水口　3—道路路面

雨水口的数量和形式按汇水面积上所产生的径流量和雨水口的泄水能力来确定，一般一个平箅雨水口可排泄 15～20 L/s 的地面径流量。道路上的进水口的间距视暴雨强度和汇水面积大小而定，一般为 25～50 m。街道雨水口有三种形式：1) 边沟雨水口，即进水箅稍低于道路边沟底水平位置；2) 边石雨水口，即进水箅嵌入道路边石垂直放置；3) 联合式雨水口，即在边沟和边石侧面都安置进水箅。

雨水口的深度一般不大于 0.8～1.0 m，在寒冷地区的雨水口深度可适当增大。

(7) 溢流井。溢流井的形式主要有截流槽式、溢流堰式和跳跃堰式，通常设置在合流管道与截流干管的交汇处。

截流槽式溢流井结构最简单，井中设有截流槽，槽顶与截流干管的管顶相平，当上游来水量超过截流干管输水能力时，水就会从槽顶溢出，进入溢流管排入水体。

溢流堰式溢流井设在截流管的侧面，如图 5—20 所示。槽中水位超过堰顶时，超量的水即溢流入水体。

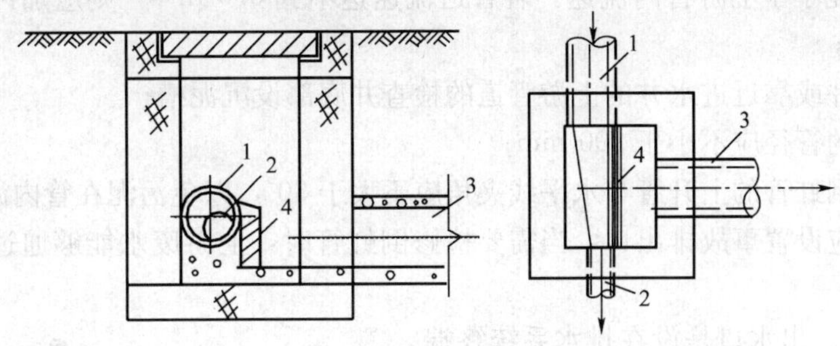

图 5—20　溢流堰式溢流井

1—合流沟道　2—截流干沟　3—溢流沟道　4—溢流堰墙

跳跃堰式溢流井的构造如图 5—21 所示。当上游的流量大到一定量时，水流将越过截流干管，进入到溢流管排入水体。

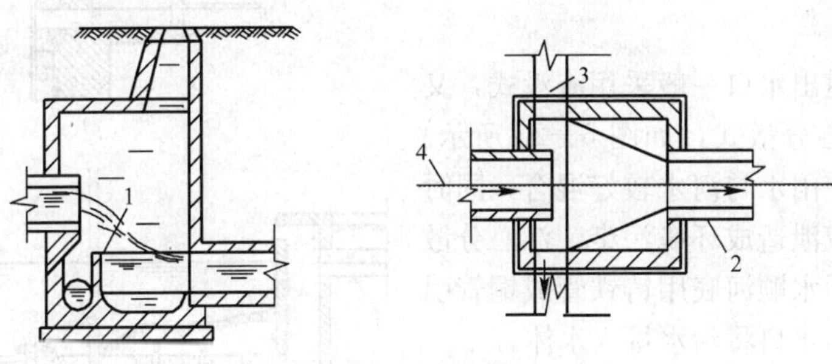

图 5—21　跳跃堰式溢流井

1—隔墙　2—雨水出流干管　3—雨水截流干沟　4—雨水入流干沟

(8) 倒虹管。当排水管道遇到河流、山涧、洼地或地下构筑物时，管道不能按原有的坡度埋设，而是以下凹的折线方式从障碍物下通过，此种管道称为倒虹管。倒虹管井施工麻烦、造价很高、养护困难，应尽量避免采用。若采用，则应布置在不受洪水淹没处，必要时可考虑排气设施。

倒虹管由进水井、管道和出水井组成。管道有折管式和直管式两种，折管式倒虹管如图 5—22 所示。折管式管道包括下行管、平行管和上行管三部分。此管道在河滩很宽的情况下采用，且施工麻烦；而直管式管道施工与养护较前者简易。

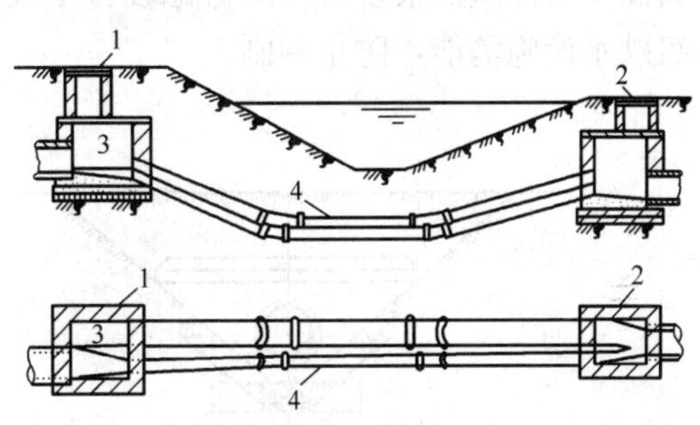

图 5—22　折管式倒虹管

1—进水井　2—出水井

3—溢流堰　4—沟管

倒虹管的设置应尽可能与障碍物正交通过，从而缩短其铺设长度，同时也应符合障碍物相交的有关规定。由于倒虹管的清通要比一般管道困难，因此设计时应采取以下措施，防止倒虹管内污泥沉积：

1）提高管内设计流速。一般采用 1.2～1.5 m/s，条件困难时可适当降低，但应不小于 0.9 m/s，且不能小于上游管内流速。若管道流速达不到 0.9 m/s，则应加冲洗措施，且不得小于 1.2 m/s；

2）在进水井或靠近进水井的上游管道的检查井底部设沉泥槽；

3）倒虹管的管径应不小于 200 mm；

4）折管式倒虹管的上升管与水平线夹角应不大于 30°，以免污泥在管内淤积；

5）倒虹管应设置事故排出口，当需要检修倒虹管时，上游废水能够通过该事故排出口直接排入水体。

（9）出水口。出水口是设在排水系统终端向水体排放污水、雨水的构筑物。出水口的设置位置应根据排水水质，下游用水情况、水文及气象条件等因素而定，并要取得当地卫生主管部门和航运管理部门的同意。如在河渠的桥、涵、闸附近设置，应设在以上构筑物的下游等。

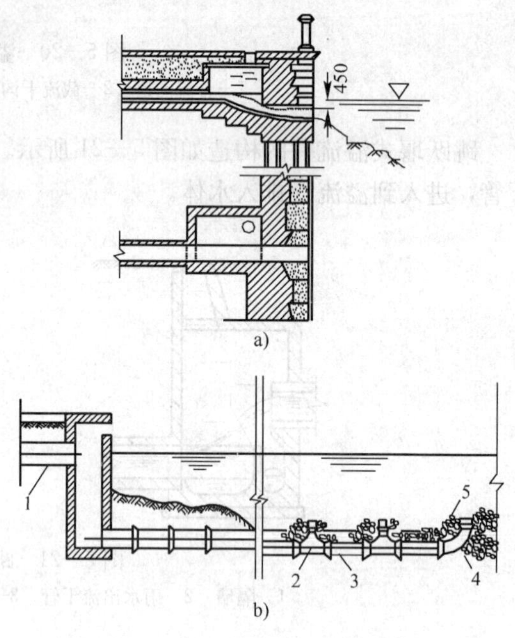

图 5—23　出水口

a）岸边式出水口　b）江心分散式出水口

污水排放管道出水口一般采用淹没式，又分为岸边式和江心分散式，如图 5—23 所示。岸边式出水口能使雨水与河水较好混合，同时能避免污水沿滩流泄造成环境污染。江心分散式出水口则是将污水顺河底用铸铁管或铜管引至河心，用分散出水口将污水排入水体。

雨水排水管道出水口通常采用非淹没式，即管底标高在水体的最高水位以上或高于常水位，以避免水体倒灌。出水口的翼墙可分为一字式和八字式，如图 5—24 所示。当出水口的标高高于水体水面很多时，应考虑设置单级或多级跌水设施消能，防止冲刷。

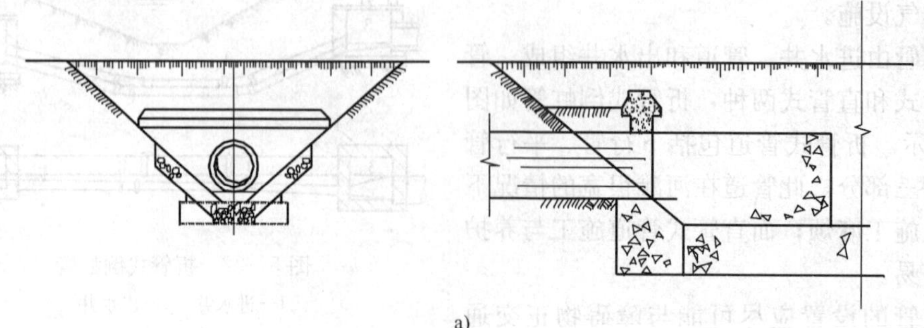

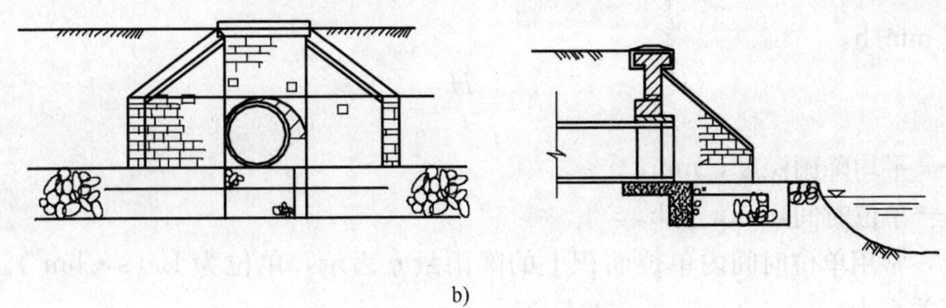
b)

图 5—24 出水口形式
a）一字式出水口 b）八字式出水口

5.6 雨量分析

5.6.1 雨量分析要素

用于描述某场降雨特征的指标主要包括降雨量、降雨历时、暴雨强度、重现期、汇水面积等。

（1）降雨量。降雨量（H）指单位地面面积上在一定时间内降雨的雨水体积，其计量单位为体积/（面积·时间）或长度/时间，这时降雨量又称一定时间内的降雨深度。常用的降雨量统计数据计量单位有：

年平均降雨量：指多年观测的各年降雨量的平均值；

月平均降雨量：指多年观测的各月降雨量的平均值；

最大日降雨量：指多年观测的各年中降雨量最大的一日的降雨量。

降雨量可用雨量计测得，图 5—25 所示为虹吸式自记雨量计。

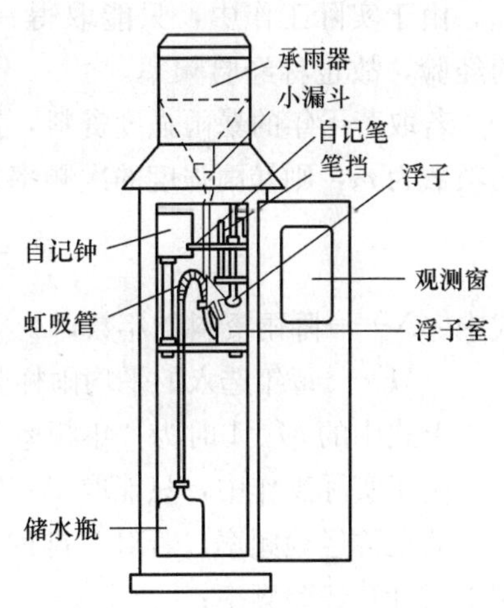

图 5—25 虹吸式自记雨量计

（2）降雨历时。降雨历时指连续降雨的时段，或全部降雨的时间或其中个别的连续降雨时段，用 t 表示，单位以 min 或 h 计。

（3）降雨面积及汇水面积。降雨面积即每一场降雨所笼罩的地面面积。

汇水面积（或称流域面积）为雨水管道汇集和排除雨水的地面面积，用 F 表示，单位为 hm^2 或 km^2。一般大的雷雨或暴雨覆盖面较大，且在整个降雨面积上呈不均匀分布。但对于城市排水系统，汇水面积一般小于 100 km^2。因此，可假定降雨在整个小汇水面积内是均匀分布的，从而采用自记雨量计所测得的局部地点的降雨量数据可以近似代表整个汇水面积上的降雨量。

（4）暴雨强度、频率及重现性

1）暴雨强度。暴雨强度是指某一连续降雨时间段内的平均雨量，用 i 表示，单位为

mm/min 或 mm/h。

$$i=\frac{H}{t} \tag{5—13}$$

式中 H——平均降雨深度，mm；

t——单位时间，min 或 h。

工程上，常用单位时间内单位面积上的降雨量 q 表示，单位为 L/(s·hm²)。则 i 和 q 之间的换算关系为：

$$q=\frac{10\,000}{60}i=167i \tag{5—14}$$

常采用自记雨量计来观测降雨，记录每场雨的累积降雨量和降雨时间之间的对应关系，以降雨时间为横坐标，以累积降雨量为纵坐标绘制降雨量累积曲线。曲线上某点的斜率即为该时间的降雨瞬时强度。将降雨量在某段时间内的增量除以该时间段长度，即为该段降雨历时的平均降雨强度。

找出降雨量最大的那个时段内的降水量，对雨水管网设计意义重大。因此，暴雨强度的数值与所取的连续时间段 t 的跨度和位置有关。在城市暴雨强度公式推求中，经常采用的降雨历时为 5 min、10 min、15 min、20 min、30 min、45 min、60 min、90 min、120 min 9 个历时数值，特大城市可以用到 180 min。

2）暴雨强度频率。对应于特定降雨历时的暴雨强度的出现次数服从一定的统计规律，可通过长期的观测数据计算某个特定的降雨历时的暴雨强度出现的频率，即暴雨强度频率。由于实际工作中，只能取得一定年限内有限的暴雨强度值，且只能反映一定时间内的经验，故也称经验频率。

若取若干年的暴雨强度资料，按大到小的顺序排列，总项数为 n，等于或大于某强度值的项数为 m，则暴雨强度的次频率为：

$$P_{\mathrm{n}}=\frac{m}{n}\times100\%=\frac{m}{MN}\times100\% \tag{5—15}$$

式中 N——降雨资料的年数；

M——每年选入的平均雨样数。

上式中的 $M=1$ 时为“年频率”。

由于实际工作中，只能取得一定年限内有限的暴雨强度值，且只能反映一定时间内的经验，故也称经验频率。若对于排列的最末项 $m=n$ 时，$P_n=100\%$，显然不合理。因此常采用下式计算经验频率：

$$P_{\mathrm{n}}=\frac{m}{n+1}\times100\%=\frac{m}{MN+1}\times100\% \tag{5—16}$$

3）暴雨强度重现期。指多次的观测中，事件数据值大于或等于某个设定值重复出现的平均间隔年数，单位为年（a）。

重现期与经验频率之间的关系可直接按定义由下式表示：

$$P=\frac{1}{P_{\mathrm{n}}} \tag{5—17}$$

重现期的最小值不宜低于 0.33 年。一般情况下，低洼地段采用的设计重现期大于高地；

干管采用的设计重现期大于支管；工业区采用的设计重现期大于居住区；市区采用的设计重现期大于郊区。

(5) 暴雨强度曲线与暴雨强度公式

1) 暴雨强度曲线。设计雨水管道的流量时，必须研究并确定各地区的 i (q) $-t-P$ 这三者的关系。具体方法为：以降雨历时 t 为横坐标，以暴雨强度 i (q) 为纵坐标，将选定的各重现期各历时的暴雨强度点绘制于坐标纸上，然后将重现期相同的点连成光滑曲线，此组曲线表示了三者之间的关系，即称为暴雨强度曲线，如图 5—26 所示。

此方法简单，曲线虽准确度不高，但适用于要求不高的雨水管道设计。

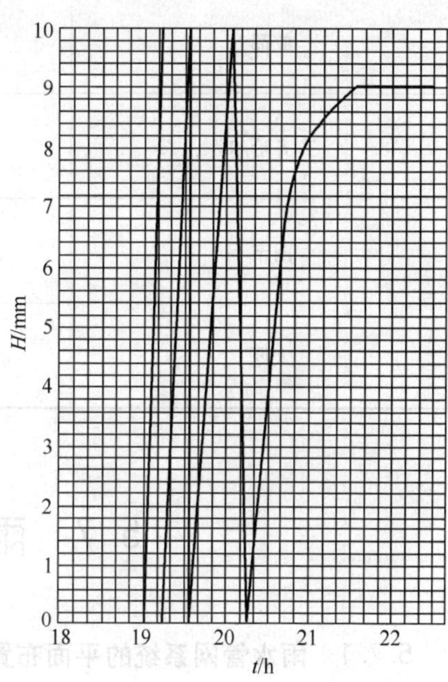

图 5　26　自记雨量计雨量记录

2) 暴雨强度公式。暴雨强度公式即为暴雨强度 i (q)与降雨历时 t 和年重现期 P 之间的函数关系式，其函数形式有多种，我国《室外排水设计规范》中规定的公式形式为：

$$q=\frac{167A_1(1+C\lg P)}{(t+b)^n} \tag{5—18}$$

式中　q——暴雨强度 L/(s·hm^2)；

P——重现期，a；

t——降雨历时，min。

A_1，C，b，n——地方参数，根据统计方法进行计算。

我国部分大城市的暴雨强度公式的参数见表 5—6。

对于目前尚无暴雨强度公式的城镇，可借用邻近的气象条件相似城市的公式进行计算，我国一些地区采用的暴雨强度公式见表 5—7。

表 5—6　　我国部分大城市暴雨强度公式参数表

城市名称	资料年数	暴雨强度公式参数			
		A_1	C	b	n
北京	40	10.662	8.842	7.857	0.679
上海	41	17.812	14.668	10.472	0.766
天津	15	49.586	39.846	25.334	1.012
南京	40	16.962	11.914	13.228	0.775
杭州	15	10.600	7.736	6.403	0.686
广州	10	11.163	6.646	5.033	0.625
成都	17	20.154	13.371	18.768	0.784
昆明	16	8.918	6.133	10.247	0.649
西安	19	37.603	50.124	30.177	1.077
哈尔滨	34	17.932	17.036	11.770	0.880

表 5—7　　我国一些地区采用的暴雨强度计算公式

城市名称	暴雨强度公式	资料记录年数
北京	$q=\frac{1\,710\ (1+0.7\ \lg P)}{(t+5)^{0.68}}$	20
上海	$q=\frac{5\,544\ (P^{0.3}-0.42)}{(t+10+7\lg P)^{0.82+0.07\lg P}}$	41
成都	$q=\frac{2\,806\ (1+0.803\ \lg P)}{(t+12.8P^{0.231})^{0.768}}$	17
齐齐哈尔	$q=\frac{684\ (1+1.13\ \lg P)}{t^{0.636}}$	10
南宁	$q=\frac{10\,500\ (1+0.707\ \lg P)}{t+21.1P^{0.119}}$	32
太原	$q=\frac{1\,446.22\ (1+0.867\ \lg P)}{(t+5)^{0.796}}$	15

5.7　雨水管网系统的设计

5.7.1　雨水管网系统的平面布置

雨水管网系统由雨水口、雨水管道、检查井和出水口等构筑物组成。该系统的布置是要使水顺利地从建筑物、车间、工厂区或居住区内排出去，不影响生产与生活，达到经济合理的要求。具体原则如下：

(1) 平面布置时，应尽量利用地形的自然坡度，使雨水能以重力流就近排入附近的水体中去，并且保证管线最短。地形坡度较大时，雨水干管多布置在地势低的地方；地势平坦时，则布置在排水区域中间。由于地势的原因必须设置水泵站时，应尽量使流入泵站的雨水量减到最低限度，以降低泵站的造价和运行管理费用。

(2) 在街道两侧设置雨水口，其布置应使雨水不致漫过路面，不影响交通，且相邻雨水口的纵向距离一般为 30～80 cm。

(3) 每条雨水干管起端的 100～200 m 可不设置雨水管道，尽量利用道路两侧边沟排除地面径流。

(4) 雨水干管不宜设置在交通量大的干道下，应设在排水区的地面道路下。

(5) 若条件允许，为降低工程造价，可用明暗渠结合的方式排出雨水。但在城市内设置明渠，可能对交通和卫生带来很大影响，一般较宜设置在市郊或工业区。

(6) 城市规划时应有计划地设置池塘，以便暴雨量大时储存超过雨水管道负荷的径流量，同时可减小管道断面的设计参数，节约投资。

(7) 建筑于山坡或山脚下的城市，应在市郊设置排洪沟，以拦截坡上的径流，保护城镇和工业区的安全。

5.7.2 雨水管道设计流量的确定

根据《室外排水设计规范》规定，雨水管道设计流量与汇水面积、暴雨强度、径流系数之间的关系如下：

$$Q=\psi qF \tag{5—19}$$

式中 Q——雨水设计流量，L/s；

ψ——径流系数，其值小于1；

F——汇水面积，hm^2；

q——设计暴雨强度，$L/(s \cdot hm^2)$；

上述公式必须有以下条件才能成立：降雨在汇水面积上是分布均匀的；径流面积的增长速度是常数；降落在地面上的雨水无渗透、蒸发等现象，全部形成径流，即$\psi=1$。

(1) 径流系数ψ。降落到地面的水除蒸发、渗透、以及流入地势低洼处外，余下的雨水将沿地面流入雨水管道，此部分的雨水称为径流。径流量与雨水量的比值称为径流系数ψ，其值小于1。

影响ψ的因素很多，如地面覆盖情况、地面坡度、地貌、建筑物密度等，精确计算其值大小非常困难。目前设计中常采用按地面覆盖种类确定的经验数值，见表5—8。

表5—8　径流系数ψ值

地面种类	ψ值
各种屋面、混凝土和沥青路面	0.9
大块石铺砌路面和沥青表面处理的碎石路面	0.6
级配碎石路面	0.45
干砌砖石和碎石路面	0.40
非铺砌土路面	0.30
公园和绿地	0.15

通常汇水面积内存在多种地面种类，此时对应的径流系数应为整个汇水面积的平均径流系数ψ_{av}，计算公式如下：

$$\psi_{av}=\frac{\sum(F_i\psi_i)}{F} \tag{5—20}$$

式中 F_i——汇水面积上各类地面的面积，万m^2；

ψ_i——相应的各类地面的径流系数；

F——全部汇水面积，万m^2。

实际设计时，各类地面面积很难计算，而且工作量大，因此常采用区域综合径流系数。一般城市市区的综合径流系数ψ=0.5～0.8，郊区ψ=0.4～0.6。表5—9为国内部分城市采用的综合径流系数。

表 5—9　　国内部分城市采用的综合径流系数

城市	综合径流系数 ψ
北京	建筑极密集中心区 0.70 建筑密集的商业、居住区 0.60 城郊一般规划区 0.55
上海	一般 0.50～0.60，最大 0.80；新建小区 0.40～0.44，某工业区 0.40～0.50
天津	0.30～0.90
广州	0.50～0.90
南京	0.50～0.70
重庆	一般 0.70，最大 0.85
成都	0.60
西安	城区 0.54，郊区 0.43～0.47
济南	0.60
唐山	0.50
长沙	0.60～0.90
宁波	0.50
杭州	小区 0.60
常州	0.55～0.60
兰州	0.60
哈尔滨	0.35～0.45
佳木斯	0.30～0.45
齐齐哈尔	0.30～0.50
吉林	0.45
营口	郊区 0.38，市区 0.45
白城	郊区 0.35，市区 0.38
四平	0.39
保定	0.50～0.70
西宁	半建成区 0.30，基本建成区 0.50
昆明	0.60
通辽	0.38

《室外排水设计规范》(GB 50101—2005) 推荐的城市建筑密集区 ψ 值范围为 0.60～0.85；城市建筑较密集区的 ψ 值范围为 0.45～0.60；城市建筑稀疏区的 ψ 值范围为 0.20～0.45。

（2）设计暴雨强度的确定。虽各地区的暴雨强度计算公式不同，但均能反映出暴雨强度与降雨历时和重现期之间的关系。因此设计暴雨强度的前提是确定降雨历时与重现期。

1）设计降雨历时。即管段设计断面发生最大流量时对应的降雨历时。

雨水汇流过程中，流域中最远点的雨水径流流到出水断面的时间称为流域的集流时间，用 τ_0 表示。当降雨历时与集流时间相等时，雨水管道对应的全部汇水面积参与径流，此时流量最大，并采用集流时间作为设计降雨历时。

雨水管道某一断面的集流时间如下：

$$\tau_0 = t_1 + mt_2 \tag{5—21}$$

式中 t_1——汇水面积最远点流到第一个雨水口的地面集流时间，min；

t_2——雨水在管道内流到设计断面所需时间，min；

m——折减系数。

①t_1的确定。实际设计中，t_1的计算很困难，一般采用经验数值。《室外排水设计规范》规定，一般采用 5～15 min；对于建筑密度大，雨水分布较密地区，其值可取 5～8 min；而在建筑面积小，地形平坦，雨水口布置较稀疏的地区，其值取 10～15 min。

②t_2的确定

$$t_2 = \sum \frac{L}{60v} \tag{5—22}$$

式中 L——计算管段长度，m；

v——各管段满流时的水流速度，m/s。

③折减系数 m。雨水管道是按照满流来设计的，但实际上随着降雨历时的增长，管道中的雨水逐渐增多，直到满流，因此，按满流时的雨水流速计算的时间要短于实际水流时间。故计算式引入折减系数 m 加以修正。我国《室外排水设计规范》建议暗管的折减系数 m 为 2，明渠的则为 1.2，陡坡地区为 1.2～2。

2）设计重现期。雨水管道设计时，若采用较高的设计重现期，则由暴雨强度公式可知，对应的设计暴雨强度就大，管道断面相应也大，有利于排除地面积水，安全可靠，但工程造价高；若采用较小的设计重现期，虽管道断面减小，减低了工程造价，但安全性差，可能出现地面径流得不到及时排泄的现象。

实际设计时，应根据地区地形特点、汇水面积，建设性质（如广场、居住区、厂区）来确定重现期。一般选用 0.5～3 a；对于重要干道、地区或短时间积水可造成严重损失的地区，一般选用 3～5 a，并应与道路设计相协调；对于特别重要的地区可选用 10～20 a。对于同一排水系统也可采用同一或不同的重现期。

综上，当设计降雨历时与设计重现期确定后，设计暴雨强度公式与流量公式可写成：

$$q = \frac{167A_1(1 + C\lg P)}{(t_1 + mt_2 + b)^n} \tag{5—23}$$

$$Q = \psi qF = \psi F \frac{167A_1(1 + C\lg P)}{(t_1 + mt_2 + b)^n} \tag{5—24}$$

式中各参数的意义及单位与上文相同。

5.7.3 雨水管道设计流量参数确定

（1）设计充满度。由于雨水较污水清洁，因此雨水系统溢流对环境卫生的影响较轻，故雨水管道的充满度按满流设计，即 $h/D=1$。明渠应有大于或等于 0.2 m 的超高；街道边沟应有不小于 0.03 m 的超高。

（2）设计流速。为避免雨水夹带的泥土与其他杂质沉积堵塞管道，雨水管道最小设计流速为 0.75 m/s，明渠的最小设计流速为 0.4 m/s。

为避免管道内雨水流速过大而冲刷损坏，雨水管道最大设计流速为：金属管道 10 m/s，非金属为 5 m/s；明渠的最大设计流速见表 5—10。

表 5—10　　明渠最大设计流速

明渠类别	最大设计流速（m/s）
粗沙或低塑性粉质黏土	0.8
粉质黏土	1.00
黏土	1.20
石灰岩及中砂岩	4.00
草皮护面	1.60
干砌块石	2.00
浆砌块石或浆砌砖	3.00
混凝土	4.00

注：①此表数据适用于水深为 $h=0.4\sim1.0$ m 的明渠；

②当水深在上述范围外，则需乘以下列系数：

当 $h<0.4$ m 时，系数为 0.85；

当 $h>1.0$ m 时，系数为 1.25；

当 $h>2.0$ m 时，系数为 1.4。

（3）最小管径与最小设计坡度。雨水管道和合流管道的最小管径为 300 mm，最小设计坡度为 0.003。

雨水口连接管最小管径为 200 mm，最小坡度为 0.01。

（4）雨水管道的断面形式。大多数采用圆形，当圆形断面尺寸较大时，可用矩形或其他形式代替。雨水明渠一般采用梯形的断面形式，且底宽不小于 0.3 m。

（5）管顶覆土厚度。在车行道下时，一般不小于 0.7 m。

5.7.4 雨水系统设计计算步骤

（1）划分排水区域，进行管道定线。根据城市总体规划，按地形划分排水流域，进行管道定线。

（2）划分设计管段。划分原则是应使设计管段服务范围内地形变化不大，没有大流量交汇，一般为 100～150 m。若管段划分较短，则计算工作量大；若划分较长，则会使某些管段管径偏大，设计不经济。

根据管道的具体位置，应在管道转弯处、管径或坡度改变处、有支管接入处、两条以上管道的交汇处以及超过一定距离的直线管段上，均设置检查井。两检查井之间流量不变且预计管径和坡度也不变的管段定位计算管段，并应从管段上游至下游对各检查井进行编号。

(3) 确定沿线管段的汇水面积。沿线管段的汇水面积的划分要根据实际地形而定。地形平坦时，可按就近排除的原则，按周围管道的布置用等分角线法来划分汇水面积；当地形坡度较大时，则按地面雨水径流的水流方向划分汇水面积，同时进行编号，计算其面积。

(4) 确定设计计算基本数据。根据各流域的具体条件，确定地面径流系数、设计暴雨重现期及积水时间，各数据的选择及计算上文已介绍。将数据列表，计算各设计管段的设计流量。

(5) 确定管道埋深与衔接。在保证管道不被冻坏、不被压坏和满足街坊内部沟道衔接的要求下，确定最小埋深。管顶的最小覆土厚度，在车行道下时一般不低于 0.7 m。

雨水管道的衔接宜采用管顶平接的方式。

(6) 确定单位面积的径流量。单位面积的径流量用 q_0 表示，单位为 L/(s・hm²)，其值为暴雨强度 q 与径流系数 ψ 的乘积：

$$q_0 = q\psi = \frac{167A_1(1+C\lg P)}{(t_1+mt_2+b)^n}\psi \tag{5—25}$$

式中各参数意义同上文，其中 P、t_1、ψ、A_1、b、C、n 均为已知数，只要求出 t_2 即可计算出 q_0 的值。根据暴雨强度公式，可绘制出单位面积径流量与设计降雨历时关系曲线。

(7) 管材的选择。雨水管道管径不大于 400 mm 时，采用混凝土管；大于 400 mm 时，采用钢筋混凝土管。

(8) 雨水管段的水力计算。确定各设计管段的管径、坡度、流速、管底标高和管道埋深。

(9) 绘制雨水管道平面图及纵剖面图。绘制方法及要求与污水管道基本相同。

5.8　合流制排水管网系统的设计

合流制排水管网系统是采用同一管道排除生活污水、工业废水及雨水的排水方式，根据混合污水的处理和排放方式，又分为直流式和截流式合流制两种。由于直流式合流制是将混合污水直接排入水体，而造成水体严重污染，目前新建的排水系统已经不再采用此种方式。故本章只介绍截流式合流制排水系统。

5.8.1　截流式合流制排水系统的特点

该排水系统管道造价低，管线单一，总长度减小，缓解了晴天时城市污水及初期雨水对水体的污染，在一定程度上满足环境保护方面的要求。但该系统管道的过水断面很大，晴天时旱流流量小，流速低，易使管底形成淤积。而当降雨时，管底大量的沉积物会被雨水冲刷带入水体，造成严重污染。暴雨期间，部分混合污水通过溢流井排入水体，也会对水体造成周期性污染。

5.8.2　截流式合流制排水系统的工作情况

截流式合流制排水系统临河平行设置截流管道，用以汇集各支管、干管输送来的混合污水。晴天时，截流管以非满流的排水方式将生活污水和工业废水送往污水处理厂。雨天时，随着雨量的增加，截流干管则以满流的方式将生活污水、工业废水和雨水的混合污水送至污水处理厂；当雨水量增加到超过截流管的设计输水能力时，溢流井开始溢流；随着降雨时间的增长，溢流量将会随之减少，直至停止溢流。

5.8.3 截流式合流制排水系统的使用条件

（1）排水区域内有一处或多处充沛的水体，并有较大的流量与流速，当一定量的混合污水排入后，对水体造成的污染在允许范围之内。

（2）街道和街区建设比较完善，而街道的横断面又较窄，要求必须采用暗管排除雨水，管道的平面位置受到限制时，可考虑采用此系统。

（3）地面有一定的坡度倾向水体，当水体处于高水位时，不会淹没岸边，且污水能以自流的方式排入水体，中途无须泵站提升。

（4）特别干旱，降雨量小的地区。对于不同的地区来说，上述条件不一定能够全部满足，但最重要的是应满足环境保护的要求，即保证水体所受的污染程度在允许的范围内，此时方可根据当地城市建设及地形条件合理选用合流制排水系统。

5.8.4 截流式合流制排水系统的布置

截流式合流制排水系统的布置特点如下：

（1）系统的布置应使排水面积上的生活污水、工业废水和雨水都能合理地排入管道，并且管道应尽可能以最短的距离坡向水体。

（2）排水系统上游的区域内，若雨水可沿地面的街道边沟排泄，在该区域可以只设置污水管道，而当雨水不能沿地面排泄时，才考虑布置合流管道。

（3）沿水体岸边布置与其平行的截流干管，在截流干管的适当位置上设置溢流井，从而使超过截流干管设计输水能力的那部分混合污水能顺利地通过溢流井就近排入水体。

（4）截流干管上必须合理确定溢流井的数目和位置，以便尽可能减小对水体的污染，同时减小截流干管的断面尺寸和缩短排放渠道。

（5）可在溢流出水口附近设置混合污水储水池，降雨时用于储存溢流出的混合污水，待雨后再将其输送至污水处理厂处理。此方法既可彻底解决收纳水体的污染问题，又可充分利用污水处理厂。但要求储水池有较大的容积，还需设置泵站待雨停时将储存的污水提升至截流管。

5.8.5 溢流井的设置

溢流井的设置是为了使超过截流干管设计输水能力的混合污水顺利地溢流并就近排入水体。通常将其设置在合流干管与截流干管的交汇处，但并非每一交汇处均设溢流井。若溢流井设置数目少，则有利于改善水体环境，将污水对水体的污染降到最低；若设置数目多一些，则可使溢流出的混合污水及早流入水体，同时减小截流干管的尺寸，降低截流干管下游的设计流量，但设置过多，将会增加溢流井和排放渠道的造价。

综上，溢流井的数目和位置应根据设计地区的实际情况，综合考虑各影响因素，通过经济技术比较确定。

5.8.6 合流制排水管道的水力计算

（1）完全合流制排水管道设计流量

该管道的设计流量按下式计算：

$$Q_z = Q_s + Q_g + Q_y = Q_h + Q_y \quad (5\text{—}26)$$

式中 Q_z——完全合流制管道的设计流量，L/s；

Q_s——设计生活污水量，L/s；

Q_g——设计工业废水量，L/s；

Q_y——设计雨水量，L/s；

Q_h——设计生活污水量与工业废水量之和，即无降雨日的城市污水量，L/s。

截流式合流制排水管道系统中溢流井上游部分，实际上相当于完全合流制排水管道系统，其设计流量计算方法与上述方法完全相同。

（2）截流式合流制排水管道设计流量。当溢流井内的混合污水量刚好达到溢流状态时，雨水流量与旱流流量的比值即为截流倍数，用 n_0 表示。n_0 值的取值决定了下游管道的断面尺寸以及污水处理厂的设计负荷，其大小是根据旱流污水的水质和水量及其总变化系数、水体卫生要求及水文、气象条件等因素计算确定。我国《室外排水设计规范》规定截流倍数 n_0 的值按排放条件的不同采用 1～5，我国多数城市采用 $n_0=3$。

溢流井下游截流管道的设计流量计算公式如下：

$$Q_j = (n_0 + 1)Q_h + Q'_y + Q'_h \quad (5\text{—}27)$$

式中 Q_j——溢流井下游截流管道的总设计流量，L/s；

n_0——设计截流倍数；

Q_h——从溢流井截流的上游日平均旱流污水量，L/s；

Q'_y——溢流井下游纳入的雨水量，L/s；

Q'_h——溢流井下游纳入的旱流污水量，L/s。

（3）溢流井溢流出的混合污水的设计流量。从溢流井溢流出的混合污水通过排放管道排入水体，其溢流的混合污水设计流量计算公式如下：

$$Q_x - (Q_s + Q_g + Q_y) - (n_0 + 1)Q_h \quad (5\text{—}28)$$

式中 Q_x——溢流井溢流出的混合污水设计流量，L/s；

其余意义同上。

5.8.7 城市旧合流制排水管道系统的改造

我国的新建城市中，如深圳、上海的浦东区，大连的开发区等，均采用分流制排水系统，而大多数的老城市虽然已将最初的明渠改为了暗管渠，但污水仍基本上直接排入水体，对环境造成了严重的污染。为适应城镇和工业的发展，保护水体，应尽早对旧的合流制排水管道系统进行改造。具体途径如下：

（1）将合流制改为分流制。此种改造方式可彻底解决污水对水体的污染的问题，但也应基本满足以下条件，方可进行改造。

1）房屋内部有完善的卫生设备，便于将生活污水与雨水分流；

2）工厂内部可浊清分流，将符合要求的生产污水接入城市污水管网，将较清洁的生产废水接入城市雨水管道系统；

3）城市街道的横断面有足够的位置，允许设置由于改成分流制而新增建的污水管道，并且不会对城市的交通造成严重影响。

（2）保留原有合流制，改为截流式合流制排水管道系统。若将合流制直接改造成对水体无污染的分流制，则施工困难、投资大、耗时长，因此旧合流制排水系统的改造多采用保留合流制，修建合流管道截流干管，即改造成截流式合流制排水系统的方式。此种改造方法易于实施，在一定程度上缓解了混合污水对水体的污染，但由于雨天时还有部分混合污水溢流入水体，仍会对水体的局部或全部造成污染。为进一步保护水体，可修建蓄水池或地下人工水库，对污水进行筛虑、沉淀或加氯消毒等适当处理后排入水体。

（3）对溢流的混合污水量进行控制。为减轻溢流的混合污水对水体的污染，可建设雨水收集利用系统或采用提高地表持水和地表渗透能力的措施来较少暴雨径流，从而降低溢流的混合污水量。

总之，城市旧合流制排水管道系统的改造要结合实际制订可行方案，同时还要从管理水平、动态发展角度进行研究，使改造方案既有利于保护环境，又经济合理、切实可行，不要盲目模仿、生搬条款。

本章小结

本章以排水管网的设计计算为核心，以各排水系统设计过程中参数的确定为主线展开理论介绍。排水系统分为城市污水排水系统、工业废水排水系统及雨水排水系统，同时应熟悉各排水系统的组成；结合示意图学习排水系统的布置形式：正交式布置、截流式布置、平行式布置、分区式布置、分散式布置、环绕式布置。要求了解排水体制的分类及选择原则，掌握排水管网系统的设计步骤及如何确定设计流量。污水管道系统的设计中的污水管道水力计算是重中之重，通过学习，要求掌握计算中所涉及的各参数的意义及确定方法。根据污水管道系统的设计要求学习了排水管材与附属构筑物的结构及选择。对于雨水排水系统的设计，首先熟悉了雨量分析的各要素，掌握了暴雨强度曲线意义及暴雨强度计算公式，进而进行雨水管网系统的设计。最后要求了解合流制排水管网系统的设计相关内容。

练 习 题

1. 排水系统的分类有哪些？
2. 城市污水排水系统、工业废水排水系统及雨水排水系统各由哪些部分组成？
3. 什么是排水体制？具体分为哪两种？如何选择排水体制？
4. 排水系统的布置形式有哪些？
5. 污水管道系统的设计包括哪些内容？
6. 城市污水管道系统设计总流量如何计算？
7. 何为设计充满度？何为满流与不满流？
8. 何为管道的埋设深度与覆土厚度？最小覆土厚度的确定应满足哪些要求？
9. 对排水管材有何要求？常用的排水管道材料有哪些？
10. 跌水井的作用是什么？常用的跌水井有哪些形式？

11. 街道雨水口有哪几种形式?

12. 溢流井分为哪几种形式?

13. 倒虹管由哪些部分组成?在什么情况下设置倒虹管?

14. 淹没式污水排放管道出水口分为哪两种形式,各自有何作用?

15. 雨量分析要素主要有哪些?

16. 雨水管网系统的平面布置有哪些原则?

17. 简述雨水系统设计计算步骤。

18. 简述截流式合流制排水系统的使用条件。

19. 某肉类加工厂每天宰杀牲畜 258 t,废水量标准 8.2 m^3/t 牲畜,总变化系数为 1.8,三班制生产,每班工作 8 h。最大班职工人数 860 人;其中在高温及污染严重车间工作的职工占总数的 40%,使用淋浴人数按 85%计;其余 60%的职工在一般车间工作,使用淋浴人数按 30%计。工厂居住区面积为 9.5 hm^2,人口密度为 580 人/hm^2,生活污水量标准为 160 L/(人·d),各种污水由管道汇集至污水处理站,试计算该厂的最大时污水设计流量。

20. 从某市一场暴雨自记雨量计记录中求得 5 min、10 min、15 min、20 min、30 min、45 min、60 min、90 min、120 min 的最大降雨量分别是 13 mm、20.7 mm、27.2 mm、33.5 mm、43.9 mm、45.8 mm、46.7 mm、47.3 mm、47.7 mm,试计算各历时的最大平均暴雨强度 i 及 q 值。

21. 已知 $n=0.014$,$D=400$ mm,$I=0.004$,$Q=41$ L/s,$v=0.90$ m/s,求 I 和 h/D。

6 给水处理

本章学习目标

1. 了解给水原水中的杂质分类及水源水质特点，熟悉给水水质指标。
2. 了解针对不同用水目的的水质标准。
3. 熟悉给水处理工艺，掌握对于不同原水的给水处理流程的选择。
4. 了解水厂生产构筑物的布置要求，熟悉高程布置的任务，掌握平面布置的内容及布置形式。
5. 熟悉给水处理工艺构筑物设计的一般要求，掌握构筑物的设计计算。

6.1 水源水质与水质标准

6.1.1 水源水质

(1) 原水中的杂质。任何水源的水中都不同程度地含有各种各样的杂质。无论是源于自然过程还是人为因素，都包括无机物、有机物以及微生物等。从给水处理角度考虑，原水中杂质可按尺寸大小分成悬浮物、胶体和溶解物质三类。

1) 悬浮物。悬浮物尺寸较大，易于在水中下沉或上浮。易于下沉的如大颗粒泥沙及矿物质废渣等；能够上浮的一般是某些有机物或油类物质。主要由细菌、原生动物、泥沙、藻类等组成，并且在水中产生浊度、色度及臭味。

2) 胶体。胶体颗粒尺寸小，一般为几纳米到 100 nm，在水中稳定性好，且不能自然沉降，难以从水中分离出来，是水质净化处理的主要对象。胶体主要由二氧化硅、氧化铝为主要成分组成的黏土微粒和高分子化合物，其中黏土是造成水体混浊的主要原因；而高分子化合物主要是蛋白质类或已分解的蛋白质类，是使水产生色度的主要原因。

3) 溶解物质。溶解物质的尺寸一般小于 1 nm，与水构成均相体系，外观透明，包括无机物和有机物两类。

无机溶解物指的是水中所含的无机低分子和离子。低分子主要为溶解于水中的气体，包括氧、氮及二氧化碳等。天然水体的溶解氧主要来源于空气中氧的溶解及藻类和其他水中植物的光合作用，含量一般为5～10 mg/L；水中氮主要来自空气中氮的溶解，部分是有机物分解及含氮化合物的细菌还原等生化过程的产物；地表水中（除海水以外）二氧化碳主要来自有机物的分解，含量一般小于20～30 mg/L；地下水中二氧化碳来源于有机物质的分解及地层中的化学反应，含量为每升几十毫克至100 mg/L。无机离子主要来源于矿物质的溶解，也有部分可能来源于水中有机物质的分解，包括Ca^{2+}、Mg^{2+}、Na^{+}及HCO_3^-、SO_4^{2-}、Cl^-，此外还含有少量K^+、Fe^{2+}、Mn^{2+}、Cu^{2+}等阳离子及$HSiO_3^-$、CO_3^{2-}、NO_3^-等阴离子。

溶解性有机物主要来源于工业及其他废水对水源的污染，其种类繁多，对水体的危害大。

(2) 天然水源的水质特点。天然水源主要指未受污染的自然环境下的地下水与地表水。主要特点如下：

1) 地下水。地下水水源不易受外界污染和气温影响，水质、水温较稳定。水中的悬浮物和胶质在地层渗滤过程中已基本或大部分去除，水质清澈。一般宜作为生活饮用水和工业冷却用水的水源。但由于地下水流经岩层时溶解了多种可溶性矿物质，因而水的含盐量通常高于地表水（海水除外）。大部分地下水的含盐量为200～500 mg/L。

2) 地表水。地表水主要包括江河水、海水、湖泊及水库水。

江河水的第一个特点是水中的悬浮物和胶体含量较高，浊度高于地下水，且不同地区、不同时节、不同的环境或同一条河流不同区域等，混浊度相差也比较悬殊。例如土质、植被和气候较好的华北、东北和西南地区大部分河流，浊度均较低；西北及华北地区流经黄土高原的黄河水系及海河水系等，水土流失严重，河水含沙量大，浊度变化幅度也很大。第二，江河水的含盐量和硬度较低，含盐量一般为50～500 mg/L，且两者均基本符合生活饮用水卫生标准。另外，江河水的水量一般较大。但江河水易受工业废水、生活污水等人为污染。受污染的水体的色、嗅、味及水中溶解性杂质的种类和数量将随污染物的性质而发生变化。

海水的显著特点是含盐量高，而且所含各种盐类或离子的质量比例基本上一定。其氯化物含量最高，占总含盐量的89%左右；硫化物次之；再次之为碳酸盐；其他盐类含量极少。

由于湖泊和水库水流动性小，储存时间长，经过长期自然沉淀，浊度较低。湖水一般含藻类较多，使水产生色、嗅、味。同时，湖水也易受废水污染。湖水含盐量往往比河水高，按含盐量分，有淡水湖、微咸水湖和咸水湖三种。咸水湖的水不宜生活饮用。我国的淡水湖主要集中在雨水丰富的东南地区。

(3) 给水水质指标。描述水质质量的参数即为水质指标。具体分类如下：

1) 物理指标。包括水温、浊度、嗅和味、色度、悬浮物、电导率、氧化还原电位等。

2) 化学指标。水中存在的某些化学物质，虽然一般情况下对人体不能构成直接危害，但会对生活使用产生不良影响。具体分为无机指标和有机指标。

①无机指标。pH值、碱度、硬度、溶解性总固体、总含盐量。

②有机指标。耗氧量OC或COD_{Mn}、COD、TOC。

3）微生物指标。包括细菌总数、总大肠菌群、粪大肠菌群等。其中细菌总数反映了水体受生活污水或有机物污染的程度；大肠菌用做指示菌，主要用于判断水质被病原微生物污染的程度。

4）毒理学指标。包括氟化物、铅、砷等有毒物质。当上述有毒物质的质量浓度超过标准值时，将对人体产生危害。

6.1.2 水质标准

水质标准是国家或部门根据不同的用水目的（如饮水、工业、农业用水等）而制定的各项水质参数应达到的指标和限值。在制定水质标准时，还要考虑当前的水处理技术及检测水平。随着水源污染的日益严重、人们对水质要求的不断提高及水处理技术和检测水平的不断进步，水质标准也在不断修改和补充，并有新标准面世。

用水目的不同，水质标准也不同。对于城镇居民生活用水，水源水质应执行《生活饮用水水源水质标准》（CJ 3020—1993），生活饮用水水质执行《生活饮用水卫生标准》（GB 5749—2006），直饮管道供水和罐装水执行《饮用净水水质标准》（CJ 94—1999）。

（1）《生活饮用水水源水质标准》。作为城镇居民生活用水水源水质必须满足《生活饮用水水源水质标准》（CJ 3020—1993）的要求。

该标准将生活饮用水水源水质分为两级：

1）一级水源水。水质良好。地下水只需消毒处理，地表水经简易净化处理（如过滤、消毒）后即可供生活饮用。

2）二级水源水。水质受轻度污染。经常规净化处理（如絮凝、沉淀、过滤、消毒等），其水质即可达到 GB 5749—2006 规定，可供生活饮用。

水质浓度超过二级标准限值的水源水，不宜作为生活饮用水的水源。若限于条件需加以利用时，应采用相应的净化工艺进行处理。处理后的水质应符合 GB 5749—2006 规定，并取得省、市、自治区卫生厅（局）及主管部门批准。

各项指标见表 6—1。

表 6—1　生活饮用水水源水质标准（CJ 3020—1993）

项目		标准限值	
		一级	二级
色		色度不超过 15 度，并不得呈现其他异色	不应有明显的其他异色
混浊度（度）		≤3	
嗅和味		不得有异臭、异味	不应有明显的异臭、异味
pH 值		6.5～8.5	6.5～8.5
总硬度（以碳酸钙计）	(mg/L)	≤350	≤450
溶解铁	(mg/L)	≤0.3	≤0.5
锰	(mg/L)	≤0.1	≤0.1
铜	(mg/L)	≤1.0	≤1.0

续表

项目		标准限值	
		一级	二级
锌	(mg/L)	≤1.0	≤1.0
挥发酚（以苯酚计）	(mg/L)	≤0.002	≤0.004
阴离子合成洗涤剂	(mg/L)	≤0.3	≤0.3
硫酸盐	(mg/L)	<250	<250
氯化物	(mg/L)	<250	<250
溶解性总固体	(mg/L)	<10 00	<1 000
氟化物	(mg/L)	≤1.0	≤1.0
氰化物	(mg/L)	≤0.05	≤0.05
砷	(mg/L)	≤0.05	≤0.05
硒	(mg/L)	≤0.01	≤0.01
汞	(mg/L)	≤0.001	≤0.001
镉	(mg/L)	≤0.01	≤0.01
铬（六价）	(mg/L)	≤0.05	≤0.05
铅	(mg/L)	≤0.05	≤0.07
银	(mg/L)	≤0.05	≤0.05
铍	(mg/L)	≤0.000 2	≤0.000 2
氨氮（以氮计）	(mg/L)	≤0.5	≤1.0
硝酸盐（以氮计）	(mg/L)	≤10	≤20
耗氧量（$KMnO_4$法）	(mg/L)	≤3	≤6
苯并（a）芘	(μg/L)	≤0.01	≤0.01
滴滴涕	(μg/L)	≤1	≤1
六六六	(μg/L)	≤5	≤5
百菌清	(mg/L)	≤0.01	≤0.01
总大肠菌群	(个/L)	≤1 000	≤10 000
总α放射性	(Bq/L)	≤0.1	≤0.1
总β放射性	(Bq/L)		

（2）《生活饮用水卫生标准》。经济的发展，人口的增加，使不少地区出现水源短缺现象，某些城市饮用水水源污染严重，居民生活饮用水安全受到威胁。1985年发布的《生活饮用水卫生标准》（GB 5749—85）已不能满足、保障人民群众健康的需要。为此，卫生部和国家标准化管理委员会对原有标准进行了修订，联合发布新的强制性国家《生活饮用水卫生标准》（GB 5749—2006）。

新标准具有以下三个特点：一是加强了对水质有机物、微生物和水质消毒等方面的要求。新标准中的饮用水水质指标由原标准的35项增至106项，增加了71项。其中，微生物指标由2项增至6项；饮用水消毒剂指标由1项增至4项；毒理指标中无机化合物由10项增至21项；毒理指标中有机化合物由5项增至53项；感官性状和一般理化指标由15项增至20项；放射性指标仍为2项。二是统一了城镇和农村饮用水卫生标准。三是实现饮用水标准与国际接轨。新标准水质项目和指标值的选择，充分考虑了我国实际情况，并参考了世界卫生组织的《饮用水水质准则》，参考了欧盟、美国、俄罗斯和日本等国饮用水标准。各项指标见表6—2、表6—3。

表6—2　　水质常规指标及限值

指　标		限　值
1. 微生物指标[①]		
总大肠菌群	（MPN/100 mL或CFU/100 mL）	不得检出
耐热大肠菌群	（MPN/100 mL或CFU/100 mL）	不得检出
大肠埃希氏菌	（MPN/100 mL或CFU/100 mL）	不得检出
菌落总数	（CFU/mL）	100
2. 毒理指标		
砷	（mg/L）	0.01
镉	（mg/L）	0.005
铬	（六价，mg/L）	0.05
铅	（mg/L）	0.01
汞	（mg/L）	0.001
硒	（mg/L）	0.01
氰化物	（mg/L）	0.05
氟化物	（mg/L）	1.0
硝酸盐	（以N计，mg/L）	10 地下水源限制时为20
三氯甲烷	（mg/L）	0.06
四氯化碳	（mg/L）	0.002
溴酸盐	（使用臭氧时，mg/L）	0.01
甲醛	（使用臭氧时，mg/L）	0.9
亚氯酸盐	（使用二氧化氯消毒时，mg/L）	0.7
氯酸盐	（使用复合二氧化氯消毒时，mg/L）	0.7
3. 感官性状和一般化学指标		
色度	（铂钴色度单位）	15
混浊度	（NTU-散射浊度单位）	1 水源与净水技术条件限制时为3
嗅和味		无异臭、异味
肉眼可见物		无

续表

指标		限值
pH值	(pH单位)	6.5～8.5
铝	(mg/L)	0.2
铁	(mg/L)	0.3
锰	(mg/L)	0.1
铜	(mg/L)	1.0
锌	(mg/L)	1.0
氯化物	(mg/L)	250
硫酸盐	(mg/L)	250
溶解性总固体	(mg/L)	1 000
总硬度	(以$CaCO_3$计，mg/L)	450
耗氧量	(COD_{Mn}法，以O_2计，mg/L)	3 水源限制，原水耗氧量>6 mg/L时为5
挥发酚类	(以苯酚计，mg/L)	0.002
阴离子合成洗涤剂	(mg/L)	0.3
4. 放射性指标②		指导值
总α放射性	(Bq/L)	0.5
总β放射性	(Bq/L)	1

注：①MPN表示最可能数；CFU表示菌落形成单位。当水样检出总大肠菌群时，应进一步检验大肠埃希氏菌或耐热大肠菌群；水样未检出总大肠菌群，不必检验大肠埃希氏菌或耐热大肠菌群。

②放射性指标超过指导值，应进行核素分析和评价，判定能否饮用。

表6—3　水质非常规指标及限值

指标		限值
1. 微生物指标		
贾第鞭毛虫	(个/10 L)	<1
隐孢子虫	(个/10 L)	<1
2. 毒理指标		
锑	(mg/L)	0.005
钡	(mg/L)	0.7
铍	(mg/L)	0.002
硼	(mg/L)	0.5
钼	(mg/L)	0.07
镍	(mg/L)	0.02
银	(mg/L)	0.05
铊	(mg/L)	0.0 001

续表

指　标		限　值
氯化氰	（以 CN^- 计，mg/L）	0.07
一氯二溴甲烷	（mg/L）	0.1
二氯一溴甲烷	（mg/L）	0.06
二氯乙酸	（mg/L）	0.05
1，2-二氯乙烷	（mg/L）	0.03
二氯甲烷	（mg/L）	0.02
三卤甲烷	（三氯甲烷、一氯二溴甲烷、二氯一溴甲烷、三溴甲烷的总和）	该类化合物中各种化合物的实测浓度与其各自限值的比值之和不超过 1
1，1，1-三氯乙烷	（mg/L）	2
三氯乙酸	（mg/L）	0.1
三氯乙醛	（mg/L）	0.01
2，4，6-三氯酚	（mg/L）	0.2
三溴甲烷	（mg/L）	0.1
七氯	（mg/L）	0.000 4
马拉硫磷	（mg/L）	0.25
五氯酚	（mg/L）	0.009
六六六	（总量，mg/L）	0.005
六氯苯	（mg/L）	0.001
乐果	（mg/L）	0.08
对硫磷	（mg/L）	0.003
灭草松	（mg/L）	0.3
甲基对硫磷	（mg/L）	0.02
百菌清	（mg/L）	0.01
呋喃丹	（mg/L）	0.007
林丹	（mg/L）	0.002
毒死蜱	（mg/L）	0.03
草甘膦	（mg/L）	0.7
敌敌畏	（mg/L）	0.001
莠去津	（mg/L）	0.002
溴氰菊酯	（mg/L）	0.02
2，4-滴	（mg/L）	0.03
滴滴涕	（mg/L）	0.001
乙苯	（mg/L）	0.3
二甲苯	（mg/L）	0.5
1，1-二氯乙烯	（mg/L）	0.03

续表

指　标		限　值
1，2-二氯乙烯	(mg/L)	0.05
1，2-二氯苯	(mg/L)	1
1，4-二氯苯	(mg/L)	0.3
三氯乙烯	(mg/L)	0.07
三氯苯	（总量，mg/L)	0.02
六氯丁二烯	(mg/L)	0.000 6
丙烯酰胺	(mg/L)	0.000 5
四氯乙烯	(mg/L)	0.04
甲苯	(mg/L)	0.7
邻苯二甲酸二（2-乙基己基）酯	(mg/L)	0.008
环氧氯丙烷	(mg/L)	0.000 4
苯	(mg/L)	0.01
苯乙烯	(mg/L)	0.02
苯并（a）芘	(mg/L)	0.000 01
氯乙烯	(mg/L)	0.005
氯苯	(mg/L)	0.3
微囊藻毒素-LR	(mg/L)	0.001
3. 感官性状和一般化学指标		
氨氮	（以N计，mg/L)	0.5
硫化物	(mg/L)	0.02
钠	(mg/L)	200

（3）《饮用净水水质标准》。随着饮用水纯净技术的发展和人民生活水平的不断提高，有些城市和居住小区已经建设了直饮水供应系统。为规范优质饮用水供应市场，保证优质饮用水质量，建设部颁布了CJ 94—1999《饮用净水水质标准》，于2000年3月1日起实施，该标准见表6—4。

表6—4　　饮用净水水质标准

项　目			标　准
感官性状	色		5度
	混浊度（度）		1NTU
	嗅和味		无
	肉眼可见物		无
一般化学指标	pH值		6.0～8.5
	硬度（以碳酸钙计）	(mg/L)	300
	铁	(mg/L)	0.2

续表

项　目			标　准
一般化学指标	锰	(mg/L)	0.05
	铜	(mg/L)	1.0
	锌	(mg/L)	1.0
	铝	(mg/L)	0.2
	挥发性酚类	(mg/L)	0.002
	阴离子合成洗涤剂	(mg/L)	0.20
	硫酸盐	(mg/L)	100
	氯化物	(mg/L)	250
	溶解性总固体	(mg/L)	500
	高锰酸钾消耗量（COD_{Mn5}以氧计）	(mg/L)	2
	* 总有机碳（TOC）	(mg/L)	4
毒理学指标	氟化物	(mg/L)	1.0
	氰化物（mg/L）	(mg/L)	0.05
	硝酸盐（以氨计）	(mg/L)	10
	砷（As）	(mg/L)	0.01
	硒（Se）	(mg/L)	0.01
	汞（Hg）	(mg/L)	0.001
	镉（Cd）	(mg/L)	0.01
	铬（六价）	(mg/L)	0.05
	铅（Pb）	(mg/L)	0.01
	银	(mg/L)	0.05
	氯仿	(μg/L)	30
	四氯化碳	(μg/L)	2
	滴滴涕（DDT）	(μg/L)	0.5
	六六六	(μg/L)	2.5
	苯并（a）芘	(μg/L)	0.01
细菌学指标	细菌总数	(cfu/mL)	50
	总大肠菌群	(cfu/100 mL)	0
	粪大肠菌群	(cfu/100 mL)	0
	游离余氯（管网末梢水）（如用其他消毒法则可不列入）(mg/L)		≥0.05
放射性指标	总α放射性	(Bq/L)	0.1
	总β放射性	(Bq/L)	1.0

* 试行

(4)《城市供水水质标准》。供水水质直接关系到人体健康，随着居民生活水平的提高，对城市供水水质的要求也必然越来越高。2005 年 2 月，建设部颁布了《城市供水水质标准》(CJ/T 206—2005)，并于 6 月 1 日起开始实施。

1）城市供水水质应符合下列要求：水中不得含有致病微生物；水中所含化学物质和放射性物质不得危害人体健康；水的感官性状良好。

2）城市供水水质常规检验项目见表 6—5。

表 6—5　　城市供水水质常规检验项目

序号	项目		限值
1	微生物学指标	细菌总数	≤80 CFU/mL
		总大肠菌群	每 100 mL 水样中不得检出
		耐热大肠菌群	每 100 mL 水样中不得检出
		余氯（加氯消毒时测定）	与水接触 30 min 后出厂游离氯≥0.3 mg/L； 或与水接触 120 min 后出水总氯≥0.5 mg/L； 管网末梢水总氯≥0.2 mg/L
		二氧化氯（使用二氧化氯消毒时测定）	与水接触 30 min 后出厂游离氯≥0.1 mg/L； 管网末梢水总氯≥0.05 mg/L； 或二氧化氯余量≥0.02 mg/L
2	感官性状和一般化学指标	色度	15 度
		嗅和味	无异臭、异味，用户可接受
		混浊度	1NTU（特殊情况≤3 NTU）①
		肉眼可见物	无
		氯化物	250 mg/L
		铝	0.2 mg/L
		铜	1 mg/L
		总硬度（以 $CaCO_3$ 计）	450 mg/L
		铁	0.3 mg/L
		锰	0.1 mg/L
		pH 值	6.5～8.5
		硫酸盐	250 mg/L
		溶解性总固体	1 000 mg/L
		锌	1.0 mg/L
		挥发酚（以苯酚计）	0.002 mg/L
		阴离子合成洗涤剂	0.3 mg/L
		耗氧量（COD_{Mn}，以 O_2 计）	3 mg/L（特殊情况≤5 mg/L）②

续表

序号	项	目	限 值
3	毒理学指标	砷	0.01 mg/L
		镉	0.003 mg/L
		铬（六价）	0.05 mg/L
		氰化物	0.05 mg/L
		氟化物	1.0 mg/L
		铅	0.01 mg/L
		汞	0.001 mg/L
		硝酸盐（以N计）	10 mg/L（特殊情况≤20 mg/L）③
		硒	0.01 mg/L
		四氯化碳	0.002 mg/L
		三氯甲烷	0.06 mg/L
		敌敌畏（包括敌百虫）	0.001 mg/L
		林丹	0.002 mg/L
		滴滴涕	0.001 mg/L
		丙烯酰胺（使用聚丙烯酰胺时测定）	0.000 5 mg/L
		亚氯酸盐（使用 ClO_2 时测定）	0.7 mg/L
		溴酸盐（使用 O_3 时测定）	0.01 mg/L
		甲醛（使用 O_3 时测定）	0.9 mg/L
4	放射性指标	总α放射性	0.1 Bq/L
		总β放射性	1.0 Bq/L

注：①特殊情况为水源水质和净水技术限制等

②特殊情况指水源水质超过Ⅲ类即耗氧量＞6 mg/L

③特殊情况为水源限制，如采取地

（5）工业用水水质标准。各种工业用水水质标准应由相关部门制定。工业企业对水质的要求与生产的产品及工艺过程有关，因此对水质要求各有不同。例如电子工业的半导体器件及大规模集成电路的生产过程中，每道工序均需用纯水或高纯水进行清洗；工业生产过程中使用的冷却水对水温、悬浮物、藻类及微生物等有一定的要求。所以在确定生产用水的水质标准时，应进行调查研究，按生产实际情况加以确定。

6.2 给水处理工艺与流程的选择

6.2.1 给水处理工艺

给水处理的任务通过必要的处理方法来改善原水水质，使给水符合生活饮用或工业使用的要求。具体的处理方法应根据水源水质和用户对水质的要求确定。给水处理的基本方法有：为去除水中悬浮物质的混凝、沉淀、过滤（或澄清）、消毒等；为改变水的温度的冷却等。上述各种方法可根据处理任务单独使用或组合成处理流程使用，以使水厂出水达到相应的水质标准。

（1）去除悬浮物和胶体。去除悬浮物和胶体常用的方法有混凝、沉淀（或澄清）、过滤等。由于某些细小的悬浮杂质沉淀速度较慢，而胶体物质粒径较小，根本不能在重力的作用下自行下沉，必须在水进入沉淀池前投加混凝剂，使细小的悬浮物和胶体相互凝聚成尺寸较大的矾花，这一过程即为混凝。矾花在自身重力下沉淀，然后通过滤池，即可去除水中绝大部分的杂质。

（2）消毒。给水消毒是城市给水处理系统中杀灭对人体有害的病原微生物的给水处理过程。《生活饮用水卫生标准》规定：集中式给水，除应根据需要进行必要的净化处理外，对于地面水和地下水均要采取消毒措施。城市给水系统中，地面水源的给水处理厂（地下水源来水一般经过简单沉淀处理后或直接进行消毒处理）中的水经混凝沉淀、过滤以后，能除去很多细菌。一般说，混凝沉淀可去除水中50％～90％的大肠菌，过滤可以进一步去除水中90％左右的大肠杆菌，但远远达不到饮用水水质标准中规定的要求（饮用水消毒合格指标为1 L水中的大肠杆菌数少于3个）。这时水中往往还含有大肠菌100个左右，因此，还需进行最后的消毒处理。给水消毒的方法很多，常采用的有氯消毒、臭氧消毒、紫外线消毒等。其中氯消毒法由于价格低廉，效果好应用最广。但因其在水中可产生致癌有机氯化物且对病毒、孢囊的杀灭能力较差，近来外国多采用臭氧法消毒。

（3）除臭、除味。《生活饮用水卫生标准》中要求饮用水不得有异臭、异味，而常规的水处理工艺很难将两者去除，常采用化学氧化法、活性炭吸附法或生物处理法等将两者去除，具体的去除方法取决于臭、味的来源。例如，若为水中溶解性气体或挥发性有机物产生的臭和味，可采用曝气法去除；若为水中的有机物产生，则可采用活性炭吸附或氧化剂氧化法去除；若为水中某些溶解性盐类产生，则宜采用适当的除盐措施；若为藻类繁殖而产生的，则可采取在水中投加硫酸铜除藻的措施。

（4）除氟。氟是机体生命活动所必需的微量元素之一，对人体既有益，又有害。日常摄入适量的氟，有益于预防蛀牙，然而，长期饮用高含氟水，将导致氟斑牙，甚至氟骨病。我国《饮用水水质标准》规定，氟的含量应不超过1.0 mg/L。饮用水除氟的主要方法有活性氧化铝法、离子交换法、反渗透法、絮凝沉淀法和电渗析法等。电凝聚—电气浮法是水与废水处理中近年发展起来的一种新工艺。该工艺已被成功地用于废水除氟。

（5）除盐。除盐处理是降低水中含盐量的水处理过程。水中全部阳离子和阴离子含量的总和称水的含盐量。除盐的方法很多，其中包括蒸馏法、结冰法、电渗析法、反渗透法、离子交换法等。以离子交换除盐法应用最广泛。水的离子交换除盐就是使水通过H型阳离子交换器和OH型阴离子交换器，分别除去其中的各种阳离子和阴离子，交换到水中的H^+和OH^-结合成水。除盐处理系统一般分复床除盐（H型和OH型离子交换器串联运行）、混合床除盐（将阴阳树脂按一定比例均匀混合装在同一交换器里）及双层床除盐（在同一交换器中装有两种同性不同型的树脂），并可组成不同除盐系统，以适应各种不同除盐要求。水的除盐处理用于制取高温高压过滤补给水、电工工业用水和从海水、苦咸水制取生活饮用水等。

(6) 除铁、除锰。我国《生活饮用水卫生标准》规定，原水中铁的含量若大于0.3 mg/L，锰的含量若大于0.1 mg/L，则该原水需经除铁、除锰处理。上述两者在地表水中一般不超标，而在某些地区的地下水中可能超过标准规定值，且地下水中的铁、锰一般以 Fe^{2+}、Mn^{2+} 的形式存在。

最广泛的除铁、除锰的方法是氧化法和接触氧化法。具体可采用曝气充氧—氧化反应—滤池过滤的方法，也可采用药剂氧化或离子交换法等。

(7) 除有机物。当水源受到工业废水污染时，水中往往含有多种有机物。有机物对人体的危害，往往是滞后的，积累至在人体上反应要达20～30年。通常去除有机物的方法有氧化法（化学氧化法、生物氧化法等）和活性炭吸附法等。随着科技的进步与发展，臭氧氧化、臭氧与生物处理联用及臭氧与活性炭联用等新技术也不断应用于实践中。

(8) 软化。软化处理的对象主要是水中的 Ca^{2+} 和 Mg^{2+}。不同性质的水质采用不同的软化方法：通常对硬度高、碱度高的水采用石灰软化法；对硬度高、碱度低的水采用石灰—纯碱软化法；而对硬度低、碱度高的负硬水则采用石灰—石膏处理法。

(9) 预处理和深度处理。科技的进步、工业的发展和人民生活水平提高的同时，饮用水水质标准也在逐步提高，但水源水质却在不同程度上受到污染和恶化。传统的给水处理工艺已不能满足水质的要求。对原水进行预处理迫在眉睫。预处理是设置在传统处理工艺之前的各种处理措施，包括格栅筛除原水中的漂浮杂物，预氯投加，调整原水的pH值，泥沙在预沉池中预沉以及投加粉末活性炭或生物过滤等各种工艺措施。我国的预处理工艺主要是格栅隔除漂浮物；预氯投加，即在长距离输水管的起始点小剂量加氯；或在预沉池前投氯，以保证充分的消毒效果。深度处理则置于常规给水处理之后，主要的处理方法包括：粒状活性炭吸附法、臭氧—粒状活性炭联用法、生物活性炭法、光化学氧化法、反渗透法等。

6.2.2 给水处理流程的选择

应根据原水水质及设计生产能力等因素，通过调查研究、必要的试验、技术经济比较并参考相似的运行经验来选择确定适当的给水处理流程。对于某一个给水处理流程通常将几种方法联合使用，以使水厂出水达到相应的水质标准。

(1) 生活饮用水的常规处理

1) 地下水。含铁、锰量未超标的地下水作为饮用水水源时，由于水质较好，仅需要消毒即可。常规处理流程如下：

原水→消毒→管网。

当地下水含铁、锰量超过生活饮用水水质标准时，处理流程如下：

原水→曝气→接触氧化过滤→消毒→管网。

2) 地表水。对于未受污染的地表水，主要是去除水中的悬浮物、胶体和致病微生物，处理后出水浊度小于3度。一般的处理流程如下：

原水→混凝→沉淀→过滤→消毒→管网。

当原水浊度较低（如50度以下，短期内不超过100度）时，流程如下：

原水→混凝→过滤→消毒→管网。

对于浊度高，含沙量大的地表水，处理流程如下：

原水→预沉池或沉沙池→混凝→沉淀→过滤→消毒→管网。

由于生活污水及工业废水的大量排放，水体受到了不同程度的污染。原水中的污染物含量较低，常称为微污染水源。该水中常含有有毒、有害、致癌、致畸的有机污染物，严重危害人体健康。对于微污染的原水，应在常规处理前增加预处理，如有必要应在常规处理后增加深度处理方式。典型流程如下：

原水→预处理（生物氧化）→混凝→过滤→消毒→深度处理→管网。

当水体严重污染，水中含有有机物和重金属离子时，可采用如下流程：

原水→臭氧预氧化→混凝→沉淀→过滤→臭氧接触氧化→活性炭吸附→消毒→管网。

当取用的湖泊或水库水中含有较多的藻类时，可考虑采用气浮代替沉淀或用微滤机预处理及多点加氯，以延长滤池的工作周期，处理流程如下：

原水→混凝→气浮→沉淀→过滤→消毒→管网。

（2）工业用水的处理流程。工业用水对水质要求不高，只要求去除粗大杂质时，例如工业冷却用水，可采用如下处理流程：

原水→简单处理（如用筛网隔滤）→管网。

当用于水质要求不高的工业用水，一般进水悬浮物含量为 2 000～3 000 mg/L，短期内允许到 5 000～10 000 mg/L，出水浊度为 10～20 度时，可采用如下处理流程：

原水→混凝→沉淀（或澄清）→管网。

（3）管道直饮水的处理流程。管道直饮水是以自来水或符合生活饮用水水源水质标准的水为原水，经深度净化后通过固定管道输送、供给用户直接饮用的纯净水，当前呈现出进一步扩大规模的发展趋势。

根据水源存在的各种污染，为了确保净化处理后的水能够直接饮用，目前应用比较成熟的直饮水处理工艺有超滤、纳滤和 RO-反渗透等三种膜处理工艺。其中 RO-反渗透膜处理工艺如图 6—1 所示。

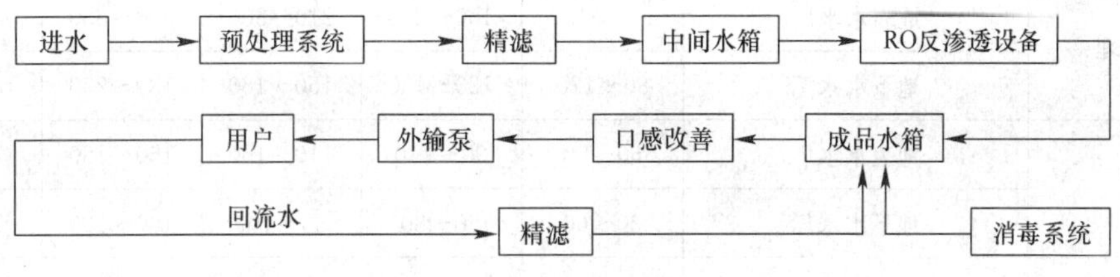

图 6—1　RO-反渗透膜处理工艺

该工艺主要是利用 RO-反渗透膜进行物质分离，可去除水中 98%以上的溶解性盐类和 99%以上的胶体、微生物和有机物等。它最突出的特点是无污染、工艺简单、易于操作维修、初期建设成本相对较低，被广泛应用于饮用纯净水、高纯水、海水淡化等对产水水质要求为纯净水的建设项目。

6.3　给水处理厂平面及高程布置

6.3.1　给水处理厂总体布置

给水处理厂常称为水厂或净水厂，通常由生产构筑物、建筑物和附属建筑物两部分组成。前者包括处理构筑物、泵房、风机房、消毒间、清水池、二级泵房、药剂间等；后者分为附属生产建筑物（包括修理部门、仓库、车库及值班室等）和附属生活建筑物（包括办公室、食堂、职工宿舍等）。

根据《室外给水设计规范》（GB 50013—2006）规定，水厂总体布置应结合工程目标和建设条件，在确定的工艺组成和处理构筑物形式的基础上进行。平面布置和竖向设计应满足各建（构）筑物的功能和流程要求，水厂附属建筑和附属设施应根据水厂规模、生产和管理体制，结合当地实际情况确定。

水厂生产构筑物的布置应符合下列要求：

（1）高程布置应充分利用原有地形条件，力求流程通畅、降低能耗、土方平衡。

（2）在满足各构筑物和管线施工要求的前提下，水厂各构筑物应紧凑布置，寒冷地区生产构筑物应尽量集中布置。

（3）生产构筑物间连接管道的布置宜水流顺直，避免迂回。

附属生产建筑物（机修间、电修间、仓库等）应结合生产要求布置。

生产管理建筑物和生活设施宜集中布置，力求位置和朝向合理，并与生产构筑物分开布置。采暖地区锅炉房应布置在水厂最小频率风向的上风向。

生产构筑物和建筑物的平面尺寸由设计计算确定，而附属建筑物使用面积应根据水厂规模、工艺流程、管理体制、人员编制及城镇给水厂附属建筑和附属设备设计标准的规定来合理选取，见表 6—6。

表 6—6　　水厂附属建筑物使用面积

<table>
<tr><td colspan="3" rowspan="2">建筑物名称</td><td rowspan="2">水厂类别</td><td colspan="5">水厂规模（$\times 10^4$ m^2/天）</td></tr>
<tr><td>0.5～2</td><td>2～5</td><td>5～10</td><td>10～20</td><td>20～25</td></tr>
<tr><td colspan="3" rowspan="2">生产管理</td><td>地表水水厂</td><td>100～150</td><td>150～210</td><td>210～300</td><td>300～350</td><td>350～400</td></tr>
<tr><td>地下水水厂</td><td>80～120</td><td>120～150</td><td>150～180</td><td>180～250</td><td>250～300</td></tr>
<tr><td colspan="3" rowspan="2">化验室</td><td>地表水水厂</td><td>60～90</td><td>90～110</td><td>110～160</td><td>160～180</td><td>180～200</td></tr>
<tr><td>地下水水厂</td><td>30～60</td><td>60～80</td><td>80～100</td><td>100～120</td><td>120～150</td></tr>
<tr><td rowspan="8">机修间</td><td rowspan="4">小修</td><td rowspan="2">车间面积</td><td>地表水水厂</td><td>50～70</td><td>70～100</td><td>100～120</td><td>120～150</td><td>150～190</td></tr>
<tr><td>地下水水厂</td><td>40～60</td><td>60～90</td><td>90～100</td><td>100～130</td><td>130～160</td></tr>
<tr><td rowspan="2">辅助面积</td><td>地表水水厂</td><td>25～35</td><td>35～45</td><td>45～60</td><td>60～70</td><td>70～90</td></tr>
<tr><td>地下水水厂</td><td>20～30</td><td>30～40</td><td>40～50</td><td>50～60</td><td>60～80</td></tr>
<tr><td rowspan="4">中修</td><td rowspan="2">车间面积</td><td>地表水水厂</td><td>70～80</td><td>80～110</td><td>110～130</td><td>130～160</td><td>160～200</td></tr>
<tr><td>地下水水厂</td><td>60～70</td><td>70～100</td><td>100～120</td><td>120～140</td><td>140～180</td></tr>
<tr><td rowspan="2">辅助面积</td><td>地表水水厂</td><td>25～35</td><td>35～45</td><td>45～60</td><td>60～70</td><td>70～90</td></tr>
<tr><td>地下水水厂</td><td>20～30</td><td>30～40</td><td>40～50</td><td>50～60</td><td>60～70</td></tr>
</table>

续表

建筑物名称	水厂类别	水厂规模（$\times10^4$ m²/天）				
		0.5～2	2～5	5～10	10～20	20～25
电修间	地表水水厂	20～25	25～30	30～40	40～50	50～60
	地下水水厂	20～30	30～40	40～50	50～60	60～70
泥木工间	地表水水厂	—	20～35	35～45	45～60	60～80
	地下水水厂	—	20～25	25～30	30～40	40～60
仓库	地表水水厂	50～100	100～150	150～200	200～250	250～300
	地下水水厂	40～80	80～100	100～150	150～200	200～350
男女浴室	地表水水厂	20～40	40～50	50～60	60～70	70～80
	地下水水厂	15～25	25～35	35～45	45～55	55～60
水表修理间	—	20～30	30～40	40～50	—	—
管配件堆棚	—	30～50	50～80	80～100	100～200	200～250
传达室	—	15～20	15～20	20～25	25～35	25～35
食堂就餐人员面积定额（m²/人）		2.4～2.6	2.2～2.4	2.0～2.2	1.9～2.0	1.8～1.9

6.3.2 平面布置

当水厂内的构筑物及建筑物的个数和面积确定后，根据工艺流程和构筑物及建筑物的功能要求，结合水厂的地形和地质条件，即可进行平面布置。水厂的平面布置是在水厂场地内将各项构筑物和建筑物进行合理安排和布置，便于生产管理及物料运输。

(1) 平面布置的内容

1) 构筑物及建筑物的平面定位。

2) 工艺管道（包括原水管、加药管、沉淀水管、清水管、加氯管、排泥管、放空管等）的布置。

3) 厂区内给排水、供暖系统的管道、阀门及配件布置。

4) 道路、围墙、绿化及供电线路的布置。

(2) 给水处理厂平面布置形式

给水处理厂的厂址确定后，要依据地形的特征及进出水管的走向布置处理构筑物单元，之后进行附属建筑物的布置。其平面布置的形式可分为直线式、折角式、回转式及组合式。

1) 直线式。即净水处理构筑物根据流程布置成直线形式。该形式是采用较广泛的形式之一，大中型水厂采用较多。其优点是工艺流程合理，各构筑物间的水头损失小，易于远期扩建。但此种形式要求厂区有足够的长度，一般需超过 300 m。如图 6—2a、b 所示。

2) 折角式。若由于厂址等因素的限制，不能采用直线式布置各构筑物时，可采用折角式布置。即将沉淀池和滤池布置成直线，将清水池和二级泵房向另一个方向布置。虽然此种布置形式能够充分利用地形，但会对厂区的扩建带来困难，对远期发展的适应性也相对较差。如图 6—2c、d 所示。

3) 回转式。该形式适用于进出水在同一方向的水厂。虽形式多样，但布置时近远期结合较困难，适用于小型水厂。如图 6—2e 所示。

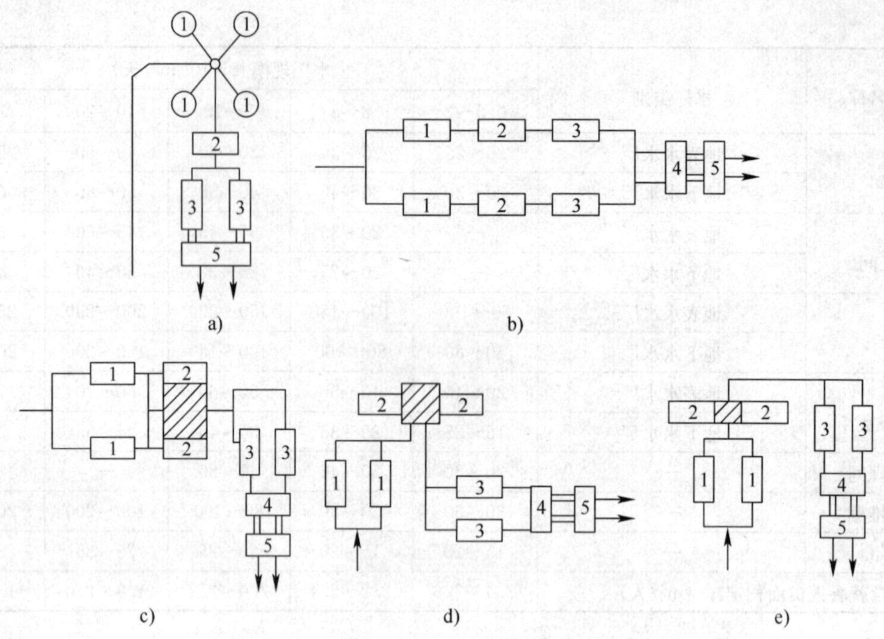

图 6—2 水厂工艺流程布置形式

1—沉淀池 2—滤池 3—清水池 4—吸水井 5—二级泵房

水厂的布置通常需要提出多个方案进行比较，以确定最为经济合理的方案。图 6—3 所示为水厂平面布置的案例。

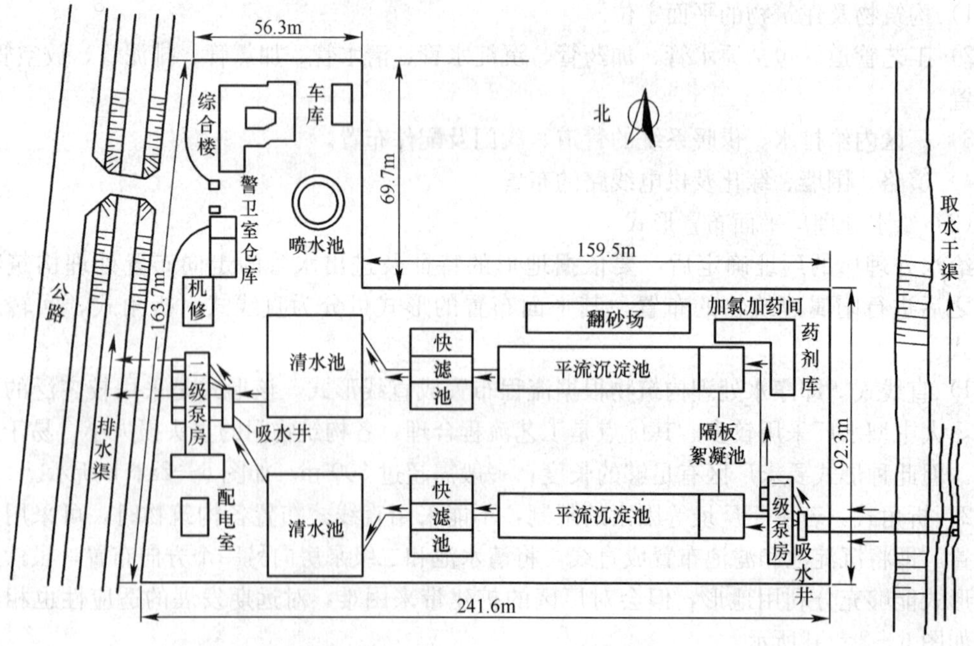

图 6—3 水厂平面布置图

6.3.3 给水处理厂的高程布置

（1）给水处理厂高程布置的任务

1）确定各处理构筑物和泵房的标高。

2）确定连接管渠的尺寸和标高。

3）确定是否需提升及提升水泵的扬程。

（2）处理构筑物与连接管的水头损失。处理构筑物中的水头损失与构筑物和构造有关，一般需要计算确定，并应适当留有余地，估算时可采用表6—7的数据确定。

表6—7　水处理构筑物水头损失值　m

名称	水头损失
进水井格栅	0.15～0.30
配水井	0.10～0.20
混合池	0.40～0.50
絮凝池	0.40～0.50
沉淀池	0.15～0.30
澄清池	0.60～0.80
接触滤池	2.5～3.0
普通快滤池	2.0～2.5
压力滤池	5～10
慢滤池	1.5～2.0
无阀滤池，虹吸滤池	1.5～2.0

各构筑物间的连接管断面尺寸由流速决定。当地形有适当坡度可利用时，可选择较大流速以减小管道直径及相应配件和阀门尺寸；但地形平坦时，宜采用较小流速，可避免增加填、挖土方量及构筑物等造价。连接管的水头损失（包括沿程和高程）应通过水力计算确定，估算时可采用表6—8的数据确定。

表6—8　连接管的允许流速和水头损失

连接管段	允许流速（m/s）	水头损失（m）	附注
一级泵房到混合池	1.0～1.2	视管道长度而定	
混合池到絮凝池	1.0～1.5	0.10	
混合池到沉淀池	1.0～1.5	0.30	
混合池到澄清池	1.0～1.5	0.2～0.3	
絮凝池到沉淀池	0.15～0.20	0.05～0.10	防止絮凝体破碎
沉淀池或澄清池到滤池	0.60～1.0	0.3～0.5	流速宜取下限
滤池到清水池	1.0～1.5	0.3～0.5	流速宜取下限留有余地
快滤池冲洗水管	2.0～2.5	视管道长度而定	因间歇运行，流速可取大些
快滤池冲洗水排水管	1.0～1.5	视管道长度而定	

（3）高程布置。各项水头损失确定后，可进行构筑物高程布置。高程布置与厂区地形、地质条件及所采用的构筑物的形式有关。布置时应尽量利用地形坡度，既要避免清水池埋设过深，又要避免因混合絮凝池、沉淀池或澄清池在地面上的抬高而增加造价。

应进行整个流程的标高计算来确定各构筑物、管渠及泵房的标高。计算时要选择距离最长、损失最大的一条流程，并按最大流量进行计算。

图 6—4 所示为某给水处理厂高程布置图。各构筑物之间的水面高差由计算确定。

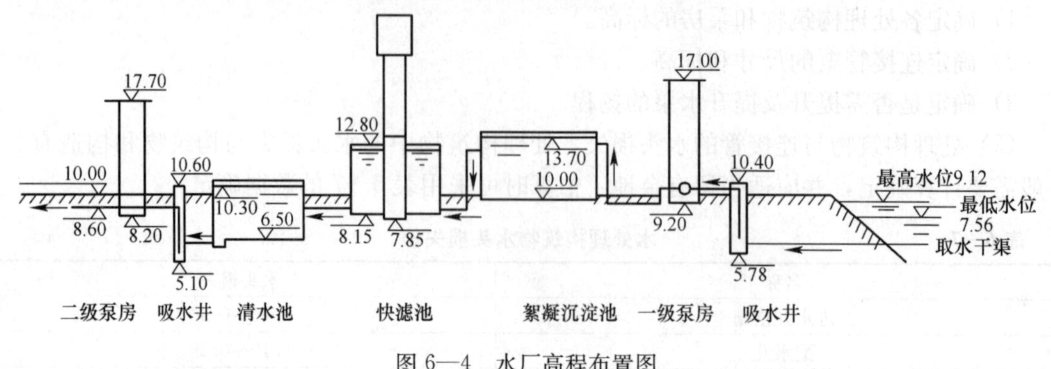

图 6—4　水厂高程布置图

6.4　给水处理工艺构筑物的设计计算

6.4.1　给水处理工艺构筑物设计一般要求

（1）水处理构筑物的生产能力，应按最高日供水量与自用水量之和来确定，必要时应包括消防补充水量。

（2）水处理构筑物的设计，应按原水水质最不利情况（如沙峰等）时，所需供水量进行校核。

（3）净水构筑物应根据具体情况设置排泥管、排空管、溢流管和压力冲洗设备等。

（4）预沉池

1）预沉池的设计数据，可参照当地运行经验或通过原水沉淀试验确定。

2）预沉池一般可按沙峰持续时期内原水日平均含沙量设计（计算期不应超过一个月）。

（5）混凝、沉淀和澄清池

1）一般规定。沉淀池和澄清池的个数或能够单独排空的分格数不宜少于两个。

设计沉淀池和澄清池时应考虑均匀的配水和集水。

沉淀池集泥区和澄清池沉泥浓缩室的容积，应根据进出水的悬浮物含量、处理水量、排泥周期和浓度等因素通过计算确定。

2）絮凝池

①隔板絮凝池。絮凝时间一般宜为 20～30 min。

絮凝池廊道的流速，应按由大到小的渐变流速进行设计，起端流速一般宜为 0.5～0.6 m/s，末端流速一般宜为 0.2～0.3 m/s。

隔板间净距一般宜大于 0.5 m。

②机械絮凝池。絮凝时间一般宜为 15～20 min。

池内一般设 3～4 挡搅拌机。

搅拌机的转速应根据浆板边缘处的线速度通过计算确定，线速度宜自第一挡的 0.5 m/s

逐渐变小至末挡的 0.2 m/s。

池内宜设防止水体短流的设施。

③折板絮凝池。絮凝时间一般宜为 6～15 min。

絮凝过程中的速度应逐段降低，分段数一般不宜少于三段，各段的流速如下：第一段为 0.25～0.35 m/s，第二段为 0.15～0.25 m/s，第三段为 0.10～0.15 m/s。

折板夹角采用 90°～120°。

④穿孔旋流絮凝池。絮凝时间一般宜为 15～25 min。

絮凝池孔口流速，应按由大到小的渐变流速进行设计，起端流速一般宜为 0.6～1.0 m/s，末端流速一般宜为 0.2～0.3 m/s。

絮凝池每格孔口应作上下对角交叉布置。

每组絮凝池分格数不宜少于 6 格。

⑤栅条、网格絮凝池。絮凝池宜与沉淀池合建。絮凝池一般布置成两组并联形式，各组间应考虑配水均匀。

絮凝池每组设计水量宜小于 25 000 m^3/天。

絮凝池宜设计成多格竖向回流式。

絮凝池内应有排泥设施。

絮凝时间宜为 10～15 min。

絮凝池的设计宜分为三段，其过栅、过网和过孔洞流速以及各段平均流速梯度应逐段递减，各段设计的水力参数及栅条、网格构件的规格和布设，可参照表 6—9 中的数据。

表 6—9　栅条、网格絮凝池主要设计参数

絮凝池型	絮凝池分段	栅条缝隙或网格孔眼尺寸（mm）	板条宽度（mm）	竖井平均流速 v_2/（m/s）	过栅或过网流速 v_1/（m/s）	竖井之间孔洞流速 v/（m/s）	栅条或网格构件层距（cm）	设计絮凝时间（min）	流速梯度（s^{-1}）
栅条絮凝池	前段（安放密栅条）	50	50	0.12～0.14	0.25～0.30	0.20～0.30	60	3～5	70～100
	中段（安放疏栅条）	80	50	0.12～0.14	0.22～0.25	0.15～0.20	60	3～5	40～60
	末端（不安放栅条）			0.10～0.14		0.10～0.14		4～5	10～20
网格絮凝池	前段（安放密网格）	80×80	35	0.12～0.14	0.25～0.30	0.20～0.30	60～70	3～5	70～100
	中段（安放疏网格）	100×100	35	0.12～0.14	0.22～0.25	0.15～0.20	60～70	3～5	40～60
	末端（不安放网格）			0.10～0.14		0.10～0.14		4～5	10～20

栅条、网格构件的厚度宜采用以下数值：

木材板条厚度：20～25 mm。

扁钢构件厚度：5～6 mm。

铸铁构件厚度：10～15 mm。

钢筋混凝土预制件厚度：30～70 mm。

3）沉淀池

①平流沉淀池。平流沉淀池的沉淀时间一般宜为 1.0～3.0 h。

平流沉淀池的水平流速可采用 10～25 mm/s，水流应避免过多转折。

平流沉淀池的有效水深一般可采用 3.0～3.5 m；沉淀池的每格宽度一般宜为 3～8 m，最大不超过 15 m，长与宽之比不得小于 4；长度与深度之比不得小于 10。

平流沉淀池宜采用穿孔墙配水和溢流堰集水，溢流率一般可采用小于 500 m^3/（m·天）。

②异向流斜管沉淀池。适用于混浊度长期低于 1 000 度的原水。

斜管沉淀区液面负荷一般可采用 9.0～11.0 m^3/m^2·h。

斜管设计一般可采用下列数据：管径 25～35 mm；斜长 1.0 m；倾角 60°。

斜管沉淀池的清水区保护高度一般不宜小于 1.0 m；底部配水区高度不宜小于 1.5 m。

③同向流斜管沉淀池。适用于混浊度长期低于 200 度的原水。

斜管沉淀区液面负荷一般可采用 30～40 m^3/（m^2·h）。

斜板设计一般可采用下列数据：斜板间距 35 mm；斜板长度 2.0～2.5 m；沉淀区斜板倾角 40°；排泥区斜板倾角为 60°；排泥区斜板长度不小于 0.5 m。

同向流斜板沉淀池应设置均匀集水的装置，一般可采用管式、梯形加翼或纵向沿程集水等形式。

④机械搅拌澄清池。适用于混浊度长期低于 5 000 度的原水。

机械搅拌澄清池清水区的上升流速，一般可采用 0.8～1.1 mm/s，或按相似条件的运行经验确定。

水在机械搅拌澄清池中的总停留时间可采用 1.2～1.5 h。

搅拌叶轮提升流量可为进水流量的 3～5 倍，叶轮直径可为第二絮凝池内径的 70%～80%，并应设调整叶轮转速和开启度的装置。

机械搅拌澄清池是否设置机械刮泥装置，应根据池径的大小、底坡大小、进水悬浮物含量及其颗粒组成等因素确定。

⑤水力循环澄清池。适用于混浊度长期低于 5 000 度的原水。

水力循环澄清池的单池生产能力一般不宜大于 7 500 m^3/天。

水力循环澄清池的上升流速一般可采用 0.7～1.0 mm/s。

水力循环澄清池的导流筒的有效高度一般可采用 3～4 m。

水力循环澄清池的回流水量可为进水流量的 2～4 倍。

水力循环澄清池斜壁与水平面的夹角不宜小于 45°。

⑥脉冲澄清池。适用于混浊度长期低于 3 000 度的原水。

脉冲澄清池清水区的上升流速，一般可采用 0.7～1.0 mm/s。

脉冲周期可采用 30～40 s，充放时间比为 3∶1～4∶1。

脉冲澄清池应采用穿孔管配水，上设人字形稳流板。

⑦悬浮澄清池。适用于混浊度长期低于 3 000 度的原水。

悬浮澄清池的上升流速及强制出水量比例一般可采用表 6—10 中数据。

表 6—10　悬浮澄清池上升流速　mm/s

序号	形式	清水区上升流速	沉泥浓缩室上升流速	强制出水量占总出水量的百分比
1	单层	0.7～1.0	0.6～0.8	20%～30%
2	双层	0.6～0.9	—	25%～45%

悬浮澄清池面积不宜超过 150 m^2；当为矩形时每个池宽度不宜大于 3 m。

清水区高度宜采用 1.5～2.0 m；悬浮层高度宜采用 2.0～2.5 m；悬浮层下部倾斜池壁与水平面夹角宜采用 50°～60°。

悬浮澄清池宜采用穿孔管配水，水在进入澄清池前应有气水分离设施。

4）气浮池。适用于混浊度长期低于 100 度及含有藻类等密度小的悬浮物质的原水。

接触室的上升气流一般可采用 10～20 mm/s，分离室的向下流速一般可采用 1.5～2.5 mm/s。

气浮池的单格宽度不宜超过 10 m；池长不宜超过 15 m；有效水深一般可采用 2.0～2.5 m。

溶气罐一般可采用 0.2～0.4 MPa；回流比一般可采用 5%～10%。

压力溶气罐的总高度一般可采用 3.0 m，罐内需装填料，其高度一般宜为 1.0～1.5 m，罐的截面水力负荷可采用 100～150 $m^3/(m^2 \cdot h)$。

气浮池宜采用刮渣机排渣，其行车速度一般不宜大于 5 m/min。

（6）过滤池

1）一般规定

①快滤池、无阀滤池及压力滤池的个数及单个滤池面积，应根据生产规模和运行维护等条件通过技术经济比较确定，但个数不得少于两个。

②滤池应按正常情况下的滤速设计，并以检修情况下的强制滤速校核。正常情况即指水厂全部滤池进行工作；检修情况则指全部滤池中的一个或两个停产进行检修、冲洗或翻砂。

③滤池的工作周期宜采用 12～24 h。

④滤池的滤速及滤料组成宜按表 6—11 选用。

表 6—11　滤池的滤速及滤料组成

类别	滤料组成			正常滤速（m/h）	强制滤速（m/h）
	粒径（mm）	不均匀系数	厚度（mm）		
石英砂滤料过滤	$d_{最小}=0.5$ $d_{最大}=1.2$	<2.0	700	8～10	10～14

续表

类别	滤料组成			正常滤速（m/h）	强制滤速（m/h）
	粒径（mm）	不均匀系数	厚度（mm）		
双层滤料过滤	无烟煤	<2.0	300～400	10～14	14～18
	$d_{最小}$＝0.8				
	$d_{最大}$＝1.8				
	石英砂	<2.0	400		
	$d_{最小}$＝0.8				
	$d_{最大}$＝1.6				
三层滤料过滤	无烟煤	<1.7	450	18～20	20～25
	$d_{最小}$＝0.8				
	$d_{最大}$＝1.6				
	石英砂	<1.5	230		
	$d_{最小}$＝0.5				
	$d_{最大}$＝0.8				
	重质矿石	<1.7	70		
	$d_{最小}$＝0.25				
	$d_{最大}$＝0.5				

注：滤料的相对密度为：无烟煤 1.4～1.6；石英砂 2.6～2.65；重质矿石 4.7～5.0。

⑤快滤池宜采用大阻力或中阻力配水系统。大阻力配水系统孔眼总面积与滤池面积之比为 0.20%～0.28%；中阻力配水系统孔眼总面积与滤池面积之比为 0.6%～0.8%。

⑥虹吸滤池、无阀滤池和移动罩滤池宜采用小阻力配水系统，其孔眼总面积与滤池面积之比为 1.0%～1.5%。

⑦水洗滤池的冲洗强度及冲洗时间，宜按表 6—12 选用。

表 6—12　水洗滤池的冲洗强度及冲洗时间（水温为 20℃ 时）

类别	冲洗强度［L/（s·m^2）］	膨胀率（%）	冲洗时间（min）
石英砂滤料过滤	12～15	45	5～7
双层滤料过滤	13～16	50	6～8
三层滤料过滤	16～17	55	5～7

注：①当采用表面冲洗设施时，冲洗强度可取低值。

②应考虑由于全年水温、水质变化因素，适当调整的冲洗强度。

③选择冲洗强度应考虑所用凝聚剂品种的因素。

④膨胀率数值仅做设计计算用。

2）快滤池

①快滤池冲洗前的水头损失宜采用 2.0～3.0 m，每个滤池应安装水头损失计。

②滤层表面以上的水深宜采用 1.5～2.0 m。

③当快滤池采用大阻力配水系统时，其承托层宜采用表 6—13 中的数据。

表 6—13　快滤池大阻力配水系统承托层粒径与厚度　mm

层次（自上而下）	粒径	承托层厚度
1	2～4	100
2	4～8	100
3	8～16	100
4	16～32	本层顶面高度应高出配水系统孔眼 100

④大阻力配水系统应按冲洗流量设计，并根据如下数据计算确定：

配水干管进口处的流速为 1.0～1.5 m/s。

配水支管进口处的流速为 1.5～2.0 m/s。

孔眼流速为 5～6 m/s。

⑤三层滤料滤池承托层宜按表 6—14 选用。

表 6—14　三层滤料滤池承托层材料、粒径与厚度　mm

层次（自上而下）	材料	粒径	厚度
1	重质矿石	0.5～1	50
2	重质矿石	1～2	50
3	重质矿石	2～4	50
4	重质矿石	4～8	50
5	砾石	8～16	100
6	砾石	16～32	本层顶面高度应高出配水系统孔眼 100

注：配水系统如用滤砖，其孔径为小于等于 4 mm 时，第 6 层可不设。

⑥洗砂槽的平面面积，不应大于滤池面积的 25%。

⑦快滤池应有下列管（渠），其断面宜根据下列流速计算确定：进水管为 0.8～1.2 m/s；出水管为 1.0～1.5 m/s；冲洗水管为 2.0～2.5 m/s；排水管为 1.0～1.5 m/s。

3）虹吸滤池

①虹吸滤池的分格数应按滤池在低负荷运行时仍能满足一格滤池冲洗水量的要求确定。

②虹吸滤池冲洗前的水头损失一般宜为 1.5 m。

③虹吸滤池冲洗水头应通过计算确定，一般宜采用 1.0～1.2 m。

④虹吸进水管的流速宜采用 0.6～1.0 m/s；排水管的流失宜采用 1.4～1.6 m/s。

4）重力无阀滤池

①每个无阀滤池应设单独的进水系统，且该系统应有不使空气进入滤池的措施。

②无阀滤池冲洗前的水头损失一般可采用 1.5 m。

③过滤室滤料表面以上的高度，应等于冲洗时滤料的最大膨胀高度与保护高度之和。

6.4.2　构筑物的设计计算

【例 6—1】　某水厂进行的净水工艺设计，总设计供水能力为 2×10^5 m^3/天，分为两期建设，每期工程均为$1\times10^5\ m^3$/天，水厂自用水量按供水量的10%计算。一级泵站、二级泵站、配水井、药库、氯库、加药间、加氯间均为一次建成（按总供水量$2\times10^5\ m^3$/天设计），预留其设备安装位置，其他构筑物分期建设。

【解】 根据6.4.1的规定，总用水量为设计进水量与自用水量之和，即为$Q=1.1\times10^5\ m^3$/天。

(1) 折板絮凝池设计。絮凝池设两组，絮凝时间取$t=7$ min，水深$H=3.2$ m。则每组絮凝池流量为：

$$Q_x=\frac{1.1\times10^5\ m^3/天}{2}=5.5\times10^4\ m^3/天=2\ 291.67\ m^3/h=0.64\ m^3/s$$

每组絮凝池容积为：

$$W=\frac{Q_x t}{60}=\frac{2\ 291.67\ m^3\times7}{60}=267.4\ m^3$$

每组池的面积为：

$$S=\frac{W}{H}=\frac{267.4\ m^3}{3.2\ m}=84\ m^2$$

每组絮凝池的净宽：

取净长度为$L=14$ m，则净宽为：

$$D=\frac{S}{L}=\frac{84\ m^2}{14\ m}=6\ m$$

将絮凝池在长度方向即垂直水流方向分为7格，则每格净宽度为2.0 m，平行水流方向分为6格，则每格长1 m，因此共42格，每格面积为2 m^2。

絮凝过程分为3段，第Ⅰ段采用多通道同波折板，取$v_1=0.3$ m/s；第Ⅱ段也采用多通道同波折板，取$v_2=0.2$ m/s；第Ⅲ段采用直板，取$v_3=0.1$ m/s。

折板采用钢筋水泥板，折板宽0.5 m，厚度为0.035 m，折角为90°，折板净长取1.0 m，如图6—5所示。

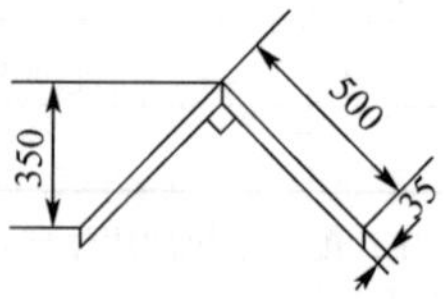

图6—5　折板尺寸图

采用钢筋混凝土墙，外墙厚采用300 mm，内墙采用250 mm，因此絮凝池的总长度为：

$$14+0.3\times2+0.25\times6=16.1\ m$$

实际宽度为：

$$6+0.3+0.25\times6+1=8.8\ m$$

各格折板的间距及实际流速：

第Ⅰ絮凝段折板间距取0.32 m。

第Ⅱ絮凝段折板间距取0.32 m。

第Ⅲ絮凝段折板间距取0.40 m。

$$v_{1实}=\frac{Q}{A_1}=\frac{0.64}{2\times1-(0.035/\sin45°)\times3\times1}=0.34\ m/s$$

$$v_{2实}=\frac{Q}{A_2}=\frac{\frac{1}{2}\times0.64}{2\times1-(0.035/\sin45°)\times3\times1}=0.17\ m/s$$

$$v_{3实}=\frac{Q}{A_3}=\frac{1}{4}\times\frac{0.64}{2\times1-0.035\times5\times1}=0.09\ \text{m/s}$$

水头损失 h：

$$\sum h=nh+h_i=n\xi_1\frac{v^2}{2g}+h_i$$

式中 $\sum h$——总水头损失，m；

h——折板间一个转弯的水头损失，m；

h_i——折板区上、下部转弯或过流空洞的水头损失，m；

n——折板间转弯个数；

v——转弯或孔洞处流速，m/s；

ξ_1——折板间一次转弯的阻力系数。

数据计算如下。

第Ⅰ絮凝段为多通道同波折板。

第Ⅰ絮凝段分 6 格，每格安装三块折板，折角 90°，$\xi=0.6$。折板区上、下部 90°转弯处 $\xi_2=1.0$，过流孔洞进出口 $\xi_3=1.06$。90°转弯 2×6=12 次，进出口次数 2×6=12 次，取转弯高 1 m，孔洞高度为 1 m。

转弯流速

$$v_0=\frac{2\ 291.67}{3\ 600\times2\times1}=0.32\ \text{m/s}$$

孔洞流速

$$v'_0=\frac{2\ 291.67}{3\ 600\times2\times1}=0.32\ \text{m/s}$$

转弯和进出口的水头损失

$$h_{1i}=12\times(\xi_2+\xi_3)\frac{v_0^2}{2g}=12\times(1.0+1.06)\times\frac{0.32^2}{2\times9.81}=0.13\ \text{m}$$

$$\sum h_{1总}=n\xi_1\frac{v^2}{2g}+h_{1i}=12\times0.6\times\frac{0.34^2}{2\times9.81}+0.13=0.17\ \text{m}$$

第Ⅱ絮凝段为多通道同波折板。

第Ⅱ絮凝段分 6 格，折板区上、下部 90°转弯数为 2×6=12，过流孔洞进出口次数为 2×6=12 个，折板折角为 90°，$\xi=0.6$，$v=0.17$ m/s。

转弯流速

$$v_0=\frac{2\ 291.67/2}{3\ 600\times2\times0.8}=0.2\ \text{m/s(取转弯高为0.8 m)}$$

$$h_{i1}=12\xi_2\frac{v_0^2}{2g}=12\times1.0\times\frac{0.2^2}{2\times9.81}=0.024\ \text{m}$$

孔洞流速

$$v_0'=\frac{2\ 291.67}{2\times3\ 600\times2\times0.6}=0.265\ \text{m/s(取孔洞高度为0.6 m)}$$

$$h_{i2}=12\xi_3\frac{v'^2_0}{2g}=12\times1.06\times\frac{0.265^2}{2\times9.81}=0.046\ \text{m}$$

$$h_{2i}=h_{i1}+h_{i2}=0.024+0.046=0.07\ \text{m}$$

$$\sum h_{2总}=12\xi\frac{v^2}{2g}+h_{2i}=12\times0.6\times\frac{0.17^2}{2\times9.81}+0.07=0.08\ \text{m}$$

第Ⅲ絮凝段为多通道直板。

分格数为 6，5 块直板 180°，直板区上、下部 90°转弯数次数 2×6＝12 次，过流孔洞出口次数 12 次。

转弯流速

$$v_0=\frac{2\ 291.67}{4\times3\ 600\times2\times0.8}=0.1\ \text{m/s}$$

孔洞流速

$$v'_0=\frac{0.53}{4}=0.133\ \text{m/s}$$

转弯处的水头损失

$$h_{i1}=12\xi_2\frac{v_0^2}{2g}=12\times1.0\times\frac{0.1}{2\times9.81}=0.006\ \text{m}$$

孔洞的水头损失

$$h_{i2}=12\xi_3\frac{v'^2_0}{2g}=12\times1.06\times\frac{0.133^2}{2\times9.81}=0.011\ \text{m}$$

$$\sum h_{3总}=h_{i1}+h_{i2}=0.024+0.046=0.07\ \text{m}$$

絮凝池各段的停留时间

第Ⅰ絮凝段水流停留时间

$$t_1=6\times\frac{2\times1\times3.2-0.035\times0.5\times1\times3\times4}{0.64}=58\ \text{s}$$

第Ⅱ絮凝段水流停留时间

$$t_2=6\times\frac{2\times1\times3.2-0.035\times0.5\times1\times12}{0.64/2}=116.1\ \text{s}$$

第Ⅲ絮凝段水流停留时间

$$t_3=6\times\frac{2\times1\times3.2-0.035\times1\times1.4\times5}{0.64/4}=230.8\ \text{s}$$

絮凝池总停留时间

$$t=t_1+t_2+t_3=58.0+116.1+230.8=404.9\ \text{s}=6.75\ \text{min}$$

絮凝池各段的 G 值

$$G=\sqrt{\frac{\rho g\sum h_i}{\mu t_i}}$$

水温为 $t=20$℃，$\mu=1\times10^3$ Pa·s

第Ⅰ段

$$G_1=\sqrt{\frac{\rho g\sum h_{1总}}{\mu t_1}}=\sqrt{\frac{1\ 000\times9.81\times0.17}{1\times10^{-3}\times58}}=169.6\ \text{s}^{-1}$$

第Ⅱ段

$$G_2=\sqrt{\frac{\rho g\sum h_{2总}}{\mu t_2}}=\sqrt{\frac{1\ 000\times 9.81\times 0.08}{1\times 10^{-3}\times 116.1}}=82.2\ \mathrm{s^{-1}}$$

第Ⅲ段

$$G_3=\sqrt{\frac{\rho g\sum h_{3总}}{\mu t_3}}=\sqrt{\frac{1\ 000\times 9.81\times 0.07}{1\times 10^{-3}\times 230.8}}=54.5\ \mathrm{s^{-1}}$$

絮凝池总水头损失为

$$\sum h_{总}=0.17+0.08+0.07=0.32\ \mathrm{m}$$

$$GT=t\sqrt{\frac{\rho g\sum h_{总}}{\mu t}}=404.9\times\sqrt{\frac{1\ 000\times 9.81\times 0.32}{1\times 10^{-3}\times 404.9}}=35\ 652>2\times 10^4$$

折板絮凝池的计算如图 6—6 所示。

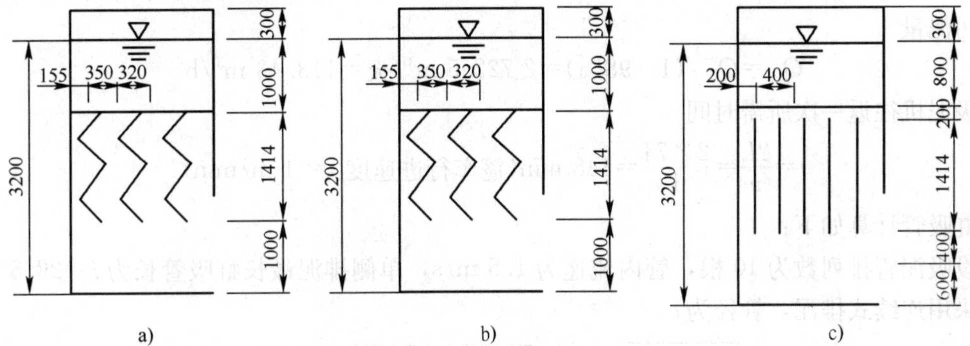

图 6—6 折板絮凝池计算简图

a）第一段折板布置 b）第二段折板布置 c）第三段折板布置

（2）平流沉淀池的设计。已知水厂设计产水量 $Q=1.1\times 10^5\ \mathrm{m^3}$/天，沉淀池采用 $n=2$，沉淀时间为 $t=1.5$ h，池内平均水平流速为 $v=10$ mm/s。

1）设计水量。根据已知条件，则单池的设计水量为：

$$Q_1=\frac{Q}{2}=\frac{1.1\times 10^5\ \mathrm{m^3/天}}{2}=5.5\times 10^4\ \mathrm{m^3/天}=2\ 291.6\ \mathrm{m^3/h}=0.64\ \mathrm{m^3/s}$$

2）池体尺寸

单池容积

$$W=\frac{Qt}{n}=\frac{4.58\times 10^3\times 1.5}{2}=3.44\times 10^3\ \mathrm{m^3}$$

与絮凝池配合取池宽 $B=15.5$ m，有效水深 $H=3$ m，则池长 L 为：

$$L=\frac{W}{BH}=\frac{3.44\times 10^3}{15.5\times 3}=74\ \mathrm{m}$$

每池中间设一导流槽，导流槽采用砖砌，导流槽宽为 240 mm，则沉淀池每格宽度为：

$$b=\frac{15.5-0.24}{2}=7.63\ \mathrm{m}$$

校核池子尺寸比例：

长宽比 $L/b=74/7.63=9.7>4$ 符合要求；

长深比 $L/h=74/3=24.7>10$ 符合要求；

沉淀池水平流速 $v_{水平}=\dfrac{L}{t}=\dfrac{74\times1\ 000}{1.5\times3\ 600}=13.7\ \text{mm/s}$ 符合要求。

进水穿孔墙：

沉淀池进口处用砖砌穿孔墙布水，墙长 15.5 m，墙高 3.3 m，有效水深 3 m。用虹吸式机械吸泥机排泥，其泥厚度为 0.1 m，超高 0.2 m。

穿孔墙孔眼形式采用矩形的半砖孔洞，其尺寸为 0.125 m×0.126 m，开孔率为：

$$\frac{0.125\times0.126}{0.125\times0.126\times3}=33.3\%$$

3）排泥设施。为取得较好的排泥效果，采用虹吸式机械吸泥机排泥。

干泥量

$Q_{干}=5.5\times10^{4}\times(1\ 000-10)\times10^{-6}\ \text{m}^3/天=54.45\ \text{m}^3/天$，设含水率为 98%。

污泥量

$$Q_{污}=Q_{干}/(1-98\%)=2\ 722.5\ \text{m}^3/天=113.43\ \text{m}^3/\text{h}$$

吸泥机往返一次所需时间

$$t=\frac{2L}{v}=\frac{2\times74}{1}=148\ \text{min}（篷车行进速度\ v=1\ \text{m/min}）$$

虹吸管计算如下：

设吸泥管排列数为 10 根，管内流速为 1.5 m/s，单侧排泥最长虹吸管长为 $l=22.5$ m。

采用连续式排泥，管径为：

$$D=2\sqrt{\frac{Q_{污}\times10^{6}}{\pi v_1 z}}=2\times\sqrt{\frac{113.43}{3\ 600\times3.14\times1.5\times10}}=51\ \text{mm}$$

选用 $DN50$ 水煤气管 $v=1.46$ m/s

吸口的断面确定如下：

吸口的断面与管口断面面积相等，已知吸管的断面积为：

$$A=\frac{0.05^{2}\pi}{4}=0.002\ \text{m}^2$$

设吸水口长为 $l=0.2$ m，则吸口宽度为：

$$b=\frac{A}{l}=\frac{0.002}{0.2}=0.01\ \text{m}$$

吸泥管路水头损失计算如下：

进口 $\xi_1=0.1$，出口 $\xi_2=1$，90°弯头 $\xi_3=1.975\times2=3.95$，则局部水头损失为：

$$h_{吸}=(0.1+1+3.95)\times\frac{1.5^{2}}{2\times9.8}=0.58\ \text{m}$$

管道部分水头损失：含水率 98%，一般为紊流状态。

$$h_{管}=\lambda\frac{lv^{2}}{D_0 2g}=0.026\times\frac{22.5}{0.050}\times\frac{1.5^{2}}{2\times9.81}=1.34\ \text{m}$$

总水头损失为

$$h_{总}=h_{吸}+h_{管}=0.58+1.34=1.92\ \text{m}$$

考虑管道使用年久等因素，实际 $H=1.3h=1.3\times1.92\ \text{m}=2.5\ \text{m}$。

排泥槽总长取 70 m，槽宽取 0.8 m，深取 1.0 m。

引流泵选用 YQX－5 型潜水泵。

沉淀池放空管直径为：

$$d=\sqrt{\frac{0.7BLH_0^{0.5}}{t}}=\sqrt{\frac{0.7\times(15.5-0.24\times60\times3.1^{0.5})}{3\times3\ 600}}=0.323\ \text{m}$$

其中，H_0 为池内平均水深，此处为 3+0.1=3.1 m；t 为放空时间，按 3 h 计，管径采用 300 mm。

沉淀池水力条件校核如下：

水力半径

$$R=\frac{BH}{2H+B}=\frac{7.63\times3}{2\times3+7.63}=1.679\ \text{m}$$

弗劳德数

$$F_r=\frac{v^2}{Rg}=\frac{0.013\ 7^2}{1.679\times9.81}=1.14\times10^{-5}$$

该 F_r 值在规定范围为 $1\times10^{-5}\sim1\times10^{-4}$。

4）集水系统。采用两侧孔口自由出流式集水槽集水。

集水槽个数：

$$N=8$$

集水槽的中心距

$$a=\frac{B}{N}=\frac{7.63}{4}=1.9\ \text{m}$$

槽中流量

$$q'_0=\frac{Q}{N}=\frac{0.64}{8}=0.08\ \text{m}^3/\text{s}$$

考虑到池子的超载系统为 20%，故槽中流量 $q_0=1.2q'_0=0.096\ \text{m}^3/\text{s}$。

槽的尺寸如下：

槽宽

$$b=0.9q_0^{0.4}=0.9\times0.096^{0.4}=0.352\ \text{m}$$

为便于施工取 $b=0.4$ m。

槽长

$$L=\frac{5.5\times10^4}{500\times8\times2}=6.87\ \text{m}$$

堰上负荷小于 500 m³/（天·m）。取槽长 $L=10$ m，则堰上负荷为：

$$\frac{5.5\times10^4}{10\times8\times2}=343.75\ \text{m}^3/(\text{m}\cdot\text{天})$$

符合要求。

起点槽中水深：

$$H_1=0.75b=0.75\times0.4=0.3\ \text{m}$$

终点槽中水深：

$$H_2=1.25b=1.25\times0.4=0.5\ \text{m}$$

为了便于施工，槽中水深统一取 $H_2=0.5$ m。

槽的高度 H_3：

集水方法采用孔口自由出流，孔口深度取 0.07 m，跌落高度取 0.05 m，槽起高度取 0.15 m，则集水槽总高度为：

$$H_3=H_2+0.07+0.05+0.15=0.77\ \text{m}$$

孔眼计算：

所需孔眼总面积 $A_{孔总}$

由 $q_0=\mu A_{孔总}\sqrt{2gh}$得：

$$A_{孔总}=\frac{q_0}{\mu\sqrt{2gh}}=\frac{0.096}{0.62\times\sqrt{2\times9.81\times0.07}}=0.132\ \text{m}^2$$

单孔面积 $A_{单孔}$：

孔眼直径采用 $d=10$ mm，则单孔面积为：

$$A_{单孔}=\frac{\pi}{4}d^2=\frac{3.14}{4}\times0.01^2=7.85\times10^{-5}\ \text{m}^2$$

孔眼个数 n：

$$n=\frac{A_{孔总}}{A_{单孔}}=\frac{0.132}{7.85\times10^{-5}}=1\ 681.52$$

取 1 682 个。

集水槽每边孔眼个数 n'：

$$n'=\frac{1\ 682}{8\times2}=105\ 个$$

孔眼中心距离 S_0：

$$S_0=\frac{10\times1\ 000}{105+1}=95\ \text{mm}$$

5）配水槽计算

配水槽宽 b'：

$$b'=0.9Q^{0.4}=0.9\times0.64^{0.4}=0.753\ \text{m}$$

为了方便施工，其值取 0.8 m。

起点槽中水深 H_1：

$$H_1=0.75b'=0.75\times0.8=0.6\ \text{m}$$

中点槽中水深 H_2：

$$H_2=1.25b'=1.25\times0.8=1\ \text{m}$$

为了便于施工，槽中水深统一取 1 m。自由跌水高度取 0.07 m，则排水槽总高度为：

$$0.77+0.07+1.0=1.84\ \text{m}$$

出水斗底板取低于排水槽底 0.5 m，自由跌落高度为 0.07 m，出水斗平面尺寸为 1.6 m×1.6 m。

(3) V形滤池的计算。根据已知，设计每天供水量为 $Q'=1\times10^5\ m^3$，水厂自用水按5%计算，则计算每天水量为：

$$Q=1.05\times Q'=1.05\times10^5\ m^3$$

主要参数如下：

滤速 $v=8$ m/h，强制滤速小于等于 20 m/h。

第一步气冲冲洗强度为 $q_{气1}=15$ L/(m² · s)；第二步气—水同时反冲，空气强度为 $q_{气2}=15$ L/(m² · s)，水强度为 $q_{水1}=4$ L/(m² · s)；第三步水冲强度为 $q_{水2}=5$ L/(m² · s)。

第一步气冲时间 $t_{气}=3$ min，第二步水同步反应时间 $t_{气水}=4$ min，单独水冲时间 $t_{水}=5$ min；冲洗时间共计 $t=12$ min=0.2 h。

冲洗周期 $T=48$ h。

反冲横扫强度 1.8 L/（m² · s）。

滤池采用单层加厚均粒滤料，粒径为 0.96～1.35 mm，不均匀系数为 1.2～1.6。

设计计算过程如下：

1）池体设计

①滤池工作时间

$$t'=24-t\frac{24}{T}=24-0.2\times\frac{24}{48}=24-0.1=23.9\ h$$

②滤池总面积

$$F=\frac{Q}{vT'}=\frac{1.05\times10^5}{8\times23.9}=549.2\ m^2$$

③滤池的分格。为节省占地，选双格型滤池，池底板用混凝土，单格宽 $B=3.5$ m，长 $L=14$ m，面积为 49 m²。分为并列的两组，每组 3 座，共 6 座，每座面积 $f=98$ m²，总面积 588 m²。

④校核强制滤速 v'

$$v'=\frac{NV}{N-1}=\frac{3\times8}{3-1}=12\ m/h$$

满足 $v\leqslant20$ m/h 的要求。

⑤滤池高度的确定

滤池超高 $H_3=0.3$ m；

滤层上的水深 $H_4=105$ m；

滤料厚度 $H_3=1.0$ m；

滤板厚度 $H_2=0.13$ m；

滤板池总高 $H=3.83$ m。

⑥水封井的设计。均粒滤料清洁滤料层的水头损失按下式计算

$$\Delta H_{清}=180\frac{\gamma}{g}\frac{(1-m_0)^2}{m_0^3}(\frac{1}{\varphi d_0})^2 l_0 v$$

式中　$\Delta H_{清}$——水流通过清洁滤料层的水头损失，cm；

γ——水的运动黏度，cm²/s，20℃时为 0.010 1 cm²/s；

g——重力加速度，981 cm²/s；

m_0——滤料孔隙率，取 0.5；

d_0——与滤料体积相同的球体直径，cm，根据厂家提供数据为 1 mm；

l_0——滤层厚度，cm，取 100 cm；

v——滤速，cm/s，v=12 m/h=0.33 m/s；

φ——滤料颗球度系数，天然沙粒为 0.75～0.8，取 0.8。

所以

$$\Delta H_{清}=180\times\frac{0.0101}{981}\times\frac{(1-0.5)^2}{0.5^3}\times\left(\frac{1}{0.8\times0.1}\right)^2\times100\times0.33\approx19.11\ \text{cm}$$

根据经验，滤速为 8～10 cm/h 时，清洁滤料层的水头损失一般为 30～40 cm。计算值比经验值低，取经验值的下限 30 cm 为清洁滤料层的过滤水头损失。正常过滤时，忽略其他水头损失，通过长柄滤头的水头损失 $\Delta h\leqslant0.22$ m，则每次反冲洗后刚开始过滤时水头损失为

$$\Delta H_{开始}=0.3\ \text{m}+0.22\ \text{m}=0.52\ \text{m}$$

为保证滤池正常过滤时池底内的液面高出滤料层，水封井出水堰顶标高在取料层上表面标高以上 0.2 m。

设计水封井面尺寸 2 m×2 m，堰底板比滤池地板低 0.3 m，水封井出水堰总高因为每座滤池过滤水量

$$Q_{单}=vf=8\times98=784\ \text{m}^3/\text{h}=0.22\ \text{m}^3/\text{s}$$

所以水封井出水堰上水头由矩形堰的流量公式 $Q=1.84\ bh^{\frac{2}{3}}$ 计算得：

$$h_{水封}=\left[Q_{单}/(1.84b_{堰})\right]^{\frac{2}{3}}=\left[0.22/(1.84\times2)\right]^{\frac{2}{3}}\approx0.15\ \text{m}$$

则滤池施工完毕，初次投入运行时，清洁滤料层过滤，滤池液面比滤料层高

$$0.15+0.52+0.2=0.87\ \text{m}$$

2）水反冲洗灌渠系统

①反冲洗用水流量 $Q_{反水}$ 的计算。反冲洗用水流量按水洗强度最大时计算。单独水洗时反洗强度最大，为 5 L/(m^2·s)。

$$Q_{反水}=q_{水}f=5\times98=490\ \text{L/s}=0.49\ \text{m}^3/\text{s}$$

V 形滤池反冲洗时，表面扫洗同时进行，其流量

$$Q_{表水}=q_{表水}f=0.0018=0.18\ \text{m}^3/\text{s}$$

水反冲洗系统的断面计算法如下。

配水干管（渠）进口流速为 1.5 m/s 左右，配水干管（渠）的截面积为

$$A_{水干}=Q_{反水}/v_{水干}=0.49/1.5=0.33\ \text{m}^2$$

反冲洗配水干管用钢管的型号为 $DN700$，流速为 1.27 m/s。反冲洗水由反冲洗配水干管输送至气水分配渠，由气水分配渠底侧的布水方孔配水到滤池底部布水区。反冲洗水通过配水方孔的流速按反冲洗水支管的流速取值。

配水支管流速或孔口流速为 1～1.5 m/s，取 $v_{水支}$=1 m/s，则配水支管（渠）的截面积 $A_{方孔}$ 为：

$$A_{方孔}=Q_{反水}/v_{水支}=0.49/1=0.49\ \text{m}^2$$

此即配水方孔面积。沿渠方向两侧各均匀布置 20 个配水方孔，共 40 个，孔中心间距为

0.6 m，每个孔的面积$A_{水}$为：

$$A_{水}=0.49/40=0.0123\ m^2$$

每个孔口尺寸取0.1 m×0.1 m。反冲洗水过孔流速为：

$$v=0.49/2\times20\times0.1\times0.1=1.225\ m/s$$

满足要求。

②反冲洗用气量$Q_{反气}$的计算。反冲洗用气流量按气冲强度最大时的空气流量计算。这时气冲的强度为15 L/(m²/s)。

$$Q_{反气}=q_{气}f=15\times98=1\ 470\ L/s=1.47\ m^3/s$$

③配气系统的断面计算。配气干管（渠）进口流速应为5 m/s左右，则配气干管（渠）的截面积$A_{气干}$为：

$$A_{气干}=Q_{反气}/v_{气干}=1.47/5\approx0.294\ m^2$$

反冲洗配气干管用钢管的型号为$DN250$，流速为9.87 m/s。反冲洗用空气由反冲洗配气干管出送至气水分配渠，由气水分配渠两侧的布气小孔配气到滤池底部布水区。布气小孔紧贴滤板下缘，间距与布水方孔相同，共计40个。反冲洗用空气通过配气小孔流速按反冲洗配气支管的流速取值。

反冲洗配气支管流速或孔口流速应为10 m/s左右，则配气支管（渠）的截面积$A_{气支}$为：

$$A_{气支}=Q_{反气}/v_{气支}=1.47/10\approx0.15\ m^2$$

每个布气小孔面积$A_{气孔}$为：

$$A_{气孔}=A_{气支}/40=0.15/40=0.003\ 75\ m^2$$

孔口直径

$$d_{气孔}=(4\times0.003\ 75/3.14)^{1/2}\approx0.07\ m$$

取70 mm。

反洗空气过孔流速v为：

$$v=\frac{0.036\ 8}{3.14\times\left(\frac{0.07}{2}\right)^2}=9.57\ m/s$$

满足要求。

每孔配气量

$$Q_{气孔}=Q_{反气}/40=1.47/40=0.036\ 8\ m^3/s=132.48\ m^3/h$$

④气水分配渠的断面设计。对气水分配渠的断面面积要求的最不利条件发生在气水同时反冲洗时，亦即气水同时反冲洗时要求气水分配渠断面面积最大。因此，气水分配渠的断面设计按气水同时反冲洗的情况设计。

气水同时反冲洗时反冲洗水流量$Q_{反气水}$为：

$$Q_{反气水}=q_{水}f=4\times98=392\ L/s\approx0.39\ m^3/s$$

气水同时反冲洗时，反冲洗用空气的流量$Q_{反气}$为：

$$Q_{反气}=q_{气}f=15\times98=1\ 470\ L/s=1.47\ m^3/s$$

气水分配渠的气、水流速均按相应的配气、配水干管流速取值。则气水分配渠的断面积

$A_{气水}$为：

$$A_{气水}=Q_{反气水}/v_{水干}+Q_{反气}/v_{气干}=0.39/1.5+1.47/5=0.26+0.294\approx 0.554\ m^2$$

3）滤池管渠的布置

①反冲洗管渠

a. 气水分配渠。气水分配渠起端宽度取 1.2 m，高取 1.5 m，末端宽取 1.2 m，高取 1 m。则起端截面面积为 1.8 m^2，末端截面面积为 1.2 m^2。两侧沿程各布置 20 个配气小孔和 20 个布水方孔，孔间距为 0.6 m，共 40 个，气水分配渠末端所需最小截面积为 0.554/40=0.014 m^2<1.2 m^2，满足要求。

b. 排水集水槽。排水集水槽顶端高出滤料层顶面 0.5 m，则排水集水槽起端槽高 $H_{起}$为：

$$H_{起}=H_1+H_2+H_3+0.5\ m-1.5\ m=0.9+0.13+1+0.5-1.5=1.03\ m$$

式中　1.5 m——气水分配渠起端高度。

排水集水槽末端高 $H_{末}$为：

$$H_{末}=H_1+H_2+H_3+0.5\ m-1.0\ m=0.9+0.13+1+0.5-1.0=1.53\ m$$

式中　1.0 m——气水分配渠末端高度。

底坡 i 为：

$$i=(1.53-1.03)/l=(1.53-1.03)/14\approx 0.0357$$

c. 排水集水槽排水能力校核。由矩形断面暗沟（非满流，$n=0.013$）计算公式校核集水槽排水能力。设集水槽超高 0.3 m，则槽内水位高 $h_{排集}$为：

$$h_{排集}=1.03-0.3=0.73\ m$$

槽宽 $b_{排集}$为：

$$b_{排集}=1.2\ m$$

湿周 X 为：

$$X=b+2h=1.2+2\times 0.73=2.66\ m$$

水流断面 $A_{排集}$为：

$$A_{排集}=bh=1.2\times 0.73=0.876\ m^2$$

水力半径 R 为：

$$R=A_{排集}/X=0.876/2.66=0.329\ m$$

水流速度 v 为：

$$v=R^{2.3}i^{1.2}/n=(0.329^{2.3}\times 0.0357^{1.2})/0.013=6.93\ m/s$$

过流能力 $Q_{排集}$为

$$Q_{排集}=A_{排集}v=0.876\times 6.93\approx 6.07\ m^3/s$$

实际过水量 $Q_{反}$为：

$$Q_{反}=Q_{反水}+Q_{表水}(0.49+0.18)\ m^3/s=0.67\ m^3/s<Q_{排集}$$

满足要求。

②进水管渠

a. 进水总渠。6 座滤池分成独立的两组。每组进水总渠过水流量按强制过滤流量计算，流速为 0.8～1.2 m/s，则过滤流量 Q 为：

$$Q=1.05\times10^5/2=5.25\times10^4\ \mathrm{m^3}/\text{天}\approx0.608\ \mathrm{m^3/s}$$

过水断面面积 F 为：

$$F=Q/v=0.608/1.2=0.51\ \mathrm{m^2}$$

取 0.50 m²。

进水总渠宽为 1 m，水面高为 0.5 m。

b. 每座滤池的进水孔。每座滤池的进水侧由进水侧壁开三个进水孔，进水总渠的混水通过三个进水孔进入滤池。两侧进水孔孔口在反冲洗时关闭，中间进水孔孔口设手动调节闸板，在反冲洗时不关闭，供给反洗表扫用水。调节闸门的开启度，是让其在反冲洗时的进水量等于表扫用水量。

孔口面积按孔口淹没出流公式 $Q=0.64A\sqrt{2gh}$计算，其总面积按滤池强制过滤水量计。

强制过滤水量 $Q_{强}$ 为：

$$Q_{强}=0.608/(3-1)=0.304\ \mathrm{m^3/s}$$

孔口两侧水位差取 0.1 m，则孔口总面积 $A_{孔}$ 为：

$$A_{孔}=Q_{强}/(0.64\sqrt{2gh})=0.304/(0.64\times\sqrt{2\times9.8\times0.1})\approx0.34\ \mathrm{m^2}$$

中间孔面积按表面扫洗水量设计，其面积 $A_{中孔}$ 为：

$$A_{中孔}=A_{孔}(Q_{表水}/Q_{强})=0.34\times(0.18/0.304)\approx0.20\ \mathrm{m^2}$$

孔口宽为 $B_{中孔}=1$ m，高 $H_{中孔}=0.2$ m。

两个侧孔口设阀门，采用橡胶囊充气阀，每个侧孔面积 $A_{侧}$ 为：

$$A_{侧}=(A_{孔}-A_{中孔})/2=(0.34-0.20)/2\approx0.07\ \mathrm{m^2}$$

孔口宽 $B_{侧孔}=0.35$ m，高 $H_{侧孔}=0.2$ m。

c. 每座滤池内设的宽顶堰。为保证进水稳定性，进水总渠引来的混水经过宽顶堰进入每座滤池内的配水渠，再经过滤池内的配水渠分配到两侧的 V 形槽。宽顶堰的堰高 $b_{宽顶}=5$ m，宽顶堰与进水总渠平行设置，与进水总渠侧壁相距 0.5 m。堰上水头由矩形堰的流量公式 $Q=1.84bh^{2/3}$得：

$$h_{宽顶}=[Q_{强}/(1.84b_{宽顶})]^{2/3}=[0.304/(1.84\times5)]^{2/3}\approx0.10\ \mathrm{m}$$

d. 每座滤池的配水渠。进入每座滤池的混水经过宽顶堰溢流至配水渠，由配水渠两侧的进水孔进入滤池内的 V 形槽。

滤池配水渠宽 $b_{配渠}=0.5$ m，渠高为 1 m，渠总长等于滤池总宽，则渠长 $L_{配渠}$ 为：

$$L_{配渠}=3.5\times2+1.2=8.2\ \mathrm{m}$$

当渠内水深为 $h_{配渠}=0.5$ m 时，末端流速 $v_{配渠}$ 为（进来的混水由分配渠中段向渠两侧进水孔流去，每侧流量为 $Q_{强}/2$）：

$$v_{配渠}=Q_{强}/(2b_{配渠}h_{配渠})=0.304/(2\times0.5\times0.6)\approx0.51\ \mathrm{m/s}$$

满足滤池进水管渠自清流速的要求。

e. 配水渠过水能力校核。配水渠的水力半径 $R_{配渠}$ 为：

$$R_{配渠}=b_{配渠}h_{配渠}/(2h_{配渠}+b_{配渠})=0.5\times0.6/(2\times0.6+0.5)\approx0.17\ \mathrm{m}$$

配水渠的水力坡度 $i_{渠}$ 为：

$$i_{渠}=(nv_{渠}/R^{2/3})^2=(0.013\times0.61/0.17^{2/3})^2<0.001$$

渠内水面降落量 $\Delta h_{渠}=i_{渠}L_{渠}/2=0.001\times 8.2/2=0.004$ m

因为，配水渠最高水位为：

$$h_{配渠}+\Delta h_{渠}=0.5+0.004=0.504\ \text{m}<渠高\ 1\ \text{m}$$

所以，配水的过水能力满足要求。

③V 形槽的设计。V 形槽槽底设表扫水出水孔，直径取 $d_{V孔}=0.025$ m，间隔0.15 m，取 V 形槽槽底的高度低于表扫水出水孔 0.15 m。

根据潜孔出流公式 $Q=0.64A\sqrt{2gh}$，其中 Q 应为单格滤池的表扫水流量，则表面洗时 V 形槽内水位高出滤池反冲洗时液面高度 $h_{V液}$ 为：

$$h_{V液}=[Q_{反水}/(2\times 0.64A_{表孔})]^2/2g=[0.18/(2\times 0.64\times 0.04)]^2/(2\times 9.8)\approx 0.63\ \text{m}$$

反冲洗时的排水集水槽的堰上水头由矩形堰的流量公式 $Q=1.84bh^{3/2}$ 求得，其中 b 为集水槽长，$b=L_{排槽}=14$ m，Q 为单格滤池反冲洗流量，则 $Q_{反单}$ 为：

$$Q_{反单}=Q_{反}/2=0.67\ \text{m}^3/2=0.335\ \text{m}^3$$

因此，$h_{排槽}$ 为：

$$h_{排槽}=[Q_{反单}/(1.84b)]^{2/3}=[0.335/(1.84\times 12)]^{2/3}=0.06\ \text{m}$$

V 形槽的倾角为 45°，垂直高度为：

$$0.15+0.15+0.06+0.21+0.63=1.2\ \text{m}$$

壁厚为 0.05 m，反冲洗时 V 形槽顶高出滤池内液面的高度为：

$$1-0.15-0.06-0.63=0.16\ \text{m}$$

4）冲洗水的供给。选用冲洗水箱供水的计算如下：

冲洗水箱到滤池配水系统的管路水头损失 Δh_1

反冲洗时干管用钢管的型号为 *DN*700，管内流速为 1.26 m/s，$1\,000i=2.70$，布置管总长为 60 m，则反冲洗总管的沿程水头损失 Δh_f 为：

$$\Delta h_f=il=0.002\,7\times 60\approx 0.16\ \text{m}$$

反冲洗配水干管主要配件及局部阻力系数 ξ 值见表 6—15。

表 6—15　局部阻力系数 ξ 值统计表

配件名称	数量/个	局部阻力系数 ξ
90°弯头	6	6×0.68=4.08
*DN*700 闸阀	3	3×0.06=0.18
等径三通	2	2×1.5=3
水箱出口	1	0.5
$\sum\xi$		7.76

$$\Delta h_j=\xi v^2/(2g)=7.76\times 1.26^2/(2\times 9.8)\approx 0.63\ \text{m}$$

则冲洗水塔到滤池配水系统的管路水头损失 Δh_1 为：

$$\Delta h_1=\Delta h_f+\Delta h_j=0.16+0.63=0.79\ \text{m}$$

①滤池配水系统的水头损失 Δh_2。气水分配干渠的水头损失按最不利条件，即气水同时

反冲洗时计算。此时渠上部是空气，下部是反冲洗水，按矩形暗管（非满流，$n=0.013$）近似计算。

气水同时反冲洗时 $Q_{反气水}=0.39\ m^3/s$，则气水分配渠内水面高 $h_{反水}$ 为：

$$h_{反水}=Q_{反气水}/(v_{水}+b_{气水})=0.39/(1.5+1.2)=0.22\ m$$

水力半径 $R_{反水}$ 为：

$$R_{反水}=b_{气水}h_{反水}/(2h_{反水}+b_{气水})=1.2\times0.22/(2\times0.22+1.2)=0.16\ m$$

水力坡度 $i_{反渠}$ 为：

$$i_{反渠}=(nv_{渠}/R_{渠}^{2/3})^2=(0.013\times1.5/0.16^{2/3})^2=0.004$$

渠内水头损失 $\Delta h_{反水}$ 为：

$$\Delta h_{反水}=i_{反水}l_{反水}=0.004\times14=0.056\ m$$

②气水分配干渠底部配水方孔水头损失 $\Delta h_{方孔}$。气水分配干渠底部配水方孔水头损失按孔口淹没出流公式 $Q=0.64\sqrt{2gh}$ 计算。其中 Q 为 $Q_{反气水}$，A 为配水方孔总面积。由反冲洗配水系统的断面计算部分内容可知，配水方孔的实际总面积为 $A_{方孔}=0.4m^2$。则 $\Delta h_{方孔}$ 为：

$$\Delta h_{方孔}=[Q_{反气水}/0.64A_{方孔}]^2/(2g)=[0.39/(0.64\times0.4)]^2/(2\times9.8)=0.12\ m$$

由厂家产品样本及相关技术参数值可知，反洗水经过滤头的水头损失 $\Delta h_{滤}\leqslant0.22\ m$，气水同时通过滤头时增加的水头损失为 $\Delta h_{增}$。

气水同时反冲时气水比为 $n=15/4=3.75$，长柄滤头配气系统的滤帽缝隙总面积与滤池过滤总面积之比约为 1.25%，则长柄滤头中的水流速度 $v_{柄}$ 为：

$$v_{柄}=Q_{反气水}/(1.25\%f)=0.39/(1.25\%\times98)=0.3\ m/s$$

通过滤头时增加的水头损失 $\Delta h_{增}$ 为：

$$\begin{aligned}\Delta h_{增}&=9\,810n(0.01-0.01v+0.12v^2)\\&=9\,810\times3.75\times(0.01-0.01\times0.3+0.12\times0.3^2)=655\ Pa\approx0.067\ mH_2O\end{aligned}$$

则滤池配水系统的水头损失 Δh_2 为：

$$\Delta h_2=\Delta h_{反水}+\Delta h_{方孔}+\Delta h_{滤}+\Delta h_{增}=0.056+0.12+0.22+0.067\approx0.47\ m$$

③砂滤层水头损失 Δh_3。滤料为石英砂，密度为 $\rho_1=2.65\ t/m^3$，水的密度为 $\rho_{水}=1\ t/m^3$，石英砂滤料膨胀前的孔隙率 $m_0=0.41$，滤料层膨胀前的厚度 $H_3=1.0\ m$，则滤料层水头损失 Δh_3 为：

$$\Delta h_3=(\rho_1/\rho-1)(1-m_0)H_3=(2.65-1)\times(1-0.41)\times1.0\approx0.97\ m$$

富余水头 Δh_4 取 1.5 m，则反冲洗水箱底高出排水槽顶的高度 $H_{水落}$ 为：

$$H_{水落}=\Delta h_1+\Delta h_2+\Delta h_3+\Delta h_4=0.79+0.47+0.97+1.5=3.73\ m$$

水塔容积按一座滤池冲洗水量的 1.5 倍计算：

$$V=1.5(Q_{反水}t_{水}+Q_{气水}t_{气水})=1.5\times(0.49\times5\times60+0.39\times4\times60)=360.9\ m^3$$

5）反洗空气的供给

①长柄滤头的气压损失 $\Delta p_{滤头}$。气水同时反冲洗时反冲洗用空气流量 $Q_{反气}=1.47\ m^3/s$。长柄滤头采取网状布置，约 55 个/m^2，则每座滤池共计安装长柄滤头 $n=55\times98=5\,390$ 个，每个滤头的通气量为：$1.47\times1\,000/5\,390\approx0.27\ L/s$。

根据厂家提供的数据，在该气体流量下的压力损失最大值为：

$$\Delta p_{滤头}=3\ 000\ \text{Pa}=3\ \text{kPa}$$

②气水分配渠配气小孔的气压损失 $\Delta p_{气孔}$。反冲洗时气体通过配气小孔的流速为：

$$v_{气孔}=Q_{气孔}/A_{气孔}=0.368/0.037\ 5=9.81\ \text{m/s}$$

压力损失按孔口出流由下列公式计算：

$$Q=3\ 600\mu A\sqrt{2g\frac{\Delta p}{\rho}}$$

式中 μ——孔口流量系数，取 0.6；

A——孔口面积，m^2；

Δp——压力损失，mmH_2O；

g——重力加速度，取 9.8 m^2/s；

Q——气水流量，m^3/h；

ρ——水的相对密度，取 1。

则气水分配渠配气小孔的气压损失 $\Delta p_{气孔}$ 为：

$$\begin{aligned}\Delta p_{气孔}&=(Q_{气孔}^2\rho)/(2\times 3\ 600^2\mu^2 A_{气孔}^2 g)\\&=132.3^2/(2\times 3\ 600^2\times 0.6^2\times 0.003\ 75^2\times 9.8)\\&=14\ mmH_2O=133\ \text{Pa}=0.133\ \text{kPa}\end{aligned}$$

③配气管道的沿程压力损失 $\Delta p_{管}$

a. 配气管道的总压力损失 Δp_1。反冲洗空气流量为 1.47 m^3/s，配气干管用 $DN250$ 钢管，流速为 0.87 m/s。反冲洗空气管总长 50 m，气水分配渠内的压力损失忽略不计。反冲洗管道的空气气压依下式计算：

$$p_{气压}=(1.5+H_{气压})\times 9.8$$

式中 $p_{气压}$——空气压力，kPa；

$H_{气压}$——长柄滤头距反冲洗水面的高度，m，取 1.5 m。

则反冲洗时空气管内的气体压力为：

$$p_{空气}=(1.5+H_{气压})\times 9.8=(1.5+1.5)\times 9.8=29.4\ \text{kPa}$$

空气温度按 30℃考虑。查表，空气管道的摩擦阻力为 9.8 kPa/1 000 m。

则配气管道沿程压力损失为：

$$\Delta p_1=9.8\times 60/1\ 000=0.59\ \text{kPa}$$

b. 配气管道的局部压力损失 Δp_2。主要配件及长度换算系数 ξ 值见表 6—16。

表 6—16　　主要配件及长度换算系数 ξ 值统计表

配件名称	数量/个	局部阻力系数 ξ
90°弯头	5	5×0.7=3.5
闸阀	3	3×0.25=0.75
等径	2	2×1.33=2.66
$\sum K$		6.91

当量长度的换算公式为：

$$l_0=55.5KD^{1.2}$$

式中 l_0——管道当量长度，m；

D——管径，m；

K——长度换算系数。

空气管配件换算长度为：

$$l_0=55.5\times6.91\times0.25^{1.2}=72.7\ \text{m}$$

则局部压力损失为：

$$\Delta p_1+\Delta p_2=0.59+0.71=1.30\ \text{kPa}$$

气水冲洗室中的冲洗水水压 $p_{水压}$ 为：

$$\begin{aligned}p_{水压}&=(H_{水塔}-\Delta h_1-\Delta h_{反水}-\Delta h_{小孔})\times9.81\\&=(3.73-0.79-0.056-0.12)\times9.81\\&=27.1\ \text{kPa}\end{aligned}$$

本系统采用气水同时反冲洗，对气压要求最不利情况发生在气水同时反冲洗时，此时要求鼓风机储气罐调压阀出口的静压为：

$$p_{出口}=p_{管}+p_{气}+p_{水压}+p_{富}$$

式中 $p_{管}$——输气管道的压力总损失，kPa。

$p_{气}$——配气系统的压力损失，kPa；上式中 $p_{气}=\Delta p_{滤头}+\Delta p_{气孔}$。

$p_{水压}$——气水冲洗室中的冲洗水水压，kPa。

$p_{富}$——富余压力，4.9 kPa。

所以，鼓风机或储气罐调压阀出口静压为：

$$p_{出口}=p_{管}+p_{气}+p_{水压}+p_{富}=1.30+3+0.13+27.2+4.9=36.53\ \text{kPa}$$

④设备选型。根据气水同时反冲洗时反冲洗系统对空气的压力、风量要求选三台 LG50 风机。风量 50 m³/min，风压 49 kPa，电动机功率为 60 kW，两用一备，正常工作鼓风量共计 100 m³/min>1.1，$Q_{反气}=97\ \text{m}^3/\text{min}$。

(4) 清水池的计算。已知设计水量 $Q=1\times10^5\ \text{m}^3/天=4\ 166.7\ \text{m}^3/\text{h}$。

设计计算过程如下：

清水池调解容积取设计水量的 10%，则调解容积 V_1 为：

$$V_1=1\times10^5\times10\%=1\times10^4\ \text{m}^3$$

消防用水量按同时发生两次火灾，一次灭火用水量取 25 L/s，连续灭火时间为 2 h，则消防容积 V_2 为：

$$V_2=25\times2\times3\ 600/1\ 000=180\ \text{m}^3$$

根据本水厂选用的构筑物特点，水厂自用水储备容积 $V_3=0$，则清水池总容积 V 为：

$$V=V_1+V_2+V_3=1\times10^4+180+0=10\ 180\ \text{m}^3$$

清水池设两个，有效水深取 $H=4.5$ m，则单池面积 f 为：

$$f=\frac{V}{2H}=\frac{10\ 180}{2\times4.5}=1\ 131.1\ \text{m}^2$$

取 $B\times L=25\times50=1\ 250\ \text{m}^2$。超高取 0.5 m，则清水池净高度取 5.0 m。

(5) 加药间的设计计算。已知计算水量 Q 为 4 583.3 m³/h。混凝剂为精制硫酸铝，混凝

剂最大投药量 u 为 30 mg/L，药溶液的浓度 b 为 10%，混凝剂每日配制次数 n 为 3 次。

设计计算过程如下。

1）溶液池。溶液池容积

$$W_1=\frac{uQ\times 24\times 100}{bn\times 1\ 000\times 1\ 000}=\frac{uQ}{417bn}=\frac{30\times 4\ 583.3}{417\times 10\times 3}=11\ \text{m}^3$$

溶液池设置两个，每个容积为 $W_1=5.5\ \text{m}^3$，形状采用矩形，尺寸为：

$$BLH=2.0\ \text{m}\times 2.0\ \text{m}\times (1.4+0.3)\ \text{m}$$

超高 0.3 m。

2）溶解池。溶解池容积

$$W_2=0.3W_1=0.3\times 5.5=1.65\ \text{m}^3$$

取 1.7 m^3。

溶解池池体尺寸为：

$$BLH=2.0\ \text{m}\times 1.0\ \text{m}\times (0.8+0.3)\ \text{m}$$

溶解池的放水时间采用 $t=10$ min，则放水流量为：

$$q_0=\frac{W_2}{60t}=\frac{1.7\times 1\ 000}{60\times 10}=2.83\ \text{L/s}$$

查水力计算表得放水管管径 $d_0=50$ mm，相应流速为 $v_0=1.34$ m/s。

溶解池底部设管径 $d=100$ mm 的排渣管一根。

3）投药管。投药管流量如下：

$$q=\frac{W_1\times 3\times 1\ 000}{24\times 60\times 60}=\frac{11\times 3\times 1\ 000}{24\times 60\times 60}=0.382\ \text{L/s}$$

查表得投药管管径 $d=25$ mm，相应的流速为 0.71 m/s。

溶解池底部设置管径为 $d=100$ mm 的排渣管一根。

4）投药计量设备。采用计量加药泵，泵型号为 JZ—800/10，选用 3 台，2 用 1 备。

（6）药剂仓库的计算

1）已知条件。混凝剂为精制硫酸铝，每袋质量是 40 kg，每袋规格为 0.5 m×0.4 m×0.2 m。投药量为 40 mg/L，水厂设计水量为 4 583.3 m^3/h，药剂堆放高度为 1.5 m，药剂储存期为 30 天。

2）设计计算。硫酸铝的袋数 N 为：

$$N=\frac{Q\times 24ut}{1\ 000W}=0.024\times \frac{4\ 583.3\times 40\times 30}{40}=3\ 300\ \text{袋}$$

有效堆放面积 A 为：

$$A=\frac{NV}{H(1-e)}=\frac{3\ 300\times 0.5\times 0.4\times 0.2}{1.5\times (1-0.2)}=110\ \text{m}^2$$

仓库平面尺寸：

$$B\times L=12\ \text{m}\times 15\ \text{m}$$

（7）加氯间的设计计算。由已知计算流量 $Q=1.1\times 10^5\ \text{m}^3$/天$=4\ 583.3\ \text{m}^3$/h，预氯化最大投加量为 $a_1=1.5$ mg/L，清水池的最大投加量为 $a_2=1$ mg/L，得

1）预氯化加氯量

$$Q_L=0.001a_1Q=0.001\times1.5\times4\ 583.3=6.87\ \text{kg/h}$$

2）清水池加氯量

$$Q'_L=0.001a_2Q=0.001\times1\times4\ 166.7=4.17\ \text{kg/h}$$

采用加氯机投氯，选用 LS80—3 转子真空加氯机 5 台，3 台使用，2 台备用。

（8）液氯仓库。仓库储备量按 15 天的最大用量计算，则储备量为：

$$m=(Q_L+Q'_L)\times24\times15=(6.87+4.17)\times24\times15=3\ 974.4\ \text{kg}$$

本章小结

本章以给水及其处理过程为主线，依次展开讲解原水中杂质、给水水质指标、不同用水目的的水质标准，根据不同的使用目的，采用不同的给水处理工艺，具体包括：去除悬浮物和胶体消毒、除臭及除味、除氟、除盐、除铁及除锰、除有机物、软化、预处理和深度处理等，重点介绍生活饮用水的常规处理、工业用水及管道直饮水的处理流程。在了解给水处理厂平面布置内容的基础上，介绍给水处理厂平面布置形式，包括直线式、折角式、回转式；对于高程布置则了解了处理构筑物与连接管的水头损失；通过例图介绍了如何进行给水处理厂的平面与高程布置；通过例题详细介绍了如何进行给水构筑物的设计计算。

练习题

1. 简述原水中杂质的分类。
2. 简述天然水源分类及其水质特点。
3. 给水水质指标具体有哪些分类？
4. 对于不同的原水水质，有哪些具体的处理工艺？
5. 生活饮用水的处理工艺有哪些？
6. 简述工业用水及管道直饮水的处理流程。
7. 简述水厂生产构筑物的布置应符合哪些要求。
8. 给水处理厂平面布置内容有哪些？平面布置形式有几种？
9. 概述絮凝池设计要求。
10. 某水厂进行净水工艺设计，总设计供水能力为 $3\times10^5\ m^3$/天，分为两期建设，每期工程均为 $1.5\times10^5\ m^3$/天，水厂自用水量按供水量的 10%计算。一级泵站、二级泵站、配水井、药库、氯库、加药间、加氯间均为一次建成（按总供水量 $3\times10^5\ m^3$/天设计），预留其设备安装位置，其他构筑物分期建设。

7 污水处理

本章学习目标

1. 了解水体污染与水体自净。
2. 熟悉水体污染的类型及水体污染源，污水排放水质标准。
3. 掌握污水处理工艺流程的选择依据。
4. 了解污水处理厂平面及高程布置的内容、原则。
5. 掌握常见污水处理工艺构筑物的设计计算。
6. 理解污水处理工艺管道设计。

7.1 水体污染与水体自净

7.1.1 水体污染与污染源

（1）水体。水体是指河流、湖泊、水库、沼泽、冰川、海洋以及地下水等储水体的总称。在环境科学领域中，水体不仅包括水本身，还包括水中的悬浮物、溶解物质、胶体物质、底质（泥）和水中生物等。因此，应把水体作为完整的生态系统或完整的自然综合体。

在环境污染研究中，区分“水”和“水体”的概念非常重要。例如，重金属易于从水中转移到底泥中，水中的重金属含量一般不高。如果仅从水的角度看，似乎未受到污染，但从水体角度看，则有可能已受到了严重污染。

（2）水体污染。水体污染是指排入水体的污染物在数量上超过了该物质在水体中的本底含量和水体环境容量，从而导致水体的物理、化学特性或生物群落组成发生不良变化，使水体降低甚至丧失其原有的使用价值和使用功能的现象。近年来，我国水污染事情频频发生，从松花江污染事件，到太湖蓝藻暴发引发的水危机事件，再到阳宗海水体污染，这些事件造成了不良的社会影响和较大的经济损失，严重地威胁了社会的可持续发展，威胁了人类的生存。

根据应用场合及划分依据的不同，水体污染可分为不同的类型。按照水体的类型不同，可将水污染划分为河流污染、湖泊污染、海洋污染及地下水污染等；按水体污染物及其形成污染的性质，水污染又可分为物理性污染、化学性污染和生物性污染三类。

1）物理性污染。一般包括悬浮物污染、热污染、放射性污染。

2）化学性污染。常见的有酸碱污染、重金属污染、需氧性有机物污染、营养物质污染和有机毒物污染。

3）生物性污染。主要指致病菌及病毒的污染。生活污水特别是医院污水中，常含有一些病原性微生物，会传播霍乱、伤寒、胃炎、痢疾等疾病和寄生虫病。

在实际的水体中，上述各种污染往往是同时并存和互有联系的。例如，许多有机物以悬浮状态存在于水体中，许多病原性微生物与有机物共同排放至水体等。

（3）水体污染源。水体污染源系引起水体污染的污染物发生源，包括排入水体中的污染物或对水体产生有害影响的场所、设备和装置。水体污染源根据不同的方法可分成不同的类型，一般常按以下几种方法进行分类：

1）根据污染物产生的主要来源，可分为自然污染源和人为污染源。前者主要是由自然因素造成的，如火山爆发产生的尘粒落入水体而引起的水体污染；后者是人类生活和生产活动中产生的污染物对水体的污染，包括生活污水、工矿废水、农田径流及固体废物渗滤液等。人为污染是造成水体污染的主要原因，人们通常所说的水体污染，一般专指人为的污染。

2）按照污染源的形态分布特征，可分为点污染源和非点污染源两类。点污染源指工矿废水、生活污水等通过管道、沟渠集中排入水体的污染源，其排放特点一般具有连续性，水量的变化规律取决于工矿的生产特点和居民的生活习惯。非点污染源又称面源污染，主要包括农田灌溉水形成的地表径流、农村中无组织排放的废水和雨水的地表径流等，如农田灌溉后排出的水或雨后径流中常含有的农药和化肥，可使水体产生农药污染和富营养化。此外，在空气污染较严重的地区，空气中的某些污染物随降水落于地面汇入水体，这也是一种面污染源。

3）根据产生污染物的行业性质，可分成工业污染源、农业污染源、生活污染源和交通运输污染源等。其中，工业废水是水体的主要污染源，其排放量大、污染面广、含污染物多，组成成分复杂，有的毒性大，处理比较困难；农业污染源是指农业生产过程中产生的污染源，主要包括农业生产中使用的农药、肥料及不合理的污水灌溉。另外，牧场、养殖场、农副产品加工厂的有机废物排入水体，也可致使水质恶化，造成水体污染甚至富营养化；生活污染源主要指由人类生活消费活动产生的污水，生活污水特点是悬浮物、有机物、N和P含量高，在缺氧环境会因厌氧细菌的作用而产生有恶臭的物质，如硫化氢、硫醇等，此外，生活污水含有大量的洗涤剂和多种微生物；交通污染源主要指铁路、公路、航海等交通运输部门直接排放的各种作业废水、船舶泄漏物等造成的水体污染。

4）根据排放污染物的性质不同，可分成物理污染源、化学污染源和生物污染源。

此外，还可以根据污染源是否移动，分为固定污染源和移动污染源；根据污染物排放的时间规律，分为连续污染源、间歇污染源、瞬时污染源等。

7.1.2 水体自净与水环境容量

（1）水体自净。水体受到污染后，通过自身的一系列物理、化学和生物等因素的共同作用，致使污染物质的总量减少或浓度降低，使受污染的水体部分或完全地恢复原状，此过程称为水体的自净作用。水体自净的机理包括稀释、混合、吸附沉淀、氧化还原、生物分解、生物转化和生物富集等。一般情况下，自净过程主要取决于水体对受纳污染物的稀释作用以及水体中的微生物对有机污染物的生物降解作用。

水体自净过程十分复杂，按其净化机理可分为以下几种：

1）物理自净。物理自净是指通过污染物质在水体中的稀释、扩散、混合、沉淀和挥发等作用，使水体得到一定程度净化的过程。其净化能力的强弱取决于污染物自身的物理性质（密度、形态、粒度等）以及水体的水文条件（温度、流速、流量等）。物理自净作用只能降低水体中污染物质的浓度，并不能减少污染物质的总量。

2）化学自净。化学自净是指水体中的污染物质通过氧化、还原、吸附、凝聚、中和等反应，使其浓度降低的过程。影响化学净化能力的因素主要有污染物质的形态和化学性质、水体的温度、酸碱度以及氧化还原电位等。

3）生物自净。生物自净是指通过水生生物的代谢作用，使水体中的污染物质浓度降低或转化为无害物质的过程。水体生物净化过程进行的快慢和程度与污染物质的性质和数量、微生物种类及水体温度、供氧状况等条件有关。

实际上，任何水体的自净作用都是上述三项自净作用的综合，这三项自净作用同时发生并相互影响，其中常以生物自净作用为主，微生物在水体自净过程中是最活跃、最积极的因素。图 7—1 所示为河水净化示意图。

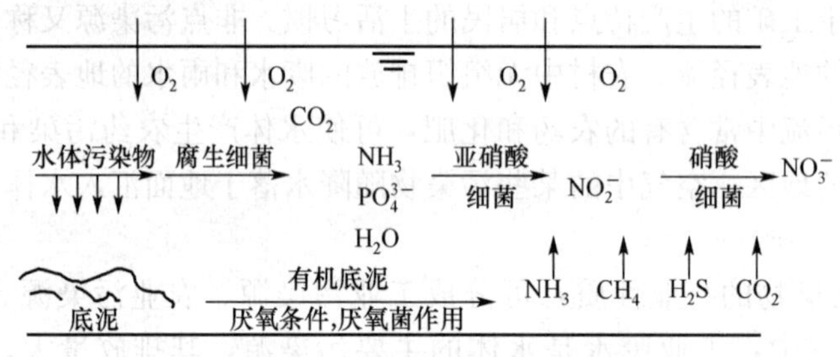

图 7—1　河水自净示意图

（2）水环境容量。水环境容量是指在不影响水的正常用途的情况下，水体所能容纳污染物的最大负荷量或自身调节并保持生态平衡的能力。正确认识和利用水环境容量对水污染控制有重要的意义，是环境管理部门制定地方性、专业性水域排放标准的依据之一，是确定水污染实施总量控制的依据，是水环境管理的基础。

水环境容量的大小除了与水体的本身特性如河宽、水深、流量、流速以及天然水质、水文特征等有关外，还与水体的用途和功能、污染物特性有关。水体功能越强，对水质要求也就越高，其水环境容量越小。反之，当水体的水质指标不甚严格时，水环境容量将会大一些；污染物的物理、化学性质越稳定，其环境容量越小。例如，耗氧性有机物的水环境容量比难降解有机物的水环境容量大得多，而重金属的水环境容量则甚微。

地表水体对某种污染物的水环境容量可用式（7—1）表示：

$$W=V(c_s-c_b)+C \quad (7—1)$$

式中 W——某地表水体对某污染物的水环境容量，kg；

V——该地表水体的体积，m^3；

c_s——该地表水中某污染物的环境标准（水质目标），mg/L；

c_b——该地表水中某污染物的环境背景值，mg/L；

C——地面水对该污染物的自净能力，kg。

7.2 污水排放水质标准

自然水体是人类可持续发展的宝贵资源，必须严格保护，避免受到污染。因此，在污水排入受纳水体之前，需进行相应的处理使其达到受纳水体的排放标准，以降低对受纳水体的不利影响。我国目前颁发的污水排放标准有《污水综合排放标准》(GB 8978—1996)、《城镇污水处理厂污染物排放标准》(GB 18918—2002）以及一系列相关行业和地方性排放标准等。

7.2.1 污水综合排放标准

目前，广泛使用的污水综合排放标准是1996年国家环保总局颁布的《污水综合排放标准》(GB 8978—1996)，该标准1998年1月开始实施，适用于现有单位水污染物的排放管理以及建设项目的环境影响评价、建设项目环境保护设施设计、竣工验收及其投产后的排放管理。

《污水综合排放标准》(GB 8978—1996）将排放的污染物按其性质及控制方式分为两类。第一类污染物是指能在环境或动植物体内积累，通过食物链对人体健康产生长远不良影响的污染物，含有此类有害污染物的污水，不分行业和污水排放方式，也不分受纳水体的功能类别，一律在车间或车间处理设施排出口取样，其最高允许排放浓度必须达到排放标准要求，且不得用稀释法代替必要的处理，该类污染物最高允许排放浓度可见表7—1；第二类污染物质是指长远影响小于第一类的污染物质，这类物质在排污单位总排出口取样。对于此类污染物，《污水综合排放标准》分别对老企业和新建企业（1998年1月1日后）规定了不同的排放标准。

表7—1　第一类污染物最高允许排放浓度　mg/L

序号	污染物	最高允许排放浓度	序号	污染物	最高允许排放浓度
1	总汞	0.05	8	总镍	1.0
2	烷基汞	不得检出	9	苯并（a）芘	0.000 03
3	总镉	0.1	10	总铍	0.005

续表

序 号	污染物	最高允许排放浓度	序 号	污染物	最高允许排放浓度
4	总铬	1.5	11	总银	0.5
5	六价铬	0.5	12	总α放射线	1 Bq/L
6	总砷	0.5	13	总β放射线	10 Bq/L
7	总铅	1.0			

《污水综合排放标准》将第二类污染物的排放浓度设为一级、二级和三级标准。对源头水、国家自然保护区等特殊保护的Ⅰ类水域，禁止设排污口；对集中式生活饮用水地表水源地一级保护区、珍稀水生生物栖息地、鱼虾类产卵场、子稚幼鱼的索饵场等Ⅱ类水域，禁止新建排污口，现有排污口应按水体功能要求，实行污染物总量控制，以保证受纳水体水质符合规定用途水质标准；对集中式生活饮用水地表水源地二级保护区、鱼虾类越冬场、洄游通道、水产养殖区等渔业水域及游泳区Ⅲ类水域，排入受纳水体的废水必须达到一级排放标准，同时实行污染物总量控制，使受纳水体水质符合水体功能要求；对于一般工业用水区、人体非直接接触的娱乐用水区等Ⅴ类水域和农业用水区、一般景观要求水域，执行二级排放标准；对于排入设置二级污水处理厂的城镇排水系统的污水，执行三级标准。

另外，《污水综合排放标准》还对矿山、焦化、皮革、石油化工、农药等行业规定了排放标准，包括最高允许排水量和相关污染物的最高允许排放浓度。各类详细指标可参见该标准原件。

7.2.2 城镇污水处理厂污染物排放标准

2002年以前，对城市污水处理厂的管理都执行《污水综合排放标准》(GB 8978—1996)。《污水综合排放标准》的多数指标是针对工业废水的，对城市污水的针对性不强，其相当一部分标准值偏宽，而个别指标在技术经济上达标又有一定难度。如对城镇污水处理厂出水而言，重金属、微污染有机物、石油类、动植物油、LAS等指标标准值偏宽；而对总磷偏严，常规二级处理和强化二级处理工艺难以达到0.5 mg/L和1 mg/L的现行综合标准，为此，国家环境保护总局科技标准司2001年提出了《城镇污水处理厂污染物排放标准》，并于2002年12月27日由国家环境保护总局和国家技术监督检验总局批准发布，2003年7月1日正式实施。

《城镇污水处理厂污染物排放标准》是专门针对城镇污水处理厂污水、废气、污泥污染物排放制定的国家专业污染物排放标准，适用于城镇污水处理厂污水排放、废气的排放和污泥处置的排放与控制管理。根据国家综合排放标准与国家专业排放标准不交叉执行的原则，本标准实施后，城镇污水处理厂污水、废气和污泥的排放不再执行综合排放标准。污水处理厂噪声控制仍执行国家或地方的噪声控制标准。

标准根据污染物的来源及性质，将污染物控制项目分为基本控制项目和选择控制项目两类。基本控制项目主要包括影响水环境和城镇污水处理厂一般处理工艺可以去除的常规污染物，以及部分一类污染物，共19项。选择控制项目包括对环境有较长期影响或毒性较大的污染物，共计 43 项。基本控制项目必须执行，选择控制项目由地方环境保护行政主管部门根据污水处理厂接纳的工业污染物的类别和水环境质量要求选择控制。

表 7—2 为基本控制项目的最高允许排放浓度，表 7—3 为部分一类污染物的最高允许排放浓度。

表 7—2　基本控制项目的最高允许排放浓度（日均值）　mg/L

序号	基本控制项目		一级标准		二级标准	三级标准
			A 标准	B 标准		
1	化学需氧量（COD）		50	60	100	120①
2	生化需氧量（BOD_5）		10	20	30	60①
3	悬浮物（SS）		10	20	30	50
4	动植物油		1	3	5	20
5	石油类		1	3	5	15
6	阴离子表面活性剂		0.5	1	2	5
7	总氮（以 N 计）		15	20	—	—
8	氨氮（以 N 计）②		5（8）	8（15）	25（30）	—
9	总磷（以 P 计）	2005 年 12 月 31 日前建设的	1	1.5	3	5
		2006 年 1 月 1 日起建设的	0.5	1	3	5
10	色度（稀释倍数）		30	30	40	50
11	pH 值		6～9			
12	粪大肠菌群数（个/L）		10^3	10^4	10^4	—

注：①下列情况中按去除率指标执行：当进水 COD 大于 350 mg/L 时，去除率应大于 60%；BOD 大于 160 mg/L 时，去除率应大于 50%。

②括号外为水温大于 12℃时的控制指标，括号内为水温小于等于 12℃时的控制指标。

表 7—3　部分一类污染物的最高允许排放浓度（日均值）　mg/L

序号	项目	标准值
1	总汞	0.001
2	烷基汞	不得检出
3	总镉	0.01
4	总铬	0.1
5	六价铬	0.05
6	总砷	0.1
7	总铅	0.1

标准根据城镇污水处理厂排入地表水域环境功能和保护目标，以及污水处理厂的处理工艺，将基本控制项目的常规污染物标准值分为一级标准、二级标准、三级标准。一级标准分为 A 标准和 B 标准。一类重金属污染物和选择控制项目不分级。

当污水处理厂出水引入稀释能力较差的河湖作为城镇景观用水和一般回用水等用途时，

执行一级标准的A标准；出水排入GB 3838—2002地表水Ⅲ类功能水域（划定的饮用水源保护区和游泳区除外）、GB 3097—1997海水二类功能水域和湖、库等封闭或半封闭水域时，执行一级标准的B标准；出水排入GB 3838—2002地表Ⅳ、Ⅴ类功能水域或GB 3097—1997海水三、四类功能海域，执行二级标准；非重点控制流域和非水源保护区的建制镇的污水处理厂，根据当地经济条件和水污染控制要求，采用一级强化处理工艺时，执行三级标准。但必须预留二级处理设施的位置，分期达到二级标准。

7.2.3 废水排放行业标准

按照国家综合排放标准与国家行业排放标准不交叉执行的原则，有国家行业标准的执行行业标准，没有行业标准的一律执行综合排放标准。如造纸工业执行《造纸工业水污染物排放标准》(GWPB2—1999)，海洋石油开发工业执行《海洋石油开发工业含油污水排放标准》(GB 4914—1985)，纺织染整工业执行《纺织染整工业水污染物排放标准》(GB 4287—1992)，肉类加工工业执行《肉类加工工业水污染物排放标准》(GB 13457—1992)，合成氨工业执行《合成氨工业水污染物排放标准》(GB 13458—1992)，钢铁工业执行《钢铁工业水污染排放标准》(GB 13456—1992)，航天推进剂行业执行《航天推进剂水污染物排放标准》(GB 14374—93)，兵器工业执行《兵器工业水污染物排放标准》(GB 14470.1～14470.3—2002)，磷肥工业执行《磷肥工业水污染物排放标准》(GB 15580—1995)，烧碱、聚氯乙烯工业执行《烧碱、聚氯乙烯工业水污染物排放标准》(GB 15581—1995）等。

7.2.4 地方性废水排放标准

在贯彻执行国家颁布的废水排放标准的过程中，各地区为了更好地保护本区域内的水体水质，实现经济和环境的协调发展，相继颁布、实施了一些地方性的污水排放标准。一般来说，地方排放标准应严于国家排放标准。如上海市地方污水综合排放标准（DB 31/199—1997)、《天津市污水综合排放标准》(DB 12/356—2008)、《辽宁省污水综合排放标准》(DB 21/1627—2008)。此外，各地区还可结合各种工业的生产工艺、废水量和水质以及处理技术等情况，按不同的行业制定不同的排放标准。如江苏省环保厅和质量技术监督局联合制定了《江苏纺织染整工业废水污染物排放标准》，把印染行业污染物排放标准由Ⅱ级提升至Ⅰ级。要求太湖流域所有印染企业于2005年前主要污染物排放达到Ⅰ级标准，其他地区的印染企业在2007年前达到Ⅰ级排放标准。

此外，地方排放标准在确定限制的污染物种类时，还可针对地区内污染源和地面水体污染的现状，确定增加限制污染物的种类。例如，上海市鉴于黄浦江水中受到严重的有机污染，故在上海市废水排放补充标准中，还规定了氯苯类、甲醛、四氯化碳等多种污染物的排放标准。

7.3 污水处理工艺与流程的选择

7.3.1 污水处理方法分类

现代污水处理可按不同的方法进行分类。按处理原理可分为物理处理、化学处理、物理化学处理和生物处理四类；按污水处理程度分为一级处理、二级处理和三级处理。

(1) 一级处理。一级处理主要用以去除污水中呈悬浮状态的固体物质，主要以物理处理方法为主。经过一级处理后的污水，SS可去除40%～70%，BOD可去除25%～35%，达不到排放标准。一级处理一般作为二级处理的预处理，其主要处理构筑物有格栅、沉砂池、沉淀池等。

(2) 二级处理。二级处理主要用以去除污水中呈胶体和溶解状态的有机物，BOD可去除80%～95%，出水中有机污染物含量达到排放标准。二级处理主要以生物处理为主，该法利用微生物的代谢作用，使污水中呈胶体和溶解状态的有机污染物转化为稳定的无害物质。主要方法有两大类，即利用好氧微生物作用的好氧法和利用厌氧微生物的厌氧法。

城市污水二级处理一般以好氧生物处理为主，可分为活性污泥法和生物膜法。活性污泥法是利用河川自净原理，人工创建的生化净化污水处理方法。中小规模城市污水处理厂适应的方法主要有AO法、A^2O法、SBR法、MSBR法、一体化氧化沟、UNITANK法等，这些方法具有降解BOD和脱氮除磷的同步作用。生物膜法是利用土壤自净原理发展起来的，通过附着在各种载体上的生物膜来处理污水的好氧处理法，主要包括生物转盘、生物滤池、生物接触氧化、生物流化床等。

(3) 三级处理。三级处理是在一级、二级处理后，进一步处理难降解的有机物及可导致水体富营养化的氮、磷等可溶性无机物等。该过程是物理化学或生物法的应用。主要方法有生物脱氮除磷法、混凝沉淀法、沙滤法、活性炭吸附法、离子交换法和电渗析法等。

7.3.2 工艺流程的选择

废水处理系统的工艺流程是指根据一定的废水处理目的和条件所确定的处理技术路线以及系统运行时的各工序操作顺序、相互关系等。水处理工艺流程选择是进行污水处理设计的关键。污水处理方法和工艺流程的选择应根据水质水量、处理出水排放要求等因素，通过调查研究（必要时还应进行试验研究）并参考相似条件下处理构筑物的运行经验，经技术经济比较后确定。

(1) 工艺流程选择的依据。废水处理工艺流程选择时应综合考虑以下影响因素：

1) 废水水质。生活污水水质通常比较稳定，一般的处理方法包括沉淀、好氧生物处理、消毒等。而工业废水应根据具体的水质情况进行工艺流程的合理选择。特别需要指出的是，对于采用好氧生物处理工艺处理废水来说，要注意废水的可生化性，通常要求COD/BOD_5大于0.3，若不能满足要求，可考虑进行厌氧生物水解酸化，以提高废水的可生化性，或是考虑采用非生物处理的物理或化学方法等进行预处理。

2) 处理程度的确定。从理论上，污（废）水的处理程度应结合废水的出路与水体的自净能力来考虑。出路不同，要求的处理程度或所需去除的污染物质也会因之而异。如废水的出路是排入水体，若从经济上考虑，设计者可适当利用水体的自净能力，并从区域环境系统的角度出发，综合考虑整个城市及河流上、下游的城市间的城市污水和工业废水排放对水体产生的影响；如废水的出路是农田灌溉，对于生活污水，如无条件进行二级处理，至少须经过沉淀处理，去除大部分悬浮物及虫卵后进行灌溉，此外还要考虑季节上的水量平衡；工业废水或工业废水占较大比例的城市污水灌溉农田时应持慎重态度，需采用妥善的灌溉制度和方法，严格控制重金属的含量，一般宜经过二级处理及其他无害化处理后方可用于灌溉。

实际上，污（废）水处理程度的确定应依从国家的有关法律制度及技术政策的要求。通常环境管理部门是依据 GB 8978—1996《污水综合排放标准》及相关的行业排放标准来控制污水的排放浓度，一些经济发展程度较高的地区还规定了更为严格的地方排放标准。因此，无论是何种需要处理的污（废）水，也无论是采取何种处理工艺及处理程度，都应以处理后的出水能够达标为根据和前提，按照法律、法规、政策的要求预防和处理水体环境污染。

3）工业废水的分散处理与集中处理。工业企业中往往排出多种类型的废水，是分散单独处理还是集中处理，应视废水的水质和废水重复利用或处理的要求来确定。其中，单独处理往往用于以下场合：

① 废水在本工序循环利用，分散处理可避免水质的复杂性。

② 废水中含有剧毒物质，尽管稀释后不影响集中处理，但在集中处理系统的水中残留的微量毒物排放入水体后，可能会在食物链中产生富集，造成危害。

③ 废水中含有妨碍集中处理的污染物，如酸、碱、硫化物等。例如，石油炼制厂所排出的含硫废水可先经脱硫塔进行氧化处理，含碱废水先经过中和处理，再合并到含油废水中进行隔油、气浮、生化处理。因此，工厂中往往设有几种排水系统。

4）处理过程中是否会产生新的矛盾。废水处理过程中应注意是否会造成二次污染问题。例如，化肥厂造气废水采用沉淀、冷却后循环利用过程中，在冷却塔尾气中会有氰化物，对大气造成污染。又例如农药厂乐果废水处理中，以碱化法降解乐果，如采用石灰做碱化剂，产生的污泥会造成二次污染，有的厂为此只好采用价格较贵的氢氧化钠作碱化剂。

5）工业废水水量、水质的波动及事故排水情况。为防止处理构筑物的正常运行遭受破坏，在选定处理流程时，应当考虑设置调节池及事故储水池，尽量减少此类不利情况的影响。

6）当地的具体条件。气候、受纳水体、地形、可提供处理用的面积等条件也将影响处理工艺流程及处理构筑物类型的选择。受纳水体对排入污水的要求程度，将直接影响到污水处理的程度，对处理工艺的选择产生直接影响。当有池塘、旧河道、沼泽地和农业利用价值不大的荒地等可利用时，可考虑采用稳定塘或土地处理技术。在寒冷地区还应采用耐低温的处理工艺。对于地质条件较差的地区，不宜采用池体较深、施工难度较大的处理构筑物。

7）运行管理。对于运行管理水平有限的小型污水处理厂或工业污（废）水处理站，宜采用操作简单、运行可靠的处理工艺流程；对于运行管理水平较高的大型污水处理厂，应尽量采用处理效率高、净化效果好的处理工艺。

以上各点并不能包括选择处理工艺流程时应考虑的全部问题，设计者应当在调查研究、科学试验的基础上进行详细的技术经济比较，才能确定最佳的处理工艺流程。对所采用的工艺流程必须进行详细而又充分的论证，要有足够的说服力和可靠的科学依据。

(2) 污水工艺流程的选择。目前，我国城市污水主体工艺多采用二级生物处理工艺。生物处理法的种类和构筑物较多，各种生物处理法的优缺点及使用条件参见表 7—4。

表 7—4　　生物处理方法的特点和适用条件

类型	优点	缺点	适用条件
活性污泥法	①处理程度高 ②负荷高 ③占地面积少 ④设备简单	①能耗高 ②运行管理要求高 ③可能发生污泥膨胀 ④生物脱氮功能只能在低负荷下实现	①城市污水处理 ②有机工业废水处理 ③适用于大、中、小型污水处理厂
生物膜法	①运行稳定，操作简单 ②耐冲击负荷能力强 ③能耗较低 ④产生污泥量少，易分离 ⑤净化能力强，具有脱氮的能力	①负荷较低 ②处理程度较低 ③占地面积较大 ④造价较高	①城市污水处理 ②有机工业废水处理 ③特别适用于低浓度有机污水处理 ④适用于中、小型污水处理厂
厌氧法	①运行费用低 ②可回收沼气 ③耐冲击负荷 ④对营养物要求低	①处理程度低，出水达不到排放标准 ②负荷低，占地面积大 ③易产生臭气 ④启动时间较长	①高浓度有机废水处理 ②污泥处理
稳定塘	①充分利用地形，工程简单，投资省 ②能耗少，维护方便，成本低 ③污水处理与利用相结合	①占地面积大 ②污水处理效果受季节、气候影响 ③防渗处理不当，可能污染地下水 ④易散发臭气和滋生蚊蝇	①作为二级处理的深度处理 ②城市污水处理 ③有机工业废水处理
土地处理法	①能耗少，处理成本低 ②充分利用污水中的营养物质和水，使污水处理与利用有机地结合为一体 ③土地处理系统属于环境生态工程	①占地面积大 ②污水处理效果受季节、气候影响 ③预处理不当，可能污染土壤和地下水 ④操作管理不当，有可能造成土壤堵塞	①作为二级处理的深度处理 ②城市污水处理 ③有机工业废水处理

由表 7—4 可知，活性污泥法处理效果好，净化效率高，占地少，是首选的处理工艺，但动力费用较高；生物膜法净化功能强，动力费用省，具有脱氮功能，但占地面积大，造价较高；稳定塘和土地处理，受自然条件的限制，只能在有条件的地区采用。

7.3.3　废水处理工艺流程举例

（1）城市污水处理的典型工艺流程。城市污水的典型处理工艺流程如图 7—2 所示。该处理工艺流程由完整的二级处理系统和污泥处理系统组成。

该工艺流程的一级处理系统由格栅、沉砂池和初次沉淀池组成，其作用主要是去除污水中大块垃圾到数毫米的悬浮物；二级处理由生物处理设备和二次沉淀池组成，是城市污水的核心部分，具体选用常规的活性污泥法、生物膜法、AO 法、氧化沟及 SBR 等。一般通过二级处理后，污水的 BOD_5 值可降至 20～30 mg/L，达到排放和灌溉农田的要求。如果二级

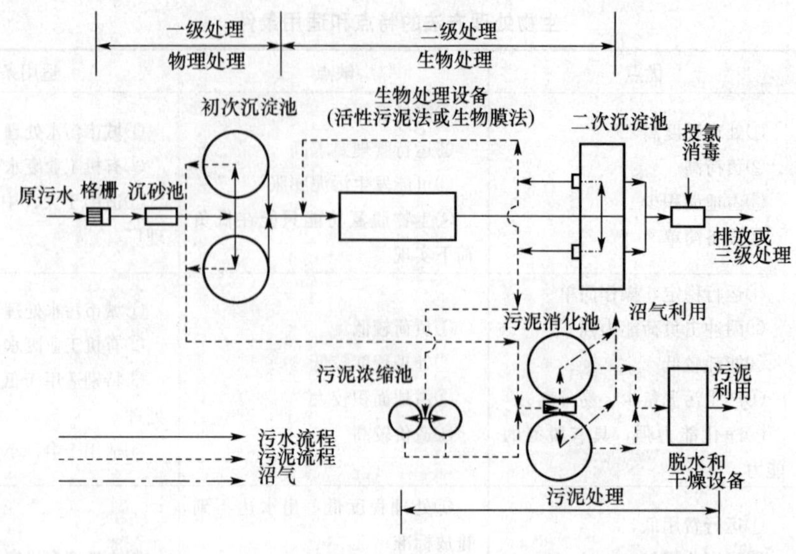

图 7—2　城市污水处理工艺流程

处理后出水要回用于城市杂用水或排入水质更高要求的水体，则要进行三级处理，以进一步降低 SS 和 BOD。

污泥是污水处理过程中的副产品，包括初次沉淀池排出的沉淀污泥，从生物处理系统中排出的生物污泥等。这些污泥应加以妥善处置，避免造成二级污染。在城市污水处理系统中，一般采用浓缩、消化、脱水等方法进行处理，最终处置的途径有做肥料、做建材、焚烧、填埋、投海等。

（2）关于工业废水处理工艺流程问题。工业废水多种多样，水质各异，一般难以适用于各种工业废水的典型流程，通常在借鉴参考同类型实际工艺的基础上，进行个案研究。

在确定具体的废水处理工艺流程之前，应先调查研究清楚以下问题：

第一，该厂工业废水的特点，包括污染环境的主要污染成分（如毒物、有机物、油、酸、碱、悬浮物等）、水量及其变化情况。

第二，减少废水量和废水回收的可能性。

第三，回收利用废水中的有毒物质的方式方法。

第四，废水排入城市管网的可能性。

在调查研究的基础上，按顺序解决下列各问题：

第一，废水就地（车间）解决、废水集中处理、废水就地进行预处理后再集中处理等问题。如某些工业废水可生化性较差，不宜采用生物处理，需采用相应的预处理方法以提高可生化性。

第二，经过处理后的废水是循环使用、灌溉农田、排入城市沟道，还是排入天然水体。

第三，确定废水的处理要求。

在解决上述问题后，可研究具体适用的工艺流程。实际上，往往应先通过试验，才能把工业废水处理的流程确定下来。下面以制革废水为例，介绍其具体处理工艺流程。

制革废水由于其不同的工段排出的废水水质有很大差别，为降低废水处理的难度，加强有用物质（如铬和油脂）的回收和利用，制革废水一般是先进行分质处理，然后再综合处理。制革废水的分质处理，因废水中所含污染物不同，处理方法各异，具体如下：

1）沉淀法回收铬盐。鞣制过程产生含铬废水，应考虑回收利用，可采用碱沉淀法，就是将原液中的铬化合物，加碱生成氢氧化铬沉淀，然后过滤分离沉淀物，加硫酸后搅拌，得到一定浓度的铬化合物，回用至生产中。工艺流程如图 7—3 所示。

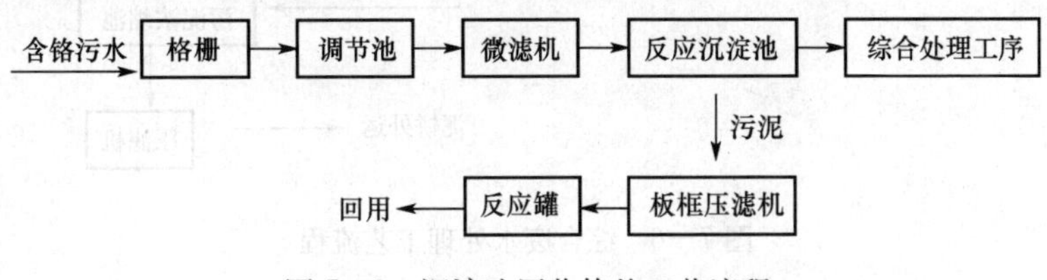

图 7—3　沉淀法回收铬盐工艺流程

2）气浮法除油。生猪革等生产工艺过程中产生的油脂废水含油脂浓度高达 6～14 g/L，可采用气浮除油，使油脂从废水中分离出来。工艺流程如图 7—4 所示。

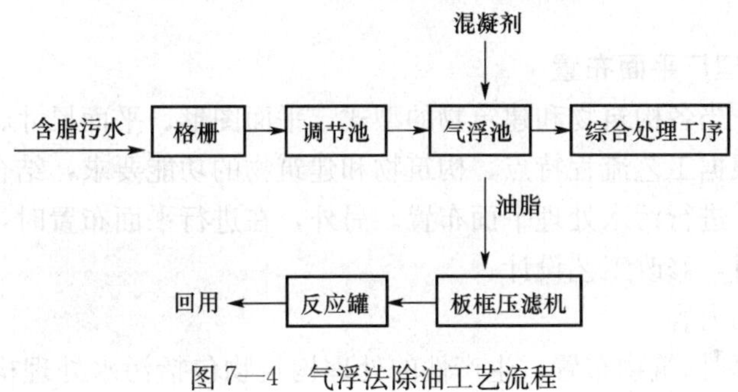

图 7—4　气浮法除油工艺流程

3）催化氧化法脱硫。在制革废水中脱毛工段产生的废水含有大量的悬浮物、蛋白质、硫化物，是制革废水中污染最严重的工序之一，废水量占制革废水总量的 20%以上。催化氧化法脱硫是在锰盐的催化作用下，用空气将废水中的 S^{2-} 和 HS^{-} 氧化，生成硫酸根或晶体硫析出，达到无害化处理的目的，此法应用最多。工艺流程如图 7—5 所示。

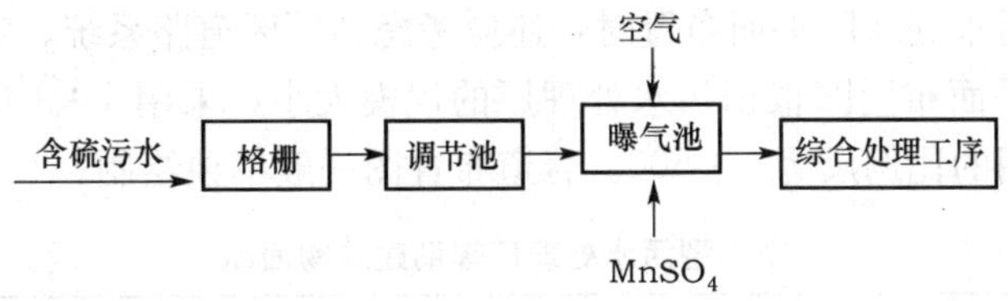

图 7—5　催化氧化法脱硫工艺流程

4）综合废水处理工艺。综合处理工艺即经过单独处理的废水与其他工段的废水合并后集中处理。处理工艺流程如图 7—6 所示。

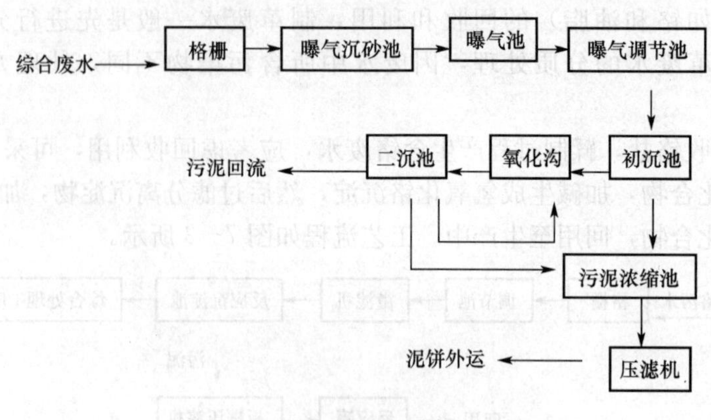

图 7—6　综合废水处理工艺流程

7.4　污水处理厂平面及高程布置

7.4.1　污水处理厂平面布置

经过设计计算，当各构筑物和建筑物的型式、平面图形、平面尺寸、平面面积、个数等确定之后，便可以根据工艺流程特点、构筑物和建筑物的功能要求，结合污水处理厂所选厂址的地形和地质条件进行污水处理平面布置。另外，在进行平面布置时，也可以根据实际情况调整构筑物的数目，修改工艺设计。

（1）平面布置的内容

1）生产性的处理构筑物布置。生产性的处理构筑物包括污水处理构筑物、污泥处理构筑物、配水井、泵房、鼓风机房、消毒间、药剂间、变电站、污泥脱水间、沼气柜等。

2）各种管（渠）道的布置。各种管（渠）道的布置包括各处理构筑物之间的污水、污泥管道或管渠，空气管道、沼气管道、给水管道、雨水管道等。

3）辅助建筑物的布置。辅助建筑物主要包括办公楼、值班室、机修间、化验室、仓库、食堂等。这些建筑物是污水处理厂设计不可缺少的组成部分，其建筑面积可参照表 7—5 所给出的有关参数进行计算。

此外，在进行污水处理厂平面布置时，还应考虑到厂区道路系统、室外照明系统和绿化设施等的布置。总平面布置图根据污水处理厂的规模大小，采用 1∶1 000～1∶200 比例尺的地形图绘制，常用的比例尺为 1∶500。管道布置图一般单独绘制。

表 7—5　　中小型污水处理厂辅助建筑物面积　　m^2

建筑物	污水处理厂规模/(10^4 m^3/天)		
	0.5～2.0	2.0～5.0	5.0～10.0
化验间	45～55	55～65	65～80
修理部门（机修、电修、仪表等）	65～100	100～135	135～170

续表

建筑物	污水处理厂规模/(10^4 m^3/天)		
	0.5～2.0	2.0～5.0	5.0～10.0
仓库（不包括药剂仓库）	60～100	100～150	150～200
值班室	由值班人数确定		
车库	由车辆型号与数量确定		

（2）平面布置的原则。在污水处理厂厂址确定和工艺设计计算完成之后，便可进行污水处理厂的平面布置。其平面布置应由工艺设计人员和土建人员共同完成，污水处理厂平面布置的一般原则如下：

1）污水处理厂的平面布置一般按功能分区布置，主要有生活区、污水处理区、污泥处理区、动力区、预留地、绿化地等。分区布置力求做到分区明确、配置得当而又不过分独立分散。例如污泥处理过程卫生条件较差，一般应将污泥区布置在夏季主导风向的下风向，且远离办公楼和生活区。

2）处理构筑物的布置应紧凑，以减少占地面积和连接管线的长度，但也必须留有一定间距，此间距主要考虑管、渠敷设的要求，施工时地基的相互影响，以及远期发展的可能性。构筑物之间如需布置管道时，其间距一般可取 5～10 m，消化池应布置在除尘池附近，以缩短污泥管线，而与其他构筑物的距离则不少于 20 m。

3）处理构筑物和其连接管线尽可能按工艺流程顺序布置，避免管路迂回，同时结合厂区地形、地质和气候等条件，合理布置，以减少投资并便于运行管理。

4）处理构筑物应合理设置跨越管线，以便在事故或检修时污水能绕过这一单元直接引入下一单元或直接排入水体。同时，各处理构筑物宜设放空管，此管可与厂内污水管合一，将排出的污水和厂内污水一同回流处理。

5）辅助建筑物的布置应考虑方便、安全、实用美观的原则，如泵房、鼓风机房应设置在处理构筑物附近，以节约管道与动力。变电所尽量靠近最大用电户，高压线应避免在厂内架空敷设。经常有人工作、活动的建筑物如办公室、化验室等，应布置在夏季主风向的上风向，在北方地区应考虑建筑物朝阳。储气罐、储油罐等易燃易爆建筑的布置应符合防火、防爆规程。厂区内的道路应方便运输等。

6）厂区内的管线（包括污水管、给水管、空气管、蒸汽管、电缆线等）布置应避免相互干扰，既要便于施工和维护管理，又要占地紧凑。承压管（如给水管、空气管、蒸气管等）可考虑平行架空布置，地下埋设的管道应尽量集中并设管廊或管沟。如有条件，可将压力管线和电缆合并敷设在一条管廊或管道沟内，以便于维护和检修。

7）污水处理厂内应有完善的雨水管道系统，必要时应考虑设防洪沟渠，以免积水而影响处理厂的运行。

8）产区内的道路宜布置成环形道路，以方便材料与设备的运输。一般主干道路应建成上下行的，其宽度视污水处理厂的规模而定，一般为 6～9 m，单行线的宽度为 3.5～4 m，人行道的宽度为 1.5～22 m；道路转弯半径为 2～5 m，道路坡度一般为 1%～2%，不大于 3%。

图 7—7 所示为某市污水处理厂的总平面布置图，泵站设于厂外。主要处理构筑物有格

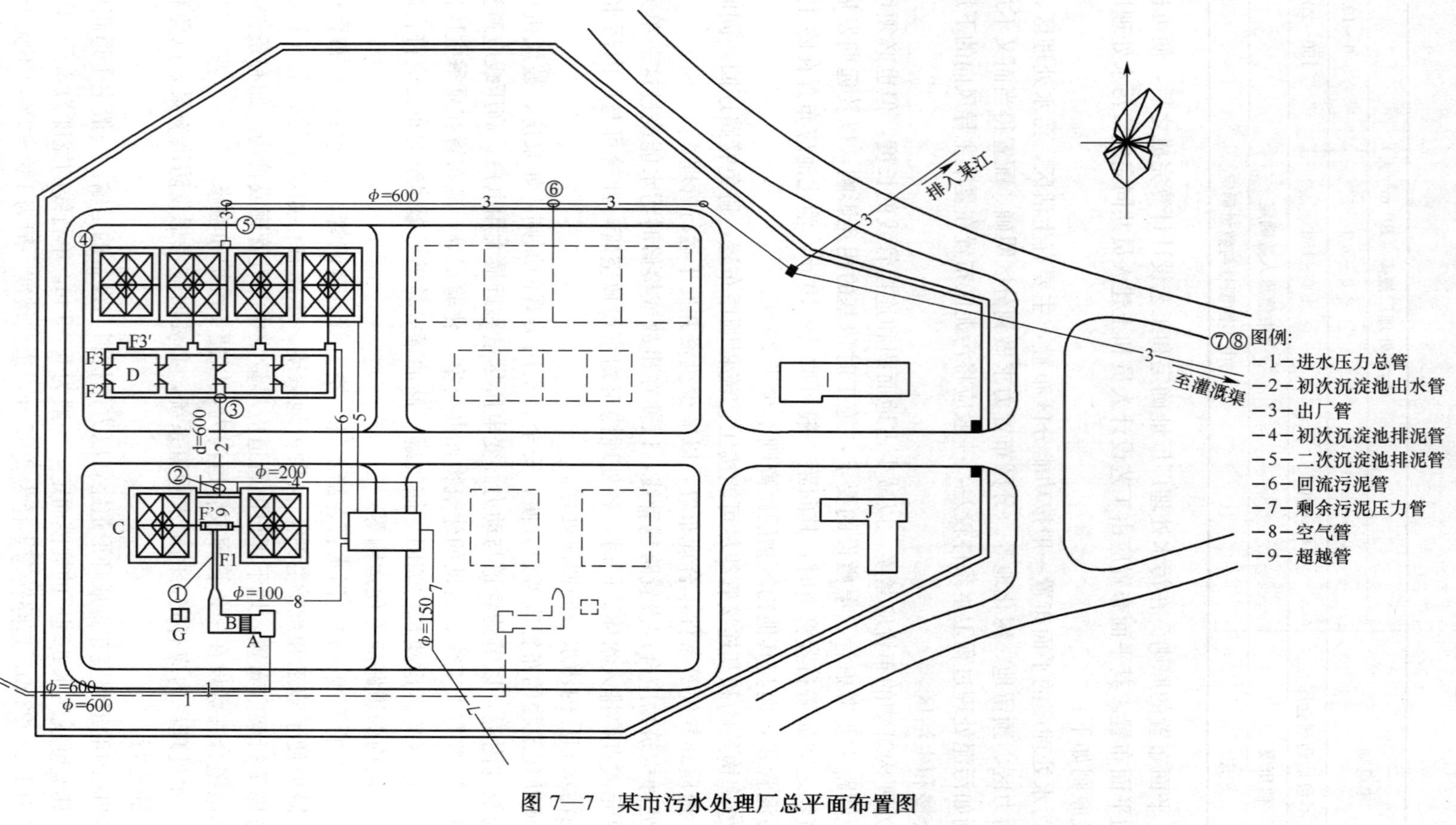

图 7—7 某市污水处理厂总平面布置图

栅、曝气沉淀池、初次沉淀池、曝气池、二次沉淀池等。该厂未设污泥处理系统，污泥（包括初次沉淀池排出的生污泥和二次沉淀池排出的剩余污泥）通过污泥泵房直接送往农田用做肥料。

该处理厂布置的特点是布置整齐、紧凑。两期工程各自成独立系统，对设计与运行相互干扰较少。办公室等建筑物均位于常年主导风向的上风向，且与处理构筑物有一定的距离，卫生、工作条件较好。利用构筑物本身的管渠设立超越管线，既节省了管道部分投资，运行又较为灵活。第二期工程预留地设在一期工程与厂前区之间，若第二期改用不同的工艺流程或另选池型时，在平面布置上将受到一定的限制。但是，该处理厂的泵站设于厂外，管理不甚方便。

7.4.2 污水处理厂的高程布置

污水厂处理高程布置的主要任务是：确定各处理构筑物和泵房的标高及水面标高，确定各连接管渠的尺寸及标高；通过计算确定各部位的水面标高，从而使污水能够在构筑物之间畅通地流动，保证污水处理厂的正常运行。污水处理厂高程布置所依据的主要技术参数是构筑物的高度和水头损失。

（1）水头损失的计算。为了降低污水处理厂的运行费用和便于运行管理，应尽可能使污水和污泥沿工艺处理流程在处理构筑物之间靠重力自流，但在多数情况下，污泥往往需要提升。因此必须计算各处理构筑物之间水头损失，确定处理构筑物之间的水面相对高差。水头损失主要包括构筑物本身的水头损失、构筑物连接管渠水头损失以及污水流经计量设备的水头损失等。进行高程布置时，应首先计算这些水头损失，计算所得的数值还应考虑一些安全因素，以便留有余地。

1）污水流经各处理构筑物的水头损失。构筑物的水头损失与构筑物种类、型式和构造有关。污水流经处理构筑物的水头损失，主要产生在进口、出口和需要的跌水处，而流经构筑物本身的水头损失较小。各种构筑物的水头损失值（包括进、出水管渠的水头损失）可参见表 7—6 估算。

表 7—6　　处理构筑物中的水头损失　　m

构筑物名称	水头损失	构筑物名称	水头损失
格栅	0.1～0.25	澄清池	0.7～0.8
沉砂池	0.1～0.25	压力滤池	5～6
平流式沉淀池	0.2～0.4	普通快滤池	2～2.5
竖流式沉淀池	0.4～0.5	接触池	0.1～0.3
辐流式沉淀池	0.5～0.6	曝气池（污水潜流入池）	0.25～0.5
旋转布水器的生物滤池	H+1.5（H：工作层高）	曝气池（污水跌水入池）	0.5～1.5
固定喷嘴式布水器的生物滤池（工作层高 2 m）	4.5～4.75	污泥干化场	2～3.5
反应池	0.4～0.5	配水井	0.1～0.2

2）构筑物连接管（渠）水头损失。废水流经构筑物管渠（包括配水设备）的水头损失，包括沿程和局部水头损失，可按式（7—2）计算确定。

$$h=h_1+h_2=\sum IL+\sum\xi\frac{v^2}{2g} \tag{7—2}$$

式中 h_1——沿程水头损失，m；

h_2——局部水头损失，m；

I——单位管长的水头损失，可根据流量、管径和流速等查阅《给水排水设计手册》获得；

L——连接管段长度，m；

ξ——局部阻力系数，可从设计手册中查找；

g——重力加速度，m/s^2；

v——连接管中流速，m/s。

连接管（渠）中废水流速一般为 0.6～1.2 m/s，在进入沉淀池时流速应低些，进入曝气池或反应池时，流速可以相对高些。流速太低，会使管径过大，相应管件及附属构筑物规格亦增大；流速太高时，则要求管（渠）坡度较大，会增加填、挖土方量等。

确定管径时，必要时应适当考虑留有水量发展的余地。

3）计量设施的水头损失。污水处理厂常用的计量设施有巴式计量槽、薄壁计量堰、电磁流量计、超声波流量计等，这些设施的水头损失可通过有关计算公式、图表或设备说明书确定。一般污水厂进、出水管上计量仪表中水头损失可取 0.2 m，流量指示器中的水头损失可取 0.1～0.2 m。

（2）高程布置时的注意事项。在对污水处理厂污水处理流程的高程布置时，应考虑下列事项：

1）进行水力计算时，应选择一条距离最长、水头损失最大的流程，并按远期最大流量进行计算。水力计算还应适当留有余地，以保证在任何情况下，处理系统能够正常运行。如某个构筑物发生故障时，与其并联运行的其余构筑物及有关连接管渠能通过全部流量。

2）污水尽量经水泵一次提升后即可以靠重力作用通过各处理构筑物，而中间不应再经加压提升。

3）设置终点泵站的污水处理厂，水力计算常以接受处理后污水水体的最高水位作为起点，逆污水处理流程向上倒推计算，以使污水处理厂的出水在洪水季节也能自流排放，而水泵需要的扬程则较小，运行费用也较低。同时应考虑到构筑物的挖土深度不宜过大，避免土建投资过大和增加施工上的困难。还应考虑到因维修等原因需将池水放空而在高程上提出的要求。

4）高程布置时应注意污水流程和污泥流程的相互协调，尽量减少提升的污泥量。确定污泥浓缩池、消化池等构筑物高程时，应考虑剩余污泥能自动排入污水井或其他构筑物的可能性。

5）进行构筑物高程布置时，应与厂区的地形、地质条件相联系。当地形有自然坡度时，有利于高程布置。当地形平坦时，既要避免二沉池地下过深，又应避免沉砂池在地面上架过高，这样会导致构筑物造价的增加，尤其是地质条件较差、地下水位较高时，更应注意。

7.4.3 污水处理厂高程计算举例

在绘制总平面图的同时，应绘制污水与污泥的纵断面图或工艺流程图。绘制纵断面图时采用的比例尺，横向与总平面图同，纵向为 1∶100～1∶50。

现以图 7—7 所示某市污水处理厂为例，介绍污水处理厂污水处理流程高程计算过程。

该厂初次沉淀池和二次沉淀池均为方形，周边均匀出水。曝气池为 4 座方形池，完全混合式，采用表面机械曝气器充氧与搅拌。如果 4 座曝气池串联，则可按推流式运行，也可按阶段曝气法运行。该种系统具有推流式与完全混合式两种运行方式的优点。

在初沉池、曝气池和二沉池之前，分别各设薄壁计量堰（F_1 为梯形堰，底宽 0.5 m，F_2、F_3 为矩形堰，堰宽 0.7 m）。

该厂设计流量为：近期 $Q_{平均}=174$ L/s；$Q_{最大}=300$ L/s。

远期 $Q_{平均}=348$ L/s；$Q_{最大}=600$ L/s。

回流污泥量按污水量的 100%计算。各处理构筑物间连接管渠的水力计算结果参见表 7—7。

处理后的出水排入农田灌溉渠道用于农田灌溉，农田不需水时亦可排入某江。因为该江水位远低于渠道水位，故构筑物高程受灌溉渠水位控制，计算时，以灌溉渠水位为起点，逆流程向上推算各水面标高。考虑到二次沉淀池挖土太深时不利于施工，故排水总管的管底标高与灌溉渠中的设计水位平接（跌水 0.8 m）。

污水处理厂的设计地面高程为 150.00 m。

高程计算中，沟管的沿程水头损失按所定的坡度计算，局部水头损失按流速水头的倍数计算。堰上水头按有关堰流公式计算，沉淀池、曝气池集水槽系平底，且为均匀集水，自由跌水出流，故按下列公式计算。

$$D=0.9Q^{0.4} \tag{7—3}$$

$$h_0=1.25D \tag{7—4}$$

式中 Q——集水槽设计流量，m^3/s，设计流量时，取安全系数 1.2～1.5；

D——集水槽宽，m；

h_0——集水槽起端水深，m。

表 7—7　　处理构筑物之间连接管渠水力计算表

设计点编号	管渠名称	设计流量/(L·s⁻¹)	管渠设计参数					
			尺寸 D/mm 或 $B\times H$/m×m	h/D	水深 h/m	i	流速 v/(m·s⁻¹)	长度 l/m
1	2	3	4	5	6	7	8	9
⑧～⑦	出水管入灌溉渠	600	1 000	0.8	0.8			
⑦～⑥	出厂管	600	1 000	0.8	0.8	0.001	1.01	390
⑥～⑤	出厂管	300	600	0.75	0.45	0.003 5	1.37	100
⑤～④	沉淀池出水总渠	150	0.6×1.0		0.24～0.35④			28

续表

设计点编号	管渠名称	设计流量/(L·s⁻¹)	管渠设计参数					
			尺寸 D/mm 或 $B\times H$/m	h	水深 h/m	i	流速 v/(m·s^{-1})	长度 l/m
④~E	沉淀池集水槽	75/2	0.3×0.53③		0.38③			28
E~F'_3	沉淀池入流管	150①	450			0.002 8	0.94	10
F'_3~F_3	计量堰	150						
F_3~D	曝气池出水总渠	600	0.84×1.0	0.64~0.42				48
	曝气池集水槽	150	0.6×0.55		0.26⑤			
D~F_2	计量堰	300						
F_2~③	曝气池配水渠	300②	0.84×0.85		0.54~0.62			
③~②	往曝气池配水渠	300	600			0.002 4	1.07	27
②~C	沉淀池出水总渠	150	0.6×1.0		0.24~0.35			5
	沉淀池集水槽	150/2	0.35×0.53		0.44			28
C~F'_1	沉淀池入流管	150	450			0.002 8	0.94	11
F'_1~F_1	计量堰	150						
F_1~①	沉淀池配水渠	150	0.8×1.5		0.46~0.48			3

注：① 包括回流污泥量在内。

② 在最不利条件，即推流式运行时，按污水集中从一端入池计算。

③ 由式（7—3）和式（7—4）计算：

$$\{D\}_{\mathrm{m}}=0.9\times(1.2\times\frac{0.075}{2})^{0.4}=0.26，取 0.3 m，\{h_0\}_{\mathrm{m}}=1.25\times0.3=0.38$$

④ 出水处水深

$$\{h_{\mathrm{k}}\}_{\mathrm{m}}=\sqrt[3]{\frac{(0.15\times1.5)^2}{9.8\times0.6^2}}=0.24$$

（1.5 为安全系数），起端水深可按巴克梅切夫的水力指数公式计算确定，得 $h_{\mathrm{k}}=0.35$ m

⑤曝气池集水槽采用潜孔出流，此处 h 为孔口至槽内液面高度（即已损失的水头）。

各点高程计算过程参见表 7—8。

表 7—8　　各点高程计算过程表　　m

各点高程计算过程	高程
灌溉渠道（8 点）水位	149.25
排水总管（7 点）水位，跌水 0.8 m	150.05
窨井 6 后水位，沿程损失：0.001×390=0.39 m	150.44
窨井 6 前水位，管顶平接，两端水位差 0.05 m	150.49
二次沉淀池出水井水位，沿程损失：0.003 5×100=0.35 m	150.84
二次沉淀池出水总渠起端水位，沿程损失：0.35−0.24=0.11 m	150.95

续表

各点高程计算过程	高程
二次沉淀池中水位，集水槽起端水深 0.38 m 自由跌落 0.10 m 堰上水头（计算或查表）0.02 m 合计 0.50 m	151.44
堰 F_3 后水位，沿程损失：0.002 8×10=0.028 m 局部损失：$6\times0.94^2/2g$=0.28 m 合计 0.31 m	151.75
堰 F_3 前水位，堰上水头 0.26 m 自由跌落 0.15 m 合计 0.41 m	152.16
曝气池出水总渠起端水位，沿程损失：0.64−0.42=0.22 m	152.38
曝气池中水位，集水槽中水位=0.26 m	152.64
堰 F_2 前水位，堰上水头 0.38 m 自由跌落 0.20 m 合计 0.58 m	153.22
3 点水位，沿程损失：0.62−0.54=0.08 m 局部损失：$5.58\times0.69^2/2g$（m）=0.14 m 合计 0.22 m	153.44
初次沉淀池出水井（2 点）水位，沿程损失：0.002 4×27=0.064 8 m，取值 0.07 m 局部损失：$2.46\times1.07^2/2g$=0.144 m，取值 0.15 m 合计 0.22 m	153.66
初次沉淀池中水位，出水总渠沿程损失：0.35−0.25=0.10 m 集水槽起端水深 0.44 m 自由跌落 0.10 m 堰上水头 0.03 m 合计 0.67 m	154.33
堰 F_1 后水位，沿程损失：0.002 8×11=0.031 m，取值 0.04 m 局部损失：$6.0\times0.94^2/2g$=0.28 m 合计 0.32 m	154.65
堰 F_1 前水位，堰上水头 0.30 m 自由跌落 0.15 m 合计 0.45 m	155.10
沉砂池起端水位，沿程损失：0.48−0.46=0.02 m 沉砂池出口局部损失 0.05 m 沉砂池中水头损失 0.20 m 合计 0.27 m	155.37
格栅前（A 点）水位，过栅水头损失 0.15 m	155.52
总水头损失为 6.27 m	

在上述计算中，沉淀池集水槽中的水头损失由堰上水头、自由跌落和槽起端水深三部分组成，如图 7—8 所示。计算结果表明，终点泵站应将污水提升至标高 155.52 m 处方可满足流程的水力要求。图 7—9 为根据计算结果绘制的流程图，由此图及上述高程计算结果可见，整个污水处理流程，从栅前水位 155.52 m 至排放点（灌溉渠水位）149.25 m，全部水头损失为 6.27 m，是比较高的，应考虑降低其水头损失。从另一方面看，此处理系统，还具有降低水头损失和节省能量的空间。

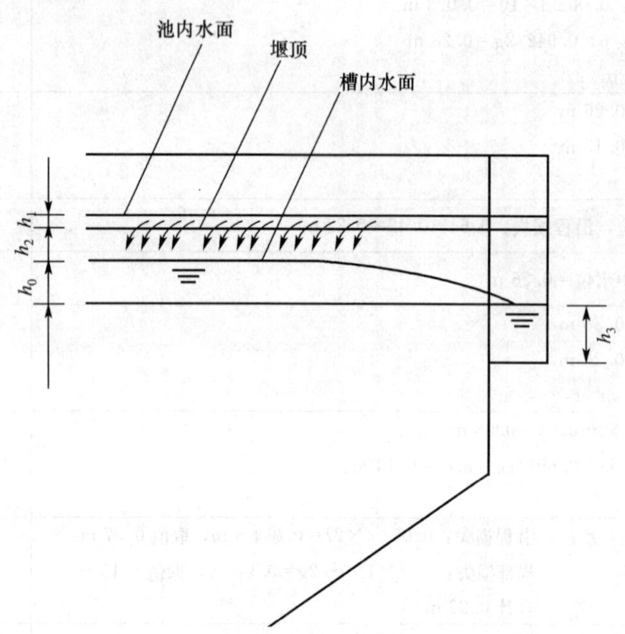

图 7—8　沉淀池集水槽水头损失计算图

h_1—堰上水头　h_2—自由跌落

h_0—集水槽起端水深　h_3—总渠起端水深

该系统采用的初次沉淀池、二次沉淀池，在形式上都是不带刮泥设备的多斗辐流式沉淀池，而且均用配水井配水。曝气池采用的是 4 座完全混合型曝气池，而且污水由初次沉淀池进入曝气池采用的是水头损失较大的倒虹管。

初次沉淀池进水处的水位标高为 154.3 m，二次沉淀池出水处的标高为 150.84 m，此区段的水头损失为 3.49 m，占整个系统水头损失的 56%。

如将初次沉淀池和二次沉淀池都改用平流式，曝气池也改为推流式，而且将初次沉淀池→曝气池→二次沉淀池这一区段直接串联连接，取消中间配水井，采用相同的宽度，这一措施将大大地降低水头损失。

经粗略估算，这一区段的水头损失可降至 1.4 m 左右，可将水头损失降低 2.09 m，整个系统的水头损失能够降低至 4.18 m，这样能够显著地节省能量，降低运行成本，这是完全可行的。

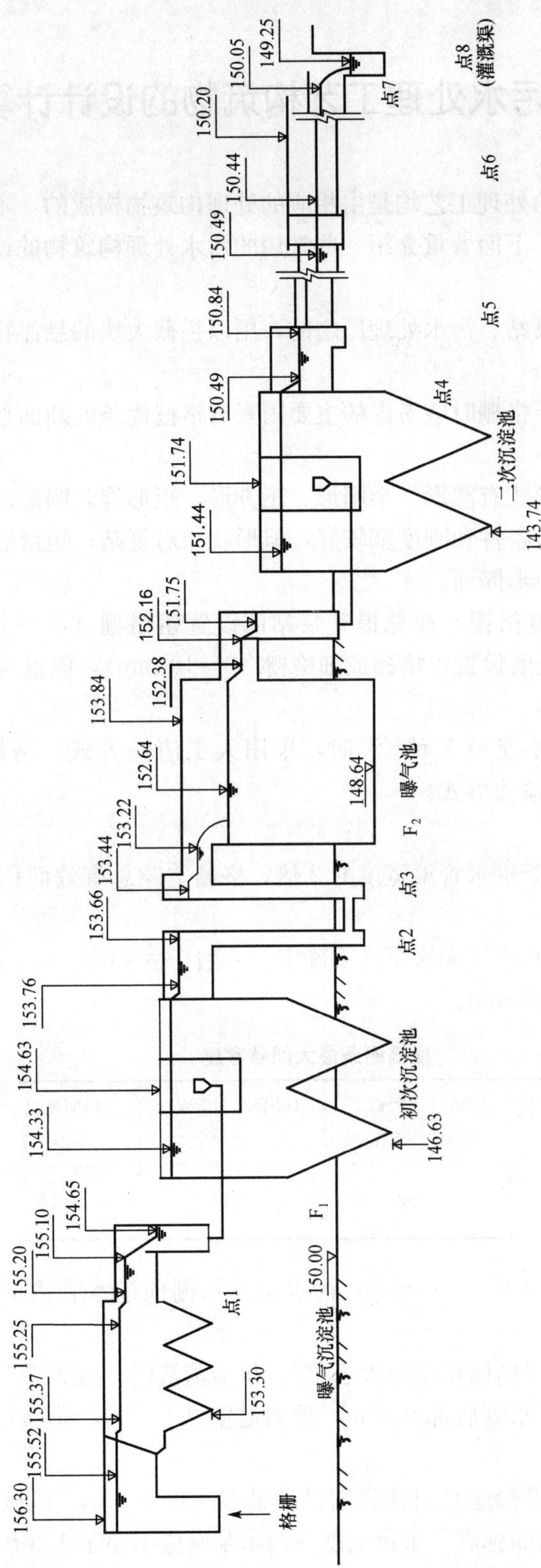

图 7—9 某市污水处理厂污水处理流程高程布置图

7.5 污水处理工艺构筑物的设计计算

生活污水和工业废水的处理工艺均是由相应的处理构筑物构成的，不同的工艺路线对应的处理构筑物也不尽相同。下面着重介绍一些常用的污水处理构筑物的设计计算。

7.5.1 格栅

格栅一般安装在污水泵站、污水处理厂之前，用以拦截大块的悬浮物或漂浮物，以保证后续设施的正常工作。

（1）格栅的选择。选择格栅时应考虑的主要因素有格栅栅条的断面形式、栅条间距及栅渣清除方式。

格栅栅条常用的断面形式有圆形、半圆形、正方形、矩形等。圆形断面水力条件好，但刚度较差；半圆形断面水力条件和刚度都较好，但形状相对复杂；矩形断面刚度好，水力条件不如圆形。一般多采用矩形断面。

污水处理厂可设置两道格栅，在总提升泵站前设置粗格栅（50～100 mm）或中格栅（10～40 mm）；在处理系统前设置中格栅或细格栅（3～10 mm），但也可在总提升泵前只设置一道中格栅。

一般来说，当栅渣量不足 0.2 m^2/天时，采用人工清渣方式；格栅拦截的栅渣大于 0.2 m^2/天时，可采用机械清渣方式。

（2）设计参数

1）格栅总宽度不宜小于进水管渠宽度的 2 倍，格栅空隙总有效面积应大于进水管有效面积的 1.2 倍。

2）栅条间隙可根据进水水质和水泵性质确定。一般卧式和离心泵的最大间隙宽度可参见表 7—9，轴流泵宜采用 70 mm。

表 7—9　　格栅栅条最大间隙宽度

水泵型号	$2\frac{1}{2}$PW、4PW、4MF 以下	6MF、6PWL、8MF、8PWL	10MN、10PWL、12MN	14MN 以上，12PWL	螺旋泵、废水泵、潜水泵
栅条间隙宽度/mm	≤20	≤30	≤40	≤50	≤100

3）过栅速度一般采用 0.6～1.0 m/s；污水泵站格栅前进水管内的流速一般为 0.4～0.9 m/s。

4）采用人工清渣时，格栅倾角不应大于 70°；机械清渣时，宜为 70°～90°。格栅上端应设平台，格栅下端应低于进水管底部 0.5 m，距离池壁 0.5～0.7 m，或按机械除渣的安装和操作需要确定。

5）人工清渣时，工作平台应高出格栅前设计最高水位 0.5 m。机械清渣时，工作平台应等于或稍高于格栅井的地面标高。平台宽度在污水泵站应不小于 1.5 m，两侧过道宽度采用 0.6～1.0 m，机械清渣时，应有安置除渣机减速箱、传送带输送机等辅助设施的位置。

(3) 计算公式

格栅的设计计算示意图如图 7—10 所示，其设计计算公式参见表 7—10。

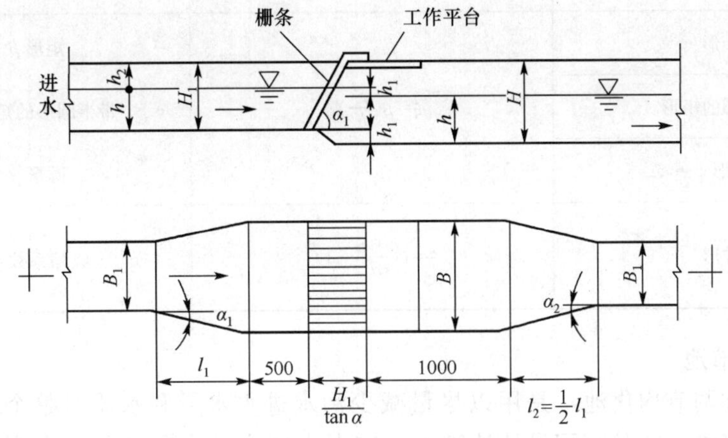

图 7—10 格栅设计计算示意图

表 7—10 **格栅计算公式**

设计内容	计算公式	符号说明
栅槽宽度	$B=S(n+1)+bn$ $n=Q_{max}(\sin\alpha)^{1/2}/(b\cdot h\cdot v)$	B—格栅宽度，m S—栅条宽度，m b—栅条间隙，m n—栅条间隙数，个 Q_{max}—最大设计流量 α—格栅倾角 h—栅前水深 v—过栅流速
过栅水头损失	$h_1=k\cdot h_0$ $h_0=\xi\cdot v\cdot\sin\alpha/(2g)$	h_1—设计水头损失，m h_0—计算水头损失，m g—重力加速度，m/s^2 k—系数，格栅受污染物堵塞时，水头增加的倍数，一般取 3 ξ—阻力系数，其值与栅条断面形状有关，可按表 7—11 计算
栅后槽总高度	$H=h+h_1+h_2$	H—格栅后渠道水深，m h_2—栅前渠道超高，一般取 0.3 m
栅槽总长度	$L=l_1+l_2+1.0+0.5+H_1/\tan\alpha$ $l_1=(B—B_1)/(2\tan\alpha_1)\ t_1$ $l_2=l_1/2$ $H_1=h+h_2$	L—格栅槽总长度，m l_1—进水渠道渐宽部分的长度，m B_1—进水渠宽，m α_1—进水渠道渐宽部分的展开角度，一般取 20° l_2—栅槽与出水渠道连接处的渐窄部分长度，m H_1—栅前渠道深，m
每日栅渣量	$W=\frac{86\ 400Q_{max}W_1}{1\ 000K_z}$	W—每日栅渣量，m^3/天 W_1—1 m^3 污水的栅渣量，格栅间隙为 16～25 mm 时，$W_1=0.05$～0.10 m^3/天；格栅间隙为 30～50 mm 时，$W_1=0.01$～0.03 K_z—生活污水流量总变化系数

表 7—11　　格栅阻力系数 ξ 的计算公式

栅条形状	公　式	说　明
矩　形	$\xi=\beta(\frac{S}{b})^{\frac{4}{3}}$	矩形 $\beta=2.42$
带半圆形的矩形		带半圆形的矩形 $\beta=1.83$
圆形		圆形 $\beta=1.79$
正方形	$\xi=(\frac{b+S}{\varepsilon d}-1)^2$	ε——收缩系数，一般取 0.64

7.5.2　调节池

调节池又称调节均化池，是用以尽量减少污水进水水量和水质对整个污水处理系统影响的处理构筑物。在其容积设计计算上，应考虑能容纳水质变化一个周期所排放的全部水量。

（1）设计要求

1）调节池一般容积较大，应适当考虑设计成半地下式或地下式，还应考虑加盖板。

2）调节池埋入地下的深度一般为进水标高以下 2 m 左右，或根据所选位置的水文地质条件决定。

3）调节池应设计成一池两格或多格，以便于调节池的维修保养。

4）调节池的埋深与污水排放口的埋深有关，若排放口太深，调节池与排放口之间应设置集水井，并设置一级泵站进行一级提升。

5）调节池可不必考虑设大型泥斗、排泥管等，但应设有放空管和溢流管，必要时还应考虑设超越管。

6）调节池的设计，应与整个污水处理工程各处构筑物的布置相配合。

（2）计算公式

1）以调节水质为主的调节池

① 调节池容积

$$W=\sum_{i=1}^{i}q_i \tag{7—5}$$

式中　W——调节池容积，m^3。

q_i——均和期内的逐时水量，m^3。

② 调节池出水浓度

$$C_m=\frac{\sum_{i=1}^{i}C_iq_i}{W} \tag{7—6}$$

式中　C_i——相当于逐时水量为 q_i 的污染物质浓度，mg/L。

2）以调节水量为主的调节池

① 调节池的容积

$$W = \sum_{i=1}^{i} qt \tag{7—7}$$

式中 W——调节池容积，m^3。

q——在 t 时段内污水的平均流量，m^3/h。

t——任一时间段，h。

② 流量

$$Q = \frac{W}{T} = \frac{\sum_{i=1}^{i} qt}{T} \tag{7—8}$$

式中 Q——在周期 T 内的平均污水量，m^3/h。

T——污水变化周期，h。

7.5.3 **沉砂池**

沉砂池的作用是从污水中分离出密度较大的无机颗粒，一般设于泵站及沉淀池之前，以保护机件和管道免受磨损，减轻后续沉淀设备的无机负荷，提高污泥有机组分的含量，保证后续作业的正常运行。

(1) 沉砂池的设计原则

1) 城市污水厂一般均应设置沉砂池，沉砂池的个数或分格数应不少于 2 个，且按并联运行设计。

2) 设计流量应按分期建设考虑。当污水以自流方式进入沉砂池时，应按每期的最大设计流量计算；当污水采用水泵提升时，应按每期工作水泵的最大组合流量计算。

3) 沉砂池去除的砂粒相对密度为 2.65，粒径在 0.2 mm 以上。

4) 城市污水的沉砂量可按每 $10^6\,m^3$ 污水产生沉砂 30 m^3 计算，其含水率约为 60%，密度为 1 500 kg/m^3。

5) 储砂斗的容积一般按 2 天以内的沉砂量考虑，砂斗壁的倾角不应小于 55°，排砂管的直径应不小于 200 mm。

6) 沉砂池的超高不宜小于 0.3 m。

沉砂池按水流形式不同，可分为平流式、竖流式、旋流式（曝气式）和涡流式 4 种。下面仅简单介绍平流式、竖流式和曝气式沉砂池的设计参数及其计算公式。

(2) 平流式沉砂池

1) 设计参数。最大流速为 0.3 m/s，最小流速为 0.15 m/s。

最大流量时，停留时间不少于 30 s，通常采用 30～60 s。

有效水深应不大于 1.2 m，通常为 0.25～1.0 m，池宽不小于 0.6 m。

池底坡度一般为 1%～2%，当设置除砂设备时，可按除砂设备的要求，考虑池底形状。

2) 设计计算公式。平流式沉砂池的设计计算示意图如图 7—11 所示，设计计算公式见表 7—12。

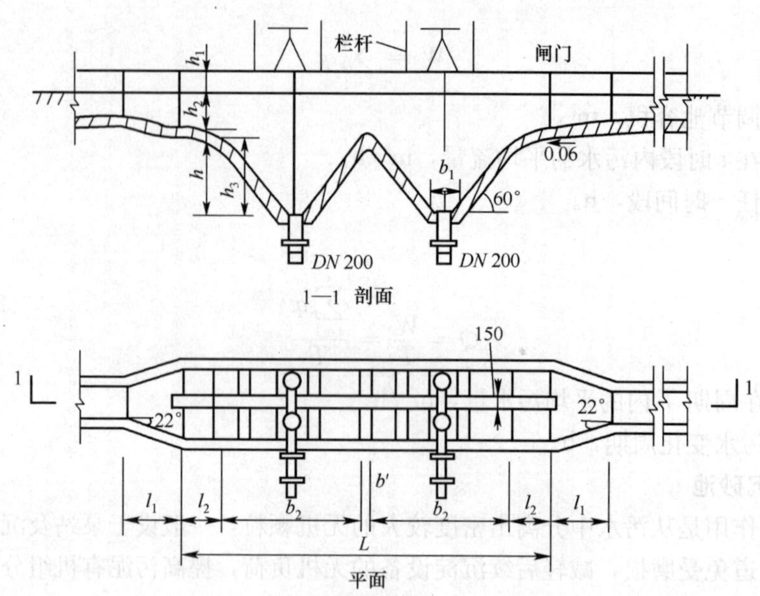

图 7—11 平流式沉砂池设计计算示意图

表 7—12 平流式沉砂池的计算公式

名称	公式	符号说明
池长 L	$L=vt$	v——最大设计流量时的水平流速，m/s t——最大设计流量时的停留时间，s
过流断面面积 A	$A=\frac{Q_{max}}{v}$	Q_{max}——最大设计流量，m³/s
池总宽度 B	$B=\frac{A}{h_2}$	h_2——设计有效水深，m
储砂斗容积 V	$V=\frac{86\ 400Q_{max}XT}{K_z\times10^6}$	X——污水的沉砂量，城市污水取值 30 m³/10⁶ m³ T——排砂时间间隔，天 K_z——生活污水流量总变化系数
池总高度 H	$H=h_1+h_2+h_3$	h_1——超高，m h_3——储砂斗高度
核算最小流速	$v_{min}=\frac{Q_{min}}{n_1A_{min}}$	v_{min}——最小流速，m/s Q_{min}——最小流量，m³/s n_1——最小流量时工作的沉砂池数量 A_{min}——最小流量时沉砂池中水流断面面积，m²

（3）竖流式沉砂池

1）设计参数。污水在池内的最小流速为 0.02 m/s，最大流速为 0.1 m/s。

最大流速时，污水停留时间不小于 20 s，一般为 30～60 s。

进水中心管最大流速为 0.3 m/s。

2）竖流式沉砂池的设计计算示意图如图 7—12 所示，设计计算公式见表 7—13。

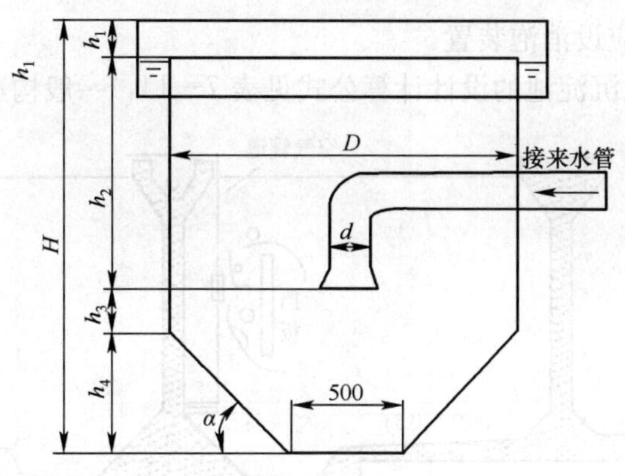

图 7—12 竖流式沉砂池设计计算图

表 7—13 竖流式沉砂池的计算公式

名称	公式	符号说明
进水管直径 d	$d=\sqrt{\frac{4Q_{max}}{\pi v_1}}$	v_1——污水在中心管内的流速，m/s Q_{max}——最大设计流量，m^3/s
池子直径 D	$D=\sqrt{\frac{4Q_{max}(v_1+v_2)}{\pi v_2}}$	v_2——池内水流上升速度，m/s
水流部分高度 h_2	$h_2=v_2t$	t——最大设计时的停留时间，s
沉砂池部分所需容积 V	$V=\frac{86\ 400Q_{max}XT}{10^6K_z}$	X——污水的沉砂量 T——排砂时间间隔，天 K_z——生活污水总变化系数
沉砂部分高度 h_4	$h_4=(R-r)\tan\alpha$	R——池子半径，m r——圆截锥部分下底半径，m α——截锥部分倾角，度
圆截锥部分实际容积 V_1	$V_1=\frac{\pi h_4}{3}(R^2+Rr+r^2)$	同此表上下
池总高度 H	$H=h_1+h_2+h_3+h_4$	h_1——超高，m h_3——中心管底至沉砂砂面的距离，一般取 0.25 m

(4) 曝气沉砂池

1) 设计参数。水平流速一般取 0.08～0.12 m/s，旋转速度为 0.25～0.3 m/s。

污水在池内的停留时间取 4～6 min，最大流量时取 1～3 min，若考虑预曝气的作用，停留时间取 10～30 min。

池的有效深度取 2～3 m，宽深比取（1～1.5）：1，长宽比可达 5：1，当池长比池宽大得多时，应设横向挡板。

空气扩散装置设于池子的一侧，多采用孔径为 2.5～6.0 mm 的穿孔管曝气，距池底 0.6～0.9 m，并应设调节阀，以便根据水量水质调节曝气量。一般每立方米污水供气量为 0.1～0.2 m^3。

池子进水方向应与池中旋转方向一致，出水口常用淹没式，出水方向与进水方向垂直，并考虑设置挡板。池内应设消泡装置。

2）计算公式。曝气沉淀池的设计计算公式见表 7—14，一般构造图如图 7—13 所示。

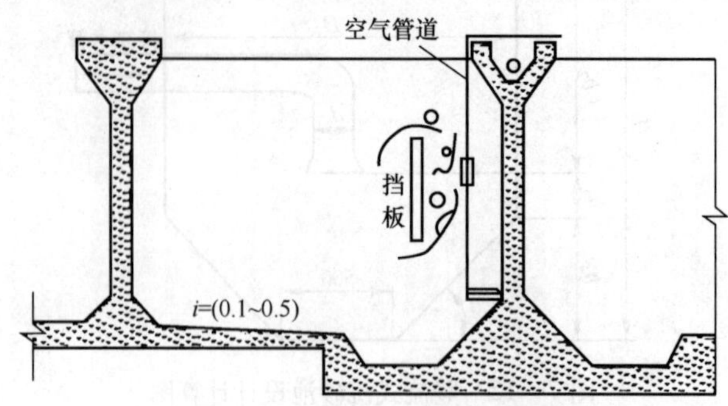

图 7—13　曝气沉砂池的构造图

表 7—14　　曝气沉砂池的计算公式

名称	公式	符号说明
池子总有效体积 V	$V=60Q_{max}t$	Q_{max}——最大设计流量，m^3/s t——最大设计流量时的停留时间，min
水流断面面积 A	$A=\frac{Q_{max}}{v}$	v——最大设计流量时的水平流速，m/s
池子总宽度 B	$B=\frac{A}{h_2}$	h_2——设计有效水深，m
池长 L	$L=\frac{V}{A}$	同此表上下
每小时所需空气量 q	$q=3600dQ_{max}$	d——每立方米污水所需空气量，m^3

7.5.4　沉淀池

沉淀池是分离悬浮物的一种常用构筑物。沉淀池按其在污水处理流程中所处位置，分为初次沉淀池和二次沉淀池。普通沉淀池按水流方向的不同，分为平流式、辐流式和竖流式三种类型，此外，还有斜板（管）沉淀池和迷宫沉淀池。

（1）沉淀池的特点及其使用条件。由于沉淀池构造的差别，各种类型的沉淀池具有不同的特点，适用于不同的条件。常用沉淀池的特点和适用条件见表 7—15。

表 7—15　　沉淀池的特点和适用条件

类型	优点	缺点	适用条件
平流式	① 沉淀效果好 ② 对冲击负荷和温度变化适应性强 ③ 施工方便 ④ 平面布置紧凑，占地面积小	① 配水不易均匀 ② 采用机械排泥时设备易腐蚀 ③ 采用多斗排泥时，排泥不易均匀，操作工作量大	适用于地下水位较高，地质条件较差的地区；适用于大中小型污水厂

续表

类型	优点	缺点	适用条件
辐流式	① 用于大型污水处理厂，沉淀池个数较少，比较经济，便于管理 ②机械排泥设备已定型，排泥较方便	① 池内水流不稳定，沉淀效果较差 ② 排泥设备比较复杂，对运行管理要求较高 ③ 池体较大，对施工质量要求较高	适用于地下水位较高的地区；适用于大、中型污水处理厂
竖流式	① 占地面积小 ② 排泥方便，运行管理简单	① 池体深度较大，施工困难 ② 对冲击负荷和温度变化的适应性差 ③ 造价相对高 ④ 池径不宜过大	适用于小型污水厂或工业废水处理站
斜管式	① 沉淀效果好 ② 占地面积小 ③ 排泥方便	① 易堵塞 ② 造价高	适用于原有沉淀池的挖潜或扩大处理能力，适用于初沉池

（2）沉淀池设计一般原则

1）设计流量。在合流制污水处理系统中，当废水以自流式进入沉淀池时，应按最大流量作为设计流量，当用水泵提升时，应按水泵的最大组合流量作为设计流量。在合流制系统中应按降雨时的设计流量校核，但沉淀时间应不小于 30 min。

2）沉淀池的个数。对于城市污水沉淀池的个数应不少于 2 个。

3）沉淀池的经验设计参数。对于城市污水处理厂，若无污水沉淀性能的实测资料时，可参照表 7—16 的经验参数设计。沉淀池的有效水深、沉淀时间与表面水力负荷的相互关系参见表 7—17。

表 7—16　　城市污水处理厂沉淀池设计参数

沉淀池类型	位置	沉淀时间 t/h	表面负荷 q/[m^3/(m^2·h)]	污泥量/[g/(天·人)]	污泥含水率/%	堰口负荷/[L/(s·m)]
初次沉淀池	单独沉淀法	1.5～2.0	1.5～2.5	15～27	95～97	≤2.9
	二级处理前	1.5～2.0	1.5～3.0	14～25	95～97	≤2.9
二级沉淀池	活性污泥法后	1.5～2.5	1.0～1.5	10～21	99.2～99.6	1.5～2.9
	生物膜法后	1.5～2.5	1.0～2.0	7～19	96～98	1.5～2.9

表 7—17　　有效水深 H、沉淀时间 t 与表面水力负荷 q 的关系

表面水力负荷 q/[m^3/(m^2·h)]	沉淀时间 t/h				
	H=2.0 m	H=2.5 m	H=3.0 m	H=3.5 m	H=4.0 m
3.0			1.0	1.17	1.33
2.5		1.0	1.2	1.4	1.6
2.0	1.0	1.25	1.5	1.75	2.0
1.5	1.33	1.67	2.0	2.33	2.67
1.0	2.0	2.5	3.0	3.5	4.0

4）沉淀池的几何尺寸。沉淀池超高应不少于 0.3 m，缓冲层高取 0.3～0.5 m；储泥斗斜壁的倾角，方斗不宜小于 60°，圆斗不宜小于 55°；排泥管直径不宜小于 200 mm。

5）沉淀出水部分。一般采用堰流出水，在堰口保持水平。出水堰的负荷为：初次沉淀池应不大于 2.9 L/(s·m)，二次沉淀池一般取 1.5～2.9 L/(s·m)。

6）储泥斗的容积。初次沉淀池出水一般按不大于 2 天计算，二次沉淀池储泥不超过 2 h 计算。

7）排泥部分。沉淀池一般采用静压力排泥，静水压数值为：初次沉淀池应不小于 1.5 mH_2O；活性污泥法的二次沉淀池应不小于 0.9 mH_2O；生物膜法的二次沉淀池应不小于1.2 mH_2O。

（3）平流式沉淀池设计计算

1）设计参数。池子的长宽比一般宜取（3～5）：1，大型沉淀池可考虑设置导流墙。采用机械排泥时，宽度应根据排泥设备确定。

池子的长深比一般取（8～12）：1。

池子纵向坡度一般采用 1%～2%，采用机械刮泥时，不小于 5‰。

一般按表面负荷设计，按水平流速校核。最大水平流速为：初次沉淀池为 7 mm/s；二次沉淀池为 57 mm/s。

刮泥机的行进速度应不大于 1.2 m/min，通常为 0.6～0.9 m/min。

为使入流的污水均匀稳定地进入沉淀池，进水区应有整流措施。可采用溢流式入流装置，并设有整流穿孔墙（见图 7—14a）；底孔式入流装置，底部设有挡流板（见图 7—14b）；淹没孔与挡流板的组合（见图 7—14c）；淹没孔与有整流墙的组合（见图 7—14d）。有空整流墙的开孔总面积为过水断面的 6%～20%。入流的挡板一般高出池水水面 0.1～0.15 m，挡板的浸没深度不宜小于 0.25 m，一般用 0.5～1.0 m，挡板距进水口高度为 0.5～1.0 m。

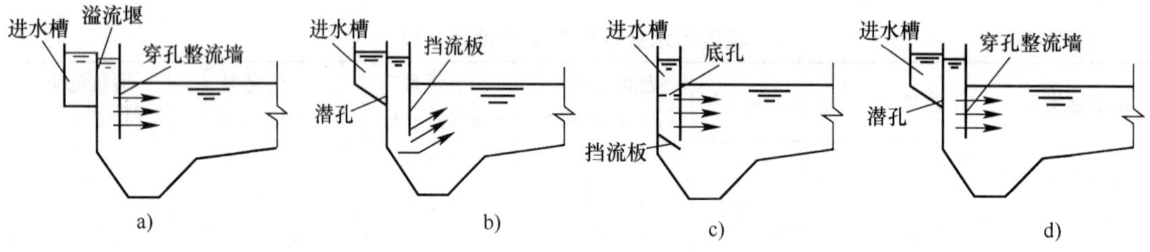

图 7—14　平流式沉淀池入口的整流措施

出口的整流措施可采用溢流式集水槽，其出水堰以锯齿三角堰应用最为普遍，水面宜位于齿高的 1/2 处。为适应水流的变化或构筑物的不均匀沉降，在堰口处需要设置能使堰板上下移动的调节装置。出水堰应保证单位长度溢流量相等，初沉池一般为 250 m^3/(m·天)，二沉池为 130～250 m^3/(m·天)。

出口堰前应设置挡板，以阻拦漂浮物，或设置浮渣收集和排除装置。挡板应高出水面 0.1～0.15 m，浸没在水面下 0.3～0.4 m，距出口处 0.25～0.5 m。

平流式沉淀池通常设机械刮泥设备，但多斗式沉淀池也可不设，每个储泥斗单独设排泥管，各自独立排泥。

2）计算公式。平流式沉淀池计算公式参见表7—18。

表7—18　平流式沉淀池计算公式

名称	公式	符号说明
沉淀池表面积A	$A=\frac{3\ 600Q_{max}}{q}$	Q_{max}——设计最大流量，m^3/s q——表面水力负荷，$m^3/(m^2\cdot h)$，初次沉淀池一般取1.5～3 $m^3/(m^2\cdot h)$，二次沉淀池一般取1～2 $m^3/(m^2\cdot h)$
沉淀区有效水深h_2	$h_2=qt$	t——沉淀时间，h；初次沉淀池一般取1～2 h，二次沉淀池一般取1.5～2.5 h。沉淀区有效水深一般取2～3 m
沉淀区有效容积V_1	$V_1=Ah_2$ $V_1=3\ 600Q_{max}t$	同此表上下
沉淀池长度L	$L=3.6vt$	v——最大设计流量时的水平流速，mm/s；一般不大于5 mm/s
沉淀区的总宽度B	$B=\frac{A}{L}$	同此表上下
沉淀区的座数n	$n=\frac{B}{b}$	b——每座沉淀池的宽度，m；池长一般为30～50 m，池长与池宽之比一般取(3～5)：1
污泥区容积V	$V=\frac{SNT}{1\ 000}$	S——每人每日的污泥量，L/(天·人)，可参考表7—15 N——设计人口数，人 T——污泥储存时间，天
污泥斗容积V_2	$V_2=\frac{1}{3}h'_4(S_1+S_2+\sqrt{S_1S_2})$	h'_4——泥斗高度，m S_1——泥斗的上口面积，m^2 S_2——泥斗的下口面积，m^2
污泥斗以上梯形部分污泥容积V_3	$V_3=(\frac{L_1+L_2}{2})h''_4B$	h''_4——泥斗以上梯形的高度，m L_2——梯形上下底边长，m
沉淀池总高度h	$h=h_1+h_2+h_3+h_4$	h_1——沉淀池超高，m，一般0.3 m h_3——缓冲层高度，m；无刮泥设备时为0.5 m，有刮泥设备时其上缘应高出刮板0.3 m h_4——污泥区高度，m

（4）辐流式沉淀池的设计计算

1）设计参数。池子直径一般不小于16 m。直径（或正方形边长）与水深之比一般采用(6～12)：1。

池底坡度一般为5%～10%。

一般采用机械刮泥，亦可附设空气提升或静水头排泥设施，刮泥机转速一般取1～3 rad/h，外围刮泥板线速度不超过3 m/min，通常取1.5 m/min。

池径小于20 m时，一般采用中心传动的刮泥机，池径大于20 m，一般采用周边传动刮泥机。

当池径（或正方形边长）较小（小于 20 m）时，也可采用多斗排泥。

进水口周围应设整流板，整流板周围开口面积应为池截面面积的 10%～20%。

出水堰前应设浮渣挡板，浮渣用刮板收集并排出池外。

2）计算公式。辐流式沉淀池的设计示意图如图 7—15 所示，计算公式参见表 7—19。

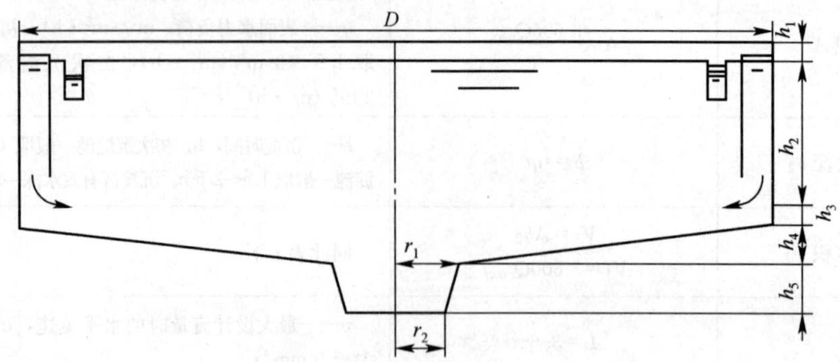

图 7—15　周边进水辐流式沉淀池设计计算示意图

表 7—19　　**辐流式沉淀池的设计计算公式**

名称	公式	符号说明
沉淀部分水面面积 A	$A=\frac{Q_{max}}{nq}$	Q_{max}——设计最大流量，m^3/s q——表面水力负荷，$m^3/(m^2 \cdot h)$，取 2～3 n——池数，个
池子直径 D	$D=\sqrt{\frac{4A}{\pi}}$	同此表上下
沉淀部分有效水深 h_2	$h_2=qt$	t——沉淀时间，h，取 1～2 h
沉淀部分有效容积 V'	$V'=\frac{Q_{max}}{n}\cdot t$ 或 $V'=Ah_2$	同此表上下
污泥部分所需的容积 V	$V=\frac{SNT}{1\,000n}$或 $V=\frac{8\,640\,000Q_{max}\ (C_1-C_2)\ T}{K_z r\ (100-\rho_0)\ n}$	S——每人每日污泥量，L/(人·天)，一般采用 0.3～0.8 N——设计人口数，人 T——两次清除污泥间隔时间，天 C_1——进水 SS 浓度，$10^3 kg/m^3$ C_2——出水 SS 浓度，$10^3 kg/m^3$ K_z——生活污水量总变化系数 r——污泥容重，$10^3 kg/m^3$ ρ_0——污泥含水率，%
污泥斗容积 V_1	$V_1=\frac{\pi h_5}{3}\ (r_1^2+r_1 r_2+r_2^2)$	h_5——泥斗高度，m r_1——泥斗上部半径，m r_2——泥斗下部半径，m
泥斗以上圆锥部分污泥容积 V_2	$V_2=\frac{\pi h_4}{3}\ (R^2+Rr_1+r_1^2)$	h_4——圆锥体高度，m R——池子半径，m
沉淀池总高度 H	$H=h_1+h_2+h_3+h_4+h_5$	h_1——超高，m h_3——缓冲层高度，m

(5) 竖流式沉淀池设计计算

1) 设计参数。池的直径或池的边长一般不大于 8 m，通常为 4～7 m；池径与有效水深之比不大于 3∶1。

中心管内下口应设喇叭口和反射板（见图 7—16），其管内流速不大于 30 mm/s。喇叭口直径及高度为中心管直径的 1.35 倍，反射板直径为喇叭口直径的 1.3 倍，反射板表面与水平面的倾角为 17°。

中心管下端至反射板表面之间的缝隙高在 0.25～0.50 m 范围内时，缝隙中污水流速，在初次沉淀池中不大于30 mm/s，在二次沉淀池中不大于 20 mm/s。

当池径小于 7 m 时，出水溢流沿周边流出，池径大于 7 m时，应增设辐射式集水支渠。

排泥管下端距池底不大于 0.2 m，上端超出水面不小于 0.4 m。

浮渣挡板距集水槽 0.25～0.5 m，高出水面 0.1～0.15 m，淹没深度 0.3～0.4 m。

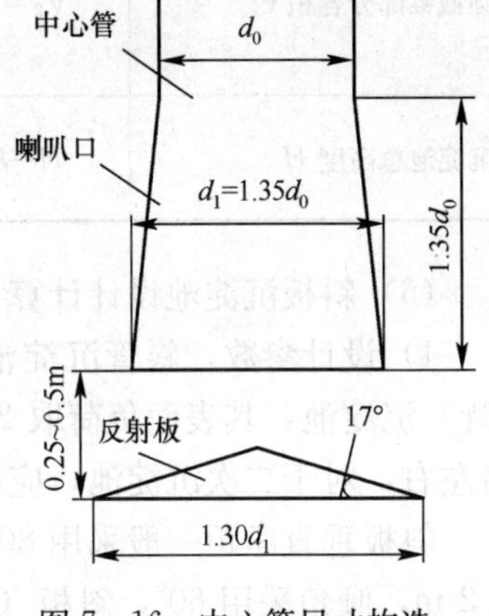

图 7—16　中心管尺寸构造

2) 设计计算公式。竖流式沉淀池的设计计算公式见表 7—20。

表 7—20　竖流式沉淀池的设计计算公式

名称	公式	符号说明
中心管面积 f	$f=\frac{Q_{max}}{nv_0}$	Q_{max}——最大设计流量，m^3/s v_0——中心管内流速，m/s n——沉淀池座数，个
中心管直径 d_0	$d_0=\sqrt{\frac{4f}{\pi}}$	同此表上下
中心管喇叭口与反射板之间的缝隙高度 h_3	$h_3=\frac{Q_{max}}{nv_1\pi d_1}$	d_1——喇叭口直径，m v_0——污水由中心管喇叭口与反射板之间的缝隙流出速度，m/s
沉淀部分有效断面积 F	$F=\frac{Q_{max}}{v}$	v——污水在沉淀池中流速，m/s。
沉淀池直径 D	$D=\sqrt{\frac{4(F+f)}{\pi}}$	同此表上下
沉淀部分有效水深 h_2	$h_2=3\ 600vt$	t——沉淀时间，s
污泥部分所需总容积 V	$V=\frac{SNT}{1\ 000}$或 $V=\frac{8\ 640\ 000Q_{max}(C_1-C_2)T}{K_z r(100-\rho_0)n}$	S——每人每日污泥量，L/(人·天)，一般采用 0.3～0.8 N——设计人口数，人 T——两次排泥相隔时间，天 C_1——进水 SS 浓度，10^3 kg/m^3 C_2——出水 SS 浓度，10^3 kg/m^3 K_z——生活污水流量总变化系数 r——污泥容重，10^3 kg/m^3 ρ_0——污泥含水率，%

续表

名称	公式	符号说明
圆截锥部分容积 V_2	$V_2=\frac{\pi h_5}{3}(R^2+Rr_1+r_1^2)$	h_5——污泥斗圆锥体高度，m R——圆截锥上部半径，m r——圆截锥下部半径，m
沉淀池总高度 H	$H=h_1+h_2+h_3+h_4+h_5$	h_1——超高，m h_4——缓冲层高，m

(6) 斜板沉淀池设计计算

1) 设计参数。斜管沉淀池适用于挖潜或土地紧张情况，一般采用升流式异向流斜板（管）沉淀池，其表面负荷取 2.0～3.5 $m^3/(m^2 \cdot h)$，比普通沉淀池的设计表面负荷提高 1 倍左右，对于二次沉淀池，应以固体负荷核算。

斜板垂直净距一般采用 80～120 mm，斜管孔径一般采用 50～100 mm，斜长采用 1.0～1.2 m，倾角采用 60°，斜板（管）区底部缓冲层高度，一般采用 0.5～1.0 m，上部水深，采用 0.5～1.0 m。斜板（管）内流速一般为 10～20 mm/s。

在池壁与斜板的间隙处应设阻流板，以防止水流短路。斜管上缘宜向池子进水端倾斜安装。

进水方式一般采用穿孔墙整流布水，出水方式多为多槽出水，在池面上增设几条平行的出水堰，以改善出水水质，加大出水速度。

一般采用重力排泥，每日排泥次数至少 1～2 次，或连续排泥。

初次沉淀池停留时间不超过 30 min，二次沉淀不超过 60 min。

2) 计算公式。斜板（管）沉淀池计算公式见表 7—21，方形斜管沉淀池的设计计算图如图 7—17 所示。

表 7—21　斜板（管）沉淀池计算公式

名称	公式	符号说明
池子水面面积 A	$F=\frac{Q_{max}}{nq\times 0.91}$	Q_{max}——最大设计流量，m^3/h n——池数，个 q——设计表面负荷，$m^3/(m^2 \cdot h)$ 0.91——斜板区面积利用系数
池子平面尺寸	圆形池直径：$D=\sqrt{\frac{4F}{\pi}}$ 方形池边长：$a=\sqrt{F}$	D——圆形池直径，m a——方形池边长，m
池内停留时间 t	$t=\frac{(h_2+h_3)\ 60}{q'}$	t——池内停留时间，min h_2——斜板（管）上部水深，m h_3——斜板（管）高度，m

续表

名称	公式	符号说明
污泥部分所需的容积 V	$V=\frac{SNT}{1\,000n}$ 或 $V=\frac{Q_{\max}(C_1-C_2)\ 24T100}{K_z r\ (100-\rho_0)\ n}$	S——每人每日污泥量，L/(人·天)，取0.3～0.8 N——设计人口数，人 T——两次排泥时间间隔，天 C_1——进水悬浮物浓度，t/m³ C_2——出水悬浮物浓度，t/m³ K_z——生活污水量总变化系数 r——污泥密度，t/m³，约为1 ρ_0——污泥含水率，%
污泥斗容积 V_1	圆锥体：$V_1=\frac{\pi h_5}{3}\ (R^2+Rr_1+r_1^2)$ 方锥体：$V_1=\frac{h_5}{3}\ (a^2+aa_1+a_1^2)$	h_5——污泥斗高度，m R——污泥斗上部半径，m r_1——污泥斗下部半径，m a_1——污泥斗下部边长，m
沉淀池总高度 H	$H=h_1+h_2+h_3+h_4+h_5$	H——沉淀池总高度，m h_1——超高，m h_4——斜板（管）区底部缓冲层高度，m

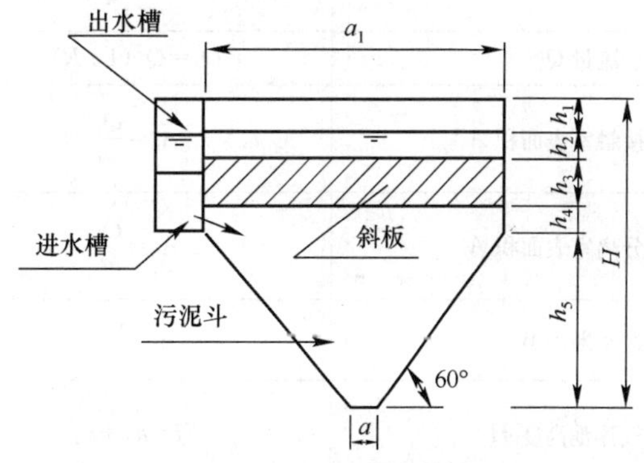

图 7—17　方形斜管沉淀池的设计计算图

7.5.5　气浮池

（1）设计参数

1）要充分研究探讨待处理水的水质条件，分析采用气浮工艺的合理性和适用性。

2）在有条件的情况下，应对待处理污水进行气浮小型试验或模型试验，并根据试验结果选择适当的溶气压力及回流比（指溶气水量与待处理水量的比值）。通常溶气压力采用0.2～0.4 MPa，回流比取5%～25%。

3）根据试验时选定的混凝剂及其投加量和完成絮凝的时间及难易度，确定反应形式及反应时间，一般比沉淀反应时间短，取5～15 min为宜。

4）确定气浮池的池型，应根据对处理水质的要求、处理工艺与前后处理构筑物的衔接、周围地形和建筑物的协调、施工难易程度及造价等因素综合地加以考虑。反应池宜与气浮池合建。为避免打碎絮凝体，应注意水流的衔接。进入气浮池接触室的流速宜控制在0.1 m/s以下。

5）接触室必须对气泡与絮凝体提供良好的接触条件，其宽度还应考虑易于安装和检修的要求。水流上升流速一般取10～20 mm/s，水流在室内的停留时间不宜小于60 s。

6）接触室内的溶气释放器的管道流速为1 m/s以下，释放器的出口流速为0.4～0.5 m/s，每个释放器的作用范围为30～110 cm。

7）气浮分离室需根据带气絮体上浮分离的难易程度选择水流流速，一般取 1.5～3.0 mm/s，即分离室的表面负荷率取 5.4～10.8 $m^3/(m^2 \cdot h)$，对于悬浮物浓度高的污水表面负荷率取低值，有时表面负荷率可取 2～2.5 $m^3/(m^2 \cdot h)$。

8）气浮池的有效水深一般取 2～2.5 m，池中水流停留时间一般为 10～20 min。

9）气浮池的长宽比无严格要求，一般以单格宽度不超过 10 m，池长不超过 15 m 为宜。

10）气浮池排渣，一般采用刮渣机定期排渣。集渣槽可设置在池的一端、两端或径向。刮渣机的行车速度宜控制在 5 m/min 以内。

11）气浮池集水，应力求均匀，一般采用穿孔集水管，集水管位于气浮池中下部，集水管的最大流速宜控制在 0.5 m/s 左右。

12）压力溶气罐一般采用阶梯环为填料，填料层高度通常取 1～1.5 m，这时罐直径一般根据过水截面负荷率在 100～200 $m^3/(m^2 \cdot h)$ 中选取，罐高为 2.5～3.0 m，罐内水深 0.8～1.0 m。

（2）气浮池设计计算。气浮池设计计算公式见表 7—22。

表 7—22　　气浮池计算公式

名称	公式	符号说明
回流比 R	$R=\frac{Q_R}{Q}$	Q_R——回流溶气水量，m^3/h Q——污水流量，m^3/h
总流量 Q_1	$Q_1=Q(1+R)$	Q_1——总流量，m^3/h
接触室表面积 A_s	$A_s=\frac{Q_1}{v_s}$	A_s——接触池表面积，m^2 v_s——接触室流速，m/h
分离室表面积 A_c	$A_c=\frac{Q_1}{q}$	A_c——分离室表面积，m^2 q——表面负荷，$m^3/(m^2 \cdot h)$
过水断面 W	$W=\frac{Q_1}{v}$	v——水平流速，m/h
气浮池高度 H	$H=h_1+h_2$	h_1——分离区高度，m h_2——死水区高度，m
溶气罐容积 V	$V=Q_R \cdot t$	V——溶气罐容积，m^3 t——停留时间，min
溶气罐高度	$H_1=\frac{4V}{\pi D^2}$	D——溶气罐直径，m

7.5.6　生物处理构筑物

目前常用的生物处理构筑物主要有活性污泥法、生物膜法、厌氧法、自然生物处理法。其中，由于活性污泥法处理程度高，净化效果好，是目前使用最多的污水处理方法。下面主要介绍活性污泥法、生物膜法和厌氧法的设计计算。

（1）活性污泥法处理构筑物的设计计算。曝气池的设计计算主要是根据进水的水质、水量情况和出水水质要求，选择曝气池的类型、确定曝气池的体积、所需的供氧量以及需排出的剩余污泥量等。

1）曝气池的设计参数。不同活性污泥法运行方式的基本参数见表 7—23。

表 7—23　　几种活性污泥法运行方式的基本参数

运行方式	污泥龄/天	污泥负荷/[$kgBOD_5$/($kgMLSS$·天)]	容积负荷/[$kgBOD_5$/(m^3·天)]	MLSS/ mg/L	停留时间/h	回流比/%
传统法	3～5	0.2～0.4	0.3～0.6	1500～3000	4～8	25～40
渐减曝气	3～5	0.2～0.4	0.3～0.6	1500～3000	4～8	25～50
完全混合	3～5	0.2～0.6	0.8～2.0	3000～6000	3～5	25～100
分段曝气	3～5	0.2～0.4	0.6～1.0	2000～3500	3～5	25～75
接触稳定	3～5	0.2～0.6	1.0～1.2	1000～3000 4000～10000	0.5～1.0 3～6	25～100
延时曝气	20～30	0.05～0.15	0.1～0.4	3000～6000	18～36	75～100
分段曝气	3～5	0.2～0.4	0.6～1.0	2000～3500	3～5	25～75
AB法	0.3～1（A级）	2～5	6～10	2000～3000	0.3～0.7	50～80
	15～20（B级）	≤0.3	≤0.9	2000～5000	1.2～4	5～80
SBR法	5～15		0.5	2000～5000		
氧气曝气	8～20	0.25～1.0	1.6～3.3	6000～8000	1～3	5～25

2）曝气池的设计计算。曝气池的设计计算公式见表 7—24。

表 7—24　　曝气池的设计计算公式

名称	公式	符号说明
处理效率 E	$E=\frac{L_a-L_t}{L_a}\times100\%=\frac{L_r}{L_a}\times100\%$	L_a——进水的 BOD 浓度，mg/L L_t——出水的 BOD 浓度，mg/L L_r——去除的 BOD 浓度，mg/L F_w——$kgBOD_5$/($kgMLSS$·天) F_r——$kgBOD_5$/(m^3·天) MLSS 浓度——mg/L R——污泥回流比 a——污泥增值系数，一般为 0.5～0.7 b——污泥自身氧化率，一般为 0.04～0.1 a'——氧化每千克 BOD 所需的质量（kg），一般数值取为 0.42～0.53 b'——污泥自身氧化需氧率，一般为 0.11～0.18 N'_w——MLVSS 浓度，kg/m^3
曝气池容积 V	$V=\frac{QL_r}{F_wN_w}=\frac{QL_r}{F_r}$	
名义水力停留时间 t_m 和实际水力停留时间 t_s	$t_m=\frac{V}{Q}$ $t_s=\frac{V}{(1+R)Q}$	
污泥龄 t_w	$t_w=\frac{1}{aF_w-b}$	
剩余污泥产量 Y	$Y=\frac{aQL_r}{1+bt_w}$	
曝气池需氧量 O	$O=a'QL_r+b'VN'_w$	

（2）生物膜法处理构筑物设计计算。生物膜法的主要处理设施有生物滤池、生物转盘、生物接触氧化池和生物流化床等。下面主要介绍生物滤池、生物转盘和生物接触氧化池的设计计算。

1）生物滤池。生物滤池的工艺设计内容包括确定滤床的总体积、总面积和高度。设计时，可以按负荷率进行设计计算，也可经过试验后用经验公式计算。其负荷率有水力负荷率、表面水力负荷率和有机物负荷率三种。对于城市污水常采用有机物负荷率进行计算。

① 滤床总体积（V）

$$V=\frac{(L_a-L_t)q_v}{N} \tag{7—9}$$

式中 L_a——污水进入滤池前的BOD_5平均值，mg/L；

L_t——滤池出水的BOD_5平均值，mg/L；

q_v——污水日平均流量，m^3/天，采用回流式生物滤池时，此项应为q_v（1+r），回流比r可根据经验确定；

N——滤料容积负荷率，$kgBOD_5/(m^3·天)$。

采用生物滤池处理城市污水时，低负荷率生物滤池的负荷率取0.2 $kgBOD_5/(m^3·天)$左右，回流式生物滤池的负荷率取1.1 $kgBOD_5/(m^3·天)$左右。表7—25是生物滤池处理城市污水的一些经验数据。

表7—25　**生物滤池处理城市污水的负荷率**

生物滤池类型	BOD_5负荷率/[$kgBOD_5/(m^3·天)$]	水力负荷率/[$m^3/(m^2·天)$]	处理效率/%
低负荷率	0.15～0.30	1～3	85～95
回流式	<1.2	<10～30	75～90
塔滤	1.0～3.0	80～200	65～85

生物滤池处理工业废水时，应根据试验确定负荷率，而且，试验生物滤池的滤料和滤床高度应与设计相一致。

② 滤床高度的确定。滤床高度通常根据经验或试验确定。例如，低负荷率生物滤池取2 m左右，两级回流生物滤池的滤床取1.0～1.8 m，塔式生物滤池可取8 m以上。在滤床和滤料高度确定以后，便可算出滤床的总面积。当总面积不大时，可采用1个或2个滤池。目前生物滤池的最大直径为60 m，通常在35 m以下。

最后，还需进行滤率校核。回流生物滤池的滤料一般不超过30 m/天，滤料的确定与进水的BOD_5有关，见表7—26。

表7—26　**回流式生物滤池的滤料**

进水BOD_5/(mg/L)	120	150	200
滤料/(m/天)	25	20	15

③ 回转布水器的设计计算

a. 布水管根数与管径计算

布水管的根数取决于池子和滤料的大小，布水管水量大时用4根，一般用2根。布水横管的管径（D_1）计算公式如下：

$$D_1=2\ 000\sqrt{\frac{q_v'}{\pi v}} \tag{7—10}$$

$$q_v'=\frac{(1+r)q_v}{n} \tag{7—11}$$

式中 q'_v——每根布水横管的最大设计流量，m^3/s；

v——横管进水端流速，m/s；

q_v——每个滤池的设计流量，m^3/s；

n——横管数。

b. 孔口数及孔口在布水横管上的位置。假定每个出水孔口喷洒的面积基本相同，孔口数（m）的计算公式如下：

$$m=\frac{1}{1-(1-\frac{4d}{D_2})^2} \tag{7—12}$$

式中 d——孔口直径，一般为 10～15 mm，孔口流速 2 m/s 左右或更大一些；

D_2——回转布水器直径，mm，比滤池内径小 200 mm。

第 i 个孔口中心距滤池中心的距离（r_i）为：

$$r_i=\frac{D_2}{2}\sqrt{\frac{i}{m}} \tag{7—13}$$

式中 i——从滤池中心算起，任一孔口在横管上的排列顺序。

c. 布水器的转速。布水横管的回转速度与滤率、横管根数有关见表 7—27。也可以近似地用下述经验公式计算：

$$n=\frac{34.78\times10^6}{md^2D_2}q_v' \tag{7—14}$$

布水横管可以采用钢管或铝管，其管底离滤床表面的距离一般为 150～250 mm，以避免风力的影响。布水器所需水压为 0.5～1.0 mH_2O（1 mH_2O=9 806.65 Pa）。

表 7—27　回流式滤池的布水器回转速度

滤率/(m/天)	转速/[r/min（4 根管）]	转速/[r/min（2 根管）]
15	1	2
20	2	3
25	2	4

2）生物转盘。生物转盘工艺设计的主要内容是计算转盘的总面积。表示生物转盘处理能力的指标是水力负荷和有机物负荷。生物转盘的负荷率与废水性质、废水浓度、气候条件及构造、运行等多种因素有关，设计时可以通过试验或根据经验值确定。

① 转盘总面积

$$A=\frac{L_a-L_t}{N_A}q_v \tag{7—15}$$

或

$$A=\frac{L_a-L_t}{N_q}q_v \tag{7—16}$$

式中 L_a——进水 BOD_5，mg/L；

L_t——出水 BOD_5，mg/L；

q_v——处理水量，m^3/天；

N_A——生物转盘的 BOD_5 负荷率，g/(m^2·天)，一般取 10～20 g/(m^2·天)；

N_q——水力负荷，m^3/(m^2·天)，一般取 0.05～0.1 m^3/(m^2·天)。

② 转盘片数

$$m=\frac{4A}{2\pi D^2}=\frac{0.64A}{D^2} \tag{7—17}$$

式中 D——转盘直径，m。

③ 废水处理槽有效长度

$$L=m(a+b)K \tag{7—18}$$

式中 a——盘片间净距离，m，一般进水端为 25～35 mm，出水端为 10～20 mm；

b——盘片厚度，视材料强度决定，m；

K——系数，一般取 1.2。

④ 废水处理槽有效容积

$$V=(0.294\sim0.335)(D+2\sigma)^2L \tag{7—19}$$

净有效容积

$$V'=(0.294\sim0.335)(D+2\sigma)^2(L-mb) \tag{7—20}$$

当 $r/D=0.1$ 时，系数取 0.294，$r/D=0.06$ 时，系数取 0.335。

式中 r——中心轴与槽内水面的距离，m；

σ——盘片边缘与处理槽内壁的间距，m，一般取值 20～40 mm。

⑤ 转盘的转速

$$n_0=\frac{6.37}{D}\left(0.9-\frac{V_1}{q_{v_1}}\right) \tag{7—21}$$

3）生物接触氧化法。生物接触氧化法的处理构筑物是浸没式生物滤池，也称生物接触氧化池。池内设有填料，填料淹没在废水中，上面长满生物膜，在废水与生物膜接触的过程中，水中的有机物被微生物吸附、氧化分解和转化为新的生物膜。

生物接触氧化池工艺设计的主要内容是计算池子的有效容积和尺寸，空气量和空气管道系统的计算。目前一般是根据有机负荷率计算池子的容积。对于工业废水，最好通过试验确定有机负荷率，也可审慎地采用经验数据。

① 有效容积

$$V=\frac{q_v(L_a-L_t)}{N_v} \tag{7—22}$$

式中 N_v——有机容积负荷率，kgBOD5/(m^3·天)，城市污水可取 1.0～1.8。

其他参数含义同前。

② 生物接触氧化池的总面积和座数

$$A=\frac{V}{h_0} \tag{7—23}$$

$$n=\frac{A}{A_1} \tag{7—24}$$

式中 h_0——填料高度，一般取 0.3 m；

A_1——每座池子的面积，m^2，一般大不于 25 m^2。

③ 池深

$$h=h_0+h_1+h_2+h_3 \tag{7—25}$$

式中　h_1——超高，0.5～0.6 m；

h_2——填料层上水深，0.4～0.5 m；

h_3——填料至池底的高度，0.5～1.5 m。

④ 有效停留时间

$$t=\frac{V}{q_v} \tag{7—26}$$

⑤ 空气量和空气管道系统设计

$$D=D_0 q_v \tag{7—27}$$

式中　D_0——1 m^3，污水所需的空气量，m^3，一般为15～20 m^3。

4）生物流化床。生物流化床反应器，形式上是以砂、焦炭、活性炭等颗粒材料为生物膜的载体，充氧废水以一定的流速自下而上流动，使载体呈现悬浮“流化”状态，载体表面的生物膜与废水充分接触，从而更好地发挥降解有机物的作用。

根据生物流化床供氧、脱膜和床体结构等方面的不同，好氧生物流化床可分为两相生物流化床和三相生物流化床两种类型。两相生物流化床是在流化床体外设置充氧设备与脱膜装置，用于微生物充氧和脱除载体表面的生物膜；三相生物流化床是气、液、固三相直接在流化床内进行生化反应，不另设充氧设备和脱膜设备，载体表面的生物膜依靠气体的搅动作用，使颗粒之间激烈摩擦而脱落。

生物流化床设计时，废水的流速应控制在使载体处于流化阶段且不能带出。流化床的膨胀程度可以用膨胀率 K 或膨胀比 R 表示，其计算公式如下：

$$K=\left(\frac{V_e}{V}\right)\times 100\% \tag{7—28}$$

$$R=\frac{h_e}{h} \tag{7—29}$$

式中　V，V_e——分别为固定床和流化床层的体积，m^3；

h，h_e——分别为固定床层和流化床层的高度，m。

在生物流化床中，相同的速度下，膨胀率随着生物膜厚度的增加而增大。一般膨胀率采用50%～200%。

（3）厌氧生物构筑物

1）反应器设计。厌氧反应大体上可分为酸化和甲烷化两个阶段，甲烷化阶段的反应速率明显地低于酸化阶段的反应速率。因此，整个厌氧反应的总速率主要取决于甲烷化阶段的速率。总的来说，厌氧反应的速率远低于好氧反应。

反应器的设计可以在模型试验的基础上，按照所得的参数值进行计算，也可能按照类似废水的经验值，选择采用。

计算确定反应器容积的常用参数是负荷率 N 和消化时间 t，公式为：

$$V=q_v \cdot t \tag{7—30}$$

或

$$V=\frac{q_v \cdot (L_a-L_t)}{N} \tag{7—31}$$

式中　V——反应（消化）区的容积，m^3；

q_v——废水的设计流量，m^3/天；

t——消化时间，d；

L_a，L_t——进水和出水的有机物浓度，g(BOD_5)/L 或 g（COD)/L；

N——反应区的设计负荷率，kg(BOD_5)/(m^3·天）或 kg（COD)/(m^3·天)。

采用中温消化时，对于传统消化法，消化时间在 1～5 天，负荷率在 1～3 kg(COD)/(m^3·天)，BOD_5去除率可达 50%～90%。对于厌氧生物滤池和厌氧接触法，消化时间可缩短至 0.5～3 天，负荷率可提高到 3～10 kg(COD)/(m^3·天)。对于上流式厌氧污泥床反应器，有时甚至可采用更高的负荷率，但上部的三相分离器应缜密设计，避免上升的消化气影响固液分离，造成污泥流失。

消化气的产气量一般可按 0.4～0.5 m^3/kg(COD）进行估算。

2）消化池的热量计算。厌氧生物处理特别是甲烷化，需要较高的反应温度。一般需要对投加的废气加温和对反应池保温。加温所需的热量可以利用消化过程中产生的消化气。消化气的产量可按 0.4～0.5 m^3/kg(COD）估算，消化气的热值大致为 21000～25000 kJ/m^3。如果消化气所能提供的热量还嫌不足，则应由其他能源补充。

消化池所需的热量包括将废水提高到池温所需的热量和补偿池壁、池盖所散失的热量。

提高废水温度所需的热量 Q_1 为：

$$Q_1 = q_v \cdot c(t_2 - t_1) \tag{7—32}$$

式中 q_v——废水投加量，m^3/h；

c——废水的比热容，约为 4200kJ/(m^3·℃)；

t_2——消化池温度，℃；

t_1——废水温度，℃。

消化池温度高于周围环境时，一般采用中温。通过池壁、池盖等散失的热量 Q_2 与池子构造和材料有关，计算公式如下：

$$Q_2 = KA(t_2 - t_1) \tag{7—33}$$

式中 A——散热面积，m^2；

K——传热系数，kJ/(h·m^2·℃)；

t_2——消化池内壁温度，℃；

t_1——消化池外壁温度，℃。

对于一般的钢筋混凝土池体，外面加设绝缘层，K 值为 20～25 kJ/(h·m^2·℃)。

7.5.7 污泥处理构筑物设计

污泥处置就是通过适当的方法对污泥进行处理，防止污泥腐化发臭，使其中的有毒有害物质得到妥善处理和综合利用，变害为利，确保污水处理厂正常运行，为污泥找到最终出路。污泥最终处置的主要方法是农业肥料、建筑物材料、填池、填海造地和排海。

（1）污泥浓缩

1）污泥浓缩方法的选择。污泥浓缩以减少污泥体积为主要目的，从而降低后续处理构筑物和设备的负荷，减少处理费用。常用的浓缩方法有重力浓缩法、气浮浓缩法和离心浓缩法。各种浓缩法的特点和应用条件参见表 7—28。

表 7—28　各种浓缩方法的特点及应用条件

浓缩方法	优点	缺点	适用条件和应用情况
重力浓缩法	①浓缩池构造简单，操作方便 ②动力消耗小，运行费用低 ③储存污泥能力强	①占地面积大 ②浓缩效果不理想 ③污泥易腐化	初沉污泥 初沉污泥＋剩余污泥 广泛采用
气浮浓缩法	①浓缩效果好，出泥含水率低 ②占地面积小，只为重力法的1/10 ③运行效果稳定，不受季节影响 ④产生臭气少 ⑤能去除油类	①运行费用高于重力法，但低于离心法 ②操作管理要求较高 ③电耗大 ④污泥储存能力小	初沉污泥 初沉污泥＋剩余污泥 发达国家开始推广使用
离心浓缩法	①浓缩效果好，工作效率高 ②占地面积少 ③几乎不散发臭气，工作环境好	①要求专用的离心设备 ②耗电量大 ③对操作人员技术要求较高，管理复杂	剩余污泥 很少使用

2）浓缩池设计。浓缩池设计的内容、计算公式和主要设计参数见表 7—29。

表 7—29　浓缩池设计内容、计算公式和主要设计参数

类型	设计内容	计算公式	主要设计参数
间歇浓缩池	池容积 池表面积	$V=QT$ $A=V/T$	浓缩时间：$t\leqslant24$h，一般 9～12h 有效水深：$H=1.0\sim1.5$ m 在不同高度设排上清液管
连续式浓缩池	池表面积 池直径 池容积 池高 浓缩时间校核	$A\geqslant Q_0C_0/G_L$ $V=QT$	固体通量：初沉污泥 $G_L=80\sim120$kg/(m^2·天) 剩余污泥 $G_L=20\sim30$ kg/(m^2·天) 水力负荷：初沉污泥 $q=1.2\sim1.6$ m^3/m^2·h 剩余污泥 $q=0.2\sim0.4$ m^3/m^2·h
气浮浓缩池	池表面积 池面积 池高 浓缩时间 回流比	$A=Q_0(R+1)/q$ $A_a/S=S_aR(fP-1)/C_0$	表面水力负荷： 有回流 $q=1.0\sim3.6$ m^3/(m^2·h) 无回流 $q=0.5\sim1.8$ m^3/(m^2·h) 溶气比：$A_a/S=0.03\sim0.04$ 回流比：$R=100\%\sim300\%$

（2）污泥消化。污泥中含有大量的有机物，一般用厌氧消化法进行污泥处理，即在无氧的条件下利用兼性菌和厌氧菌降解有机物，最终产生二氧化碳和沼气，使污泥得到稳定。厌氧消化可分为标准消化、高负荷消化、二级消化、两项消化、厌氧污泥床、自然消化等。不同类型的厌氧消化方法，适用于不同情况的污水处理厂。厌氧消化池的类型、特点设计内容和主要设计参数见表 7—30。

表 7—30　　厌氧消化池类型、特点、设计内容和主要参数

类型	特点	适用条件	设计内容	主要设计参数
标准消化池	池内不设搅拌设备，污泥不加热 消化时间长，负荷低，产气量少	小型污水厂，现已基本停用	消化池容积、消化池各部尺寸	负荷 0.4～1.6 kg(VSS)/(m²·天) 消化时间：30～60 天
高负荷消化池	池内设搅拌设备，污泥加热比标准消化时间短，产气量多 中温消化温度	大、中、小型污水厂	消化池总容积 消化池座数 消化池尺寸 产生沼气量 搅拌设备 加热设备	挥发性有机物负荷 中温消化：0.6～1.5 kg/(m³·天) 高温消化：2.0～2.8 kg/(m³·天) 消化时间：20～30 天 沼气量：8～12 m³（沼气）/m³（污泥） 沼气罐容积：5%～40%沼气量
二级消化	一级消化池与高负荷消化池相同，二级消化池污泥不搅拌和加热，减少污泥体积，降低能耗	大、中、小型污水厂	消化池总容积 消化池座数 消化池尺寸 产生沼气量 搅拌设备 加热设备	一级与二级时间比为（2∶1）～（4∶1） 中温消化：0.6～1.5 kg/(m³·天) 高温消化：2.0～2.8 kg/(m³·天) 消化时间：20～30 天 沼气量：8～12 m³（沼气）/m³（污泥） 沼气罐容积：5%～40%沼气量
好氧消化	操作简单，小规模投资省，不产生臭气 电耗大，运行费用高	小于 18 000 m³/天的污水厂	池容积 池尺寸 需氧量	停留时间：剩余污泥 10～15 天 初沉＋剩余：15～20 天 负荷：0.38～2.24 kg（VSS)/(m³·天) 曝气量：剩余 0.02～0.04 m³/(m³·min) 初沉＋剩余≥0.06 m³/(m³·min)

（3）污泥脱水

1）污泥调节。污水处理工艺产生的初沉污泥、剩余污泥、腐殖污泥和污泥消化后产生的消化污泥，均由亲水性带电胶体颗粒组成，直接脱水非常困难。在污泥脱水前需要进行适当的调节预处理，常用的预处理方法有化学调节法、热处理法、冷冻法和淘洗法。由于化学调节法经济实用、简单方便，在国内外被广泛应用；在条件适合时，亦可考虑采用淘洗调节法。

2）污泥干化与脱水。经过浓缩、消化后的污泥含水率有 95%～97%，体积较大，不利于进行最终处置。经过干化或脱水处理，污泥含水率可降至 60%～80%，体积减少为原来的 1/10～1/5，由液态变为固态，为综合利用和最终处置提供了方便。干化场和各种污泥脱水机械的特点、主要设计参数和适用条件参见表 7—31。

表 7—31　　干化场和脱水机械的特点、主要设计参数和适用条件

类型		优点	缺点	主要设计和选择参数	适用条件
污泥干化场		设备简单，操作方便，耗电少	占地面积大，受季节和气候影响较大，劳动强度大	年蒸发量－年降雨量＝污泥脱水量	气候干燥，用地不紧张地区，小型污水厂
机械脱水	带式压滤机	连续生产，效率高，设备少，投资较少，劳动强度小，能耗维护费低	污泥调节药剂费用高，运行费用较高，泥饼含水率较高	产泥率：初沉＋剩余为 120 ～ 350 kg(干)/(m·h) 初沉为250～500 kg(干)/(m·h)	适用于大、中、小型污水厂，国内外广泛应用
	板框压滤机	泥饼含水率低，体积小，节省后续处理的费用，污泥调节药剂投量少	间歇式操作，生产效率低，设备投资大	压力：0.2～0.4 MPa 产泥率：2 ～ 10 kg(干)/(m^2·h)	适用于采用干燥、焚烧、填埋处理的污泥，适用于小型污水厂
	真空脱水机	连续生产，工作效率高，运行稳定，可自动控制	附属设备多，工序复杂，运行费用较高	产泥率：初沉污泥为10～50 kg(干)/(m^2·h) 初沉＋腐殖：20～40 kg（干)/(m^2·h) 初沉＋剩余：15～25 kg（干)/(m^2·h) 剩余：10 ～ 15 kg(干)/(m^2·h)	大、中、小型污水厂均可采用，目前采用较少
	离心脱水机	效率高，基建费用少，占地小，环境好，自动化程度高，运行费用低	机械设备复杂，电耗大，泥饼含水率较高，噪声大	根据离心机转速和泥饼含水率等参数计算	发达国家采用较多，适用于大、中、小型污水厂

7.6　污水处理工艺管道设计计算

在污水处理工程中，所涉及的管（渠）主要有贯通、连接各处理构筑物的管（渠），能够使各处理构筑物对立运行的超越管（渠）、超越全部构筑物直接排放水体的总超越管，各处理构筑物的排空管，沉砂池、初次沉淀池、二次沉淀池的排泥管以及好氧处理的鼓风曝气管道系统等。污水处理构筑物间的输水、输泥及输气管线的布置应使管（渠）长度短、水头损失少、流行通畅、不易堵塞和便于清通。

7.6.1　污水管道的设计计算

污水处理工艺管道主要有构筑之间的联通管、超越管线（包括总超越管线）及放空管等。其中放空管可根据不同构筑物的放空时间要求，采用不同的管径。处理构筑物之间的联通管和超越管线可以采用相同的管径，且其管径应根据通过此管段的流量来计算，由水力学公式可知：

$$Q=Av \tag{7—34}$$

式中　Q——管段通过的流量，m^3/s；

A——管段断面面积，m^2；

v——管段内废水的流速，m/s。

污水处理工艺管道一般用圆形管道，管子断面 $A=\frac{\pi}{4}D^2$，代入式（7—34），则得：

$$D=\sqrt{\frac{4Q}{\pi v^2}} \tag{7—35}$$

式中　Q——设计流量，m^3/s；

v——管内流量，m/s。

由上式可知，管径不仅与设计流量有关，而且还与所采用的流速有关，只有一个流量是不能确定管径的。因此，确定管径时必须先选定流速。

在输送污水时，为了避免水中悬浮物质在水管内沉积，最低流速通常应大于0.6 m/s，含有金属、矿物固体或重油杂质的生产废水的管道，其最低设计流速应适当加大。同时，为了保证管道不被冲刷，存在一个最大设计流速，该值与管道材料有关，通常金属管道最大设计流速为10 m/s，非金属管道最大设计流速为5 m/s。因此，在上述流速范围内，应根据当地的经济条件，考虑管网的造价和经营管理费用，来选定合适的经济流速。

由式（7—35）可看出：在流量一定的情况下，流速选择的越小，则管径越大，管材的造价越高，但水头损失小，送水动力费用低。反之，流速选择的越大，则管径固然可以减少，管材造价也可降低，但水头损失增加，日常的电耗增加，送水的动力费用将提高。在实际设计时，可以参考城市给水管网的近似经济管径标准选择污水管径，见表7—32。

表 7—32　平均经济流速

管径/mm	平均经济流速/(m/s)
100～400	0.6～0.9
≥400	0.9～1.4

当污水处理工艺不需要水泵提升，完全可以利用自身的高位差实现污水在处理工艺流程各构筑物间畅通流动时，为了求得经济管径，只须充分利用已有水头并使管道造价为最省。因此，应通过管道的技术经济找出所具有的水头 H 完全被利用的条件，又能给出管道最小造价的各管段的直径 D 或水头损失 h_i。

7.6.2　曝气系统管道设计

（1）空气管道的设计。鼓风机将压缩空气输送至曝气池，需要不同长度和不同管径的空气管。空气干管和主干管的经济流速一般可采用10～35 m/s；通向扩散装置的空气竖管和支管，其经济流速一般采用4～5 m/s；空气管道的压力损失一般控制在1.0 m以内，其中，空气管道总压力损失控制在0.5 m以内。出于扩散装置在使用过程中容易堵塞，故设计中一般规定空气通过扩散装置的阻力损失为 0.5～0.6 m，对于竖管或穿孔管可酌情减少。

（2）空气管道的计算。空气管道的直径 DN、流量 Q、流速 v 之间的关系可由图 7—18 查出。风管的总阻力 h 可按下式计算：

$$h=h_1+h_2 \tag{7—36}$$

式中 h_1——风管的沿程阻力，mmH_2O；

h_2——风管的局部阻力，mmH_2O。

风管的沿程阻力损失可按下式计算：

$$h_1=iL\alpha_T\alpha_p \tag{7—37}$$

式中 i——单位管长阻力，Pa/m，可由表 7—33 查得；

L——风管长度，m；

α_T——温度为 T 时空气容重的修订系数，可由表 7—34 查得；

α_p——压力为 P 时的压力修正系数，可由表 7—35 查得。

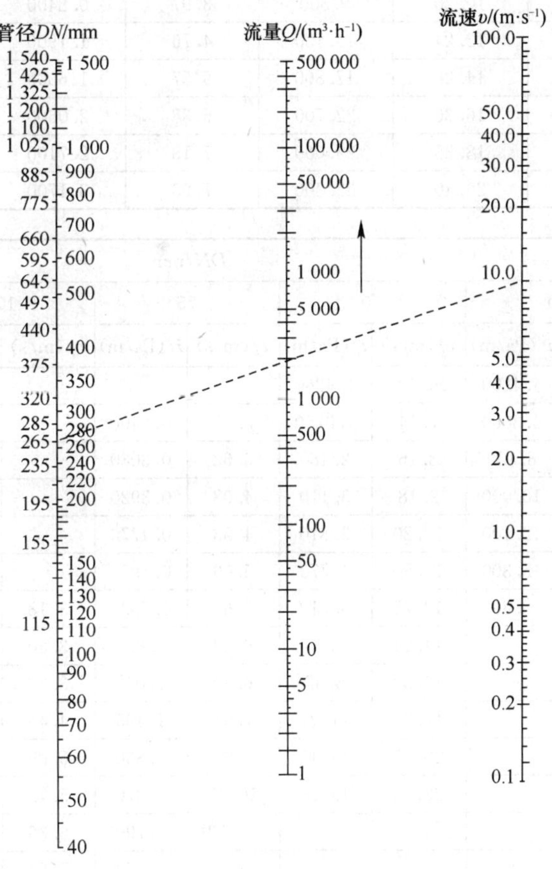

图 7—18 空气管道设计

表 7—33　　　　　　　　空气管道沿程阻力损失值

$Q/(m^3 \cdot h^{-1})$	$Q/(m^3 \cdot s^{-1})$	DN/mm					
		25		40		50	
		$v/(m/s)$	$i/(Pa/m)$	$v/(m/s)$	$i/(Pa/m)$	$v/(m/s)$	$i/(Pa/m)$
5.76	0.0016	3.26	1.038				
6.48	0.0018	3.67	1.300				
7.20	0.0020	4.08	1.600				
8.10	0.00225	4.59	1.980				
9.00	0.00250	5.10	2.450				
9.90	0.00275	5.61	2.930				
10.80	0.00300	6.12	3.460				
12.60	0.00350	7.14	4.680				
14.40	0.0040	8.16	6.070	3.18	0.5420		
16.20	0.0045	9.18	7.650	3.58	0.7000		
18.00	0.0050	10.20	9.300	3.97	0.8400		
21.60	0.0060	12.24	13.100	4.76	1.1900	3.06	0.37600
25.20	0.0070	14.28	17.800	5.57	1.6000	3.57	0.5080
28.80	0.0080	16.30	22.700	6.38	2.0600	4.08	0.6560
32.40	0.0090	18.35	29.000	7.18	2.7100	4.59	0.8230
36.00	0.0100	20.40	35.300	7.96	3.1700	5.10	1.0070

$Q/(m^3 \cdot h^{-1})$	$Q/(m^3 \cdot s^{-1})$	DN/mm									
		40		50		75		100		150	
		$v/(m/s)$	$i/(Pa/m)$	$v/(m/s)$	$i/(Pa/m)$	$v/(m/s)$	$i/(Pa/m)$	$v/(m/s)$	$i/(Pa/m)$	$v/(m/s)$	$i/(Pa/m)$
43.20	0.0120	9.54	4.4200	6.12	1.4260						
50.40	0.0140	11.20	6.3000	7.14	1.9250	3.17	0.2400				
57.60	0.0160	12.80	8.130	8.16	2.480	3.62	0.3080				
64.80	0.0180	14.30	10.000	9.18	3.110	4.08	0.3920				
72.00	0.0200	15.96	12.100	10.20	3.810	4.53	0.4770				
81.00	0.0225	17.90	15.300	11.50	4.770	5.09	0.5950				
90.00	0.0250	19.90	18.800	12.75	5.910	5.66	0.7330	3.18	0.1680		
99.00	0.0275			14.04	7.05	6.23	0.875	3.50	0.202		
108.00	0.0300			15.30	8.32	6.80	1.045	3.82	0.239		
126.00	0.0350			17.85	11.25	7.93	1.405	4.45	0.320		
144.00	0.0400			20.40	14.45	9.06	1.830	5.09	0.414		
162.00	0.0450			22.95	18.10	10.20	2.270	5.72	0.518		
180.00	0.050					11.32	2.790	6.36	0.635		
216.00	0.060					13.60	3.970	7.64	0.905	3.40	0.114
252.00	0.070					15.85	5.270	8.91	1.213	3.96	0.152
288.00	0.080					18.11	6.910	10.18	1.580	4.53	0.197
324.00	0.090					20.35	8.600	11.45	1.955	5.09	0.247

续表

Q/(m³·h⁻¹)	Q/(m³·s⁻¹)	DN/mm													
		100		150		200		250		300		350		400	
		v/(m/s)	i/(Pa/m)	v/(m/s)	i/(Pa/m)	v/(m/s)	i/(Pa/m)	v/(m/s)	i/(Pa/m)	v/(m/s)	i/(Pa/m)	v/(m/s)	i/(Pa/m)	v/(m/s)	i/(Pa/m)
360.00	0.100	12.72	2.390	5.66	0.301	3.18	0.0692								
482.00	0.120	15.27	3.440	6.79	0.430	3.82	0.0985								
504.00	0.140	17.81	4.600	7.93	0.577	4.46	0.1320								
576.00	0.160	20.35	5.970	9.06	0.741	5.09	0.1700	3.27	0.0544						
648.00	0.180			10.19	0.930	5.73	0.2150	3.68	0.0683						
720.00	0.200			11.32	1.150	6.36	0.262	4.08	0.084						
810.00	0.225			12.75	1.440	7.16	0.328	4.59	0.104	3.19	0.410				
900.00	0.250			14.15	1.750	7.96	0.404	5.10	0.129	3.54	0.0502				
990.00	0.275			15.55	2.110	8.78	0.488	5.61	0.154	3.90	0.0608				
1080.00	0.300			16.98	2.495	9.55	0.578	6.12	0.179	4.25	0.0714	3.12	0.0327		
1260.00	0.350			19.80	3.520	11.13	0.768	7.14	0.246	4.96	0.0950	3.64	0.0438		
1440.00	0.400					12.73	0.991	8.16	0.317	5.66	0.1235	4.16	0.0570	3.19	0.0286
1620.00	0.450					14.32	1.252	9.18	0.400	6.36	0.1545	4.68	0.0712	3.59	0.0360
1800.00	0.500					15.91	1.530	10.20	0.487	7.08	0.1900	5.20	0.0870	3.99	0.440
2160.00	0.600					19.10	2.170	12.24	0.688	8.50	0.2720	6.24	0.1237	4.78	0.0628
2520.00	0.700							14.28	0.940	9.91	0.366	7.28	0.1655	5.58	0.0847
2880.00	0.800							16.30	1.193	11.31	0.471	8.32	0.2155	6.38	0.1084

Q/(m³·h⁻¹)	Q/(m³·s⁻¹)	DN/mm													
		250		300		350		400		450		500		600	
		v/(m/s)	i/(Pa/m)	v/(m/s)	i/(Pa/m)	v/(m/s)	i/(Pa/m)	v/(m/s)	i/(Pa/m)	v/(m/s)	i/(Pa/m)	v/(m/s)	i/(Pa/m)	v/(m/s)	i/(Pa/m)
1800.00	0.500									3.15	0.0240				
2160.00	0.600									3.78	0.0335	3.06	0.0916		
2520.00	0.700									4.40	0.0456	3.57	0.0265		
2880.00	0.800									5.03	0.0591	4.08	0.0342		
3240.00	0.900	18.35	1.53	12.75	0.590	9.35	0.2700	7.18	0.1365	5.66	0.0742	4.59	0.0428	3.19	0.0170
3600.00	1.000	20.40	1.850	14.15	0.719	10.40	0.3320	7.96	0.1670	6.29	0.0910	5.10	0.0524	3.54	0.0209
3960.00	1.100			15.57	0.0863	11.42	0.3940	8.77	0.2000	6.92	0.0995	5.61	0.0631	3.89	0.0250
4320.00	1.200			17.00	1.022	12.47	0.467	9.56	0.237	7.55	0.1295	6.12	0.0743	4.24	0.0296
5040.00	1.400			19.80	1.445	14.55	0.635	11.17	0.317	8.80	0.1730	7.14	0.1002	4.96	0.0395
5760.00	1.600					16.61	0.810	12.75	0.410	10.06	0.2250	8.16	0.1280	5.66	0.0512
6480.00	1.800					18.70	1.020	14.35	0.515	11.32	0.2820	9.18	0.1630	6.37	0.0643
7200.00	2.000					20.80	1.260	15.95	0.638	12.58	0.3460	10.20	0.1980	7.08	0.0789
3100.00	2.250							17.90	0.795	14.15	0.430	11.50	0.248	7.96	0.0988
9000.00	2.500							19.95	0.980	15.71	0.530	12.75	0.308	8.85	0.1220
9900.00	2.750									17.30	0.638	14.04	0.367	9.75	0.1460
10800.00	3.000									18.87	0.755	15.30	0.433	10.61	0.1700
12600.00	3.500											17.85	0.586	12.40	0.2320
14400.00	4.000											20.40	0.752	14.15	0.298

续表

Q/(m³·h⁻¹)	Q/(m³·s⁻¹)	DN/mm 600		700		800		900		1000	
		v/(m/s)	i/(Pa/m)	v/(m/s)	i/(Pa/m)	v/(m/s)	i/(Pa/m)	v/(m/s)	i/(Pa/m)	v/(m/s)	i/(Pa/m)
4320.00	1.200			3.12	0.014						
5040.00	1.400			3.64	0.0180						
5760.00	1.600			4.16	0.0234	3.19	0.01180				
6480.00	1.800			4.68	0.0292	3.58	0.01485				
7200.00	2.000			5.20	0.0357	3.98	0.01825	3.14	0.00985		
8100.00	2.250			5.85	0.0450	4.48	0.0227	3.64	0.0130		
9000.00	2.500			6.50	0.0550	4.98	0.0279	3.93	0.0153	3.18	0.00873
9900.00	2.750			7.15	0.0660	5.47	0.0336	4.32	0.0182	3.50	0.01055
10800.00	3.000			7.80	0.0780	5.97	0.0395	4.71	0.0213	3.82	0.01240
12600.00	3.500			9.10	0.1050	6.97	0.0530	5.50	0.0288	4.46	0.01670
14400.00	4.000			10.40	0.1370	7.97	0.0686	6.28	0.0372	5.09	0.0216
16200.00	4.500	15.93	0.379	11.70	0.1695	8.96	0.0864	7.07	0.0466	5.73	0.0270
18000.00	5.000	17.70	0.461	13.00	0.2080	9.95	0.1055	7.85	0.0569	6.37	0.0331
19600.00	5.500	19.47	0.556	14.30	0.2520	10.45	0.1170	8.64	0.0685	7.00	0.0397
21600.00	6.000			15.59	0.2970	11.95	0.1510	9.42	0.0811	7.64	0.0472

Q/(m³·h⁻¹)	Q/(m³·s⁻¹)	DN/mm 700		800		900		1000	
		v/(m/s)	i/(Pa/m)	v/(m/s)	i/(Pa/m)	v/(m/s)	i/(Pa/m)	v/(m/s)	i/(Pa/m)
25200.00	7.000	18.19	0.397	13.93	0.202	11.00	0.111	8.91	0.0635
28800.00	8.000	20.78	0.517	15.91	0.263	12.57	0.142	10.20	0.0821
32400.00	9.000			17.90	0.328	14.13	0.177	11.45	0.1020
36000.00	10.000			19.90	0.404	15.70	0.216	12.70	0.1250
39600.00	11.000					17.30	0.262	14.00	0.1510
43200.00	12.000					18.85	0.310	15.28	0.180
46800.00	13.000					20.42	0.360	16.53	0.205
50400.00	14.000							17.81	0.240
54000.00	15.000							19.06	0.274
57600.00	16.000							20.35	0.312

表 7—34　　温度修正系数 α_T

空气温度/℃	α_T	空气温度/℃	α_T	空气温度/℃	α_T
−20	1.13	0	1.07	20	1.00
−15	1.10	5	1.05	30	0.98
−10	1.09	10	1.03	40	0.95
−5	1.08	15	1.02	50	0.92

表 7—35　　压力修正系数 α_p

$P/(\times 0.1\ MPa)$	α_p	$P/(\times 0.1\ MPa)$	α_p	$P/(\times 0.1\ MPa)$	α_p
1.00	1.00	1.40	1.33	1.80	1.65
1.10	1.035	1.50	1.41	1.90	1.73
1.20	1.17	1.60	1.49	2.00	1.81
1.30	1.25	1.70	1.57		

风管的局部阻力 h_2，其计算公式如下：

$$h_2=\xi\frac{v^2}{2g}\gamma \tag{7—38}$$

式中 h_2——风管局部阻力，m；

ξ——局部阻力系数；

v——风管中平均空气流速，m/s；

γ——空气密度，kg/m³。

当温度为 20℃，标准压力为 0.1 MPa 时，空气容重为 1.205 kg/m³，在其他情况下，γ 可按下式计算：

$$\gamma=\frac{1.293\times273\times P}{1.03\times(273+T)} \tag{7—39}$$

式中 P——空气绝对压力，atm(1 atm=0.1 MPa)；

T——空气温度，℃。

7.6.3 污泥管道的设计计算

(1) 污泥的水力特性。污泥的水力特性受很多因素的影响，如温度、污水水质、流速、黏度等。在污泥含水率一定时，污泥中固体的相对密度越小，则污泥的黏度越大。污泥的黏度与流速和水头损失有关，当污泥在管道内以低流速（一般为 1.0～1.5 m/s）流动时，处于层流状态，此时污泥黏度大，流动阻力比水大；当流速增大至 1.5 m/s 以上时，处于紊流状态，流动阻力比水小。因此，在设计输泥管道时，应采用较大的流速，以使污泥处于紊流状态，减少水头损失。

污泥的性质与污泥的含水率有直接的关系。当污泥的含水率为 99%～99.5%时，污泥在管道中的水力特性与污水相似；当含水率为 90%～92%时，与污水相比水头损失增加很多；当污泥管道直径为 10 mm 和 150 mm 时，污泥管道的水头损失是污水管道的 6～8 倍。

(2) 污泥管道的水力计算。当采用污泥管道输送污泥时，重力流输污泥管道的设计坡度可采用 1%～2%。压力流输污泥管道输送污泥时，一般选取最小设计流速应能使所输送的污泥处于紊流状态。压力流输送污泥的最小设计流速参见表 7—36。

表 7—36　　压力输泥管道最小设计流速

污泥含水率	最小设计流速/(m/s)	
	管径 150～200 mm	管径 300～400 mm
90%	1.5	1.6
91%	1.4	1.5
92%	1.3	1.4

续表

污泥含水率	最小设计流速/(m/s)	
	管径 150～200 mm	管径 300～400 mm
93%	1.2	1.3
94%	1.1	1.2
95%	1.0	1.1
96%	0.9	1.0
97%	0.8	0.9
98%	0.7	0.8

污泥在紊流状态下的水头损失的计算公式如下：

$$h_f = 6.82\left(\frac{L}{D^{1.17}}\right)\left(\frac{v}{C_H}\right)^{1.85} \tag{7—40}$$

式中 L——管道长度，m；

D——管道直径，m；

v——管道中污泥的流速，m/s；

C_H——海森—威廉姆（Harsen—williams）系数，C_H值与污泥浓度有关，见表 7—37。

表 7—37　污泥浓度与 C_H 值的关系

污泥浓度	0%	2%	4%	6%	8.5%	10.1%
C_H	100	81	61	45	32	25

本章小结

本章简要介绍了水体污染与水体自净，水体污染的类型及水体污染源，污水排放水质标准，污水处理工艺流程的选择依据，污水处理厂平面及高程布置的内容、原则，重点介绍常见污水处理工艺构筑物的设计计算，以污水处理工艺管道设计作为难点。旨在让环境类学生在今后的中小型污水处理系统设计时得到必要而系统的知识。

练习题

1. 水体自净的机理是什么？
2. 城市污水的水质特点有哪些？试写出城市污水的典型工艺流程。
3. 简述污水处理厂平面布置的内容及布置原则
4. 在进行污水处理厂高程布置时，有哪些注意事项？
5. 写出几个常见的污水处理构筑物的计算公式。

8 建筑给水

本章学习目标

1. 了解建筑给水系统的分类与组成。
2. 熟悉建筑给水方式。
3. 了解常用给水管材、附件和水表。
4. 理解给水管道的布置与敷设。
5. 了解给水增压和调节设备。
6. 了解消防给水的概念、分类。
7. 理解消火栓给水系统及自动喷水灭火系统的原理。
8. 理解热水供应系统的概念、分类。

建筑给水包括建筑小区给水与建筑内部给水，是通过建筑物内外部给水管道系统及附属设施，将符合水质、水量和水压要求的水安全可靠地提供给各种用水设备，以满足用户的需要。

8.1 给水系统的分类与组成

8.1.1 建筑给水系统的分类

按用途不同，建筑给水系统可以分为生活给水系统、生产给水系统和消防给水系统。

(1) 生活给水系统。生活给水系统，指供居住建筑、公共建筑与工业建筑饮用、烹饪、盥洗、洗涤、沐浴、浇洒和冲洗等生活用水的给水系统。

按供水水质标准不同，分为生活饮用水给水系统、直接饮用水给水系统和杂用水给水系统；按供水水温要求不同，分为生活饮用水给水系统、热水供应系统和开水供应系统。

生活饮用水是指供生食品的洗涤、烹饪，盥洗、沐浴、衣物洗涤、家具擦洗、地面冲洗的用水。生活饮用水给水系统的水质应符合现行国家标准《生活饮用水卫生标准》(GB 5749—2006）的要求。

生活杂用水指用于便器冲洗、绿化浇水、室内车库地面和室外地面冲洗的水，应符合现行行业标准《生活杂用水水质标准》(CJ/T 48—1999）的要求。

(2）生产给水系统。生产给水系统指直接供给工业生产的给水系统，包括各类不同产品生产过程中所需的工艺用水、生产设备的冷却用水、锅炉用水等。

生产用水对水质、水量、水压及安全性随工艺要求的不同而有较大的差异。

(3）消防给水系统。消防给水系统指以水作为灭火剂供消防扑救建筑内部、居住小区、工矿企业或城镇火灾时用水的设施。

上述三类基本给水系统，在建筑内部一般为独立设置。

8.1.2　建筑给水系统的组成

通常情况下，建筑给水系统由水源、引入管、水表节点、建筑内水平干管、立管和支管、配水装置与附件、增压和储水设备和给水局部处理设施组成，如图 8—1 所示。图中所示的生活给水与消防给水共用一根管道，现行规范已经明确规定各自需要独立的管道系统。

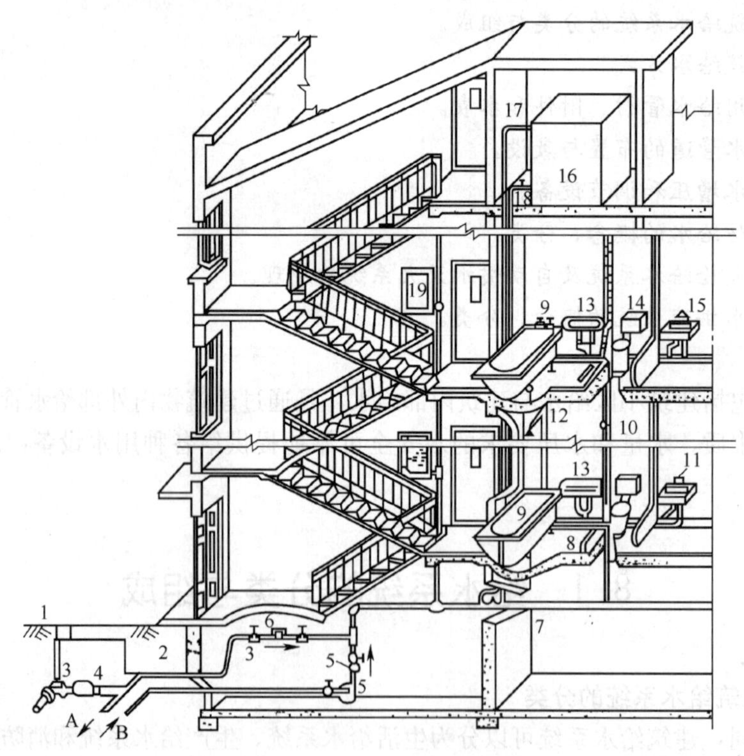

图 8—1　建筑给水系统的组成

1—阀门井　2—引入管　3—闸阀　4—水表　5—水泵　6—止回阀　7—干管　8—支管　9—浴盆
10—立管　11—水龙头　12—淋浴器　13—洗脸盆　14—大便器　15—洗涤盆　16—水箱
17—进水管　18—出水管　19—消火栓　A—入储水池　B—来自储水池

（1）引入管。引入管又称进户管，是室外给水接户管与建筑内部给水干管相连接的管段。引入管一般埋地敷设，穿越建筑物外墙或基础。引入管受地面荷载、冰冻线的影响，一般埋设在室外地坪下 0.7 m。给水干管一般在室内地坪下 0.3～0.5 m。如图 8—2 所示。

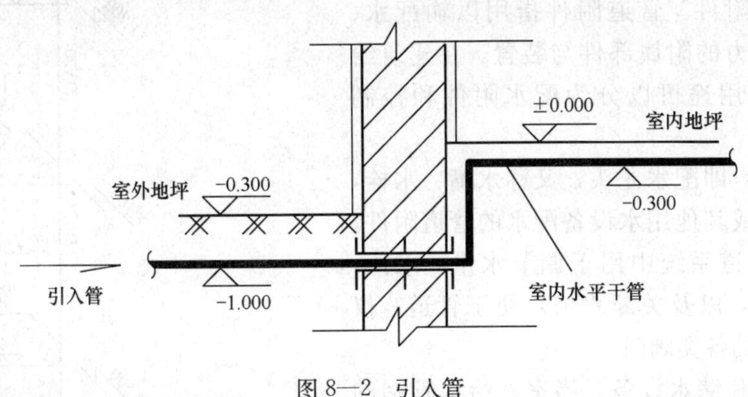

图 8—2 引入管

（2）水表节点。水表节点是安装在引入管上的水表及其前后设置的阀门和泄水装置的总称。水表用于计量该建筑物的总用水量，水表节点一般设在水表井中，如图 8—3 所示。

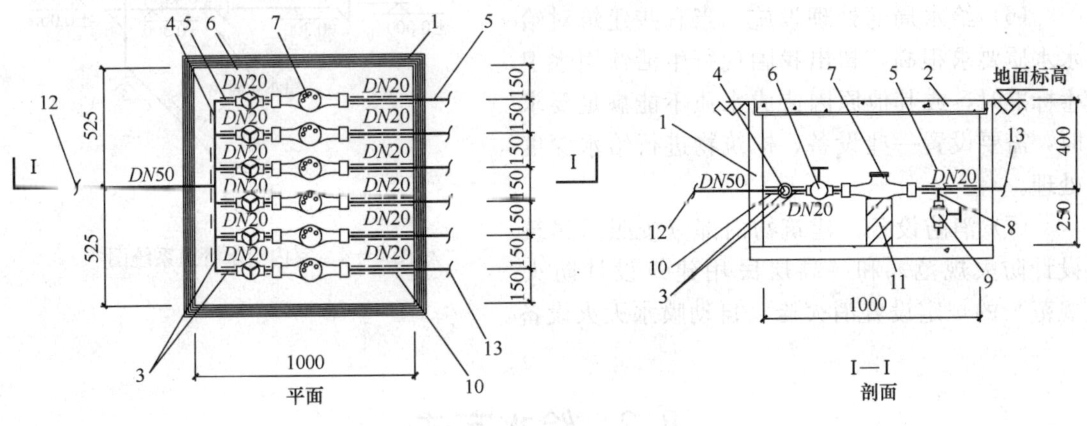

图 8—3 水表节点

1—井体 2—盖板 3—上游组合分支器 4—接户管 5—分户支管 6—分户截止阀 7—分户计量水表 8—分户泄水管 9—分户泄水阀门 10—保温层 11—固定支座 12—给水节点 13—出水节点

在建筑内部的给水系统中，在需计量水量的某些部位和设备的配水管上也要安装水表。为利于节约用水，居住建筑每户的给水管上均应安装分户水表。为保护住户的私密性和便于抄表，分户水表宜设在户外。

（3）给水管道系统。给水管道系统指输送给建筑物内部用水的管道系统整体。由给水管、管件及管道附件组成。按所处位置和作用，分为给水干管、给水立管和给水支管。室内给水管道系统如图 8—4 所示。

从给水干管引出的每一根给水立管，在出地面后设一个阀门，以便该立管检修时不影响其他立管的正常供水。

（4）管道附件。管道附件指用以输配水、控制流量和压力的附属部件与装置。在建筑给水系统中，按用途可以分为配水附件和控制附件。

配水附件，即配水龙头，又称水嘴、水栓，是向卫生器具或其他用水设备配水的管道附件。控制附件是管道系统中用于调节水量、水压，控制水流方向，以及关断水流，便于管道、仪表和设备检修的各类阀门。

（5）增压和储水设备。当室外给水管网的水压、水量不能满足建筑用水要求，或要求供水压力稳定、确保供水安全可靠时，应根据需要，在给水系统中设置水泵、气压给水设备和水池、水箱等增压和储水设备。

（6）给水局部处理设施。当有些建筑对给水水质要求很高，超出我国现行生活饮用水卫生标准时，或其他原因造成水质不能满足要求时，需要设置一些设备、构筑物进行给水深度处理。

（7）消防设备。建筑物内部应按照《建筑设计防火规范》和《高层民用建筑设计防火规范》的规定设置消火栓、自动喷水灭火设备。

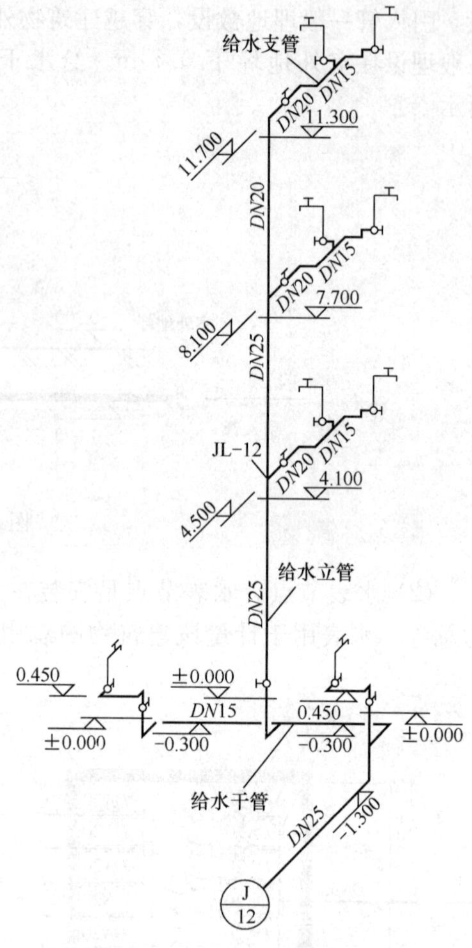

图 8—4　室内给水管道系统图

8.2　给水方式

给水方式又称供水方案。是根据用户对水质、水量、水压的要求，考虑市政给水管网设置条件，对给水系统进行的设计实施方案。

常见的建筑给水方式见表 8—1。

表 8—1　　　　　　　　　常见的建筑给水方式

<table>
<tr><td rowspan="11">不设水箱</td><td colspan="5">外网直接供水</td></tr>
<tr><td rowspan="6">水泵升压直接供水</td><td colspan="3" rowspan="2">不分区供水</td><td>外网吸水（A型）</td></tr>
<tr><td>调节池吸水（B型）</td></tr>
<tr><td colspan="2" rowspan="4">分区供水</td><td rowspan="2">并联</td><td>外网吸水（A型）</td></tr>
<tr><td>调节池吸水（B型）</td></tr>
<tr><td rowspan="2">串联</td><td>外网吸水（A型）</td></tr>
<tr><td>调节池吸水（B型）</td></tr>
<tr><td colspan="4" rowspan="2">水泵升压、减压阀分区供水</td><td>外网吸水（A型）</td></tr>
<tr><td>调节池吸水（B型）</td></tr>
<tr><td colspan="4" rowspan="2">水泵、气压罐联合供水</td><td>外网吸水（A型）</td></tr>
<tr><td>调节池吸水（B型）</td></tr>
<tr><td rowspan="9">设有水箱</td><td colspan="4" rowspan="2">单设水箱供水</td><td>外网吸水（A型）</td></tr>
<tr><td>调节池吸水（B型）</td></tr>
<tr><td rowspan="7">水箱、水泵联合供水</td><td colspan="3" rowspan="2">不分区供水</td><td>外网吸水（A型）</td></tr>
<tr><td>调节池吸水（B型）</td></tr>
<tr><td rowspan="5"></td><td rowspan="2"></td><td>单管</td><td>调节池吸水（B型）</td></tr>
<tr><td>多管</td><td>调节池吸水（B型）</td></tr>
<tr><td colspan="2">串联</td><td>调节池吸水（B型）</td></tr>
<tr><td colspan="2">水箱减压</td><td>调节池吸水（B型）</td></tr>
<tr><td colspan="2">减压阀减压</td><td>调节池吸水（B型）</td></tr>
</table>

8.2.1　不设水箱的给水方式

不设水箱的给水方式有外网直接供水，用泵（普通泵、变频泵、恒压泵）供水，用泵、气压罐联合供水等。

对于不设水箱的给水方式，可以减轻结构负荷，水质条件相对于水箱供水要好，但供水可靠性较差，当建筑内有不能停水的设备时，应采取措施（如双管进水，或单独设水箱等），以确保用水安全。

采用无水箱方案，一般具有下列条件：外网能满足建筑物各用水点水量和水压要求；外网不能满足直供水压要求，需要采取升压供水方式，而建筑内没有设置水箱的条件或者甲方要求不采用水箱供水方式，且该地区动力有保证。

（1）外网直接供水。当室外给水管网提供的水量、水压在任何时候均能满足建筑用水时，与外部管网直接相连，直接把室外管网的水引到建筑内各用水点，利用外网水压直接供水，称为直接给水方式。如图 8—5 所示。

本方式供水系统简单，充分利用外网水压，水质较好，故设计中应优先采用。一般适用于单层或多层建筑，高层建筑中下部几层外网能够满足要求的各用水点。如果外网压力过高，某些点压力超过允许值时，应采取减压措施。

（2）水泵升压直接供水。在不设水箱的情况下，为了保证供水量和保持管网中的压力恒定，管网中的水泵必须一直保持运行状态。但因建筑内的用水量在不同时间里是不同的，因此，为了达到供需平衡，可以采用同一区内多台水泵组合运行。

这种方式的优点是，省去了水箱，增加了建筑有效使用面积。其缺点是，所用水泵较多，工程造价较高。

采用水泵提升方案时，当外网水压不足但流量能满足要求，并允许水泵直接从外网抽水时，可采用A型；若不允许水泵直接从外网抽水时，可采用B型（设吸水井）；当外网流量、压力均不足，或楼内不允许停水，且只有一条进水管时，可采用B型（设调节池）。

1）不分区供水。如图8—6所示，由泵直接从外网抽水（A型）或通过调节池（或吸水井）抽水（B型）升压供水。一般适用于多层建筑。

2）分区并联供水。如图8—7所示。分区并联供水时，各区设水泵直接从外网抽水（A型）或通过调节池（或吸水井）抽水（B型），升压供水。一般适用于高度不足100 m的高层建筑。

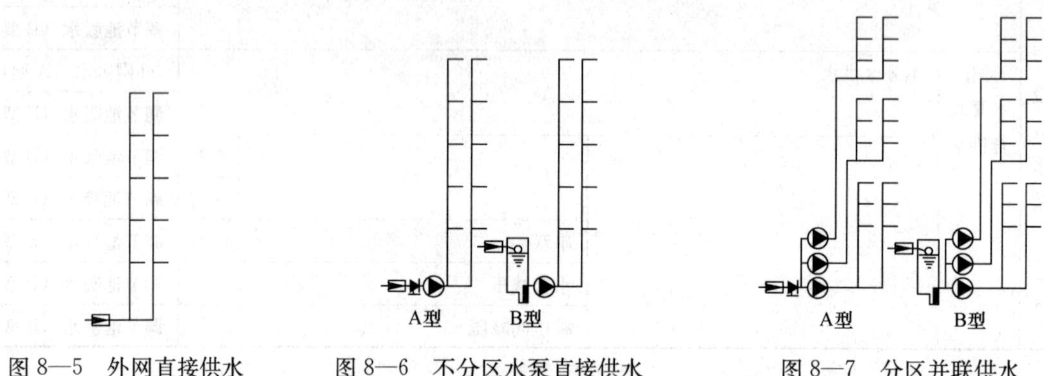

图8—5　外网直接供水　　图8—6　不分区水泵直接供水　　图8—7　分区并联供水

3）分区串联供水。如图8—8所示。分区供水，用水泵直接从外网抽水（A型）或通过调节池（或吸水井）抽水（B型）。各区自成系统，每一区的各级提升泵应匹配并连锁，使用时应先启动下一级泵，才启动上一级泵。

(3) 水泵升压、减压阀分区供水。如图8—9所示。用水泵直接从外网抽水（A型）或通过调节池（或吸水井）抽水（B型）升压供水，而下区采用减压阀减压供水。

(4) 水泵、气压罐联合供水。如图8—10所示。用水泵直接从外网抽水（A型）或通过调节池（或吸水井）抽水（B型）。平时由气压罐维持管网压力，供用水点用水。当压力下降至最小工作压力时，泵启动供水，并向气压罐内充水，至最大工作压力时停泵。

8.2.2 设水箱的给水方式

设水箱的给水方式有单设水箱供水，水泵、水箱联合供水等。设置水箱，具有保证管网中正常压力的作用，还兼有储存、调节、减压作用，增加了供水的可靠性，防止了一旦停电，全楼立即停水的现象发生。但增加了结构负荷，水箱供水水质比较差，应采用防止二次污染的措施。

(1) 单设水箱供水。该方式与外部管网直接相连，在用水低峰时，一般是在夜间外网压力高时利用室外给水管网水压直接供水并向水箱进水。高峰用水时，水箱出水供给给水系

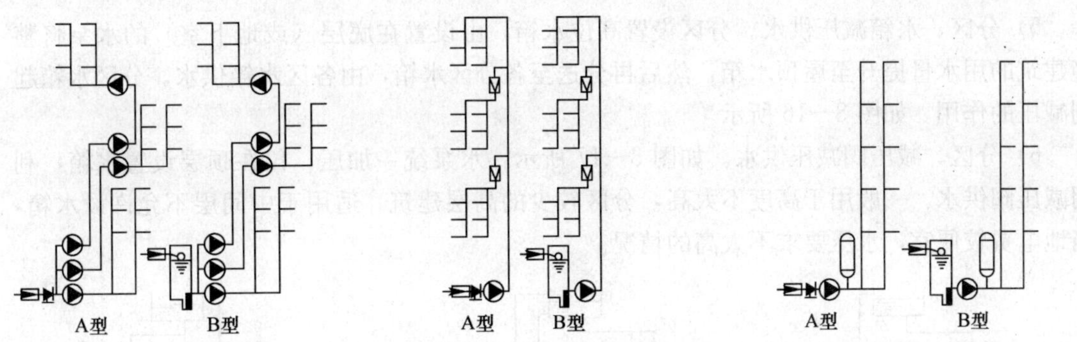

图 8—8　分区串联供水　图 8—9　水泵升压、减压阀分区供水　图 8—10　水泵、气压罐联合供水

统，从而达到调节水压和水量的目的。如图 8—11 所示。

当外网压力周期不足（白天水压不够，晚间压力有保证；或只是在用水高峰时段出现压力不足时），或者建筑内要求水压稳定，并且该多层建筑具备设置高位水箱的条件，可采用这种方式。A 型也可用于外网压力过高的地区。

（2）水泵水箱联合供水

1）不分区供水。如图 8—12 所示，由水泵直接从外网抽水（A 型）或通过调节池（或吸水井）抽水升压供水（B 型）。一般用于多层建筑。

2）分区并联单管供水。如图 8—13 所示，分区设置高位水箱，用水泵加压单管输水至各区水箱，由水箱供水。水泵与电动阀的启闭由水箱内水位控制。

3）分区并联多管供水。每一分区分别设置一套独立的水泵和高位水箱，各区由水泵与输水管输水至水箱，通过水箱供水。其水泵一般集中设置在建筑的地下室或底层。如图 8—14 所示。

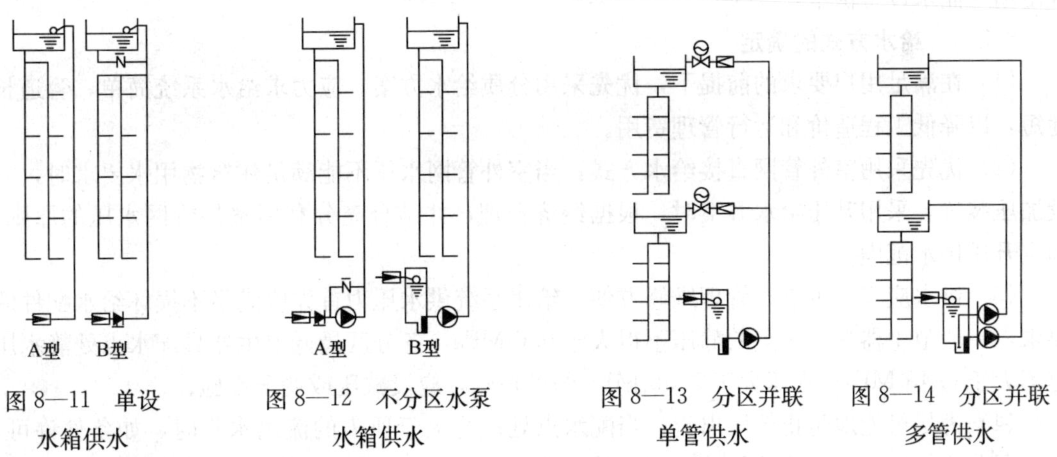

图 8—11　单设水箱供水　图 8—12　不分区水泵水箱供水　图 8—13　分区并联单管供水　图 8—14　分区并联多管供水

4）分区串联供水。分区设置高位水箱，水泵分散设置在各区的楼层之中，下一区的高位水箱兼作上一区的储水池。如图 8—15 所示。各区下部设立满足本区需要的提升泵及与上区提升泵相匹配的传输泵并连锁。各区水箱除满足升压的用水需要，还应储存供上区泵的启泵水量，各区由水箱供水。

5）分区、水箱减压供水。分区设置高位水箱，由设置在底层（或地下室）的水泵将整幢建筑的用水量提升至屋顶水箱，然后再分送至各分区水箱，由各区水箱供水。分区水箱起到减压的作用。如图 8—16 所示。

6）分区、减压阀减压供水。如图 8—17 所示，水泵统一加压，仅在顶层设置水箱，利用减压阀供水。一般用于高度不太高，分区较少的高层建筑。适用于中间层不允许设水箱，当地电费较便宜，水压要求不太高的情况。

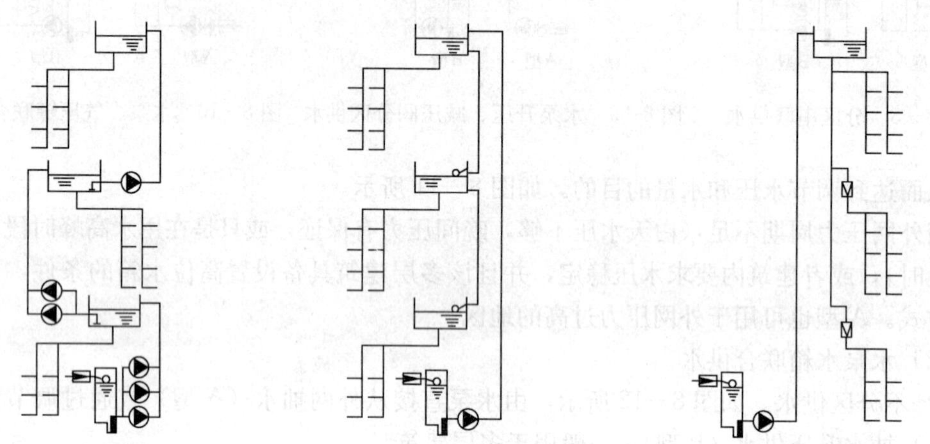

图 8—15　分区串联供水　　图 8—16　分区、水箱减压供水　　图 8—17　分区、减压阀减压供水

8.2.3　利用外网水压的分区给水方式

对于多层和高层建筑来说，室外给水管网的压力只能满足建筑下部若干层的供水要求。为了节能，有效地利用外网的水压，常将建筑物的低区设置成由室外给水管网直接供水，高区由增压储水设备供水。

8.2.4　给水方式的确定

(1) 在满足用户要求的前提下，优先采用分质给水方案。应力求给水系统简单，管道长度短，以降低工程造价和运行管理费用。

(2) 优先采用室外管网直接给水方式，当室外管网水压不能满足建筑物用水要求时，方设加压装置。采用升压给水方案时，根据经济合理，并结合充分利用室外管网水压的原则，确定升压供水范围。

(3) 供水应安全可靠、管理维修方便。给水系统供水压力首先应满足不损坏给水配件的要求，一般卫生器具配水点的静压不得大于 0.6 MPa，各分区最低卫生器具配水点处静水压力不大于 0.45 MPa；水压大于 0.35 MPa 的进户管，应设减压或调压设施。

(4) 为尽可能地防止超压出流，当配水点处压力大于所需的流出水头时，如条件许可，可分层分户采取减压措施（如减压阀、减压孔板等）。

(5) 各分区最不利的配水点的水压应满足用水水压要求。入户管或公共建筑的配水横管的水表进口端的水压，一般不宜小于 0.1 MPa（当卫生器具对供水压力有特殊要求时应按产品样本确定）。

(6) 给水系统中应尽量减少中间储水设施。当压力不足，须升压供水时，在条件允许情况下，升压泵宜从外网中直接抽水，若当地有关部门不允许时，宜优先考虑设吸水井方式；当室外管网不能满足室内的设计秒流量时，或引入管只有一条而室内又不允许停水时，应设调节水箱或调节水池。

(7) 建筑物内不同使用性质或不同水费单价的用水系统，应在引入管后分成各自独立的给水管网，并分表计量。

(8) 建筑内的生活给水系统与消防给水系统应独立设置。建筑高度不超过 100 m 的建筑生活给水系统，宜采用垂直分区并联供水或分区减压的供水方式。建筑高度超过 100 m 的建筑，宜采用垂直串联供水方式。

8.3 给水管材、附件和水表

给水系统是由管材管件、附件以及设备仪表共同连接而成的。正确选用管材、附件和设备仪表，对工程质量、工程造价和使用安全都会产生直接的影响。因此，要熟悉各种管材，正确选用各种附件和设备仪表，以便达到适用、经济、安全和美观的要求。

8.3.1 给水管材

根据制造工艺和材质的不同，管材有很多品种。按材质分为黑色金属管（钢管、铸铁管）、有色金属管（铜管、铝管）、非金属管（砼管、钢筋砼管、塑料管）、复合管（钢塑管、铝塑管）等。给水排水管道需要连接、分支、转弯、变径时，对不同管道就要采取不同材质的管件。管件根据材质不同，分为钢制管件、铸铁制管件、铜制管件、塑料管件等。

黑色金属管包括碳素钢管和铸铁管。碳素钢管按制造方法分为无缝钢管、有缝钢管、铸造管等。

非金属管包括砼管、钢筋砼管、塑料管等。在建筑给水中，非金属管的主流是塑料管，包括硬聚氯乙烯管（UPVC）、聚乙烯管（PE）、交联聚乙烯（PEX）、聚丙烯管（PP）、聚丁烯管（PB）、丙烯腈一丁二烯一苯乙烯管（ABS）等。

(1) 无缝钢管。按用途不同，无缝钢管分为普通和专用两种。其中普通无缝钢管又可按材质不同，分为碳素钢管、优质碳素钢管、低合金钢管和合金钢管，常用的无缝钢管为碳素钢管，一般采用 10 号、20 号、35 号、45 号钢制造。按制造工艺不同，可以分为冷轧（拔）和热轧两种。冷轧管有外径为 5～200 mm 的各种规格，单根长度为 1.5～9 m；热轧管有外径为 32～630 mm 的各种规格，单根长度 3～12.5 m。

无缝钢管的管件不多，有无缝冲压弯头和无缝异径管两种，材质与相应的无缝钢管材质相同。无缝冲压弯头分为 90°和 45°两种角度。无缝异径管又称无缝大小头，分为同心和偏心大小头两种。

无缝钢管的强度大，品种和规格较多，广泛用于压力较高的工业管道工程，如热力管道、压缩空气管道、氧气管道、各种化工管道等。在民用安装工程中，无缝钢管一般用于采暖主干管道和煤气主干管道等。给水排水工程使用较少。在排水系统中，用于检修困难地方的管段、机器设备振动较大地方的管段及管道内压力较高的非腐蚀性排水管，焊接或法兰连接。

(2) 焊接钢管。焊接钢管又称有缝钢管，分为水煤气钢管和卷板焊接钢管两种。

水煤气钢管由扁钢管坯卷成管线并沿缝焊接而成。按有无螺纹分为带螺纹（锥形或圆形螺纹）和不带螺纹（光管）钢管两种。按壁厚不同分为普通钢管、加厚钢管和薄壁钢管三种。普通钢管规定的水压试验压力为 2 MPa，加厚钢管为 3 MPa；按表面处理的不同分为普通焊接钢管（黑铁管）和镀锌焊接钢管（白铁管），其中镀锌焊接钢管又分为电镀锌和热浸锌两种。镀锌钢管比普通焊接钢管重 3%～6%，热浸锌焊接钢管广泛用于生活、消防给水管道和煤气管道，故又称为水煤气管。在排水系统中用做卫生器具排水支管及生产设备的非腐蚀性排水支管上管径小于或等于 50 mm 的管道。普通焊接钢管规格标准见表 8—2。

表 8—2　　普通焊接钢管规格标准

公称直径/mm	外径/mm	普通焊接钢管质量/($kg \cdot m^{-1}$)	镀锌焊接钢管质量/($kg \cdot m^{-1}$)
15	21.25	1.26	1.34
20	26.25	1.63	1.73
25	33.5	2.42	2.57
32	42.25	3.13	3.32
40	48	3.84	4.07
50	60	4.88	5.17
70	75.5	6.64	7.04
80	88.5	8.34	8.84
100	114	10.85	11.50
125	140	15.04	15.94
150	165	17.81	18.88

镀锌钢管一度是我国生活饮用水采用的主要管材，长期使用证明，其内壁易生锈、结垢，滋生细菌、微生物等有害杂质，使自来水在输送途中造成二次污染。根据国家有关规定，从 2000 年 6 月 1 日起，在城镇新建住宅生活给水系统禁用镀锌钢管，并根据当地实际情况逐步限时禁用热浸锌管，目前镀锌钢管主要用于水消防系统。镀锌钢管强度高、抗振性能好。

钢管的连接方法有螺纹连接、焊接、法兰连接和卡箍连接。

1）螺纹连接。是利用配件的连接，连接配件的形式及其应用如图 8—18 所示。配件用可锻、铸铁制成，抗蚀性及机械强度均较大，分镀锌和不镀锌两种，钢制配件较少。室内给水管道应用镀锌配件，镀锌钢管必须用螺纹连接。多用于明装管道。

2）焊接。焊接后的管道接头紧密、不漏水，施工迅速，不需要配件，但无法像螺纹连接那样方便拆卸。焊接只能用于非镀锌钢管，因为镀锌钢管焊接时锌层遭到破坏，会加速锈

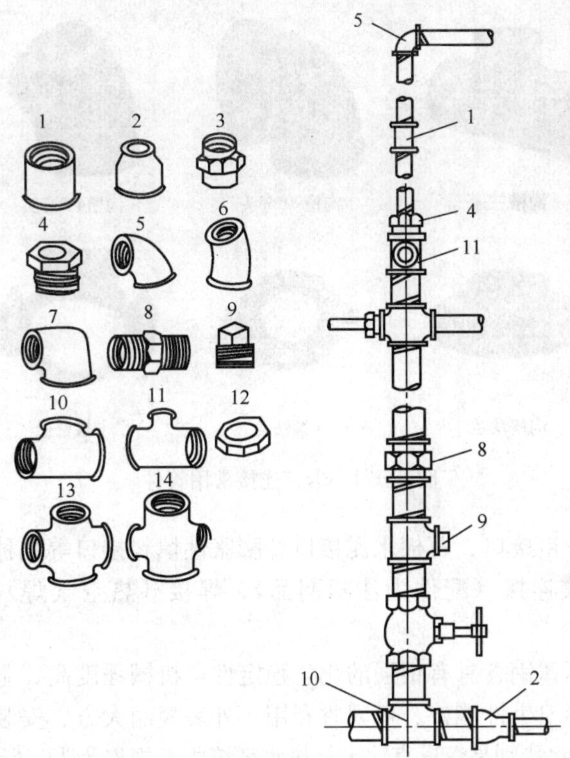

图 8—18 钢管螺纹连接配件及连接方法

1—管箍 2—异径管箍 3—活接头 4—补心 5—90°弯头 6—45°弯头 7—异径弯头 8—外螺纹 9—堵头 10—等径三通 11—异径三通 12—根母 13—等径四通 14—异径四通

蚀，多用于暗装管道。

3）法兰连接。一般在管径大于 50 mm 的管道上，将法兰盘焊接或用螺纹连接在管端，再以螺栓连接，法兰盘如图 8—19 所示。法兰连接一般用于闸阀、止回阀、水泵、水表等连接处，以及需要经常拆卸、检修的管段上。

4）卡箍连接。对于较大管径用螺纹连接较困难，且不允许焊接时，一般采用卡箍连接。连接时两管口端应平整无缝隙，沟槽应均匀，卡紧螺栓后，管道应平直，卡箍安装方式应一致，如图 8—20 所示，卡箍连接常用管件如图 8—21 所示。

图 8—19 法兰盘

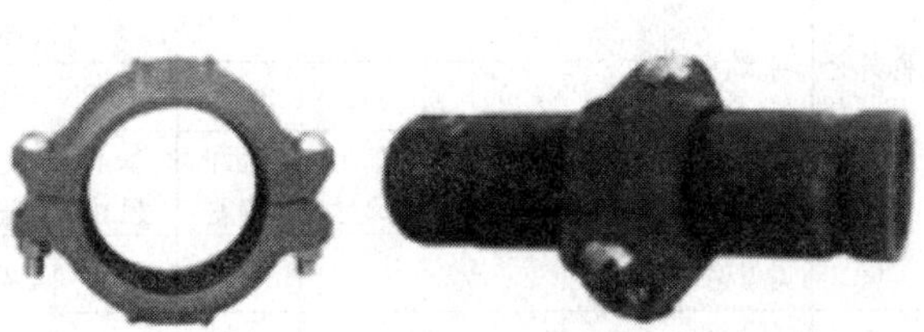

图 8—20 卡箍连接

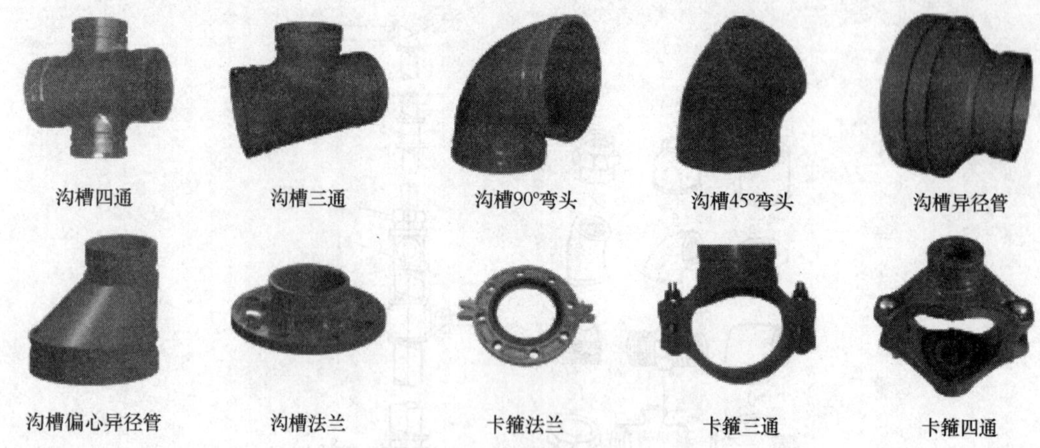

图 8—21　卡箍连接常用管件

承插连接接口有青铅接口、石棉水泥接口、膨胀性填料接口等几种。

塑料管可采用螺纹连接（配件为注塑制品）、焊接（热空气焊）、法兰连接、黏接等方法。

（3）不锈钢管。不锈钢管具有很强的化学稳定性，机械强度高、坚固、韧性好、耐腐蚀性好、热膨胀系数低、卫生性能好、可回收利用、外表靓丽大方、安装维护方便、经久耐用等优点，适用于建筑给水特别是管道直饮水及热水系统中，规格为 D（6～630）×（1～50）m。管道可采用焊接、螺纹连接、卡压式、卡套式等多种连接方式。

（4）铜管。铜管包括拉制铜管、挤制铜管、拉制黄铜管、挤制黄铜管，是传统的给水管材，具有耐温、延展性好、承压能力强、化学性质稳定、线形膨胀系数小等优点。铜管公称压力为 2.0 MPa，冷、热水均适用，因为一次性投入较高，一般在高档宾馆等建筑中采用。铜管可采用螺纹连接、焊接及法兰连接。

（5）聚丙烯管（PP）。普通聚丙烯材质耐低温性差，通过共聚合的方式可以使聚丙烯性能得到改善。改性聚丙烯管有三种：均聚聚丙烯（PP－H，一型）管、嵌段共聚聚丙烯（PP－B，二型）管、无规共聚聚丙烯（PP－R，三型）管。由于 PP－B、PP－R 的适用范围涵盖了 PP－H，故PP－H逐步退出了管材市场。PP－B、PP－R 的物理特性基本相似，应用范围基本相同。常用 PP－R 管材规格及偏差见表 8—3。

表 8—3　　**常用 PP－R 管材规格及偏差表**

公称外径（D_e）	平均允许偏差	壁厚（mm）											
		公称压力（MPa）											
		PN1.0		PN1.25		PN1.6		PN2.0		PN2.5		PN3.2	
		基本尺寸	允许偏差	基本尺寸	允许偏差	基本尺寸	允许偏差	基本尺寸	允许偏差	基本尺寸	允许偏差	基本尺寸	允许偏差
20	+0.30					2.3	+0.50	2.8	+0.50	3.4	+0.60	4.1	+0.70
25	+0.30			2.3	+0.50	2.8	+0.50	3.5	+0.60	4.2	+0.70	5.1	+0.80
32	+0.30	2.4	+0.50	3.0	+0.50	3.6	+0.60	4.4	+0.70	5.4	+0.80	6.5	+0.90

续表

公称外径（D_e）	平均允许偏差	壁厚（mm）											
		公称压力（MPa）											
		PN1.0		PN1.25		PN1.6		PN2.0		PN2.5		PN3.2	
		基本尺寸	允许偏差	基本尺寸	允许偏差	基本尺寸	允许偏差	基本尺寸	允许偏差	基本尺寸	允许偏差	基本尺寸	允许偏差
40	+0.40	3.0	+0.50	3.7	+0.60	4.5	+0.70	5.5	+0.80	6.7	+0.90	8.1	+1.10
50	+0.50	3.7	+0.60	4.6	+0.70	5.6	+0.80	6.9	+0.90	8.4	+1.10	10.1	+1.30
63	+0.60	4.7	+0.70	5.8	+0.80	7.1	+1.00	8.7	+1.10	10.5	+1.30	12.7	+1.50

注：管道长度为 4000±10 mm，也可根据需方要求协商确定。

PP－R 管的优点为强度高、韧性好、无毒、温度适应范围广（5～95℃）、耐腐蚀、抗老化、保温效果好、不结垢、沿程阻力小、施工安装方便。目前国内产品规格在 De20～De110 之间，广泛用于冷水、热水、纯净饮用水系统。管道之间采用热熔连接，管道与金属管件通过带金属嵌件的聚丙烯管件采用螺纹或法兰连接，常用 PP－R 管件如图 8—22 所示。

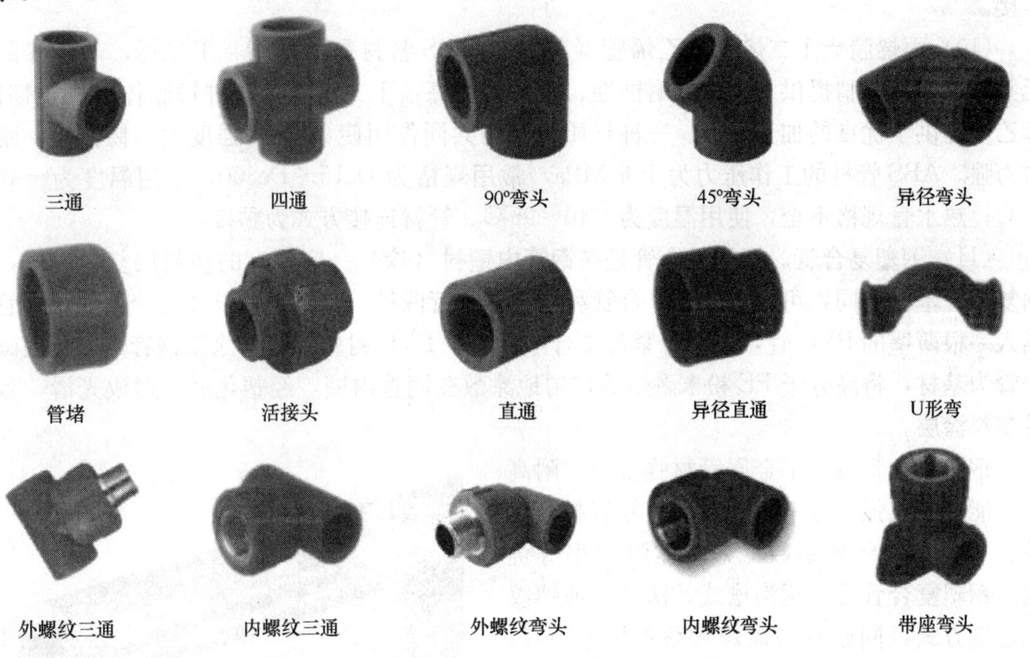

图 8—22　常用 PP－R 管件

（6）硬聚氯乙烯管（UPVC）。UPVC 给水管材质为聚氯乙烯，使用温度为 5～45℃，不适用于热水输送，常见规格为 De20～De315，工作压力为 1.6 MPa。优点是耐腐蚀性好、抗衰老性强、黏接方便、价格低、产品规格全、质地坚硬，符合输送纯净饮用水标准，缺点为维修麻烦、无韧性，环境温度低于 5℃时脆化，高于 45℃时软化，长期使用有 UPVC 单体和添加剂渗出。该管材为早期替代镀锌钢管的管材，现已不推广使用。硬聚氯乙烯管通常采用承插黏接，也可采用橡胶密封圈柔性连接、螺纹连接或法兰连接。

(7) 聚丁烯管（PB）。聚丁烯管是用高分子树脂制成的高密度塑料管，管材质软、耐磨、耐热、抗冻、无毒无害、耐久性好、质量轻、施工安装简单，冷水管工作压力为 1.6～2.5 MPa，热水管工作压力为 1.0 MPa。能在－20～95℃之间安全使用，适用于冷、热水系统。聚丁烯管与管件的连接方式有三种方式，即铜接头夹紧式连接、热熔插接、电熔连接。

(8) 聚乙烯管（PE）。聚乙烯管包括高密度聚乙烯管（HDPE）和低密度聚乙烯管（LDPE）。聚乙烯管的特点是质量轻、韧性好、耐腐蚀、可盘绕、耐低温性能好、运输及施工方便、具有良好的柔性和抗蠕变性能，在建筑给水中得到广泛应用。聚乙烯管道的连接可采用电熔、热熔、橡胶圈柔性连接，工程上主要采用熔接。

(9) 交联聚乙烯管（PEX）。交联聚乙烯是通过化学方法，使普通聚乙烯的线性分子结构改性成三维交联网状结构。交联聚乙烯管具有强度高、韧性好、抗老化（使用寿命达 50 年以上）、温度适应范围广（－70～110℃）、无毒、不滋生细菌、安装维修方便、价格适中等优点。目前国内产品常用规格为 De16～De63，主要用于建筑物室内热水给水系统。管径小于等于 25 mm 的管道与管件采用卡套式，管径大于等于 32 mm 的管道与管件采用卡箍式连接。

(10) 丙烯腈－丁二烯－苯乙烯管（ABS）。ABS 管材是丙烯腈、丁二烯、苯乙烯的三元共聚物，丙烯腈提供了良好的耐蚀性、表面硬度高，丁二烯作为一种橡胶体提供了韧性，苯乙烯提供了优良的加工性能。三种材质组合的共同作用使 ABS 管强度大，韧性高，耐冲击力强。ABS 管材的工作压力为 1.6 MPa，常用规格为 De15～De300，使用温度为－40～60℃；热水管规格不全，使用温度为－40～95℃。管材连接方式为黏接。

(11) 钢塑复合管。钢塑复合管是在钢管内壁衬（涂）一定厚度的塑料层复合而成，依据复合管基材不同，可分为衬塑复合管和涂塑复合管两种。衬塑钢管是在传统的输水钢管内插入一根薄壁的 PVC 管，使两者紧密结合，就成了 PVC 衬塑钢管；涂塑钢管是以普通碳素钢管为基材，将高分子 PE 粉末融熔后均匀地涂敷在钢管内壁，经塑化后，形成光滑、致密的塑料涂层。

钢塑复合管兼具了金属管材强度高、耐高压、能承受较强的外来冲击力和塑料管材耐腐蚀、不结垢、导热系数低、流体阻力小等优点。钢塑复合管可采用沟槽式、法兰式或螺纹式连接方式，同原有的镀锌管系统完全相容，应用方便，但需在工厂预制，不宜在施工现场切割。

(12) 铝塑复合管（PE－AL－PE 或 PEX－AL－PEX）。铝塑复合管是通过挤出成型工艺而制造出的新型复合管材，其由聚乙烯层—胶合层—铝合金层—胶合层—聚乙烯层五层结构构成，铝塑复合管内部结构如图 8—23 所示，

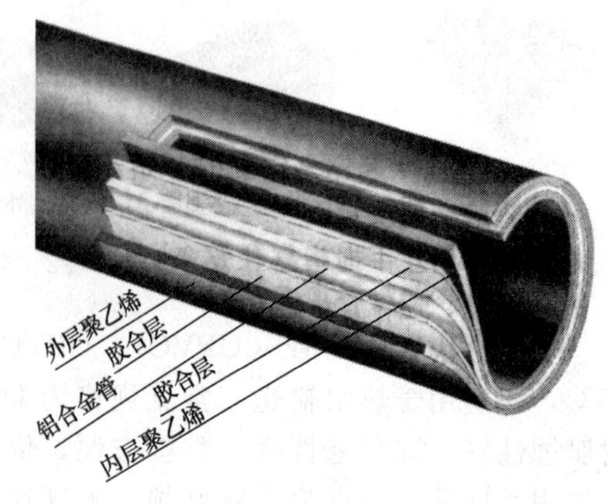

图 8—23　铝塑复合管内部结构

铝塑复合管规格性能见表8—4。

表8—4　铝塑复合管规格性能表

规格	外径/mm	内径/mm	壁厚/mm	工作温度/℃			工作压力/MPa	
				A型管	B型管	C型管	A、B型管	C型管
1014	14	10	2	40～60	40～95	－20～40	1.0	0.4
1216	16	12	2					
1418	18	14	2					
1620	20	16	2					
2025	25	20	2.5					
2632	32	26	3					
3240	40	32	4					
4150	50	41	4.5					
5163	63	51	6					
6075	75	60	7.5					

铝塑复合管可以分为三种型号：A型，耐温小于等于60℃；B型，耐温小于等于95℃；C型，输送燃气用。管件连接主要采用厂家专用夹紧式铜接头和部分专用工具。铝塑复合管安装方便，暗装时可用弯管代替弯头。

常用几种新型管材的主要特性综合比较见表8—5。

表8—5　常用几种新型管材的主要特性综合比较表

项目＼管材	UPVC	PB	PP-R	PEX	ABS	铝塑复合管	塑复铜管	钢塑复合管	涂塑钢管	孔网钢带复合管
温度/℃长期使用	≤45	≤90	≤70	≤90	≤60	HDPE≤60 XIPE≤90	≤80	≤50	≤50	≤60
压力/MPa（工作压力）	1.6	1.6～2.5（冷水）1.0（热水）	2.0（冷水）1.0（热水）	1.6（冷水）1.0（热水）	1.6	2.0～3.0	2.0	2.5	2.5	1.6（冷水）1.0（热水）
膨胀系数/（m/m・℃）	7×10^{-3}	13×10^{-3}	11×10^{-3}	15×10^{-3}	11×10^{-3}	2.5×10^{-3}	1.18×10^{-3}	1.4×10^{-3}	1.4×10^{-3}	2.5×10^{-3}
导热率/（W/m・K）	0.16	0.22	0.24	0.41	0.26	0.45	视塑复材料定	接近钢管	接近钢管	视塑复材料定
弹性模量/（N/cm³）	3.5×10^3	3.5×10^3	1.1×10^3	0.6×10^3	—	—	—	206×10^3	206×10^3	—
膨胀力/kg（D=32 mm，T=50℃，L=10 m）	310	48	178	253	—	—	815	2050	2050	—

续表

项目 \ 管材	UPVC	PB	PP-R	PEX	ABS	铝塑复合管	塑复钢管	钢塑复合管	涂塑钢管	孔网钢带复合管
管壁厚度	中间	最薄	最厚	中间	中间	厚	薄			薄
单　价	便宜	贵	贵	较贵	较贵	较贵	贵	比涂塑管贵	是镀锌管的1.3倍	便宜
规格范围（外径 D_1）mm	20～315	16～110	20～110	16～63	15～300	16～32	15～35	15～300	15～300	15～200
寿命/年	50	50	50	50	—	50	50	30	30	30
连接方式	弹性密封或粘接	夹紧式，热熔式，插接电熔合连接	热熔式连接	夹紧式，采用金属管件	粘接	夹紧式，采用金属管件	焊接式，夹紧式	管螺纹及法兰连接	管螺纹及法兰连接	电热熔式

8.3.2 建筑给水管材的选用

选用给水管材时，首先应了解各类管材的特性指标，如耐温耐压能力、线性膨胀系数、抗冲击能力、热传导系数及保温性能、管径范围、卫生性能等，然后根据建筑装饰标准、输送水的温度及水质要求、使用场合、敷设方式等进行技术经济比较后确定，需要遵循的原则是：安全可靠、卫生环保、经济合理、水力条件好、便于施工维护。

安全可靠性是指管材本身的承压能力，包括管件连接的可靠性，要有足够的刚度和机械强度，做到在工作压力范围内不渗漏、不破裂；卫生环保要求管材的原材料、改性剂、助剂和添加剂等保证饮用水水质不受污染；管材内外表面光滑，水力条件好；容易加工，且有一定的耐腐蚀能力。在保证管材质量的前提下，尽可能选择价格低廉，货源充足、供货方便的管材。

埋地给水管道采用的管材，应具有耐腐蚀和能承受相应地面荷载的能力。可采用塑料给水管、有衬里的铸铁给水管、经可靠防腐处理的钢管。室内的给水管道，应选用耐腐蚀和安装连接方便可靠的管材，可采用塑料给水管、塑料和金属复合管、铜管、不锈钢管及经可靠防腐处理的钢管。

无缝钢管、铜管、不锈钢管及其管件的规格通常用符号“D”表示外径，外径数字写于其后，再乘以壁厚。例如无缝钢管的外径是 57 mm，壁厚是 4 mm，表示为 D57×4。

镀锌钢管、铸铁管及其管件的规格通常用符号“*DN*”表示公称直径，公称直径是一种标准化直径，又称名义直径，其既不是内径，也不是外径。例如 *DN*15、*DN*25 等。

钢筋混凝土管、陶土管、耐酸陶瓷管、缸瓦管的管径以内径 d 表示。

各种新型管材及其管件的规格通常用符号“De”表示公称外径，外径数字写于其后，再乘以壁厚。例如 PB 管的外径是 16 mm，壁厚是 3 mm，表示为 De16×3。

8.3.3 管道附件

管道附件分为配水附件和控制附件以及其他附件三类。在给水系统中起调节水量、水压，控制水流方向和通断水流等作用。

（1）配水附件。配水附件是指为各类卫生洁具或受水器分配或调节水流的各式水龙头（或阀件），是使用最为频繁的管道附件。产品应符合节水、耐用、通断灵活、美观等要求。

常见配水附件如图 8—24 所示。

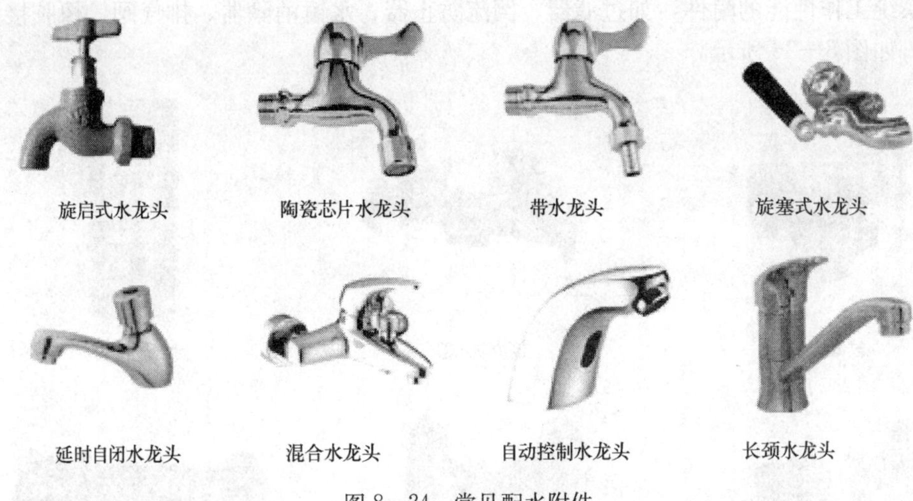

图 8—24 常见配水附件

（2）控制附件。控制附件是用于调节水量、水压、关断水流、控制水流方向、水位的各式阀门。控制附件应符合性能稳定、操作方便、便于自动控制、精度高等要求。常见控制附件如图 8—25 所示。

图 8—25 常见控制附件

（3）其他附件。在给水系统中经常需要安装一些保障系统正常运行、延长设备使用寿命和改善系统工作性能的附件，如过滤器、倒流防止器、水锤消除器、排气阀、橡胶接头、伸缩器等，如图 8—26 所示。

图 8—26　其他附件

8.3.4　水表

建筑给水系统中广泛采用的是流速式水表，用于计量建筑物的用水量，通常设置在建筑物的引入管、住宅和公寓建筑的分户配水支管、公用建筑物内需要计量的水管上。这种水表是根据管径一定时，水流通过水表的速度与流量成正比的原理来测量的。其主要由外壳、翼轮和传动指示机构等部分组成，当水流通过水表时，推动翼轮旋转，翼轮转轴传动至一系列联动齿轮，指示针显示到度盘刻度上，便可读出流量的累积值。具有累计功能的流量计可以替代水表。

（1）水表的类型。流速式水表按翼轮构造不同可分为旋翼式、螺翼式和复式。旋翼式的翼轮转轴与水流方向垂直，其阻力较大，多为小口径水表，宜用于测量小的流量；螺翼式的翼轮转轴与水流方向平行，其阻力较小，为大口径水表，宜用于测量较大的流量；复式水表是旋翼式和螺翼式的组合形式。旋翼式、螺翼式水表内部构造如图 8—27 所示，其规格性能见表 8—6、表 8—7。

表 8—6　　旋翼式水表技术数据

直径/mm	特性流量	最大流量	额定流量	最小流量	灵敏度/（m^3/h）	最大示值/m^3
	m^3/h					
15	3	1.5	1.0	0.045	0.017	10^3
20	5	2.5	1.6	0.075	0.025	10^3
25	7	3.5	2.2	0.090	0.030	10^3

续表

直径/mm	特性流量	最大流量	额定流量	最小流量	灵敏度/(m^3/h)	最大示值/m^3
	m^3/h					
32	10	5	3.2	0.120	0.040	10^3
40	20	10	6.3	0.220	0.070	10^5
50	30	15	10.0	0.400	0.090	10^5
80	70	35	22.0	1.100	0.300	10^6
100	100	50	32.0	1.400	0.400	10^6
150	200	100	63.0	2.400	0.550	10^6

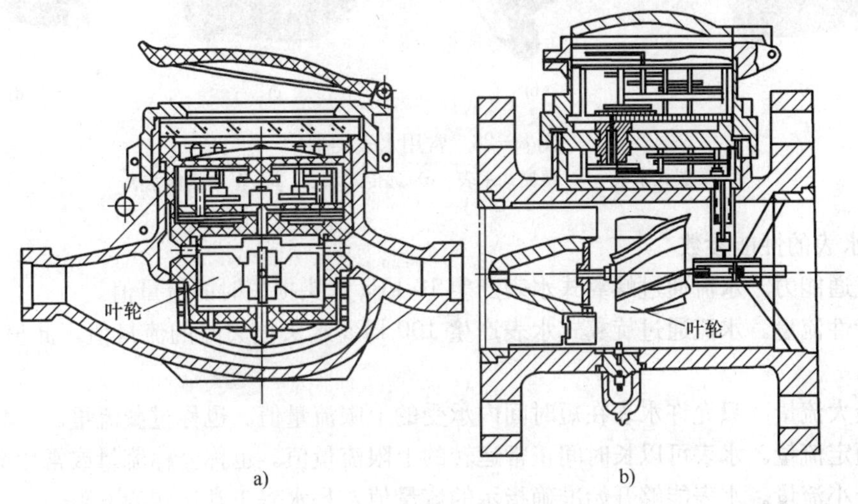

图 8—27 流速式水表构造

a) 旋翼式 b) 螺翼式

表 8—7 水平螺翼式水表技术数据

直径/mm	流通能力	最大流量	额定流量	最小流量	最小示值	最大示值
	m^3/h				m^3	
80	65	100	60	3	0.1	10^5
100	110	150	100	4.5	0.1	10^5
150	270	300	200	7	0.1	10^6
200	500	600	400	12	0.1	10^7
250	800	950	450	20	0.1	10^7
300		1500	750	35	0.1	10^7
400		2800	1400	60		10^7

按计数机件所处状态不同可分为干式和湿式两种。干式水表的计数机件用金属圆盘将水隔开，其构造复杂一些；湿式水表的计数机件浸在水中，在计数盘上装有一块厚玻璃（或钢化玻璃）用以承受水压，其机件简单、计量准确、不易漏水，如果水质浊度高，将降低水表

精度，产生磨损缩短水表使用寿命，宜用在水中不含杂质的管道上。

按水流方向不同可分为立式和水平式两种；按适用介质温度不同分为冷水表和热水表两种。随着现代技术的发展，远传式水表、IC 卡智能水表已经得到了广泛应用。常用水表类型如图 8—28 所示。

图 8—28　常用水表类型

a）旋翼式水表　b）螺翼式水表　c）远传式水表　d）IC 卡智能水表

（2）水表的性能参数

1）流通能力。水流通过螺翼式水表产生 10 kPa 水头损失时的流量值。

2）特性流量。水流通过旋翼式水表产生 100 kPa 水头损失时的流量值，此值为水表的特性指标。

3）最大流量。只允许水表在短时间内承受的上限流量值。也称过载流量。

4）额定流量。水表可以长时间正常运转的上限流量值。也称公称流量或常用流量。

5）最小流量。水表能够开始准确指示的流量值，是水表正常运转的下限值。

6）分界流量。水表误差限度改变时的流量。

7）灵敏度。是水表开始连续指示的流量值。也称启动流量、始动流量。

（3）水表的选用。应综合考虑用水量及其变化幅度、水质、水温、水压、水流方向、管道口径、安装场所等因素，经过比较后确定。一般管径小于等于 50 mm 时，应采用旋翼式水表；管径大于 50 mm 时，应采用螺翼式水表；当流量变化幅度很大时，应采用复式水表；水温小于等于 40℃时选用冷水表，水温大于 40℃时选用热水表。一般情况下应优先采用湿式水表。

8.4　给水管道的布置与敷设

给水管道的布置与敷设，除满足自身要求外，还要充分了解该建筑物的功能和结构情况，做好与建筑、结构、暖通及电气等专业的配合，避免管线交叉、碰撞，以便于工程施工和今后的维修管理。

8.4.1　给水管道的布置

（1）给水管道的布置原则。满足良好的水力条件，确保供水的可靠性，力求经济合理。

要求干管应尽可能靠近用水量大的用户，管道的布置应力求短而直，尽可能与墙、梁、柱平行；保证建筑物的使用功能和生产安全；保证给水管道的正常使用；便于管道的安装与维修。

（2）给水管道的布置

1）室内生活给水管道宜布置成枝状管网，单向供水。

2）室内给水管道的布置，不得妨碍生产操作、交通运输和建筑物的使用。

3）室内给水管道不得穿过配电间，管道不得布置在遇水易燃烧、爆炸的原料、产品和设备的上方。

4）当管道埋地时，应当避免被重物压坏或被设备振坏；管道不得穿越生产设备基础设施，在特殊情况下必须穿越时，应采取有效的保护措施。

5）室内给水管道不得布置在烟道、风道、电梯井内、排水沟内；不得穿过橱窗、壁柜、吊柜、木装修处；给水管道不得穿过大便槽和小便槽，且立管离大便槽和小便槽端部不得小于 0.5 m。生活给水管道不得与输送易燃、可燃或有害的液体或气体的管道同管廊（沟）敷设。

6）室内给水管道不宜穿过伸缩缝、沉降缝，必须穿过时，应设置补偿管道伸缩和剪力变形的装置。常用的措施有软性接头法、螺纹弯头法、活动支架法。螺纹弯头法与活动支架法分别如图 8—29、图 8—30 所示。

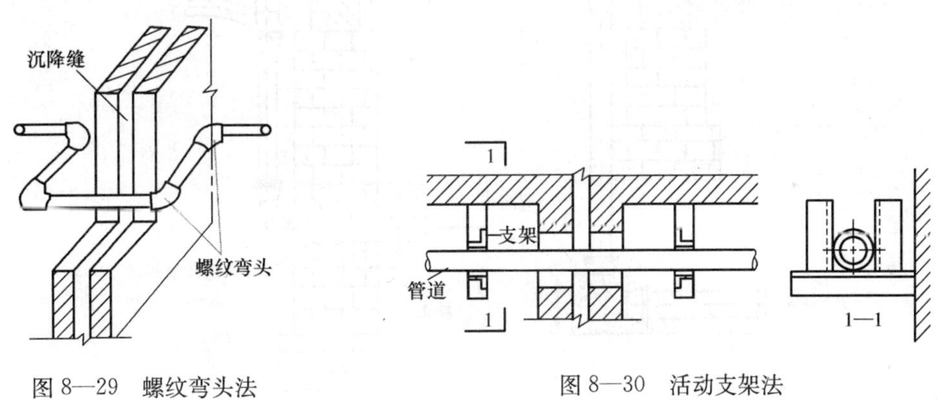

图 8—29　螺纹弯头法　　图 8—30　活动支架法

8.4.2　给水管道的敷设

根据建筑对卫生、美观方面的要求，给水管道的敷设一般分为明设和暗设两类。明设是指管道沿墙、梁、柱、天花板下暴露敷设。暗设是将管道直接埋地或埋设在墙槽、楼板找平层中，或隐蔽敷设在地下室、技术夹层、管道井、管沟或吊顶内。

管道在空间敷设时，必须采取固定措施，以保证施工方便和供水安全。固定管道可用管卡、吊环、托架等，如图 8—31 所示。

暗设管道在墙中敷设时，应预留墙槽，以免临时打洞、刨槽影响建筑结构的强度。

横管穿过预留洞时，为保护管道不致因建筑沉降而损坏，管顶上部净空不得小于建筑物的沉降量，一般不小于 0.1 m。引入管进入建筑内有两种情况，一种由浅基础下面通过，另一种穿过建筑物基础，如图 8—32 所示。

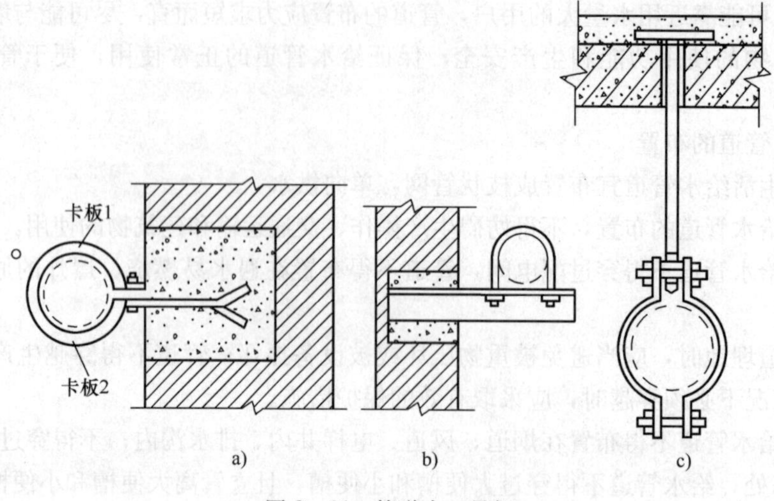

图 8—31　管道支、吊架

a）管卡　b）托架　c）吊环

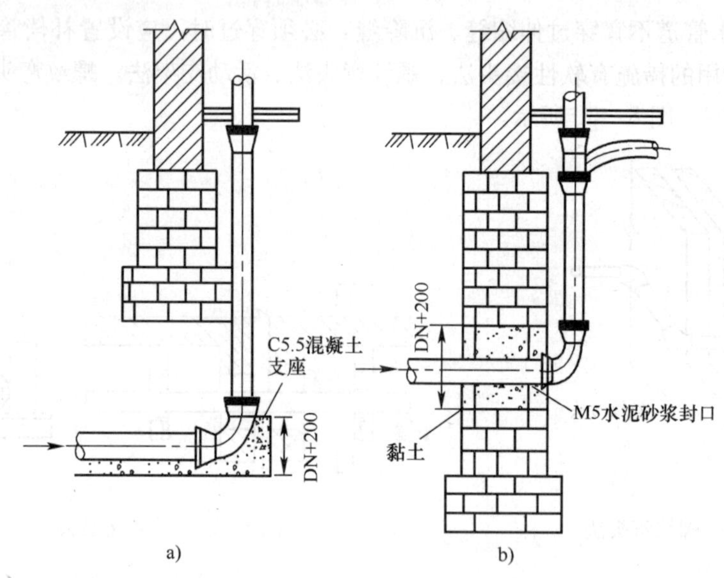

图 8—32　引入管穿基础时预留孔洞要求

a）从浅基础下通过　b）穿基础

为防止直埋管道在进行饰面层施工时或交付用户使用后，被误钉铁钉或钻孔而导致损坏，故要求在管位有临时标志。在交付用户的房屋使用说明书中也应标出管道位置。

管道井应每层设外开检修门。需要泄空的给水管道，其横管宜设有 2‰～5‰的坡度坡向泄水装置。布置给水管道时，其周围要留有一定的空间，以满足安装、维修的要求。

敷设在室外综合管廊（沟）内的给水管道，宜在热水和热力管道下方，冷冻管和排水管的上方。室内冷、热水管上、下平行敷设时，冷水管应在热水管下方，垂直平行敷设时，冷水管应在热水管右侧。给水管道与各种管道之间的净距，应满足安装操作的需要，且不宜小于 0.3 m。

8.4.3 给水管道的防护

（1）给水管道穿越下列部位或接管时，应设置防水套管：穿越地下室或地下构筑物的外墙处；穿越屋面处（有可靠的防水措施时，可不设套管）；穿越钢筋混凝土水池（箱）的壁板或地板连接管道时。

套管的作用是防止管道在使用过程中热胀冷缩损坏墙体、使管道移动受限。一般可用刚性防水套管，如图 8—33 所示。如果有严格防水要求时，应采用柔性防水套管，如图 8—34 所示。防水套管中的填料要填实。

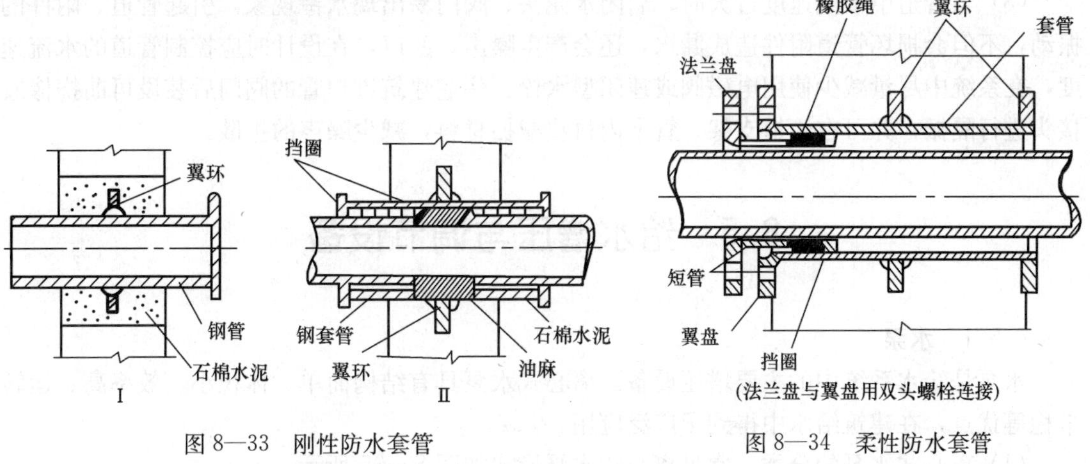

图 8—33　刚性防水套管

图 8—34　柔性防水套管

（2）明设的给水立管穿越楼板时，应采用防水措施。管道穿过隔墙或楼板时，大多数情况采用普通套管，由镀锌铁皮和焊接钢管两种材料制作而成。一般比给水管道大 1～2 级。管道穿过建筑物内墙、基础及楼板处均应预留孔洞口。安装管道前，应先把预制好的套管套上。如果管道穿过楼板，套管上端应高出地面 20 mm，防止上层房间地面积水渗漏流到下层房间，套管与管道之间的空隙必须用填料填实。

（3）在室外明设的给水管道，应避免受阳光直接照射，塑料给水管还应设置有效的保护措施；在冻结地区应作保温层，保温层的外壳应密封防渗。在非冻结地区也宜做保温层，以防止管道受阳光照射后管内水温升高，导致用水时水温忽热忽冷不舒适。水温升高还给细菌繁殖提供了良好的环境，严格来说是管内的水受到了“热污染”。室外明设的塑料给水管道不需保温时，也应有遮光措施，以防塑料老化缩短使用寿命。

室内塑料给水管道不得与水加热器或热水炉直接连接，应有不小于 0.4 m 的金属管段过渡；塑料给水管道不得布置在灶台上边缘，塑料给水立管距灶台边缘不得小于 0.4 m，距燃气热水器边缘不宜小于 0.2 m。

（4）对设在最低温度低于摄氏零度以下可能冻结场所的给水管道和设备，如寒冷地区的屋顶水箱、冬季不采暖的房间、地下室、管井、管沟中的管道以及敷设在受室外冷空气影响的门厅、过道等处的管道，应做保温层保温防冻。保温层的外壳应密封防渗。

（5）在环境温度较高、空气湿度较大的房间（如厨房、洗衣房、某些生产车间），当管道内水温低于环境温度时，管道及设备的外壁可能产生凝结水，即出现结露现象，会引起管道或设备腐蚀，影响使用及环境卫生，导致装饰、物品等受损害。在这种情况下，给水管道必须做防结露保冷层，防结露保冷层的计算和构造，按现行的《设备及管道保冷技术通则》执行。

(6) 室外给水管道的覆土深度，应根据土壤冰冻深度、车辆荷载、管道材质及管道交叉等因素确定。管顶最小覆土深度不得小于土壤冰冻线以下 0.15 m，行车道下的管线覆土深度不宜小于 0.7 m。

(7) 明设和暗设的金属管道都要采取防腐措施，通常的防腐做法是首先对管道除锈，使之露出金属光泽，然后在管外壁刷涂防腐涂料。明设的焊接钢管和铸铁管外刷防锈漆 2 遍，银粉面漆 2 遍；镀锌钢管外刷银粉面漆 2 遍；暗设和埋地管道均刷沥青漆 2 遍。

(8) 当管道中水流速度过大时，启闭水龙头、阀门易出现水锤现象，引起管道、附件的振动，不但会损坏管道附件造成漏水，还会产生噪声。所以，在设计时应控制管道的水流速度，在系统中尽量减少使用电磁阀或速闭型水栓。住宅建筑进户管的阀门后装设可曲挠橡胶接头进行隔振；并可在管道支架、管卡内衬垫减振材料，减少噪声的扩散。

8.5 给水增压与调节设备

8.5.1 水泵

水泵是给水系统中的主要增压设备。离心式水泵具有结构简单、体积小、效率高、运转平稳等优点，在建筑给水中得到了广泛应用。

(1) 离心式水泵的分类。常见离心式水泵形式如图 8—35 所示。

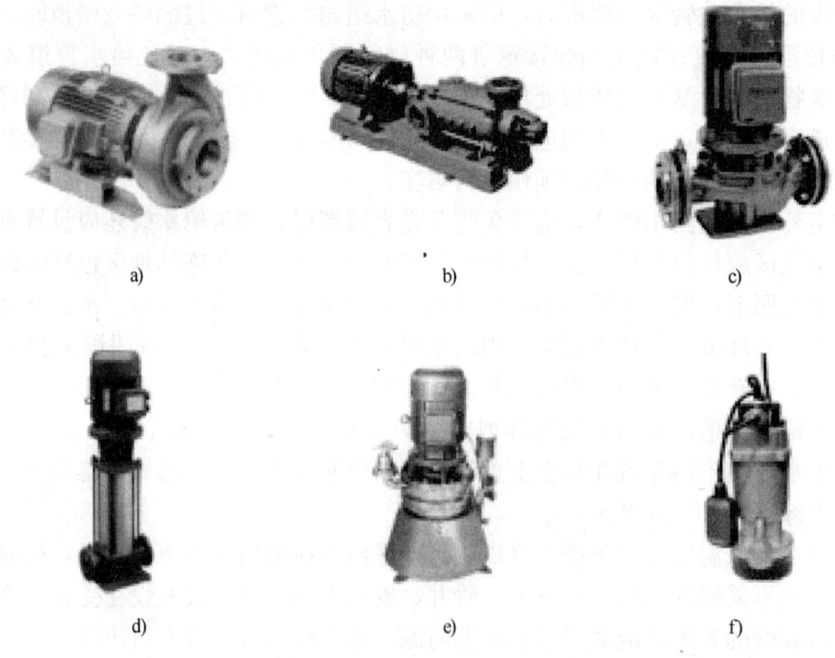

图 8—35 常见离心式水泵形式

a) 卧式单级单吸 b) 卧式多级单吸 c) 立式单级单吸 d) 立式多级单吸 e) 自吸泵 f) 潜水泵

(2) 水泵选择。水泵选择的主要依据是给水系统所需要的水量和水压。

1) 水泵流量。建筑物内采用高位水箱调节供水的系统，水泵由高位水箱中的水位控制其启动或者停止。当高位水箱的调节容量（启动水泵时箱内的存水一般不小于 5 min 用水量）不小于 0.5 h 最大用水的水量时，可按最大用水时的平均流量选择水泵流量；当高位水箱的有效调节容量较小时，应以大于最大用水时的平均流量选泵。

2) 水泵扬程。水泵的扬程应满足最不利处的用水点或消火栓所需水压，具体分为两种情况：

水泵直接由室外管网吸水时，水泵扬程按式（8—1）确定：

$$H_b = H_1 + H_2 + H_3 + H_4 - H_0 \tag{8—1}$$

式中 H_b——水泵扬程，kPa；

H_1——最不利配水点与引入管起点的静压差，kPa；

H_2——设计流量下计算管路的总水头损失，kPa；

H_3——最不利点配水附件的最低工作压力，kPa；

H_4——水表的水头损失，kPa；

H_0——室外给水管网所能提供的最小压力，kPa。

最后，应以室外管网的最大水压校核系统是否超压。

水泵从储水池吸水时，总扬程按式（8—2）确定：

$$H_b = H_1 + H_2 + H_3 \tag{8—2}$$

式中 H_1——最不利配水点与储水池最低工作水位的静压差，kPa。

(3) 水泵管路设置。生活给水水泵自灌吸水时，储水池的启泵水位，在一般的情况下，宜取 1/3 储水池总水深。吸水管长度应尽可能短，管件要少，水头损失要小；吸水总管内的流速应小于 1.2 m/s。水泵吸管与吸水总管的连接，应采用管顶平接，或高出管顶连接。

水泵压水管内水流速度可采用 1.5～2.0 m/s，所选水泵扬程较大时采用上限值，否则采用下限值。每台水泵的出水管上，应装设压力表、止回阀和阀门。

水泵直接从室外给水管网吸水时，应在吸水管上装设阀门和压力表，并应绕水泵设旁通管，旁通管上应装设阀门和止回阀。

8.5.2 水箱

按用途不同，水箱可分为高位水箱、减压水箱、冲洗水箱、断流水箱等多种类型，其形状多为矩形和圆形，制作材料有钢板（包括普通、搪瓷、镀锌、复合与不锈钢等）、钢筋混凝土、玻璃钢和塑料等。

(1) 水箱的有效容积。水箱的有效容积应根据调节容积、生产事故备用水量及消防储备水量之和计算。

(2) 水箱设置高度

$$Z = Z_1 + H_1 + H_2 \tag{8—3}$$

式中 Z——水箱最低动水位标高，m；

Z_1——最不利配水点标高，m；

H_1——设计流量下水箱至最不利配水点的总水头损失，mH_2O；

H_2——最不利点配水附件所需最低工作压力，mH_2O。

储备消防水量的水箱，满足消防设备所需压力有困难时，应采取设置增压泵等措施。

(3) 水箱的配管与附件。水箱的配管与附件如图 8—36 所示。

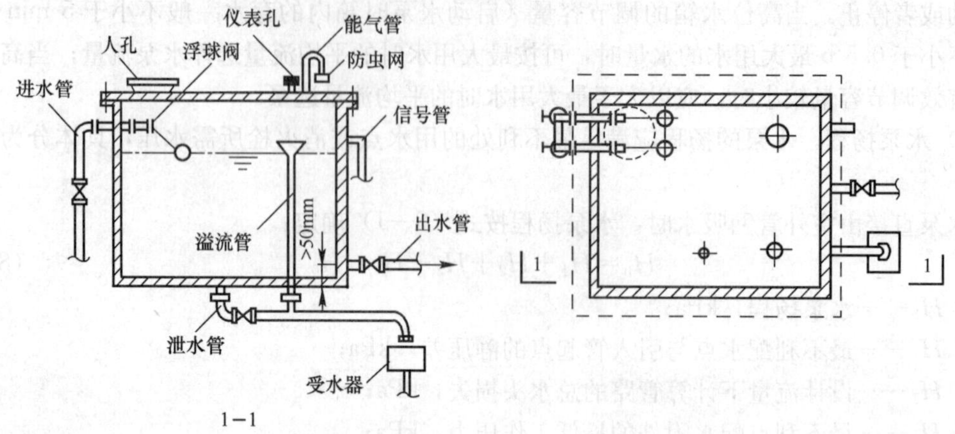

图 8—36　水箱的各种管道及附件

1）进水管。进水管的管径可按水泵出水量或管网设计秒流量确定。水箱进水管宜设在检修孔的下方，由水箱侧壁接入，也可从顶部或底部接入。

2）出水管。出水管管径应按设计秒流量计算。出水管可从侧壁或底部接出，出水管内底或管口应高出水箱内底 50 mm 以上，以免将箱底沉淀物带入配水管网，并应装设阀门以利检修。

3）溢流管。溢流管径应按能够排泄水箱最大入流量确定，并应比进水管大 1～2 级。管口应在水箱报警水位以上 50 mm 处，管顶设 1：2～1：1.5 喇叭口。溢流管上不允许设阀门，其出口应设网罩。

4）泄水管。管径一般比进水管小一级，至少不应小于 50 mm。水箱泄水管应自底部接出，用以检修或清洗时放空水箱，管上应装设闸阀，其出口可以与溢水管相连后用同一根管排水，但不能与下水管道直接连接。

5）水位信号装置。该装置反映水位控制阀失灵报警。可在溢流管管口（或内底）齐平处设信号管，一般自水箱侧壁接出，常用管径为 15 mm。为减少工程中由于自动水位控制阀失灵，造成水箱溢水浪费水资源，水箱宜设置水位监视和溢流报警装置，信息应传至监控中心。

6）通气管。一般通气管管径大于等于 50 mm。供生活饮用水的水箱，当储量较大时，宜在箱盖上设通气管，以便箱内空气流通。通气管高出水箱顶 0.5 m，管口应朝下并设防虫网罩。

7）人孔。为便于清洗、检修，箱盖上应设人孔。

8.5.3　水池

储水池是储存和调节水量的构筑物。当建筑物所需的水量、水压明显不足，城市供水管网难以满足时，为提高供水可靠性，避免在用水高峰期市政管网供水能力不足时出现无法满足设计秒流量的现象，减少因市政管网或引入管检修造成的停水影响，应当设置储水池。

储水池可设置成生活用水储水池、生产用水储水池、消防用水储水池。储水池的形状有圆形、方形、矩形和因地制宜的异形。小型储水池可以是砖石结构，混凝土抹面；大型储水池多为钢筋混凝土结构。不论是哪种结构形式，都必须保证安全卫生，结构牢固，不渗不漏。

生活饮用水储水池不兼作他用，应与其他用水的储水池分开设置，并不应考虑其他用水的储备水量和消防储备水量，当计算资料不足时，有效容积宜按最高日用水量的20%～25%确定。

储水池应设在通风良好、不结冻的房间内，如室内地下室。也可以布置在室外泵房附近。为防止渗漏造成损害和避免噪声影响，储水池不宜毗邻电气用房和居住用房或在其下方。

储水池外壁与建筑本体结构墙面或其他池壁之间的净距，应满足施工或装配的需要，无管道的侧面，净距不宜小于0.7 m；安装有管道的侧面，净距不宜小于1.0 m，且管道外壁与建筑本体墙面之间的通道宽度不宜小于0.6 m；设有人孔的池顶，顶板面与上面建筑本体板底的净空不应小于0.8 m。

8.5.4 气压给水设备

气压给水设备是指由水泵机组，气压水罐和电气控制系统组成的加压给水设备。这是利用气压水罐内气体的可压缩性以达到给水管网保持较稳定的水压和流量调节的气压给水设备。其作用相当于高位水箱或水塔。

按罐内气水接触方式不同，可分为补气式和隔膜式气压给水设备。按气压给水设备输水压力稳定性不同，可分为变压式和定压式气压给水设备。补气式气压水罐，因有空气融入水中，对供水水质存在水质污染的潜在危险，且可能引起用户水表计量不准确，故应慎用。

8.6 消防给水

8.6.1 火灾与燃烧的基本理论

(1) 火灾。火灾是在时间和空间上失去控制的燃烧。

燃烧是可燃物与氧化剂作用发生的放热反应，通常伴有火焰、发光和发烟现象。为了有效、合理地设计和选用灭火剂，应了解火灾的成因及其基本规律和原理。

(2) 火灾的必要条件。燃烧的发生和发展，必须具备可燃物、氧化剂和温度（引火源）三个必要条件，通常被称为燃烧三角形。

燃烧通常分为无焰燃烧和有焰燃烧，有焰燃烧除三个必要条件外，还必须具备未受抑制的链式反应，即自由基的存在，这便是燃烧四面体，由于自由基的存在使燃烧继续发展扩大。

(3) 燃烧的充分条件。燃烧的充分条件是一定的可燃物浓度，一定的氧气含量、一定的点火能量、不受抑制的链式反应。

(4) 火灾的分类。根据可燃物的燃烧性能来划分，可分为 A、B、C、D 四类和电气火灾。

A 类为可燃固体火灾，一般是有机物质，如木材、棉麻等。

B 类为可燃液体，如汽油、柴油等。

C 类为可燃气体，如甲烷、天然气和煤气等。

D 类为活泼金属，如钾、钠、镁等。

(5) 热量的传播途径。热量的传播途径有三种，即热传导、热对流和热辐射。热传导是热量通过接触物体从温度高的一端传递到低的一端；热对流是热量通过流动介质从高温部位传给低温部位；热辐射是以电磁波的形式传递热量。

8.6.2 灭火机理

灭火是破坏燃烧条件，使燃烧终止反应的过程。灭火的基本原理可归纳为冷却、窒息、隔离和化学抑制，前三种主要是物理过程，第四种为化学过程。

水灭火的主要机理是冷却，但因系统的不同可伴有其他灭火功能，如窒息、预湿润、阻隔辐射热、稀释、乳化等灭火功能。

以水为灭火剂的灭火系统有消火栓灭火系统、消防炮、自动喷水灭火系统、水喷雾灭火系统，细水雾灭火系统等。

(1) 消火栓灭火机理。消火栓灭火机理主要是冷却，可扑灭 A 类火灾，以及其他火灾的暴露防护和冷却。消火栓是依靠水枪充实水柱的冲击力使水进入着火区，用水进行冷却灭火的。消火栓灭火是从着火点外部进行灭火的，水的浪费较大。同时由于消火栓充实水柱的力量较大，可能在小火时把火场周围的物品冲坏。着火面积较大时，消火栓只能控制建筑内物品的燃烧速度，而不能抑制热量生成和扑灭火灾。

(2) 自动喷水灭火机理。自动喷水灭火机理主要是冷却，也伴有预湿润等灭火功能，可扑灭 A 类火灾，以及其他火灾的暴露防护和隔断。一般，自动喷水系统一个喷头的保护面积为 9～20 m^2，灭火时是从火灾的内部喷水灭火，水的冲击力小，对火场周围的物品无损害。

8.6.3 水灭火类型和范围

(1) 水消防类型。水消防系统主要是依靠水对燃烧物的冷却降温作用来扑灭火灾。

水消防系统可以分为多种类型。

按照设置的位置与灭火范围，可分为室外消防系统和室内消防系统。

按照管网中的给水压力，分为高压系统、临时高压系统和低压系统。

按照使用范围和水流形态的不同，分为消火栓给水系统（包括室外消火栓给水系统、室内消火栓给水系统）和自动喷水灭火系统（包括湿式系统、干式系统、预作用系统、重复启闭预作用系统、雨淋系统、水幕系统、水喷雾系统）。

(2) 适用范围。水灭火系统的适用范围十分广泛。

《建筑设计防火规范》的适用范围包括：9 层及 9 层以下的住宅（包括底层设置商业服务网点的住宅）、建筑高度不超过 24 m 的其他民用建筑、建筑高度超过 24 m 的单层公共建筑、地下民用建筑以及所有的工业建筑。

《高层民用建筑设计防火规范》的适用范围包括：10 层及 10 层以上的居住建筑（包括

底层设置商业服务网点的住宅)、建筑高度超过 24 m 的公共建筑。

8.6.4 室外消防系统

(1) 室外消防系统的作用、设置范围与组成。室外消防系统主要用来供消防车从该系统取水，供消防车、曲臂车等的带架水枪用水，控制和扑救火灾。或利用消防车从该系统取水，经水泵接合器向室内消防系统供水，增补室内消防用水不足。

(2) 室外消防用水量。室外消防用水由市政给水管网提供（一般为低压消防给水系统）。有条件时可就近利用天然水源供室外消防用水。应考虑天然水源与保护建筑的距离、天然水源的水量与水位，以及天然水源与保护建筑之间的交通条件。也可以利用建筑的室内（外）水池中的储备消防用水作为室外消防水源。

(3) 室外消防水压

1) 高压给水系统。管网内经常保持能够满足灭火用水所需的压力和流量，扑救火灾时，不需要启动消防水泵加压而直接使用灭火设备进行灭火的消防给水系统。如一些具备满足建筑物室内外最大消防用水量及水压条件，发生火灾时可直接向灭火设备供水的高位水池等给水系统。

2) 临时高压给水系统。管网内最不利点周围平时水压和流量不能满足灭火的需要，在水泵房（站）内设有消防水泵。起火时启动消防水泵，使管网内的压力和流量达到灭火时要求的给水系统。

3) 低压给水系统。管网内平时的压力较低但不小于 100 kPa，灭火时要求的水压、流量由消防车或其他方式加压达到压力和流量要求的给水水位。

(4) 室外消防管道及设施

1) 室外消防给水管道。室外消防给水管道是指从市政给水干管接往居住小区、工厂和公共建筑物室外消防给水管道。室外消防管网按其用途分为：生活用水与消防用水合并的给水管网；生产用水与消防用水合并的给水管网；生产用水、生活用水与消防用水合并的给水管网；独立的消防给水网。设计时应根据具体情况正确地选择室外消防管网的形式。

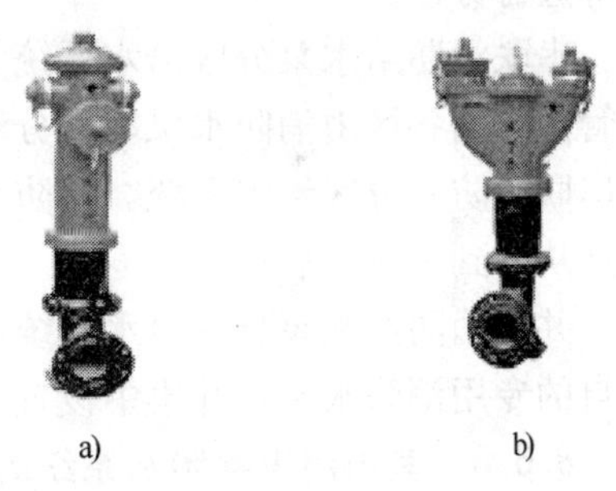

图 8—37 室外消火栓

a) 地上式 b) 地下式

2) 室外消火栓。室外消火栓有地上式与地下式两种，如图 8—37 所示。在我国北方寒冷地区宜采用地下式消火栓；在南方温暖的地区可采用地上式或地下式消火栓。

8.6.5 室内消火栓给水系统分类

按水压、流量不同，分为常高压消防给水系统、临时高压消防给水系统和低压消防给水系统。

常高压消防给水系统，其水压和流量在任何时间和地点都能满足灭火需要，系统中不需要设置消防泵。

临时高压消防给水系统的水压和流量平时不完全满足灭火时的需要，在灭火时应启动消防泵。当为稳压泵稳压时，可满足压力，但不能满足水量要求；当采用屋顶消防水箱稳压时，高层建筑物的下部可满足压力和水量要求，多层建筑和高层建筑物的上部不能满足压力和水量要求。

低压消防给水系统能够满足或部分满足消防水压和水量要求，消防时可由消防车或由消防水泵提升压力，或作为消防水池的水源水，由消防水泵提升压力。

（1）室内消火栓给水系统选择。消防给水系统的选择应根据供水服务范围、水源条件、建筑物的重要性等因素来确定消防给水系统。

（2）室内消火栓给水方式

1）城市给水管网直接供水。当城市给水管网的水压和水量能满足生产、生活和消防用水量，且有 2 条不同的城市给水干管给消防系统供水时，可直接由城市给水管网供水灭火，对于轻危险等级场所的自动喷水灭火系统，可由一条城市给水干管供水。

2）设有消防水泵和水箱的给水方式。图 8—38 所示为设有消防水泵和水箱的室内消火栓给水系统。

3）竖向分区的给水方式。消火栓栓口的静水压力不应超过 1.0 MPa，消防给水系统在任何时间和地点，系统的压力不应超过 2.4 MPa。否则，消防给水系统必须进行竖向分区。

消防给水系统竖向分区通常采用水泵、减压阀或减压水箱等进行分区。

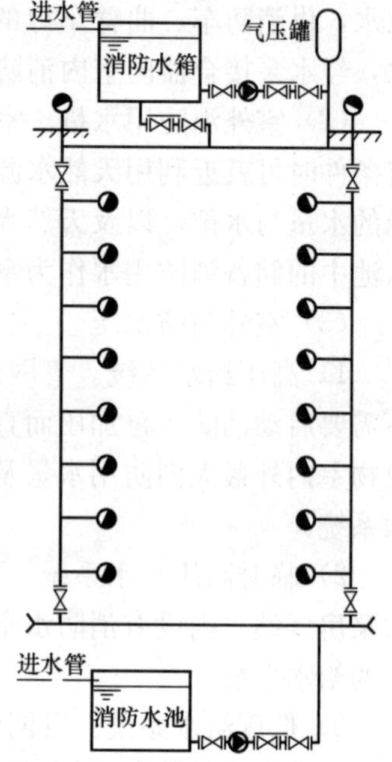

图 8—38　设有消防水泵和水箱的室内消火栓给水系统

串联消防给水泵分区给水系统如图 8—39a 所示。消防给水管网竖向各区由消防水泵串联分级向上供水，通常是设有避难层或设备层的超高层建筑采用串联消防泵分区给水系统。消防水泵可从消防水池（箱）或消防管网直接吸水。消防水泵顺序从下到上依次启动。

并联消防给水泵分区给水系统如图 8—39b 所示。消防给水管网竖向分区，每区分别有各自的专用消防水泵，并集中设置在消防泵房内。

8.6.6　室内消火栓给水系统的组成与设施

室内消火栓给水系统由室内消火栓、消防水枪、消防水带、消防软管卷盘、报警装置、消火栓箱、消防水泵、消防水箱、消防水池、水泵接合器、管道系统等组成。

消火栓设备包括水枪、水带和消火栓、水泵启动按钮、消防软管卷盘等，均安装在消火栓箱内。如图 8—40 所示。

消火栓箱具有给水、灭火、控制、报警等功能。适用于设有室内消防给水系统的各类建筑。根据安装方式，消火栓箱可分为明装、暗装、半明装三类，制造材料有铝合金、冷轧板、不锈钢等。

（1）消火栓。消火栓安装在给水管网上，向火场供水的带有阀门的标准接口，是室内消防供水的主要水源之一。室内消火栓的常用类型有直角单阀单出口、45°单阀单出口、直角单阀双出口和直角双阀双出口等四种，出水口直径为 65 mm、50 mm 和 25 mm。如图 8—41 所示。

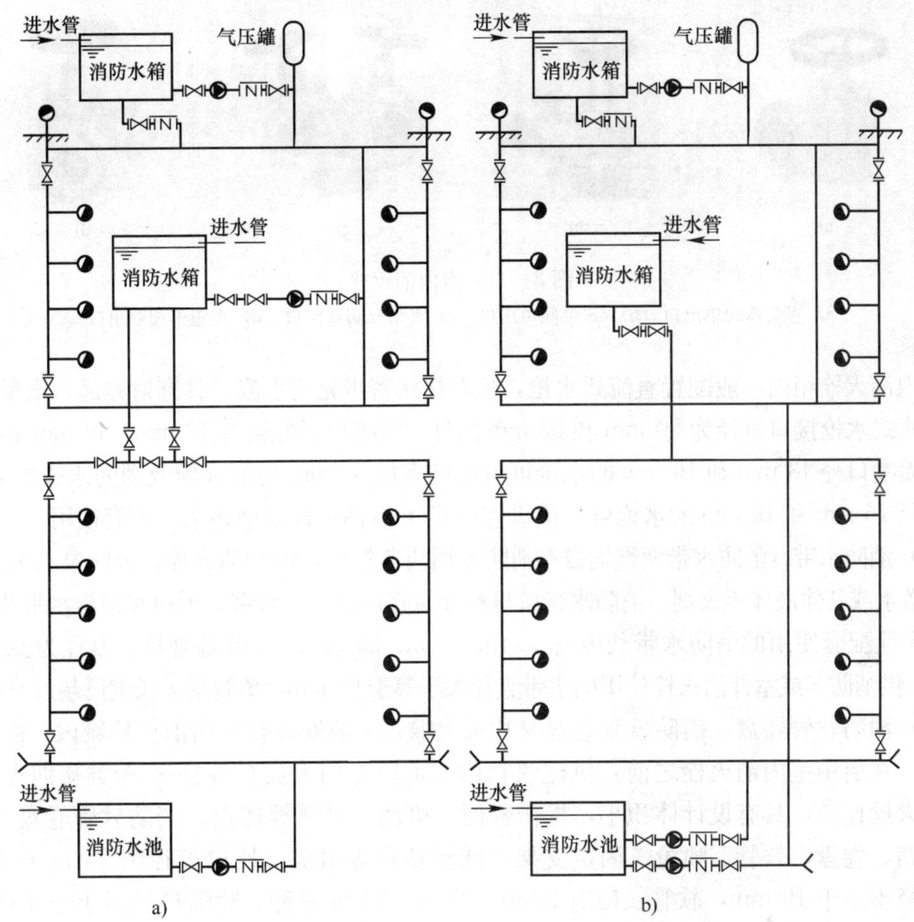

图 8—39 消防给水系统竖向分区

a）串联消防给水泵分区 b）并联消防给水泵分区

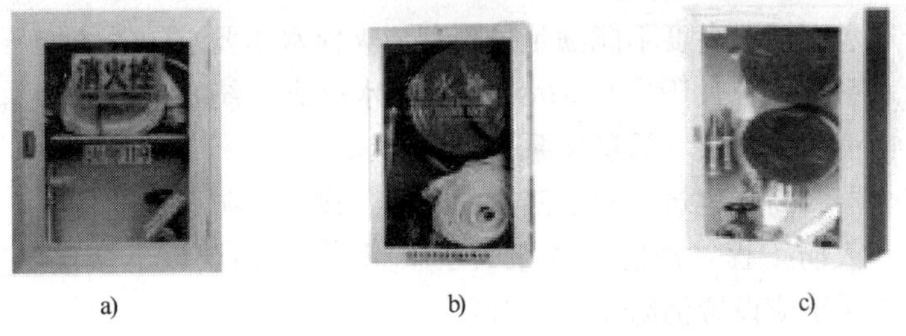

图 8—40 消火栓箱外形图

a）单栓普通箱 b）带消防软管卷盘箱 c）两个单栓箱

（2）消防水枪。消防水枪的功能是把水带内的均匀水流转化成所需流态，喷射到火场的物体上，达到灭火、冷却或防护的目的。按出水水流状态，消防水枪可分为直流水枪、喷雾水枪、开花水枪三类；按水流是否能够调节，可分为普通水枪（流量和流态均不可调）、开关水枪（流量可调）、多功能水枪（流量和流态均可调）三类。

a)

b)

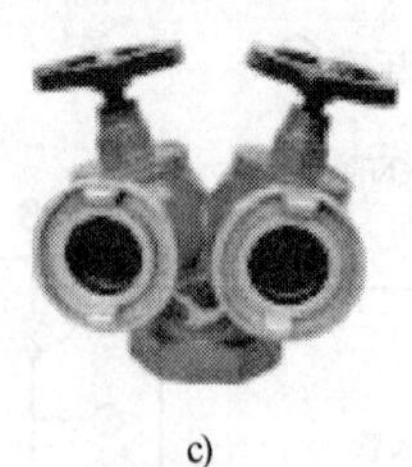
c)

d)

图 8—41 室内消火栓

a）直角单阀单出口 b）45°单阀单出口 c）直角双阀双出口 d）直角单阀双出口

室内消火栓箱内一般配置直流式水枪，喷射柱状密集充实水流，具有射程远、水量大的特点。直流式水枪接口直径为 50 mm 和 65 mm 两种，喷嘴口径规格有 13 mm、16 mm 和 19 mm 三种，喷嘴口径 13 mm 和 16 mm 的水枪可与接口直径 50 mm 的消火栓及消防水带配套使用，喷嘴口径 16 mm 和 19 mm 的水枪可与接口直径 65 mm 消火栓及消防水带配套使用。

（3）消防水带。消防水带两端均带有消防专用快速接口，可与消火栓、消防泵（车）配套，用于输送水或其他液体灭火剂。消防水带按材料分为有衬胶消防水带、无衬胶消防水带两类；与室内消火栓配套使用的消防水带长度有 15 m、20 m、25 m 和 30 m 等规格，直径为 50 mm 或 65 mm。供消防车或室外消火栓使用的水带直径大于等于 65 mm，单管最大长度已超过 60 m。

（4）消防软管卷盘。消防软管卷盘又称灭火喉，一般安装在室内消火栓箱内，以水作为灭火剂，在启用室内消火栓之前，供建筑物内非消防专门人员自救扑灭 A 类初期火灾。与室内消火栓比较，具有设计体积小，操作轻便、机动、灵活等优点。消防软管卷盘由阀门、输入管路、卷盘、软管、喷枪、固定支架、活动转臂等组成，栓口直径为 25 mm，配备的胶带内径不小于 19 mm，软管长度有 20 m、25 m、30 m 三种，喷嘴口径不小于 6 mm，可配直流、喷雾两用喷枪。

（5）消防水泵。消防水泵包括消防主泵和稳压泵。消防主泵在火灾发生后由消火栓箱内的按钮或消防控制中心远程启动或现场启动。

稳压泵用于对水箱设置高度不能满足最不利消火栓水压要求的系统增压，稳压泵的出水量，对消火栓给水系统不应大于 5 L/s；对自动喷水灭火系统不应大于 1 L/s。稳压泵应与消防主泵连锁，当消防主泵启动后稳压泵自动停运。

（6）水泵接合器。高层建筑、超过四层的库房、设有消防系统的住宅、超过五层的其他非高层民用建筑、人防工程（消防用水量大于 10 L/s）、四层以上多层汽车库及地下汽车库，其室内消火栓系统应设置消防水泵接合器。

8.6.7 室内消火栓的选用和布置

（1）消火栓的选用

1）室内消火栓有 SN65、SN50、SN25 三种规格，其中 SN25 为消防软管卷盘。建筑物室内的消火栓，应采用 SN65、衬胶水带。消防软管卷盘胶管内径宜采用 19 mm 或 25 mm 规格，长度取 30 m，并配有口径为 6 mm 的水枪。

2）同一建筑物内应采用统一规格的消火栓、水枪和水带。每根水带的长度不应超过 25 m。

3）高层工业和民用建筑以及临时高压消防给水系统的高位水箱静压不能满足最不利点消

火栓水压要求时，每个消火栓处应设置直接启动消防水泵的按钮，并应设有保护按钮的设施。

4）建筑高度超过 100 m 的公共建筑避难层，应设置消火栓和消防软管卷盘。

（2）消火栓的设置位置

1）设有消防给水的建筑物，其各层（无可燃物的设备层除外）均应设置消火栓。

2）设有屋顶直升机停机坪的公共建筑，应在停机坪出入口处或非用电设备机房处设置消火栓，且距停机坪的距离不应小于 5 m。

3）室内消火栓应设在走道、楼梯附近等明显易于取用地点。大房间或大空间消火栓应首先考虑设置在疏散门的附近，一般不宜设置在死角位置。汽车库内消火栓的设置应不影响汽车的通行和车位的设置。

4）消火栓栓口离地面高度为 1.1 m，其出水方向宜向下或与设置消火栓的墙面垂直。

5）消防电梯前室应设室内消火栓。

6）冷库的室内消火栓应设在常温穿堂或楼梯间内。

7）设有室内消火栓的建筑，应在层顶设置一个装有压力显示装置的试验检查用消火栓，采暖地区可设在顶层出口处或水箱间内。

（3）消火栓的布置

1）消火栓的布置，应保证有 2 支水枪的充实水柱同时到达室内任何部位。建筑高度小于或等于 24 m 时，且体积小于或等于 5 000 m^3 的库房，可采用 1 支水枪充实水柱到达室内任何部位。Ⅳ类汽车库及Ⅲ、Ⅳ类修车库，可采用 1 支水枪充实水柱到达室内任何部位。

2）室内消火栓的布置间距由计算确定。高架库房、高层建筑、人防工程（当保证有 2 支水枪的充实水柱到达室内任何部位时）、高层汽车库和地下汽车库的室内消火栓间距不应超过 30 m；单层汽车库、其他单层和多层建筑、人防工程（当保证有 2 支水枪的充实水柱到达室内任何部位时）、高层建筑裙房的室内消火栓间距不应超过 50 m。

8.6.8 室内消防给水管网的布置

（1）高层建筑、人防工程（室内消火栓超过 10 个）、汽车库及修车库（室内消火栓超过 10 个）、多层建筑（室内消火栓超过 10 个且室外消防用水量大于 15 L/s），室内消防给水管道应布置成环状；当室内消火栓数量少于 10 个，且室外消防用水量小于 15 L/s 时可采用枝状管网。室内消防给水环状管网的进水管和区域高压或临时高压给水系统的引入管不应少于两根，当其中一根发生故障时，其余的进水管或引入管应能保证消防用水量和水压的要求。

（2）室内消防竖管直径不应小于 *DN*100。如果超过 7 层的住宅设置干式消防竖管，消防竖管的直径不应小于 *DN*65。干式消火栓竖管应在首层出口部位设置便于消防车供水的快速接口和止回阀。

（3）高层建筑消防竖管的布置，应保证同层相邻两个消火栓的水枪的充实水柱同时到达被保护范围内的任何部位。每根消防竖管的直径应通过的流量经计算确定，但不应小于 100 mm。18 层及 18 层以下，每层不超过 8 户、建筑面积不超过 650 m^2 的塔式住宅，当设两根消防竖管有困难时，可设一根竖管，但必须采用双阀双出口型消火栓。

8.6.9 自动喷水灭火系统

自动喷水灭火系统，是一种在发生火灾时能自动打开喷头喷水灭火并同时发出火警信号的消防灭火设施。据资料统计，自动喷水灭火系统扑救初期火灾的效率在 97%以上，具有工作性能稳定、适应范围广、安全可靠、控火灭火成功率高、维护简便等优点，是扑救初期火灾有效的自动灭火设施，能有效抑制轰燃的发生，使火灾在初期阶段就被有效控制和扑灭。

（1）自动喷水灭火系统危险等级划分原则。判断设置自动喷水灭火系统建筑物的火灾危险性等级，是选择系统类型和确定设计基本数据的基础，自动喷水灭火系统危险等级划分的原则是根据保护场所可燃物的多少或火灾荷载的大小来确定，在工程设计中通常根据经验确定。

（2）自动喷水灭火系统的分类与原理。自动喷水灭火系统可用于各种建筑物中允许用水灭火的保护对象和场所，根据被保护建筑物的使用性质、环境条件和火灾发生、发展特性的不同，分为多种不同类型。按喷头开启形式不同，分为闭式系统和开式系统；按报警阀的形式，分为湿式系统、干式系统、干湿两用系统、预作用系统和雨淋系统等；按对保护对象的功能，分为暴露防护型（水幕或冷却等）和控灭火型；按喷头形式，分为普通型（传统型）喷头、洒水型喷头、大水滴喷头和 ESER 型喷头等。

1）湿式系统。湿式自动喷水灭火系统如图 8—42 所示，由闭式喷头、管道系统、湿式报警阀、水流指示器、报警装置和供水设施等组成。

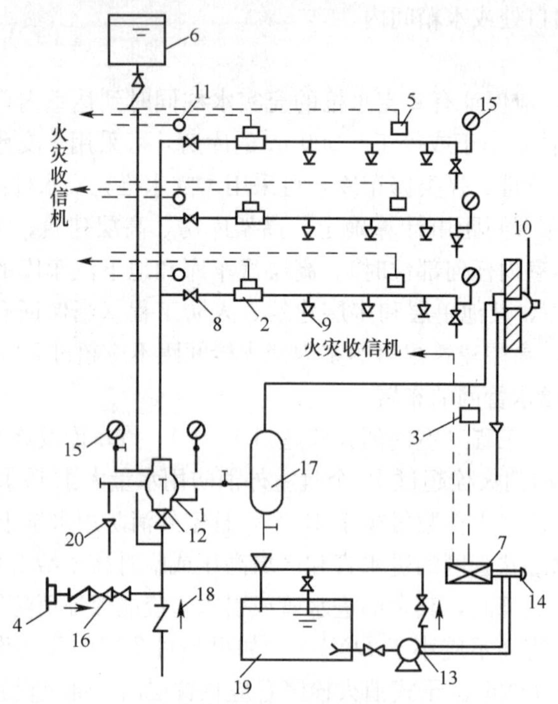

图 8—42　湿式自动喷水灭火系统

1—湿式报警阀　2—水流指示器　3—压力继电器　4—水泵接合器　5—感烟探测器　6—水箱　7—控制箱　8—减压孔板　9—喷头　10—水力警铃　11—报警装置　12—闸阀　13—水泵　14—按钮　15—压力表　16—安全阀　17—延迟器　18—止回阀　19—储水池　20—排水漏斗

湿式自动喷水灭火系统是在一个充满水的管道系统上安装有自动喷水闭式喷头，并与至少一个自动给水装置相联。火灾发生时，在火场温度作用下，闭式喷头的感温元件温度达到预定的动作温度后，喷头开启喷水灭火，此时管网中有压力水流动，水流指示器被感应送出电信号，在报警控制器上显示，某一区域已在喷水。持续喷水造成报警阀的上部水压低于下部水压，其压力差值达到一定值时，原来处于关闭的报警阀就会自动开启，同时，消防水通过湿式报警阀，流向自动喷洒管网供水灭火。另一部分水进入延迟器、压力开关及水力警铃设施发出火警信号。另外，根据水流指示器和压力开关的信号或消防水箱的水位信号，控制箱内控制器能自动开启消防泵，以达到持续供水的目的。

湿式自动喷水灭火系统结构简单、施工和管理维护方便、使用可靠、灭火速度快、控火效率高、建设投资少。由于管路始终充满水，万一出现渗漏会损坏建筑装饰，应用受环境温度的限制，适合安装在温度范围 4～70℃且能用水灭火的建筑物内。

2）干式系统。干式系统是为了满足寒冷和高温场所安装自动灭火系统的需要，在湿式自动系统的基础上发展起来的。该系统由闭式喷头、管道系统、干式报警阀、水流指示器、报警装置、充气设备、排气设备和供水设备等组成。其管路和喷头内平时没有水，只处于充气状态，故称为干式系统，如图 8—43 所示。当建筑物发生火灾火点温度达到开启闭式喷头时，喷头开启、排气、充水、灭火。

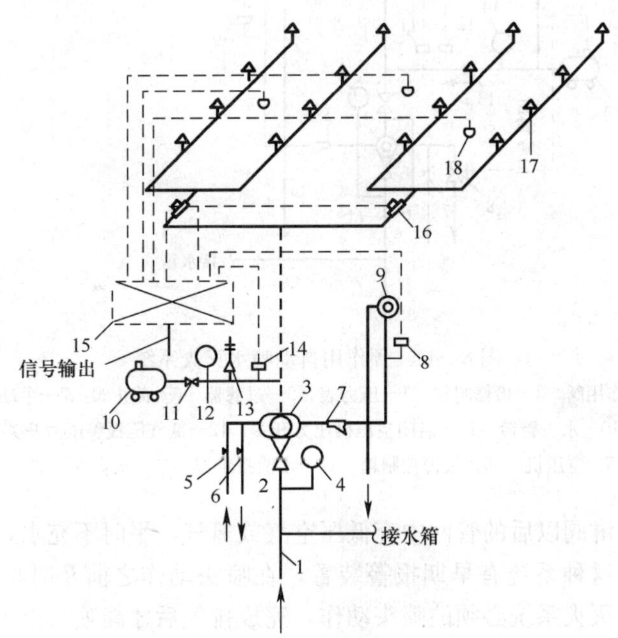

图 8—43　干式自动喷水灭火系统

1—供水管　2—闸阀　3—干式报警阀　4—压力表　5，6—截止阀　7—过滤器　8—压力开关
9—水力警铃　10—空压机　11—止回阀　12—压力表　13—安全阀　14—压力开关
15—火灾报警控制箱　16—水流指示器　17—闭式喷头　18—火灾探测器

与湿式自动喷水灭火系统相比，干式自动喷水灭火系统增加了一套充气设备，管网内的气压要经常保持在一定范围内，该系统在灭火时，需先排除管网中的空气，故喷头出水不如湿式系统及时。但管网中平时不充水，对建筑装饰无影响，对环境温度也无要求，适用于采暖期长而建筑物内无采暖的场所，为减少排气时间，一般要求管网的容积不大于 3000 L。

3）预作用系统。预作用自动喷水灭火系统如图 8—44 所示，由闭式喷头、管道系统、雨淋阀、火灾探测器、报警控制装置、充气设备、控制组件和供水设施等部件组成。系统将火灾自动探测报警技术和自动喷水灭火系统有机地结合在一起，雨淋阀之后的管道平时呈干式，充满低压气体。火灾发生时，安装在保护区的感温、感烟火灾探测器发出火警信号，开启雨淋阀，水进入管路，短时间内将系统转变为湿式，以后的动作与湿式系统相同。

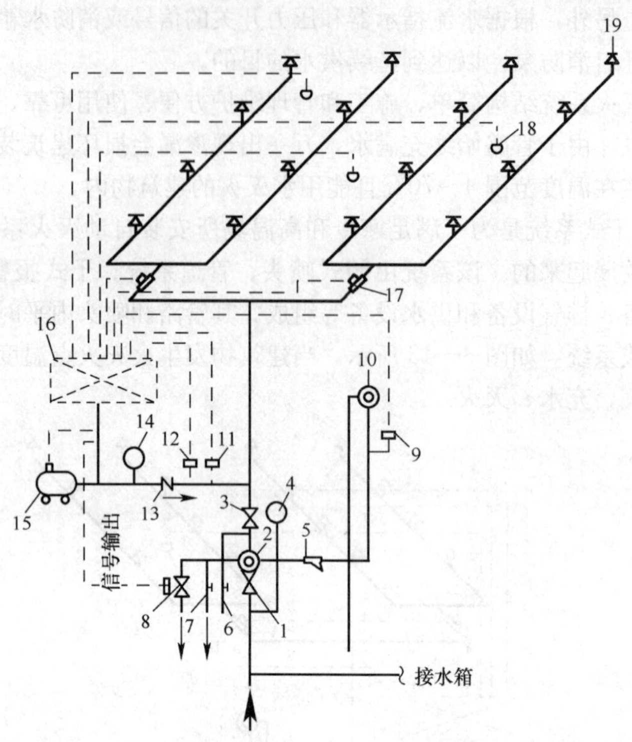

图 8—44　预作用自动喷水灭火系统

1—总控制阀　2—预作用阀　3—检修闸阀　4—压力表　5—过滤器　6—截止阀　7—手动开启阀　8—电磁阀　9—压力开关　10—水力警铃　11—启闭空压机压力开关　12—低气压报警压力开关　13—止回阀　14—压力表　15—空压机　16—报警控制箱　17—水流指示器　18—火灾探测器　19—闭式喷头

预作用系统在雨淋阀以后的管网中充低压空气或氮气，平时不充水，避免了因系统破损而造成的水渍损失。这种系统有早期报警装置，在喷头动作之前及时报警并转换成湿式系统，克服了干式喷水灭火系统必须的喷头动作，完成排气后才能喷水灭火的缺点。预作用系统比湿式系统或干式系统多一套自动探测报警和自动控制系统，构造复杂。应用于系统处于准工作状态时严禁管道漏水、严禁系统误喷、替代干式系统的场所。

4）雨淋系统。雨淋系统采用开式喷头，由雨淋阀控制喷水范围，利用配套的火灾自动报警系统或传动管系统监测火灾并自动启动系统灭火。发生火灾时，火灾探测器将信号送至火灾报警控制器，压力开关、水力警铃报警，控制器输出信号打开雨淋阀，同时启动水泵，整个保护区内的喷头喷水灭火。因雨淋阀开启后所有开式洒水喷头同时喷水，故称为雨淋系统。雨淋系统出水量大、灭火及时，适用于火灾的水平蔓延速度快、闭式喷头的开放不能及时使喷水有效覆盖着火区域；室内净空高度超过闭式系统限定的最大净空高度，且必须迅速扑救初期火灾；严重危险级Ⅱ级。

雨淋喷水灭火系统、预作用喷水灭火系统虽然都采用了雨淋阀、探测报警系统，但预作用喷水灭火系统采用闭式喷头，雨淋阀后的管道内平时充有压缩气体，而雨淋系统采用开式喷头，雨淋阀后的管道平时为空管。

雨淋系统由电气控制启动、传动管控制启动或手动控制。

电气控制系统如图 8—45 所示，保护区内的火灾自动报警系统探测到火灾后发出信号，打开控制雨淋阀的电磁阀，雨淋阀控制膜室压力下降，雨淋阀开启，压力开关动作，启动水泵向系统供水。

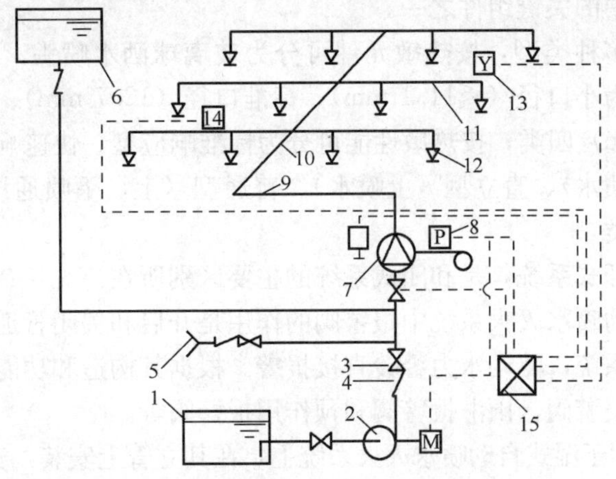

图 8—45 电动启动雨淋系统

1—水池 2—水泵 3—闸阀 4—止回阀 5—水泵接合器 6—消防水箱 7—雨淋报警阀组 8—压力开关 9—配水干管 10—配水管 11—配水支管 12—开式洒水喷头 13—烟感探测器 14—温感探测器 15—报警控制器 M—驱动电动机

传动管控制启动包括湿式和干式两种，如图 8—46 所示。发生火灾时，湿（干）式导管上的喷头受热爆破，喷头出水（排气），雨淋阀控制膜室压力下降，雨淋阀打开，压力开关动作，启动水泵向系统供水。

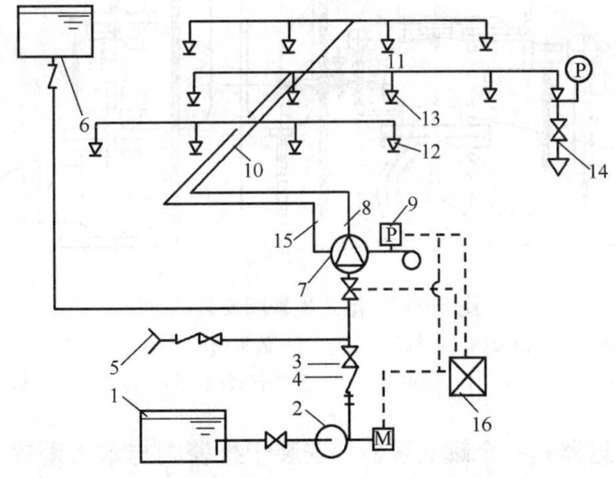

图 8—46 传动管启动雨淋系统

1—水池 2—水泵 3—闸阀 4—止回阀 5—水泵接合器 6—消防水箱 7—雨淋报警阀组 8—配水干管 9—压力开关 10—配水管 11—配水支管 12—开式洒水喷头 13—闭式喷头 14—末端试水装置 15—传动管 16—报警控制器 M—驱动电动机

5）其他系统。自动喷水灭火系统还有其他系统，如干湿两用系统、重复启闭预作用系统、自动喷水—泡沫联用灭火系统、防冻系统、室外暴露防护系统、干式—预作用联合系统等。

8.6.10　自动喷水灭火系统组件

（1）喷头。喷头在自动喷水灭火系统中担负着探测火灾、启动系统和喷水灭火的任务，是自动喷水灭火系统中的关键组件之一。

闭式喷头可分为多种类型，按热敏元件可分为玻璃球洒水喷头、易熔合金洒水喷头两类；按出水口径可分为小口径（≤11.1 mm）、标准口径（12.7 mm）、大口径（13.5 mm）、超大口径（≥15.9 mm）四类；按热敏性能可分为标准响应型、快速响应型两类；按安装方式可分为下垂型（下喷水）、直立型（上喷水）、普通型（上、下喷通用）、边墙直立型、边墙水平型、吊顶型六类。

开式喷头应用于开式系统，是和闭式系统的主要区别所在。

（2）报警阀。自动喷水灭火系统中报警阀的作用是开启和关闭管道系统中的水流，同时传递控制信号到控制系统，驱动水力警铃直接报警。根据其构造和功能分为湿式报警阀、干式报警阀、干湿两用报警阀、雨淋报警阀和预作用报警阀等。

湿式报警阀主要用于湿式自动喷水灭火系统上，在其立管上安装，安装示意图如图 8—47 所示。

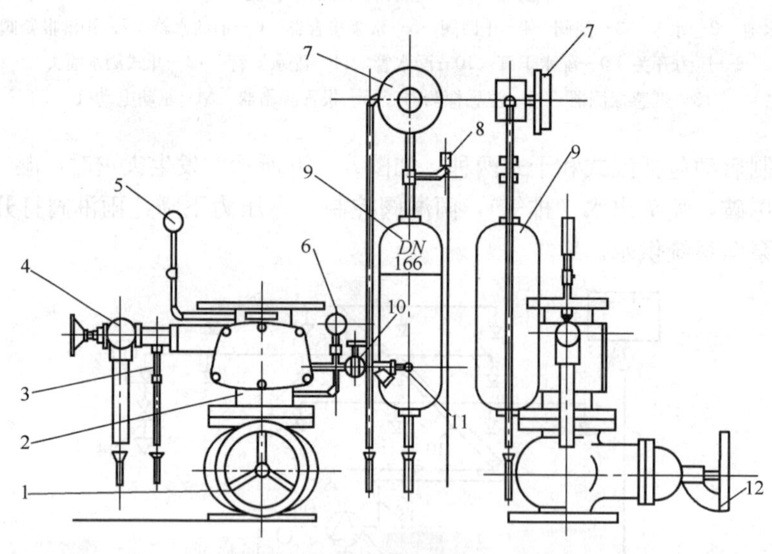

图 8—47　湿式报警阀安装示意图

1—控制阀　2—报警阀　3—试警铃阀　4—放水阀　5，6—压力表　7—水力警铃　8—压力开关　9—延迟器　10—警铃管阀门　11—滤网　12—软锁

（3）延迟器。延迟器是一个罐式容器，安装于报警阀与水力警铃（或压力开关）之间，用于防止由于水压波动原因引起报警阀开启而导致的误报。报警阀开启后，水流需经 30 s 左右充满延迟器后方可冲打水力警铃。

（4）火灾探测器。火灾探测器是自动喷水灭火系统的重要组成部分。常用的有感烟、感温探测器。感烟探测器是利用火灾发生地点的烟雾浓度进行探测，感温探测器是通过火灾引起的温升进行探测。火灾探测器布置在房间或走道的天花板下面，其数量应根据探测器的保护面积和探测区的面积计算确定。

（5）水流报警装置。水流报警装置包括水流指示器、水力警铃压力开关。

水流指示器通常安装于各楼层的配水干管起点上，是用于自动喷水灭火系统中将水流信号转换成电信号的一种报警装置。

水力警铃安装在报警阀的报警管路上，是一种水力驱动的机械装置。

压力开关是自动喷水灭火系统的自动报警和自动控制部件，当系统启动，报警支管中的压力达到压力开关的动作压力时，触点就会自动闭合或断开，将水流信号转化为电信号，输送至消防控制中心或直接控制和启动消防水泵、电子报警系统或其他电气设备。压力开关应垂直安装在水力警铃前，如报警管路上安装了延迟器，则压力开关应安装在延迟器之后。

（6）末端试验装置。末端试验装置用来测试系统能否在开放一只喷头的最不利条件下可靠报警并正常启动，是自动喷水灭火系统中每个水流指示器作用范围内供水最不利处设置，用以检验水压、检测水流指示器以及报警与自动喷水灭火系统、水泵联动装置可靠性的检测装置。该装置由试水阀、压力表、试水接头组成，如图8—48所示。试水排入的排水管可单独设置，也可利用雨水管，但必须间接排除。

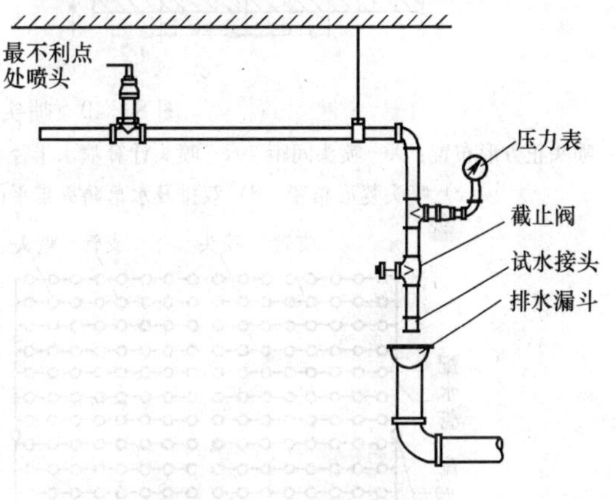

图8—48 末端试验装置

8.6.11 喷头布置

（1）喷头选择的一般原则。在无吊顶的场所应采用直立喷头，在有吊顶的场所喷头应采用下垂型喷头或吊顶型喷头；轻危险级、中危险Ⅰ级场所可采用侧墙型喷头。喷头的温度等级一般应高出正常环境温度30℃，在有些不宜接受热量的部位，可采用温度等级较低的喷头，如57℃的喷头。在局部温度较高的部位，可采用温度等级较高的喷头。

（2）喷头布置原则。喷头的布置应满足喷头的水力特性和布水特性的要求，并应均匀洒水和满足设计喷水强度的要求。

喷头的布置形式应根据天花板、吊顶的装饰要求布置成正方形、矩形、平行四边形等形式，如图8—49所示。喷头的布置应不超出其最大保护面积以及喷头最大和最小间距。最大面积一般由规范或认证确定，而最小面积一般由最低工作压力和最小间距确定。

8.6.12 自动喷水灭火系统管网布置

（1）报警阀前的管网。报警阀前的管网可分为环状管网和枝状管网，采用环状管网的目的是提高系统的可靠性。

（2）报警阀后的管网。报警阀后的管网可分为枝状管网、环状管网和格栅状管网，如图8—50所示。采用环状管网的目的是减少系统管道的投资和使系统布水更均匀。自动喷水系统的环状管网一般为一个环，当多环时为格栅状管网。

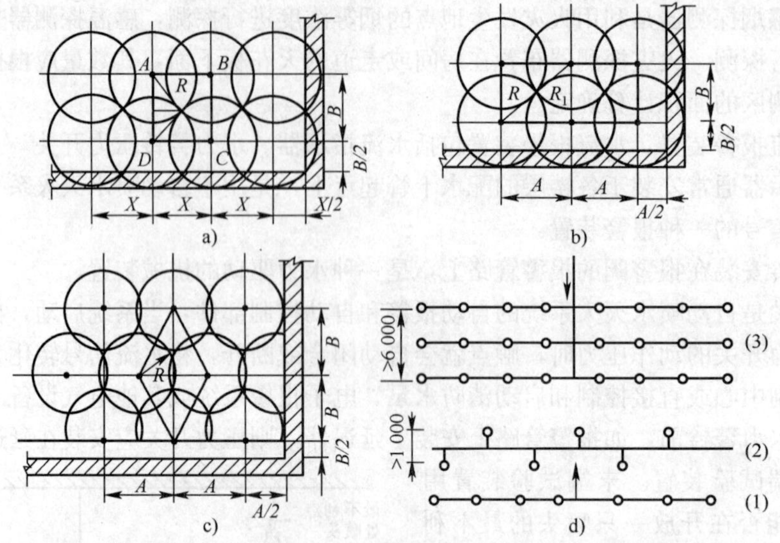

图 8—49 喷头布置的几种形式

a）喷头正方形布置：X—喷头间距 R—喷头计算喷水半径 b）喷头长方形布置：A—长边喷头间距 B—短边喷头间距 c）喷头菱形布置 d）双排及水幕防火带平面布置：（1）单排 （2）双排 （3）防火带

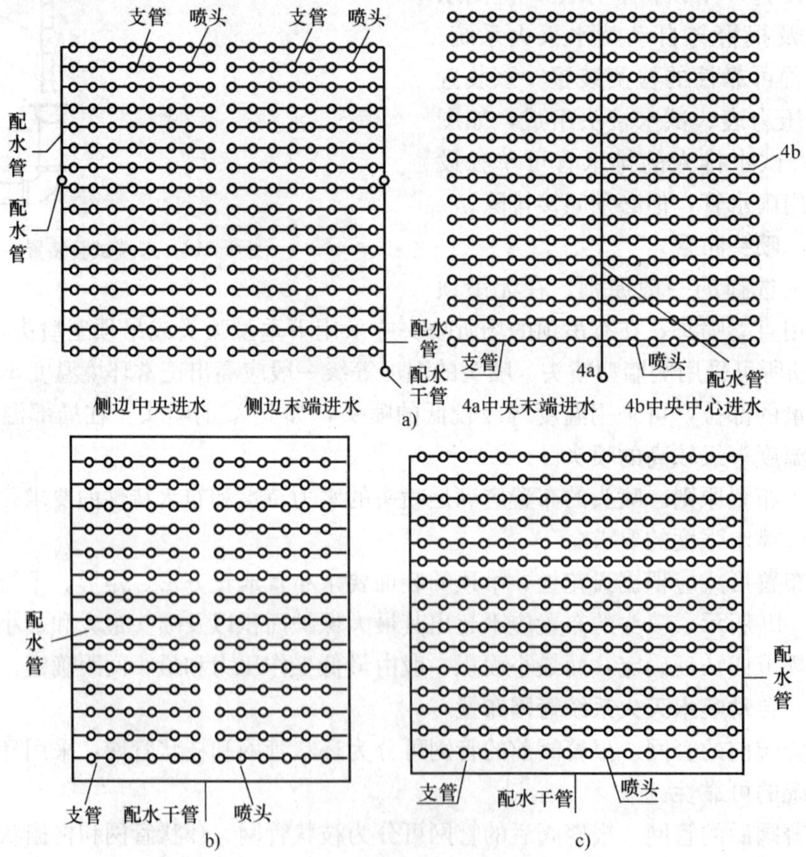

图 8—50 管网布置示意图

a）枝状管网布置示意图 b）环状管网布置示意图 c）格栅状管网布置示意图

枝状管网分为侧边末端进水、侧边中央进水、中央末端进水和中央中心进水等四种形式。

(3) 管道系统。自动喷水灭火系统应有洒水喷头、水流指标器、报警阀组、压力开关等组件和末端试水装置、配水管道、供水设施。

配水管道应采用内外壁热镀锌钢管。管道的管径应经水力计算确定。配水管两侧每根配水支管控制的标准喷头数，轻、中危险级系统不应超过 8 只。同时，在吊顶上下安装喷头的配水支管，上下侧均不应超过 8 只；严重危险级仓库级系统不应超过 6 只。

轻、中危险级系统中配水支管、配水管控制的标准喷头数，不宜超过表 8—8 的规定，本表仅用于系统的控制喷头数量，不应作为系统设计管网管径用。短管及末端试水装置的连接管，其管径不应小于 25 mm。

表 8—8　轻、中危险级系统中配水支管、配水管控制的标准喷头数

公称直径（mm）	控制的标准喷头数（只）	
	轻危险级	中危险级
25	1	1
32	3	3
40	5	4
50	10	8
65	18	12
80	48	32
100	—	64

8.7 热水供应系统

室内热水供应系统是指水的加热、储存和输配的总称，其任务是满足建筑内人们在生产和生活中对热水的需求。

8.7.1 热水供应系统的分类及特点

热水供应系统按供应热水的范围可分为局部热水供应系统、集中热水供应系统和区域热水供应系统三类。

(1) 局部热水供应系统。采用小型加热器在用水场所就地加热，供局部范围内一个或几个配水点使用的热水系统称为局部热水供应系统。如小型电热水器、燃气热水器及太阳能热水器等，供给单个厨房、浴室等用水。

(2) 集中热水供应系统。在锅炉房或热交换站将水集中加热后，通过热水管网输送到整幢或几幢建筑的热水供应系统称为集中热水供应系统。

(3) 区域热水供应系统。在热电厂或区域锅炉房将水集中加热后，通过城市热力管网输送到居住小区、街坊、企业及单位的热水供应系统称为区域热水供应系统。区域热水供应系统一般采用二次供水。

8.7.2 热水系统的组成

集中热水供应系统由热源、热媒管网、热水输配管网、循环水管网、热水储存水箱、循环水泵、加热设备及配水附件等组成，如图 8—51 所示。锅炉产生的蒸汽经热媒管送入水加热器把冷水加热，凝结水回凝水池，再由凝结水泵打入锅炉加热成蒸汽。由冷水箱向水加热器供水，加热器中的热水由配水管送到各用水点。为保证热水温度补偿配水管的热损失，需设热水循环管。

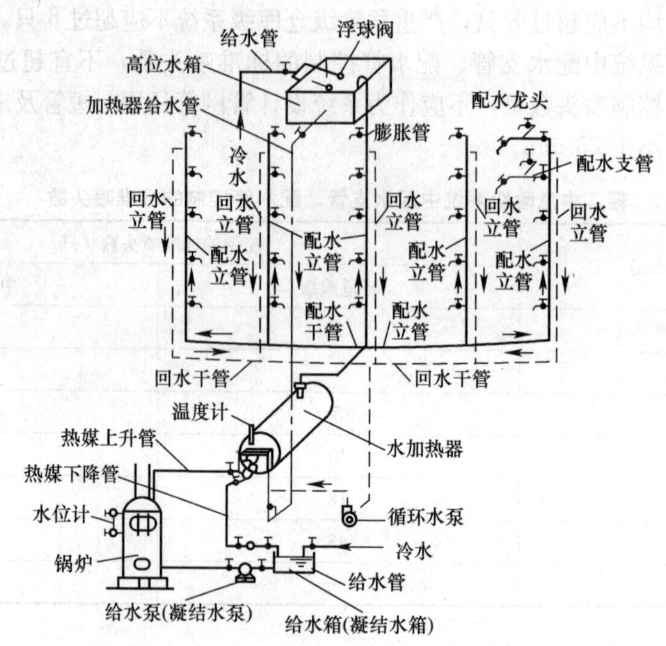

图 8—51　集中热水供应系统组成示意图

热水供应系统由以下三部分构成：

(1) 热媒循环管网（第一循环系统）。由热源、水加热器和热媒管网组成。锅炉产生的蒸汽（或高温水）经热媒管道送入水加热器，加热冷水后变成凝结水，靠余压经疏水器流回到凝结水池，冷凝水和补充的软化水由凝结水泵送入锅炉重新加热成蒸汽，如此循环完成水的加热过程。

(2) 热水配水管网（第二循环系统）。由热水配水管网和循环管网组成。配水管网将在加热器中加热到一定温度的热水送到各配水点，冷水由高位水箱或给水管网补给，为保证用水点的水温，支管和干管设循环管网用于使一部分水回到加热器重新加热，以补充管网所散失的热量。

(3) 附件和仪表。为满足热水系统中控制和连接的需要，常使用的附件和仪表包括各种阀门、水嘴、补偿器、疏水器、自动温度调节器、温度计、水位计、膨胀罐和自动排气阀等。

8.7.3 热水供水方式

(1) 热水的加热方式。热水的加热方式可分为直接加热方式和间接加热方式，如图 8—52 所示。

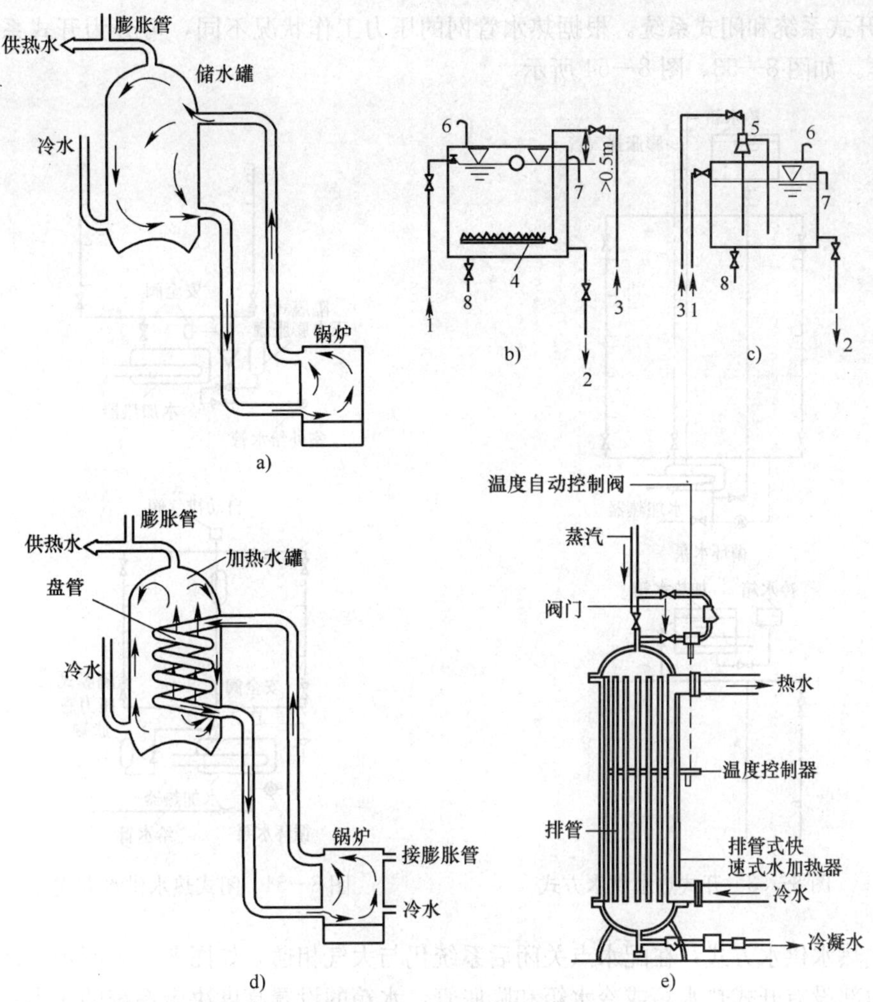

图 8—52　加热方式

a）热水锅炉直接加热　b）蒸汽多孔管直接加热　c）蒸汽喷射器混合直接加热

d）热水锅炉间接加热　e）蒸汽—水加热器间接加热

1—给水　2—热水　3—蒸汽　4—多孔管　5—喷射器　6—通气管　7—溢水管　8—泄水管

1）直接加热方式也称一次换热，是利用燃气、燃油、燃煤为燃料的热水锅炉把冷水直接加热到所需温度，或者是将蒸汽、高温水通过穿孔管或喷射器直接与冷水接触混合制备热水。

2）间接加热方式也称二次换热，是利用热媒通过水加热器把热量传递给冷水，把冷水加热到所需热水温度，而热媒在整个加热过程中与被加热水不直接接触。

(2) 热水供应方式

1）全日供应和定时供应。按热水供应的时间分为全日供应方式和定时供应方式。

全日供应方式是指热水供应管网在全天任何时刻都保持设计的循环水量，热水配水管网全天任何时刻都可正常供水，并能保证配水点的水温。

定时供应方式是指热水供应系统每天定时供水，其余时间系统停止运行。此方式在供水前，利用循环水泵将管网中已冷却的水强制循环到水加热器进行加热，以达到使用温度。

2）开式系统和闭式系统。根据热水管网的压力工作状况不同，可分为开式系统和闭式系统两类。如图 8—53、图 8—54 所示。

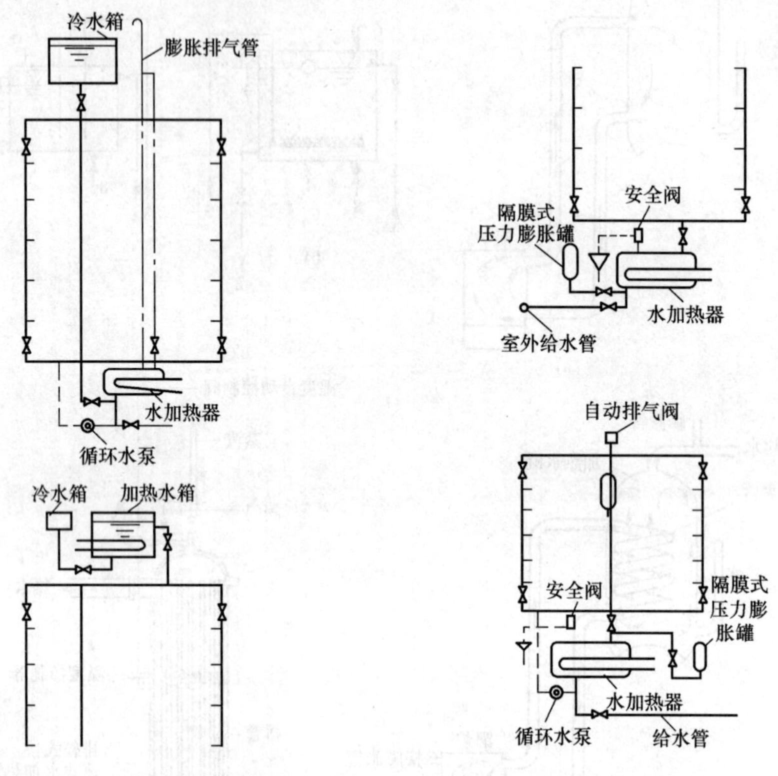

图 8—53　开式热水供水方式

图 8—54　闭式热水供水方式

开式热水供水方式，在配水点关闭后系统仍与大气相通，如图 8—53 所示。此方式一般在管网顶部设有开式热水箱或冷水箱和膨胀管，水箱的设置高度决定系统的压力，而不受外网水压波动的影响，供水安全可靠，用户水压稳定，但开式水箱易受外界污染，且占用建筑面积和空间。此方式适用于用户要求水压稳定又允许设高位水箱的热水系统。

闭式热水供水方式，在配水点关闭后系统与大气隔绝，形成密闭系统，如图 8—54 所示。此系统的水加热器设有安全阀、压力膨胀罐，以保证系统安全运行。闭式系统管路简单，系统中热水不易受到污染，但水压不稳定，一般用于不宜设置高位水箱的热水系统。

3）同程式系统和异程式系统。同程式系统是指每一个热水循环环路长度相等，对应管段管径相同，所有环路的水头损失相同，如图 8—55 所示。异程式系统是指每一个热水循环环路各不相等，对应管段管径也不相同，所有环路水头损失也不相同，如图 8—56 所示。

4）下行上给式和上行下给式。按热水管网水平干管的位置不同，分为下行上给式供水方式和上行下给式供水方式。

水平干管设置在顶层向下供水的方式称为上行下给式供水方式，如图 8—57 所示；水平干管设置在底层向上供水的方式称为下行上给式供水方式，如图 8—58 所示。选用何种方式，应根据建筑物的用途、热源情况、热水用量和卫生器具的布置情况进行技术和经济比较后确定，实际应用时，常将上述各种方式进行组合。

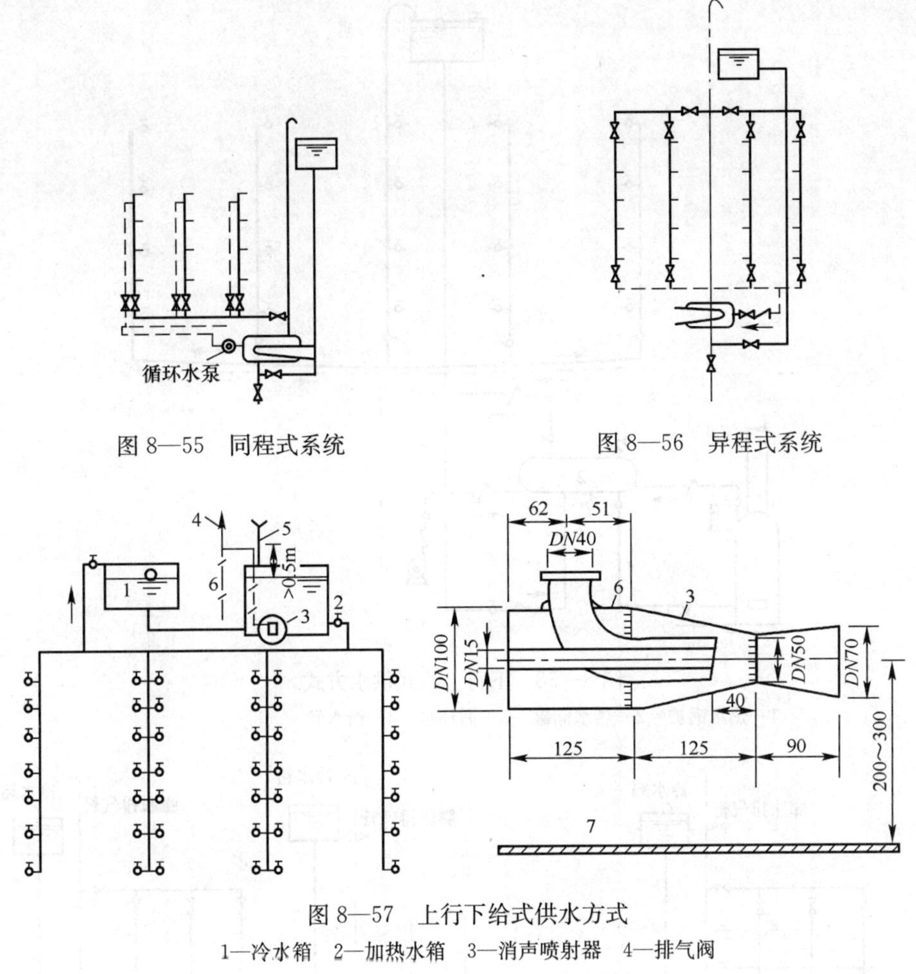

图 8—55　同程式系统

图 8—56　异程式系统

图 8—57　上行下给式供水方式

1—冷水箱　2—加热水箱　3—消声喷射器　4—排气阀

5—透气管　6—蒸汽管　7—热水箱底

8.7.4　热水供应系统循环方式

（1）全循环、半循环和无循环热水供应方式。根据热水供应系统是否设置循环管网或如何设置循环管网，可分为全循环、半循环和无循环热水供应方式。

1）全循环热水供应方式是指热水供应系统中热水配水管网的水平干管、立管甚至配水支管都设有循环管道。该系统设循环水泵，用水时不存在使用前放水和等待时间，适用于高级宾馆、饭店、高级住宅等高标准建筑中，如图 8—59 所示。

2）半循环热水供应方式，又有立管循环和干管循环之分。干管循环方式是指热水供应系统中只在热水配水管网的水平干管设循环管道，该方式多用于定时供应热水的建筑中，打开配水龙头时需放掉立管和支管的冷水才能流出符合要求的热水，如图 8—60 所示；立管循环方式是指热水立管和干管均设置循环管道，保持热水循环，打开配水龙头时只需放掉支管中的少量存水，就能获得规定温度的热水。此方式多用于设有全日供应热水的建筑和设有定时供应热水的高层建筑。

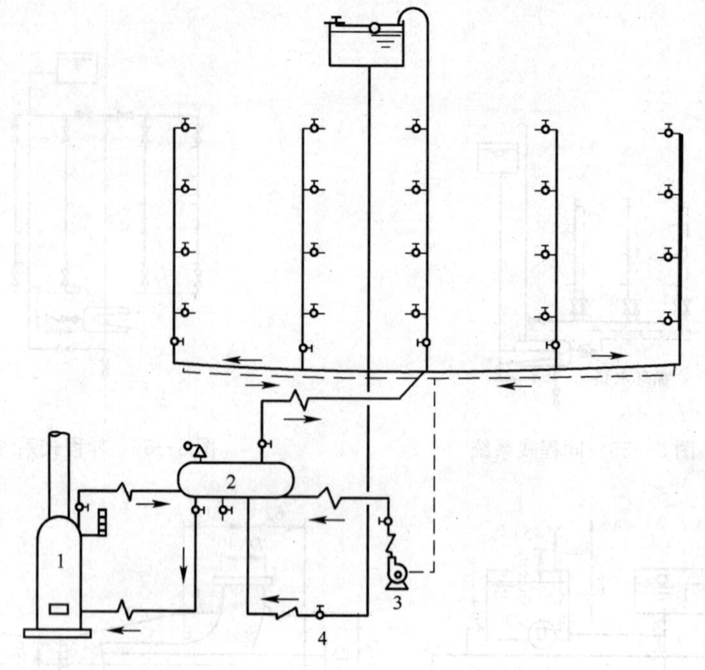

图 8—58 下行上给式供水方式

1—热水锅炉 2—热水储罐 3—循环泵 4—给水管

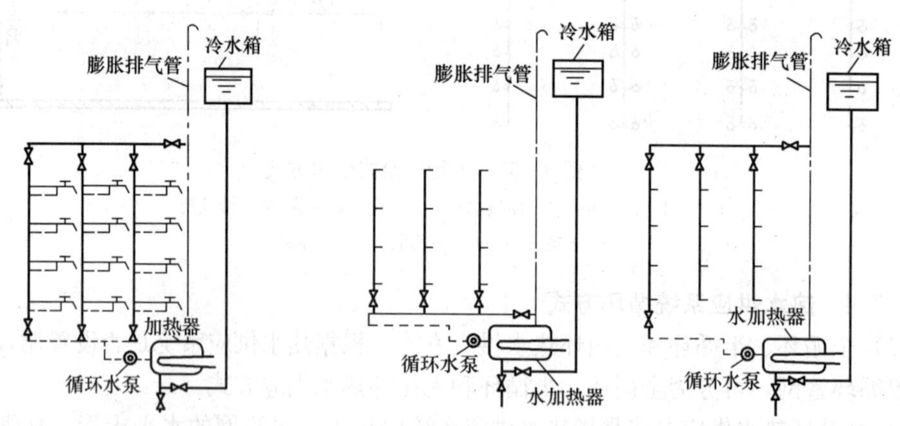

图 8—59 全循环热水供应方式　　图 8—60 半循环热水供应方式

3）不循环热水供应方式是指热水供应系统中热水配水管网的水平干管、立管、配水支管都不设任何循环管道。适用于小型热水供应系统和使用要求不高的定时热水供应系统，或连续用水系统如公共浴室、洗衣房等，如图 8—61 所示。

（2）自然循环方式和机械循环方式。热水供应管网按循环动力不同，可分为自然循环方式和机械循环方式。

自然循环方式是利用配水管和回水管内的温度差所形成的压力差，使管网维持一定的循环流量以补偿热损失，保持一定的供水温度。因配水管与回水管内的水温差一般为 5～10℃，自然循环水头值很小，实际使用中应用不多。一般用于热水供应系统小，用户对水温要求不严格的系统中。

机械循环方式是在回水干管上设循环水泵强制一定量的水在管网中循环，以补偿配水管道的热损失，保证用户对热水温度的要求。目前实际运行的热水供应系统多采用机械循环方式，特别是用户对热水温度要求严格的大、中型热水供应系统。

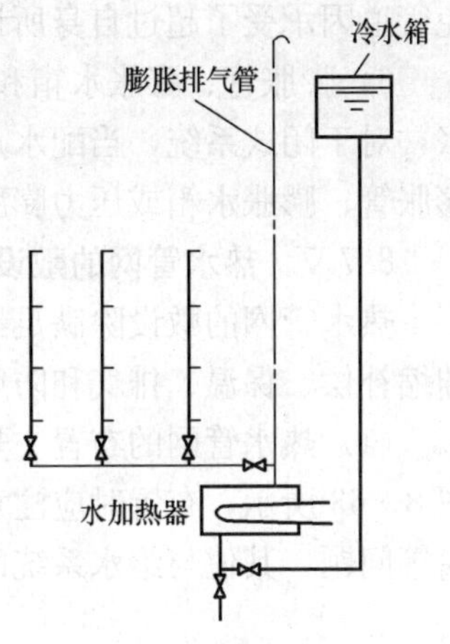

图 8—61 不循环热水供应方式

8.7.5 加热和储热设备

在热水供应系统中，将冷水加热，常采用加热设备来完成。加热设备是热水供应系统的重要组成部分，需根据热源条件和系统要求合理选择。

热水系统的加热设备分为局部加热设备和集中热水供应系统的加热和储热设备。其中局部加热设备包括燃气热水器、电热水器、太阳能热水器等；集中加热设备包括燃煤（燃油、燃气）热水锅炉、热水机组、容积式水加热器、半容积式水加热器、快速式水加热器和半即热式水加热器等。加热设备常用于以蒸汽或高温水为热媒的水加热设备。

8.7.6 热水系统的管材及附件

（1）管材和管件

1）热水供应系统采用的管材和管件应符合现行产品标准的要求。

2）热水管道的工作压力和工作温度不得大于产品标准标定的允许工作压力和工作温度。

3）热水管道应选用耐腐蚀、安装方便、符合饮用水卫生要求的管材及相应的配件。可采用薄壁铜管、不锈钢管、铝塑复合管、交联聚乙烯（PE—X）管等。

4）当选用热水塑料管和复合管时，应按允许温度下的工作压力选择，管件宜采用与管道相同的材质，不宜采用对温度变化较敏感的塑料热水管，设备机房内的管道不宜采用塑料热水管。

（2）附件

1）自动温度调节器。热水供应系统中为实现节能节水、安全供水，应在水加热设备的热媒管道上安装自动温度调节装置来控制出水温度。

2）疏水器。疏水器的作用是自动排出管道和设备中的凝结水，同时又阻止蒸汽流失。在用蒸汽设备的凝结水管道的最低处设疏水器，当水加热器的换热能确保凝结水回水温度不大于 80℃时，可不设疏水器。热水系统常采用高压疏水器。

3）减压阀和安全阀。减压阀是通过启闭件（阀瓣）的节流来调节介质压力的阀门。按其结构不同分为弹簧薄膜式、活塞式、波纹管式等，常用于空气、蒸汽等管道。安全阀设在闭式热水系统和设备中，用以避免超压而造成管网和设备等的破坏。承压热水锅炉应设安全阀，并由厂家配套提供。

4）自动排气阀。自动排气阀用于排除热水管道系统中热水汽化产生的气体（溶解氧和二氧化碳），以保证管内热水畅通，防止管道腐蚀，一般在上行下给式系统的配水干管最高处设自动排气阀。

5）自然补偿管道和伸缩器。热水供应系统中，管道因受热膨胀伸长或因温度降低收缩而产生应力，为保证管网的使用安全，在热水管网上应采取补偿管道温度伸缩的措施，以避免管道因承受了超过自身所许可的内应力而导致弯曲甚至破裂或接头松动。

6）膨胀管、膨胀水箱和压力膨胀罐。在热水供应系统中，冷水被加热后，水的体积膨胀，对于闭式系统，当配水点不用水时，会增加系统的压力，系统有超压的危险，因此要设膨胀管、膨胀水箱或压力膨胀水罐。

8.7.7 热水管网的敷设、保温与防腐

热水管网的敷设除满足给水管网的敷设外，还应注意由于水温高带来的体积膨胀、管道伸缩补偿、保温、排气和防腐等问题。

（1）热水管网的布置。热水管网的布置可采用下行上给式或上行下给式，如图 8—62 和图 8—63 所示，布置时应注意到因水温高引起的体积膨胀、管道保温、伸缩补偿、排气、防腐等问题，其他与给水系统的要求相同。

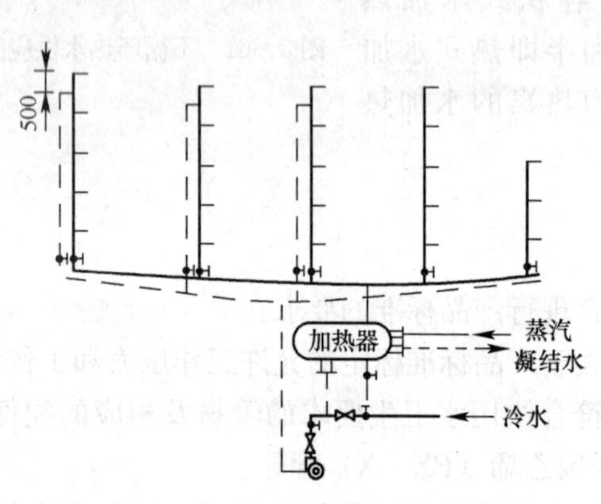

图 8—62　下行上给式循环系统

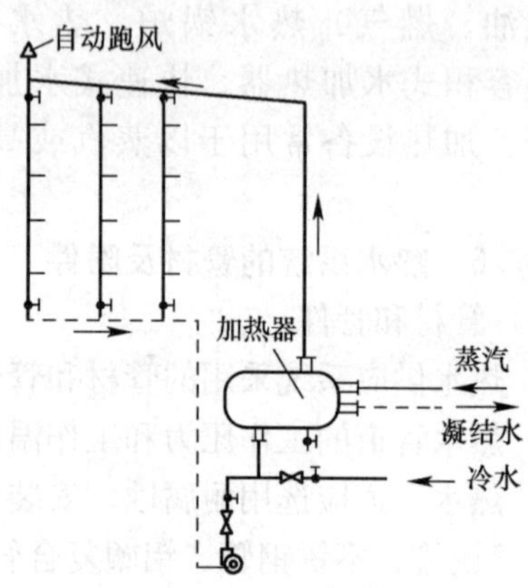

图 8—63　上行下给式循环系统

1）上行下给式的配水干管的最高点应设排气装置（自动排气阀、带手动放气阀的集气罐和膨胀水箱），热水管网水平干管可布置在顶层吊顶内或专用技术设备层内，并设有与水流方向相反且不小于 3‰的坡度。

2）下行上给式布置时，水平干管可布置在地沟内或地下室顶部，不允许埋地敷设。对线膨胀系数大的管材要特别重视直线管段的补偿，应有足够的伸缩器，并利用最高配水点排气，方法是在配水立管最高配水点下 0.5 m 处连接循环回水立管。

3）热水横管均应设与水流方向相反的坡度，要求坡度不小于 3‰，管网最低处设泄水阀门，以便维修。热水管与冷水管平行布置时，热水管在上方、左侧，冷水管在下方、右侧。

4）对公共浴室的热水管道布置，常采用开式热水供应系统，并将给水额定流量较大的用水设备的管道与淋浴配水管道分开设置，以保证淋浴器出水温度稳定。多于 3 个淋浴器的配水管道，宜布置成环形，配水管不应变径，且最小管径不得小于 25 mm。

5）对工业企业生活间和学校的浴室可采用单管热水供应系统，并采取稳定水温的技术措施。

(2) 热水管网的敷设

1) 室内热水管网的敷设可分为明设和暗设两种形式。明设管道尽可能敷设在卫生间、厨房墙角处，沿墙、梁、柱暴露敷设。暗设管道可敷设在管道竖井或预留沟槽内，塑料热水管宜暗设。

2) 室内热水管道穿过建筑物顶棚、楼板及墙壁时，均应加套管，以免因管道热胀冷缩损坏建筑结构。穿过可能有积水的房间地面或楼板时，套管应高出地面 50～100 mm，以防止套管缝隙向下流水。

3) 塑料管不宜暗设，明设时立管宜布置在不受撞击处，如不能避免时，应在管外加保护措施。

(3) 热水管道的防腐与保温

1) 管道的防腐。若用非镀锌钢管或无缝钢管和设备，由于暴露在空气中，会受到氧化腐蚀。可在管道和设备外表面涂防腐材料。

常用的防腐材料为防锈漆和面漆（调和漆和银粉漆），对非保温管道刷防锈漆一道、面漆两道，对保温管道刷防锈漆两道即可。

2) 管道的保温。为减少热水制备和输送过程中无效的热损失，热水供应系统中的水加热设备，储热水器，热水箱，热水供水干、立管，机械循环的回水干、立管，有冰冻可能的自然循环回水干、立管均应保温。一般选择导热系数低、耐热性高、不腐蚀金属、密度小并有一定的孔隙率、吸水性低且有一定机械强度、易施工、成本低的材料作为保温材料。

对未设循环的供水支管长度为 3～10 m 时，为减少使用热水前泄放的冷水量，可采用自动调控的电伴热保温措施，电伴热保温支管内水温可按 45℃设计。

热水供、回水管和热媒水管常用的保温材料为岩棉、超细玻璃棉、硬聚氨酯、橡塑泡棉等材料。

不论采用何种保温材料，管道和设备在保温之前，应进行防腐处理，保温材料应与管道或设备的外壁紧密相贴，并在保温层外表面设防护层。如遇管道转弯处，其保温层应做伸缩缝，缝内填柔性材料。

本章小结

本章系统地介绍了给水系统的分类与组成、给水方式、给水管材、附件和水表、给水管道的布置与敷设、给水增压与调节设备、消防系统的类型和适用范围、室外消防系统、消火栓给水系统、自动喷水灭火系统、热水供应系统和饮水系统的组成、供水方式、循环方式及热水管网的敷设要求等知识。

学习建筑给水知识，首先要了解建筑给水系统的分类和组成；在给水方式的确定上，以水箱是否设置划分了不同的给水方式区分，特别明确要充分利用外网水压的分区给水方式，以符合节能要求。塑料给水管材的应用已经非常普遍，如何选用应是学习的重点。

对于室外消防系统的作用、设置范围与组成、用水量、水压、室外消防管道及设施，室内消火栓给水系统分类、系统选择、给水方式、系统设置规定、组成与设施等，要求有一个初步的了解。

在热水供应系统学习过程中，应注意给水系统和热水供应系统的区别，特别是供水方式的区别、管材选用的区别、系统附件的差异。

从工学结合角度出发，同学们在进入现场之前，要深刻领会给水管道的布置、敷设、防护的要求和方法，特别是增压与调节设施，如水泵、水箱、水池的设置要求、现场施工要求等。

练　习　题

1. 建筑给水系统由哪几部分组成？各有什么作用？
2. 试述建筑给水系统常用的给水方式及适用条件。
3. 建筑给水系统常用管材有哪些？各自的连接方式有哪些？
4. 常用配水附件有哪些？常用控制附件有哪些？
5. 建筑给水系统常用的水表有哪几种？水表主要性能参数的意义是什么？
6. 给水管道布置的原则和要求有哪些？
7. 给水管道明设和暗设各有什么优缺点？敷设时有什么要求？
8. 简述给水管道防腐、防冻、防结露、防高温、防振措施。
9. 如何确定水箱容积？水箱的设置有哪些要求？
10. 什么是火灾？火灾的必要条件有哪些？
11. 试述水灭火的机理。
12. 室外消火栓给水系统的作用是什么？其组成包括哪些部分？
13. 室内消火栓给水系统由哪些部分组成？
14. 室内消火栓、消防水带、水枪有哪些规格？如何选用？
15. 水泵接合器的形式有哪几种？各有什么特点？每个水泵接合器的流量是多少？
16. 常用的自动喷水灭火系统有哪些类型？
17. 喷头布置的要求有哪些？
18. 热水供应系统有何特点？
19. 各种加热方式有何特点？怎样确定加热方式？
20. 热水供应系统管道敷设有哪些要求？

9 建筑排水

本章学习目标

1. 了解排水系统的分类与组成、排水体制与选择。
2. 了解卫生器具和生产设备受水器、排水管道系统。
3. 熟悉排水管材、管件、清通设备和提升设备。
4. 理解排水管道的布置及敷设要求。
5. 了解污、废水的提升和局部处理。

9.1 建筑排水系统

建筑排水系统的任务，是将房屋内卫生器具和生产设备排出来的污（废）水、降落在屋顶上的雨雪水、空调凝结水等，通过室内排水管道有组织地排到室外排水管道中去。

9.1.1 排水系统分类

（1）生活污水排水系统。包括生活污水排水系统、生活废水排水系统。

1）生活污水排水系统，指大、小便器（槽）以及与此类似的卫生设备产生的含有粪便和纸屑等杂物的粪便污水的排水系统。

2）生活废水排水系统，指洗涤设备、淋浴设备、盥洗设备及厨房等卫生器具排出的含有洗涤剂和细小悬浮颗粒杂质，污染程度较轻的废水排水系统。

（2）工业废水排水系统。工业废水包括生产污水和生产废水。

1）生产污水是指生产过程中被严重污染的工业用水，还包括水温过高，排放后造成热污染的工业用水。对应的排水系统，称为生产污水排水系统。

2）生产废水是指未受污染或受轻微污染以及水温稍微升高的工业用水。对应的排水系统，称为生产废水排水系统。

（3）屋面雨水排水系统。是指排除屋面及楼侧立面积聚的雨水和融化的雪水的系统。可根据建筑物的结构形式、气候条件及使用要求等因素采用外排水系统或内排水系统。

9.1.2 排水体制与选择

（1）排水体制。分为分流制排水和合流制排水。

室内产生的污水、废水按不同性质分别设置管道排出室外，称为分流制排水；将不同性质的污水共用一根管道排出，则称为合流制排水。

（2）排水体制的选择。建筑内部排水体制的确定，应根据污水性质、污染程度，结合建筑外部排水系统体制，有利于综合利用及中水系统的开发和污水的处理要求等方面因素综合考虑。

9.1.3 污水排入城市管网的条件

建筑工业废水和生活污水排入城市排水系统应符合污水排入城市下水道的水质标准。为避免污水悬浮杂质在管道中沉淀，阻塞管道，标准要求排入城市下水道污水中不应含有大量的固体杂质；高温污水应降温到40～50℃；排入的污水基本呈中性（pH值为6～9），以防强酸、强碱污水对管道的侵蚀，影响污水的进一步处理；对污水中的有毒物质、放射性物质、汽油或油脂等易燃液体也有限制；当污水中含有伤寒、痢疾、炭疽、结核、肝炎等病原体时，必须严格消毒处理。总之，建筑工业废水和生活污水排入城市排水系统，应符合《污水排入城市下水道水质标准》，具体见表9—1。

表9—1 污水排入城市下水道部分水质标准（除水温、pH值及易沉淀物体的单位外） mg/L

序号	项目名称	最高允许含量	序号	项目名称	最高允许含量
1	pH值	6～9	11	生化需氧量（5天/20℃）	100（300）
2	悬浮物	400			
3	易沉固体	10ml/L 15min	12	化学耗氧量（重铬酸钾法）	150（500）
4	油脂	100	13	溶解性固体	2000
5	矿物油类	20	14	有机磷	0.5
6	苯系物	2.5	15	苯胺	3
7	氰化物	0.5	16	氟化物	15
8	硫化物	1	17	汞及其无机化合物	0.05
9	挥发生酚	1	18	铬及其无机化合物	0.1
10	温度	35℃	19	铅及其无机化合物	1

9.2 排水系统的组成

建筑内部排水系统的基本组成部分为卫生器具和生产设备的受水器、排水管道、清通设备和通气管道，如图 9—1 所示。建筑内部排水系统的组成应能满足以下三个基本要求：首先，系统能迅速畅通地将污、废水排到室外；其次，排水管道系统气压稳定，有毒有害气体不能进入室内，保持室内环境卫生；最后，管线布置合理，简短顺直，工程造价低。为满足上述要求，有些排水系统中还设有污、废水的提升设备和局部处理构筑物。

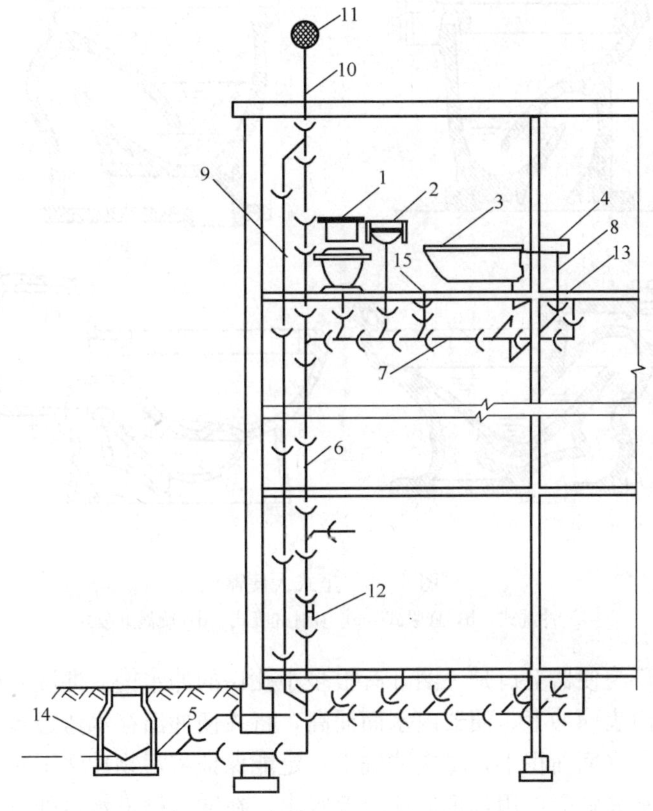

图 9—1 建筑内部排水系统的组成

1—大便器 2—洗脸盆 3—浴盆 4—洗涤盆 5—排出管 6—立管 7—横支管 8—支管 9—通气立管 10—伸顶通气管 11—网罩 12—检查口 13—清扫口 14—检查井 15—地漏

9.2.1 卫生器具和生产设备受水器

卫生器具和生产设备受水器应满足人们在日常生活和生产过程中的卫生和工艺要求。卫生器具又称卫生设备或卫生洁具，是供水并接受、排出人们在日常生活中产生的污、废水或污物的容器或装置。如洗脸盆、污水盆、浴盆、淋浴器、大便器、小便器等。生产设备受水器是接受、排出工业企业在生产过程中产生的污、废水或污物的容器或装置。

由于卫生器具的用途、设备地点、安装和维护条件不同，卫生器具的结构、形式和材料也各不相同。随着人们生活水平和卫生标准的逐步提高，对卫生器具的功能、造型、色彩提出了更高的要求，以求得舒适、卫生的生活环境。

(1) 便溺用卫生器具。便溺用卫生器具设置在卫生间和公共厕所，用来收集生活污水。便溺用卫生器具包括便器和冲洗设备。

1) 大便器。大便器是排除粪便的卫生器具，其作用是把粪便和便纸快速排入下水道，同时要防臭。常用的大便器有坐式大便器、蹲式大便器和大便槽三种。坐式大便器按冲洗的水力原理分为冲洗式和虹吸式两种，如图 9—2 所示。

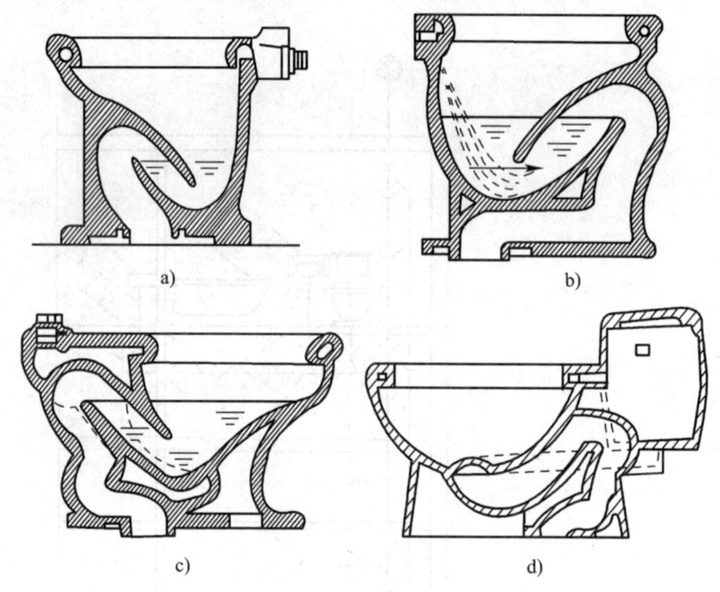

图 9—2 坐式大便器

a) 冲洗式 b) 虹吸式 c) 喷射虹吸式 d) 旋涡虹吸式

冲洗式坐便器环绕便器上口是一圈开有很多小孔口的冲水槽。冲洗开始时，水进入冲洗槽，经小孔沿便器内表面冲下，便器内水面涌高，将粪便冲出存水弯边缘。冲洗式坐便器的缺点是受污面积大，水面面积小，每次冲洗不一定能保证将污物冲洗干净。

虹吸式坐便器是靠虹吸作用，把粪便全部吸出。在冲水槽进水口处有一个冲水缺口，部分水从这里冲射下来，加快虹吸作用。虹吸式坐便器为使冲洗水冲下时有力，流速很大，所以会发生较大噪声。

坐式大便器安装图如图 9—3 所示。

蹲式大便器多用于集体宿舍、公共建筑物的公用厕所。蹲式大便器的压力冲洗水经大便器周边的配水孔将大便器冲洗干净，如图 9—4 所示。蹲式大便器一般自身不带存水弯，管道安装时需要在蹲式大便器排水竖短管下方加设 P 形、S 形存水弯，如图 9—5 所示。

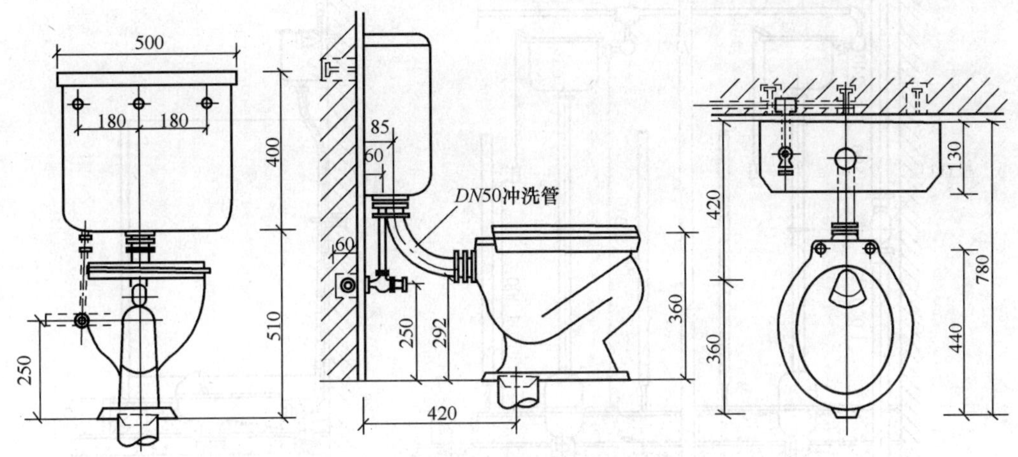

图 9—3　坐式大便器安装图

a）立面图　b）侧立面图　c）平面图

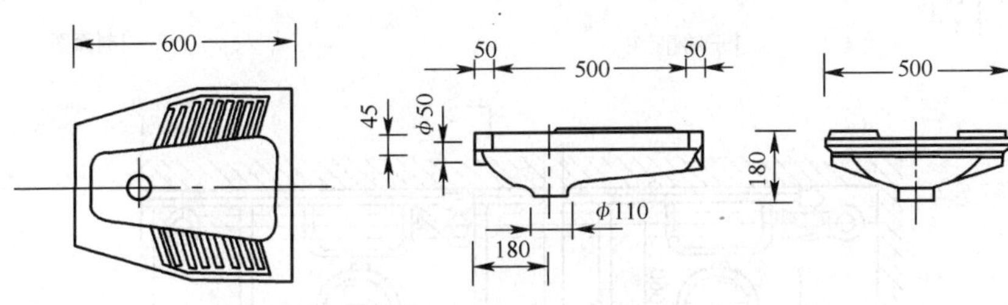

图 9—4　蹲式大便器

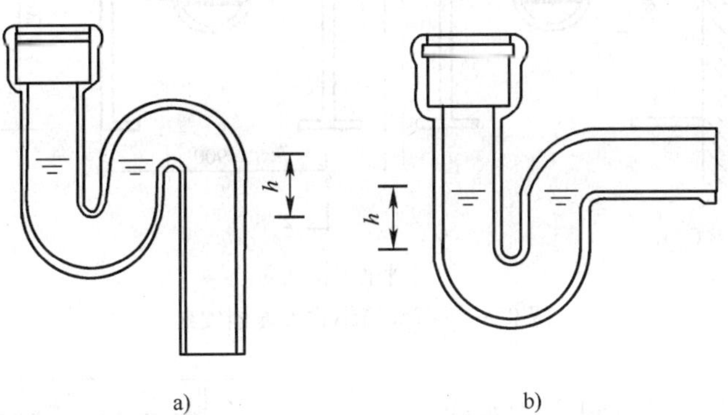

图 9—5　存水弯

a）S形　b）P形

蹲式大便器一般采用高位水箱，如图 9—6 所示。除一层采用 S 形存水弯外，其他楼层均采用 P 形存水弯，如图 9—7 所示。为了节约用水，应尽可能采用延时自闭式冲洗阀直接连接给水管进行冲洗。

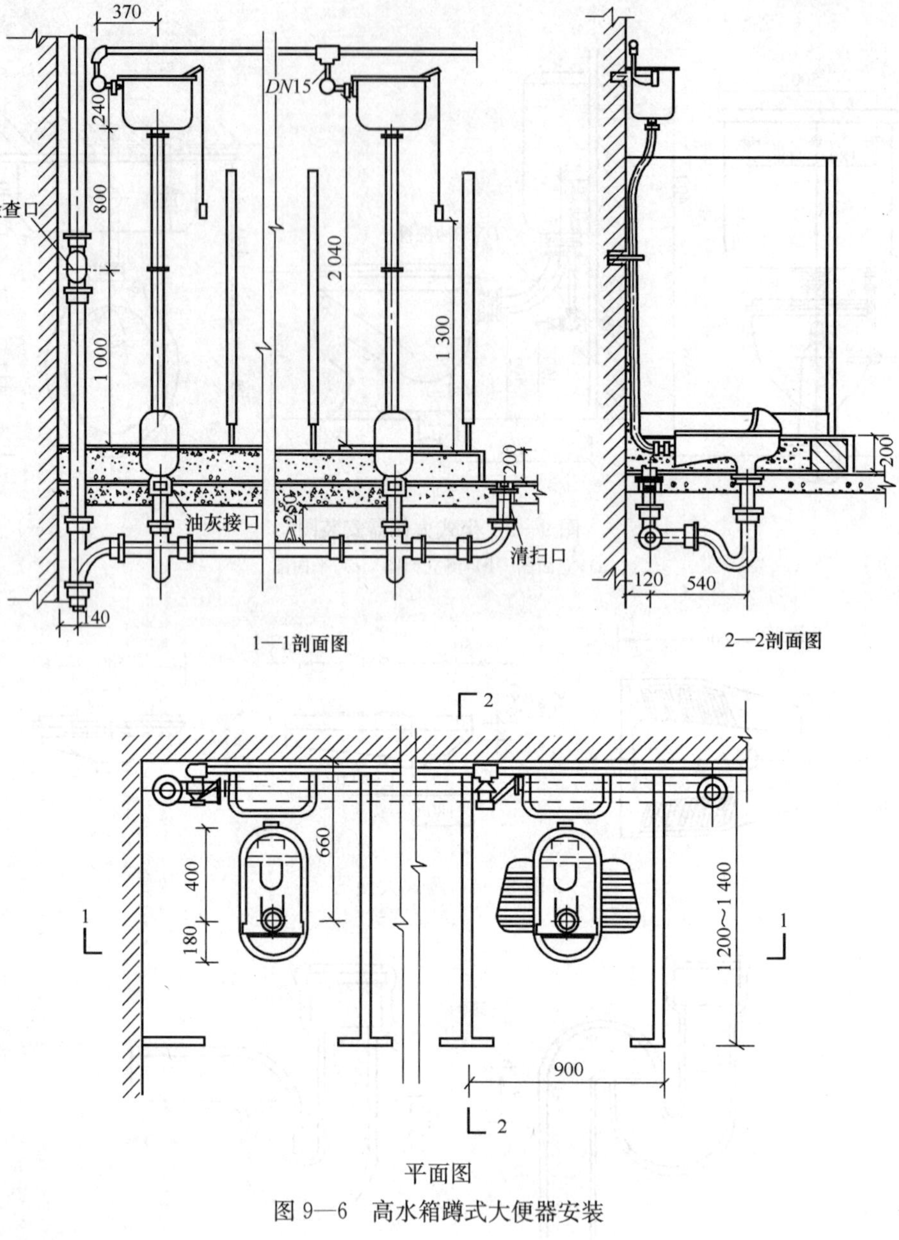

1—1剖面图

2—2剖面图

平面图

图 9—6 高水箱蹲式大便器安装

大便槽用于学校、火车站、汽车站、游乐场等人员较多的场所，代替成排的蹲式大便器。大便槽造价低，便于采用集中自动冲洗水箱和红外线数控冲洗装置，既节水又卫生，如图 9—8 所示。大便槽冲洗水量、冲洗水管及排水管管径见表 9—2。

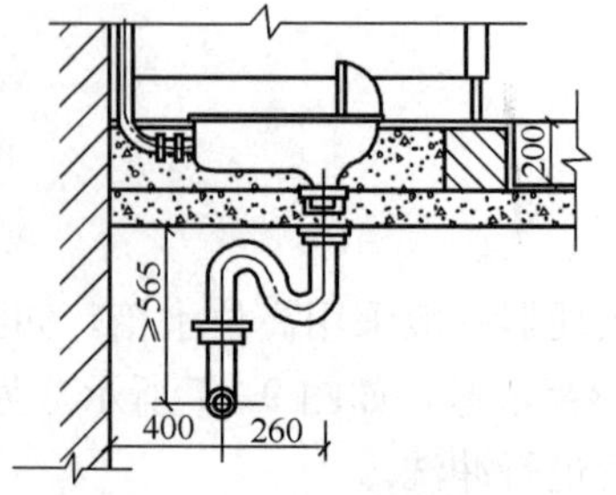

图 9—7 底层蹲式大便器安装

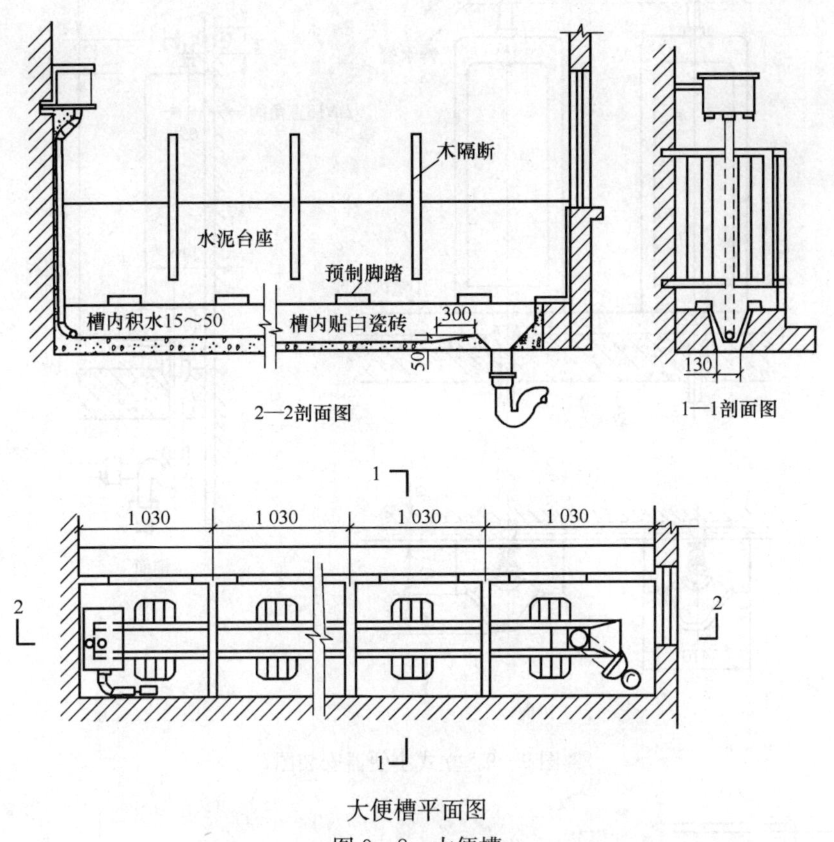

图 9—8　大便槽

表 9—2　　大便槽冲洗水量、冲洗水管及排水管管径

蹲位数/个	每蹲位冲洗水量/L	冲洗管管径/mm	排水管管径/mm
3～4	12	40	100
5～8	10	50	150
9～12	9	70	150

2）小便器。小便器设于公共建筑男厕所内，有挂式、立式和小便槽三类。挂式小便器悬挂在墙上，其冲洗设备可采用延时自闭冲洗阀或自动冲洗水箱，当同时使用小便器人数少时，宜采用手动冲洗阀冲洗，小便斗应装设存水弯。挂式小便器多设于住宅建筑和普通的公共建筑中；立式小便器大多设在对卫生设备要求较高、装饰标准高的公共建筑（如展览馆、写字楼、宾馆等男卫生间）内，多为成组安装。立式和挂式小便器安装如图 9—9、图 9—10 所示。小便槽用于工业企业、公共建筑和集体宿舍等建筑，如图 9—11 所示。

3）冲洗设备。冲洗设备是便溺用卫生器具的配套设备，有冲洗水箱和冲洗阀两种。冲

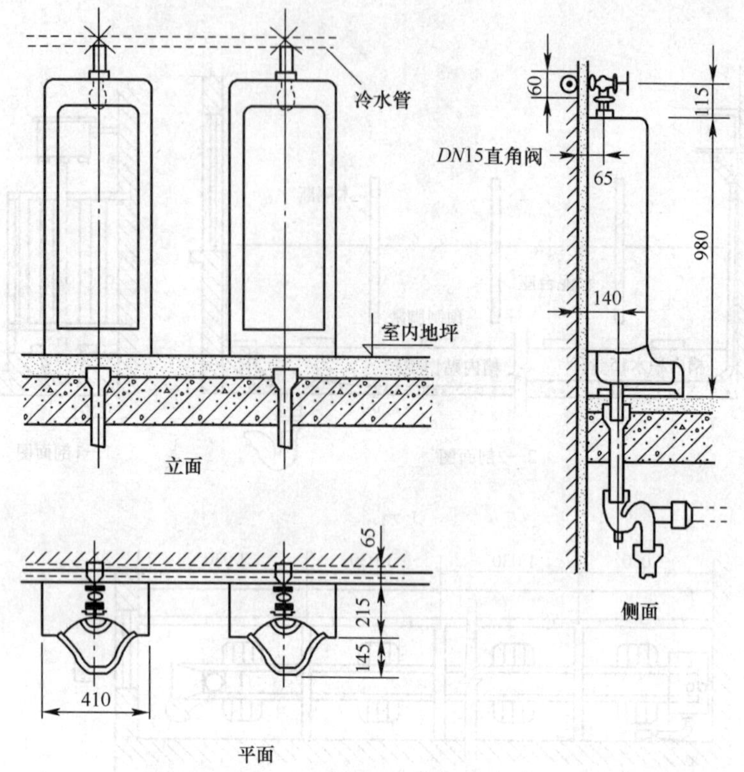

图 9—9　立式小便器安装图

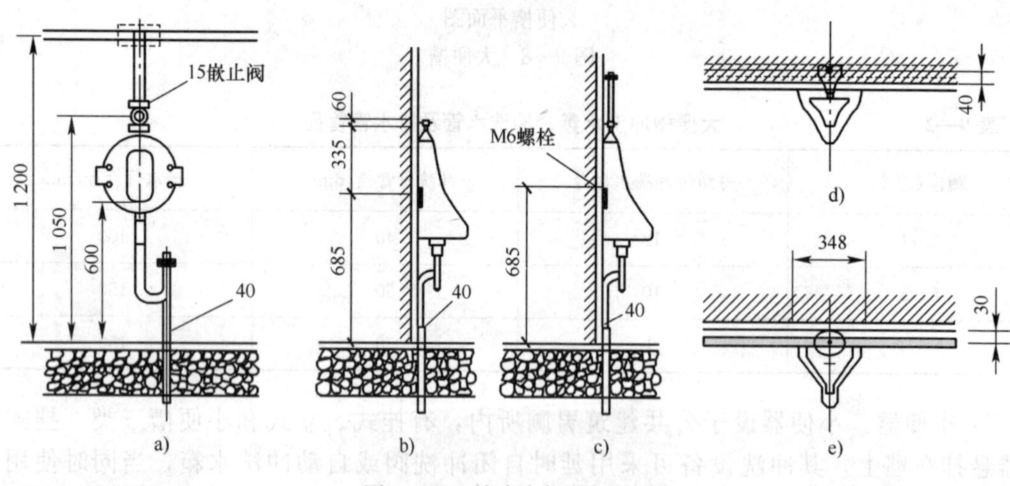

图 9—10　挂式小便器安装图

洗水箱分高位水箱和低位水箱，高位水箱用于蹲式大便器和大小便槽，公共厕所宜用自动式冲洗水箱，住宅和旅馆多用手动式，低位水箱用于坐式大便器，一般为手动式。冲洗阀直接安装在大小便器冲洗管上，多用于公共建筑、工厂及火车厕所内。如图 9—12、图 9—13、图 9—14 所示。

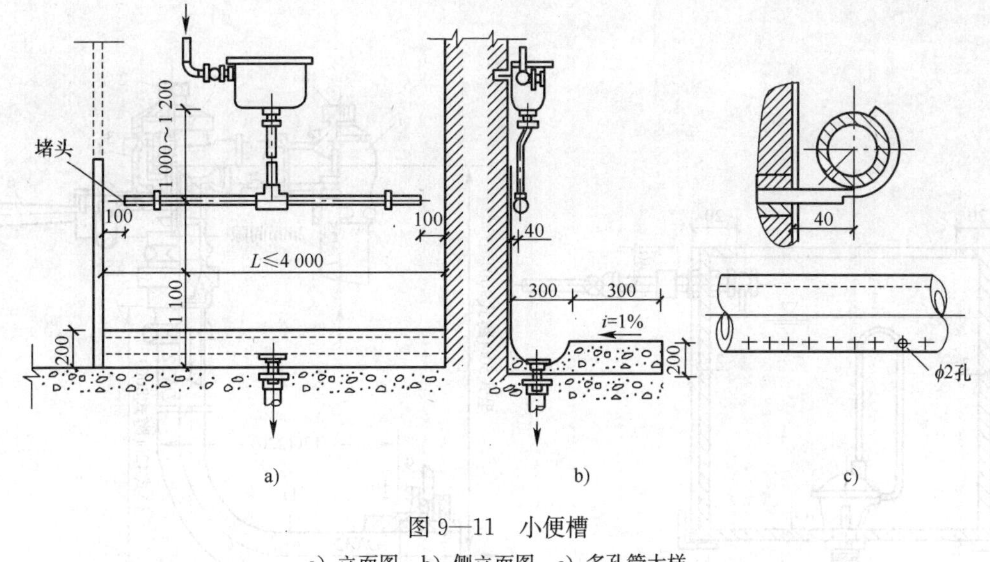

图 9—11 小便槽

a）立面图 b）侧立面图 c）多孔管大样

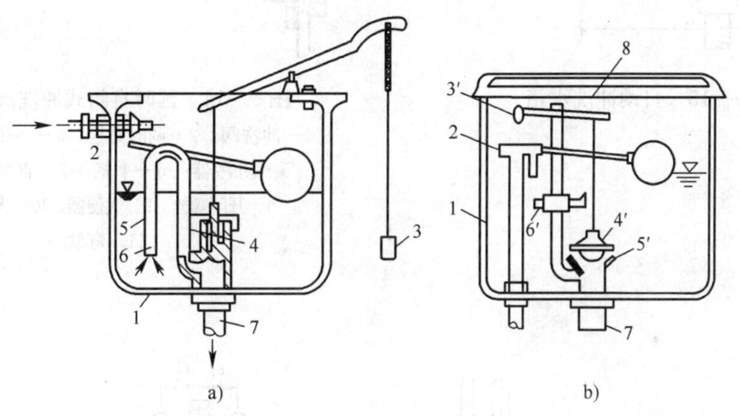

图 9—12 手动虹吸冲洗水箱

a）高水箱塞式阀 b）低水箱塞式阀

1—水箱 2—浮球阀 3—拉链 3′—扳手 4—弹簧塞阀 4′—橡胶塞阀 5—虹吸管 5′—阀座 6—ϕ5 小孔 6′—导向装置 7—冲洗管 8—溢流管

（2）盥洗、沐浴器具

1）洗脸盆。又称洗面器。一般用于洗脸、洗手和洗头，设置在盥洗室、浴室、卫生间及理发室内。洗脸盆的高度及深度适宜，盥洗不用弯腰较省力，使用时不溅水，可用流动水盥洗，比较卫生。洗脸盆有长方形、椭圆形和三角形，安装方式有墙架式、柱脚式和台式，图 9—15 所示为墙架式洗脸盆安装图。

2）盥洗槽。盥洗槽多为瓷砖水磨石类现场建造的卫生设备，有单面、双面之分，通常设置在同时有多人需要使用盥洗的地方，如工厂、学校的集体宿舍、工厂生活间等，其比洗脸盆的造价低，使用灵活。盥洗槽有长条形和圆形两种形式，槽宽一般 500～600 mm，槽长 4.2 m 以内可采用一个排水栓，超过 4.2 m 设置两个排水栓。槽下用砖垛支撑，图 9—16 所示为单面盥洗槽。

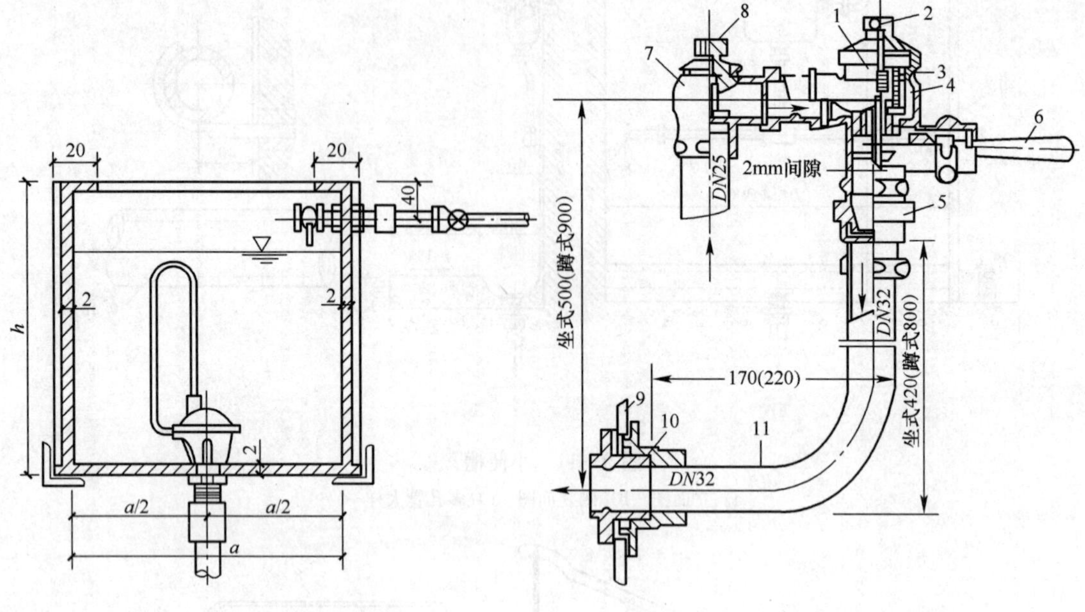

图 9—13　自动冲洗水箱

图 9—14　延时自闭式冲洗阀的安装

1—冲洗阀　2—调时螺栓　3—小孔　4—滤网　5—防污器　6—手柄　7—直角截止阀　8—开闭螺栓　9—大便器　10—大便器卡　11—弯管

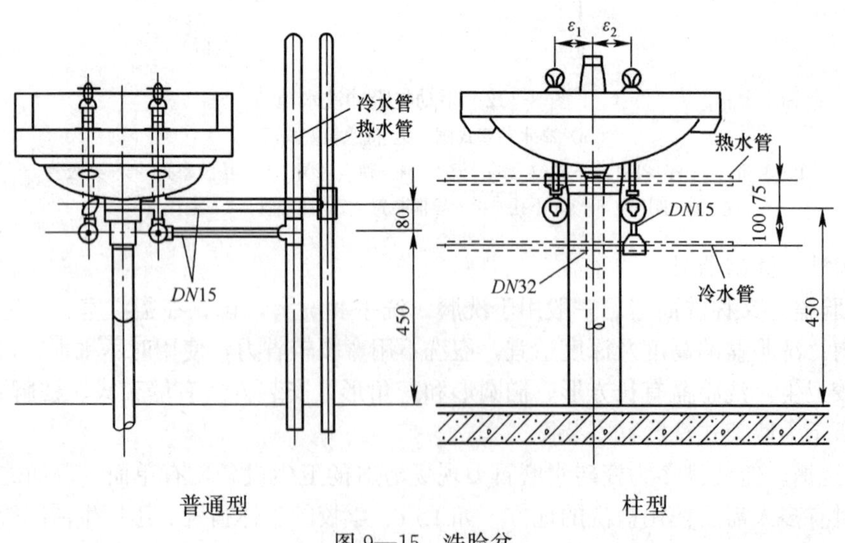

图 9—15　洗脸盆

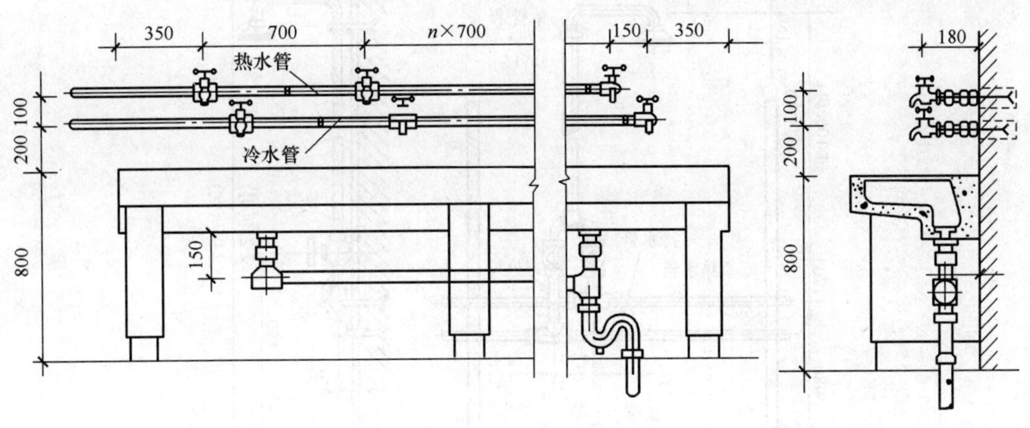

图 9—16 单面盥洗槽

3）浴盆。浴盆设在住宅、宾馆、医院等卫生间及公共浴室内，有长方形、方形和任意形等多种形式，供人们沐浴使用。浴盆颜色在浴间内需与其他用具色调协调。

浴盆的排水口、溢水口均设在装置龙头一端。浴盆一般用陶瓷、搪瓷钢板、塑料、复合材料制成。如图 9—17 所示。

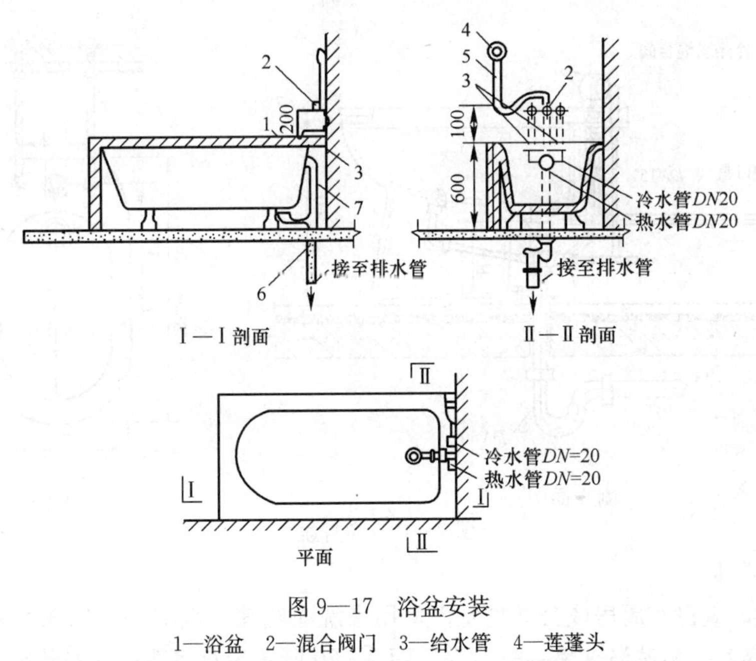

图 9—17 浴盆安装

1—浴盆 2—混合阀门 3—给水管 4—莲蓬头

5—蛇皮软管 6—存水弯 7—溢水管

4）淋浴器。淋浴器多用于工厂、学校机关、部队公共浴室和集体宿舍、体育馆内。与浴盆相比，淋浴器具有占地面积小、设备费用低、耗水量小、清洁卫生、避免传染疾病等优点。淋浴器有成品、现场安装两种。图 9—18 所示为现场安装的淋浴器。

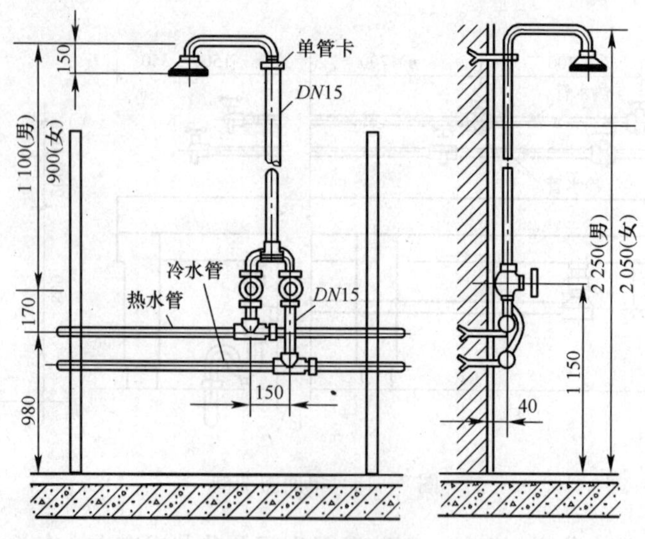

图 9—18　淋浴器安装

5）净身盆。净身盆与大便器配套安装，供便溺后洗下身用，更适合妇女和痔疮患者使用。一般用于宾馆高级客房的卫生间内，也用于医院、工厂的妇女卫生室内，如图 9—19 所示。

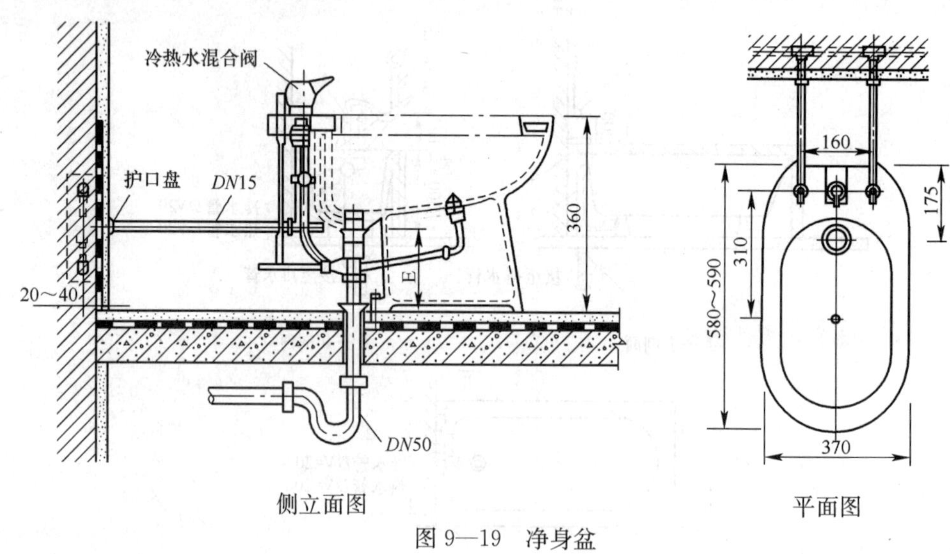

图 9—19　净身盆

（3）洗涤器具

1）洗涤盆。装设在厨房或公共食堂内，用来洗涤碗碟、蔬菜等。洗涤盆有单格和双格之分，双格洗涤盆一格洗涤，另一格泄水。图 9—20 所示为双格洗涤盆安装图。

2）化验盆。设置在工厂、科研机关和学校的化验室或实验室内，盆内已带水封，根据需要，可装置单联、双联、三联鹅颈龙头，如图 9—21 所示。

3）污水盆。污水盆设置在公共建筑的厕所、盥洗室内，供洗涤拖把、打扫厕所或倾倒污水用。图 9—22 所示为污水盆安装图。

（4）地漏。地漏是排水的一种特殊装置。地漏一般设置在经常有水溅出的地面、有水需要排

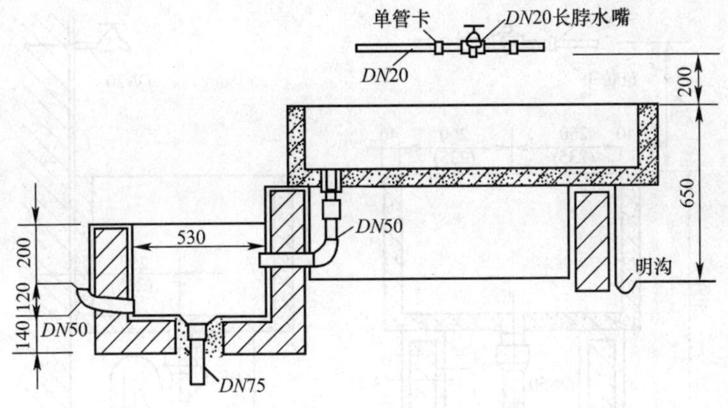

图 9—20 双格洗涤盆安装图

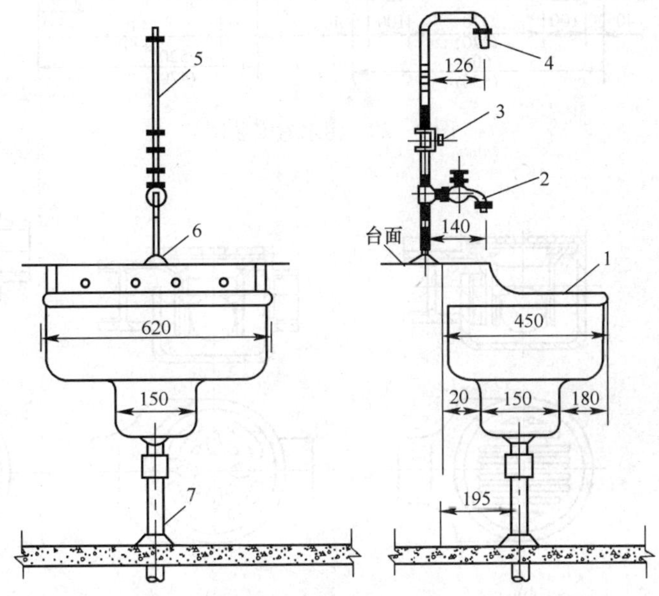

图 9—21 化验盆安装

1—化验盆 2—DN15 化验龙头 3—DN15 截止阀 4—螺纹接口
5—DN15 出水管 6—压盖 7—DN15 排水管

除的地面和经常需要清洗的地面最低处（如淋浴间、盥洗室、厕所、卫生间等），其地漏箅子应低于地面 5～10 mm。带水封的地漏水封深度不得小于 50 mm。地漏的选择应符合下列要求：

1）应优先采用直通式地漏，直通式地漏下必须设置存水弯。

2）卫生要求高或非经常使用地漏排水的场所，应设置密闭地漏。

3）食堂、厨房和公共浴室等排水宜设置网框式地漏。

家庭还可用做洗衣机排水口。地漏有扣碗式、多通道式、双箅杯式、防回流式、密闭式、无水式、防冻式、侧墙式等多种类型。图 9—23 所示为其中几种类型的地漏。淋浴室内一般用地漏排水，地漏直径按表 9—3 选用，当采用排水沟排水时，8 个淋浴器可设 1 个直径为 100 mm 的地漏。

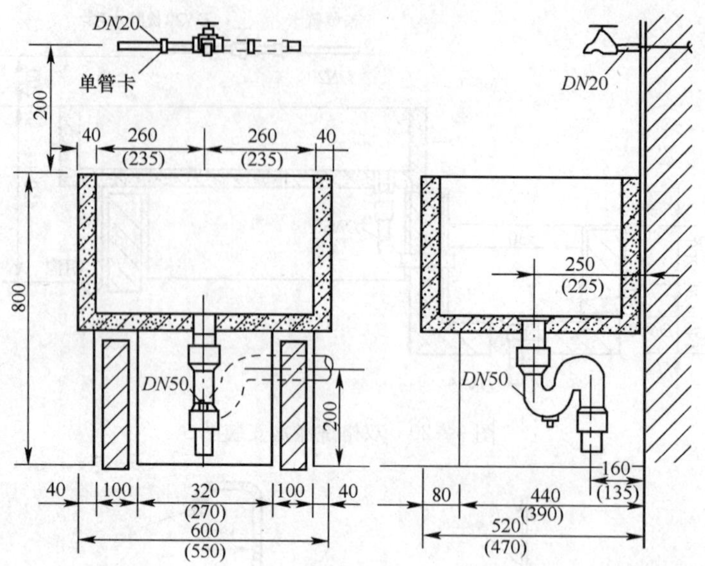

图 9—22　污水盆安装图

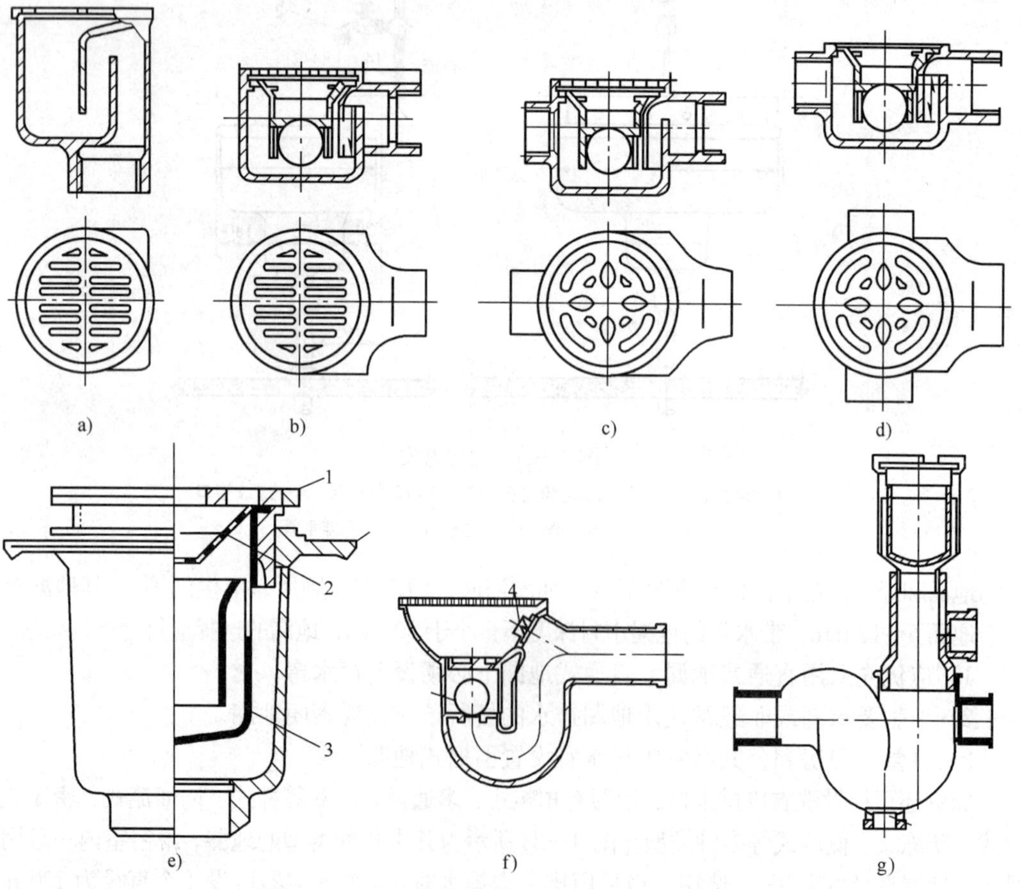

a)　b)　c)　d)

e)　f)　g)

图 9—23　地漏

a）普通地漏　b）单通道地漏　c）双通道地漏　d）三通道地漏　e）双箅杯式地漏　f）防倒流地漏　g）双接口多功能地漏

表 9—3　　淋浴室地漏管径　　mm

淋浴器数量/个	地漏管径
1～2	50
3	75
4～5	100

9.2.2 排水管道系统

排水管道系统由器具连接管（连接卫生器具和横支管之间的一段短管，除坐式大便器、地漏外，其间包括存水弯）、有一定坡度的横支管、立管、横干管和排出到室外的排出管等组成。

排水支管是连接卫生器具和排水横管之间的短管；排水横管是连接各卫生器具排水支管的横向排水管；排水立管汇集各排水横管的污水，并输送至排出管；排出管是从建筑物内至室外检查井等的排水横管段；通气管是为使排水系统内空气流通、压力稳定、防水封破坏而设置的与大气相通的管道。

建筑物内排水管道应采用建筑排水塑料管及管件或柔性接口连接排水铸铁管及相应管件。工业废水排水管道则应根据污、废水的性质、管材的机械强度及管道敷设方法，并结合就地取材原则选用管材。

（1）排水管材

1）塑料管。塑料管包括 PVC－U（硬聚氯乙烯）管、UPVC 隔音空壁管、UPVC 芯层发泡管、ABS 管等多种管道，适用于建筑高度不大于 100 m、连续排放温度不大于 40℃、瞬时排放温度不大于 80℃的生活污水系统、雨水系统，也可用做生产排水管。常用胶黏剂承插连接，或弹性密封圈承插连接。优点是耐腐蚀、质量轻、施工简单、水力条件好、不易堵塞，但有强度低、易老化、耐温性差、普通 PVC－U 管噪声大等缺点。目前最常用的是 PVC－U（硬聚氯乙烯）管。

2）排水铸铁管。排水铸铁管的管壁较给水铸铁管薄，不能承受高压，常用于建筑生活污水管、雨水管等，也可用做生产排水管。排水铸铁管的优点是耐腐蚀、具有一定的强度、使用寿命长和价格便宜等，缺点是性脆、自重大，每根管的长度短，管接口多，施工复杂。排水铸铁管连接方式多为承插式，常用的接口材料有普通水泥接口、石棉水泥接口、膨胀水泥接口等。普通排水铸铁管现在已经禁止使用。

柔性抗振排水铸铁管，广泛应用于高层和超高层建筑室内排水，是采用橡胶圈密封，螺栓紧固，具有较好的挠曲性、伸缩性、密封性及抗振性能，且便于施工。

3）钢管。用做卫生器具排水支管及生产设备振动较大的地点、非腐蚀性排水支管上，管径小于或等于 50 mm 的管道，可采用焊接或配件连接。

（2）管件。室内排水管道是通过各种管件连接的，管件种类很多，常用的有以下几种：

1）弯头。用在管道转弯处，使管道改变方向。有 90°、45°两种。

2）乙字管。排水立管在室内距墙比较近，但基础比墙宽，为了到下部绕过基础需设乙字管，或高层排水系统为消能而在立管上设置乙字管。

3）三通或四通。用在两条管道或三条管道的汇合处。三通有正三通、顺流三通和斜三通。四通有正四通和斜四通。

4）管箍。也称套袖，其作用是将两段排水铸铁直管连在一起。

5）存水弯。也称水封，设在卫生器具下面的排水支管上。使用时，由于存水弯中经常存有水，可防止排水管道中的有毒有害气体或虫类进入室内，保证室内的环境卫生。水封高度通常为 50～100 mm。

常用铸铁排水管件如图 9—24 所示，管件连接如图 9—25 所示。常用塑料排水管件如图 9—26 所示。

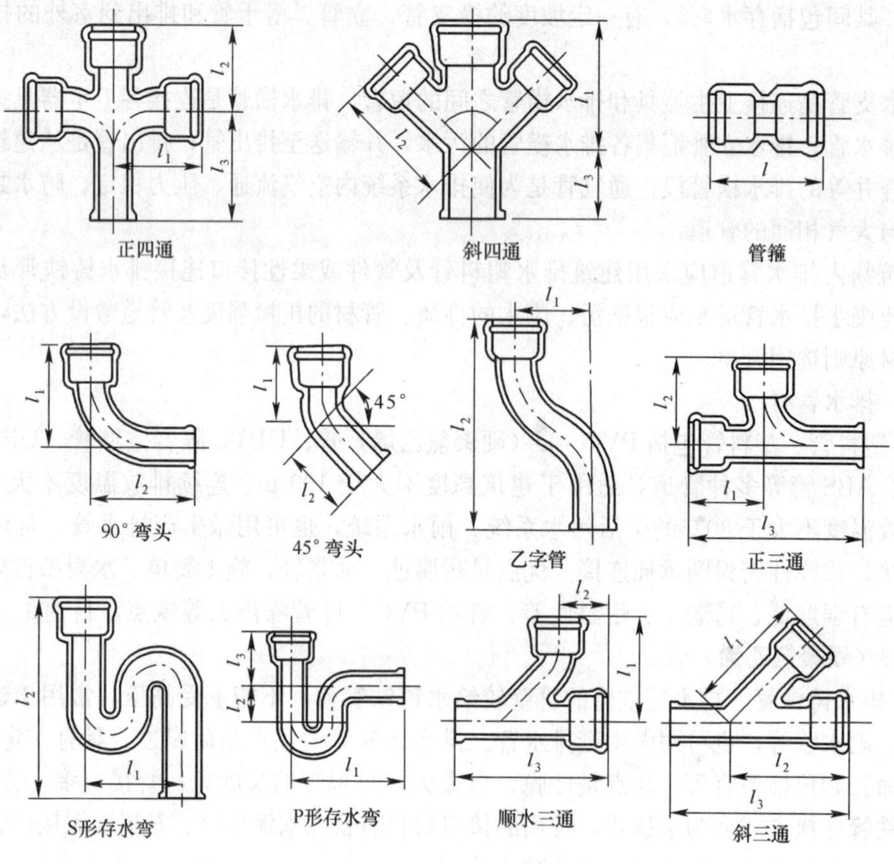

图 9—24　常用铸铁排水管件

9.2.3　清通设备和提升设备

（1）检查口和清扫口。检查口设置在立管上，铸铁排水立管上检查口之间的距离不宜大于 10 m，塑料排水立管宜每六层设置一个检查口。但在立管的最低层和设有卫生器具的二层以上建筑的最高层应设置检查口，当立管水平拐弯或有乙字管时，在该层立管拐弯处和乙字管的上部应设检查口。检查口设置高度一般距地面 1 m，检查口向外，方便清通。

检查口
直管
大小头

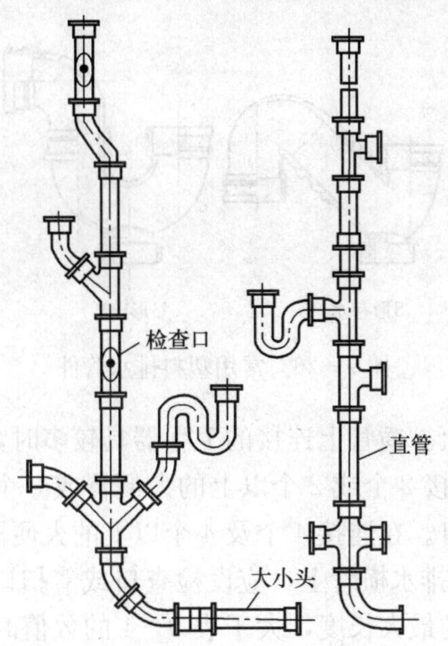

图 9—25　常用铸铁排水管件连接示意图

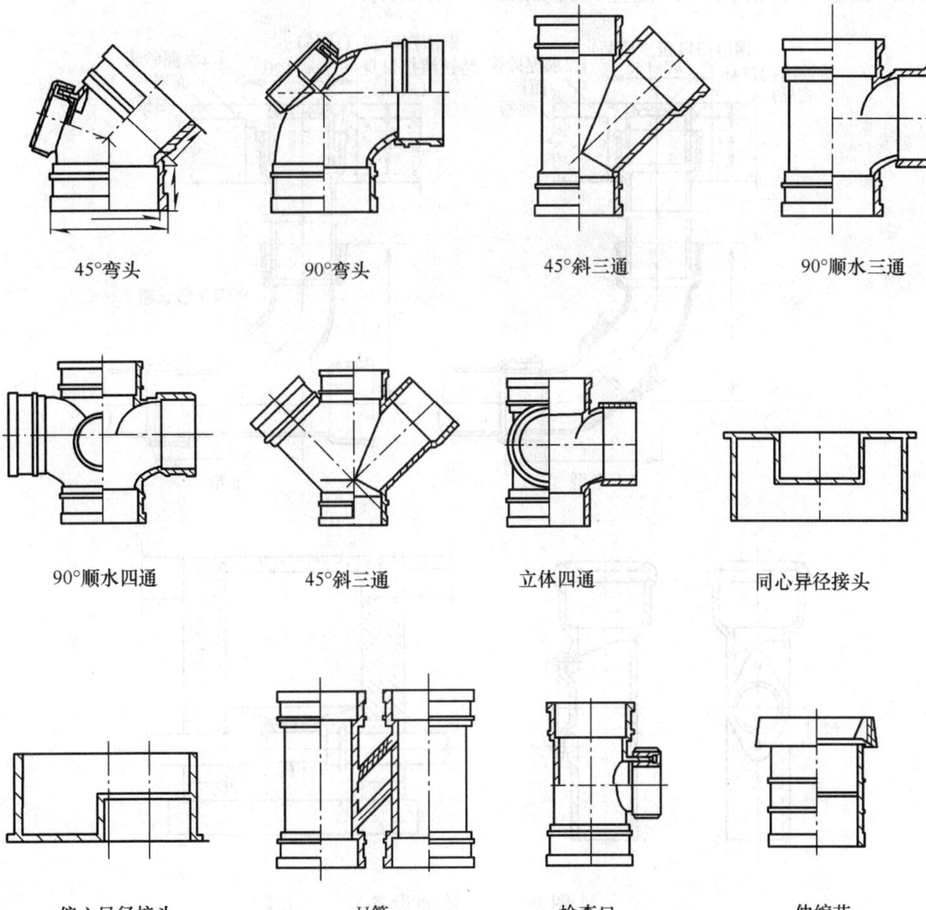

45°弯头
90°弯头
45°斜三通
90°顺水三通
90°顺水四通
45°斜三通
立体四通
同心异径接头
偏心异径接头
H管
检查口
伸缩节

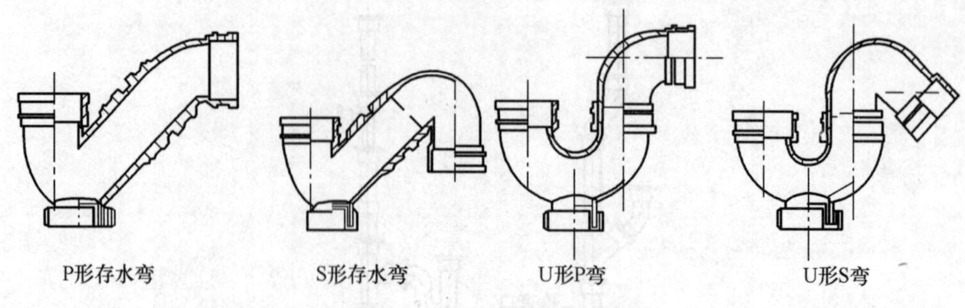

图 9—26　常用塑料排水管件

清扫口一般设置在横管上。横管上连接的卫生器具较多时，横管起点应设清扫口（有时用可清掏的地漏代替）。在连接 2 个或 2 个以上的大便器或 3 个及 3 个以上的卫生器具的铸铁排水横管上，宜设置清扫口。在连接 4 个及 4 个以上的大便器塑料排水横管上宜设置清扫口。在水流偏转角大于 45°的排水横管上，应设检查口或清扫口。从污水立管或排出管上的清扫口至室外的检查井中心的最大长度，大于表 9—4 的数值时应在排水管上设清扫口。污水横管的直线管段上检查口或清扫口之间的最大距离按表 9—5 确定。室内埋地横干管上设检查口井。检查口、清扫口、检查口井如图 9—27 所示。

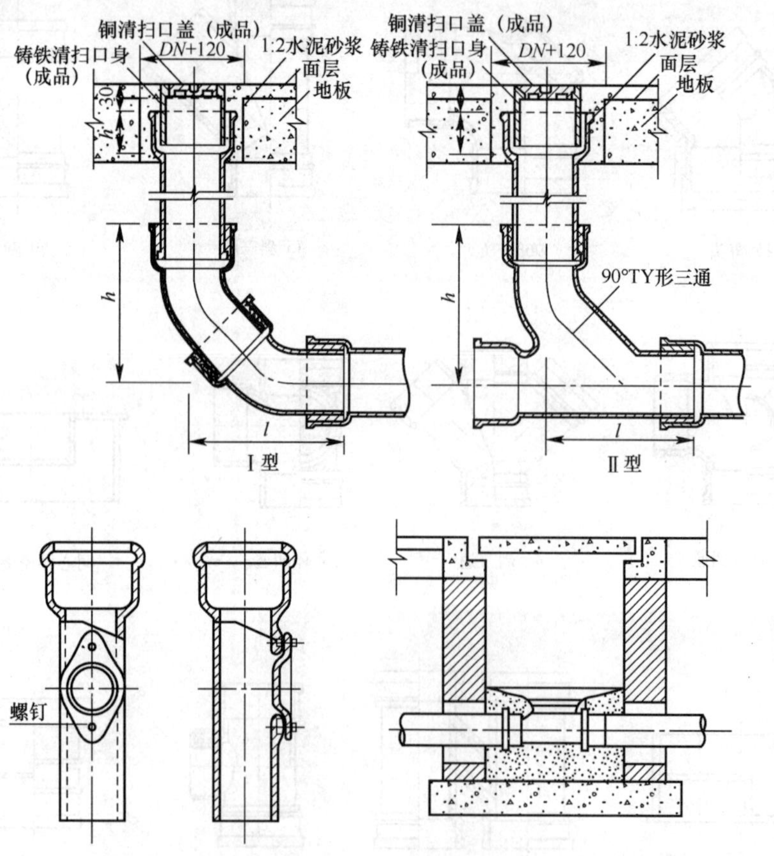

图 9—27　清通设备

表 9—4　　排水立管或排出管上的清扫口至室外检查井中心的最大长度

管径/mm	50	75	100	100 以上
最大长度/m	10	12	15	20

表 9—5　　排水横管直线段上清扫口或检查口之间的最大距离

管道管径/mm	清扫设备种类	距离/m	
		生活废水	生活污水
50～75	检查口	15	12
	清扫口	10	8
100～150	检查口	20	15
	清扫口	15	10
200	检查口	25	20

（2）提升设备。民用建筑的地下室、人防建筑物、高层建筑地下技术层、工厂车间的地下室和地铁等地下建筑的污、废水不能自流排至室外检查井，须设污、废水提升设备，如污水泵。

9.2.4　通气管道系统

排水通气管系统有三个作用：向排水管道补给空气，使水流畅通，更重要的是减小排水管道内的气压变化幅度，防止卫生器具水封破坏；使室内外排水管道中散发的臭气和有害气体能排到大气中去；管道内经常有新鲜空气流通，可减轻管道内废气对管道的锈蚀，延长使用寿命。

通气管系统的类型有伸顶通气管和专用通气管。如图 9—28 所示。

（1）伸顶通气管。层数不高，卫生器具不多的建筑物，可将排水立管上端延长并伸出屋顶，这一段管称为伸顶通气管。

（2）专用通气管。指仅与排水主管连接，为污水主管内空气流通而设置的垂直通气管道。对于层数较高、卫生器具较多的建筑物，因排水量大，空气的流动过程易受排水过程干扰，需将排水管和通气管分开，设专用通气管道。

（3）主通气立管。为连接环形通气管和排水管，并为排水支管和排水主管内空气流通而设置的垂直管道。

（4）副通气立管。指仅与环形通气管连接，为使排水横支管内空气流通而设置的通气管道。

（5）环形通气管。指在多个卫生器具的排水横支管上，从最始端卫生器具的下游端接至通气立管的那一段通气管段。

（6）器具通气管。指卫生器具存水弯出口端，在高于卫生器具上一定高度处与主通气立管连接的通气管段。

（7）结合通气管。指排水立管与通气立管的连接管段。

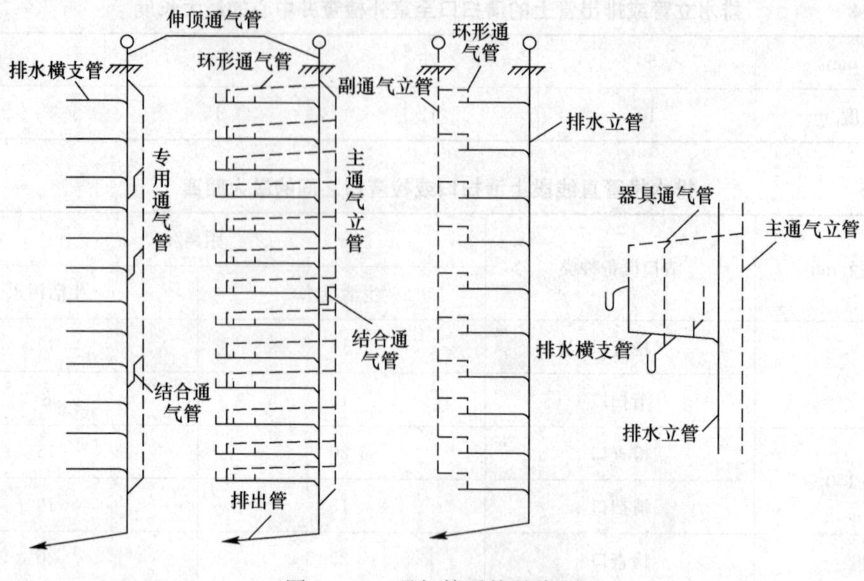

图 9—28　通气管系统的类型

9.3　卫生间及排水管道的布置

9.3.1　卫生器具的选用

（1）卫生器具的选用。不同建筑内卫生间由于使用情况、设置卫生器具的数量均不相同，除住宅和客房卫生间在设计时可统一设置外，各种用途的工业和民用建筑内公共卫生间的卫生器具设置根据不同的定额选用。

（2）卫生器具材质和功能要求

1）卫生器具的材质应不透水、无气孔、耐腐蚀、耐磨损、耐冷热、耐老化，具有一定的强度，不含有对人体有害的成分。

2）设备表面光滑，不易积污纳垢，沾污后便于清扫，易清洗。

3）在能完成卫生器具的冲洗功能的基础上节水减噪。

4）如卫生器具内设有存水弯，则存水弯内要保持规定高度的水封。为防止粗大污物进入管道，发生堵塞，除了大便器外，所有卫生器具均应在放水口处设栏栅。

9.3.2　卫生间的布置

卫生间要满足使用方便、容易清洁，也要充分考虑管道布置的方便性，使给水、排水管道尽量做到少转弯、管线短、排水通畅、水力条件好。卫生间应根据选用的卫生器具类型、数量合理布置，还应考虑排水立管的位置，管道井和通气立管的公用等问题。常用的宾馆、住宅卫生间及管道井平面布置如图 9—29 所示。为使卫生器具使用方便，使其功能正常发挥，常用卫生器具的安装高度按表 9—6 中列出的数据确定。卫生器具给水配件的安装高度按表 9—7 中的数据规定。

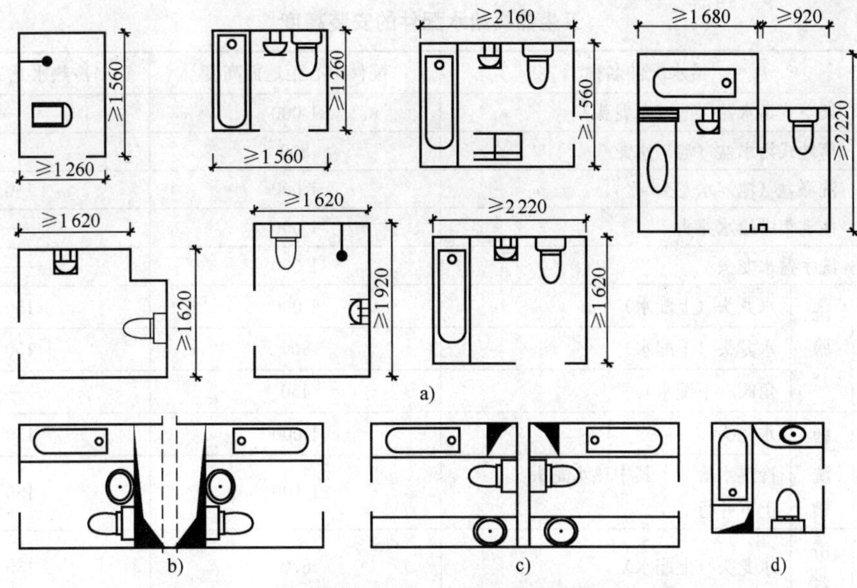

图 9—29 常用的宾馆、住宅卫生间及管道井平面布置

a）卫生间平面布置图 b）卫生器具背靠背 c）卫生器具横列式 d）管井较窄时卫生器具布置

表 9—6 **卫生器具的安装高度** mm

序号	卫生器具名称	卫生器具边缘离地高度	
		居住和公共建筑	幼儿园
1	架空式污水盆（池）（至上边缘）	800	800
2	落地式污水盆（池）（至上边缘）	500	500
3	洗涤盆（池）（至上边缘）	800	800
4	洗手盆（至上边缘）	800	500
5	洗脸盆（至上边缘）	800	500
6	盥洗槽（至上边缘）	800	500
7	浴盆（至上边缘）	480	—
	按摩浴盆（至上边缘）	450	—
	淋浴盆（至上边缘）	100	—
8	蹲、坐式大便器（从台阶面至高水箱底）	1 800	1 800
9	蹲式大便器（从台阶面至低水箱底）	900	900
10	坐式大便器（至低水箱底）		
	外露排出管式	510	—
	虹吸喷射式	470	370
	冲落式	510	—
	旋涡连体式	250	—
11	坐式大便器（至上边缘）		
	外露排出管式	400	—
	虹吸喷射式	380	—
	冲落式	380	—
	旋涡连体式	360	—
12	大便槽（从台阶面至冲洗水箱底）	不低于 2 000	—
13	立式小便器（至受水部分上边缘）	100	—
14	挂式小便器（至受水部分上边缘）	600	450
15	小便槽（至台阶面）	200	150
16	化验盆（至上边缘）	800	—
17	净身器（至上边缘）	360	—
18	饮水器（至上边缘）	1 000	—

表 9—7　　　　卫生器具给水配件的安装高度　　　　mm

次序	给水配件名称		配件中心距地面高度	冷热水龙头距离
1	架空式污水盆（池）水龙头		1 000	——
2	落地式污水盆（池）水龙头		800	——
3	洗涤盆（池）水龙头		1 000	150
4	住宅集中给水龙头		1 000	——
5	洗手盆水龙头		1 000	——
6	洗脸盆	水龙头（上配水）	1 000	150
		水龙头（下配水）	800	150
		角阀（下配水）	450	——
7	盥洗槽	水龙头	1 000	150
		冷热水管上下并行　其中热水龙头	1 100	150
8	浴盆	水龙头（上配水）	670	150
9	淋浴器	截止阀	1 150	95
		混合阀	1 150	
		淋浴喷头下沿	2 100	——
10	蹲式大便器（从台阶面算起）	高水箱角阀及截止阀	2 040	
		低水箱角阀	250	——
		手动式自闭冲洗阀	6 500	——
		脚踏式自闭冲洗阀	150	——
		拉管式冲洗阀（从地面算起）	1 600	——
		带防污助冲器阀门（从地面算起）	900	——
11	坐式大便器	高水箱角阀及截止阀	2 040	——
		低水箱角阀	150	——
12	大便槽冲洗水箱截止阀（从台面算起）		不小于 2 400	——
13	立式小便器角阀		1 130	——
14	挂式小便器角阀及截止阀		1 050	——
15	小便槽多孔冲洗管		1 100	——
16	实验室化验水龙头		1 000	——
17	妇女卫生盆混合阀		360	——

注：装设在幼儿园内的洗手盆、洗脸盆和盥洗槽水嘴中心离地面安装高度应为 700 mm，其他卫生器具给水配件的安装高度，应按卫生器具实际尺寸相应减少。

9.3.3 排水管道的布置与敷设

建筑内部排水管道的布置和敷设应具备水力条件良好、防止环境污染、维修方便、使用可靠、经济和美观的要求，以及兼顾给水管道、热水管道、供热通风管道、燃气管道、电力照明线路、通信线路等管线的布置和敷设要求。

（1）排水管道的布置

1）排水立管应布置在污水最集中，水质最脏的排水点处，使其横支管最短，以便尽快转入立管后排出室外。如立管附近设大便器，以尽快地接纳横支管来的污水而减少管道堵塞的可能。

2）排水管应尽量作直线布置，力求减少不必要的转角和曲折。受条件限制必须偏置时，宜用乙字管或两个45°弯头连接来实现。设在地下室或转换层时，排水横干管可敷设在转换层内或敷设在地下室顶板下。根据室外下水道高程情况划分排水分区，一层以上为一个分区，一层单独排出，地下室以下的排水，如室外下水道埋设不够深，按其排出管高程无法排到室外下水道时，应设地下排水泵房，由污水泵提升排出。

3）排水出户管一般按一定坡度埋设于地下。应以最短距离排出室外，否则会增加堵塞的机会，或造成室外管道埋设深度的增加。

4）排出管和室外排水管衔接时，排出管管顶标高应大于或等于室外排水管管顶标高，以防止室外排水管道超负荷运行时，影响排出管的排水量，导致室内卫生器具冒泡或满溢。为保证畅通的水力条件，避免水流相互干扰，在衔接处水流转角不得小于90°，但当落差大于0.3 m时，水流转弯角的影响已不明显，可不受此限制。高层建筑排水系统一般不分区敷设，污水立管按一根管道布置贯穿上下。

5）排水管道不允许布置在有特殊生产工艺和卫生要求的厂房以及食品和贵重商品仓库、通风室和配电间内，也不得布置在食堂，尤其是锅台、炉灶、操作主副食烹调处。

（2）排水管道的敷设

1）排水管应尽量避免穿过伸缩缝、沉降缝，若必须穿越时，应采用相应的技术措施，如用橡胶管连接等。

2）排水立管穿楼层时，预埋套管，套管比通过的管径大50～100 mm。

3）根据建筑功能的要求，几根通气立管可以汇合成一根，通过伸顶通气总管排出屋面。

4）接有大便器的污水管道系统中，如无专用通气管或主通气管时，在排水横干管管底以上0.7 m的立管管段内，不得连接排水支管，在接有大便器的污水管道系统中，距立管中心线3 m范围内的排水横干管上不得连接排水管道。

5）布置在高层建筑管道井内的排水立管，必须每层设置支撑支架，以防整根立管质量下传至最低层。高层建筑如旅馆、公寓、商业楼等管井内的排水立管，不应每根单独排出，可在技术层内用水平管连接，分几路排出，连接多根排水立管的总排水横管必须按坡度要求敷设，并以支架固定。

6）排水管穿过承重墙或基础时，应预留管洞，使管顶上部净空不得小于建筑物的沉降量，一般不小于0.15 m。

7）塑料排水立管每层均设置伸缩器，一般设在楼板下排水支管汇合处三通以下。

8）塑料排水立管穿越楼层应设置阻燃圈，横管穿越防火墙或防火隔墙时，在穿越处两侧应设阻燃圈。

9）污水管经常发生堵塞的部位一般在管道的接口和转弯处，卫生器具排水管与排水支管连接时，可采用90°斜三通；排水管道的横管与横管（或立管）连接时，宜采用45°或90°斜三（四）通、直角顺水三（四）通；排水立管与排出管端部连接时，宜采用两个45°弯头或弯曲半径不小于4倍管径的90°弯头。

10）靠近排水立管底部的排水支管连接，应符合下列要求：排水立管仅设置伸顶通气管时，最低排水横支管与立管连接处距排水立管管底垂直距离，不得小于表9—8的规定。如果与排水管连接的立管底部放大一号管径或横干管比与之连接的立管大一号管径时，可将表中距离缩小一档；排水支管连接在排出管或排水横干管上时，连接点距立管底部水平距离，不宜小于3.0 m；当靠近排水立管底部的排水支管的连接不能满足上述要求时，排水支管应单独排出室外。

表9—8　　最低横支管与立管连接处至立管管底的距离

立管连接卫生器具的层数/层	垂直距离/m	立管连接卫生器具的层数/层	垂直距离/m
≤4	0.45	13～19	3.00
5～6	0.75	≥20	6.00
7～12	1.20		

9.3.4　通气系统的布置与敷设

(1) 生活排水管道和散发有毒有害气体的生产污水管道应设伸顶通气管。伸顶通气管高出屋面不小于0.3 m，且应大于该地区最大积雪厚度，屋顶有人停留时，应大于2 m。

(2) 排水立管的排水流量超过普通伸顶通气的立管最大排水能力时应设置专用通气立管。建筑标准要求较高的多层住宅和公共建筑、10层及10层以上高层建筑的生活污水立管宜设置专用通气立管。

(3) 连接4个及4个以上卫生器具，且长度大于12 m的排水横支管；连接6个及6个以上大便器的污水横支管；设有器具通气管的排水管段上应设置环形通气管。环形通气管应在横支管始端的两个卫生器具之间接出，并应在排水横支管中心线以上与排水横支管呈垂直或45°连接。建筑物内各层的排水管道上设有环形通气管时，应设置连接各层环形通气管的主通气立管或副通气立管。

(4) 对卫生、噪声影响要求较高的建筑物内，生活排水管道宜设器具通气管。器具通气管应设在存水弯出口端。

(5) 器具通气管和环形通气管应在卫生器具上边缘以上不小于0.15 m处按不小于0.01 m的上升坡度与通气立管连接。

(6) 专用通气立管应每隔2层设置，主通气立管每隔8～10层设结合通气管与排水立管连接。结合通气管下端宜在排水横支管以下与排水立管以斜三通连接，上端可在卫生器具上边缘以上不小于0.15 m处与通气立管以斜三通连接。

(7) 专用通气立管和主通气立管的上端可在最高层卫生器具上边缘或检查口以上与排水立管通气部分以斜三通连接。下端应在最低排水横支管以下与排水立管以斜三通连接。

(8) 通气立管不得接纳污水、废水和雨水，不得与风道和烟道连接。

(9) 伸顶通气管不允许或不可能单独伸出屋面时，可设置汇合通气管。

(10) 在建筑物内不得设置吸气阀替代通气管。

9.4 污水、废水的提升和局部处理

9.4.1 污水、废水的提升

民用和公共建筑的地下室，人防建筑、消防电梯底部集水坑内以及工业建筑内部标高低于室外地坪的车间和其他用水设备房间排放的污、废水，若不能自流排至室外检查井时，必须提升排出。

建筑内部污、废水提升包括污水泵的选择、污水集水池容积确定和排水泵房设计。

(1) 排水泵房。排水泵房应设在靠近集水池，通风良好的地下室或底层单独的房间内，以控制和减少对环境的污染。对卫生环境有特殊要求的生产厂房和公共建筑内，有安静和防振要求房间的邻近和下面不得设置排水泵房。排水泵房的位置应使室内排水管道和水泵出水管尽量简洁，并考虑维修检测的方便。

(2) 排水泵。建筑物内使用的排水泵有潜水排污泵、液下排水泵、立式污水泵和卧式污水泵等。因潜水排污泵和液下排水泵在水面以下运行，无噪声和振动，水泵在集水池内不占场地，自灌问题也自然解决，所以，应优先选用，其中液下排污泵一般在重要场所使用。当潜水排污泵电动机功率大于等于 7.5 kW 或出水口管径大于等于 *DN*100 时，可采用固定式；当潜水排污泵电动机功率小于 7.5 kW 或出水口管径小于 *DN*100 时，可设软管移动式。立式和卧式污水泵因占用场地，要设隔振装置，必须设计成自灌式，所以使用较少。

公共建筑内应以每个生活排水集水池为单元设置一台备用泵，平时宜交替运行。设有两台及两台以上排水泵排除地下室、设备机房、车库冲洗地面的排水时可不设备用泵。

为使水泵各自独立、自动运行，各水泵应有独立的吸水管。当提升带有较大杂质的污、废水时，不同集水池内的潜水排污泵出水管不应合并排出。

(3) 集水池。在地下室最底层卫生间和淋浴间的底板下或邻近、地下室水泵房和地下车库内、地下厨房和消防电梯井附近应设集水池。消防电梯集水池池底低于电梯井底应不小于 0.7 m。为防止生活饮用水受到污染，集水池与生活给水储水池的距离应在 10 m 以上。

为保持泵房内的环境卫生，防止管理和检修人员中毒，设置在室内、地下室的集水池池盖应密闭，并设与室外大气相连的通气管；汇集地下车库、泵房、空调机房等处地面排水的集水池和地下车库坡道处的雨水集水井可采用敞开式集水池（井），但应设强制通风装置。

集水池的有效水深一般取 1～1.5 m，保护高度取 0.3～0.5 m。因生活污水中有机物分解成酸性物质，腐蚀性大，所以，生活污水集水池内壁应采取防腐防渗漏措施。池底应坡向吸水坑，坡度不小于 5%，并在池底设冲洗管，利用水泵出水进行冲洗，防止污泥沉淀。为

防止堵塞水泵，收集含有大块杂物排水的集水池入口处应设格栅，敞开式集水池（井）顶应设置格栅盖板，否则，潜水排污泵应带有粉碎装置。为便于操作管理，集水池应设置水位指示装置，必要时应设置超警戒水位报警装置，将信号引至物业管理中心。污水泵、阀门、管道等应选择耐腐蚀、大流通量、不易堵塞的设备器材。

9.4.2 污水废水的局部处理

（1）化粪池和生活污水局部处理。生活污水中含有大量粪便、纸屑、病原虫，悬浮物固体浓度为 100～350 mg/L，有机物浓度 BOD_5 为 100～400 mg/L，其中悬浮性的有机物浓度 BOD_5 为 50～200 mg/L。化粪池主要用于拦截粪便，避免管道淤积。同时利用沉淀和厌氧发酵原理，可以去除部分生活污水中悬浮性有机物的处理设施，属于初级生活污水处理的构筑物。污水进入化粪池经过 12～24 h 的沉淀，可去除 50%～60%的悬浮物。沉淀下来的污泥经过 3 个月以上的厌氧消化，使污泥中的有机物分解成稳定的无机物，易腐败的生污泥转化为稳定的熟污泥，改变了污泥的结构，降低了污泥的含水率。定期将污泥清掏外运，填埋或用做肥料。

污水在化粪池中的停留时间是影响化粪池出水的重要因素。在一般平流式沉淀池中，污水中悬浮固体的沉淀效率在 2 h 内最显著。但是，进入化粪池的污水不连续、不均匀，矩形化粪池的长宽比和宽深比很难达到平流式沉淀池的水力条件，化粪池的配水不均匀，容易形成断流，同时，池底污泥厌氧消化产生的大量气体上升，破坏了水流的层流状态，干扰颗粒的沉降。所以，化粪池的停留时间取 12～24 h，污水量大时取下限，生活污水单独排入时取上限。

污泥清掏周期是指污泥在化粪池内平均停留时间。污泥清掏周期与新鲜污泥发酵时间有关。而新鲜污泥发酵时间又受污水温度的控制，其关系见表 9—9，也可用式（9—1）计算：

$$T_h = 482 \times 0.87^t \tag{9—1}$$

式中 T_h——新鲜污泥发酵时间，天；

t——污水温度，℃，可按冬季平均给水温度再加上 2～3℃计算。

为安全起见，污泥清掏周期应稍长于污泥发酵时间，一般为 3～12 个月。清掏污泥后应保留 20%的污泥量，以便为新鲜污泥提供厌氧菌种，保证污泥腐化分解效果。

表 9—9　污水温度与污泥发酵时间关系表

污水温度/℃	6	7	8.5	10	12	15
污泥发酵时间/天	210	180	150	120	90	60

化粪池多设于建筑物背向大街一侧靠近卫生间的地方，应尽量隐蔽，不宜设在人们经常活动之处。化粪池距建筑物的净距不小于 5 m，因化粪池出水处理不彻底，含有大量细菌，为防止污染水源，化粪池距地下取水构筑物不得小于 30 m。

化粪池的设计主要是计算化粪池容积，按《给水排水国家标准图集》选用化粪池标准图。化粪池总容积由有效容积 V 和保护层容积 V_3 组成，保护层容积根据化粪池大小确定，保护层高度一般为 250～450 mm。有效容积由污水所占容积 V_1 和污泥所占容积 V_2 组成。

$$V = V_1 + V_2 \tag{9—2}$$

$$V=\frac{\alpha N\cdot q\cdot t}{24\times1\ 000}+\frac{\alpha N\cdot a\cdot T\cdot\ (1-b)\ \cdot K\cdot m}{(1-c)\ \times1\ 000} \quad (9—3)$$

式中 V——化粪池有效容积，m^3；

N——设计总人数（或床位数、座位数）；

α——使用卫生器具人数占总人数的百分比，与人们在建筑内停留时间有关，医院、疗养院、养老院、有住宿的幼儿园取100%；住宅、集体宿舍、旅馆取70%；办公楼、教学楼、试验楼、工业企业生活间取40%；职工食堂、餐饮业、影剧院、体育场（馆）、商场和其他场所（按座位）取10%；

q——每人每日排水量，L/（人·天），当生活污水与生活废水合流时，同生活用水量标准，分开排放时，生活污水量取20～30 L/（人·天）；

a——每人每日污泥量，L/（人·天），生活污水与生活废水合流排放时取0.7 L/（人·天），分流排放时取0.4 L/（人·天）；

t——污水在化粪池内停留时间，h，取12～24 h，当化粪池作为医院污水消毒前的预处理时，停留时间不小于36 h；

T——污泥清掏周期，天，取90～360天，当化粪池作为医院污水消毒前的预处理时，污泥清掏周期宜为1年；

b——新鲜污泥含水率，取95%；

c——化粪池内发酵浓缩后污泥含水率，取90%；

K——污泥发酵后体积缩减系数，取0.8；

m——清掏污泥后遗留的熟污泥量容积系数，取1.2。

将b，c，K，m值代入式（9—3），化粪池有效容积计算公式简化为

$$V=\alpha N\left(\frac{qt}{24}+0.48aT\right)\times10^{-3} \quad (9—4)$$

化粪池有13种规格，容积为2～100 m^3，设计时可根据各种规格化粪池的最大允许实际使用人数，选用化粪池。

化粪池有矩形和圆形两种，对于矩形化粪池，当日处理污水量小于等于10 m^3时，采用双格，其中第一格占容积的75%，当日处理污水量大于10 m^3时，采用三格，第一格容积占总容积的60%，其余两格各占20%。

(2) 隔油池。公共食堂和饮食业排放的污水中含有植物和动物油脂。污水中含油量的多少与地区、生活习惯有关，一般为50～150 mg/L。厨房洗涤水中含油约750 mg/L。据调查，含油量超过400 mg/L的污水进入排水管道后，随着水温的下降，污水中夹带的油脂颗粒开始凝固，并黏附在管壁上，使管道过水断面减小，最后完全堵塞管道。所以，公共食堂和饮食业的污水在排入城市排水管网前，应去除污水中的可浮油（占总含油量的65%～70%），目前一般采用隔油池。设置隔油池还可以回收废油脂，制造工业用油，变废为宝。

汽车洗车台、汽车库及其他类似场所排放的污水中含有汽油、煤油、柴油等矿物油。汽油等轻油进入管道后挥发并聚集于检查井，达到一定浓度后会发生爆炸引起火灾，破坏管

道，所以也应设隔油池进行处理。

（3）小型沉淀池。汽车库冲洗废水中含有大量的泥沙，为防止堵塞和淤积管道，在污、废水排入城市排水管网之前应进行沉淀处理，一般宜设小型沉淀池。

小型沉淀池的有效容积包括污水和污泥两部分容积，应根据车库存车数、冲洗水量和设计参数确定。

（4）降温池。温度高于 40℃的废水，在排入城镇排水管道之前应采取降温处理，否则，会影响维护管理人员的身体健康和管材的使用寿命。一般采用设于室外的降温池处理。对于温度较高的废水，宜考虑将其所含热量回收利用。

降温池降温的方法主要有二次蒸发、水面散热和加冷水降温。以锅炉排污水为例，当锅炉排出的污水由锅炉内的工作压力骤然减到大气压力时，一部分热污水汽化蒸发（二次蒸发），减少了排污水量和所带热量，再将冷却水加入剩余的热污水混合，使污水温度降至 40℃后排放。降温采用的冷却水应尽量利用低温废水。

降温池的容积与废水的排放形式有关，若废水是间断排放时，按一次最大排水量与所需冷却水量的总和计算有效容积；若废水连续排放时，应保证废水与冷却水能够充分混合。

（5）医院污水处理。医院污水处理包括医院污水消毒处理、放射性污水处理、重金属污水处理、废弃药物污水处理和污泥处理。其中消毒处理是最基本的处理，也是最低要求的处理。

需要消毒处理的医院污水是指医院（包括综合医院、传染病医院、专科医院、疗养病院）和医疗卫生的教学及科学机构排放的被病毒、病菌、螺旋体和原虫等病原体污染了的水。这些水如不进行消毒处理，排入水体后会污染水源，导致传染病流行，危害很大。

1）医院污水水量和水质。医院污水包括住院病房排水和门诊、化验、制剂、厨房、洗衣房的排水。医院污水排水量按病床床位计算，日平均排水量标准和时变化系数与医院的性质、规模、医疗设备完善程度有关。

医院污水的水质与每张病床每日的污染物排放量有关，应实测确定。无实测资料时，每张病床每日污染物排放量可按下列数值选用，BOD_5 为 60 g/（床・天），COD 为 100～150 g/（床・天），悬浮物为 50～100 g/（床・天）。

医院污水经消毒处理后，应连续三次取样 500 mL 进行检测，不得检出肠道致病菌和结核杆菌；每升污水的总大肠杆菌数不得大于 500 个；若采用氯消毒时，接触时间和余氯量应满足要求，达到这三个要求后方可排放。

医院污水处理过程中产生的污泥需进行无害化处理，使污泥中蛔虫卵死亡率大于 95%，粪大肠菌值不小于 10^{-2}；每 10 g 污泥中不得检出肠道致病菌和结核杆菌。

2）医院污水处理。医院污水处理由预处理和消毒两部分组成。预处理可以节约消毒剂用量并使消毒彻底。医院污水所含的污染物中有一部分是有还原性的，若不进行预处理去除这些污染物，直接进行消毒处理会增加消毒剂用量。医院污水中含有大量的悬浮物，这些悬浮物会把病菌、病毒和寄生虫卵等致病体包藏起来，阻碍消毒剂作用，使消毒不彻底。

根据医院污水的排放去向，预处理方法分为一级处理和二级处理。当医院污水处理是以解决生物性污染为主，消毒处理后的污水排入有集中污水处理厂的城市排水管网时，可采用一级处理。一级处理主要去除漂浮物和悬浮物，主要构筑物有化粪池、调节池等。

一级处理去除的悬浮物较高，一般为50%～60%，去除的有机物较少，BOD_5仅去除20%左右，在后续消毒过程中，消毒剂耗费多，接触时间长。因工艺流程简单，运转费用和基建投资少，所以，当医院所在城市有污水处理厂时，宜采用一级处理。

当医院污水处理后直接排入水体时，应采用二级处理或三级处理。医院污水二级处理主要经过调节池、沉淀池和生物处理构筑物组成，医院污水经二级处理后，有机物去除率在90%以上，所以，消毒剂用量少，仅为一级处理的40%，而且消毒彻底。为了防止造成环境污染，中型以上的医疗卫生机构的医院污水处理设施的调节池、初次沉淀池、生化处理构筑物、二次沉淀池、接触池等应分两组，每组按50%的负荷计算。

3）消毒。医院污水消毒方法主要有氯化法和臭氧法。氯化法按消毒剂又分为液氯、商品次氯酸钠、现场制备次氯酸钠、二氧化氯、漂粉精或三氯异尿酸。消毒方法和消毒剂的选择应根据污水量、污水水质、受纳水体对排放污水的要求及投资、运行费用、药剂供应、处理站离病房和居民区的距离、操作管理水平等因素，经技术经济比较后确定。

氯化法具有消毒剂货源充沛、价格低、消毒效果好，且消毒后在污水中保持一定的余氯，能抑制和杀灭污水中残留的病菌，已广泛应用于医院污水消毒处理。

液氯法具有成本低，运行费用省的优点，但要求安全操作，如有泄漏会危及人身安全。所以，污水处理站离居民区保持一定距离的大型医院可采用液氯法。

漂粉精投配方便，操作安全，但价格较贵，适用于小型或局部污水处理。漂白粉含氯量低，操作条件差，投加后有残渣，适用于县级医院或乡镇卫生院，次氯酸钠法安全可靠，但运行费用高，适用于处理站离病房和居民区较近的情况。

为满足对排放污水中余氯量的要求，预处理为一级处理时，加氯量为30～50 mg/L；预处理为二级处理时，加氯量为15～25 mg/L。加氯量不是越多越好。处理后水中余氯过多，会形成氯酚等有机氯化物，造成二次污染。而且，余氯过多也会腐蚀管道和设备。

臭氧消毒灭菌具有快速和全面的特点，不会生成危害很大的三氯甲烷，能有效去除水中色、臭、味及有机物，降低污水的浊度和色度，增加水中的溶解氧。臭氧法同时也存在投资大，制取成本高，工艺设备腐蚀严重，管理水平要求高的缺点。当处理后污水排入有特殊要求的水域，不能用氯化法消毒时，可考虑用臭氧法消毒。

4）污泥处理。医院污水处理过程中产生的污泥中含有大量的病原体，所有污泥必须经过有效的消毒处理。经消毒处理后的污泥不得随意弃置，也不得用于根块作物的施肥。处理方法有加氯法、高温堆肥法、石灰消毒法和加热法，也可用干化法和焚烧法处理。当污泥采用氯化法消毒时，加氯量应通过试验确定，当无资料时，可按单位体积污泥中有效氯投加量为2.5 g/L设计，消毒时应充分搅拌混合均匀，并保证有不小于2 h的接触时间。当采用高温堆肥法处理污泥时，堆温保持在60℃以上不少于1天，并保证堆肥的各部分都能达到有效消毒。当采用石灰消毒时，石灰投加量可采用15 g/L［以$Ca(OH)_2$计］，污泥的pH值在12以上的时间不少于7天。若有废热可以利用，可采用加热法消毒，但应有防止臭气扩散污染环境的措施。

本章小结

本章系统介绍了排水系统分类、组成、排水体制与选择、污水排入城市管网的条件、卫生器具和生产设备受水器、排水管道系统、清通设备和提升设备、通气管道系统、废水的提升和局部处理等知识。

在学习过程中，注意收集新型管材、新型卫生器具样本及特性，特别是卫生器具的选用、卫生间的布置、排水管道、通气系统的布置与敷设要符合规范要求。

建筑给水和建筑排水是本课程最基本的内容，要求同学能够系统地学习，在技能训练中安排的系统图绘制、施工图设计计算以及有关的施工安装训练，具有很强的实用意义。

练 习 题

1. 建筑排水系统分为哪几类?
2. 排水体制分几类? 应如何选择?
3. 污水排入城市管网应具备哪些条件?
4. 举例说明清通有哪些。
5. 排水管道系统都包括哪些内容?
6. 排水系统的组合类型有几种?
7. 简要说明排水管道的敷设要求。
8. 污、废水的处理分几类?
9. 简述排水管道的布置和敷设原则。

附录　钢筋混凝土圆管水力（不满流 $n=0.014$）计算图

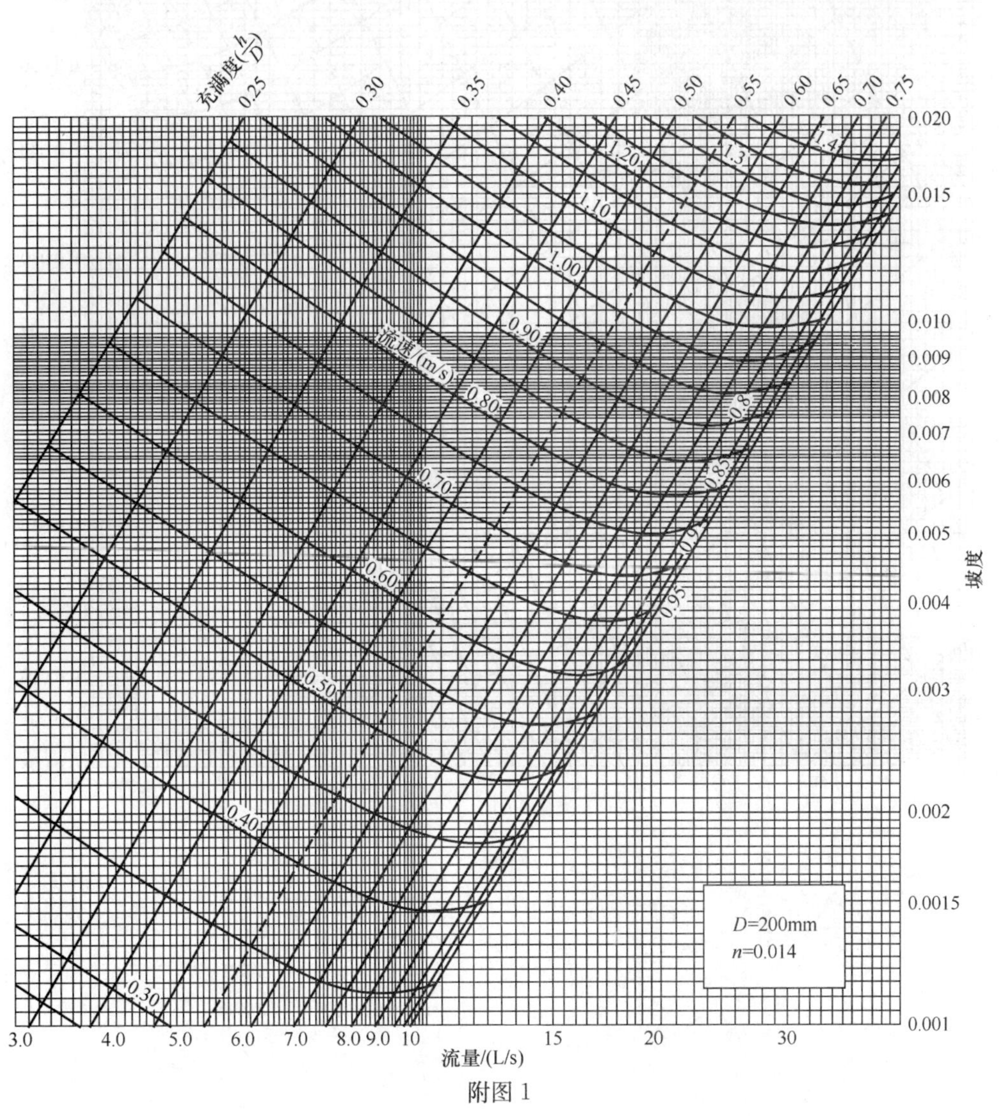

附图 1

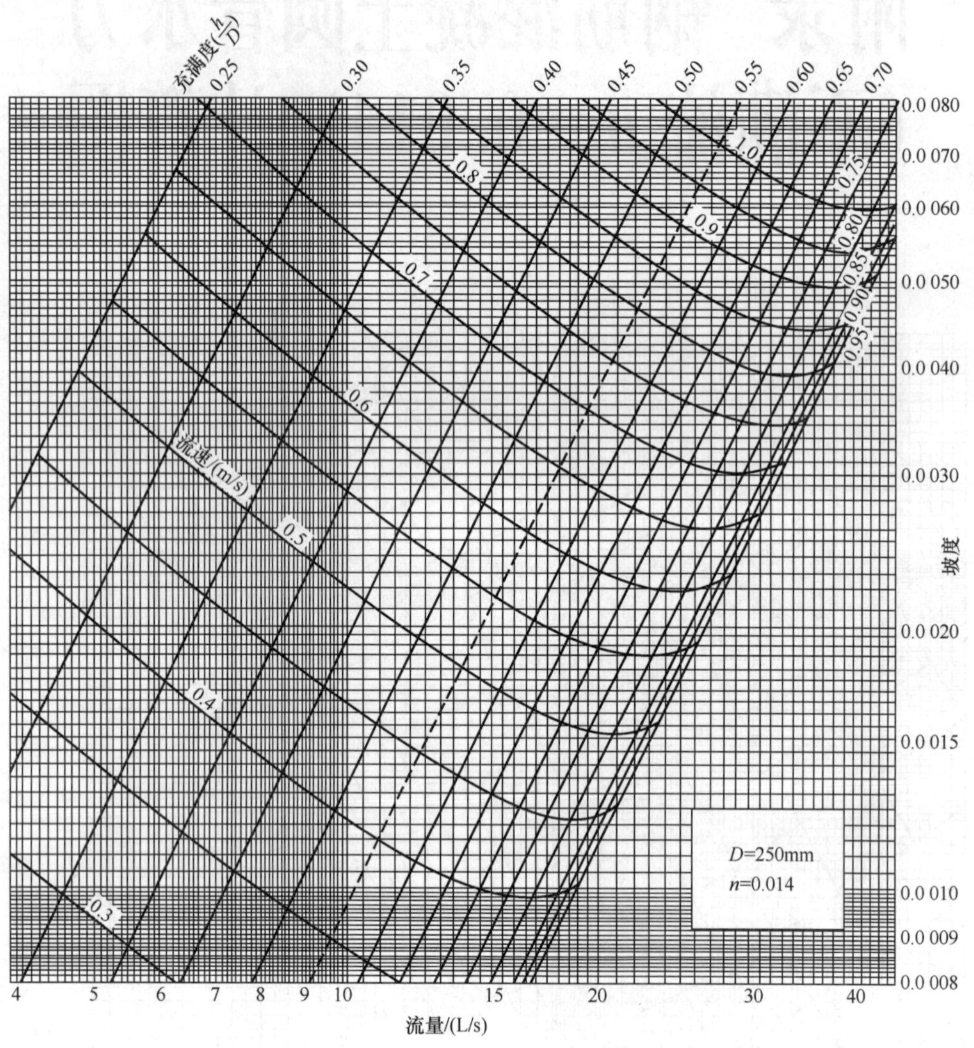

充满度($\frac{h}{D}$)
0.25
0.30
0.35
0.40
0.45
0.50
0.55
0.60
0.65
0.70
0.75
0.80
0.85
0.90
0.95
流速/(m/s)
0.3
0.4
0.5
0.6
0.7
0.8
0.9
1.0
0.0 080
0.0 070
0.0 060
0.0 050
0.0 040
0.0 030
0.0 020
0.0 015
0.0 010
0.0 009
0.0 008
坡度
4
5
6
7
8
9
10
15
20
30
40
流量/(L/s)
D=250mm
n=0.014

附图 2

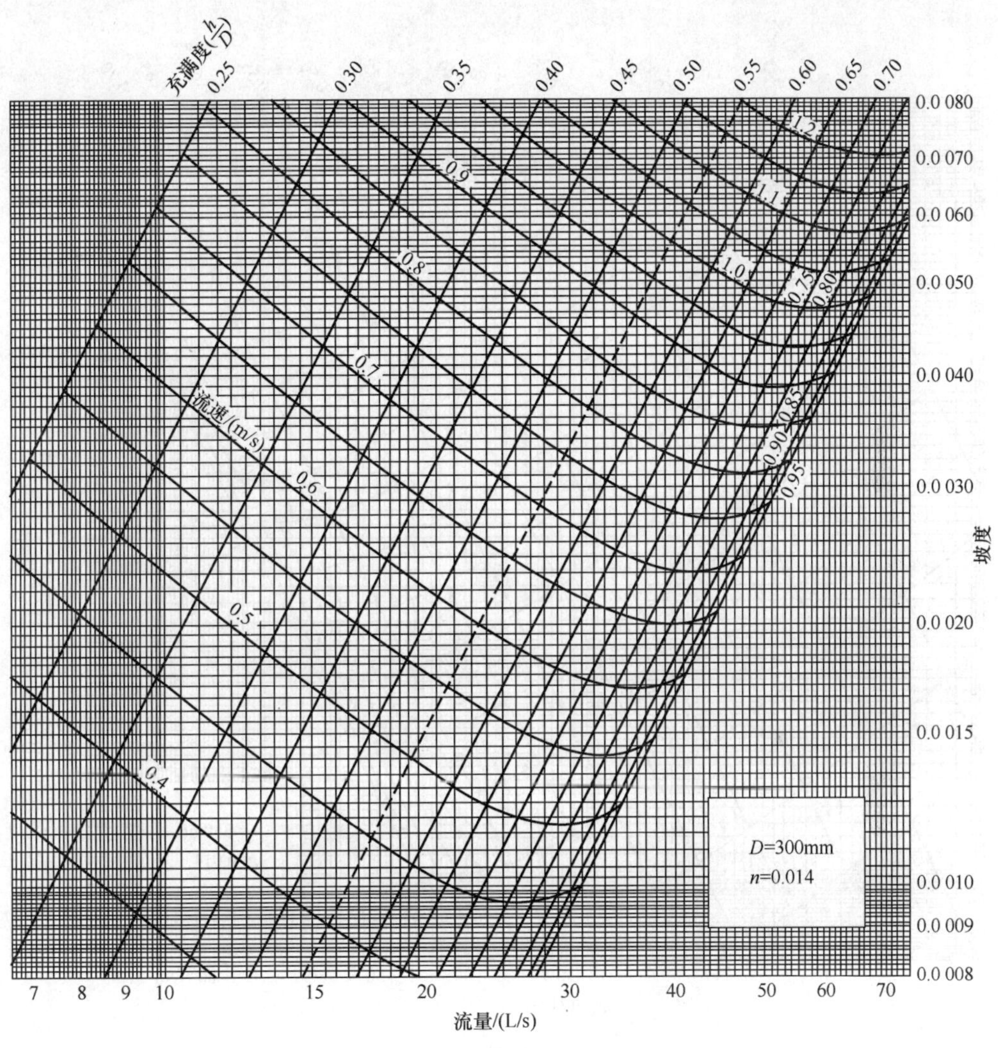

充满度($\frac{h}{D}$)
0.25
0.30
0.35
0.40
0.45
0.50
0.55
0.60
0.65
0.70
0.75
0.80
0.85
0.90
0.95
1.2
1.1
1.0
0.9
0.8
0.7
0.6
0.5
0.4
流速/(m/s)
0.0 080
0.0 070
0.0 060
0.0 050
0.0 040
0.0 030
0.0 020
0.0 015
0.0 010
0.0 009
0.0 008
坡度
D=300mm
n=0.014
7
8
9
10
15
20
30
40
50
60
70
流量/(L/s)

附图 3

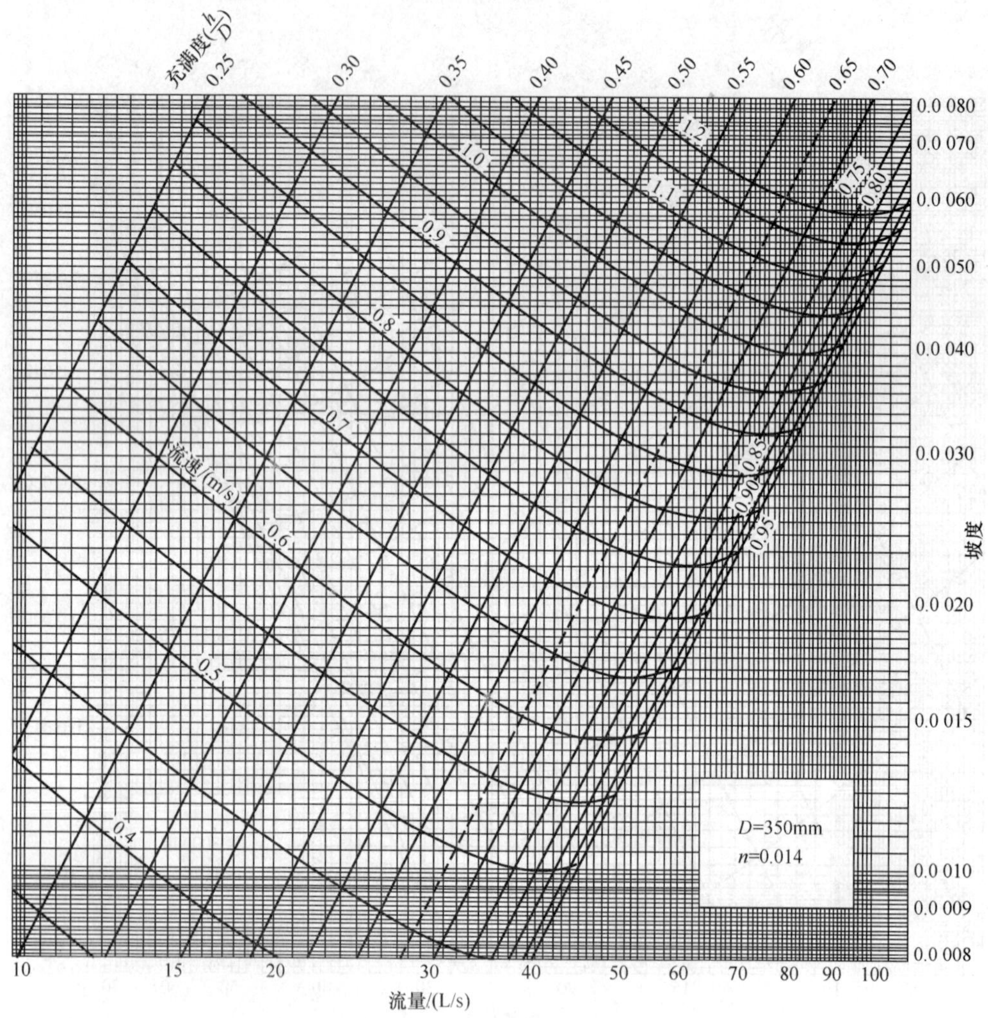

充满度($\frac{h}{D}$)
0.25
0.30
0.35
0.40
0.45
0.50
0.55
0.60
0.65
0.70
0.75
0.80
0.85
0.90
0.95
流速/(m/s)
0.4
0.5
0.6
0.7
0.8
0.9
1.0
1.1
1.2
0.0 080
0.0 070
0.0 060
0.0 050
0.0 040
0.0 030
0.0 020
0.0 015
0.0 010
0.0 009
0.0 008
坡度
10
15
20
30
40
50
60
70
80
90
100
流量/(L/s)
D=350mm
n=0.014

附图 4

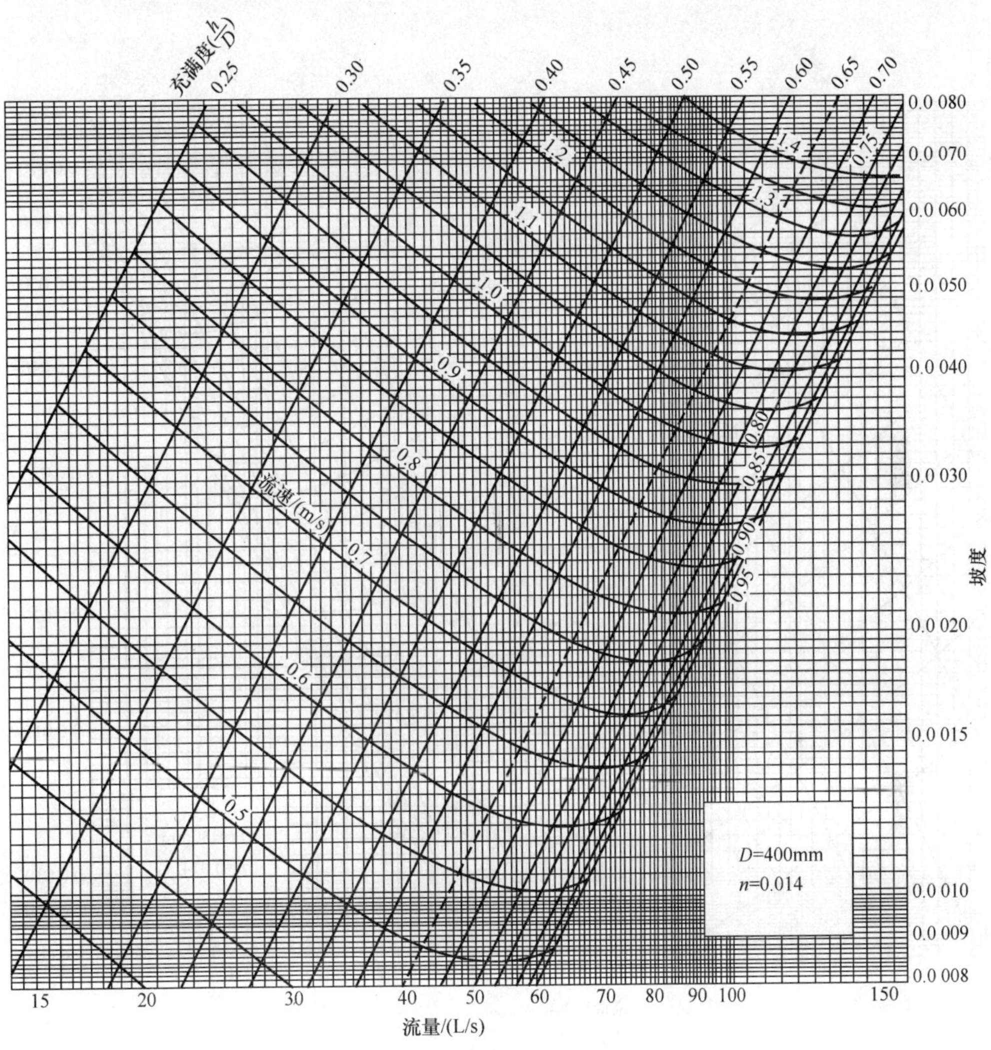

充满度$(\frac{h}{D})$
0.25
0.30
0.35
0.40
0.45
0.50
0.55
0.60
0.65
0.70
0.75
0.80
0.85
0.90
0.95
流速/(m/s)
0.5
0.6
0.7
0.8
0.9
1.0
1.1
1.2
1.3
1.4
0.0 080
0.0 070
0.0 060
0.0 050
0.0 040
0.0 030
0.0 020
0.0 015
0.0 010
0.0 009
0.0 008
坡度
15
20
30
40
50
60
70
80
90
100
150
流量/(L/s)
D=400mm
n=0.014

附图 5

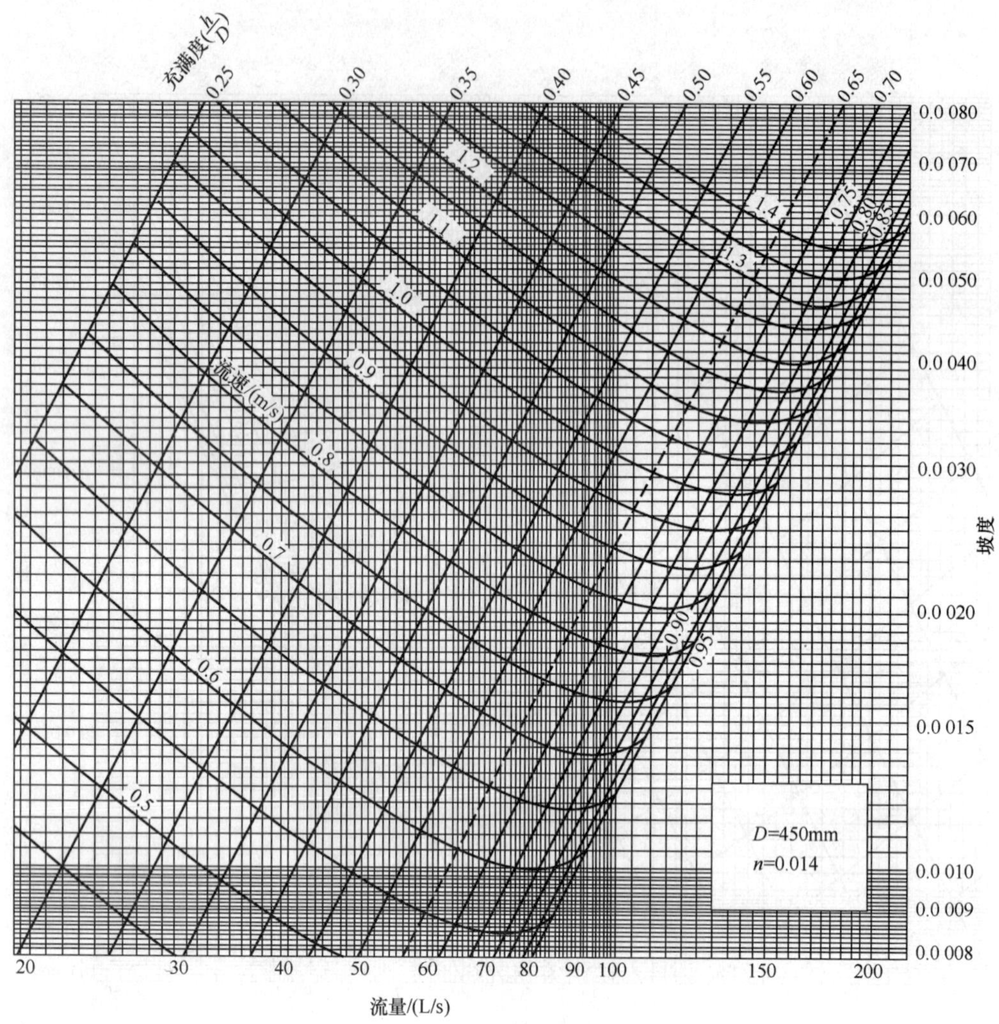

充满度($\frac{h}{D}$)
0.25
0.30
0.35
0.40
0.45
0.50
0.55
0.60
0.65
0.70
0.75
0.80
0.85
0.90
0.95
流速/(m/s)
0.5
0.6
0.7
0.8
0.9
1.0
1.1
1.2
1.3
1.4
0.0 080
0.0 070
0.0 060
0.0 050
0.0 040
0.0 030
0.0 020
0.0 015
0.0 010
0.0 009
0.0 008
坡度
20
30
40
50
60
70
80
90
100
150
200
流量/(L/s)
D=450mm
n=0.014

附图 6

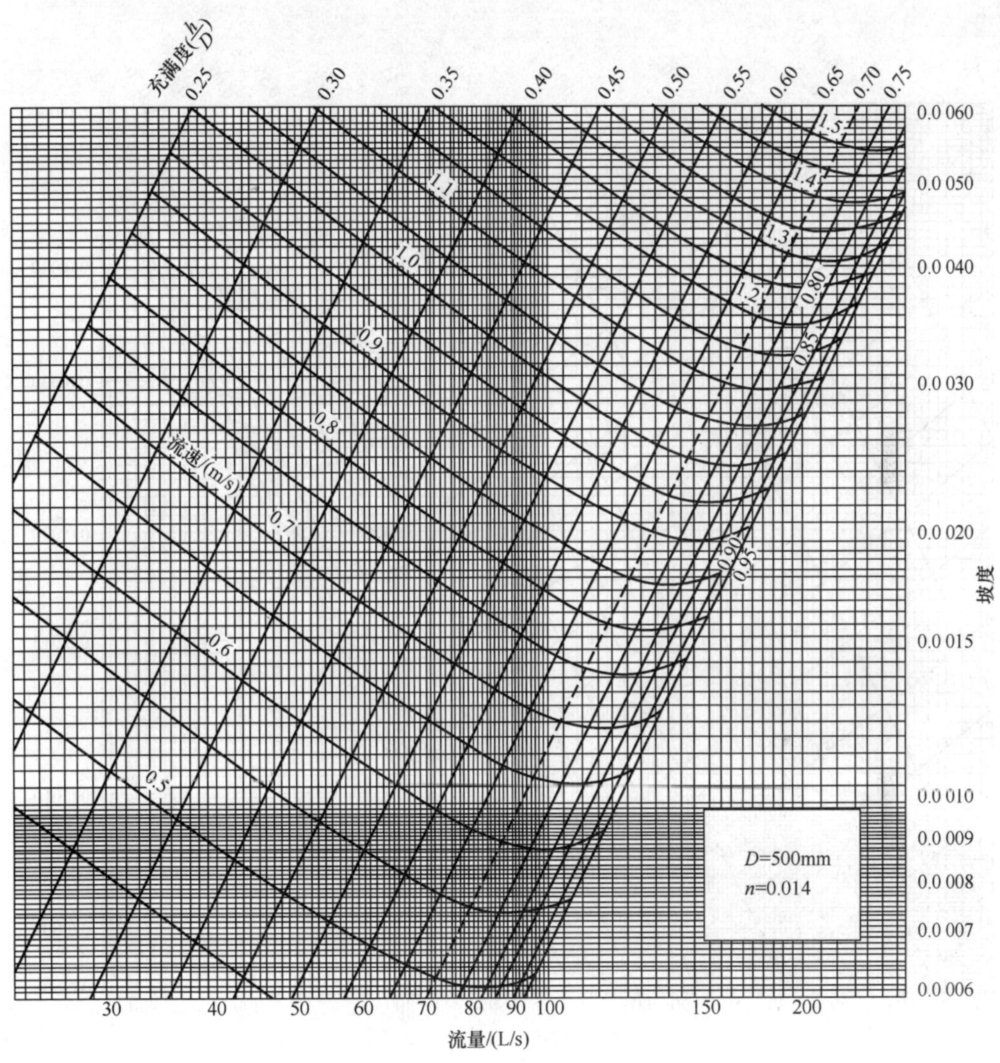

充满度($\frac{h}{D}$)
0.25
0.30
0.35
0.40
0.45
0.50
0.55
0.60
0.65
0.70
0.75
0.80
0.85
0.90
0.95
1.5
1.4
1.3
1.2
1.1
1.0
0.9
0.8
流速/(m/s)
0.7
0.6
0.5
0.0 060
0.0 050
0.0 040
0.0 030
0.0 020
0.0 015
0.0 010
0.0 009
0.0 008
0.0 007
0.0 006
坡度
D=500mm
n=0.014
30
40
50
60
70
80
90
100
150
200
流量/(L/s)

附图 7

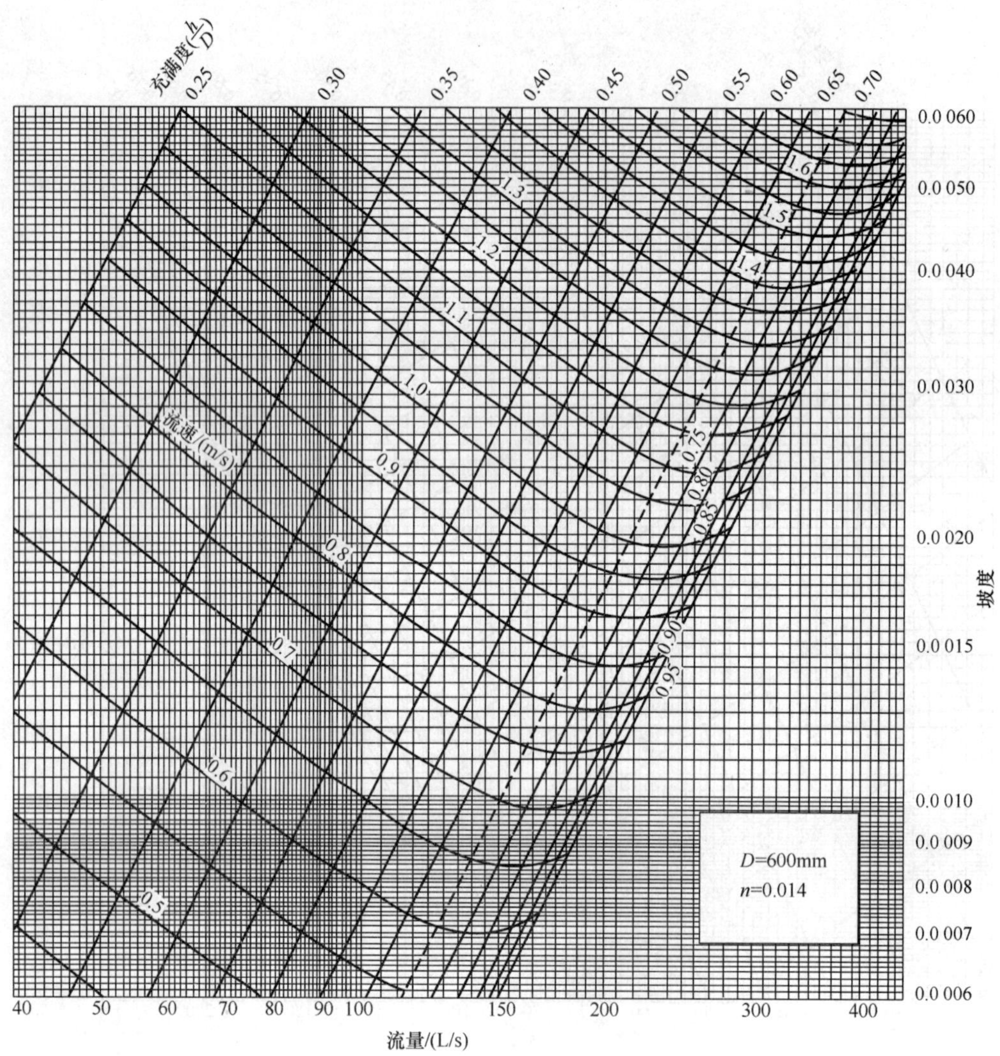

充满度($\frac{h}{D}$)
0.25
0.30
0.35
0.40
0.45
0.50
0.55
0.60
0.65
0.70
0.75
0.80
0.85
0.90
0.95
流速/(m/s)
0.5
0.6
0.7
0.8
0.9
1.0
1.1
1.2
1.3
1.4
1.5
1.6
0.0 060
0.0 050
0.0 040
0.0 030
0.0 020
0.0 015
0.0 010
0.0 009
0.0 008
0.0 007
0.0 006
坡度
40
50
60
70
80
90
100
150
200
300
400
流量/(L/s)
D=600mm
n=0.014

附图 8

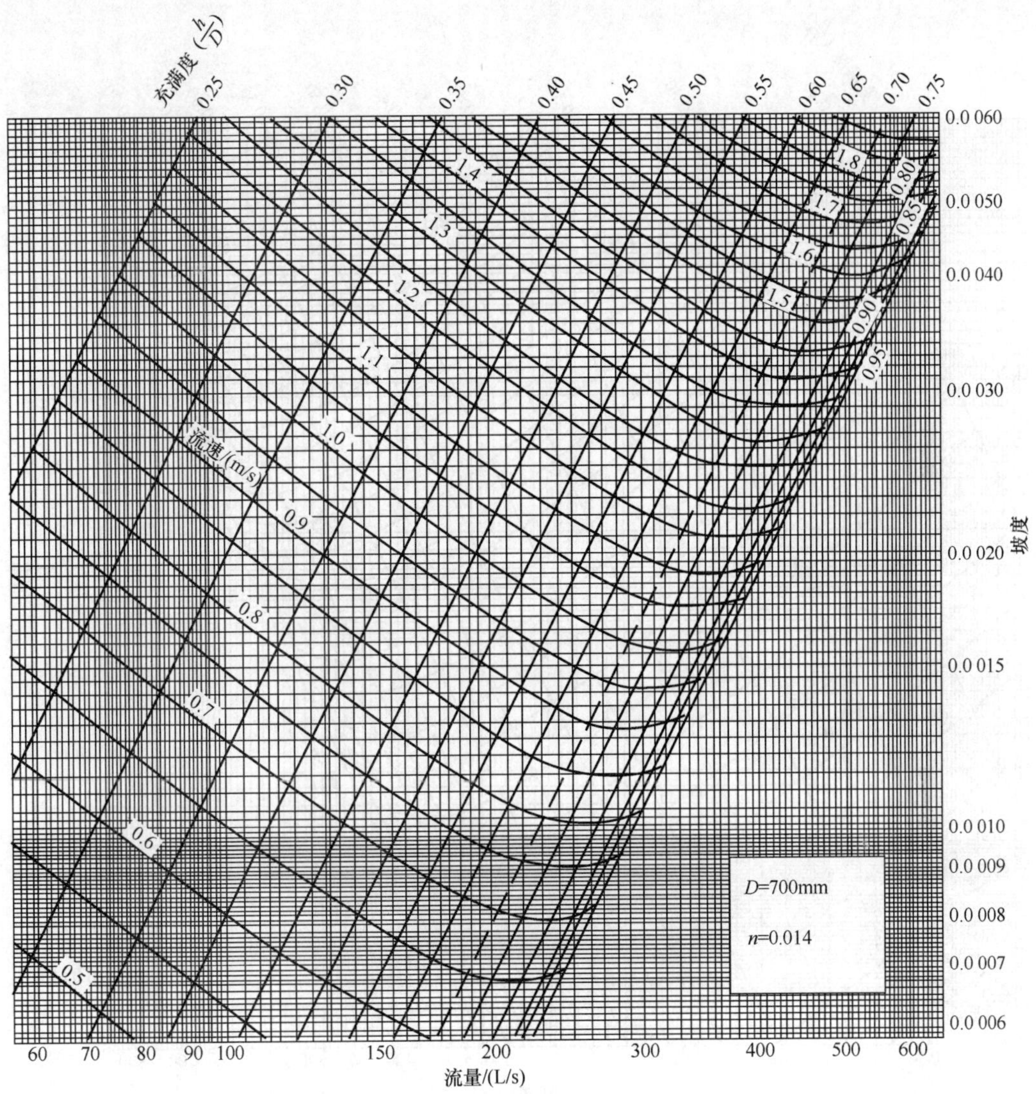

充满度 $\left(\frac{h}{D}\right)$
0.25
0.30
0.35
0.40
0.45
0.50
0.55
0.60
0.65
0.70
0.75
0.80
0.85
0.90
0.95
流速/(m/s)
0.5
0.6
0.7
0.8
0.9
1.0
1.1
1.2
1.3
1.4
1.5
1.6
1.7
1.8
0.0 060
0.0 050
0.0 040
0.0 030
0.0 020
0.0 015
0.0 010
0.0 009
0.0 008
0.0 007
0.0 006
坡度
60
70
80
90
100
150
200
300
400
500
600
流量/(L/s)
D=700mm
n=0.014

附图 9

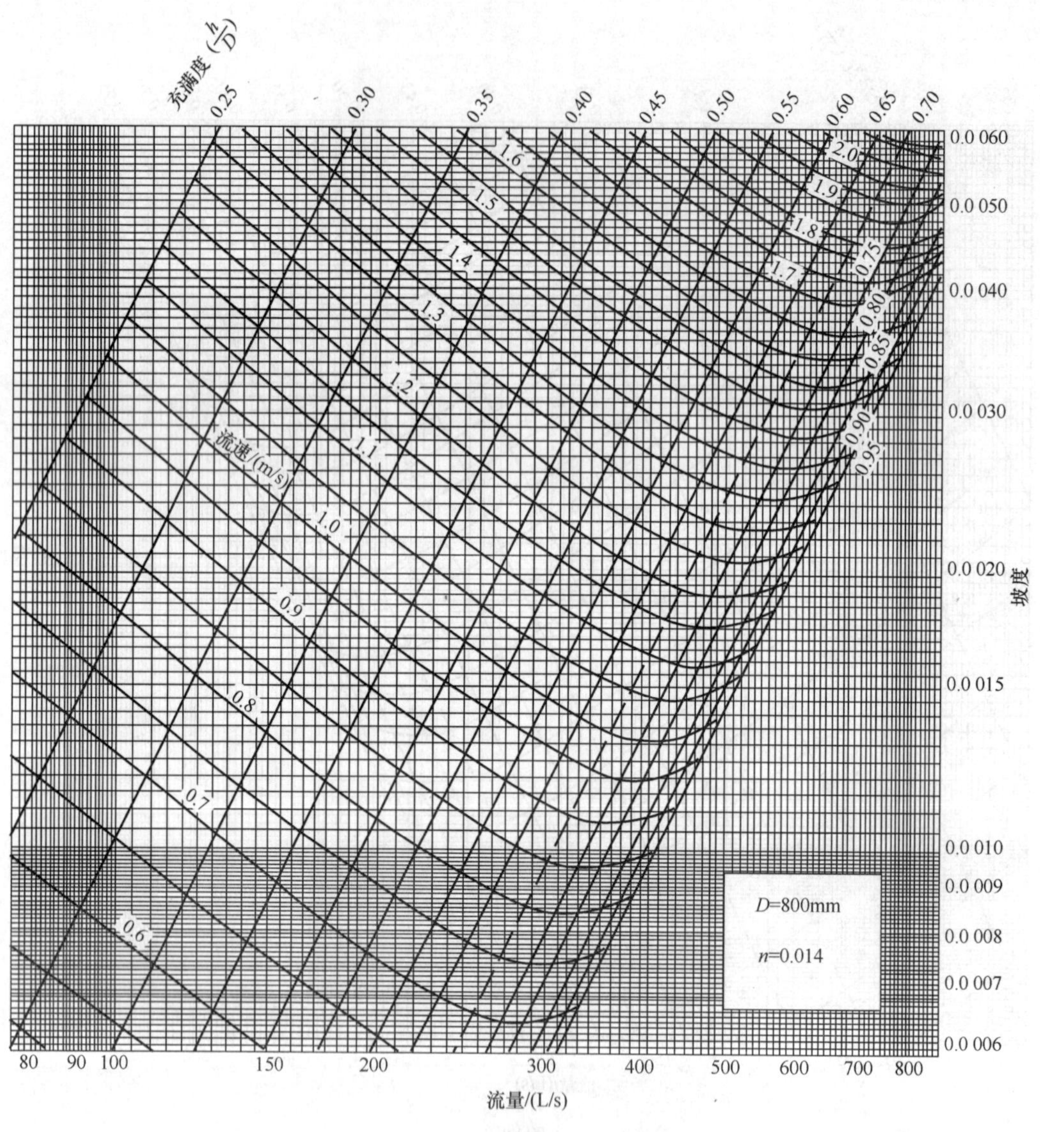

充满度 $(\frac{h}{D})$
0.25
0.30
0.35
0.40
0.45
0.50
0.55
0.60
0.65
0.70
0.75
0.80
0.85
0.90
0.95
流速/(m/s)
0.6
0.7
0.8
0.9
1.0
1.1
1.2
1.3
1.4
1.5
1.6
1.7
1.8
1.9
2.0
0.0 060
0.0 050
0.0 040
0.0 030
0.0 020
0.0 015
0.0 010
0.0 009
0.0 008
0.0 007
0.0 006
坡度
80
90
100
150
200
300
400
500
600
700
800
流量/(L/s)
D=800mm
n=0.014

附图 10

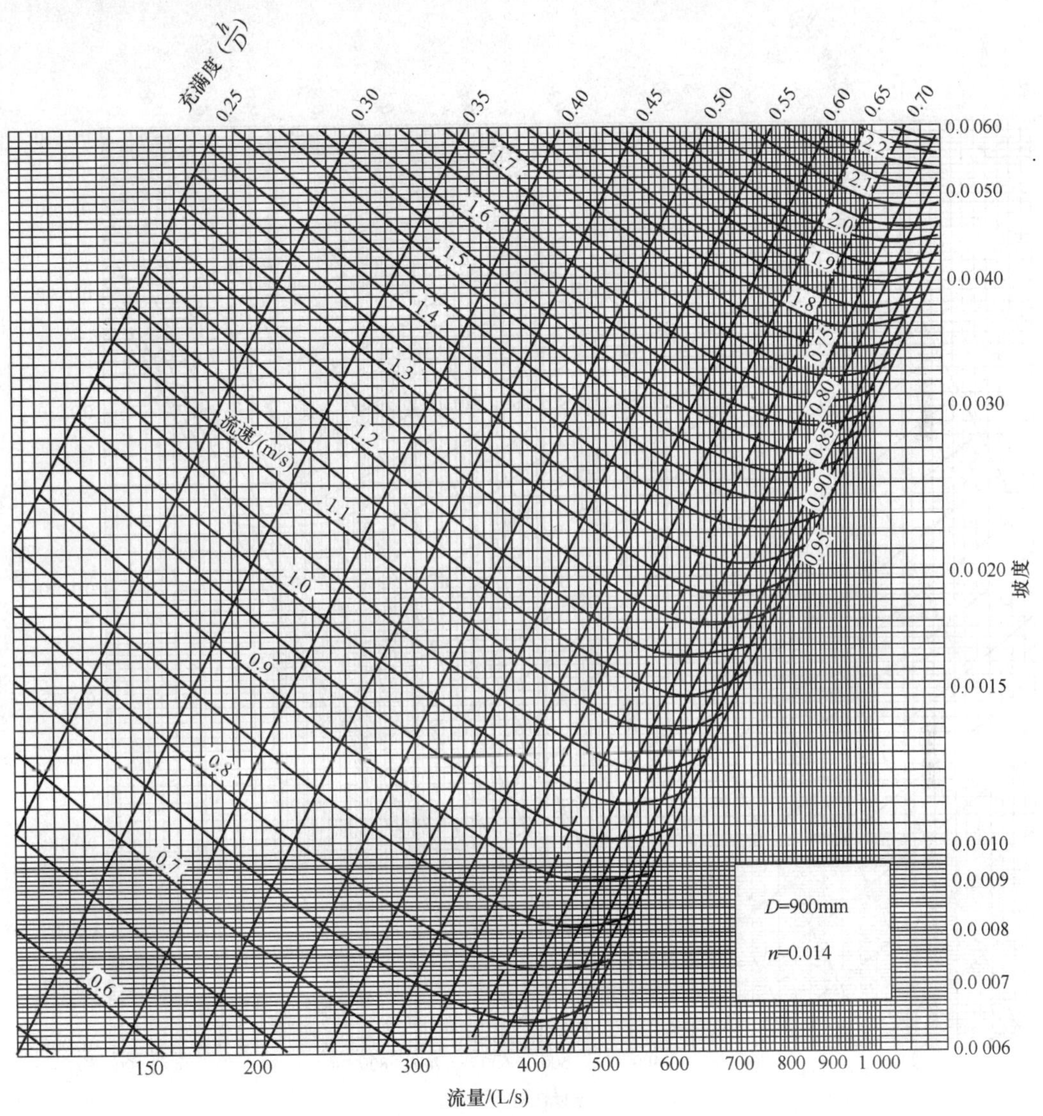

充满度（$\frac{h}{D}$）
0.25
0.30
0.35
0.40
0.45
0.50
0.55
0.60
0.65
0.70
0.75
0.80
0.85
0.90
0.95
流速/(m/s)
0.6
0.7
0.8
0.9
1.0
1.1
1.2
1.3
1.4
1.5
1.6
1.7
1.8
1.9
2.0
2.1
2.2
0.0 060
0.0 050
0.0 040
0.0 030
0.0 020
0.0 015
0.0 010
0.0 009
0.0 008
0.0 007
0.0 006
坡度
150
200
300
400
500
600
700
800
900
1 000
流量/(L/s)
D=900mm
n=0.014

附图 11

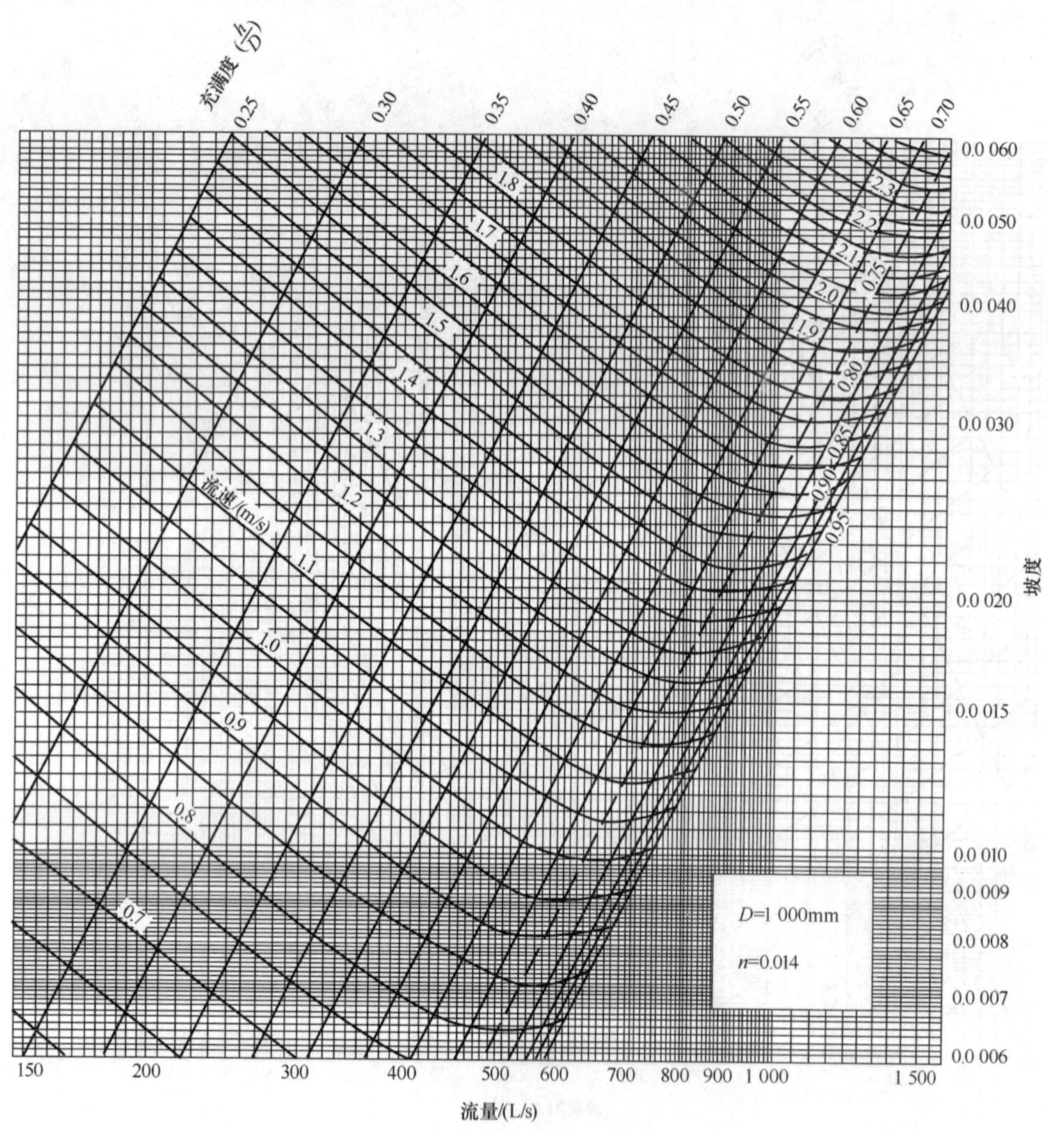

充满度 $(\frac{h}{D})$
0.25
0.30
0.35
0.40
0.45
0.50
0.55
0.60
0.65
0.70
0.75
0.80
0.85
0.90
0.95
流速/(m/s)
0.7
0.8
0.9
1.0
1.1
1.2
1.3
1.4
1.5
1.6
1.7
1.8
1.9
2.0
2.1
2.2
2.3
0.0 060
0.0 050
0.0 040
0.0 030
0.0 020
0.0 015
0.0 010
0.0 009
0.0 008
0.0 007
0.0 006
坡度
D=1 000mm
n=0.014
150
200
300
400
500
600
700
800
900
1 000
1 500
流量/(L/s)

附图 12